AF472792

ENCYCLOPÉDIE DES TRAVAUX PUBLICS
FONDÉE PAR **M.-C. LECHALAS**, INSPECTEUR GÉNÉRAL DES PONTS ET CHAUSSÉES
Médaille d'or à l'Exposition Universelle de 1889

ARCHITECTURE ET CONSTRUCTIONS CIVILES

FUMISTERIE

CHAUFFAGE ET VENTILATION

PAR

J. DENFER

ARCHITECTE
Professeur du cours d'Architecture et Constructions civiles
à l'École centrale des Arts et Manufactures

NOTIONS GÉNÉRALES
DES FOYERS. — TUYAUX DE FUMÉE. CHEMINÉES
SURFACES DE CHAUFFE. — REFROIDISSEMENT DES ÉDIFICES
CHAUFFAGE PAR CHEMINÉES. — CHAUFFAGE PAR POÊLES
CALORIFÈRES A AIR CHAUD
CHAUFFAGE A VAPEUR. — CHAUFFAGE A EAU CHAUDE
VENTILATION. — FOURNEAUX DE CUISINE

PARIS
BAUDRY ET Cie, LIBRAIRES-ÉDITEURS
15, RUE DES SAINTS-PÈRES, 15

ENCYCLOPÉDIE DES TRAVAUX PUBLICS

ARCHITECTURE ET CONSTRUCTIONS CIVILES

FUMISTERIE

CHAUFFAGE ET VENTILATION

Tous les exemplaires de *Fumisterie* devront être revêtus de la signature de l'auteur.

ENCYCLOPÉDIE DES TRAVAUX PUBLICS
FONDÉE PAR **M.-C. LECHALAS**, INSPECTEUR GÉNÉRAL DES PONTS ET CHAUSSÉES
Médaille d'or à l'Exposition Universelle de 1889

ARCHITECTURE ET CONSTRUCTIONS CIVILES

FUMISTERIE

CHAUFFAGE ET VENTILATION

PAR

J. DENFER

ARCHITECTE
Professeur du cours d'Architecture et Constructions civiles
à l'École centrale des Arts et Manufactures

NOTIONS GÉNÉRALES
DES FOYERS. — TUYAUX DE FUMÉE. CHEMINÉES
SURFACES DE CHAUFFE. — REFROIDISSEMENT DES ÉDIFICES
CHAUFFAGE PAR CHEMINÉES. — CHAUFFAGE PAR POÊLES
CALORIFÈRES A AIR CHAUD
CHAUFFAGE A VAPEUR. — CHAUFFAGE A EAU CHAUDE
VENTILATION. — FOURNEAUX DE CUISINE

PARIS
BAUDRY ET Cie, LIBRAIRES-ÉDITEURS
15, RUE DES SAINTS-PÈRES, 15

1896

INTRODUCTION

NOTIONS GÉNÉRALES

SOMMAIRE :

1. Objet de la fumisterie. — 2. Matériaux de maçonnerie : briques diverses, mortiers. — 3. Métaux : tôles, fontes, cuivre. — 4. Principaux combustibles. — 5. Unité de chaleur, calorie. — 6. Puissance calorifique d'un combustible. — 7. Influence de l'eau sur la puissance calorifique d'un combustible. — 8. Puissance calorifique d'un combustible composé. — 9. Puissance calorifique d'un certain nombre de corps. — 10. Des bois. — 11. Action de la chaleur sur les bois. — 12. Combustion des bois. — 13. Bois au point de vue commercial. — 14. Puissance calorifique des bois. — 15. Tannée ou tan. — 16. Tourbe. — 17. Charbon de bois. — 18. Charbon de Paris. — 19. Charbon de tourbe. — 20. Lignites. — 21. Production des lignites en France. — 22. Houilles, anthracites. — 23. Production houillère de la France. — 24. Composition chimique comparée des principaux combustibles usuels. — 25. Combustion spontanée des houilles. — 26. Essai de la houille. — 27. Commerce des houilles. — 28. Agglomérés de houille. — 29. Houille calibrée. — 30. Du coke. — 31. Huiles de schistes et de pétrole. — Goudron. — 32. Combustibles gazeux, hydrogène. — 33. Gaz de l'éclairage. — 34. Oxyde de carbone.

INTRODUCTION

NOTIONS GÉNÉRALES

---

1. Objet de la fumisterie. — D'une manière générale, la fumisterie, dans son sens le plus étendu, a pour objet les installations des chauffages, quels qu'ils soient; elle doit également s'occuper incidemment de toutes les questions de ventilation, qui se trouvent intimement liées aux problèmes d'élévation de température.

Dans cet ouvrage, nous ne retiendrons de la fumisterie que ce qui a trait au chauffage et à la ventilation des locaux de nos édifices, en laissant de côté la partie qui a trait aux chauffages industriels.

Restreint aux installations que demandent les bâtiments, le champ est encore vaste. Après avoir, dans cette introduction, énuméré les principaux matériaux qui sont à notre disposition et les divers combustibles qui doivent nous fournir la chaleur, nous étudierons les foyers dans lesquels la combustion se fera le plus convenablement et d'une façon aussi économique que possible; puis, le départ des produits de la combustion et la construction des tuyaux de fumée et des cheminées; enfin, l'utilisation de ces produits pour produire par leur tirage le passage de l'air dans les foyers.

Nous donnerons les méthodes qui permettent de déterminer, pour un édifice quelconque, les déperditions de chaleur pendant les froids de l'hiver, et, en même temps, la transmission de chaleur de nos appareils et le calcul de leurs dimensions.

Le chauffage par cheminées, le chauffage par poêles, le chauffage par calorifères formeront autant de chapitres spéciaux ; leur étude permettra de choisir un appareil en toute connaissance de cause.

Le chauffage par la vapeur, développé dans ses détails, montrera toutes les ressources que l'on peut trouver dans ce mode de transport de la chaleur pour le chauffage des établissements importants, surtout quand les programmes comportent des conditions très complexes.

Le chauffage à l'eau chaude, étudié ensuite, donnera des solutions souvent simples et avantageuses.

Dans un chapitre spécial nous établirons les principes de la ventilation des édifices, les moyens divers d'y faire circuler l'air à la température convenable et en quantités déterminées.

Enfin, nous indiquerons le principe des fourneaux de cuisine et d'office et les dispositions qu'il faut prendre dans leur installation pour éviter les graves inconvénients d'odeurs, très fréquents dans nos habitations.

2. Matériaux de maçonnerie, briques diverses, mortiers. — On peut dire d'une façon générale que, dans toute installation de chauffage, on doit faire emploi des matériaux de maçonnerie; la fumisterie comporte, en effet, dans la plupart de ses travaux, l'usage de briques ordinaires, de briques réfractaires, de produits céramiques de formes variées et de mortiers, dont il est nécessaire de dire quelques mots.

Les briques qui entrent dans la construction des fourneaux sont de deux sortes : celles qui n'ont pas à résister à une température approchant du rouge, et que l'on dit *briques ordinaires*, et celles qui ont à atteindre cette température, qui peuvent être soumises, au contact du combustible et des flammes qui s'en dégagent, à une température rouge ou blanche. Pour résister longtemps sans avaries à ces températures élevées, il faut des briques faites d'argiles et sables purs et non fusibles ; on les désigne sous le nom de *briques réfractaires*.

Les briques ordinaires employées par les fumistes doivent avoir des qualités spéciales. Il leur faut une grande homogénéité ; assez tendres pour se tailler facilement et s'user au grès, elles doivent, dans la plupart des applications, présenter une belle couleur rouge. Il faut qu'elles aient les dimensions des briques de Bourgogne, dans les pays où on emploie ces briques pour les parties de construction qui en exigent la qualité.

Les briques réfractaires doivent supporter sans fusion la température blanche, ne pas s'allier facilement aux mâchefers, avoir les dimensions des briques ordinaires, avec lesquelles on peut avoir à les relier.

On n'emploie pas seulement les briques ordinaires ou réfractaires des dimensions courantes ; souvent on fait usage de briques ou de pièces plus grandes, de dimensions spéciales, étudiées et moulées en vue d'une application déterminée.

Quelquefois les fumistes ont à construire des paillasses minces pour former dans les appareils des séparations horizontales. Ils se servent pour cet usage de bardeaux en terre cuite, souvent de tuiles plates de bonne qualité, et aussi d'ardoises, quand l'espace est resserré, et qu'il y a à gagner sur l'épaisseur. Ces divers matériaux sont doublés, avec croisement des joints, quand on veut obtenir de l'étanchéité.

Pour faire des carrelages, on se sert de briques posées de champ ou à plat, ou de carreaux carrés en bonne terre, que l'on puisse tailler facilement et que l'on nomme des *carreaux d'âtre*. D'autres fois, on emploie les carreaux ou panneaux de faïence pour les carrelages et les revêtements.

Les mortiers employés à lier ces divers matériaux varient avec la température à laquelle ils sont soumis.

Les scellements solides et à l'abri du feu sont faits au plâtre ou aux ciments.

Les *glacis* et *garnissages* peu chauffés sont établis avec un mélange de plâtre et de *terre à four* (argile sableuse fine).

Les briques chauffées jusqu'au rouge sombre sont hourdées en mortier de terre à four seule.

Enfin, les briques réfractaires sont liées avec un *coulis* réfractaire formé d'une argile réfractaire dégraissée soit avec un sable réfractaire, soit avec les déchets pilés de briques réfractaires hors d'usage ou réformées.

Les jointoyages extérieurs des ouvrages s'exécutent avec un mortier spécial, nommé *mastic de limaille*, qui prend une grande dureté. On l'obtient par un mélange de limaille de fer fine, de sel, d'une eau acide ou ammoniacale et d'un peu de terre à four.

Avec les matériaux qui viennent d'être indiqués, appropriés judicieusement, on construit des maçonneries, des fourneaux de toutes sortes et les ouvrages annexes qu'ils comportent, en suivant les principes de la construction ordinaire ; le soin qu'il faut y mettre doit être encore plus grand, en raison d'une cause de destruction nouvelle : la dilatation due à la chaleur.

Malgré tous les soins que l'on prend, toute maçonnerie chauffée ne tarde pas à se fendre, par suite des dilatations inégales ; pendant que la fente est ouverte, le mortier qui s'égrène vient la remplir en partie ; s'il y a refroidissement, la fente ne peut se refermer, et il en résulte des poussées horizontales et des déformations ; les murs prennent de faux aplombs, qui s'accentuent pour la même raison à chaque variation de température.

Aussi dans les fourneaux cherche-t-on à éviter les chauffages intermittents, et prend-on, pour arrêter la déformation, la précaution de chaîner les maçonneries à l'extérieur par des armatures convenablement réparties enserrant leurs parois. Souvent même on construit l'ouvrage dans une cuve en tôle carrée ou circulaire, qui remplace avantageusement les chaînages et s'oppose à toute disjonction.

3. Métaux : tôles, fontes, cuivre. — Les métaux les plus employés en fumisterie sont : la tôle et la fonte, accessoirement le cuivre jaune ou laiton, quelquefois le cuivre rouge.

La *tôle* doit être douce, de qualité supérieure ; elle doit pouvoir se plier à angle droit sans se casser, se percer et se river facilement. Les rivets qui servent à la jonctionner doivent être en fer doux se martelant à froid.

Les épaisseurs de tôles le plus généralement adoptées sont de : $0^{mm},5$ à $2^{mm},5$. Dans certains cas spéciaux on en emploie de bien plus fortes.

Le *fer* est employé sous forme de barres de toutes sections, et aussi étiré en tuyaux pour canalisations d'eau chaude ou de vapeur.

La *fonte* s'utilise de bien des façons en fumisterie. A grande épaisseur, elle constitue les cloches qui forment les foyers divers ; à épaisseur moyenne de 8 à 12 millimètres, elle forme les plaques de devanture des fourneaux, les plaques de chauffe, les portes, les tuyaux de toutes formes. Certains coffres ou tuyaux sont établis en fonte *à marmite* de $0^{m},004$ à $0^{m},006$ d'épaisseur.

Comme tous ces objets peuvent demander à être percés, burinés, ajustés ou moulés, on choisit des fontes grises pouvant se laisser travailler facilement.

Enfin, on a besoin de fontes d'ornement pour enveloppes d'appareils, bouches de chaleur, etc. ; on se sert alors de fontes plus blanches, qui prennent bien le moulage.

Le *cuivre jaune*, ou *laiton*, est employé comme ceintures des poêles ou des enveloppes de faïence, ou comme moulures, chapiteaux et bases de tuyaux en tôle.

Le *bronze* sert pour les robinets d'eau ou de vapeur.

Le *cuivre rouge* est utilisé pour façonner quelques chaudières de petites dimensions et dont la forme est compliquée, ou encore pour faire les coquemards des fourneaux de cuisines ; il sert à confectionner les tuyaux les plus convenables pour certaines canalisations de vapeur.

Avec tous ces matériaux employés judicieusement, on exécute les foyers où se brûlent les combustibles, ainsi que les appareils bien divers qui servent à utiliser la chaleur produite.

4. Principaux combustibles. — Tout corps capable de produire de la chaleur en se combinant avec l'oxygène de l'air, et assez répandu pour être à bas prix, est un *combustible*.

Les principaux combustibles usuels sont :

Le bois et le charbon de bois ;

La tannée et la tourbe ;

Les lignites ;

Les houilles diverses et le coke ;

Les goudrons, pétroles, essences;

Le gaz, produit par la distillation des matières qui précèdent.

Presque toujours, c'est le bois ou la houille dont on se sert; les autres combustibles mentionnés ont des usages plus restreints.

Les combustibles se divisent en combustibles *végétaux :* bois, tourbe, et combustibles *minéraux :* lignites, houilles, anthracites. On appelle aussi quelquefois ces derniers, combustibles *fossiles*, en raison de l'âge géologique de leurs gisements.

5. Unité de chaleur. — Calorie. — Pour pouvoir comparer entre eux les effets calorifiques des divers combustibles, il a fallu prendre une base, une unité de chaleur. Cette unité, nommée *calorie*, est la quantité de chaleur nécessaire pour élever de un degré un kilogramme d'eau.

6. Puissance calorifique d'un combustible. — On appelle puissance calorifique d'un combustible *le nombre des calories produites par la combustion complète de* 1 *kilogramme du combustible en question.*

La puissance calorifique d'un combustible usuel est le principal élément de sa valeur industrielle ; les autres éléments sont :

Son abondance, c'est-à-dire son bas prix ;

Et la facilité avec laquelle la combustion, une fois commencée, s'entretient d'elle-même.

L'expérience prouve que le même poids d'un même combustible produit toujours, en brûlant, la même quantité de chaleur, autrement dit le même nombre de calories, quelles que soient les circonstances de pression, de composition du corps comburant, et de vivacité de la combustion, pourvu que celle-ci soit complète.

L'hydrogène est le corps qui, en brûlant, dégage la plus grande quantité de chaleur : 1 kilogramme d'hydrogène, brûlant à l'air, se transforme en vapeur d'eau qui s'échappe, et dégage 29.000 calories. Si l'eau produite, au lieu de s'échapper à l'état de vapeur, se condensait dans l'appareil mesureur, elle abandonnerait encore de la chaleur, ce qui porterait à 34.500 le nombre total des calories fournies.

Le carbone pur dégage en brûlant un nombre de calories très différent, suivant qu'il se transforme en oxyde de carbone ou en acide carbonique.

Lorsqu'il se transforme en oxyde de carbone, 1 kilogramme de charbon produit 2.400 calories.

Lorsqu'au contraire la combustion est complète, et que le résultat de la combustion est en entier de l'acide carbonique, le nombre de calories dégagées est de 8.080, soit 8.000 en nombre rond.

On voit dès maintenant qu'on devra toujours chercher en brûlant le charbon à le transformer en acide carbonique pour avoir en calories le maximum de rendement.

Lorsque le charbon transformé en oxyde de carbone brûle à nouveau pour se transformer en acide carbonique, il restitue, par kilogramme de charbon contenu dans le gaz, la différence, soit :

$$8.080 - 2.400 = 5.680 \text{ calories.}$$

L'oxyde de carbone est donc, au besoin, un combustible précieux, lorsqu'on se trouve dans des circonstances convenables pour sa combustion.

7. Influence de l'eau sur la puissance calorifique d'un combustible. — L'eau hygrométrique ou de constitution, lorsqu'elle devient abondante dans un combustible, peut avoir une grande influence sur la puissance calorifique de ce dernier par une double raison :

1° Elle diminue par son propre poids la quantité de combustible réel contenu dans 1 kilogramme du corps en question ;

2° Elle absorbe pour se vaporiser une partie de la chaleur

dégagée par ce qui reste de combustible réel dans le kilogramme pris comme base.

Le bois en donne un exemple frappant :

Le bois desséché à chaud, ou *ligneux*, contient encore son eau de constitution. Sa puissance calorifique est de .... 4.000 cal.

Le *bois du commerce*, outre l'eau de constitution, contient 0 kil. 300 d'eau hygrométrique et 0 kil. 700 de ligneux. Sa puissance calorifique sera :

0 kil. 700 de ligneux, à raison de 4.000 cal.	2.800 cal.	2.620 cal.
Moins vaporisation de 0 kil. 300 d'eau, à raison de 606 calories par kilogramme.	180	

Le *bois vert*, qui contient moitié eau hygrométrique, moitié ligneux, aura sa puissance calorifique plus réduite encore :

0 kil. 500 de ligneux, à raison de 4.000 cal.	2.000 cal.	1.700 cal.
Moins vaporisation de 0 kil. 500 d'eau, à raison de 606 calories par kilogramme.	300 cal.	

De là les précautions que l'on prend, avant de brûler le bois, pour le dessécher le plus possible au moyen des chaleurs perdues.

Il en est de même de la tourbe et de la tannée. Pour les houilles, au contraire, la quantité d'eau est trop faible pour avoir une influence notable.

Il arrive même parfois que l'on mouille les menus de houille pour les brûler et que l'on gagne davantage, par la cohésion factice qui en résulte, et qui favorise la combustion, qu'on ne perd par la vaporisation de cette eau ajoutée.

8. Puissance calorifique d'un corps combustible composé. — La puissance calorifique d'un corps combustible composé de plusieurs éléments se trouve en additionnant la somme des quantités de chaleur que donneraient, en brûlant séparément, les éléments combustibles contenus dans 1 kilogramme de ce corps.

L'expérience vérifie cette loi, à la condition de tenir compte de la chaleur enlevée par la vaporisation de l'eau hygrométrique et de l'eau de constitution qui seraient contenues dans le combustible.

Exemple. — Quelle est la puissance calorifique d'un combustible (ligneux) composé de :

Carbone	0 kil. 500
Hydrogène	0 010
Eau	0 490

En appliquant la loi précédente, nous aurons :

0 kil. 500 de carbone, à raison de 8.000 calories au kilogramme, donnent	4.000 cal.
0 kil. 010 d'hydrogène, à raison de 29.000 calories au kilogramme, donnent	290
Ensemble	4.290 cal.

dont il faut retrancher :

0 kil. 490 d'eau à vaporiser, à raison de 606 calories par kilogramme	296
Reste pour la puissance calorifique cherchée	3.994 cal.

9. Puissance calorifique d'un certain nombre de corps. — Nous extrayons de Péclet (I, 13, 3e édit.) les puissances calorifiques des principaux combustibles et de quelques autres corps, établies d'après les nombreuses expériences de Rumford, Laplace et Lavoisier, Despretz, Dulong, Fabre et Silbermann, Péclet :

	Calories.
Hydrogène (l'eau produite étant condensée)	34.500
Hydrogène (l'eau partie à l'état de vapeur)	29.000
Carbone (transformé en oxyde de carbone)	2.400
Carbone (transformé en acide carbonique)	8.080
Graphite	7.800
Oxyde de carbone	2.403
Hydrogène protocarboné	13.063
Hydrogène bicarboné	11.857
Ether sulfurique	9.027
Alcool	7.183
Essence de térébenthine	10.805
Soufre	2.240
Sulfure de carbone	3.400
Cire	10.496
Huile d'olive	10.435
Suif	10.035

10. Des bois. — Les résultats de nombreuses expériences donnent une composition constante pour la fibre ligneuse de *tous* les végétaux. Cette composition est la suivante pour les bois desséchés à 140°:

Carbone............	0 kil. 500	Dans cet état, le bois est connu sous le nom de *ligneux*.
Hydrogène libre.....	0 010	
Eau de constitution..	0 460	
Azote...............	0 010	
Cendres............	0 020	

Non seulement la composition de la fibre ligneuse est constante, mais encore sa densité est constante pour tous les bois et égale à 1,50 (expériences de M. Violette).

La densité apparente des bois, au contraire, varie beaucoup suivant les diverses essences ; dans un même végétal elle dépend encore de l'individu, de son âge, de son mode de croissance, du terrain qui l'a alimenté et, enfin, de la place où l'on prend l'échantillon.

Voici un tableau dressé par M. Brisson d'après de nombreuses expériences (Péclet, 3e édit., I, 19):

Grenadier............	1,35	Cerisier..............	0,75
Gayac Ébène..........	1,33	Oranger..............	0,70
Buis de Hollande......	1,32	Cognassier............	0,70
Chêne de soixante ans, cœur..............	1,17	Orme................	0,67
Néflier, olivier........	0,94	Noyer................	0,67
Buis de France........	0,91	Poirier...............	0,66
Mûrier d'Espagne.....	0,89	Cyprès d'Espagne.....	0,64
Hêtre................	0,85	Tilleul, Coudrier......	0,60
Frêne (tronc)..........	0,84	Saule................	0,58
Aulne................	0,80	Thuya................	0,56
If d'Espagne..........	0,80	Sapin mâle...........	0,55
Pommier.............	0,79	Sapin femelle.........	0,49
If de Hollande.........	0,78	Peuplier.......... ...	0,38
Prunier..............	0,78	Peuplier blanc d'Espagne..............	0,32
Érable...............	0,75	Liège................	0,24

La quantité d'eau hygrométrique contenue dans le bois

en dehors de l'eau de constitution, et comparée au ligneux, est :

Bois vert..................................	0 kil. 500
Bois de chauffage ordinaire....................	0 300
Bois séchés naturellement et longtemps sous abri..	0 200

La quantité de cendres est variable avec les parties du végétal : moindre dans le bois proprement dit, elle augmente dans l'écorce, et devient forte dans les feuilles. Voici les chiffres indiqués :

Cendres dans le bois pelard ordinaire...	0 kil. 02
— l'écorce...... 0 kil. 03 à	0 04
— les feuilles..............	0 07

11. Action de la chaleur sur les bois. — Chauffé par gradation jusqu'à 140° à 150°, le bois perd successivement des quantités de plus en plus grandes d'eau hygrométrique jusqu'à n'en plus contenir ; à 200°, il commence à être sensiblement altéré dans sa composition. De 280° à 320°, il roussit et est connu alors dans l'industrie sous le nom de *bois roux*, ou *charbon roux*. Sa puissance calorifique s'élève, ainsi que la température qu'on peut en obtenir ; mais sa fabrication présente quelque difficulté, en raison de son extrême combustibilité à partir de 300°.

A 350°, il se dédouble complètement en vase clos et donne, comme résidu, du charbon de bois. A cette même température il prend feu spontanément au contact de l'air.

Les produits volatils qui se dégagent dans la distillation du bois se composent principalement d'hydrogène carboné, d'huile empyreumatique, d'acide pyroligneux et de goudron.

12. Combustion du bois. — Lorsque le bois est chauffé au contact de l'air, il brûle avec une flamme très développée ; si la combustion est complète, il ne dégage que de l'acide carbonique et de la vapeur d'eau ; si la combustion est incomplète, il se trouve en plus dans les produits de la combustion, de l'oxyde de carbone et des proportions plus ou moins grandes d'hydrogènes carbonés, de carbures d'hydrogène en vapeur, d'acide pyroligneux, plus du charbon très divisé, précipité dans le mélange gazeux sous forme de poudre impalpable, le tout produisant la *fumée*.

Les bois durs (chêne, orme, etc.) ne brûlent que superficiellement; l'intérieur des bûches distille. Les parties volatiles se consument les premières en formant la flamme, et il reste un résidu solide de charbon, qui brûle le dernier et sans flamme. Éteint dans cet état, il constitue la *braise*.

Les bois tendres (sapin, peuplier, etc.) brûlent plus vite, se fendent, se tordent, laissent mieux passer l'air nécessaire à la combustion ; le carbone brûle presque en même temps que les gaz combustibles ; aussi ces bois ne produisent-ils que peu de braise.

Les bois, et surtout les bois tendres, sont le type par excellence des combustibles à longue flamme.

13. Bois au point de vue commercial. — Le bois se vend soit au stère, soit aux 1.000 kilogrammes. Au stère, le volume réel est les 0,65 à 0,78 du volume apparent, suivant la grosseur et la rectitude des bûches et la manière dont elles sont rangées. Il y a donc lieu de surveiller l'empilage.

La longueur des bûches est de 1^{m},14, et le stère se règle sur 0^{m},88 de hauteur.

Lorsqu'on achète le bois au poids, il y a lieu de se rendre compte de l'état de siccité, qui influe tant sur sa valeur calorifique.

Le stère de chêne de chauffage pèse de 700 à 750 kilogrammes.

Le stère de chêne de charbonnage pèse de 600 à 700 kilogrammes.

Le bois se divise encore, commercialement, en :

Bois neufs, transportés en voiture ou en bateau ;

Bois flottés, amenés par trains flottants;

Bois pelard, chêne écorcé.

14. Puissance calorifique du bois. — Les chiffres pratiques coïncident avec les nombres que nous avons déduits de la composition du bois (n°s 7 et 8).

On compte :

Pour la puissance calorifique du bois à l'état de ligneux. 4.000 cal.
Pour celle du bois de chauffage contenant 20 à 25 % d'eau.............................. 2.500 à 2.800
Pour celle du bois vert (50 % d'eau)...... 1.600 à 1.700

15. Tannée ou tan. — La *tannée*, que l'on rencontre souvent dans l'industrie, n'est autre que de l'écorce de chêne dépouillée de son tannin dans l'opération du tannage des cuirs. Cette écorce a été réduite en poudre grossière, et elle peut s'employer soit telle qu'elle sort des fosses de tanneries, soit comprimée et desséchée, quelquefois agglutinée en *mottes*.

La tannée présente la même composition sensiblement que le bois; elle renferme encore, lorsqu'elle est sèche, 15 à 30 % d'eau hygrométrique. On peut réduire la proportion de cette eau et faciliter ainsi sa combustion en séchant la tannée avant de la brûler.

La tannée brûle plus lentement et plus mal que le bois, à cause de la grande proportion de cendres qu'elle contient et qui va jusqu'à 10 %.

Sa puissance calorifique est les 3/4 environ de celle du bois dans les mêmes conditions de siccité.

16. Tourbe. — La *tourbe* est un tissu de végétaux herbacés, feutrés naturellement dans les terrains marécageux. Elle présente une composition analogue à celle du bois, mais se trouve mélangée de proportions très variables de matières terreuses.

La tourbe des marais varie suivant la profondeur à laquelle elle se trouve formée et avec la décomposition plus ou moins avancée des végétaux qui la composent. La tourbe du fond, celle qui est le plus estimée, est brune, presque noire, spongieuse ; elle se laisse facilement couper au louchet.

Séchée, elle renferme encore 30 à 40 % d'eau.

Chauffée de manière à perdre toute cette eau hygrométrique, elle a une puissance calorifique allant de 5.000 à 6.000 calories, plus forte, par conséquent, que celle du ligneux, à cause de la proportion plus considérable de carbone et d'hydrogène libre qu'elle renferme.

La tourbe brûle lentement, avec une odeur empyreumatique désagréable, qui restreint ses applications et l'exclut des chauffages domestiques. Si on l'applique aux chauffages industriels, il devient avantageux de lui enlever préalablement le plus possible de son eau hygrométrique, surtout si on peut utiliser pour cela les chaleurs perdues.

La tourbe s'extrait des tourbières en briquettes que l'on fait sécher sur le pré pendant la belle saison.

Les tourbes sont répandues en France dans un grand nombre de départements ; les principaux gisements sont :

1° Ceux de la Somme, d'une puissance de 8 à 10 mètres ;

2° Ceux de l'Essonne et de la Juine, dans Seine-et-Oise ;

3° Les marais des Vosges, du Jura et du Doubs ;

4° Les marais de Montoire et du Cadre, dans la Loire-Inférieure ;

5° Ceux des Échelles, dans le Rhône ;

6° Les marais de Bourgoing et de Vizile, dans l'Isère ;

7° Les marais de Fos, dans les Bouches-du-Rhône.

On peut évaluer à 1.200.000 hectares l'étendue des tourbières de France, répandues dans cinquante départements. Ils se trouvent répartis entre cinq mille tourbières, dont quinze cents à peine sont en activité.

17. Charbon de bois. — Le charbon de bois est le résidu de la distillation du bois chauffé en vase clos à une température supérieure à 500°, ou brûlé imparfaitement en meules dans lesquelles l'accès de l'air est restreint par une couverte en terre, avec orifices ménagés.

Le charbon de bois produit est d'autant plus dur et en quantité d'autant plus faible que la température de distillation aura été plus élevée. Dans la carbonisation en meules, 100 kilogrammes de bois donnent 20 à 22 kilogrammes de charbon, tandis qu'on en obtient 28 kilogrammes dans le procédé de distillation en vase clos.

Le charbon de bois est léger; il pèse 20 à 25 kilogrammes l'hectolitre, suivant qu'il provient de bois tendres ou de bois durs. Sa composition est la suivante :

Carbone.........	0 kil. 800	par kilogramme de charbon.
Gaz divers.......	0 030	
Cendres.........	0 070	
Eau.............	0 100	

Les charbons obtenus à basse température sont mauvais conducteurs de la chaleur et, par suite, très combustibles.

Ils brûlent facilement alors en très petites quantités à la fois, et c'est un des grands avantages du charbon de bois.

Les charbons obtenus à températures élevées sont, au contraire, très bons conducteurs du calorique et, par suite, plus difficilement combustibles.

Le charbon du commerce peut, tout en restant d'apparence sèche, absorber jusqu'à 10 % de son poids d'eau rien qu'à l'exposition dans l'air humide. En moyenne, il a comme puissance calorifique, avec 6 à 7 % d'eau et 6 à 7 % de cendres, 7.000 calories.

Lorsque le charbon de bois brûle avec une grande lenteur, dans un courant d'air de très faible vitesse, il y a production d'oxyde de carbone. Lorsque le courant d'air est vif, il y a encore production d'oxyde de carbone. Cela tient à ce que, dans les deux cas, les premières molécules d'acide carbonique formées restent en contact avec du charbon, qui les transforme en oxyde.

Il se produit encore de l'oxyde de carbone dans la combustion du charbon de bois, pour peu que l'épaisseur de la couche en ignition dépasse $0^m,25$.

Ces propriétés sont importantes à noter dans la pratique.

18. Charbon de Paris. — Le *charbon de Paris* est formé principalement de poussier de charbon de bois aggluliné avec du goudron, et soumis en vase clos à une distillation à haute température.

Il contient environ 20 % de cendres. Une fois allumé, sa combustion est très lente et s'entretient toute seule, même pour un seul morceau. C'est une propriété qui a son importance pour certains usages domestiques.

19. Charbon de tourbe. — Le *charbon de tourbe* s'obtient soit par la carbonisation en meules, soit par la distillation dans des fours. Le rendement varie de 25 à 35 %. Il est très poreux, et brûle à la manière du charbon de Paris, à cause de la grande quantité de cendres qu'il contient et qui va jusqu'à 35 %.

Le charbon de tourbe brûle avec une odeur désagréable, ce qui tient à la grande quantité de matières volatiles qu'il renferme encore. Sa puissance calorifique est variable avec la proportion de cendres, de 5.200 à 6.500 calories.

20. Lignites. — Les *lignites* sont les premiers combustibles minéraux, ceux qui servent de transition entre les tourbes et la houille ; on en rencontre de bien des sortes : les uns se rapprochent de la tourbe, et s'appellent pour cette raison lignites *ligneux ;* les autres ont presque l'apparence de la houille, on les nomme lignites *parfaits.*

Les lignites ligneux présentent la forme des débris végétaux qui les composent, ou bien ont un aspect terreux. Ils brûlent à la manière de la tourbe, avec une odeur empyreumatique analogue.

Les lignites parfaits brûlent avec une belle flamme blanche très développée.

La puissance calorifique des lignites est très variable : elle peut prendre toutes les valeurs intermédiaires entre celle de la bonne tourbe et celle de la houille.

21. Production des lignites en France. — Sans pouvoir se comparer à la production de la houille, la production des lignites en France ne laisse pas d'être importante. On en trouve en Provence, dans le Gard et le Vaucluse, dans les Vosges, dans le Sud-Ouest et l'Isère.

Voici l'importance de l'extraction pendant l'année 1894 :

PROVENCE (Bassin géographique)

Bassins élémentaires	Départements	Production partielle tonnes	Production d'ensemble tonnes
Fuveau, Aix	Bouches-du-Rhône, Var.	379.000	405.000
Manosque	Basses-Alpes	24.000	
La Cadière	Var	2.000	

CONTAT (Bassin géographique)

Bassins élémentaires	Départements	Production partielle tonnes	Production d'ensemble tonnes
Bagnols, Orange	Gard, Vaucluse	23.000	26.000
Barjac	Gard	2.000	
Methamis	Vaucluse	1.000	

VOSGES MÉRIDIONALES (Bassin géographique)

Bassins élémentaires	Départements	Production partielle tonnes	Production d'ensemble tonnes
Gouhenans, Norroy	Haute-Saône, Vosges	11.000	11.000

SUD-OUEST (Bassin géographique)

Bassins élémentaires	Départements	Production partielle tonnes	Production d'ensemble tonnes
Millaud et Trévezel	Aveyron, Gard	4.000	7.000
Estavar	Pyrénées-Orientales	1.000	
Simeyrols	Dordogne	2.000	

HAUT-RHÔNE (Bassin géographique)

Bassins élémentaires	Départements	Production partielle tonnes	Production d'ensemble tonnes
La-Tour-du-Pin, Hauterives.	Isère, Drôme	2.000	2.000
	Total		451.000

22. Houilles. — Anthracites. — Les houilles sont toujours noires, et généralement compactes. Elles contiennent :

Carbone	0 kil. 760 à 0 kil. 900
Eau de constitution	0 090 à 0 050
Azote et cendres	0 050 à 0 140
Hydrogène libre	0 032 à 0 046

Elles brûlent avec flamme soit bleuâtre, soit blanche, en donnant, lorsque la combustion est complète, de l'acide carbonique et de l'eau, et laissant comme résidu les matières minérales non brûlées. Ces dernières portent le nom de *cendres* lorsqu'elles sont pulvérulentes, et celui de *mâchefers* lorsque la haute température du foyer les a fondues.

Lorsqu'on distille des houilles en vase clos, on obtient dans la cornue, comme résidu, un charbon spongieux ou boursouflé appelé *coke*, et il s'échappe des produits volatils composés d'hydrogènes carbonés, d'oxyde de carbone, de sels ammoniacaux et de goudron.

Lorsqu'on brûle la houille à l'air libre, et que la combustion n'est pas complète, outre les produits précédents, il se dégage une partie des matières volatiles qui échappent à la combustion; et dans le mélange gazeux qu'on appelle la *fumée*, il se précipite du charbon en poussière impalpable, provenant de la décomposition des hydrogènes carbonés.

Suivant la manière dont elles se comportent au feu, on a rangé les nombreuses sortes de houilles en plusieurs catégories, dans l'ordre du tableau suivant, qui donne en même temps leurs compositions chimiques comparées.

SORTES	Carbone	Hydrogène	Oxygène et Azote	Hydrogène libre
Houille maigre longue flamme...	78	5,3	16,7	3,2
Houille grasse à gaz............	83	5,7	9,3	4,55
Houille grasse maréchale........	87	5,0	8,0	4,0
Houille demi-grasse.............	89	4,5	6,5	3,7
Houille maigre courte flamme ...	92	4,0	4,0	3,5
Anthracite......................	94	3,0	3,0	2,6

Dans ce tableau, les cendres sont supposées enlevées. On voit que la quantité de carbone va toujours en augmentant. L'hydrogène est, au contraire, à son maximum dans les houilles dites *grasses*.

La densité de la houille varie de 1,29 à 1,46, d'après M. Régnault, la densité augmentant avec la proportion de carbone.

Les *houilles maigres à longue flamme* brûlent avec une grande flamme blanche très développée, donnent du coke très léger et en petite quantité; elles sont très employées sur les grilles.

Les *houilles grasses à gaz* sont les plus convenables pour la fabrication du gaz de l'éclairage; elles donnent à la distillation des hydrogènes carbonés très éclairants. Le coke, qui forme le résidu, est très boursouflé. Elles sont très collantes et brûlent très difficilement sur les grilles ordinaires.

Les *houilles grasses maréchales* s'agglutinent au feu, ce qui les rend précieuses pour la forge; mais sur les grilles elles brûlent très mal. Elles donnent un coke très boursouflé.

Les *houilles demi-grasses* brûlent avec une flamme blanche, donnent peu de fumée, ne collent pas, tiennent très bien le feu sur les grilles. Leur coke est peu boursouflé.

Les *houilles maigres à courte flamme* donnent une légère flamme, blanchâtre d'abord, puis bleue. Elles ne brûlent bien sur les grilles qu'à la condition de s'y trouver en quantité un peu considérable à la fois.

Les *anthracites* sont des houilles très maigres; elles sont excessivement difficiles à brûler; il leur faut un tirage très vif et agissant sur de grandes masses. Elles brûlent avec une flamme bleue; beaucoup décrépitent au feu; mais, lorsqu'on a un foyer capable de les brûler, on en obtient un effet calorifique très considérable. On vend, particulièrement dans les villes, sous le nom d'*anthracites*, des houilles maigres à courte flamme contenant une forte proportion de matières inertes, qui augmentent les déchets compris sous le nom de cendres; ces cendres abondantes, qui les rendaient inutilisables autrefois, leur donnent la faculté de brûler très lentement. Ces houilles sont très employées dans les appareils de chauffage domestique connus sous le nom de *poêles mobiles*.

La *puissance calorifique* des houilles varie de 8.000 à 8.500 calories.

Les houilles brûlent bien sur les grilles en épaisseur de $0^m,08$ à $0^m,15$. Si la couche devient plus épaisse, l'accès de l'air se fait mal, et il y a combustion incomplète et formation d'oxyde de carbone en quantité plus ou moins grande. Il en résulte une mauvaise utilisation du combustible.

23. Production houillère de la France. — Les houilles se rencontrent en France dans une cinquantaine de bassins distincts, qui se développent chaque jour davantage. Les plus importants sont ceux du Nord et du Pas-de-Calais, de la Loire, de la Bourgogne et du Nivernais, du Gard, du Tarn et de l'Aveyron, enfin du Bourbonnais. On y trouve toutes les qualités de houilles, mais les houilles sèches et maigres y entrent pour un chiffre important, surtout dans les Alpes et l'Ouest.

Voici le tableau en chiffres arrondis de la production houillère, en 1894, des principales mines de France :

NORD ET PAS-DE-CALAIS (Bassin géographique)

Bassins élémentaires	Départements	Production partielle tonnes	Production d'ensemble tonnes
Valenciennes	Pas-de-Calais, Nord	15.555.000	15.557.000
Le Boulonnais, Hardinghen.	Pas-de-Calais	2.000	

LOIRE (Bassin géographique)

Bassins élémentaires	Départements	Production partielle tonnes	Production d'ensemble tonnes
Saint-Etienne	Loire	3.361.000	3.407.000
Sainte-Foy-l'Argentière	Rhône	38.000	
Communay	Isère	8.000	

GARD (Bassin géographique)

Bassins élémentaires	Départements	Production partielle tonnes	Production d'ensemble tonnes
Alais	Gard, Ardèche	2.020.000	2.060.000
Aubenas	Ardèche	32.000	
Le Vigan	Gard	8.000	

BOURGOGNE ET NIVERNAIS (Bassin géographique)

Bassins élémentaires	Départements	Production partielle tonnes	Production d'ensemble tonnes
Creusot et Blanzy	Saône-et-Loire	1.643.000	2.051.000
Decize	Nièvre	188.000	
Epinac et Aubigny-la-Ronce.	Saône-et-L., Côte-d'Or.	121.000	
La Chapelle-sous Dun	Saône-et-Loire	59.000	
Bert	Allier	35.000	
Sincey	Côte-d'Or	5.000	

TARN ET AVEYRON (Bassin géographique)

Bassins élémentaires	Départements	Production partielle tonnes	Production d'ensemble tonnes
Aubin	Aveyron	916.000	1.449.000
Carmaux	Tarn	516.000	
Rodez	Aveyron	14.000	
Saint-Perdoux	Lot	3.000	

BOURBONNAIS (Bassin géographique)

Bassins élémentaires	Départements	Production partielle tonnes	Production d'ensemble tonnes
Commentry	Allier	906.000	1.174.000
Saint-Eloy	Puy-de-Dôme	217.000	
L'Aumance (Buxière-la-Grue)	Allier	51.000	

AUVERGNE (Bassin géographique)

Bassins élémentaires	Départements	Production partielle tonnes	Production d'ensemble tonnes
Brassac	Hte-Loire, P.-de-Dôme.	263.000	389.000
Champagnac, Bourg-Lastic.	Cantal, Puy-de-Dôme.	109.000	
Langeac	Haute-Loire	17.000	
	A reporter		26.087.000

VOSGES MÉRIDIONALES (Bassin géographique)

Bassins élémentaires	Départements	Production partielle tonnes	Production d'ensemble tonnes
	Report		26.087.000
Ronchampt	Haute-Saône	225.000	225.000

CREUSE ET CORRÈZE (Bassin géographique)

Bassins élémentaires	Départements	Production partielle tonnes	Production d'ensemble tonnes
Ahun	Creuse	193.000	203.000
Bourganeuf	Creuse	9.000	
Meymac et Argentat, Cublac.	Corrèze	1.000	

ALPES OCCIDENTALES (Bassin géographique)

Bassins élémentaires	Départements	Production partielle tonnes	Production d'ensemble tonnes
Le Drac (La Mure)	Isère	166.000	191.000
Maurienne, Briançon	Hautes-Alpes, Savoie.	24.000	
Oisan, Chablais, Faucigny		1.000	

HÉRAULT (Bassin géographique)

Bassins élémentaires	Départements	Production partielle tonnes	Production d'ensemble tonnes
Graissesac	Hérault	151.000	151.000

OUEST (Bassin géographique)

Bassins élémentaires	Départements	Production partielle tonnes	Production d'ensemble tonnes
Le Maine	Mayenne, Sarthe	67.000	143.000
Basse-Loire	Loire-Inf., M.-et-Loire.	46.000	
Vouvant et Chantonnay	Deux-Sèvres, Vendée.	30.000	
	Total des houilles		27.000.000

En ajoutant les lignites, on trouve pour l'ensemble des combustibles minéraux :

Lignites	451.000
Houilles et Anthracites	27.000.000
Total général	27.451.000

Telle est la production annuelle des combustibles minéraux en France. Elle se répartit entre plus de six cents concessions, présentant une surface d'environ 540.000 hectares. Beaucoup de concessions, difficilement exploitables sont, en fait, abandonnées.

24. Composition chimique comparée des principaux combustibles usuels. — Voici un tableau qui donne la composition chimique des principaux combustibles usuels.

COMBUSTIBLES	CARBONE	HYDROGÈNE libre	EAU	AZOTE	CENDRES	OBSERVATIONS
Bois (ligneux)........	0,49	0,01	0,48	0,01	0,01	
Tourbe..............	0,58	0,02	0,37	»	0,03	
Lignite ligneux.......	0,66	0,02	0,32		var.	
Lignite parfait........	0,74	0,03	0,23		—	
Houilles maigres à longue flamme......	0,78	0,03	0,19		—	
Houilles grasses à gaz.	0,85	0,05	0,10		—	
Houilles maréchales...	0,87	0,04	0,09		—	
Houilles demi-grasses.	0,89	0,04	0,07		—	
Houilles maigres à courte flamme......	0,92	0,04	0,04		—	
Anthracite............	0,94	0,03	0,03		—	

Les chiffres de ce tableau sont des moyennes. Dans l'ordre indiqué pour ces différents combustibles, plus ils s'éloignent du bois, plus ils contiennent de carbone, plus aussi ils perdent d'eau de constitution et d'azote.

Quant à l'hydrogène libre, sa proportion va d'abord en croissant, puis décroît. C'est cette même quantité d'hydrogène libre qui sert à classer les houilles, les plus *grasses* étant les plus riches en hydrogène libre.

25. Combustion spontanée. — Certaines houilles, celles surtout qui contiennent des *pyrites* (sulfure de fer), éprouvent, principalement à l'état de menus, une combustion lente par le seul contact de l'air ; la température s'élève peu à peu, et, si l'on n'y prend garde, la masse peut arriver à s'enflammer spontanément.

Lorsque l'on a des amas de houille, il est bon de surveiller constamment les tas, de manière à constater l'échauffement dès qu'il se produit. On l'arrête de suite soit en consommant la partie en fermentation, soit en la pelletant pour la refroidir.

Cette combustion spontanée est surtout grave dans la marine, où le charbon est nécessairement contenu en magasin fermé, au centre même des bâtiments.

C'est cette même cause qui fait condamner les grands magasins en caves voûtées, que l'on fait quelquefois encore à proximité des foyers, et dans lesquels la consommation méthodique est très difficile à obtenir.

26. Essais de la houille. — On ne peut juger les propriétés d'une houille sur ses caractères physiques seuls. Les essais de laboratoire, outre qu'ils ne peuvent être assez précis en raison de la difficulté de prendre un échantillon moyen, ne donnent aucun renseignement sur la manière dont le combustible se comportera sur la grille. Aussi, en pratique, préfère-t-on faire des essais industriels.

On procède à ces essais en brûlant avec attention des poids déterminés de houille, soit dans un des appareils mêmes qu'il s'agit de chauffer, en notant les circonstances et les résultats, soit dans une chaudière spéciale communiquant avec un grand réservoir d'eau, et mesurant l'élévation de température correspondant à la combustion d'un poids donné de charbon. On peut ainsi comparer les effets calorifiques de diverses houilles. Ce procédé, qui n'est qu'approximatif quant au nombre absolu des calories produites, permet de se rendre compte de la facilité de combustion et de la longueur de la flamme ; il donne également un renseignement précieux sur la quantité des matières étrangères qui forment les cendres.

Dans bien des cas, on obtient de fortes économies en brûlant des houilles d'un prix élevé ; dans d'autres cas, la meilleure qualité des houilles chères ne suffit pas pour compenser l'excédent de prix, et on a intérêt à brûler des houilles bon marché. C'est le plus souvent une question de tirage.

Rien, en effet, n'est plus onéreux que de faire marcher un foyer avec un tirage insuffisant ; il faut sans cesse piquer le charbon en ignition, le retourner; il en résulte une grande perte de combustible, les menus passant à travers la grille en grande quantité et se mélangeant aux cendres.

De plus, à chaque ouverture de porte, de grandes masses d'air extérieur traversent l'appareil, et le refroidissent considérablement.

27. Commerce des houilles. — On distingue commercialement les houilles en :

Gaillette, ou *gailleterie*, composée de gros fragments ;

Gailleton, ou *gailletin*, à morceaux plus restreints ;

Menus, poussiers plus ou moins fins.

La très grosse gaillette prend aussi le nom de *gros*.

On achète donc telle ou telle qualité de houilles suivant l'usage qu'on en veut faire.

Pour les gros foyers, soit des appareils industriels, soit des grands calorifères, il est rare que l'on emploie de la gaillette. On fait souvent, pour cet usage, marché de *tout venant*, c'est-à-dire de houille telle qu'elle sort de la mine, en convenant de la proportion minimum de gaillette, qui entre ordinairement pour 1/3 ou 1/4 du poids total. Lorsqu'on dispose d'un bon tirage, on brûle souvent des menus mélangés d'une proportion beaucoup plus faible encore de gaillette.

Dans les mines on fait des classements plus divisés encore. Certaines dénominations couramment admises dans le commerce, désignent les dimensions des fragments ; telles sont : les *noisettes*, les *fines grenues* et les *fines poussiers*, qui sont obtenues par le criblage des menus sur des grilles successives à barreaux de plus en plus serrés.

Les houilles arrivent aux établissements qui les emploient soit par bateaux, soit par wagons, avec transport supplémentaire par voitures dans la plupart des cas.

Le transport par bateau paraît, au premier abord, moins onéreux que celui par chemin de fer ; il exige toutefois, lorsque le destinataire n'est pas établi tout près d'un canal ou d'une rivière, un camionnage intermittent, qui donne lieu souvent à des abus préjudiciables, lorsqu'il n'est pas surveillé avec soin. Ce genre de transport exige des consommations considérables et de grands approvisionnements, en raison de la plus grande irrégularité des arrivages, et des chômages des canaux.

Le transport par chemin de fer est, la plupart du temps, plus avantageux; c'est presque toujours le seul à employer, même pour une grande consommation, lorsque l'établissement est situé près d'une gare et relié au chemin de fer par une voie de raccordement. Les wagons se déchargent alors directement: la comptabilité est excessivement simple, et aucun prélèvement étranger n'est possible. Lorsque le lieu de consommation n'est pas raccordé par un branchement, il faut un camionnage supplémentaire, mais généralement plus réduit comme distance et plus facile à surveiller que pour le transport par eau.

Pour les consommations moyennes, la fourniture est bien plus commode par wagons complets de 5.000 ou de 10.000 kilogrammes que par bateaux; le fractionnement permet de répondre à tous les besoins.

Dans tous les cas, à cause des irrégularités des livraisons des mines, on est toujours obligé d'avoir au moins un mois de provision d'avance, et même un peu plus au commencement de l'hiver, lorsqu'il y a accroissement brusque de la consommation générale. De là, la nécessité, dans les grands établissements, d'établir des magasins de charbons.

Ces magasins n'ont nul besoin d'être à l'abri; ils sont toujours en plein air, et disposés de telle manière qu'on puisse constamment prendre dans chaque sorte le plus anciennement arrivé.

Lorsqu'il y a un grand nombre de foyers à alimenter, il importe de connaître séparément la consommation journalière. Le service du magasin se fait alors en transportant la houille aux foyers, d'une façon régulière, chaque jour, au moyen de wagonnets réglés au départ, à chargement constant, au moyen d'une bascule, par le chef de magasin, et circulant sur de petits chemins de fer à voie étroite. On n'a plus qu'à tenir compte exact du nombre des wagons livrés à chaque appareil ou à chaque chauffeur.

Dans les villes, il est impossible, vu le prix du terrain, d'avoir des magasins à charbons séparés ; le magasin c'est alors le dépôt du marchand chez lequel on se fournit. La livraison se fait par camions, et, pour les consommations un peu importantes, il est bon d'avoir des bascules à voitures pour contrôler chaque arrivage.

28. Agglomérés de houille. — Les agglomérés de houille sont des briquettes obtenues en mélangeant à chaud des poussiers de houille et une petite quantité de brai, puis les moulant sous une pression énergique qui les agglutine. Cette fabrication a pris naissance pour utiliser les menus ; aujourd'hui c'est une industrie spéciale qui occupe de grandes usines.

Les agglomérés, ou *briquettes*, de bonne qualité sont avantageux au point de vue du magasinage et de la comptabilité ; le combustible tient moins de place sous cette forme, et il y a moins d'escarbilles perdues dans les cendres.

Les agglomérés bien fabriqués brûlent comme la houille qui les compose et dont ils ont les propriétés. Ils peuvent même avoir une puissance calorifique plus élevée, si la houille est préalablement débarrassée par le lavage d'une partie de ses matières minérales non combustibles. De plus, on profite de l'hydrogène du goudron agglutinant.

Les essais des agglomérés se font de la même manière que ceux des houilles.

Les grosses briquettes sont très employées dans les chemins de fer et l'industrie ; elles conviennent également pour les gros appareils de chauffage. Pour les foyers restreints on fait des briquettes plus petites et de formes très diverses ; on en fabrique même qui présentent des trous facilitant l'accès de l'air et permettant une combustion facile, même avec une proportion notable de cendres, dans les foyers de nos cheminées d'appartement.

29. Houille calibrée. — Dans certains foyers on obtient une grande régularité d'allure en employant des houilles dont les morceaux sont toujours de la même grosseur. Le passage de l'air se fait d'une façon uniforme, et il en résulte une économie assez grande pour payer, et au delà, la manutention supplémentaire et la façon qu'exige ce calibrage. L'opération consiste à cribler le tout venant et à le classer en numéros de grosseur, chaque numéro convenant à une application spéciale et déterminée.

On a un exemple de ces houilles calibrées dans l'emploi que l'on en fait soit à l'état naturel, soit à l'état de coke dans les poêles mobiles dont l'allure doit garder longtemps la même régularité. Un grand nombre de foyers industriels brûleraient avec beaucoup d'avantage des combustibles ainsi préparés.

30. Du coke. — Lorsque l'on chauffe la houille en vase clos, on obtient le coke comme résidu solide.

Le coke a une composition analogue à celle du charbon de bois :

Carbone........	0,75 à 0,90
Cendres........	0,01 à 0,15
Eau hygrométrique...	très variable, pouvant aller jusqu'à 50 %.

Aussi ne l'achète-t-on qu'au volume.

Le coke des fours pèse 40 à 45 kilogrammes l'hectolitre ; il est lourd et dur, brûle difficilement ; il exige de grands foyers et un bon tirage.

Le coke des cornues à gaz est plus spongieux ; il pèse 30 à 35 kilogrammes l'hectolitre ; il brûle mieux et s'emploie même pour des foyers restreints.

On lave souvent les houilles destinées à produire le coke, de manière à diminuer la quantité de cendres de ce combustible, qui brûle alors plus facilement.

Le coke en brûlant se convertit en acide carbonique ; il a souvent une odeur d'acide sulfureux, lorsqu'il provient de houilles pyriteuses.

Lorsque la couche en combustion est très épaisse, dépasse par exemple 0m,60, il y a formation d'oxyde de carbone et, par suite, réduction correspondante dans la quantité de chaleur dégagée, si l'oxyde de carbone ne brûle pas ultérieurement et utilement.

Le coke brûle dans de bonnes conditions sur les grilles en épaisseurs de 0m,25 à 0m,30.

Sa puissance calorifique, lorsqu'il est sec, varie avec la proportion de cendres de 6.800 à 7.900 calories.

31. Huiles de schistes. — Goudrons. — Parmi les combustibles liquides, les seuls qui soient réellement industriels sont les huiles de schistes et de pétrole, et les goudrons. Ces derniers ont été employés à des chauffages, soit seuls, soit mélangés à des combustibles solides. Les huiles de schistes et de pétrole sont utilisées quelquefois dans des foyers domestiques restreints.

Les puissances calorifiques de ces liquides sont : d'environ 11.000 à 11.500 calories.

32. Combustibles gazeux. — Hydrogène. — L'hydrogène a la plus grande puissance calorifique connue : 34.500 calories, si l'on utilise la condensation de la vapeur formée ; 29.000 calories, si la vapeur s'échappe avant sa condensation.

Il est très léger; sa densité, rapportée à l'air, est de 0,06926.

Son prix de revient est très élevé. On l'obtient industriellement soit en décomposant l'eau par le fer ou le zinc en contact avec un acide, soit en faisant passer un courant de vapeur d'eau sur un des métaux précédents ou sur du charbon préalablement porté au rouge vif; on peut encore décomposer l'eau au moyen d'un courant électrique.

L'hydrogène est très subtil; il fuit par la moindre fissure avec la plus grande facilité; et, comme nulle odeur ne décèle sa présence, il devient très dangereux en se mêlant à l'air confiné avec lequel il forme un mélange très détonant.

33. Gaz de l'éclairage. — L'emploi du gaz de l'éclairage se généralise de plus en plus comme combustible domestique. Il revient cher au kilogramme, mais se laisse facilement conduire partout, s'allume instantanément et s'éteint de même. Dans nombre de circonstances, et notamment pour les petits foyers domestiques, l'excédent des prix est compensé par l'économie de combustible et de temps dépensé pendant l'allumage et l'extinction. Son emploi est de plus très avantageux, au point de vue de la facilité de réglage du foyer, ainsi que sous le rapport d'une grande propreté.

Sa densité rapportée à l'air est : 0,611.

Sa composition moyenne est donnée par le tableau suivant :

	Volume dans 1 m. c.	Poids dans 1 m. c.	Poids dans 1 kil.
Hydrogène protocarboné..	0m 59	0 kil. 429	0 kil. 702
Hydrogène bicarboné.....	0 09	0 025	0 141
Oxyde de carbone........	0 07	0 088	0 181
Hydrogène..............	0 21	0 019	0 031
Azote..................	0 04	0 050	0 082

Puissance calorifique :

En volume. 6.100 calories dégagées par 1 mètre cube de gaz
En poids... 10.800 calories dégagées par 1 kilogramme de gaz.

Il est encore assez subtil, quoique à un moindre degré que l'hydrogène ; il fuit facilement par les moindres fissures, mais ordinairement son odeur vient déceler sa présence et avertir du danger. Lorsque la fuite se fait lentement dans un air calme confiné, il se mélange peu à l'air et, en vertu de sa faible densité, il se cantonne à la partie supérieure des espaces fermés ; mais ensuite, petit à petit, le mélange se fait avec l'air ambiant, et il est très détonant.

On a cherché à éviter les accidents toujours trop nombreux dus au gaz de l'éclairage au moyen d'une réglementation très sévère de l'emploi de ce combustible ; toutes les prescriptions ont pour but d'éviter tout cantonnement du gaz, lorsqu'il s'échappe d'une conduite. On empêche par des fourreaux qu'il ne puisse s'accumuler dans les espaces vides des maçonneries, ou qu'il ne se loge à la partie haute des espaces traversés, en mettant ces derniers en communication avec l'extérieur, au moyen d'orifices ventilateurs toujours ouverts et donnant issue au gaz; enfin, on doit disposer les canalisations pour qu'aucune parcelle de gaz ne puisse s'échapper, soit en mettant les robinets bien en vue, avec crans d'arrêt pour l'ouverture et la fermeture, soit en disposant les tuyaux flexibles en caoutchouc pour qu'ils ne puissent rester en pression dès que les appareils qu'ils alimentent ne sont plus en fonction, soit enfin en isolant par des robinets d'arrêt généraux les portions de canalisation qui, pendant un certain laps de temps, la nuit par exemple, ne doivent pas servir.

34. Oxyde de carbone. — Ce gaz est très employé dans l'industrie et peut trouver son application dans les chauffages de grands établissements. Il se produit d'une façon accessoire dans nombre d'appareils métallurgiques, et dans bien des circonstances il fait l'objet d'une production spéciale. On l'obtient en transformant en gaz des combustibles de faible valeur dans des appareils, appelés *gazogènes*, dont nous verrons plus loin des exemples. On s'en sert alors comme d'un véritable combustible. Dans les deux cas, produit par le passage de l'air à travers de grandes masses de charbon, il n'est pas pur : il est mélangé de l'azote de cet air.

L'oxyde de carbone, dont la densité rapportée à l'air est 0,967, brûle avec une flamme bleue peu éclairante et donne encore une notable quantité de chaleur.

Sa puissance calorifique est :

En volume..	3.020 calories dégagées par 1 mètre cube de gaz
En poids....	2.400 calories dégagées par 1 kilogramme de gaz.

De sorte que 1 kilogramme de charbon, qui en se transformant en oxyde de carbone n'a dégagé environ que	2.400 cal.
a donné 2 kil. 33 d'oxyde de carbone, qui, à raison de 2.400 cal. le kilogramme, contiennent encore.....	5.592 cal.
Soit ensemble...........	7.992 cal.

Ce qui correspond bien aux 8.000 calories indiquées pour la puissance calorifique totale du charbon.

On voit ainsi qu'il peut y avoir avantage à transformer les charbons inférieurs en oxyde de carbone, puisque ce dernier combustible, plus commode à employer dans certains cas, contient encore presque les trois quarts de la quantité de chaleur que le charbon peut fournir. On est même parvenu à une utilisation plus grande encore, en employant industriellement une partie de la chaleur dégagée pendant la transformation.

On a vu que le gaz produit contenait de l'azote de l'air, ce qui baisse notablement sa puissance calorifique. Malgré cela, il brûle encore facilement, surtout si on le met en contact, dans un espace très chauffé, avec de l'air préalablement divisé et très chauffé lui-même.

Un mètre cube d'oxyde de carbone pur exige, pour brûler, $2^{mc},38$ d'air au minimum.

L'oxyde de carbone a une odeur caractéristique, *l'odeur de charbon;* mais cette odeur est faible, et, tout en étant désagréable, elle n'incommode pas immédiatement ; de plus, elle peut être masquée, surtout si le gaz est répandu dans l'air en petite proportion, par des odeurs plus caractérisées. Mais c'est un gaz éminemment toxique, même à de très faibles doses. Il est absorbé par le sang dans l'acte de la respiration, s'y accumule, se combine fortement avec les globules du sang, et, d'après les savantes recherches de M. Gréhant, les rend impropres à absorber l'oxygène de l'air. On est donc asphyxié, tout en respirant de l'air contenant une quantité d'oxygène qui, dans toute autre circonstance, serait très apte à entretenir la vie.

Il suffit d'une très faible dose, $\frac{1}{250}$, dans l'air respiré peu de temps, ou une dose bien plus faible encore respirée plus longtemps pour amener des accidents mortels ; et, lorsque l'asphyxie a lieu incomplètement par les effets toxiques de ce gaz, il est bien plus difficile de sauver les victimes que dans le cas d'asphyxie par un gaz simplement impropre à la vie, comme l'acide carbonique.

Aussi, dans les appareils de chauffage domestique, y a-t-il lieu de prendre toutes les dispositions possibles pour que les fumées que dégagent les combustibles, et qui contiennent presque toujours de l'oxyde de carbone, ne puissent se répandre dans les locaux habités, surtout la nuit.

CHAPITRE PREMIER

DES FOYERS

SOMMAIRE:

35. Combustion des combustibles fixes. — 36. Combustion d'un gaz. — Flammes. — 37. Combustion complète et combustion incomplète d'une flamme. — Fumée. — 38. Combustibles mixtes. — Combustion du bois, de la houille. — 39. Volume d'air nécessaire à la combustion. Tableau des volumes théoriques d'air nécessaires à la combustion des divers corps combustibles usuels. — 40. Quantité de chaleur emportée par les produits de la combustion. — 41. Température d'un foyer. — 42. Épaisseur de combustible à brûler sur les grilles. — 43. Construction des grilles ordinaires. — 44. Surfaces à donner aux grilles. — 45. Grilles à gradins. — 46. Grille Wackernie. — 47. Foyers en maçonnerie et en métal, comparaison. — 48. Foyers droits, leurs inconvénients. — 49. Foyer Grouvelle et Arquembourg. — 50. Foyers droits en maçonnerie et métal. — 51. Foyers droits en métal. — 52. Foyers horizontaux. Construction pratique. — 53. Foyers horizontaux en métal. — 54. De la fumivorité. — 55. Considérations générales sur les appareils fumivores. — 56. Des divers moyens employés pour obtenir la fumivorité. — 57. Perte de chaleur causée par l'absence de fumivorité. — 58. Perte de chaleur causée par la combustion incomplète. — 59. Quelques exemples des foyers fumivores : foyer Hinstin. — 60. Des foyers gazogènes. — 61. Foyer Rosenstiehl. — 62. Foyers destinés à brûler des combustibles très menus. — Appareil Godillot. — 63. Foyers Michel Perret. — 64. Foyers à liquides. — 65. Foyers à gaz. — 66. Combustion du gaz de l'éclairage. — Foyers domestiques.

CHAPITRE PREMIER

DES FOYERS

---

35. Combustion des combustibles fixes. — Les combustibles fixes ou sans flamme brûlent d'une façon toute spéciale : si l'on considère un foyer contenant sous faible épaisseur un combustible fixe en ignition, charbon de bois ou coke, par exemple, on trouve que les morceaux sont noirs sur les bords, où la combustion ne se fait pas, rouge sombre dans les régions qui s'allument, rouge vif et rouge blanc, lorsqu'ils sont, au milieu du foyer, portés à une température de plus en plus élevée. Les gaz, produits de la combustion, s'échappent également très chauds.

La chaleur dégagée par le foyer est assez intense pour porter le combustible nouveau qu'on y ajoute à la température à laquelle commencera sa combustion, c'est-à-dire au rouge sombre, à condition toutefois que la masse en ignition ait une certaine importance par rapport à celle du combustible frais ajouté ; sans cela le refroidissement serait assez grand pour éteindre le foyer.

Si l'on veut se rendre compte de la température que présentent les différentes parties d'un tel foyer, on en peut faire une évaluation approchée d'après la couleur de la lumière produite.

D'après les expériences pyrométriques de M. Pouillet :

Le rouge naissant correspond à............	525°
Le rouge sombre correspond à..............	700
Le rouge cerise correspond à...............	900
L'orangé foncé correspond à...............	1.100
Le blanc correspond à.....................	1.300
Le blanc éblouissant correspond à..........	1.500

En appréciant, au moyen de ces chiffres, l'élévation de température, on voit que cette dernière croît avec la vitesse de l'air qui alimente le combustible; aussi, pour activer la combustion, suffit-il, la plupart du temps, de faire passer plus vivement l'air à travers la masse en ignition.

36. Combustion des gaz. — Flammes. — Si on examine maintenant la combustion d'un gaz, celle d'un jet d'hydrogène allumé, par exemple, voici ce qu'on observe : La flamme, peu éclairante par elle-même, présente néanmoins trois parties distinctes :

Fig. 1.

1° Une partie centrale *a* (*fig.* 1), obscure, où le combustible n'est pas altéré. Si l'on introduit, en effet, en *a* l'extrémité d'un petit tube, il sortira par l'autre bout un jet d'hydrogène que l'on pourra allumer ;

2° Autour de *a*, une seconde région *b*, où la combustion n'est pas complète, et qui forme la partie la plus éclairante de la flamme. Si l'on veut employer la flamme à chauffer un métal sans l'oxyder, il faut le maintenir dans cette partie *b*, où l'oxygène est en défaut. Si l'on y met un oxyde métallique facilement réductible, l'oxygène qu'il contient sera cédé à la flamme, et le métal sera mis en liberté. Aussi appelle-t-on cette partie *b* la *partie réductrice* de la flamme;

3° Une troisième région *c*, enveloppant le tout, fort peu éclairante, où la combustion est complète ; dans cette portion l'oxygène est en excès; les métaux s'y oxydent aux dépens de cet oxygène ; c'est la *partie oxydante* de la flamme.

Tous les gaz ne donnent pas une flamme aussi peu éclairante que l'hydrogène, et il est intéressant de se rendre compte de la raison de cette propriété éclairante. Si dans une flamme d'hydrogène on introduit un morceau de chaux taillé en pointe (la chaux est un corps fixe aux températures les plus élevées), ce morceau de chaux aura son extrémité chauffée à blanc et rayonnera une quantité de lumière considérable.

La flamme de l'hydrogène deviendra également très éclairante si on la saupoudre de poussière fine de chaux ou de craie. Chacune des parties solides passant dans le foyer devient incandescente et rayonne comme le morceau de chaux de tout à l'heure. Même résultat si on lui substitue *physiquement* de la poussière de charbon ; les particules de charbon ne brûlent pas dans la région *b*, mais elles y sont chauffées à blanc et rayonnent.

On peut produire encore le même dégagement de lumière en introduisant *chimiquement* dans la flamme de la poussière de charbon ; il n'y a pour cela qu'à mélanger à l'hydrogène une faible quantité d'un carbure d'hydrogène gazeux ou volatil. Aussitôt la flamme change d'aspect et devient très éclairante. La combustion y étant incomplète par défaut d'oxygène, l'hydrogène du carbure, plus avide d'oxygène que le carbone, brûle avant lui et l'abandonne dans la flamme à l'état de poudre très fine, et c'est cette poudre impalpable qui est chauffée à blanc et rayonne.

Si, au lieu de brûler de l'hydrogène, on brûle du gaz de l'éclairage, on a de suite cette flamme éclairante pour les raisons qui viennent d'être indiquées ; mais la flamme conserve toujours, très distinctes, les trois parties *a*, *b*, *c* de la figure 1.

Si on prend maintenant une bougie allumée, la flamme, éclairante cette fois, présente encore les mêmes caractères ; c'est encore du gaz qui brûle : l'acide stéarique (ou la cire de la bougie), fondu autour de la mèche, y pénètre, monte par capillarité jusque dans la flamme, s'y échauffe au point de se décomposer; il donne, en distillant, un dégagement de gaz combustibles composés presque exclusivement de carbures d'hydrogène qui s'enflamment à mesure de leur formation.

Une bougie est une usine à gaz portative.

Une flamme est un gaz combustible en ignition.

On utilise maintenant cette chaleur de la partie extérieure *c* des flammes pour les rendre plus éclairantes. Le bec Auer, appliqué aux brûleurs à gaz avec tant de succès, consiste en un bonnet conique en tissu réfractaire dont on coiffe la flamme. Cette dernière remplit tout l'intérieur; et le tissu tout entier, dans la région *c*, est chauffé à blanc et rayonne une quantité de lumière considérable. Le bec est bien plus éclairant avec une dépense de gaz notablement moindre.

37. Combustion complète et combustion incomplète d'une flamme. — Fumée. — La flamme d'une bougie a une dimension maximum qu'on ne peut dépasser sans la rendre fumeuse. C'est que la longueur de la flamme est le chemin parcouru par une tranche de gaz en ignition pendant le temps que la combustion se transmet de la circonférence au centre; d'autre part, au-delà d'une certaine dimension, la flamme est obligée de trop s'allonger pour permettre à toutes les parties intérieures de se trouver en contact avec l'air. Il y a refroidissement à l'extrémité, et les portions non complètement brûlées de la région *b* (gaz combustibles et charbon en poudre) s'éteignent avant d'arriver à la région *c* et constituent ce qu'on appelle la *fumée*.

La fumée est donc composée :

Des gaz résidus de la combustion;

De gaz combustibles non brûlés;

Souvent d'un excès d'air qui ne s'est pas trouvé dans de bonnes circonstances de lieu et de température pour compléter la combustion;

Enfin, de carbone libre, en poussière impalpable, formant ce qu'on appelle le *noir de fumée* ou la *suie*.

C'est à cause des dimensions trop fortes de leurs flammes

que les lampions et les torches brûlent avec autant de fumée apparente.

Il en est de même des mèches à huile, qui, pour brûler dans de bonnes conditions, demandent à être très petites et très plates.

Enveloppons une mèche de cette nature d'un tube en verre formant cheminée transparente ; la vitesse de l'air augmentera, la combustion aura lieu plus vite, et la flamme sera plus courte. En même temps, ce moyen permet de rendre complète la combustion d'une mèche plus grosse, et d'élever par conséquent le maximum de la dimension qu'on peut employer sans avoir de fumée apparente. D'un autre côté, il faut proportionner la cheminée à la flamme ; si le tirage était trop actif, il arriverait à être suffisant pour refroidir la flamme et l'éteindre, exactement comme si l'on soufflait dessus.

Cherchons un moyen d'augmenter encore la dimension d'une flamme en l'empêchant d'être fumeuse : introduisons de l'air à l'intérieur ; nous arrivons à la lampe d'Argant, composée d'une mèche annulaire contre laquelle l'air est appelé intérieurement et extérieurement, et la vitesse de l'air est encore activée par le tirage d'une cheminée en verre. Nous arrivons dans ces becs à avoir une lame très mince de gaz combustibles, à température élevée, comprise entre deux courants d'air pur.

Dans les lampes de phares, qui doivent avoir une grande puissance, on a encore perfectionné (Arago et Fresnel) le mode de combustion : on y emploie quatre ou cinq mèches concentriques entre lesquelles circule une quantité d'air suffisante appelée par une cheminée transparente. On a donc, dans ce cas, une série de lames de gaz combustibles séparés par une autre série de lames d'air pur. On arrive de cette manière à la combustion complète d'une grosse mèche. C'est ainsi que, dans l'industrie, lorsqu'on a à brûler des gaz combustibles, on cherche à se rapprocher autant que possible des conditions du type parfait d'une lampe de phare.

Il y a lieu de noter en passant que, dans les lampes ci-dessus, on règle à volonté l'émission des gaz combustibles en soulevant plus ou moins la mèche, et l'activité du courant d'air en rapprochant plus ou moins de la flamme une partie étranglée du tube en verre formant cheminée.

Il résulte de ces développements que, pour brûler complètement un gaz combustible, il faut :

1° *Le débiter en lames minces ;*

2° *Séparer ces lames par des lames minces d'air pur ;*

3° *Que les proportions de gaz et d'air soient convenables, ainsi que les vitesses ;*

4° *Que ces éléments se rencontrent à point, lorsque la température nécessaire au développement de la combustion est encore suffisante.*

38. Combustibles mixtes. — Combustion du bois, de la houille. — Tous les combustibles qui ne sont pas du charbon pur se dédoubleront donc, dans un foyer, en gaz carbonés combustibles, et en une quantité plus ou moins grande de charbon solide, analogue au charbon de bois ou au coke. Ce dernier brûlera sur place, en produisant un foyer fixe incandescent, tandis qu'au dessus les gaz combustibles s'élèveront à cause de leur faible densité, et brûleront sous forme de flammes.

Prenons comme exemple un foyer à bois ; il peut être à fond plein, parce que la forme même des bûches, pourvu qu'elles soient un peu soulevées, permet à l'air d'approcher. Si on examine attentivement la combustion dans ce foyer, on voit qu'elle se fait comme il vient d'être dit, mais bien plus inégalement que dans la flamme d'une bougie : il y aura des parties où l'air et les gaz combustibles seront très bien mélangés et où les flammes brûleront jusqu'au bout, sans fumée apparente ; il y aura d'autres régions où l'air n'arrivera pas suffisamment et où les gaz, brûlant incomplètement, donneront de la fumée ; enfin, il y aura des jets de gaz, se dégageant de certaines bûches, au contact d'un excès d'air, et dans les meilleures conditions pour brûler s'ils n'étaient trop froids pour s'allumer. Approchons une allumette enflammée, ils prendront feu en se transformant en jets de flamme blanche, avec suppression immédiate de fumée apparente.

Dans un foyer à bois, on a donc une série de flammes, côte à côte, tour à tour s'éteignant, ou brûlant mal et avec fumée, ou brûlant bien et sans fumée, et présentant les mêmes caractères que la flamme de la bougie ou de la lampe dans l'alternative correspondante.

Au-dessous des flammes, le charbon de bois, sous forme de *braise*, forme un brasier fixe incandescent.

Examinons maintenant la combustion de la houille ; les morceaux laissent entre eux des intervalles bien plus petits que ceux des bûches de bois. Aussi, si on voulait la brûler dans un foyer à fond plein, le dégagement des gaz carbonés serait si considérable, pour la houille grasse surtout, que l'air ne pourrait s'approcher que de sa surface extérieure ; la majeure partie des gaz combustibles, formant une flamme trop grosse, échapperaient à la combustion en donnant une épaisse fumée.

Comme pour les lampes de phares, on a dû chercher à faire pénétrer l'air dans la masse en lames divisées, et on est arrivé à soulever le combustible sur des grilles à jour, qui permettent de multiplier les accès d'air.

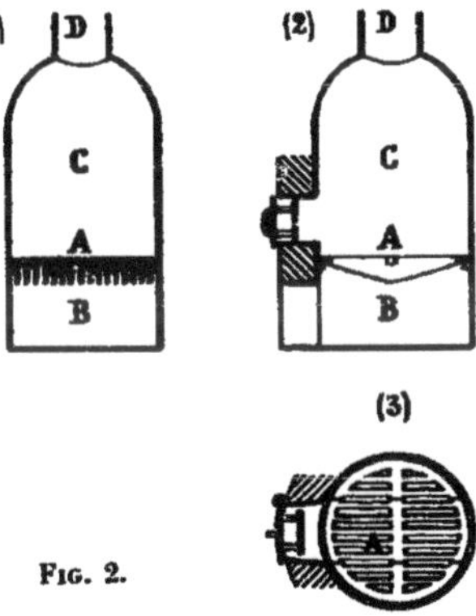

Fig. 2.

La figure 2 représente dans ses croquis (1), (2) et (3) un foyer à houille. A est la grille, en une ou plusieurs pièces, suivant la dimension du foyer. L'espace B, situé au-dessous de la grille, est destiné à laisser pénétrer l'air en même temps qu'à recueillir les cendres ; on le nomme le *cendrier*. Il est ouvert au dehors.

L'espace C, situé au-dessus de la grille et destiné au développement des gaz combustibles et de l'air qui doit les brûler, s'appelle plus spécialement le *foyer*.

Enfin, en D se trouve le départ des gaz communiquant avec la cheminée qui doit les évacuer.

Le foyer proprement dit est muni d'une porte qui intercepte toute communication avec l'extérieur, sauf pendant le temps du chargement : de sorte que l'air, appelé par le tirage de la cheminée, est forcé de traverser la couche de combustible placée sur la grille.

Au-dessous de la grille, lorsque le foyer est en marche, il y a de l'air pur, qui vient du dehors, appelé par le *tirage*. Au-dessus de la grille, on trouve les gaz enflammés ainsi que le combustible solide en ignition. Au dessus encore, il n'y a plus que les produits de la combustion, soit :

De l'acide carbonique et de la vapeur d'eau, produits de la combustion complète ;

Plus l'azote venant de l'air qui a servi à la combustion.

Si l'acide carbonique n'est pas pur, et qu'il soit mélangé de gaz combustibles non brûlés, on peut en conclure que le volume d'air qui a passé par la grille a été trop faible.

Si les gaz résiduaires contiennent de l'oxygène, c'est qu'il y a eu trop d'air.

S'ils contiennent à la fois des gaz non brûlés et de l'oxygène, c'est qu'il n'y a pas eu rencontre, mélange intime des gaz combustibles avec l'oxygène, ou bien qu'ils se sont rencontrés dans des circonstances impropres à la combustion.

39. Volume d'air nécessaire à la combustion. — La chimie enseigne que :

1° 2 volumes d'hydrogène s'unissent à 1 volume d'oxygène pour former de la vapeur d'eau (1 gramme d'hydrogène s'unit à 8 grammes d'oxygène pour faire 9 grammes de vapeur d'eau) ;

2° Du charbon brûlant dans 1 volume d'oxygène donne 1 volume d'acide carbonique, lorsque tout l'oxygène est absorbé (6 grammes de carbone s'unissent à 16 grammes d'oxygène pour faire 22 grammes d'acide carbonique) ;

3° Du charbon brûlant incomplètement produira avec 1 volume d'oxygène 2 volumes d'oxyde de carbone

(6 grammes de carbone s'unissent à 8 grammes d'oxygène pour faire 14 grammes d'oxyde de carbone);

4° 1 volume d'oxyde de carbone s'unit à 1/2 volume d'oxygène pour faire 1 volume d'acide carbonique.

5° L'air renferme :

Pour 100 volumes, 79 volumes d'azote et 21 volumes d'oxygène;
Pour 100 grammes, 77 grammes d'azote et 23 grammes d'oxygène.

6° Les densités des différents corps gazeux suivants sont :

	Rapportées à l'air	Absolues
Air	1.0000	1.2937
Oxygène	1.10570	1.4370
Oxyde de carbone	0.9670	1.2560
Acide carbonique	1.5290	1.9840
Hydrogène	0.0693	0.0896
Azote	0.9720	1.2580
Vapeur d'eau	0.622	0.8047 fiction à 0°

Ces faits et chiffres une fois posés, il est facile de déterminer la quantité théorique d'air nécessaire à la combustion de 1 kilogramme d'un combustible élémentaire, ainsi que d'un combustible usuel dont on connait la composition.

C'est ainsi qu'on a composé le tableau suivant qui donne les volumes théoriques d'air nécessaire à la combustion des divers combustibles usuels, gazeux ou solides.

Chaque combustible y est indiqué décomposé en ses éléments, et les colonnes suivantes indiquent les quantités partielles, soit d'oxygène pur, soit d'air, qui donneront la combustion complète de ces éléments.

Enfin, les dernières colonnes donnent les produits de la combustion de ces divers éléments dans l'air, soit en volumes ramenés à 0°, soit en poids.

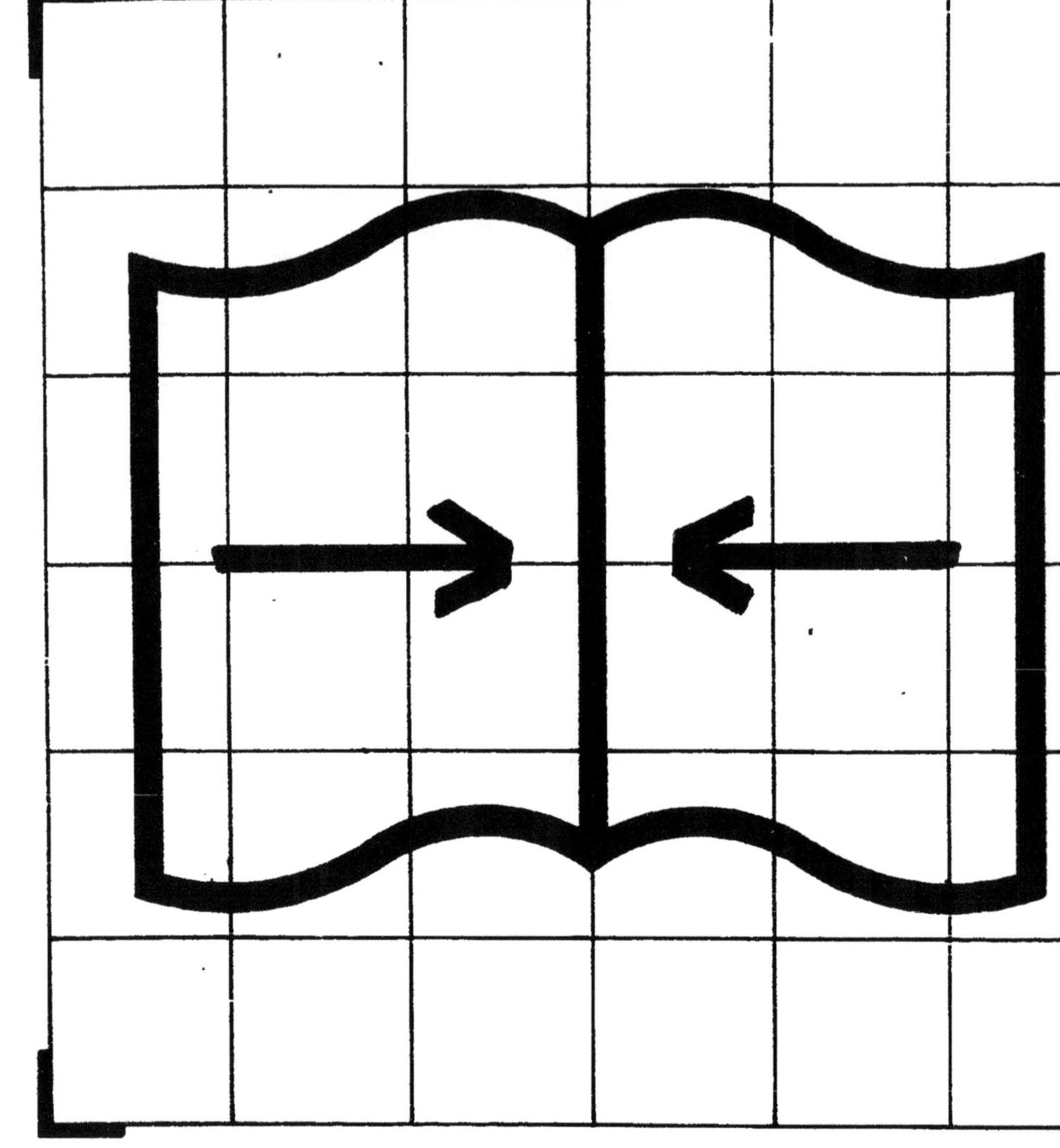

Tableau des volumes théoriques d'air nécessaires à la combustion des divers combustibles usuels

COMBUSTIBLE	ÉLÉMENTS CONTENUS DANS 1 KIL. DU COMBUSTIBLE			OXYGÈNE nécessaire pour CHAQUE ÉLÉMENT		AIR nécessaire pour CHAQUE ÉLÉMENT		PRODUITS DE LA COMBUSTION DANS L'AIR — EN VOLUMES RAMENÉS A 0°				EN POIDS			
	Carbone	Hydrogène	Eau	Volume	Poids	Volume	Poids	A. carb.	Eau vap. à 0° fiction	Az.	Total	A. carb.	Eau	Az.	Total
Carbone en CO²	kilogr. 1,00	kilogr.	kilogr.	mètres 1.85	kilogr. 2.67	mètres 8.80	kilogr. 11.59	mètres 1.85	mètres	mètres 6.95	mètres 8.80	kilogr. 3.67	kilogr.	kilogr. 8.92	kilogr. 12.59
Oxyde de carbone	0.429			0.40	0,57	1,90	2.47	0.79		1.50	2.29	1,57		1.90	3,47
Carbone en CO	1.000			0.92	1,33	4.38	5.78	ox.carb. 1.85		3.46	5.31	ox.carb. 2.33		4.45	6.78
Hydrogène		1.000		5.55	8.00	24.14	34.32		11.25	18.59	29.84		9.000	26.32	35.32
Hydrogène protocarboné	0.75 0.75	0.25 0.25		1.39 1.39 2.78	2.00 2.00 4.00	6.60 6.60 13.20	8.70 8.70 17.40	1.39 1.39	2.81 2.81	5.21 5.21 10.42	6.60 8.02 14.62	2.75 2.75	2.25 2.25	6.70 6.70 13.40	9 45 8,95 18.40
Hydrogène bicarboné	0.83 0.83	0.17 0.17		1.54 0.93 2.47	2.22 1.34 3.56	7.33 4.03 11 36	9.65 5.73 15.38	1.54 1.54	1.87 1.87	5.79 3.10 8.89	7.33 4.90 12.23	3.05 3.05	1.51 1.51	7.43 4.39 11.82	10.48 5.90 16.38
Bois ligneux	0.49 0.49	0.01 0.01	0.48 0.48	0.89 0.06 0.95	1.31 0.08 1.39	4.31 0.24 4.55	5.68 0.34 6.02	0 89 0.89	0.11 0.77 0.88	3.42 0.19 3.61	4.31 0.30 0.77 5.38	1.80 1.80	0.09 0.48 0.57	4.37 0.26 4.63	6.17 0.35 0.48 7.00
Bois ordinaire (30 % d'eau)	0.34	0.007	0.64	0.63 0.04	0.91 0.06	3.00 0.17	3.94 0.24	0.63	0.08 1.03	2.37 0.13	3.00 0.21 1.03	1.25	0.06 0.64	3.03 0.18	4.28 0.24 0.64

Tourbe desséchée	0.58	0.02	0.37	1.07 0.12	1.55 0.16	5.10 0.48	6.72 0.68	1.07	0.22 0.60	4.03 0.38	5.10 0.60 0.60	1.65	0.18 0.37	5.17 0.52	6.82 0.70 0.37
	0.58	0.02	0.37	1.19	1.71	5.58	7.40	1.07	0.82	4.41	6.30	1.65	0.55	5.69	7.89
Lignite parfait	0.66	0.03	0.23	1.22 0.17	1.76 0.24	5.81 0.72	7.65 1.03	1.22	0.34 0.37	4.59 0.55	5.81 0.89 0.37	2.42	0.27 0.23	5.89 0.79	8.31 1.06 0.23
	0.66	0.03	0.23	1.39	2.00	6.53	8.68	1.22	0.71	5.14	7.07	2.42	0.50	6.68	9.60
Houille maigre à longue flamme	0.78	0.03	0.19	1.44 0.17	2.08 0.24	6.86 0.72	9.04 1.03	1.44	0.34 0.31	5.42 0.55	6.86 0.89 0.31	2.86	0.27 0.19	6.96 0.79	9.82 1.06 0.19
	0.78	0.03	0.19	1.61	2.32	7.58	10.07	1.44	0.65	5.97	8.06	2.86	0.46	7.75	11.07
Houille à gaz	0.85	0.05	0.10	1.57 0.28	2.27 0.40	7.48 1.20	9.85 1.71	1.57	0.56 0.16	5.91 0.92	7.48 1.48 0.16	3.12	0.45 0.10	7.58 1.31	10.70 1.76 0.10
	0.85	0.05	0.10	1.85	2.67	8.68	11.56	1.57	0.72	6.83	9.12	3.12	0.55	8.89	12.56
Houilles maréchales	0.87	0.04	0.09	1.61 0.22	2.32 0.32	7.66 0.97	10.08 1.37	1.61	0.45 0.14	6.05 0.75	7.66 1.20 0.14	3.19	0.36 0.09	7.76 1.05	10.95 1.41 0.09
	0.87	0.04	0.09	1.83	2.64	8.63	11.45	1.61	0.59	6.80	9.00	3.19	0.45	8.81	12.45
Houilles maigres à courte flamme	0.92	0.04	0.04	1.70 0.22	2.46 0.32	8.10 0.97	10.66 1.37	1.70	0.45 0.06	6.40 0.75	8.10 1.20 0.06	3.38	0.36 0.04	8.20 1.05	11.58 1.41 0.04
	0.92	0.04	0.04	1.92	2.78	9.07	12.03	1.70	0.51	7.15	9.36	3.38	0.40	9.25	13.03
Anthracite	0.94	0.03	0.03	1.74 0.17	2.51 0.24	8.27 0.72	10.89 1.03	1.74	0.34 0.05	6.53 0.55	8.27 0.89 0.05	3.45	0.27 0.03	8.38 0.79	11.83 1.06 0.03
	0.94	0.03	0.03	1.91	2.75	8.99	11.92	1.74	0.39	7.08	9.21	3.45	0.30	9.17	12.92

Il résulte de ce tableau qu'en nombre rond il faut théoriquement 9 mètres cubes d'air pour brûler 1 kilogramme de carbone pur, et le même nombre de mètres cubes d'air pour la combustion d'une houille moyenne; 1 kilogramme d'hydrogène exige, pour brûler, 24 mètres cubes d'air.

Avec la difficulté qui a été démontrée de brûler convenablement les combustibles, les volumes d'air du tableau sont trop faibles pour qu'on puisse songer, en les appliquant strictement, à obtenir une combustion complète; si on veut obtenir celle-ci, il faut les dépasser notablement.

Est-il avantageux d'introduire dans un foyer beaucoup plus d'air que le minimum ci-dessus ?

En augmentant la quantité d'air, on améliore, il est vrai, la combustion et, par suite, on fait croître le nombre de calories dégagées ; mais, d'autre part, l'excès d'air introduit, en s'échauffant, prend et emmène dans la cheminée une portion de la chaleur produite, en abaissant la température du foyer.

Les quelques expériences directes faites sur ce sujet montrent que la quantité d'air qui correspond au rendement maximum varie pour les diverses houilles entre le volume théorique et ce même volume augmenté de moitié ; que, jusqu'au double du volume théorique, il y a sensiblement compensation entre la perte due à l'excès d'air et le gain d'une meilleure combustion; enfin, qu'au-delà du double du volume théorique il y a diminution très notable du rendement.

Il faut en conclure qu'on doit faire passer dans les grilles une fois et demie ou deux fois le volume théorique d'air, sans dépasser ce dernier chiffre.

Dans le tableau précédent, les gaz produits de la combustion sont supposés ramenés à la température de 0°. Il arrive souvent que l'on a à se servir de leur volume à la température de T°. Il faut employer pour cela le binôme de dilatation des gaz, qui est $1 + 0,00367\ T$. Voici la valeur de ce coefficient pour des températures variant de 25 en 25°, depuis 100° jusqu'à 525° :

100°	1 + 0,00367 T =	1.367	325°	1 + 0,00367 T =	2.193
125	—	1.459	350	—	2.285
150	—	1.551	375	—	2.376
175	—	1.642	400	—	2.468
200	—	1.734	425	—	2.560
225	—	1.826	450	—	2.652
250	—	1.918	475	—	2.743
275	—	2.009	500	—	2.835
300	—	2.101	525	—	2.927

40. Quantité de chaleur emportée par les produits de la combustion. — Au moyen des renseignements qui précèdent, on peut déterminer quels sont les produits de la combustion d'un corps donné, d'après la quantité d'air qui sert à le brûler. On peut se proposer maintenant de rechercher quelle est la quantité de chaleur emportée dans la cheminée par les produits de la combustion.

Supposons que les gaz sortent d'un calorifère à la température de 300° et qu'on n'admette pour la combustion que le volume d'air théorique, soit 9 mètres cubes par kilogramme de houille sèche à courte flamme employée.

On obtient, dans ce cas, comme produits de la combustion :

3 kil.	38 d'acide carbonique.	par kilogramme de combustible (voir le tableau du n° 39).
9	25 d'azote...........	
0	40 de vapeur d'eau....	

Prenons, comme chiffre approché, 0,25 pour la chaleur spécifique de l'acide carbonique et de l'azote[1], et 0,50 pour celle de la vapeur d'eau.

---

[1] D'après MM. Laroche et Bérard, les chaleurs spécifiques des gaz suivants, rapportées à l'eau (soit la quantité de chaleur nécessaire pour élever de 1° 1 kilogramme de chaque gaz), sont :

Air atmosphérique..............................	0,2669
Hydrogène	3,2936
Oxygène..	0,2361
Azote...	0,2754
Oxyde de carbone..............................	0,2884
Acide carbonique..............................	0.2210

D'ordinaire, on prend pour moyenne générale, dans les calculs approchés, le nombre 0,25 pour tous les gaz ci-dessus.

La chaleur emportée sera :

$$300^\circ[(3,38+9,25)0,25+0,40\times0,50]=300\times3,36=1.008 \text{ calories.}$$

Soit environ le 1/8e de la chaleur dégagée par la houille.

Quelle serait la quantité de chaleur qu'auraient emportée les gaz, si on avait admis pour la combustion un volume d'air double du volume théorique ?

Il serait passé dans le foyer et, par suite, dans la cheminée 12 kilogrammes d'air en plus, qui eussent été chauffés à 300° emportant dans la cheminée une nouvelle quantité de chaleur de :

$$300^\circ \times 12 \times 0,25 = 900 \text{ calories.}$$

Or, en réalité, la différence n'est pas aussi grande, parce que, comme on l'a vu au numéro précédent, dans le premier cas, à cause de la combustion incomplète, il y aurait eu une moins-value de 700 à 800 calories par kilogramme de houille.

41. Température d'un foyer. — Il est facile, en appliquant ce qui vient d'être dit, de déterminer la limite maximum de température que peut atteindre un foyer, du moment que l'on connaît la composition du combustible et la quantité d'air que l'on admet pour le brûler.

Soient en effet : P, la puissance calorifique du combustible ; p, le poids d'un des produits de la combustion ; et c, sa chaleur spécifique ; p', le poids d'un autre ; et c', sa chaleur spécifique, et ainsi de suite ; il est évident que la chaleur produite dans le foyer est emportée par les gaz, du moment qu'il n'y a pas eu d'autre utilisation ; on a donc :

$$P = t\,(pc + p'c' + \ldots.)$$

d'où :

$$t = \frac{P}{\Sigma\, pc}.$$

En appliquant cette formule à diverses combustions, on trouve que :

	températures
Le carbone brûlé dans l'oxygène pur pourrait arriver à donner[1]	10.000°
Le carbone brûlé dans l'air pur pourrait arriver à donner	2.700
L'hydrogène brûlé dans l'oxygène pur pourrait arriver à donner	6.400
L'hydrogène brûlé dans l'air pur pourrait arriver à donner	2.600
L'oxyde de carbone dans l'air pur pourrait arriver à donner	3.000

En pratique, le rayonnement, le fourneau et les corps à chauffer diminuent les chiffres, et cela d'autant plus qu'ils sont, dans chaque cas, susceptibles d'enlever plus de chaleur à la fois.

Le foyer d'une chaudière à vapeur sera à température bien plus basse que celle du même foyer appliqué à un calorifère ou à une opération métallurgique.

Les chiffres qui précèdent sont obtenus en supposant que le combustible brûle avec la quantité d'oxygène ou d'air strictement nécessaire. Ils diminueraient très notablement si l'accès de l'air devenait plus abondant. Ce sont des maxima que l'on ne peut atteindre en pratique pour toutes les raisons énoncées, auxquelles il faut joindre celle de la combustion incomplète.

La même formule donne les résultats suivants, lorsque la quantité d'air employée à la combustion est double de celle que donne la théorie :

Carbone	1.400°
Hydrogène	1.500
Oxyde de carbone	1.700

On peut augmenter dans une certaine mesure la température d'un foyer, en chauffant préalablement l'air comburant,

[1] Péclet, 3e édit., 80.

ce que l'on fait économiquement dans nombre d'industries, en utilisant à cet effet des chaleurs perdues.

42. Épaisseur de combustible à brûler sur les grilles. — Il est important d'étudier l'épaisseur de la couche de combustible que l'on peut brûler sur une grille ; on ne peut donner à ce sujet que des chiffres moyens, parce que, dans chaque cas, l'épaisseur varie :

1° Avec la nature et la qualité du combustible ;

2° Avec le tirage dont on dispose.

Si l'on cherche à brûler le combustible sous mince épaisseur, on admet forcément, par les vides de la grille, un excès d'air qui refroidit le foyer et entraîne une grande quantité de chaleur ; de plus, il faut charger plus fréquemment et renouveler, par suite, plus souvent la perte due à l'ouverture des portes ; enfin, l'attention du chauffeur doit être constamment en éveil pour éviter qu'il ne se forme des *trous* sur la grille, autrement dit des parties dégarnies de combustible, par lesquelles afflue une grande quantité d'air froid.

Si on passe à l'excès opposé, c'est-à-dire si on brûle le combustible sous couche épaisse, l'air passera plus difficilement, et on aura une combustion incomplète des gaz carbonés. L'oxygène étant en défaut par rapport à la masse de charbon incandescent, il se formera non plus de l'acide carbonique, avec dégagement de 8.000 calories par kilogramme de charbon brûlé, mais de l'oxyde de carbone, avec production réduite à 2.400 calories ; par suite, diminution très importante d'effet utile du combustible.

C'est entre ces deux extrêmes qu'il faut se tenir, et, d'ordinaire, on brûle les combustibles sous les épaisseurs suivantes :

Houilles maigres..........	$0^m,12$ à $0^m,15$
Houilles grasses...........	0 ,15 à 0 ,20
Coke....................	0 ,20 à 0 ,25
Tourbe et bois............	0 ,25 à 0 ,30

Mais on conçoit que, pour chaque foyer, et chaque qualité de houille qu'on y brûle, il faille faire des expériences, en se rendant compte, en même temps, par l'analyse des gaz, de la quantité d'air que l'on admet sur la grille. Ces expériences et analyses donneront, en peu de temps, les circonstances d'épaisseur de houille et d'admission d'air qui correspondent au meilleur rendement.

Un tirage forcé permet d'augmenter les épaisseurs de combustibles.

43. Construction des grilles ordinaires. — La grille, qui sépare le foyer proprement dit du cendrier, se compose d'ordinaire de barreaux en fonte reposant sur deux sommiers en fer disposés pour permettre toute dilatation.

Les barreaux ont généralement de 0m,020 à 0m,030 d'épaisseur, et leur écartement, assuré par des talons saillants aux extrémités, varie de 0m,006 à 0m,01. Lorsque leur longueur dépasse 0m,75 on ajoute au milieu un troisième talon pour assurer leur rigidité.

On donne aux barreaux une forme d'égale résistance pour deux motifs : 1° ils sont fortement chauffés, et la résistance du métal diminue à mesure que la température s'élève ; 2° les surfaces latérales, ainsi augmentées, présentent un large contact avec l'air froid qui alimente le foyer. Ils sont par cela même maintenus à une température plus basse, sont moins exposés à se déformer et à fondre, et durent plus longtemps.

Les barreaux se présentent dans le sens de la longueur du fourneau ou de l'appareil, l'une de leurs extrémités faisant face au chauffeur. De cette façon, ce dernier peut facilement les nettoyer et dégager leurs intervalles. Ceux-ci d'ailleurs vont en se rétrécissant jusqu'en haut, de manière à ne pouvoir garder de matières engagées.

La figure 3 montre dans ses trois premiers croquis, en vue latérale, en coupe et en plan, la forme et la disposition des barreaux de grille, d'après les indications qui viennent d'être données. Il est bon de terminer en biseau l'avant des barreaux, ainsi que la plaque qui leur fait suite et qui les isole de la porte. De la sorte, s'il reste entre les deux des mâchefers, des escarbilles ou des cendres, la dilatation les soulève, au lieu de les comprimer et de les déformer. On prend la même disposition lorsque c'est la plaque elle-même qui se prolonge avec la forme convenable pour remplacer le sommier de face et soutenir l'avant des barreaux (*croquis* 4).

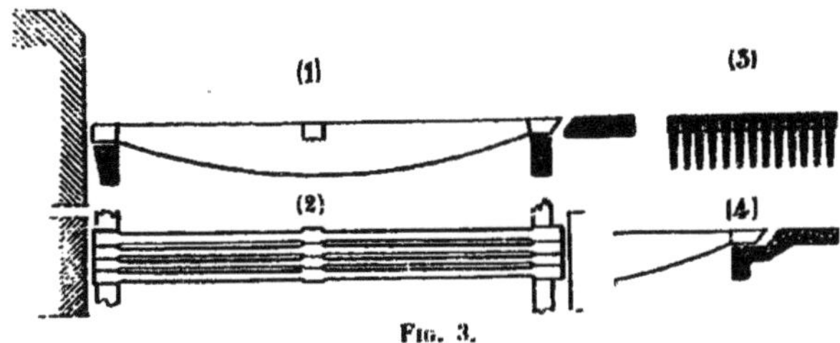

Fig. 3.

Lorsque la longueur de la grille dépasse 1 mètre à 1m,25, on a avantage à mettre deux barreaux l'un au bout de l'autre avec un double sommier au milieu.

L'intervalle de ces deux sommiers médians, comme le montre la figure 4, est suffisant pour laisser passer les cendres et mâchefers qui peuvent s'engager entre les deux parties de la grille.

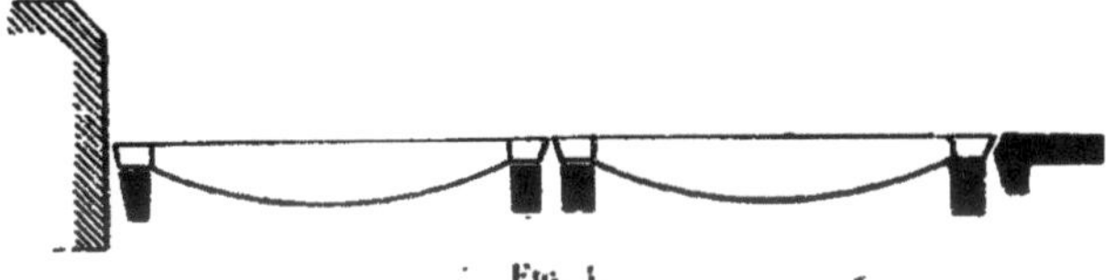

Fig. 4.

Quelquefois, pour donner plus de stabilité aux grilles, surtout pour les combustibles produisant beaucoup de mâchefer, on donne aux barreaux une forme qui leur permet de s'accrocher au sommier arrière; on fait venir de fonte un talon saillant qui les retient. La figure 5 représente cette disposition.

Il ne faut pas donner au talon une trop forte saillie, si on veut lui conserver une solidité suffisante pour résister aux décrassages.

Lorsque l'on doit brûler sur une grille des houilles grenues, des menus ou du tout venant, on est obligé de serrer les barreaux et de réduire leurs intervalles, de telle sorte que le passage de l'air diminue de section, tout en étant plus encombré par le combustible. On est amené à faire les barreaux plus minces, et à cet effet on les construit en fer laminé. Le prix aux 100 kilogrammes est plus élevé, mais on y trouve l'avantage de redressements et de réparations faciles.

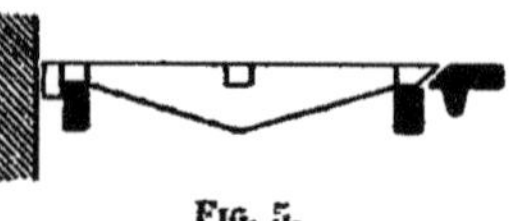

Fig. 5.

La section libre de la grille devient alors moitié de la surface totale.

L'écartement des barreaux est réglé par des têtes de rivets de saillie convenable, que l'on pose sur la moitié des barreaux aux extrémités et au milieu, à des hauteurs différentes (*fig.* 6).

On place alors alternativement un barreau lisse et un barreau muni de rivets.

Les grilles sont, la plupart du temps, placées suivant un plan horizontal.

D'autres fois, on incline leur plan avec une pente vers l'arrière de 0m,10 par mètre, ce qui facilite la vue du combustible et aide au chargement, en même temps qu'on y trouve un espace libre qui s'ajoute à la capacité du foyer et favorise le développement de la flamme.

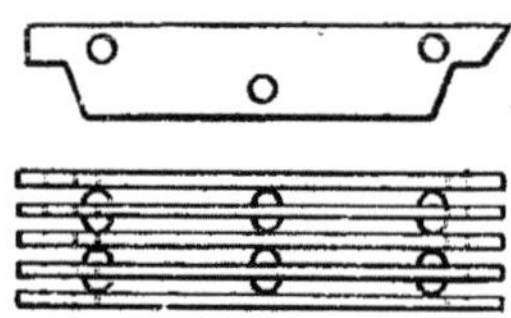

Fig. 6.

La hauteur de l'avant de la grille au-dessus du sol extérieur n'est pas indifférente pour la commodité du chargement; il faut lui donner 0m,75 à 0m,80 pour réduire au minimum la fatigue du chauffeur.

Les proportions des grilles, du moment qu'elles présentent la surface voulue, sont indifférentes au point de vue du combustible. Elles se déduisent, en général, de la forme du fourneau ou des objets à chauffer.

Dans nombre de foyers de calorifères les grilles sont établies sur un plan circulaire.

Tous les barreaux sont fondus ensemble dans les petits

diamètres jusqu'à 0m,25 à 0m,30. Pour des diamètres plus forts, on les divise en deux ou plusieurs groupes de barreaux afin de fractionner les remplacements (*fig.* 7).

Pour les diamètres encore plus grands, les barreaux sont isolés, mais ils présentent alors l'inconvénient d'un nombre considérable de modèles pour former une garniture de foyer, ainsi que pour les pièces de rechange.

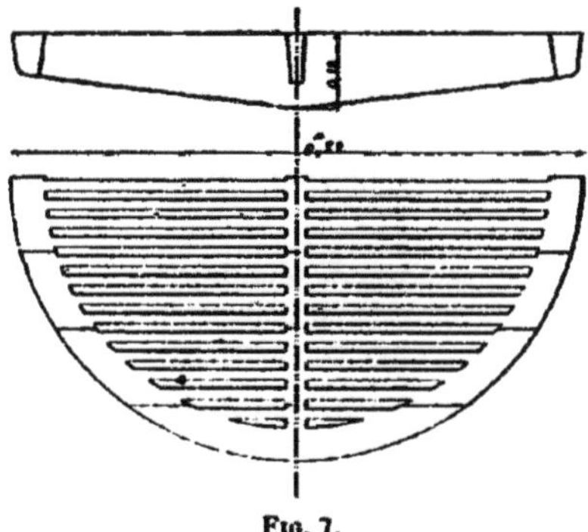

Fig. 7.

Toutes les fois qu'on le peut, on fait les foyers rectangulaires ; tous les barreaux alors sont identiques, et la grille se simplifie.

Souvent l'une des dimensions, soit la largeur, soit la longueur, se déduit du programme même du problème à résoudre ; l'autre est alors déterminée. Lorsque toutes deux sont indéterminées, on leur assigne le rapport qui paraît le plus convenable pour la commodité du chauffeur, en ayant soin de ne pas les faire plus larges que 1m,25 ni plus longues que 2 mètres.

Une largeur plus grande nécessiterait une porte trop large ; on fait cependant des foyers jusqu'à 1m,50 de largeur, mais avec deux portes ; une longueur dépassant 2 mètres offrirait de sérieuses difficultés de chargement et de nettoyage.

Il résulte de ces chiffres qu'on ne peut guère dépasser 2 mètres pour la surface d'un foyer. Au delà, il faut mettre plusieurs foyers et multiplier les appareils.

D'un autre côté, il ne faut pas descendre au-dessous de 0m,25 pour la plus petite dimension d'une grille, sous peine de voir le combustible s'y refroidir et s'y éteindre trop facilement.

44. Surface à donner aux grilles. — On peut brûler

sur une grille des quantités très variables d'un même combustible. A feu dormant on consomme 50 kilogrammes de houille par mètre carré et par heure, tandis que par un tirage excessif on peut brûler par mètre carré jusqu'à 200 kilogrammes de ce même combustible.

L'expérience montre que, dans les deux cas, il se produit des quantités considérables d'oxyde de carbone.

On admet, pour les foyers des chaudières ou ceux qui doivent avoir une allure analogue, une combustion par mètre carré de grille de:

80 à 100 kilogrammes de houille;
150 à 200 kilogrammes de bois;
120 à 140 kilogrammes de coke.

Donc, étant donnée la quantité de combustible à brûler par heure sur une grille, on peut en déduire de suite la surface de grille.

Pour les calorifères, il faut se rendre compte de l'allure qu'il est utile d'adopter dans chaque cas particulier, et en déduire la surface de grille. Lorsque, par exemple, on veut couvrir le feu pour le faire durer doucement une partie de la nuit, on ne compte que sur le chiffre de 50 kilogrammes par mètre.

Le chiffre de consommation de houille doit être établi d'après le combustible nécessaire aux jours les plus froids de l'hiver.

45. Grilles à gradins. — Parmi les perfectionnements et modifications tentés pour améliorer l'effet utile des grilles, on peut citer la grille à gradins de MM. Chobrinsky et de Marsilly, représentée dans la figure 8. Elle se compose de plaques de fonte étagées, disposées en gradins, et se recouvrant légèrement. Elles sont portées sur des sommiers extrêmes, inclinés et munis de redans. Pour se débarrasser des mâchefers, on termine l'ouvrage par une grille transversale ordinaire composée de quelques barreaux reliés ensemble de manière à pouvoir basculer autour d'un axe, et ce mouvement est commandé du dehors au moyen d'une série de leviers.

On charge le combustible sur l'avant, on le repousse à

l'arrière à mesure qu'il brûle, qu'il perd ses gaz, et qu'il se transforme en combustible fixe. Il en résulte une combustion rationnelle, la houille distillant moins vite, et les gaz passant au-dessus du combustible fixe incandescent et se mélangeant avec les gaz chauds qui le traversent et qui contiennent un excès d'air. Cette grille a donné des résultats avantageux, alors qu'on ne savait pas encore brûler des combustibles médiocres et menus sur une grille ordinaire.

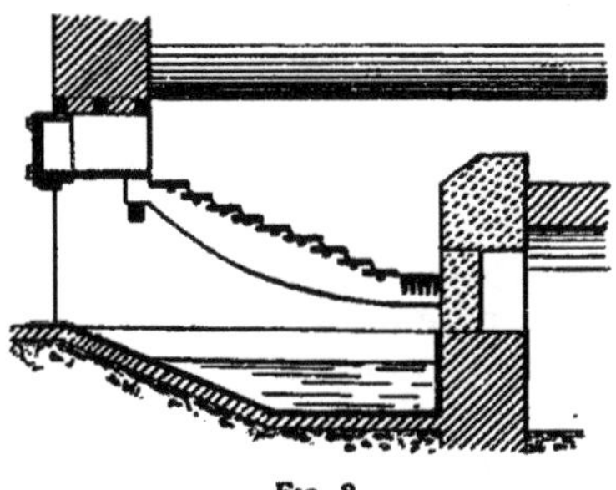

Fig. 8

46. Grille Wackernie. — Un autre perfectionnement tenté pour améliorer les grilles est celui de l'appareil Wackernie. Il se compose, ainsi que le représente la figure 9, de

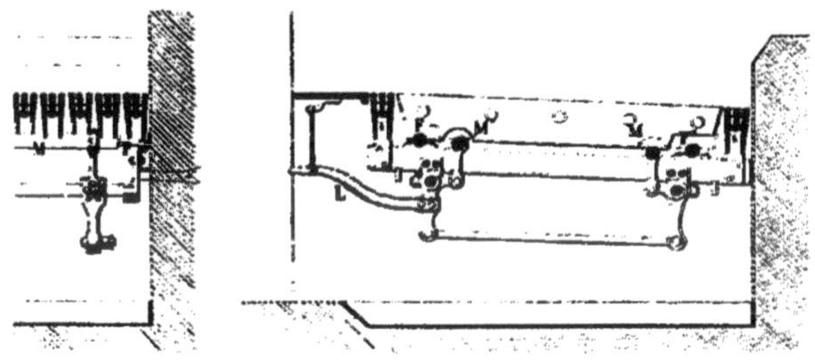

Fig. 9.

barreaux successifs divisés en deux séries, les barreaux pairs et les barreaux impairs. Les barreaux de l'une quelconque de ces séries sont portés sur un sommier fixe en fer rond F autour duquel ils peuvent tourner et à l'autre bout sur une traverse M qu'on peut soulever au moyen de leviers. La disposition inverse est prise pour les barreaux de l'autre série; de telle sorte que, par le même mouvement de levier on soulève à la fois tantôt les barreaux pairs, tantôt les barreaux impairs ; dans ces mouvements successifs on décolle les mâchefers, et on fait tomber les cendres; par ce moyen, le décrassage de la grille est rendu très facile.

Les barreaux sont creux et munis de rainures, ce qui permet de les établir en fonte, tout en augmentant considérablement la section libre réservée au passage de l'air.

47. Des foyers en maçonnerie et en métal. — Comparaison. — La capacité qui surmonte la grille et contient le combustible constitue le foyer. La matière dont il est formé est ou de la maçonnerie ou du métal. La combustion n'est pas la même dans les deux cas, et la température aussi diffère. Les foyers en maçonnerie sont plus chauds, à cause de la chaleur emmagasinée dans le briquetage, et ils exigent de la houille plus maigre. Les houilles grasses y distillent trop vite au moment du chargement, et les gaz produits sont trop abondants pour pouvoir brûler convenablement.

D'un autre côté, le foyer s'entretient à une température plus constante et permet de brûler des combustibles plus résistants, tels que les cokes de four et les anthracites.

D'autre part, les foyers en métal, surtout lorsqu'ils sont en contact avec un liquide froid sur leur autre paroi, éteignent les flammes, et donnent facilement une combustion moins complète; quelquefois même ils se recouvrent d'un dépôt de noir de fumée, provenant de l'extinction des gaz avant leur entière combustion.

Non seulement la matière qui compose les foyers diffère ainsi, mais leur forme est excessivement variable suivant les applications qu'on en fait, le combustible qu'on y brûle, et l'allure même de la combustion.

Nous allons passer en revue quelques-uns des foyers les plus usuels, en commençant par les foyers en maçonnerie.

48. Foyers droits. — Leurs inconvénients. — Les genres de foyers dans lesquels les produits de la combustion s'élèvent verticalement au-dessus de la grille sont appelés *foyers droits*, en raison même de leur forme. Les gaz combustibles et les veines d'air s'élèvent parallèlement, sans qu'aucun obstacle vienne les briser et les mélanger, et partout où les flammes sont trop épaisses, elles brûlent mal et s'éteignent avant que la combustion soit complète.

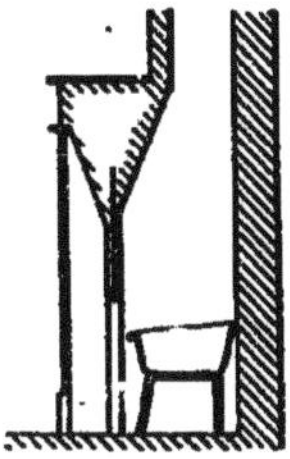

C'est ce que l'on voit très bien en étudiant la combustion du bois ou de la houille dans un foyer de cheminée, qui constitue le premier genre de foyers droits. Ici (*fig.* 10), le foyer est ouvert en avant, et l'air ne traverse le combustible qu'avec lenteur, parce que le tirage est entravé par la masse de gaz qui s'engouffre dans le tuyau en passant au-dessus de la grille. Les cendres formées restent à l'état pulvérulent et tombent au travers des barreaux, dans l'espace situé sous la grille, le cendrier.

Fig. 10.

Lorsque le foyer est fermé sur l'avant, comme dans la figure 11, l'air ne peut passer que par la grille et à travers le combustible en ignition. La vivacité de la combustion est plus grande. Les gaz brûlent d'abord, et il reste une couche de charbon fixe sur les barreaux. Si on charge une nouvelle quantité de combustible neuf, cette couche jetée sur le brasier distille vivement, dégage une masse de gaz hydrocarbonés dans un milieu rempli d'acide carbonique et refroidi par l'ouverture de la porte et l'introduction du combustible frais. Il y aura donc forcément une grande partie de ces gaz qui échapperont à la combustion en même temps qu'il se formera un dépôt de charbon précipité ; d'où fumée apparente épaisse à la sortie de la cheminée.

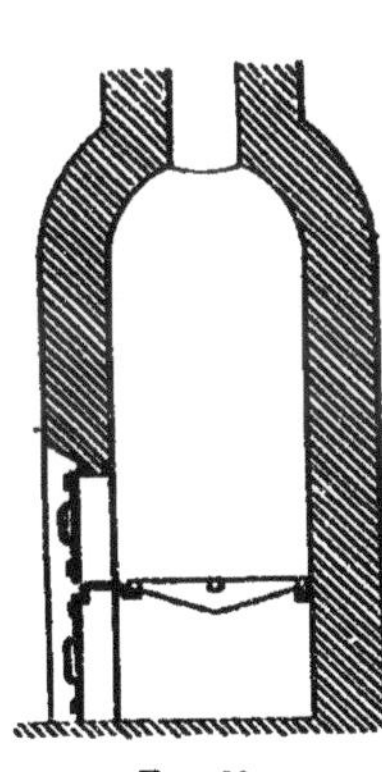

Fig. 11.

En second lieu, la chaleur se concentre sur les barreaux, fond les cendres, qui se transforment en *mâchefers ;* ceux-ci s'attachent à la grille et diminuent le passage de l'air. Il faut donc souvent *décrasser* les grilles, enlever les gâteaux de matières vitrifiées et soulever le combustible pour dégager les orifices d'accès de l'air; mais cet inconvénient est commun à des degrés plus ou moins forts, à toutes les grilles sur lesquelles a lieu une active combustion.

Malgré la mauvaise combustion qu'ils donnent, ces foyers droits sont employés dans nombre d'appareils de chauffage, en raison de la commodité de leur forme et de leur facile arrangement avec les appareils annexes chargés d'utiliser la chaleur produite.

On a cherché à profiter de la hauteur du foyer pour y accumuler une épaisseur considérable de combustible et espacer ainsi les chargements. A cet effet, indépendamment des portes du foyer *p* (*fig.* 12) et du cendrier *c*, on en a installé une troisième *t*, à la partie haute, pour introduire le combustible. Au point de vue du rendement, on a fait ainsi un mauvais appareil. La grande épaisseur de combustible portée à haute température amène l'acide carbonique formé sur la grille à l'état d'oxyde de carbone. Celui-ci se dégage à la partie haute du foyer, et se rend à la cheminée en emportant une grande quantité de calories. Chaque kilogramme de charbon ne produit plus que 2.400 calories au lieu de 8.000, et ce chiffre de 2.400 est encore abaissé par le coefficient de rendement de l'appareil.

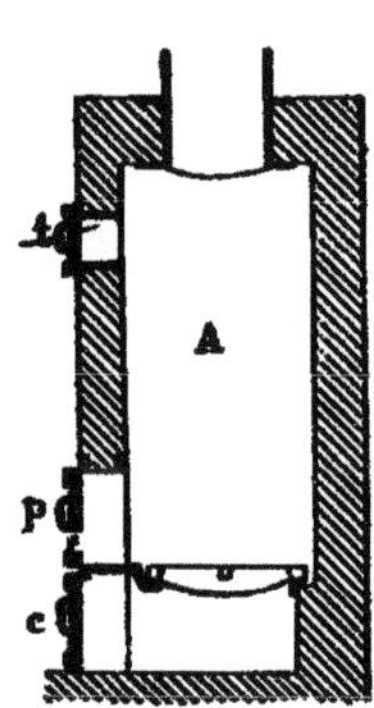

Fig. 12.

49. Foyer Grouvelle et Arquembourg. — MM. Grouvelle et Arquembourg construisent un foyer droit à grille spéciale qui, tout en permettant une certaine charge de combustible, est assez commode de manœuvre, et donne une meilleure utilisation du charbon. Ce foyer est représenté dans les deux croquis de la figure 13.

Le foyer est en maçonnerie maintenue par une caisse métallique. En bas est la grille horizontale. Au dessus est placée une seconde grille à 45°, continuée par le fond d'une trémie ayant même inclinaison. Le tuyau de départ de fumée est à la partie haute. La combustion a lieu sur les deux grilles ; la trémie est pleine de combustible neuf, et celui-ci glisse sur la grille inclinée en la maintenant garnie; la houille distille lentement, d'une façon continue. Les cokes s'accumulent sur la grille horizontale, sous mince épaisseur, sont traversés par un excès d'air qui se chauffe à haute température, et qui ren-

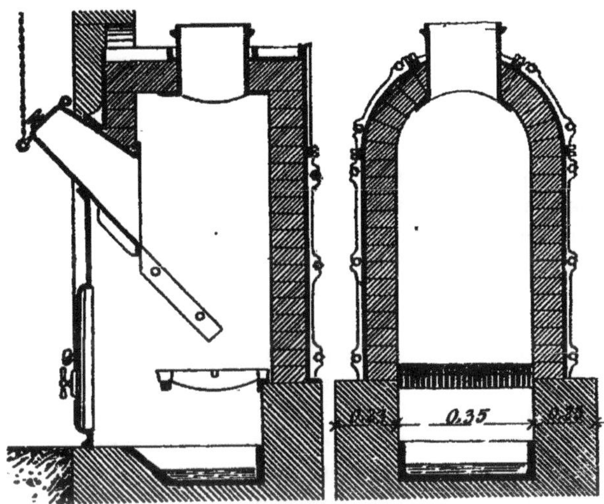

Fig. 13.

contre les gaz combustibles de la grille inclinée dans les circonstances convenables pour pouvoir les brûler.

La porte du cendrier est de construction soignée et peut clore hermétiquement. Elle est percée d'un orifice d'admission d'air qu'on peut régler par un registre dit *papillon*, de sorte que l'allure du foyer est rendue aussi lente que l'on veut.

50. Foyers droits en maçonnerie et métal. — L'idée de construire le foyer dans une caisse métallique est depuis longtemps appliquée en métallurgie, pour de très grands appareils même. La caisse remplace avantageusement les armatures employées autrefois pour maintenir le briquetage.

Dans les petits foyers appliqués aux chauffages des bâtiments, on prend des cloches métalliques, que l'on garnit de briques réfractaires sur tout ou partie de leur hauteur, et qui remplissent le rôle de caisses.

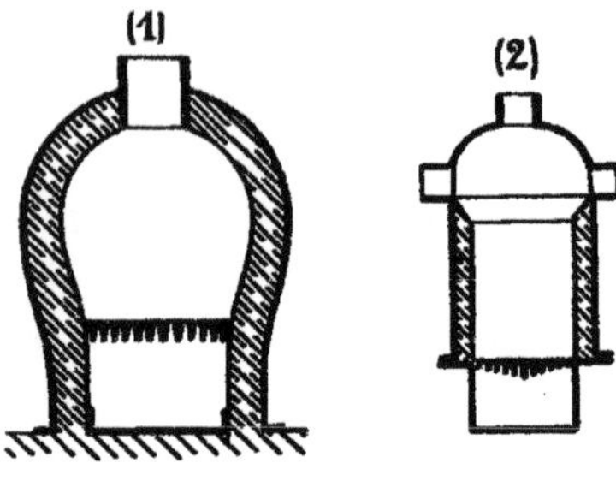

Fig. 14.

Dans le croquis (1) de la figure 14, on a représenté un foyer cylindrique ainsi garni. Le cylindre a ses génératrices horizontales, et la figure représentée en est la section droite. La grille est rectangulaire, ainsi que toutes les sections horizontales que l'on ferait dans le foyer.

Le croquis (2) représente, au contraire, un foyer circulaire en plan, ayant la forme d'un cylindre vertical terminé par une calotte sphérique. Il est muni de trois buses à sa partie supérieure, et la garniture maçonnée n'existe qu'entre la grille et les premières tubulures.

La figure 15 donne aussi trois autres exemples de ces sortes de foyers mixtes.

Le croquis (1) montre le dessin d'un foyer dont la maçonnerie n'est enveloppée que depuis la grille jusqu'au dôme. Le cendrier est exécuté en maçonnerie rectangulaire libre.

Dans le croquis (2) la maçonnerie du foyer est rectangulaire ; elle peut être libre ou enveloppée d'une caisse séparée représentée en ponctué ; le dôme est simplement posé sur l'assise supérieure du briquetage.

Enfin, le croquis (3) montre une cloche dont les parois sont reculées et forment un alvéole de forme convenable pour enserrer la maçonnerie réfractaire dans une partie de la hauteur, celle où la température est la plus élevée, de 0m,10 au-dessous de la grille jusqu'à 0m,30 environ au dessus.

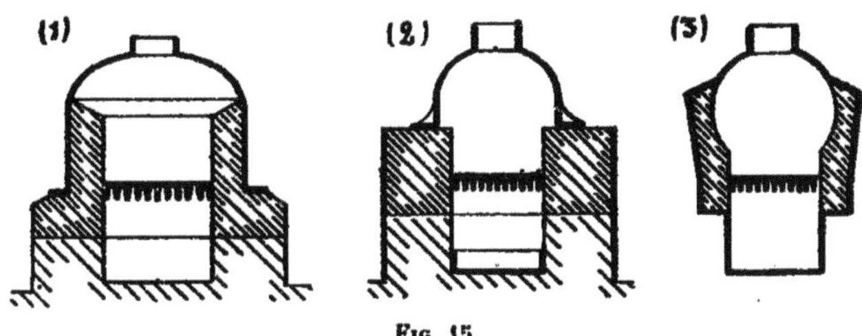

Fig. 15.

La figure 16 donne la représentation complète en plan, coupe longitudinale et coupe transversale d'un foyer de calo-

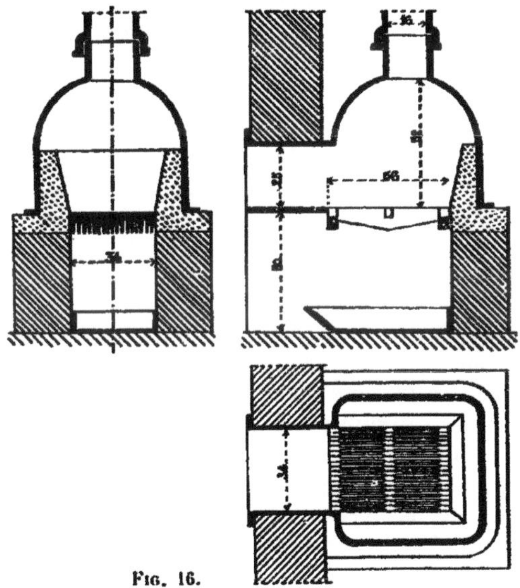

Fig. 16.

rifère exécuté ainsi en matériaux mixtes, métal et maçonnerie. La grille est rectangulaire, et la maçonnerie est montée libre jusqu'au niveau de la grille ; elle est recouverte de la cloche formant dôme, et se continue en revêtement à l'intérieur de cette cloche sur une hauteur d'environ 0m,25. Les hachures ponctuées de la figure indiquent l'emploi de briques réfractaires.

Il est bon de munir de portes à la fois et le cendrier et le foyer ; en réglant l'ouverture de la première, on modère plus ou moins l'introduction de l'air et, par suite, la combustion.

On établit souvent dans le cendrier une cuvette en fonte, que l'on maintient pleine d'eau pendant la marche, afin d'éteindre les escarbilles et de moins chauffer la grille, en lui évitant par dessous le rayonnement des cendres chaudes.

51. Des foyers droits en métal. — Les foyers droits peuvent s'exécuter en métal seul. C'est ainsi que souvent on exécute les foyers des poêles ou des calorifères. La fonte est presque toujours le métal employé. Cette matière se prête par le moulage à toutes les formes voulues, et elle résiste assez bien à des températures élevées, à condition que la température soit sensiblement constante pour tous les points d'un même morceau, que la dilatation soit ménagée et que l'épaisseur soit suffisante.

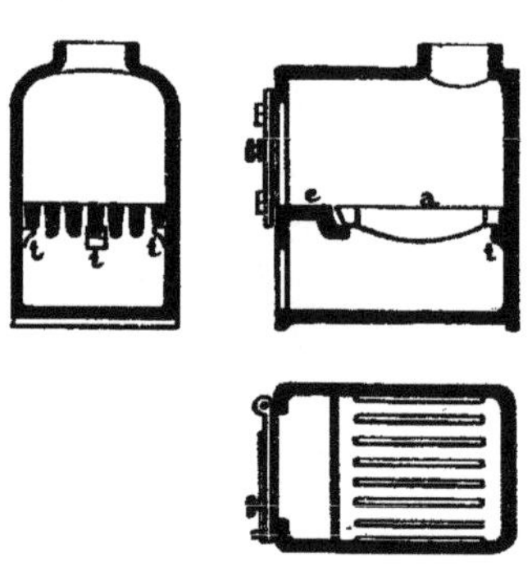

Fig. 17.

Plus la température du foyer doit être élevée, plus il y a lieu d'augmenter l'épaisseur.

Lorsque les foyers sont petits, on les fait d'une seule pièce, et, lorsqu'on les applique aux calorifères, on les désigne sous le nom de *cloches*, en raison de la section qu'on leur donne quelquefois.

Les formes sont, d'ailleurs, très variées, et la figure 17 montre comment, en principe, on les compose.

Une capacité en fonte, rectangulaire en plan, cintrée à la partie supérieure, contient le foyer et le cendrier ; les deux sont séparés par la grille *a*, faite d'une seule pièce dans ce cas, et également en fonte. La grille ne s'étend pas jusqu'à la porte, qui chaufferait trop, par suite de la proximité du combustible ; elle en est séparée par une plaque pleine *e*, qui prolonge son plan supérieur, tout en lui servant de support en avant ; quelques taquets ou tasseaux *t* soutiennent l'arrière.

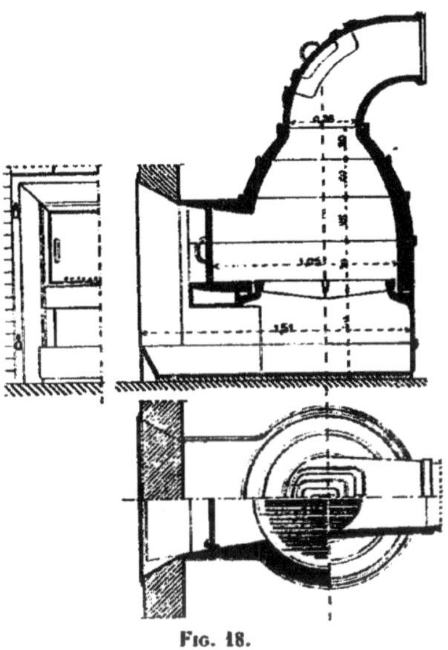

Fig. 18.

Le départ du gaz a lieu au moyen d'une ou plusieurs *buses*, verticales ou horizontales, partant du haut de la cloche et destinées à se raccorder avec l'utilisateur. Tantôt le départ a lieu sur le cintre supérieur, comme c'est le cas dans la figure, tantôt il a lieu latéralement, par des buses horizontales naissant par côté ou au fond.

Quand l'importance des foyers augmente, on fait les cloches en plusieurs pièces distinctes, assemblées à emboîtement et avec joints en terre à four. Le cendrier, moins chaud, constitue une pièce à part ; le foyer au dessus est en une, deux ou plusieurs pièces, suivant sa forme et sa longueur.

M. Boyer construit des cloches de calorifères dont l'épaisseur est en rapport avec la température ; elles sont composées d'anneaux successifs permettant toute libre dilatation. La figure 18 en donne une coupe verticale, une partie d'élévation et des plans à diverses hauteurs. Dans le dessin figuré, le cendrier est en deux pièces, dont l'inférieure forme cuvette à eau. Celle du haut présente les supports nécessaires pour soutenir la grille.

Le foyer proprement dit est à son tour composé de quatre anneaux successifs, correspondant à des portions d'égale température. Les anneaux du bas ont jusqu'à 0m,10 et 0m,12 d'épaisseur ; ceux du haut n'ont que 0m,05.

Les deux anneaux inférieurs portent un prolongement en forme de gueulard, pour recevoir la porte et l'éloigner du foyer. Une trémie en fonte, commune au foyer et au cendrier, est munie d'une porte que l'on ferme pendant la marche et qui est percée d'orifices d'entrées d'air réglables par papillons.

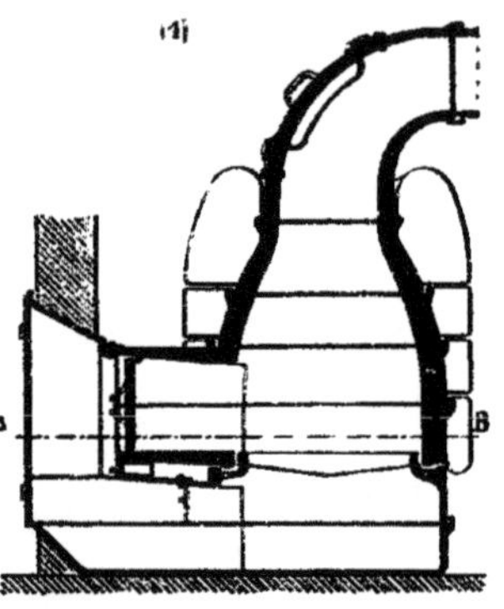

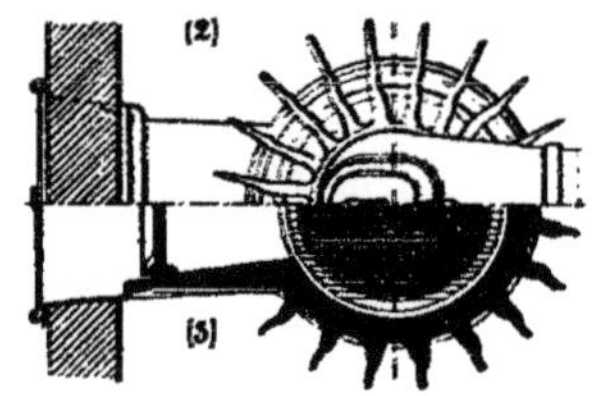

Fig. 19.

Enfin, au dessus, un coude de départ des gaz présente à son sommet des plaques mobiles recevant le coup de feu.

L'avantage de ce fractionnement des grandes cloches est de limiter les remplacements dans les réparations, tout en laissant pendant la marche toutes les dilatations faciles.

Lorsque l'on ne veut pas que les cloches de calorifères puissent rougir trop facilement, on les refroidit extérieurement en augmentant par des nervures la paroi en contact avec le courant d'air qu'elles sont chargées de chauffer.

En raison de la haute température du métal, on donne à ces nervures une forte saillie, en même temps qu'on proportionne l'épaisseur à leur base avec celle de la cloche qui les porte.

La figure 19 montre une cloche du système Boyer, ainsi munie de ces nervures. Ordinairement, on fait celles-ci planes; les ondulations marquées au dessin ne présentent pas un avantage sérieux.

Le croquis (1) montre la coupe longitudinale du foyer; le croquis (2), la vue par dessus; et le croquis (3), la coupe horizontale suivant AB.

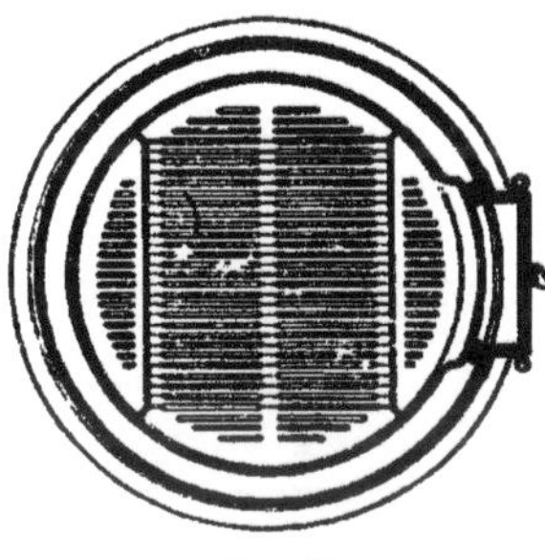

Fig. 20.

Les foyers droits en métal peuvent s'appliquer à tous autres appareils qu'à des calorifères. On trouve avantageux, dans nombre de circonstances, de les employer pour le chauffage de certaines chaudières à vapeur et de constituer ainsi des foyers intérieurs très commodes.

La figure 20 donne le croquis d'un foyer droit métallique, placé ainsi à l'intérieur d'une chaudière dont il s'agit de vaporiser l'eau. La tôle du foyer a la forme d'un cylindre vertical dont le plan est circulaire. La grille est circulaire, disposée en cinq parties ; quatre d'entre elles rachètent les segments du cercle, et celle du milieu est rectangulaire et faite de barreaux séparés.

Le ciel du foyer est un fond embouti, d'épaisseur suffisante pour résister à la pression extérieure qui s'exerce sur le foyer. Le départ de fumée est au milieu du ciel. La porte de chargement est presque à la hauteur de la grille.

La tôle du foyer est en contact direct avec le liquide à chauffer, de telle sorte que la majeure partie de la chaleur produite est utilisée soit par rayonnement, soit par contact.

On augmente encore la surface de chauffe exposée au

foyer, en traversant celui-ci par des tubes bouilleurs ou en faisant pendre à l'intérieur des tubes dits tubes Field, dans lesquels se produit une circulation énergique de l'eau à chauffer. Nous reviendrons sur ces dispositions en donnant sommairement les dispositions principales des chaudières à vapeur.

52. Foyers horizontaux. — Construction pratique. — Un genre de foyers plus généralement répandu dans les appareils industriels et permettant une meilleure combustion est celui des *foyers horizontaux*. On nomme ainsi des foyers dans lesquels la grille est allongée, et le départ de fumée placé à l'extrémité postérieure.

La flamme produite est donc obligée de se recourber horizontalement en parcourant la surface supérieure de la grille; elle se trouve laminée au passage, et les filets gazeux se mélangent plus intimement.

On peut encore améliorer la combustion par un mode spécial de chargement du combustible; à chaque nouvelle charge, on pousse l'ancien combustible au fond du foyer, et on pose le nouveau sur le devant des barreaux. Le charbon frais, échauffé moins brusquement, ne recevant du foyer qu'une action successive, distille lentement. Comme la flamme chemine horizontalement, les gaz formés sont obligés de passer au-dessus de l'ancien combustible qui, s'il n'est pas en trop forte épaisseur, est traversé généralement par un excès d'air à haute température.

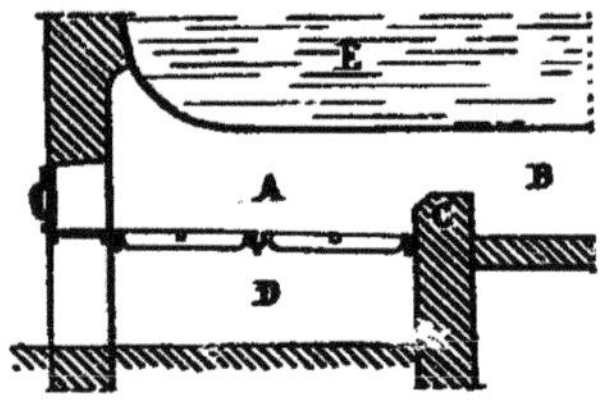

Fig. 21.

On a donc plus de chance, avec ce genre de foyers horizontaux, d'avoir une bonne combustion; mais on comprend que la plus grande part du succès revient aux soins intelligents et soutenus du chauffeur.

Voici (*fig.* 21) la disposition d'un de ces foyers horizontaux: A est la capacité du foyer où on place le combustible et où se développent les gaz, qui passent ensuite en B, pour continuer leur parcours utile. Entre A et B se trouve un muret C, nommé l'*autel*, qui, d'une part, retient l'arrière du combustible, et, d'autre part, rétrécissant la section d'une façon brusque, produit des remous favorables au mélange des gaz, alors qu'ils sont encore assez chauds pour se combiner. D, l'espace sous la grille, est le cendrier. E est l'appareil ou le corps à chauffer.

Malgré tout ce qui vient d'être dit, ces foyers donnent

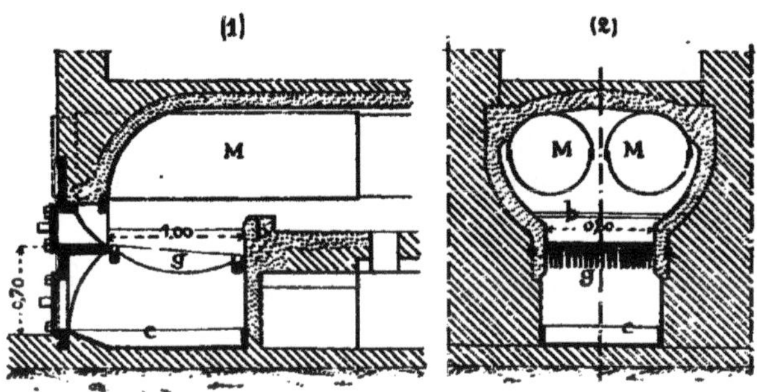

FIG. 22.

encore, surtout avec les houilles grasses, des masses considérables de fumée.

La construction des foyers horizontaux comporte une série de détails pratiques qui complètent le croquis schématique qui précède. La figure 22 en donne un exemple dans ses deux croquis, dont le premier (1) représente la coupe longitudinale et le second (2) une coupe transversale.

Le corps à chauffer est formé de deux bouilleurs cylindriques M, M remplis d'eau. La grille *g* doit brûler 65 kilogrammes de houille par heure : on lui a donné 0^{m},80 de large sur 1 mètre de long.

Sa hauteur au-dessus du sol est de 0^{m},70 ; il ne faut guère descendre au-dessous de ce chiffre, ni dépasser 0^{m},75, toutes les fois qu'on le peut, pour la plus grande commodité du chargement ou du nettoyage. La grille est légèrement inclinée sur l'arrière, ce qui facilite au chauffeur la vue de son feu, en même temps que les soins à lui donner.

La partie antérieure des barreaux est séparée de la porte du foyer par une plaque horizontale qui a 0^{m},30 à 0^{m}.40 de largeur, suivant l'importance de l'appareil. La porte, de cette manière, est exposée moins directement au rayonnement du brasier et chauffe moins.

La grille est comprise entre deux murs latéraux *aa* en briques réfractaires, qui montent verticalement dans la hauteur correspondant à l'épaisseur du combustible, puis s'inclinent et s'évasent à la demande du corps à chauffer.

A la partie arrière de la grille se trouve un mur transversal *b*, l'*autel*, construit également en briques réfractaires. Il a pour but : 1° de retenir le charbon de la grille ; 2° de resserrer le passage des gaz dans une section réduite à température élevée, de manière à les mélanger et faciliter une combustion plus complète.

Les gaz enflammés se recourbent sur l'autel en longeant le corps à échauffer, ce qui est un grand avantage au point de vue de la combustion, ainsi qu'on l'a vu précédemment.

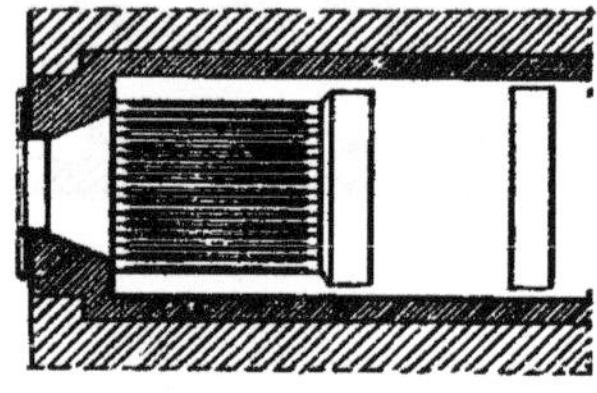

Fig. 23.

En avant du foyer se trouve la porte, dont les dimensions sont aussi restreintes que possible, 0^{m},25 à 0^{m},28 de hauteur et 0^{m},35 à 0^{m},50 de largeur, afin d'empêcher les rentrées d'air trop fortes à chaque ouverture.

La porte doit être raccordée par des parties biaises verticales rachetant la largeur de la grille, comme le montre la figure 23, de manière que le chauffeur puisse surveiller et atteindre cette dernière dans toutes les parties de sa surface.

Sous la grille se trouve le cendrier, auquel il est bon de donner de grandes proportions, pour qu'il puisse accumuler les cendres sans s'opposer à l'arrivée de l'air, et, en même temps, afin d'éloigner les cendres, très chaudes, mêlées d'escarbilles au rouge, et de diminuer leur rayonnement sur la face inférieure des barreaux.

Toutes les fois qu'on le peut sans inconvénient, et quand l'importance du foyer est suffisante, on garnit le bas du cendrier d'une bâche en fonte C que l'on remplit d'eau, ce qui a pour effet d'éteindre les cendres et les escarbilles et de diminuer notablement le rayonnement dont il vient d'être parlé. Un second avantage de cette disposition est de former miroir et de permettre de voir par réflexion le dessous de la grille. On surveille ainsi facilement sans avoir à ouvrir aussi fréquemment la porte, et on se rend compte des *trous*, ou manques de combustible, qui peuvent se former et donner lieu à des rentrées d'air froid.

Le cendrier doit être muni d'une porte : elle sert pendant les arrêts à empêcher toute rentrée d'air dans le foyer, et à lui conserver le plus possible de chaleur jusqu'à la reprise du chauffage ; elle peut encore servir à modérer le tirage, au cas où il serait trop vif.

Les deux portes du foyer et du cendrier sont articulées sur une grande plaque en fonte, dite plaque de devanture, et non scellées directement dans la brique, ce qui n'offrirait aucune solidité. La plaque de devanture elle-même est appliquée sur le parement de briques, en feuillure, s'il est possible, et reliée à la maçonnerie par de longs boulons à scellement.

La maçonnerie du foyer et des carneaux qui lui font suite est faite de matériaux réfractaires dans toutes les parties susceptibles d'être portées à la température rouge. Si les parois sont minces, et jusqu'à 0m,22, on les fait en briques réfractaires dans toute leur épaisseur. Si les murs sont épais, on ne fait en briques réfractaires que la paroi chauffée sur 0m,11 ou 0m,22, et on étudie la construction pour que cette maçonnerie réfractaire ne concoure en aucune manière à la résistance et à la stabilité du fourneau. Elle constitue alors un revêtement, une *chemise*, comme on l'appelle souvent, que l'on peut changer après usure ou détérioration sans avoir à démolir tout le briquetage.

La distance de la grille au corps à chauffer varie de 0m,35 à 0m,40 pour la houille, à 0m,50 ou 0m,60 pour le bois.

Tel est le type classique pour ainsi dire, dont on se rapproche le plus possible dans le tracé des foyers en maçonnerie.

53. Foyers horizontaux en métal. — Les foyers horizontaux peuvent s'exécuter avec parois en métal, et on en trouve des exemples nombreux dans les diverses dispositions des chaudières à vapeur horizontales.

La figure 24 donne un exemple de ces foyers. Ils sont logés dans un cylindre horizontal dans lequel ils se développent en longueur, la largeur étant limitée.

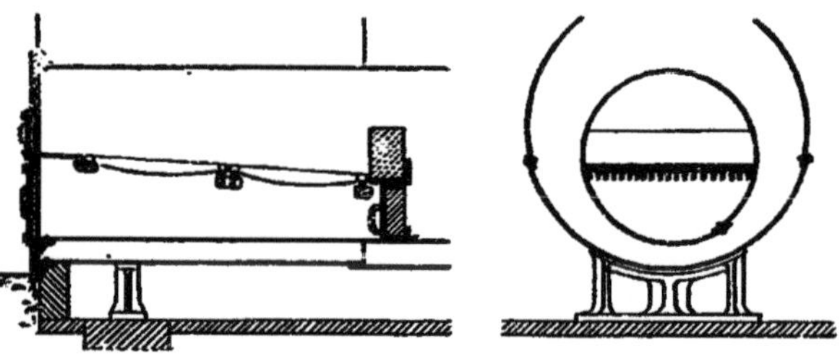

Fig. 24.

La grille, un peu inclinée sur l'arrière, est abaissée de 0^{m},10 environ au-dessous de l'axe, de manière à partager l'espace libre sensiblement en deux parties égales. L'autel est formé d'une pièce en terre réfractaire portée par une cornière transversale. Au dessous est un obturateur mobile, que l'on enlève à volonté lorsqu'on veut ramener en avant les morceaux de combustible qui ont pu passer par-dessus l'autel, ou les cendres qui se sont accumulées en arrière.

La tôle du foyer est assez épaisse pour résister à la pression de la chaudière qui s'exerce à l'extérieur.

54. De la fumivorité. — Il y a, ainsi qu'on l'a vu, une difficulté presque insurmontable à brûler en grande quantité, d'une façon complète, les combustibles gazeux chargés de carbone. On a essayé bien des combinaisons, qui toutes ont eu pour but de *brûler*, c'est-à-dire de faire disparaître la fumée des foyers. Tous les inventeurs de foyers sans fumée ont cherché à introduire de l'air en contact avec la fumée à une température élevée et à brasser le mélange dans le foyer pour obtenir une combustion complète de celle-ci.

D'où le nom de *fumivorité* appliqué à la cessation de la fumée apparente.

Les plus ingénieux des appareils ou combinaisons fumivores arrivent au but, mais au prix de soins incessants, qu'on ne peut obtenir, la plupart du temps, d'une façon pratique dans l'industrie, et aussi avec un sacrifice supplémentaire de combustible.

Il est rare, en effet, qu'il n'y ait pas désavantage à brûler plus complètement la fumée, puisqu'il faut introduire pour cela un excès d'air dans le foyer, afin d'obtenir une meilleure combustion. C'est ce qui explique, en somme, que l'on néglige d'employer tous ces appareils qui, lorsqu'on les fait fonctionner normalement, amènent réellement une diminution dans la quantité de fumée produite.

Les inconvénients de la fumée se produisent notamment avec les houilles grasses, qui donnent la fumée la plus colorée ; et, dans les grands centres industriels, la quantité de fumée qui se dégage de toutes les cheminées d'usines est telle que l'air en est constamment chargé, au point d'être désagréable et incommodant.

On a évalué[1] à 6.000 kilogrammes la quantité de *noirets* qui tombe en douze heures dans une ville manufacturière comme Lille.

L'Angleterre, où la quantité de fumée, dans quelques villes, va jusqu'à voiler les rayons solaires d'un bout à l'autre de l'année, a pris l'initiative d'une réglementation. En 1853, sur une enquête prescrite par la Chambre des Communes, le bill Palmerston enjoignit aux usiniers de brûler leur fumée ; presque en même temps, en 1854, un arrêté analogue fut pris en France par le Préfet de Police. Les deux ordonnances sont restées sans résultat, ce qui prouve la difficulté du problème à résoudre. Cependant, elles ont provoqué

---

[1] M. Delezenne, *Bulletin de la Société d'encouragement;* 1855, p. 473.

d'énergiques efforts d'invention d'où sont sortis de nombreux appareils.

55. Considérations générales sur les appareils fumivores. — En général, la combustion incomplète se lie à la formation de fumée noire apparente, surtout avec les houilles grasses. Cependant, ceci n'est pas absolu, et on peut citer des foyers à coke, brûlant sans fumée noire et donnant presque entièrement de l'oxyde de carbone.

Les appareils fumivores ont été travaillés surtout dans le but de faire disparaître le noir de fumée. En même temps, la plupart ont pour effet d'améliorer la combustion en provoquant la combinaison de l'air et des gaz carbonés combustibles. Cependant, comme on l'a déjà dit, bien peu de ces appareils donnent une fumivorité qui ne soit onéreuse.

Quelles sont, en effet, les conditions que doit remplir un appareil fumivore ? Il faut :

1° Qu'il laisse passer à travers la grille, ou qu'il introduise après coup dans le foyer une quantité d'air variable à chaque instant, et qui soit en rapport avec la production des gaz combustibles qui se dégagent ;

2° Que sa construction soit telle qu'il détermine un mélange intime entre les produits gazeux à brûler et l'air comburant, et que ce mélange ait lieu assez à temps pour que la température soit encore suffisante pour provoquer la combinaison.

La grande difficulté pratique est d'introduire des volumes d'air variables suivant le volume des gaz qui distillent. Si l'on admet la quantité d'air convenable pour le moment du chargement, il s'en trouvera un grand excès lorsque, l'instant suivant, la distillation se trouvera ralentie, ou bien alors on demandera au chauffeur un surcroît de soins qui, appliqués intelligemment à un foyer ordinaire, le rendrait par cela même presque entièrement fumivore.

La seconde condition est également difficile à remplir. Ce n'est que dans un petit nombre de foyers qu'on peut obtenir, par la forme même de leur capacité, le mélange intime des gaz et de l'air, que l'on peut briser leur parallélisme par des obstacles et des coudes, enfin, qu'on peut les faire suivre d'espaces convenables pour donner à la flamme un parcours suffisant, avant de la refroidir par le contact du corps à chauffer.

56. Des divers moyens employés ou essayés pour obtenir la fumivorité. — Notons d'abord qu'avec un foyer ordinaire, celui de la figure 22, par exemple, on peut diminuer dans de très larges proportions la fumée noire apparente, en y brûlant des combustibles maigres, du coke, de l'anthracite, des houilles maigres à courte flamme.

Si on prend des combustibles plus hydrogénés, on fait disparaître presque entièrement la fumée par des soins intelligents, qui procurent en même temps de très notables économies. Avant chaque ouverture de porte, le chauffeur peut abaisser presque entièrement son registre, de manière à éviter les rentrées d'air dans le foyer. Il a alors tout le temps de décrasser sa grille, de repousser à l'arrière le combustible fixe qui la garnit, et de charger le charbon frais en avant. Lorsqu'il rétablit le tirage, les gaz produits en avant passent sur la partie incandescente traversée par un excès d'air, et s'y brûlent en majeure partie. De plus, le charbon ainsi mis hors du brasier distille plus lentement, et le dégagement des gaz est plus régulier. Dans des foyers ainsi menés, on aperçoit de la fumée seulement pendant les quelques minutes qui suivent le chargement, et, dans l'intervalle, les gaz dégagés sont tout à fait incolores.

Ce chargement devient plus rationnel encore si l'on peut introduire le combustible neuf sous le combustible en ignition, pour que les gaz produits par la distillation et mélangés d'air aient à traverser une couche à température élevée. Les foyers Arnott, puis Duméry, sont fondés sur ce principe; ils ont été abandonnés, bien que procurant une certaine économie, à cause de leurs inconvénients pratiques.

La disposition dite à *flamme renversée*, très ingénieuse, tend à concourir au même résultat. La direction naturelle de la flamme est verticale dans un milieu calme ou dans un courant ayant lui-même cette direction verticale. Lorsque la direction du courant gazeux est différente, et que sa vitesse est grande par rapport à celle de la flamme, cette dernière suit le même courant. Si donc le courant d'air s'introduit par la partie supérieure, et si le dessous de la grille communique avec une cheminée qui force le tirage, la flamme descendra de haut en bas et passera à travers la grille. C'est ce qu'on appelle un foyer à flamme renversée.

Le nouveau combustible jeté sur le brasier y distille, et les produits gazeux mélangés d'air traversent la partie en ignition. La combustion est plus complète, mais le rayonnement est perdu, et la somme de chaleur utilisée est moindre.

Les foyers à flamme renversée, tout en étant fumivores, s'appliquent difficilement à la houille, à cause de la grille, dont l'emploi est indispensable, et qui, se trouvant en plein feu, ne présente aucune durée. Ils sont, au contraire, très applicables et appliqués au bois pour diverses industries, notamment pour la cuisson des *émaux;* ils ne donnent pas de fumée.

Parmi les appareils fumivores qu'on peut ranger dans la même catégorie on peut encore citer les foyers dont l'alimentation se fait par le centre et le haut, au moyen d'une trémie. Ils ont presque les avantages des foyers à flamme renversée. Nous en trouverons l'application bien comprise dans de nombreux poêles et calorifères.

Dans d'autres appareils fumivores, on mélange mécaniquement les gaz avec l'air au moyen d'une introduction supplémentaire de ce dernier au-dessus de la grille. Quelquefois on fait passer le tout à travers des poteries chauffées au rouge pour favoriser les combinaisons. Dans quelques-uns de ces appareils, on produit le brassage des gaz au moyen d'un jet de vapeur surchauffée, par exemple dans le fumivore Thierry.

On a obtenu, dans certaines circonstances industrielles, de bons résultats fumivores en opérant la combustion dans un courant d'air forcé arrivant avec pression sous la grille.

Enfin, un dernier moyen a été l'emploi des gazogènes pour la transformation des combustibles en gaz, qu'il est alors facile de débiter en lames minces entre des lames d'air interposées.

57. Perte de chaleur causée par l'absence de fumivorité. — On peut chercher à évaluer la perte de chaleur causée par la non-combustion du noiret contenu dans la fumée. M. Burnat, dans son *Mémoire* à la Société Industrielle de Mulhouse[1], cite le fait suivant : à Sarrebruck, dans les appareils où on produit le noir de fumée commercial par la combustion de la houille dans les conditions les plus favorables pour avoir une flamme fumeuse, on ne peut obtenir plus de 33 kilogrammes de noir par 1.000 kilogrammes de houille. Le même auteur donne aussi la conclusion d'un assez grand nombre d'essais, d'après lesquels :

1° Lorsqu'on brûle de la houille grasse fumeuse, à raison de 2 kilogrammes par décimètre carré de grille, et en admettant 6 mètres cubes d'air par kilogramme de houille, on a, sur une durée de 100 minutes :

32 minutes	Fumée noire ;
33 —	Fumée légère ;
35 —	Fumée incolore.

Si on admet, d'après le fait de Sarrebruck, que la fumée noire corresponde à 3 kilogrammes de noir par 100 kilogrammes, que la fumée légère corresponde à 1 kil. 500 de noir par 100 kilogrammes, on a pour 100 kilogrammes de houille brûlée sur une grille :

32 kilogrammes,	avec 3 % de perte en noir.	0 kil.	96	1 kil. 46.
33 —	— 1,5 %	0	50	
35 —	sans perte	0	00	

Soit une perte de 1,46 %.

2° Lorsqu'on brûle 0 kil. 54 de houille grasse et fumeuse par décimètre carré de grille, avec 16 mètres cubes d'air par kilogramme de houille, on a, sur une durée de 100 minutes :

4 minutes	Fumée noire ;
27 —	Fumée légère ;
69 —	Fumée incolore.

---

[1] 27 octobre 1858.

On obtient alors, comme évaluation de perte par 100 kilogrammes de houille brûlée :

4 kilogrammes, avec 3 °/₀ de perte en noir.	0 kil. 12	0 kil. 5.
27 — — 1,5 °/₀	0 40	
69 — sans perte	0 00	

Soit, dans ce cas, une perte de 0,5 °/₀.

On voit que la perte du charbon à l'état de noir de fumée ne constitue pas une perte sérieuse, puisqu'elle varie de 1/2 à 1 1/2 °/₀. Le moindre sacrifice fait pour supprimer la partie apparente de la fumée est donc onéreux, puisqu'on est à peu près sûr que la dépense compensera le gain, si elle ne le dépasse.

58. Perte de chaleur causée par la combustion incomplète. — Si, comme on vient de le voir, la fumée noire contient à peine 1 à 1 1/2 °/₀ au maximum du combustible qui l'a produite, et s'il ne peut y avoir aucun bénéfice à obtenir par des dispositions spéciales, la combustion de ce noir de fumée, il n'en est pas de même des gaz combustibles incolores, qui se dégagent sans pouvoir se combiner avec l'air.

Il est impossible de chiffrer la perte par la combustion incomplète, mais on peut en apprécier l'importance en se rappelant que chaque kilogramme de charbon qui se transforme en oxyde de carbone ne donne que 2.400 calories, et que, si cet oxyde de carbone ne brûle pas lui-même au profit de l'appareil, il entraîne dans la cheminée les 5.600 calories restantes.

Les hydrogènes carbonés qui s'échappent directement emmènent également une grande quantité de chaleur non utilisée, leur puissance calorifique étant de 10.000 à 11.000 calories.

59. Quelques exemples de foyers fumivores. — Foyers Hinstin. — Nous allons passer en revue quelques exemples de foyers fumivores. Le premier dont nous nous occuperons est l'appareil Hinstin, représenté par la figure 25 Il se compose :

1° D'un foyer proprement dit, avec sa grille B très inclinée, sur laquelle on brûle le combustible à la manière ordinaire ;

2° D'un arrière-foyer C, qui n'est que la continuation du foyer ; il est muni d'une grille spéciale, relevée de telle sorte que le combustible n'ait au fond qu'une épaisseur très réduite. Cette grille est articulée autour d'un axe et

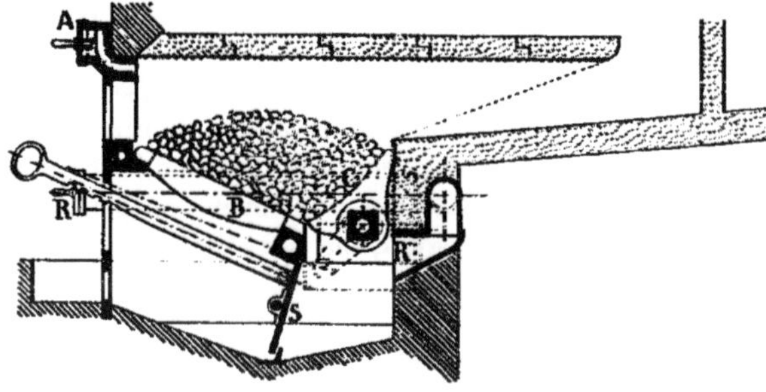

Fig. 25.

manœuvrée par un levier qui permet, en la remuant, de faire tomber les cendres et de décoller les mâchefers. Un registre S permet de fermer son cendrier spécial, à part les moments de nettoyage. L'air qui alimente l'arrière-foyer s'échauffe par les chaleurs perdues. Il entre en R, suit des tuyaux logés dans la maçonnerie chaude des murs du foyer et de l'autel, et débouche en R'. On règle cet air à volonté, et il est toujours en excès, vu la faible épaisseur du coke incandescent qu'il a à traverser;

3° D'un appareil d'avant-foyer A réglant l'entrée d'une certaine quantité d'air au-dessus de la porte de chargement. Dans chaque cas particulier on dispose la circulation de cet air de manière qu'il trouve, dès son entrée, à s'échauffer à haute température. Dans l'exemple figuré il longe la voûte chauffée au rouge en suivant le chemin indiqué en ponctué.

Si on suppose la grille chargée de combustible en ignition, elle dégage des gaz combustibles mélangés d'air, mais ce dernier en défaut. Ces gaz vont se trouver en contact avec l'air venant de l'avant-foyer et qui suit la ligne ponctuée dont il vient d'être question ; d'autre part, ils se trouvent en contact avec une seconde veine d'air chaud venant de l'arrière-foyer et suivant la seconde ligne ponctuée. Les gaz et l'air se rencontrent à des températures très élevées et dans les meilleures conditions pour effectuer la combustion. Et il est admissible que cette dernière puisse être complète sans trop d'excès d'air, puisqu'à tout instant on peut régler les proportions des entrées d'air à volonté, suivant l'allure du foyer. On conçoit donc qu'avec des soins intelligents et la pratique du foyer on puisse en obtenir un rendement considérable, en même temps qu'il donne une fumivorité complète. Suivant l'espace dont on dispose et la longueur disponible pour le foyer, on peut y brûler soit des charbons demi-gras, soit des charbons gras à longue flamme.

60. Des foyers gazogènes. — On a vu qu'on pouvait, en exagérant l'épaisseur du combustible en ignition sur une grille, laisser non brûlés les gaz carbonés qui distillent, et y ajouter l'oxyde de carbone venant de la combinaison du charbon avec une quantité d'air insuffisante.

Ces gaz sont mélangés de l'azote de l'air employé ; mais ce dernier ne les empêche pas d'être combustibles, de sorte que l'on peut même avoir avantage à les transporter à distance, pour les utiliser plus loin à produire de hautes températures ou à donner lieu à des dégagements de chaleur considérables.

On a eu l'idée de transformer ainsi en combustibles gazeux, dans des foyers spéciaux appelés *gazogènes*, des combustibles solides menus ou de qualité inférieure.

Il est de toute importance, dans ces sortes de foyers, de ne laisser pénétrer directement au-dessus de la grille aucune quantité d'air · celui-ci formerait avec les gaz un mélange détonant ; il faut opérer les chargements successifs de combustible au moyen de doubles trémies à joints de sable ; d'autres fois, le combustible lui-même sera chargé de faire le joint.

Les épaisseurs de combustible sont variables suivant la facilité qu'ils offrent de se laisser pénétrer par l'air, et aussi avec l'intensité du tirage ; on peut compter sur une épaisseur moyenne de $0^m,50$ à $0^m,65$ de combustible.

Il est bon aussi d'avoir une porte au cendrier et de la munir d'un orifice garni d'une valve de réglage pour modérer par là, en même temps que par le registre de l'appareil, l'admission de l'air sur la grille. On refroidit quelquefois les barreaux avec de l'eau mise dans le cendrier. La vapeur qui s'en dégage, se décomposant au contact du charbon au rouge, donne de l'hydrogène et de l'oxyde de carbone, qui s'ajoutent aux gaz combustibles. D'autres fois, on injecte directement de la vapeur pour augmenter ce même effet. Comme on ne peut nettoyer la grille par dessus, ni la débarrasser des mâchefers par la porte du foyer, il est nécessaire que les barreaux soient mobiles. C'est en les retirant successivement que l'on dégage les intervalles obstrués.

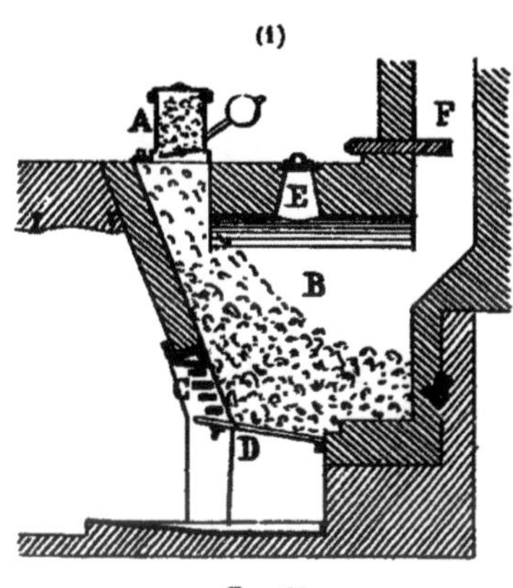

Fig. 26.

Un exemple de disposition de gazogène est donné par la figure 26. En B, est la capacité du foyer ; en A, la trémie de chargement ; en D, une grille à barreaux mobiles ; en C, une grille à gradins.

Le combustible est entretenu sur une forte épaisseur, et la disposition des principales parties du foyer est telle que la houille prend son talus d'éboulement.

Un regard E permet de se rendre compte de l'état du

foyer et de la température qui s'y développe, d'où l'on déduit son allure. Les gaz chauds s'échappent par le conduit F, qui les mène à l'utilisateur.

Une variante de cette forme de foyer est employée par M. Lencauchez, et donne de très bons résultats pratiques ; elle est représentée dans la figure 26 *bis*. Le mur d'autel est incliné en sens contraire de la grille, et une voûte transversale divise le haut de la capacité du foyer en deux parties. L'une, en avant, porte les trémies et regards ; l'autre sépare les gaz qui se rendent à l'utilisateur.

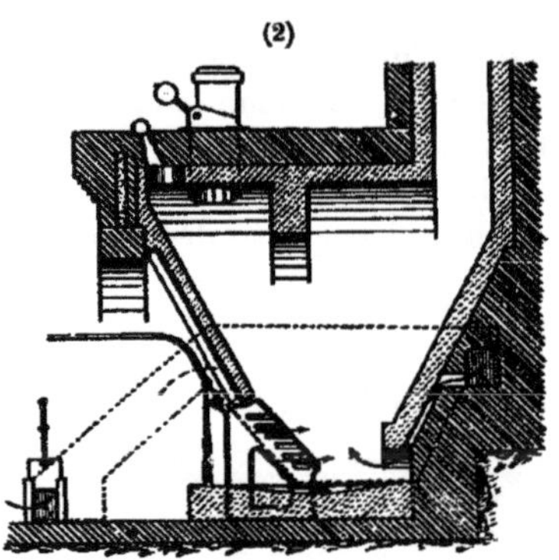

Fig. 26 *bis*.

La combustion se fait au moyen de l'air qui passe à travers la grille à gradins et le cendrier, et aussi par une autre portion d'air qui est prise en avant de l'appareil, circule dans l'épaisseur chaude des parois du foyer et vient déboucher à l'arrière, face à la grille.

De plus, une arrivée d'eau permet de verser du liquide dans la cuvette du cendrier, et de produire, par la décomposition de la vapeur qui se dégage, une certaine quantité d'hydrogène.

61. Foyer Rosenstiehl. — Le foyer Rosenstiehl est un appareil destiné à brûler lentement et d'une façon continue des houilles grasses collantes, à longue flamme, en menus.

Il se compose d'une capacité prismatique à parois verticales ou légèrement en surplomb, exécutées avec des briques réfractaires. Le haut est fermé par un tampon de chargement avec joint de sable ; en bas, un cendrier, et entre les deux une petite grille indiquée en ponctué, ou même, préférablement, pas de grille. Un départ latéral a lieu en E ; les gaz, sortant à température élevée, se mélangent avec de l'air entrant par un ou plusieurs tuyaux D et s'échauffant en passant à travers la maçonnerie.

L'ouverture F du cendrier est fermée hermétiquement par une porte en tôle emboutie, sur laquelle presse une vis. Cette

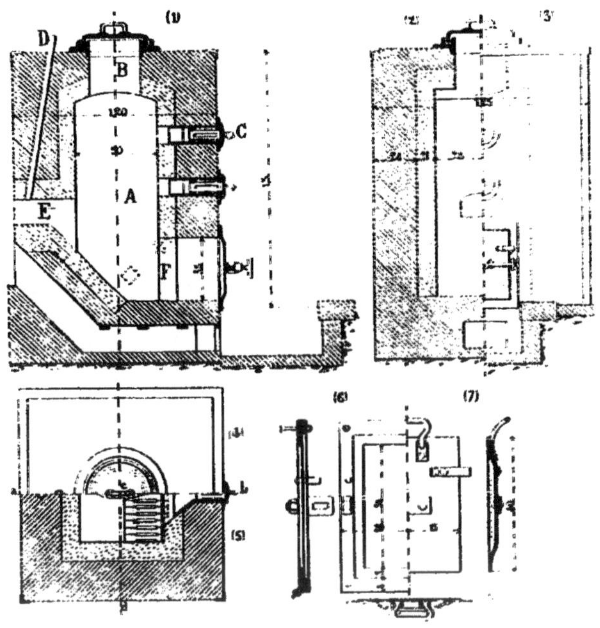

Fig. 27.

pression applique la porte contre un châssis fixe scellé dans la maçonnerie. L'air est admis par un certain nombre d'orifices étagés C, percés dans le mur de face ; on peut régler la quantité introduite au moyen de tampons munis de lanternes fendues que l'on tire plus ou moins en dehors. Le croquis indique deux de ces ouvertures.

L'appareil ainsi construit fonctionne de la manière suivante : Sur l'ancien combustible, transformé en coke au fond de l'appareil, on verse du combustible neuf, et on emplit la trémie. Celle-ci est refroidie par la masse, et le combustible s'échauffe, se fritte et s'agglomère ; il ne forme plus qu'un seul bloc collé aux parois du foyer. On le brûle par dessous, en ouvrant seulement les orifices inférieurs d'accès d'air. Lorsque, le combustible s'usant, de nouveaux orifices se trouvent découverts, on découvre ceux-ci, et on ferme les premiers, pour rapprocher l'air de la surface en ignition. On arrive ainsi, avec des soins intelligents, à brûler convenablement la charge, qui peut durer longtemps si on a réglé la capacité sur la dépense de deux à trois jours. A un moment donné, il ne reste plus qu'un bloc de coke incandescent, qui tombe dans le cendrier; à ce moment on recharge. Ce foyer bien mené est entièrement fumivore; il fonctionne à la manière d'un gazogène, et doit produire en E un foyer très intense et très régulier, dont il n'y a plus qu'à utiliser la chaleur.

62. Foyers destinés à brûler des combustibles très menus. — Foyer Godillot. — Dans nombre de localités on peut se procurer à bas prix des combustibles très menus dont la teneur en charbon est variable. Tantôt ce sont des menus de houille sortant des mines, tantôt des déchets de bois à l'état de sciure, tantôt de la tannée. D'autres fois, ce sont des escarbilles mêlées de cendres formant les résidus de certains foyers. On a cherché, par raison économique, à les utiliser au mieux.

Les menus de houille s'emploient de plusieurs façons:

Lorsque ce sont des *fines grasses* qui s'agglomèrent sous l'influence de la chaleur, on peut les brûler directement sur des grilles ordinaires, avec des écartements de barreaux donnant des fentes libres de $0^m,01$ de largeur. Dès le chargement, le combustible forme des gâteaux, que l'on divise facilement avec le pique-feu, et on est ramené ainsi à la combustion des gailletteries de houille ordinaire. Aussi ces fines grasses conservent-elles une valeur commerciale relativement élevée.

Il n'en est pas de même des houilles maigres. Les *fines maigres* exigent des grilles présentant des espaces libres réduits à $0^m,002$ à $0^m,003$ pour y brûler, et encore d'une façon médiocre; aussi leur valeur est-elle bien moindre. On a pris un autre moyen de les utiliser: c'est de les agglomérer en briquettes. La fabrication de ces briquettes, tout en conduisant à des prix élevés, a pris une extension considérable.

Lorsque la proportion des matières étrangères inertes augmente, on ne peut plus se servir des grilles ordinaires, il n'y a plus avantage à agglomérer les menus; il faut avoir recours aux foyers spéciaux.

Le foyer Godillot est un de ces foyers; il est figuré dans la

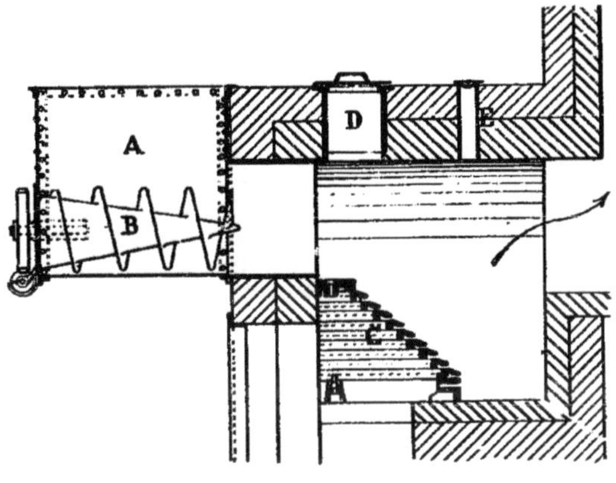

FIG. 28.

figure 28. Il se compose d'une grille à gradins C, ayant en plan la forme d'un demi-cône; sur cette grille vient s'étaler le combustible. Celui-ci est chargé mécaniquement, d'une façon continue. Il est contenu dans un réservoir ou trémie A, et poussé par la vis B, dont les spires ont des capacités de plus en plus grandes. Il arrive en masse compacte au sommet du cône, s'y sèche au besoin, et prend sur le cône son talus d'éboulement. On observe et on répartit convenablement l'épaisseur au moyen des regards D et E.

63. Foyer Michel Perret. — M. Michel Perret a eu l'idée d'appliquer à la combustion des menus de houille les fours à étages déjà employés pour le grillage industriel des pyrites.

Il a établi un foyer représenté dans les trois croquis de la figure 29. Le croquis (1) donne une coupe longitudinale de l'appareil; le croquis (2) représente une section verticale suivant AB, et le croquis (3) une coupe verticale suivant CD.

Ainsi qu'on le voit, l'appareil se compose d'une série de dalles pleines étagées, communiquant successivement par l'avant ou par l'arrière, et formant un carneau continu en zigzag. En bas est une grille d'allumage; en haut, une

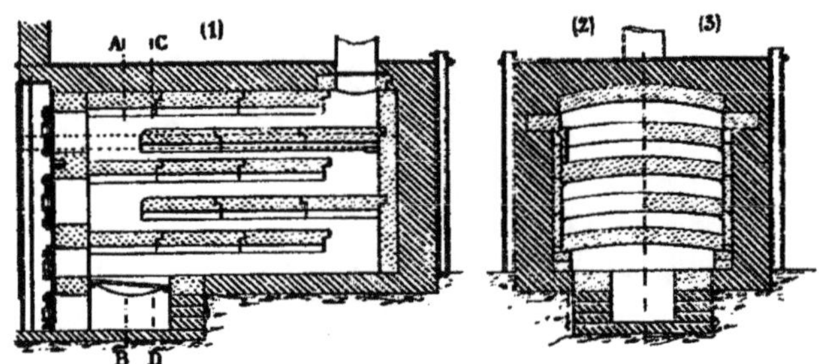

Fig. 29.

sortie des gaz chauds utilisables dans nombre d'applications, et notamment au chauffage des habitations. L'ensemble de la construction est établi en matériaux réfractaires, et les dalles sont formées de pièces traversant le foyer d'un seul morceau, et s'ajoutant en longueur par le moyen de joints brisés.

Le foyer étant en marche, le combustible est d'autant mieux brûlé qu'il a été plus longtemps en contact avec l'air arrivant par le bas, et le menu du dernier étage inférieur est entièrement transformé en cendres. On les fait tomber dans le cendrier pour les retirer ; ensuite avec un rable, en faisant l'opération successivement par les portes de chaque étage, on fait tomber le combustible d'une dalle sur la dalle immédiatement en dessous, et on l'étale de nouveau. Le combustible neuf est ajouté sur la dernière dalle du haut, devenue libre.

On renouvelle de cette manière les surfaces de contact des menus avec l'air qui doit les brûler, et on obtient une combustion lente sur chaque étage. L'air, dont on règle convenablement l'arrivée, se transforme peu à peu et perd son oxygène, en même temps que sa température s'élève considérablement.

Non seulement on peut brûler dans cet appareil des houilles menues sèches, mais le charbon peut être mélangé avec des quantités très fortes de matières inertes. On a pu y utiliser des matières excessivement pauvres en charbon, même des déchets et escarbilles d'autres foyers.

Industriellement, cet appareil donne les meilleurs résul-

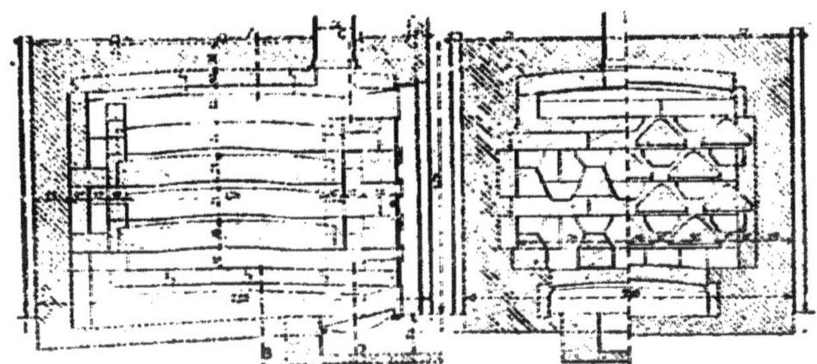

Fig. 30.

tats. Employé au chauffage des habitations, il était d'un service pénible pour un personnel inhabile, et restait d'un prix élevé, en raison de la dimension des dalles et du développement qui était nécessaire pour une combustion déterminée; malgré cela, il était encore avantageux par l'emploi de combustibles pour ainsi dire sans valeur.

M. Michel Perret a amélioré ce foyer en remplaçant les dalles unies par des dalles fractionnées, présentant transversalement la forme de prismes, ainsi que le montre la figure 30. Le combustible prend sur ces prismes son talus d'éboulement, et présente, pour une même surface occupée en plan, un plus grand développement de contact avec l'air. En même temps, la chute du combustible est bien facilitée et la main-d'œuvre rendue beaucoup plus commode. Le chauffeur n'a plus qu'à aider l'éboulement des menus, avec un crochet léger, sans être exposé à la chaleur rayonnante dégagée par les grandes ouvertures des foyers à dalles précédemment décrits.

Dans ces dernières années, une nouvelle amélioration a été apportée à l'agencement de ces derniers foyers. Les dalles pleines ont été perforées de façon à constituer des orifices par lesquels les matières en combustion s'écoulent, pour

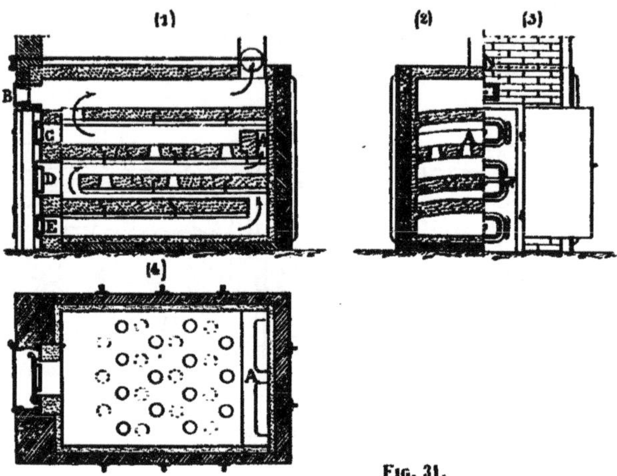

Fig. 31.

ainsi dire, sous l'action d'un rable, et viennent se déposer, sous forme de cônes espacés, sur l'étage inférieur. L'air, circulant à travers les cônes ainsi formés, active la combustion de telle sorte que, pour un même effet calorifique, on a pu réduire à trois seulement le nombre des étages. Il en résulte une diminution de la main-d'œuvre, réduite aussi en raison de la chute facile du combustible.

Ce foyer à dalles perforées est représenté en détail dans les quatre croquis de la figure 31.

64. Foyers à liquides. — Les foyers à liquides sont, pour la plupart, des foyers industriels. Ils sont destinés à brûler des goudrons, des huiles lourdes, des pétroles.

Les goudrons se liquéfient par la chaleur ; puis, on les fait couler sur des rigoles au-devant d'un feu de houille qui les maintient allumés, et on a soin de diviser les jets d'air interposés qui doivent effectuer la combustion.

Les pétroles brûlent dans les mêmes conditions, mais sans avoir besoin d'un échauffement préalable. D'autres fois, on les divise au moyen de mèches, qu'ils imprègnent et qui aident beaucoup la combustion. On a fait sur ce principe quelques foyers à pétrole destinés à des chauffages domestiques, et c'est à ce titre que nous les mentionnons ici.

Enfin, lorsque l'on dispose de force mécanique, on peut avoir avantage à pulvériser ces liquides combustibles au moyen d'une injection d'air ; la combustion devient alors très vive, très facile, mais elle est restreinte à des applications industrielles.

Quant à l'alcool, il n'est, vu son prix, susceptible que d'applications domestiques limitées aux lampes de très faibles dimensions.

65. Foyers à gaz. — Les combustibles gazeux se réduisent pratiquement à l'oxyde de carbone et au gaz de l'éclairage.

L'oxyde de carbone est plutôt un combustible industriel ; on l'obtient dans beaucoup de fours, et on l'utilise soit pour produire de la vapeur, soit dans des chauffages annexes. On l'obtient aussi directement dans les foyers gazogènes dont on a vu le principe dans le n° 60. L'oxyde de carbone produit par l'une ou par l'autre de ces méthodes comporte une proportion importante d'azote, gaz inerte, et quelquefois de l'hydrogène provenant de la décomposition d'une certaine quantité de vapeur d'eau au contact du charbon incandescent.

Lorsqu'on veut brûler l'oxyde de carbone, on le fait arriver dans une capacité réfractaire, par des orifices fractionnés, entre lesquels se trouvent des arrivées d'air, et on l'allume. Les flammes se développent dans le foyer, y dégagent leur calorique, et on les utilise d'une façon variable, suivant les applications. On se réserve, dans les installations, le moyen de régler l'arrivée de l'air, afin d'obtenir la meilleure combustion.

Comme les gaz mélangés d'azote pourraient s'éteindre, on s'oppose à leur extinction en faisant passer les gaz mélangés d'air au-dessus d'un foyer à houille maintenu en ignition. Cela évite l'accumulation du mélange rendu détonant, et les accidents que pourrait produire un rallumage ultérieur.

Dans les foyers munis d'un magasin de combustible, l'épaisseur de ce dernier est souvent assez forte pour qu'il se forme de l'oxyde de carbone. On cherche à brûler ce gaz à l'arrière du foyer par une introduction d'air qui débouche à cet endroit. Mais ici la proportion de gaz produits est variable, et il est difficile de régler la quantité d'air au strict nécessaire.

Dans les foyers à oxyde de carbone, on trouve avantage à échauffer préalablement, au moyen de chaleurs perdues, l'air qui doit servir à la combustion. On augmente la température produite, et l'utilisation est d'autant meilleure.

66. Combustion du gaz de l'éclairage. — Foyers domestiques. — Le gaz de l'éclairage est plus particulièrement employé au chauffage domestique.

Il y a deux manières d'obtenir sa combustion : on le brûle en blanc ou en bleu. On brûle le gaz en blanc en le faisant sortir d'un tube droit ou recourbé par une série d'orifices ou de becs analogues à ceux employés pour l'éclairage. La flamme de chacun de ces becs est blanche, et la pression nécessaire pour faire sortir le gaz peut être très faible, quelques millimètres de pression d'eau suffisent.

Lorsqu'on brûle ainsi le gaz *en blanc*, il faut limiter la hauteur de la flamme et restreindre le débit des orifices, sous peine de voir la flamme brûler incomplètement et devenir fuligineuse.

Dans nombre d'applications, la flamme blanche présente des inconvénients sérieux, notamment lorsque l'on veut la faire servir au chauffage de corps froids, dans les applications aux fourneaux de cuisine par exemple. La flamme se refroidit avant la fin de la combustion ; celle-ci reste incomplète, et il y a un dépôt abondant de noir de fumée sur la surface des vases chauffés. On s'oppose à ces dépôts en employant des becs avec cheminées, mais ils présentent alors d'autres inconvénients dans les chauffages.

Si, avant de brûler le gaz de l'éclairage, on l'a mélangé préalablement avec une certaine quantité d'air, la combustion est facilement complète, le carbone n'est plus en excès dans la flamme, et celle-ci n'est plus éclairante : le gaz brûle *en bleu*. On obtient, malgré cela, une température très élevée, et les objets froids que l'on met en contact avec la flamme ne reçoivent aucun dépôt de noir ; le foyer devient d'une propreté absolue.

Pour obtenir ce mélange préalable de gaz et d'air, on applique le principe du bec Bunsen. On fait arriver le gaz par un orifice de petit diamètre, nommé *injecteur*, dans un tuyau plus large ouvert à l'air et terminé par les orifices brûleurs. Le gaz sortant entraîne une notable proportion d'air et forme un mélange détonant ; mais il n'y a pas assez d'air pour que le mélange brûle dans le tube ; dans les conditions ordinaires, il ne s'allume qu'au brûleur.

Mais cette disposition, d'une grande simplicité pratique, exige que le gaz ait une pression suffisante pour pouvoir entraîner l'air à l'injecteur ; il faut 15 à 20 millimètres d'eau.

Les foyers domestiques seront donc tous basés sur le principe de tubes de gaz percés de trous, recevant ou non l'air préalablement, et brûlant le gaz soit en bleu, soit en blanc.

Dans les foyers où on utilise le rayonnement, on a souvent avantage à brûler le gaz en bleu et à utiliser la chaleur intense produite pour chauffer à blanc des corps réfractaires ou difficilement fusibles : bûches en fonte, boules de céramique mélangée d'amiante, etc.

On en trouvera des applications aux cheminées à gaz (chap. des *Cheminées*).

La combustion du gaz en blanc, *lorsque la flamme n'est pas fuligineuse*, ne donne comme résidus que de l'acide carbonique et de la vapeur d'eau. L'oxyde de carbone n'apparait qu'avec la fumée. Dans ces conditions, le gaz n'est aucunement nocif, et le peu d'acide carbonique produit n'est pas dangereux dans les locaux que l'on n'occupe pas longtemps, ou dans lesquels le renouvellement d'air se fait d'une manière continue.

On peut donc à la rigueur, dans ces conditions, brûler du gaz pour le chauffage, en versant dans la pièce même les produits de la combustion.

Lorsque le gaz brûle en bleu avec excès d'air, le même résultat se produit. Mais il n'en serait plus de même si la combustion, se propageant dans le tube même, se faisait à l'injecteur. Il y a alors défaut d'air et production d'une quantité assez forte d'acétylène odorant, accompagné d'oxyde de carbone, poison violent, et même de cyanhydrate d'ammoniaque non moins nocif. Il faut donc, lorsque l'on veut laisser dégager à même une pièce les produits de la combustion du gaz brûlant en bleu, ne pas restreindre trop les brûleurs, et surveiller la combustion pour qu'elle n'ait pas lieu à l'injecteur, afin que la combustion reste complète.

CHAPITRE II

TUYAUX DE FUMÉE. — CHEMINÉES

SOMMAIRE :

67. Mobilité des gaz. — Écoulement par un orifice. — 68. Vitesse d'écoulement des gaz dans le vide. — 69. Vitesse de l'air s'écoulant à faible pression dans l'atmosphère. Tableau. — 70. Contraction de la veine. Débit. — 71. Mesure de la vitesse des courants gazeux. Anémomètres. — 72. Différents procédés pour mettre les gaz en mouvement. — 73. Tirage des cheminées. Section. Hauteur. — 74. Influence d'un vent horizontal sur l'orifice d'une cheminée. — 75. Sections pratiques des cheminées. — 76. Constructions des tuyaux de fumée dans les bâtiments. — 77. Des tuyaux en tôle. — 78. Traversée des bâtiments. — 79. Tuyaux extérieurs. — Mitrons et mitres en tôle. — 80. Cheminées d'usines en tôle pour foyers importants. — 81. Cheminées en briques. Principes généraux de leur construction. — 82. Couverture du couronnement supérieur. — 83. Cheminées carrées et rondes. Détails d'exécution. — 84. Chaînage des cheminées. — 85. Cheminée de 24 mètres de hauteur de l'hôpital de Corbeil. — 86. Cheminée de l'hôpital Lariboisière. — 87. Carneaux de fumée. — 88. Carneaux rejoignant les grandes cheminées d'usines.

CHAPITRE II

TUYAUX DE FUMÉE. — CHEMINÉES

---

67. Mobilité des gaz. — Écoulement par un orifice. — Parmi les fluides, les gaz sont ceux qui jouissent de la plus grande mobilité. La moindre pression leur communique une vitesse considérable ; le plus petit orifice dans la paroi d'un vase contenant un gaz comprimé en laisse échapper un jet ayant une vitesse très grande, que l'on peut avoir à apprécier.

Lorsque dans un vase A (1) (*fig.* 32), on a de l'eau s'écoulant par un orifice inférieur *a*, on sait que la vitesse d'écoulement est donnée par la formule :

$$v = \sqrt{2gH},$$

dans laquelle H désigne la hauteur du liquide au-dessus de l'orifice, autrement dit l'excès de pression qui détermine l'écoulement. En effet, sur la surface supérieure on a la pression atmosphérique P seule ; à l'orifice on a, du côté du vase, la pression P + H, et au dehors P. L'excès de la pression est H. La lettre g est l'accélération due à la pesanteur, soit 9,8088.

La même formule s'applique, quelle que soit la position de l'orifice d'écoulement, et quelle que soit aussi l'inclinaison de la paroi dans laquelle il se trouve percé.

L'écoulement du gaz est soumis à la même loi. Si l'on a deux réservoirs contigus A et B (2) (*fig.* 32), contenant un gaz soumis à des pressions P et R, et que dans la cloison qui les sépare on perce un orifice *a*, l'écoulement se fera de A en B, en raison de la différence de pression (P — R), et la

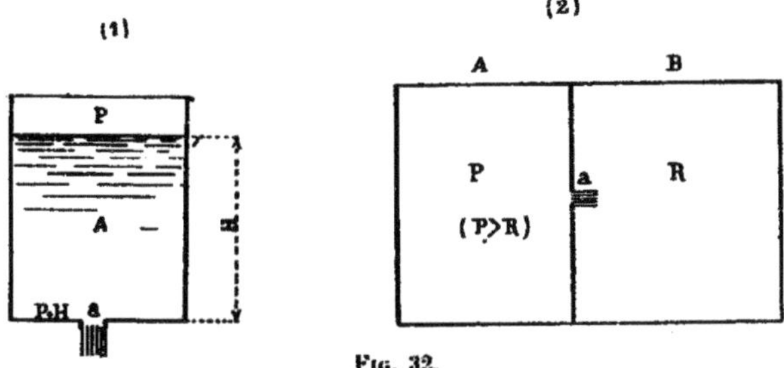

FIG. 32.

vitesse que l'on constatera sera encore représentée par la formule :

$$v = \sqrt{2g\,(P - R)},$$

à condition que la quantité (P — R) soit exprimée par la hauteur *h* d'une colonne homogène du gaz qui s'écoule, colonne qui ferait équilibre à l'excès de pression (P — R).

Soient : δ, la densité physique du gaz A rapportée à l'air; *t*, sa température; sa densité à la température *t* et à la pression P sera (rapportée à l'eau) :

$$\delta \,.\, 0{,}0013 \times \frac{P}{10{,}33} + \frac{1}{1 + \alpha t}.$$

α est le coefficient de dilatation des gaz $= 0{,}00367$.

Densité de l'air : 0,001293, ou approximativement : 0,0013.

La hauteur *h* de la colonne de gaz homogène qui ferait équilibre à la pression P — R serait :

$$h = \frac{P - R}{\delta \dfrac{0{,}001293\ P}{10{,}33\,(1 + \alpha t)}},$$

et la vitesse devient :

$$v = \sqrt{2g \frac{(P - R)\, 10{,}33\, (1 + \alpha t)}{\delta \,.\, 0{,}001293\, P}}$$

$$v = 396 \sqrt{\frac{(P - R)\, (1 + \alpha t)}{P\delta}}.$$

Si on applique cette formule à l'air d'un récipient fermé s'écoulant au dehors à la température de 0°, il faut faire $\alpha = 0$ et $\delta = 1$, et elle se simplifie :

$$v = 396 \sqrt{\frac{P - R}{P}},$$

dans laquelle R devient la pression atmosphérique.

Cette formule donne les chiffres approximatifs suivants :

P — R =	10m,00	1m,00	0m,10	0m,01	0m,001	0m,0001	0m,00001	(exprimé en eau).
v =	276 00	120 00	39 00	12 00	3 90	1 20	0 40	

Ces valeurs de v montrent bien l'extrême mobilité des gaz. Sous une pression de 1 millimètre d'eau, l'air prend une vitesse de près de 4 mètres, et, sous une pression de $\frac{1}{100}$ de millimètre, la vitesse est encore de 0m,40.

On voit aussi par la formule de quelle manière la densité d'un gaz influe sur la vitesse qu'il acquiert sous une pression donnée. Les vitesses respectives de deux gaz, dans les mêmes conditions, seront en raison inverse des racines carrées de leurs densités.

L'hydrogène ayant une densité de 0,0692, rapportée à l'air, le rapport des racines carrées des densités est $\frac{1}{0{,}26}$, ce qui montre que le gaz prendra, pour passer à travers un orifice donné, une vitesse égale à environ quatre fois celle que prendrait l'air dans les mêmes circonstances d'orifice et de pression.

La vapeur ayant une densité de 0,622 rapportée à l'air, le rapport des racines carrées des densités est celui de $\frac{1}{0{,}79}$, ce qui montre que la vapeur prend une vitesse égale aux $\frac{5}{4}$ de celle de l'air, toutes choses égales d'ailleurs.

Cette formule n'est exacte que pour les faibles pressions, jusqu'à 1 mètre d'eau. Au dessus, elle ne concorde plus avec les expériences.

68. Vitesse d'écoulement des gaz dans le vide. — Cette vitesse est donnée par la formule ci-dessus dans laquelle R = o. Il vient :

$$v = 396\sqrt{\frac{1+\alpha t}{\delta}}.$$

La vitesse d'écoulement d'un gaz dans le vide est indépendante de la pression ; elle varie d'un gaz à l'autre en raison inverse des racines carrées des densités.

69. Vitesse de l'air s'écoulant à faible pression dans l'atmosphère. — Tableau. — M. Ser[1] a donné une formule très simplifiée pour le cas de l'air s'écoulant dans l'atmosphère sous un excès de pression mesuré par une colonne manométrique d'eau égale à H (*fig.* 33). Si dans la formule :

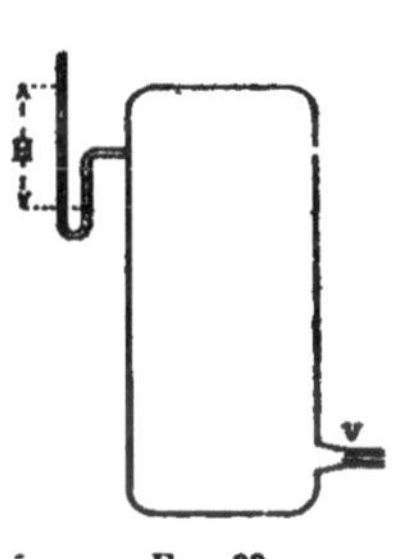

Fig. 33.

$$v = \sqrt{2g.\frac{(P-R)\,10{,}33\,(1+\alpha t)}{\delta\,.\,0{,}001293\,P}},$$

on fait:

$P - R = H$, $P = 10^m{,}33$, $\delta = 1$, $t = 15^\circ$,

il vient sensiblement :

$$v = \sqrt{16{,}000H} = 40\sqrt{10H}, \qquad \text{ou :} \qquad H = \frac{v^2}{16{,}000}.$$

L'excès de pression en mètres de hauteur d'eau s'obtient, pour l'air à 15° s'écoulant dans l'atmosphère, en divisant par 16,000 le carré de la vitesse de l'air, formule applicable aux faibles pressions jusqu'à 1 mètre d'eau.

De cette formule on a déduit le tableau suivant[2] :

---

[1] *Traité de Physique industrielle*, I, p. 250.

[2] *Ibid.*, I, p. 879.

Tableau des pressions en millimètres d'eau, capables de donner à l'air des vitesses variant depuis 0m,05 jusqu'à 10 mètres (de 0m,05 en 0m,05)

VITESSE EN MÈTRES	PRESSION correspondante en millimètres d'eau	VITESSE EN MÈTRES	PRESSION correspondante en millimètres d'eau	VITESSE EN MÈTRES	PRESSION correspondante en millimètres d'eau	VITESSE EN MÈTRES	PRESSION correspondante en millimètres d'eau	VITESSE EN MÈTRES	PRESSION correspondante en millimètres d'eau	OBSERVATIONS
0,05		2,05	0.2626	4,05	1,0251	6,05	2,2876	8,05	4,0501	Pour les vitesses dix fois plus fortes, il faut multiplier les pressions par 100. Pour les vitesses dix fois plus faibles, il faut diviser les pressions par 100.
0.10	0.0006	2.10	0.2756	4.10	1.0506	6.10	2.3256	8.10	4.1006	
0.15	0.0014	2.15	0.2889	4.15	1.0764	6.15	2.3639	8.15	4.1514	
0.20	0.0025	2.20	0.3025	4.20	1.1025	6.20	2.4025	8.20	4.2025	
0.25	0.0039	2.25	0.3164	4.25	1.1289	6.25	2.4414	8.25	4.2539	
0.30	0.0056	2.30	0.3306	4.30	1.1556	6.30	2.4806	8.30	4.3056	
0.35	0.0076	2.35	0.3451	4.35	1.1826	6.35	2.5201	8.35	4.3576	
0.40	0.0100	2.40	0.3600	4.40	1.2100	6.40	2.5600	8.40	4.4100	
0.45	0.0126	2.45	0.3751	4.45	1.2376	6.45	2.6001	8.45	4.4626	
0.50	0.0156	2.50	0.3906	4.50	1.2656	6.50	2.6406	8.50	4.5156	
0.55	0.0189	2.55	0.4064	4.55	1.2939	6.55	2.6814	8.55	4.5689	
0.60	0.0225	2.60	0.4225	4.60	1.3225	6.60	2.7225	8.60	4.6225	
0.65	0.0264	2.65	0.4389	4.65	1.3514	6.65	2.7639	8.65	4.6764	
0.70	0.0306	2.70	0.4556	4.70	1.3806	6.70	2.8056	8.70	4.7306	
0.75	0.0351	2.75	0.4726	4.75	1.4101	6.75	2.8476	8.75	4.7851	
0.80	0.0400	2.80	0.4900	4.80	1.4400	6.80	2.8900	8.80	4.8400	
0.85	0.0451	2.85	0.5076	4.85	1.4701	6.85	2.9326	8.85	4.8951	
0.90	0.0506	2.90	0.5256	4.90	1.5006	6.90	2.9756	8.90	4.9506	
0.95	0.0564	2.95	0.5439	4.95	1.5314	6.95	3.0189	8.95	5.0024	
1.00	0.0625	3.00	0.5625	5.00	1.5625	7.00	3.0625	9.00	5.0625	
1.05	0.0689	3.05	0.5814	5.05	1.5939	7.05	3.1064	9.05	5.1189	
1.10	0.0756	3.10	0.6006	5.10	1.6256	7.10	3.1506	9.10	5.1756	
1.15	0.0826	3.15	0.6201	5.15	1.6576	7.15	3.1951	9.15	5.2326	
1.20	0.0900	3.20	0.6400	5.20	1.6900	7.20	3.2400	9.20	5.2900	
1.25	0.0976	3.25	0.6601	5.25	1.7226	7.25	3.2851	9.25	5.3476	
1.30	0.1056	3.30	0.6806	5.30	1.7556	7.30	3.3306	9.30	5.4056	
1.35	0.1139	3.35	0.7014	5.35	1.7889	7.35	3.3764	9.35	5.4439	
1.40	0.1225	3.40	0.7225	5.40	1.8225	7.40	3.4225	9.40	5.5225	
1.45	0.1314	3.45	0.7439	5.45	1.8564	7.45	3.4689	9.45	5.5714	
1.50	0.1406	3.50	0.7656	5.50	1.8906	7.50	3.5156	9.50	5.6406	
1.55	0.1501	3.55	0.7876	5.55	1.9251	7.55	3.5626	9.55	5.6901	
1.60	0.1600	3.60	0.8100	5.60	1.9600	7.60	3.6100	9.60	5.7600	
1.65	0.1701	3.65	0.8326	5.65	1.9951	7.65	3.6576	9.65	5.8301	
1.70	0.1806	3.70	0.8556	5.70	2.0306	7.70	3.7056	6.70	5.8806	
1.75	0.1914	3.75	0.8789	5.75	2.0664	7.75	4.7539	9.75	5.9414	
1.80	0.2025	3.80	0.9025	5.80	2.1025	7.80	3.8025	9.80	6.0025	
1.85	0.2139	3.85	0.9264	5.85	2.1389	7.85	3.8514	9.85	6.0639	
1.90	0.2256	3.90	0.9506	5.90	2.1756	7.90	3.9006	9.90	6.1256	
1.95	0.2376	3.95	0.9751	5.95	2.2126	7.95	3.9501	9.95	6.1876	
2.00	0.2500	4.00	1.0000	6.00	2.2500	8.00	4.0000	10,00	6.2500	

70. Contraction de la veine. — Débit. — Le produit de la vitesse ci-dessus déterminée par la section de l'orifice ne donnerait pas exactement le volume du gaz écoulé, parce que, comme pour les liquides, il y a *contraction*, et cette contraction, variable avec la forme de l'orifice, donne lieu à un coefficient de correction qui n'est pas négligeable.

Ce coefficient est de 0,65 dans les orifices en minces parois, de 0,85 dans les orifices munis d'ajutages cylindriques, et intermédiaire entre ces deux valeurs extrêmes pour les ajutages coniques, en admettant qu'on prenne pour section de l'orifice, non pas *ab*, mais AB (*fig.* 34).

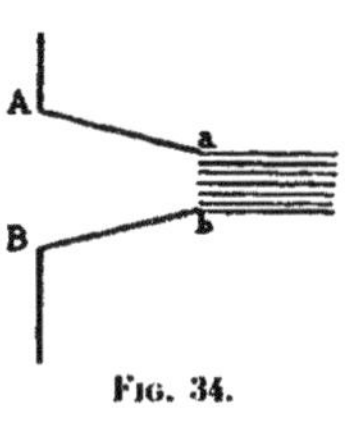

Fig. 34.

Tout orifice, tout changement brusque de section dans un récipient contenant un gaz en mouvement amène donc une diminution dans le volume écoulé.

Tout se passe comme si la pression produisant l'écoulement, et que l'on nomme souvent la charge, au lieu d'être égale à $C = P - H$, avait faibli, et était devenu C'.

Il y a donc comme une *perte de charge*, $C - C'$.

Si on exprime C en hauteur d'eau, et si on désigne par *d* la densité du gaz rapportée à l'eau, la hauteur en gaz déterminant la charge est $\frac{C}{d}$, et la vitesse d'écoulement est :

$$V = \sqrt{2g\frac{C}{d}}.$$

Le volume Q du débit, rectifié au moyen du coefficient dû à la contraction, est (Ω étant la section de l'orifice) :

$$Q = \varphi\Omega\sqrt{2g\frac{C}{d}} = \Omega\sqrt{2g\frac{C\varphi^2}{d}} = \Omega\sqrt{2g\frac{C'}{d}}.$$

Il est donc le même que si la charge C était devenue $C' = C\varphi^2$.

La perte de charge est donc :

$$C - C' = \frac{C'}{\varphi^2} - C' = C'\left(\frac{1}{\varphi^2} - 1\right) = (1 - \varphi^2)\,C.$$

La vitesse moyenne dans l'orifice V devient :

$$v = \sqrt{2g\frac{C'}{d}}, \qquad \text{d'où :} \qquad C' = d\frac{2g}{v^2},$$

d'où enfin :

$$\text{perte de charge} = d\left(\frac{1}{\varphi^2} - 1\right)\frac{v^2}{2g}.$$

Pour un orifice en mince paroi :

$$\varphi = 0{,}65\left(\frac{1}{\varphi^2} - 1\right) = 1{,}366.$$

La perte de charge, comparée à la charge primitive, est :

$$(1 - \varphi^2)\,C = 0{,}5775\ C,$$

c'est-à-dire plus de la moitié de cette charge C.

Pour un orifice avec ajutage cylindrique :

$$\varphi = 0{,}85, \frac{\varphi^2}{1} - 1 = 0{,}384.$$

La perte de charge, comparée à la cahrge primitive, est :

$$(1 - \varphi^2)\,C = 0{,}2775\ C,$$

près du tiers de cette charge C.

71. Mesure de la vitesse des courants gazeux. — Anémomètres. — On pourrait, au moyen de la charge qui produit le mouvement des gaz, et que donneraient les indications d'un manomètre, en déduire la vitesse du courant ; mais cette mesure manométrique n'est pas pratique pour les faibles vitesses, et, pour les grandes elles-mêmes, la déduction serait entachée de grosses erreurs.

On se sert, pour obtenir la vitesse des gaz en mouvement, d'appareils appelés *anémomètres*, qui donnent des résultats très précis.

Les anémomètres sont de petits moulins à vent (*fig.* 35), d'un diamètre ordinaire de $0^{m},10$ à $0^{m},15$, formés de quatre ailes très légères (mica, aluminium ou cuivre, suivant la sensibilité désirée), montées sur un axe très léger, tournant sur tourillons. Par une série de rouages très fins, aboutissant aux aiguilles d'un compteur, on peut déterminer le nombre de tours de l'axe central ; de plus, au moyen d'un embrayage qu'on commande par tringles ou fils, on peut faire marcher l'appareil dans un courant pendant un nombre précis de secondes ; le compteur indique le nombre de tours correspondant. On en déduit le nombre de tours par minute. Il faut, pour que les indications soient précises, que l'axe de l'appareil soit bien parallèle aux courants gazeux dont il s'agit de mesurer la vitesse.

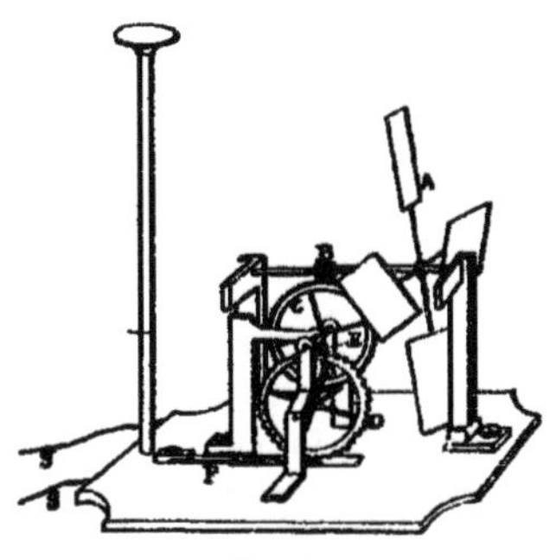

Fig. 35.

Chaque appareil est muni de la formule empirique qui lie le nombre de tours à la vitesse du courant. Cette formule lui est spéciale; elle est de la forme :

$$V = A + Bn,$$

dans laquelle V est la vitesse du courant; n, le nombre de tours de l'appareil observés par minute; A et B, des constantes afférentes à l'appareil lui-même.

Pour déterminer les constantes A et B, on place l'anémomètre à étudier à l'extrémité d'un long rayon en bois tournant autour de l'autre bout; on a soin de placer l'instrument dans le sens du mouvement perpendiculairement au rayon. On fait tourner l'ensemble à des vitesses variables. et pour chacune d'elles on note le nombre de tours du moulin à vent par minute. Avec deux observations on détermine les deux constantes cherchées; une ou deux observations suivantes permettent un contrôle de vérification.

Lorsqu'on veut déterminer la vitesse d'un courant gazeux avec un pareil instrument, en une section donnée d'une conduite d'air, il faut premièrement que cette section ait été choisie de telle sorte que tous les filets gazeux y soient parallèles; en second lieu, monter l'anémomètre sur une règle convenablement organisée pour que l'instrument présente bien son axe dans le sens unique du courant.

Lorsque le carneau est petit, et que l'on n'opère pas à son extrémité, il faut ouvrir une trappe pour introduire l'instrument au milieu du conduit, en ayant soin de boucher soigneusement la trappe pendant l'opération, afin de n'amener aucune perturbation dans la direction et la vitesse des gaz.

Si la section est grande, on la partage par la pensée en une série de divisions égales dans lesquelles on place successivement l'anémomètre. La moyenne des résultats obtenus est sensiblement la valeur moyenne de la vitesse cherchée.

On a fait aussi (M. Newmann) des anémomètres dits statiques, dans lesquels le compteur est remplacé par un ressort que commande la roue à ailettes. Dans chaque expérience la roue à ailettes tourne sous l'influence du courant, tend le ressort et, dès qu'il y a équilibre entre les deux efforts, s'arrête; un mécanisme la fixe alors, sans qu'il y ait possibilité pour le moulin de retourner en arrière. L'appareil indique directement la vitesse cherchée au moyen d'une aiguille mue par le ressort et tournant au-dessus d'un cadran gradué. L'inconvénient de cet anémomètre, d'un emploi si facile d'ailleurs, est de ne donner que l'indication de la vitesse maximum, au lieu de celle de la vitesse moyenne. C'est pourquoi l'anémomètre statique peut être dit *à maxima*.

Les anémomètres permettent ainsi de mesurer la vitesse d'un courant gazeux quelconque.

C'est au moyen des anémomètres que l'on peut se rendre compte des résultats donnés par les appareils de chauffage et de ventilation dans les édifices; c'est avec eux également que, dans bien des cas, on procède au règlement des valves des différents conduits d'air qui alimentent les divers locaux d'un même établissement.

72. Différents procédés pour mettre les gaz en mouvement. — Il y a deux procédés pour mettre les gaz en mouvement : le chauffage ou la force mécanique.

Comme exemple du premier procédé, prenons un foyer ; la fumée qu'il produit est gênante ; elle est encore chaude, malgré toutes les précautions prises pour la refroidir et utiliser sa chaleur ; il s'agit de s'en débarrasser. On profite de la température assez élevée qu'elle possède pour la jeter dans un tuyau vertical élevé, dans une cheminée où elle trouve écoulement. En raison de sa légèreté spécifique elle parcourra la cheminée et se répandra au dehors avec une certaine vitesse.

Si l'on refroidissait complètement la fumée, l'acide carbonique, toute compensation faite de la vapeur d'eau plus légère, lui donnerait un excédent de poids et permettrait de la perdre en la versant de haut en bas.

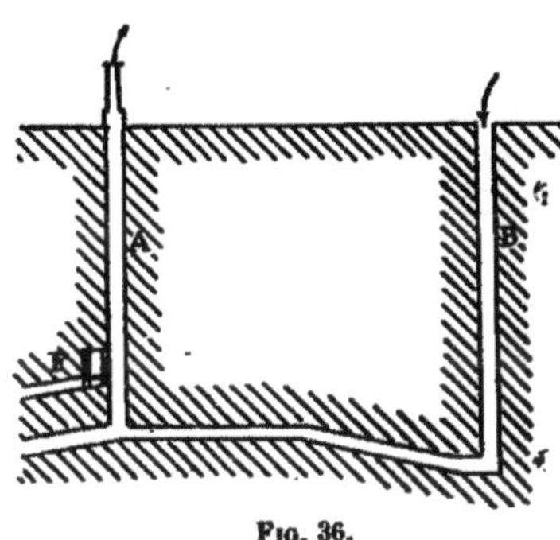

Fig. 36.

Comme il y a une grande difficulté à refroidir complètement la fumée, la chaleur employée pour établir le *tirage* est une chaleur difficilement utilisable. Le mouvement de l'air a lieu en vertu de la différence de poids de la colonne de gaz qui se trouve dans la cheminée et d'une colonne d'air semblable à la température extérieure. Cette différence de poids est souvent faible, mais on a vu qu'un très faible excès de pression donne à un gaz une vitesse appréciable.

D'autres fois on dépensera exprès une certaine quantité de combustible pour échauffer une colonne d'air qu'on voudra déplacer. C'est ainsi qu'on produit souvent l'aérage dans les édifices, au moyen de foyers supplémentaires entretenus en ignition à la base des cheminées de ventilation. C'est également de cette manière que l'on produit l'aérage dans nombre de mines.

Lorsqu'on veut renouveler d'une façon continue l'air des galeries profondes d'une mine desservie par plusieurs puits, on sacrifie l'un de ces derniers A (*fig.* 36), et on s'en sert comme cheminée d'aérage. Pour déterminer sûrement le mouvement ascendant des gaz qu'il contient, on établit en F, dans une petite galerie spéciale aboutissant à la base du puits, un foyer dont les produits de la combustion se dégagent directement dans le puits, se mélangent aux gaz à mettre en mouvement et augmentent leur température. La colonne de gaz ainsi échauffée, et dont la hauteur peut être encore augmentée par l'addition d'une cheminée supplémentaire à l'orifice supérieur, tend à s'élever en vertu de sa faible densité et à aspirer dans toutes les galeries l'air vicié, qui est remplacé par de l'air neuf venant des autres puits.

Le second moyen de mettre les gaz en mouvement consiste à employer une force mécanique : on l'emploie tantôt à aspirer, tantôt à refouler les gaz, suivant les circonstances. Les appareils que cette force met en mouvement sont des machines dites *soufflantes* ou des *ventilateurs*.

73. Tirage des cheminées. — Dans la pratique, les produits de la combustion dans un foyer ordinaire ont sensiblement la même densité, à température égale, que l'air atmosphérique.

D'après les analyses de M. Scheurer-Kestner citées par M. Ser (*Traité de Physique industrielle*, I, p. 584), voici la composition des produits de la combustion de la houille ordinaire, brûlée avec 14 mètres cubes d'air par kilogramme de combustible brûlé :

	Volume dans 1 m. c.	Poids dans 1 m. c.
Acide carbonique	0.110	0.21747
Oxygène	0.060	0.08580
Oxyde de carbone	0.003	0.00374
Hydrogène	0.005	0.00048
Hydrogènes carbonés	0.003	0.00216
Azote	0.745	0.93572
Vapeur d'eau	0.074	0.05920
	1.000	1.30457

Le poids du mètre cube des produits de la combustion est donc de 1 kil. 30457, alors que l'air dans les mêmes conditions pèse 1 kil. 293. On peut donc regarder les densités comme égales dans les mêmes circonstances de température et de pression.

Considérons un tuyau vertical formant cheminée, dans lequel se trouve un gaz chaud à $t°$ s'écoulant dans l'air extérieur à la température de $t'°$, les deux densités étant les mêmes.

Si l'on suppose $t > t'$, c'est-à-dire le gaz plus chaud que l'air, la colonne de gaz à t, plus légère, va tendre à monter, et il va se produire un mouvement ascensionnel. Lorsque le régime sera établi, quelle sera la vitesse d'écoulement?

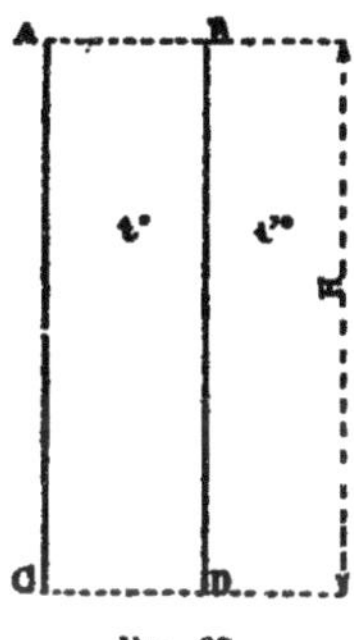

Fig. 37.

Cherchons les pressions qui s'exercent dans les deux sens sur la section inférieure CD.

Au dessus, de haut en bas, nous avons la pression atmosphérique, qui a lieu sur le plan horizontal AB, plus le poids de la colonne de gaz chaud qui remplit la cheminée. Au dessous, de bas en haut, nous avons toujours la pression atmosphérique qui s'exerce sur le plan horizontal AB, mais augmentée, cette fois, de la colonne d'air froid qui se trouve extérieurement dans la hauteur H. C'est donc la différence de poids de ces deux colonnes de hauteur H qui, produisant l'écoulement, forme la charge C. Cherchons cette différence C.

Le poids de la colonne de gaz chaud est :

$$\Omega H \frac{d}{1 + \alpha t}$$

Ω étant la section de la cheminée ;
d, la densité du gaz (égale à celle de l'air).

Le poids de la même colonne d'air froid serait :

$$\Omega H \frac{d}{1+\alpha t'};$$

la différence C est :

$$C = \Omega H d\alpha \frac{t - t'}{(1+\alpha t)(1+\alpha t')}.$$

Si nous cherchons la vitesse due à cette charge, nous appliquerons la formule connue :

$$V = \sqrt{2gh},$$

h étant la charge mesurée en hauteur du gaz qui s'écoule.

Déterminons la hauteur h d'une colonne de gaz chaud qui pèserait :

$$\Omega H d\alpha \frac{t - t'}{(1+\alpha t)(1+\alpha t')},$$

nous avons :

$$\frac{h\Omega d}{1+\alpha t} = \Omega H d\alpha \frac{t - t'}{(1+\alpha t)(1+\alpha t')},$$

d'où :

$$h = H\alpha \frac{t - t'}{1+\alpha t'},$$

et mettons cette valeur de h dans la formule qui donne V :

$$V = \sqrt{2gH\alpha \frac{t - t'}{1+\alpha t'}}.$$

Et, si nous cherchons le poids P de gaz écoulé par seconde, nous aurons :

$$P = \frac{\Omega d}{1+\alpha t} \sqrt{2gH\alpha \frac{(1+\alpha t')}{t - t'}}.$$

Ce poids P de gaz écoulé par seconde se nomme le *tirage*.

Il résulte de cette formule que *le tirage est proportionnel à la section de la cheminée*, et même, pour les petits diamètres principalement, si on tenait compte du frottement qui s'exerce d'autant plus que le tuyau est plus petit, le débit d'un tuyau de section double serait plus du double de celui de section simple.

En second lieu, la formule montre encore que *le tirage croît proportionnellement à la racine carrée de la hauteur* seulement. Si on fait intervenir le frottement, qui augmente avec la hauteur, on voit que la hauteur de la cheminée, passé une certaine limite, n'influera plus sensiblement sur son débit.

La seule considération qui doive, passé 15 à 20 mètres, déterminer la hauteur d'une cheminée, c'est la hauteur des objets voisins, constructions ou collines qui peuvent dominer l'orifice supérieur et rendre les vents plongeants aux environs de cet orifice. Il y a tendance alors à l'entrée du vent dans la cheminée, et le tirage risque d'être amoindri ou supprimé.

De là :

Première conclusion : Les cheminées d'un bâtiment quelconque devront avoir leur orifice supérieur plus haut que le faîtage du bâtiment ou que ceux des bâtiments voisins qui domineraient.

Seconde conclusion : Les grandes cheminées d'usines doivent régler leur hauteur de manière à n'avoir pas à souffrir des vents rendus plongeants par les collines voisines. C'est la configuration géographique du sol, et non le chiffre du tirage, qui servira de base pour déterminer leur hauteur.

Si l'on cherche, enfin, quelle est *la température t qui correspond au maximum du débit*, la formule montre que cette température *est comprise entre* 275 *et* 300°, suivant que la température extérieure est de 0° ou de 15°.

Ce fait est confirmé par la pratique. On cite des exemples de certains foyers métallurgiques desservis par des cheminées qui recevaient la fumée à une température fort élevée, et dont on a amélioré le tirage, en interposant dans le trajet de cette fumée, des chaudières à vapeur qui utilisaient l'excédent perdu de leur chaleur et ramenaient la température aux environs de 300°.

74. Influence d'un vent horizontal sur l'orifice d'une cheminée. — Théoriquement, un vent bien horizontal n'influe pas sur le tirage d'une cheminée, quelle que soit sa vitesse. Si on représente par V la vitesse de la fumée dans la cheminée, le volume qui sort verticalement en une seconde, lorsqu'il n'y a pas de vent, est le prisme *cabd* qui a pour mesure le produit de la section Ω de la cheminée, multipliée par la vitesse V représentée par *ac*.

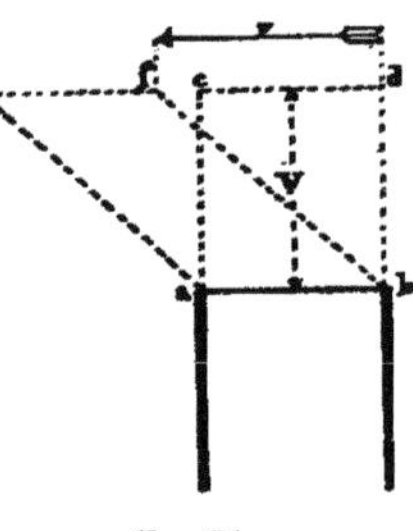

Fig. 38.

S'il y a du vent ayant une vitesse *v*, la fumée sera entraînée avec cette vitesse, tout en s'échappant, et, les mouvements étant combinés, la vitesse résultante sera *bf*, et le volume écoulé par seconde sera le prisme oblique *aefb* ; or, la géométrie nous enseigne que deux prismes de même base et de même hauteur ont même volume ; l'influence du vent est donc, théoriquement, nulle sur le débit.

En pratique, le fait se confirme, à condition toutefois que la vitesse V des gaz à leur sortie soit au moins de 2 mètres.

C'est souvent à cause du peu de vitesse des gaz à leur sortie des souches que les cheminées d'appartement fument sous l'influence du vent.

Les vents extérieurs ne sont pas toujours exactement horizontaux ; rarement ils ont une tendance à monter, mais fréquemment ils sont plongeants. Il suffit pour cela qu'ils aient rencontré un objet élevé, soit bâtiment, soit colline, avant d'arriver à la cheminée. Ils sont alors très nuisibles, *coupent le tirage*, et s'opposent à la sortie de la fumée.

On n'a d'autre ressource, pour parer à cet inconvénient, que de surélever la cheminée, de manière à faire sortir l'orifice de la zone d'influence du bâtiment ou de la colline voisine. C'est presque toujours cette considération qui détermine la hauteur des cheminées dans la plupart des cas pratiques.

75. Sections pratiques des cheminées. — On a vu que le tirage dépend surtout de la section et de la température.

Lorsque la température est faible, comme dans les cheminées d'appartement, dans lesquelles une grande masse d'air se mélange aux produits de la combustion, il faut donner au tuyau de cheminée une section de 0,30 × 0,30 pour les grands foyers, $0^m,25 \times 0^m,25$ pour les moyens, $0^m,22 \times 0^m,25$ pour les plus petits.

Il faut éviter les coffres rectangulaires de trop grande section qu'on employait autrefois, et dont on rencontre encore quelques exemples dans les anciennes maisons; il s'y produit des remous, des courants descendants, qui ramènent la fumée dans les pièces desservies.

Si on passe maintenant aux tuyaux de fumée des foyers à grille, comme par exemple ceux des calorifères, d'où la fumée s'échappe encore très chaude, mais où les conduits sont encore de section réduite, avec une grande longueur et un long parcours donnant par suite beaucoup de frottements, il est prudent de déterminer la section par la considération que chaque décimètre carré corresponde à une consommation de 1 kilogramme de houille brûlée par heure; mais il faut que l'on prenne pour base l'allure la plus rapide de la combustion.

Il ne faut pas descendre comme section au-dessous de $0^m,18 \times 0^m,22$ pour les plus petits poêles d'appartement.

Dans les foyers des grands chauffages, des chaudières à vapeur, ou de l'industrie, pour lesquels on construit des cheminées spéciales, indépendantes des bâtiments, dites cheminées d'usines, chaque décimètre carré correspond encore à une combustion maximum de **2** à **3** kilogrammes de houille par heure pour les petits diamètres au-dessous de $1^m,25$ au sommet, combustion allant à 4 kilogrammes pour les diamètres de 2 à 3 mètres.

Souvent même il y a lieu d'exagérer les dimensions trouvées par l'application de ces chiffres pour prévoir les augmentations de consommation que peut amener l'extension des appareils.

76. Construction des tuyaux de fumée dans les bâtiments. — Dans nos maisons d'habitation, on a beaucoup de tuyaux à loger pour desservir les appareils de chauffage répartis dans les diverses pièces de chaque étage. On peut poser comme principe absolu de ne jamais les faire passer dans les murs de face, qu'ils affaiblissent, et où leur dilatation inévitable produit des gerces inadmissibles. On les réunit par groupes dans des murs de refend ou parties de murs de refend ne portant pas plancher, et auxquels on donne une épaisseur convenable, sans descendre au-dessous de $0^m,46$.

Tant qu'il ne s'agit que de cheminées d'appartements ou de poêles de dimensions restreintes, on peut adopter la construction en wagons, qui s'est répandue pour ainsi dire partout, avec la condition de recouvrir les faces latérales des murs ainsi composés d'une surépaisseur d'enduit portant l'épaisseur sur chaque face du mur au moins à $0^m,08$.

On peut encore adopter la construction en briques cintrées, qui permet de rapprocher un peu plus les tuyaux de chaque groupe et d'en mettre un plus grand nombre dans une longueur donnée de mur.

Si ces tuyaux ne peuvent se loger tous dans les murs, on en adosse une partie, et on se sert pour construire ces derniers des boisseaux Gourlier, en ayant soin de les recouvrir d'un enduit avec renformis assez épais pour porter à $0^m,08$ au moins l'épaisseur de la paroi.

Nous renvoyons pour ces différentes constructions, ainsi que pour la forme du départ de chaque tuyau, à notre ouvrage sur la *Maçonnerie*.

S'il s'agit d'un calorifère de cave, d'un four de boulanger, d'un fourneau de laboratoire de restaurant ou de charcutier, en un mot de foyers qui versent de la fumée chaude d'une façon ininterrompue, on ne peut plus exécuter la cheminée en wagons ou boisseaux, et la brique cintrée elle-même n'est plus assez résistante ; il se produirait des fentes dangereuses. On est obligé d'augmenter l'épaisseur du mur de la quantité voulue pour faire la construction en briques ordinaires, l'épaisseur des parois étant alors portée à 0m,11, plus les enduits.

Et encore y a-t-il certains calorifères, tels que ceux qui comportent un foyer Michel Perret, dans lesquels, en certains moments, la fumée est à température très élevée, et qui exigent des épaisseurs de parois de 0m,22, sans qu'on puisse assurer que, même avec cette épaisseur, il ne se produira pas de gerces par les dilatations inégales des maçonneries voisines.

Si l'on ne peut donner cette épaisseur aux parois, il faut faire un tuyau de fumée en briques, avec parois de 0,11 et de section assez grande pour y loger librement un tuyau en tôle galvanisée épaisse, qui sera le vrai tuyau de fumée. Autour de la tôle doit régner un espace libre d'environ 0m,05, et cet espace débouche à l'air libre, dans les caves à la partie basse, et dans la souche hors comble en haut ; il en résulte un courant d'air qui refroidit un peu la fumée et empêche la brique de trop chauffer et de se fendre sur la paroi des pièces habitées.

On verra plus loin l'application de cette même construction aux tuyaux de fumée des fourneaux de cuisine.

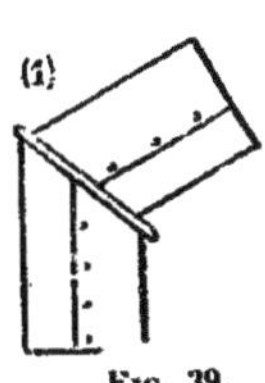

Fig. 39.

77. Des tuyaux en tôle. — Les tuyaux des petits appareils s'exécutent en tôle, et bien souvent on les poursuit verticalement, en les isolant, à travers les locaux jusqu'au-dessus du faîtage.

Ils s'exécutent en tôle mince, noire, de 1/2 millimètre à 1mm,5 d'épaisseur ; les bouts ont 0m,60 de long ; ils s'emboîtent les uns dans les autres à force. On fait en sorte que ce soit le bas du tuyau du haut qui entre dans la partie supérieure du tuyau du bas ; de la sorte, s'il se forme des condensations mélangées d'huiles empyreumatiques, ce que l'on nomme du *bistre*, ce dernier coule dans le tuyau, en raison de la pente, sans pouvoir se répandre au dehors. Ces tuyaux ont de 0m,08 à 0m,16 de diamètre. Les coudes se font à l'angle demandé, soit au moyen de deux bouts agrafés en biais (1) (*fig.* 39), ou bien plissés mécaniquement, ce qui présente un aspect plus régulier (2).

Lorsqu'on exécute en tôle une cheminée verticale dans laquelle vient déboucher un tuyau traînant venant d'un appareil, il est bon de prolonger la cheminée verticale un peu au-dessous de la jonction et de la terminer par un tampon mobile, ainsi qu'il est représenté dans la figure 40. De la sorte, les suies et cendres sont recueillies dans ce prolongement, peuvent s'y accumuler, sans gêner, pendant un certain temps, et il est facile de les enlever; de plus, le tampon permet de passer dans la suite verticale de tuyaux un hérisson de ramonage, afin de détacher les suies collées aux parois.

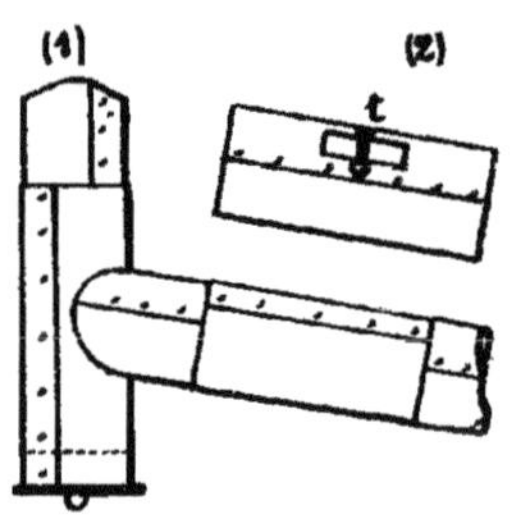

Fig. 40.

Lorsqu'on ne peut mettre de tampons d'extrémités, ou que les suites de tuyaux sont longues, on dispose, de distance en distance, des tampons cintrés *t*, croquis (2), sur la surface même des tuyaux, et on les maintient par des traverses engagées dans des crochets saillants, et qui les appuient fortement pour faire joint.

78. Traversée des bâtiments. — Lorsqu'un tuyau en tôle traverse des planchers ou des charpentes en bois, il faut procéder à tous les isolements obligatoires imposés avec raison par les règlements, en vue d'éviter les incendies, en exagérant plutôt les distances indiquées, qui sont des *minimum*. Si l'on traverse un plancher, il faut établir une trémie dans la charpente et remplir cette trémie d'une maçonnerie à travers laquelle on laisse le passage du tuyau en tôle. Les dimensions de la trémie sont telles qu'il y ait 0m,20 de distance entre la tôle et le bois le plus voisin (*fig.* 41).

Il est bon de ne pas sceller le tuyau dans la maçonnerie ; il vaut mieux limiter cette dernière par un manchon métallique de $0^m,04$ plus grand que le tuyau, et de laisser celui-ci passer librement dans l'orifice ainsi produit.

Il est évident que, si l'on doit s'isoler du bois des charpentes, il faut aussi s'isoler, et avec autant de soin, des parquets en bois qui les recouvrent, et qu'il y a lieu de ne

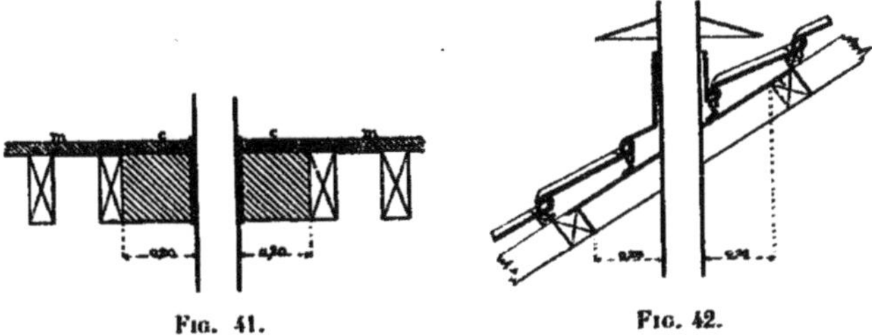

Fig. 41. Fig. 42.

pas manquer de remplacer les planches ou frises *m* (*fig.* 41) par un carrelage *c* sur toute la surface de la trémie.

Il en est de même de la traversée de la toiture ; il faut installer une trémie entre les chevrons et laisser partout une distance de $0^m,20$ de tout bois, voligeage ou lattis compris.

Quelquefois on remplace la trémie maçonnée par une tôle percée d'un orifice convenable pour laisser passer le tuyau. Cette tôle (*fig.* 42) est fixée sur les chevrons au moyen de clous. Il est prudent de porter, dans ce cas, l'isolement à $0^m,25$, par cette raison qu'au moindre feu de cheminée produit par la combustion de la suie, le tuyau rougit, et que la maçonnerie n'est plus là pour s'opposer au rayonnement sur les bois. Il faut écarter ceux-ci pour que le rayonnement ne puisse les enflammer. La figure montre cette disposition appliquée à une couverture en tuiles mécaniques. Une tuile spéciale en fonte porte une tubulure : le tuyau porte une collerette formant larmier, de sorte que l'étanchéité se trouve assurée, tout en laissant aux métaux leur libre dilatation.

Au-dessus de la tôle, le lattis en bois est remplacé par une portion de lattis en fer.

Le tuyau doit dépasser le faîtage, si le bâtiment domine les constructions voisines; il doit, autant que possible, dépasser celles-ci si elles sont plus élevées.

79. Tuyau extérieur. — Mitrons et mitres en tôle. — On termine le tuyau à son extrémité supérieure par une

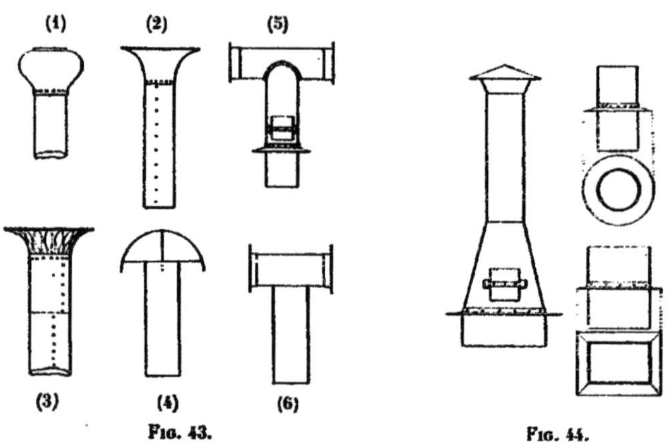

Fig. 43. Fig. 44.

sorte de chapiteau arrondi, comme dans le croquis (1) de la figure 43, ou évasé comme dans le croquis (2). Quelquefois on découpe la tôle de l'évasement comme en (3). Enfin, lorsque l'eau qui tombe dans la section du tuyau peut présenter des inconvénients, on protège l'orifice par une calotte de forme appropriée. Le croquis (4) montre un tuyau ainsi surmonté d'une calotte demi-cylindrique.

Lorsque l'on ne peut monter le tuyau assez haut, et que son orifice se trouve dominé par des constructions plus élevées, permettant aux tourbillons de vent de refouler la fumée dans une direction variable, on se sert de T à calottes (*fig.* 43), croquis (5) et (6).

C'est encore de cette manière que l'on termine un tuyau

presque horizontal que, pour une installation toute provisoire, on fait sortir par une fenêtre, en remplaçant par une tôle la vitre de la croisée traversée.

Il faut s'inquiéter de l'action du vent sur les parties de tuyaux en tôle ainsi exposées hors comble ; on peut les maintenir par des tuteurs rigides fixés aux points solides de la charpente ou des maçonneries voisines, et auxquels on les relie par des colliers à boulons ou des ligatures en fil de fer. Lorsqu'on ne dispose pas facilement de ces moyens de consolidation, on se sert de haubans en fil de fer reliés à la tête du tuyau et allant prendre attache en des points solides situés à des distances quelconques. On les répartit dans trois ou quatre orientations judicieusement choisies, de manière à s'opposer à l'effet du vent, quelle que soit sa direction.

Les portions de tuyaux hors comble s'altèrent bien plus rapidement que les portions intérieures. Elles ont à subir les effets des agents extérieurs d'oxydation, et, de plus, le froid y produit des condensations, que retient la suie intérieure. Pour les faire durer plus longtemps, on les établit en tôle forte de 2 millimètres à $2^{mm},5$ d'épaisseur ; il est bon, en outre, de les galvaniser, ce qui augmente considérablement leur durée, surtout quand les fumées ne sont pas acides.

On surmonte fréquemment de tuyaux en tôle les souches des cheminées, soit simplement pour remplacer les mitrons en terre cuite, soit pour obtenir un exhaussement favorable au tirage. Dans le premier cas, on emploie des mitrons ronds ou carrés, avec collerette extérieure, comme ceux de la figure 44. Dans le second, l'appareil, plus important, s'appelle une mitre ; il doit porter vers sa base une porte pour le ramonage. On le rétrécit souvent à sa partie supérieure, comme l'indique le premier croquis de la même figure. Il en résulte une augmentation de frottement et une perte de tirage, mais aussi on a un accroissement de vitesse des gaz à la sortie, capable de mieux vaincre les influences extérieures. Enfin, on ajoute souvent des têtes mobiles prenant, sous l'action soit du tirage, soit des vents, un mouvement de rotation. Ces appareils, dont quelques-uns sont représentés dans la figure 45, ne sont utiles que s'ils fonctionnent bien, et si leur fonctionnement est rationnel; sinon, ils sont nuisibles. Les têtes numérotées (1), (2) et (4) sont dans ce cas; leur mouvement ne peut se produire qu'aux dépens du tirage et n'ajoute rien

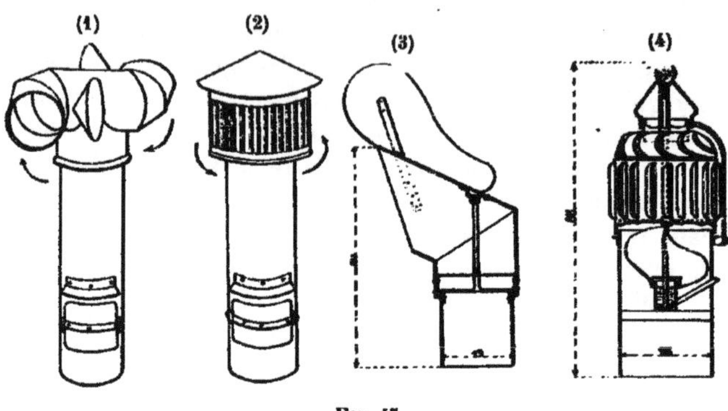

FIG. 45.

à la facilité de sortie des gaz. Le n° 3 est rationnel; le vent fait tourner l'orifice du côté opposé à sa direction et, une fois l'appareil dans cette position, il fait aspiration sur l'orifice pour aider à la sortie des gaz.

80. Cheminées d'usines en tôle pour foyers importants. — Lorsque l'on emploie la tôle pour exécuter des cheminées pour grands foyers, il y a lieu, si l'on veut obtenir de la durée, d'augmenter les épaisseurs de tôle et d'atteindre 0m,004 à 0m,006. On varie même l'épaisseur dans une même suite en prenant la plus forte pour le bas et pour le haut. La partie haute, au point où le froid extérieur détermine une condensation sur la paroi interne, se détruit, en effet, plus rapidement que le corps du milieu.

Ces cheminées s'exécutent par tronçons de 5 à 10 mètres terminés par des brides de raccord (*fig.* 46). Dans un même tronçon, il y a plusieurs viroles faites de tôles cintrées et rivées, et les viroles, non seulement sont emboîtées, mais encore rivées ensemble, ce qui donne beaucoup de solidité. Le sens de l'emboîtage est toujours le même : c'est le bas du tuyau supérieur qui entre dans le haut du tuyau du bas ; pour conserver le diamètre, les viroles sont légèrement coniques.

On termine les cheminées soit par un évasement, que l'on appelle quelquefois une tulipe, soit par un chapeau surélevé qui a l'avantage de soustraire la tôle à l'humidité ; cette dernière disposition est préférable, surtout lorsque, pendant certaines périodes, le foyer est inactif.

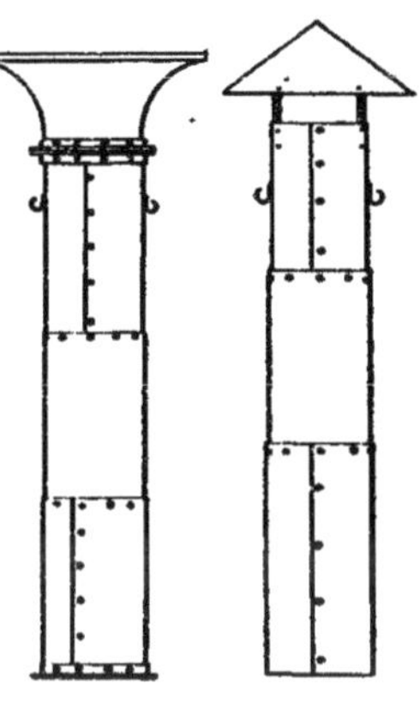

Fig. 46.

On ajoute aux points convenables de la hauteur et en haut les crochets nécessaires pour attacher des haubans en fils de fer simples ou câblés dans les directions convenables, car les cheminées, par raison d'économie, ne sont pas établies pour avoir une stabilité propre.

Les cheminées en tôle sont posées sur un massif en maçonnerie formant piédestal plus ou moins développé, qui les soustrait aux actions oxydantes du sol, et notamment à l'humidité. Ce piédestal est un tronçon de cheminée en maçonnerie construit en briques, avec ou sans moulures, suivant l'aspect extérieur qu'on veut lui donner. Son vide intérieur reçoit le carneau de fumée, et il est disposé de telle sorte qu'il se relie sans changement brusque de section avec le vide de la cheminée en tôle.

L'ensemble d'une cheminée ainsi établie est donné en coupe longitudinale dans le croquis de la figure 47.

La cheminée en tôle, dans cet exemple, est conique comme forme générale, et cette conicité est obtenue par l'emboîtage de viroles cylindriques les unes dans les autres, toujours dans le même sens. On passe ainsi insensiblement du diamètre de 0m,70, à la base, au diamètre de 0m,50 au sommet.

Inférieurement, la cheminée est terminée par un socle en fonte rivé à la dernière virole, mouluré et élargi en plaque carrée. Dans les angles de cette plaque sont des portées saillantes autour de trous de 0m,030 à 0m,040, pour recevoir la partie haute de quatre boulons de fondation, chargés de relier la partie métallique avec le soubassement en briques. Ces boulons s'étendent dans toute la hauteur du piédestal et s'ancrent à la partie basse dans des niches à clavettes, de telle sorte que le poids de toute la maçonnerie concourt à la stabilité générale.

On voit également, dans la figure 47, les points d'attache d'un système de haubans, à une petite distance du couronnement (le tiers environ de la hauteur).

Dans cet exemple la cheminée se termine en haut sans évasement ; elle est munie pour l'aspect d'un chapiteau en tôle rapporté.

On cherche à augmenter la durée des cheminées en tôle en protégeant leurs parois par de la peinture. On peut employer la peinture à l'huile, mais un procédé qui donne de très bons résultats consiste à la remplacer par du goudron de gaz, employé à chaud, dilué au besoin avec un peu de pétrole, et rendu siccatif par l'addition d'un dixième environ de poudre de chaux caustique (chaux grasse, hydraulique ou même ciment).

Il faut surtout avoir bien soin que les

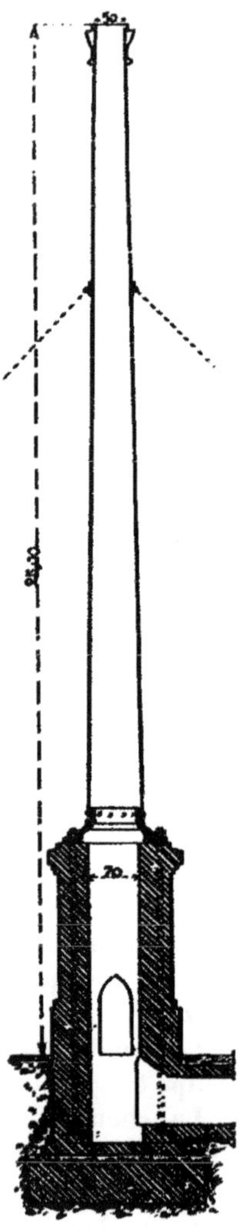

Fig. 47.

joints des viroles soient exactement remplis et qu'aucune trace d'humidité ne puisse s'infiltrer entre les tôles en contact.

Malgré toutes ces précautions, malgré le soin que l'on doit prendre de les repeindre périodiquement, les cheminées en tôle durent peu ; avec certaines fumées même elles se trouvent détruites en quelques mois. Il faut donc les réserver pour les installations rapides et provisoires.

81. Cheminées en briques. — Principes généraux de leur construction. — Les cheminées en briques bien construites ont une durée illimitée lorsqu'elles ne conduisent pas des fumées trop chaudes. Ordinairement, on choisit pour les construire les meilleures briques que l'on ait à sa disposition : à Paris et dans les environs, on emploie de préférence la brique de Bourgogne, malgré son prix élevé. Le mortier à adopter pour liaisonner ces briques doit présenter les propriétés suivantes :

1° Il doit être dégraissé avec du sable tamisé très fin, ou du sablon bien pur, exempt d'argile, de manière à permettre de donner aux joints la plus petite épaisseur possible, 0m,007 à 0m,009 ;

2° Il doit être à prise très lente, pour qu'après une série d'assises placées, représentant 0m,50 à 0m,70 de hauteur de construction, on puisse régler le parement de briques en renfonçant celles qui dépassent un peu l'alignement.

Les briqueteurs préfèrent d'habitude le mortier de chaux grasse ordinaire, mélangée de sablon de plaine bien fin, dans la proportion de 180 kilogrammes à 200 kilogrammes de chaux par mètre cube de sable. Mais ce mortier est desséché par la brique avant la prise et, dans bien des cas, il ne durcit pas. Il vaut mieux additionner la chaux grasse de 1/5 à 1/4 de ciment de Portland. Avec cette proportion, le mortier est encore très long à prendre ; il admet le sablon, et, de plus, il adhère aux briques de telle façon que, au bout de quelques années d'emploi, lorsqu'on a à faire une démolition, on casse la brique plutôt que le mortier.

Le jointoyage se fait, suivant les cas, soit en même mortier, soit en ciment de Portland ; mais, le plus souvent, on ne fait qu'appuyer au fer l'excédent du mortier même que l'on a mis dans la construction.

Comme la maçonnerie de briques, dans bien des pays, est d'un prix plus élevé que la limousinerie de petits matériaux plus grossiers, lorsque les fumées ne sont pas très chaudes, on a souvent avantage à faire en limousinerie ordinaire les massifs inférieurs, qui cubent beaucoup, en ayant soin de construire leur parement intérieur en briques, sur une épaisseur de $0^m,22$ et de $0^m,36$, alternativement sur cinq ou six rangs à la fois.

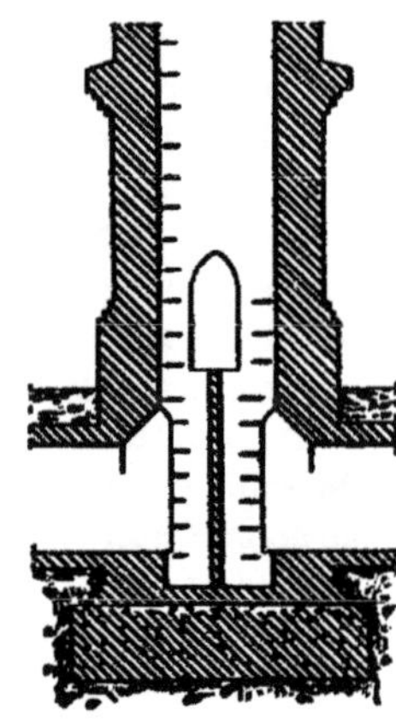

Fig. 48.

Cette limousinerie doit être faite en matériaux siliceux, ou en meulière, ou en déchets de granit et, en général, en fragments de matières solides résistant bien à la chaleur. Les moellons calcaires doivent être rejetés pour cet usage.

Généralement la fondation d'une cheminée est carrée, et c'est dans l'un des murs de ce carré que vient pénétrer le carneau qui amène la fumée. Quelquefois même, et c'est une bonne précaution pour l'avenir, on laisse une ouverture dans chacune des faces pour prévoir d'autres arrivées de gaz, et on bouche par un muret en briques de $0^m,22$ celles qui ne servent pas immédiatement. L'une d'elles peut même servir avantageusement d'entrée à la cheminée, et évite une porte au-dessus du sol.

Lorsque, dans une cheminée, débouchent deux courants de fumée distincts et de directions différentes, il faut entre les deux monter une cloison mince en briques (*fig.* 48), afin d'éviter les remous qui ne manqueraient pas de se produire. La cloison peut être terminée par une partie amincie en métal, au point où les gaz, détournés de leurs directions premières, ont leurs filets parallèles.

On donne aux cheminées un léger fruit à l'extérieur. La

pente des parois est, en général, de 0m,025 à 0m,035 par mètre. Il en résulte une plus grande stabilité, et aussi cela permet d'augmenter l'épaisseur des murs à mesure qu'ils s'approchent du sol, sans rétrécir la section. Celle-ci va plutôt en augmentant du sommet à la base, ce qui diminue les frottements des gaz. Le fruit le plus ordinaire est de 0m,03 par mètre, de sorte que pour chaque mètre dont on s'élève le diamètre extérieur diminue de 0m,06.

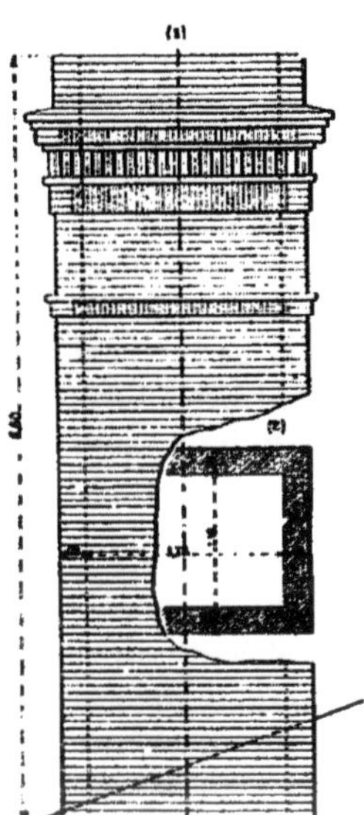

Fig. 49.

L'épaisseur des murs varie par 0m,11 à la fois, de manière à éviter la taille de la brique. Cette augmentation brusque détermine des redans à l'intérieur. Ces redans n'ont aucun inconvénient.

A la partie supérieure, il est rare qu'on mette moins de 0m,22 et cela sur une longueur de 5 à 8 mètres, suivant le diamètre de la cheminée; puis, en dessous, le tronçon suivant a 0m,34, compris joint; puis, un autre a 0m,46, et ainsi de suite jusqu'en bas. Chaque tronçon, ou *rouleau*, a de 6 mètres à 8 mètres de hauteur.

Le socle est vertical; il a une hauteur plus ou moins grande suivant l'apparence que l'on veut donner à la construction. Il faut avoir soin de couvrir toutes les parties saillantes avec des glacis en Portland, afin d'éviter toute infiltration d'eau dans la maçonnerie. On fait des socles carrés ou octogones, avec corniche, dé et socle. On en fait de ronds et alors très bas, avec ou sans corniche. Ces derniers sont les plus économiques, le cube de maçonnerie étant bien moindre. Les premiers, au contraire, donnent lieu à une dépense de briques souvent excessive, autant, dans certains cas, que le reste de la cheminée, seule partie utile.

La partie de la cheminée située au-dessus du socle, du

moment qu'elle est isolée, est de section ronde préférablement. C'est la forme qui donne le maximum de section pour un périmètre donné, et les ouvriers les construisent maintenant au moins aussi facilement que les cheminées carrées.

On réserve cette forme carrée pour certaines cheminées d'usines qui admettent des gaz à température très élevée, ou encore pour celles qui prennent naissance dans l'intérieur des bâtiments et qui doivent les traverser de part en part. On leur donne même quelquefois une forme rectangulaire, lorsque cette section se trouve indiquée par les passages disponibles. L'un des côtés du rectangle se trouve parallèle aux horizontales du pan de toiture, afin de rendre faciles la traversée des charpentes et les raccords avec les surfaces de couverture.

La figure 49 représente la partie haute de la cheminée rectangulaire des appareils de chauffage de l'École Centrale, à Paris, avec une portion de plan montrant les proportions qu'affecte la section horizontale.

82. Couverture du couronnement supérieur. — Que la cheminée soit carrée ou ronde, qu'elle se termine par un simple cordon ou par une corniche, il est nécessaire de la surmonter d'une couverture. Celle-ci présente le premier avantage de charger les assises de briques supérieures et d'empêcher leur disjonction. De plus, elle évite les infiltrations d'eau et la dégradation des joints.

On protège quelquefois le couronnement par des lames de plomb rabattues sur les parements verticaux et d'épaisseur suffisante pour résister aux vents violents. Mais le plomb ne résiste pas aux fumées chaudes ; il fond même souvent sous l'influence de certains *feux de cheminée* dont ne sont pas exemptes ces sortes de constructions.

Il vaut bien mieux faire la couverture de la partie haute du fût au moyen de grandes tuiles en fonte, couvrant à la fois l'acrotère et le glacis de la corniche. La figure 50 donne le détail complet d'un de ces chapeaux. La division en tuiles séparées doit être telle que chaque morceau soit maniable, et qu'il puisse passer par l'intérieur de la cheminée ; car c'est par l'intérieur qu'on les monte, de même du reste que tous

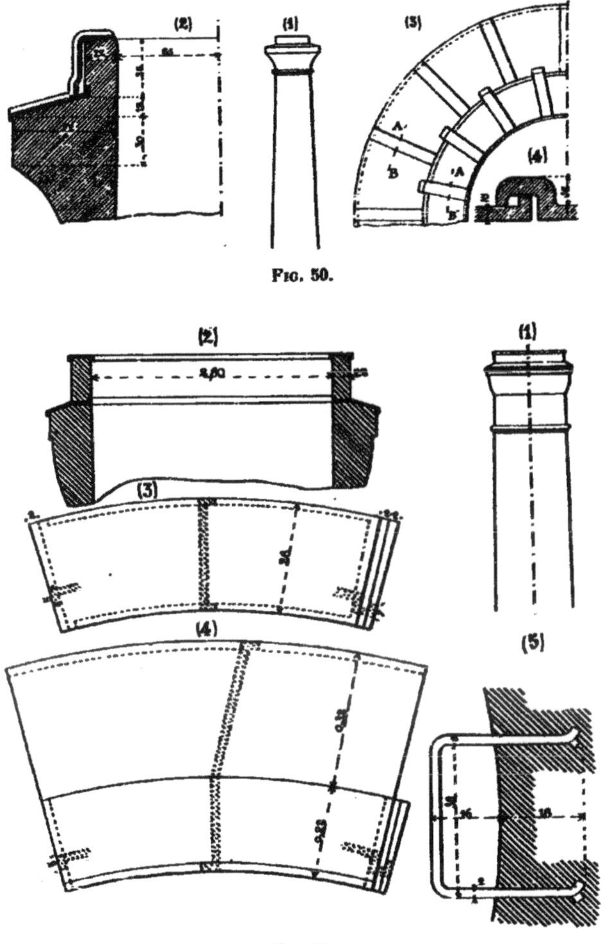

Fig. 50.

Fig. 51.

les matériaux. Le croquis (1) donne la forme du chapiteau ; le croquis (2) montre la coupe verticale à plus grande échelle, et notamment le chapeau fait ici en deux assises; le croquis (3) représente ces deux assises en plan, et le n° (4), enfin, donne la forme du joint de deux tuiles en fonte consécutives, par une coupe verticale suivant AB.

La figure 51 indique une variante de chapeau un peu plus économique en ce qu'il emploie moins de fonte, et plus commode à poser. Il consiste à couvrir d'abord la corniche dès que la construction des assises saillantes est terminée, et on étend mêmes les pièces sur toute l'épaisseur du mur de 0m,22. Sur la couverture métallique on monte l'acrotère dont la face en briques reste apparente; enfin, on ajoute un petit chapeau supérieur restreint à cet acrotère.

Il est bon de réunir les pièces de couverture d'une même assise, en les cerclant par un chaînage en fer de 50/9 qui empêche toute variation.

83. Cheminées carrées et rondes. — Détails d'exécution. — On faisait autrefois les cheminées carrées au moyen d'un échafaudage extérieur; maintenant, les briqueteurs n'ont d'autre échafaudage qu'un léger plancher qu'ils montent à mesure dans l'intérieur de l'ouvrage; ils le maintiennent par quelques traverses noyées dans des encoches ménagées dans le parement du dedans. Ils construisent de même les cheminées à section ronde, et cela d'une façon courante. Ces dernières sont plus économiques, employant moins de matériaux, et en même temps présentent plus de solidité. Aussi a-t-on presque partout renoncé aux cheminées carrées. Les cheminées à section circulaire présentent bien moins de prise à l'action des vents.

Lorsqu'on construit une cheminée, les matériaux se montent au treuil, du bas, et une poulie de renvoi dirige le câble sur la poulie à chape de l'échafaudage du haut. Le mortier se monte au seau, et les briques en paquets. La figure 52 représente ainsi une cheminée en construction et le montage des matériaux au moyen d'un treuil extérieur, d'une poulie de renvoi et d'une poulie supérieure montée sur chevalet.

Lorsque le diamètre de la cheminée est assez grand, on

installe le treuil de montage en haut, sur l'échafaudage même, ce qui rend la manœuvre plus commode et aussi moins dangereuse.

Pour les petites cheminées un seul briqueteur servi par plusieurs aides suffit à faire le travail. Vu l'exiguïté de la plate-forme, il n'y aurait pas place pour un plus grand nombre d'ouvriers. Dès que le diamètre dépasse 1^{m},50, plusieurs ouvriers peuvent travailler simultanément.

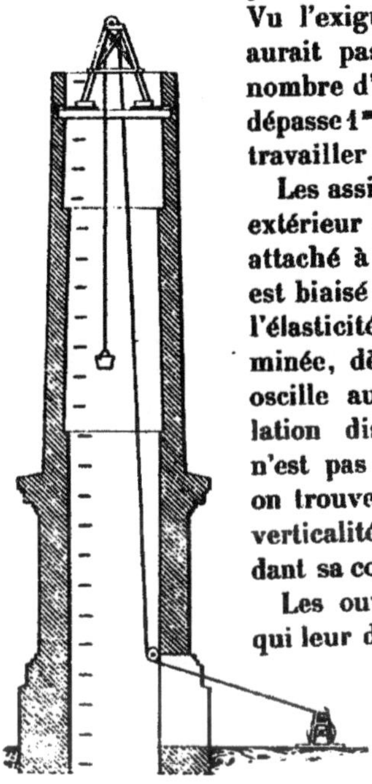

Les assises se montent suivant le fruit extérieur au moyen d'un fil à plomb attaché à une règle dont un des côtés est biaisé suivant ce fruit. Il résulte de l'élasticité de la maçonnerie que la cheminée, dès qu'elle est un peu montée, oscille au moindre vent. Cette oscillation disparaît dès que la cheminée n'est pas montée exactement verticale; on trouve dans ce fait un contrôle de la verticalité absolue de la cheminée pendant sa construction.

Les ouvriers se font aussi des cerces qui leur donnent les courbures horizontales à différentes hauteurs et servent à les guider.

Fig. 52.

Au lieu de faire la cheminée assise par assise, on trouve avantage à construire d'avance le parement extérieur sur un certain nombre d'assises et à s'assurer, pendant qu'on peut encore le modifier, que ce parement est monté convenablement.

Lorsqu'on a élevé ainsi une dizaine d'assises, on règle les briques du parement extérieur en renfonçant celles qui sont un peu trop saillantes. (A ce moment, le mortier ne doit pas encore avoir fait prise, afin de pouvoir se prêter à cette régularisation.) Après quoi, on complète l'épaisseur du mur, en croisant soigneusement les joints d'une assise à l'autre.

Au fur et à mesure que l'on monte, on scelle dans le parement intérieur, tous les $0^m,33$ de hauteur et bien verticalement au-dessus les uns des autres, des échelons en fer, représentés par la figure 53. Ces échelons servent, pendant la construction, à la circulation des ouvriers et, plus tard, aux visites et aux réparations qui peuvent survenir. Ils se scellent de $0^m,18$ à $0^m,20$, dans la brique; quelquefois leur queue aplatie vient se redresser derrière le premier rang de briques, dans le joint montant à $0^m,11$ en arrière du parement intérieur.

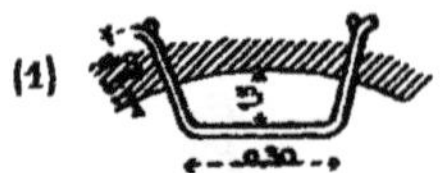

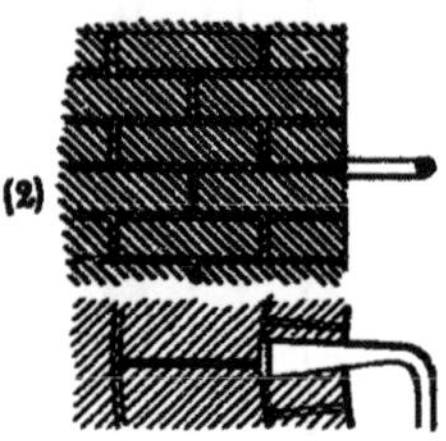

Fig. 53.

On obtient ainsi une pose facile et une solidité bien suffisante. La figure 53 montre dans son croquis (1) un échelon convenant très bien pour la limousinerie ordinaire, et dans le croquis (2) les échelons aplatis et à talons dont il vient d'être question.

Dans les cheminées à section carrée l'appareillage des briques se fait comme dans la maçonnerie ordinaire. Dans les cheminées rondes, les briques se présentent toujours en bout; elles sont entières pour les boutisses, cassées en deux pour les carreaux. Le cintre est obtenu par la taille des joints.

La figure 54 donne la disposition de l'appareil employé pour murs de diverses épaisseurs.

Les rouleaux de $0^m,22$ ont leurs briques disposées ainsi que l'indique le croquis *a*; de deux en deux on laisse les briques entières, et la taille porte sur les intermédiaires.

Les joints d'une assise croisent toujours leur position avec ceux des assises immédiatement supérieure ou inférieure, de telle sorte qu'à une assise disposée comme *a* succède une assise appareillée comme *b*.

Pour un mur de $0^m,35$ d'épaisseur, on exécute cinq ou six

assises avec l'appareil *d*, en ayant soin de déplacer d'une assise à l'autre le dessin d'appareil en le faisant tourner autour de l'axe vertical d'une demi-largeur de brique, afin de croiser les joints. On monte d'abord le parement de ces assises sur 0^m,11 d'épaisseur, on règle le parement extérieur et on complète les assises. On prend ensuite l'appareil *e*, et on le traite de même.

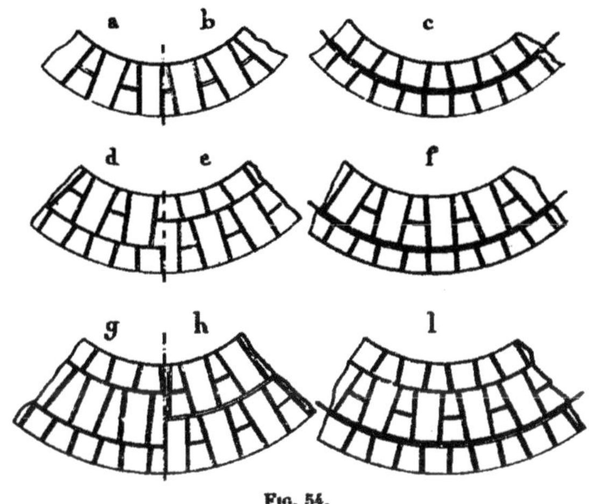

Fig. 54.

Pour un mur de 0^m,47 on procède identiquement suivant le même principe. On prend d'abord l'appareil *g* sur six assises, puis l'appareil *h* pour six autres à la suite, en ayant soin d'obtenir, par déplacement latéral convenable de l'appareil, le croisement des joints d'une assise à l'autre.

84. Chaînage des cheminées. — On est dans l'habitude de chaîner les cheminées en briques, afin d'empêcher les matériaux de se disjoindre par l'action des dilatations successives. Les cheminées carrées, qu'on réserve pour les fours à haute température, sont chaînées à des distances verticales de 1^m,50 à 2 mètres par des groupes de quatre fers représentés dans le croquis (1) de la figure 55. Ce sont des fers de section ronde ou plate, terminés par des parties rondes filetées. Ces dernières reçoivent des écrous qui appuient sur les faces de la maçonnerie par l'intermédiaire de larges rondelles en fonte (2).

Les cheminées rondes se chaînent plus simplement. De distance en distance on noie un cercle en fer dans la maçonnerie, à 0^m,11 du parement extérieur. On choisit généralement pour cet usage les échantillons de 60 × 9 ou 60 × 11 qui, ayant la hauteur d'une assise, cintrés sur plat et soudés au diamètre voulu, se logent dans un joint circulaire qu'on leur ménage. On en met d'ordinaire au moins un par rouleau.

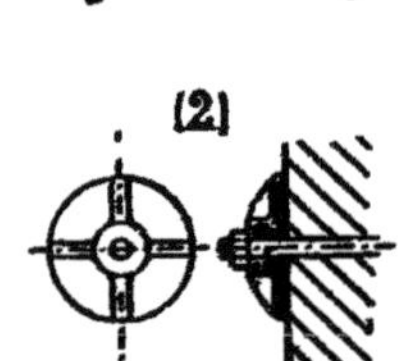

Fig. 55.

On multiplie ces cercles dans les corniches circulaires en encorbellement, afin de soutenir le porte-à-faux, en même temps que l'on force pour ces parties délicates la dose de Portland dans le mortier.

Les croquis *c*, *f*, *l*, de la figure 54 montrent la position des cercles dans des assises de murs de diverses épaisseurs, comme 0^m,22, 0^m,35, 0^m,46. Quelle que soit l'épaisseur, la disposition est toujours la même.

On ajoute avec avantage un dernier cercle supérieur extérieurement aux tuiles en fonte qui forment chapeau, surtout lorsque chaque tuile couvre d'un seul morceau le chapiteau et l'acrotère, en formant la face de celui-ci ; les tuiles ainsi cerclées ne peuvent se déranger. On voit un de ces cercles dans le couronnement en fonte de la figure 56.

85. Cheminée de 24 mètres de hauteur de l'hôpital de Corbeil. — Comme application des différents principes que nous venons d'indiquer dans les articles n°s 81 à 84, nous donnons comme ensemble, dans les sept croquis de la figure 56, la représentation complète de la cheminée que nous avons construite pour le chauffage de l'hôpital de Corbeil.

Cette cheminée a $0^m,68$ de diamètre en haut et $1^m,10$ de diamètre à la base. Sa hauteur est de 24 mètres, et toutes les indications données plus haut y sont appliquées.

Cette cheminée est montée sur un piédestal élevé de $5^m,84$ au-dessus du sol et mouluré. Les trois parties constitutives y sont toutes bien développées : la corniche, le dé et la base.

La base est détaillée dans le croquis (7), et la corniche dans le bas du croquis (6). On a conservé au profil la silhouette générale qu'on donne d'ordinaire à ces sortes d'ouvrages, mais en tenant compte de la forme de la brique, et en prenant comme principe d'éviter toutes tailles ; de sorte que les reliefs sont formés de rangs de briques de $0^m,06$, simples ou doubles, plus ou moins avancés sur les précédents, et donnant à distance l'illusion des corps de moulures ordinaires. Il en est de même de la base et de la corniche de la partie haute de la cheminée, qui présente la forme d'une colonne.

Ainsi que le montre la coupe longitudinale, croquis (2), l'épaisseur du dé du piédestal est de $0^m,84$. Cette épaisseur augmente encore dans la partie engagée dans le sol, pour aboutir à un plateau carré inférieur de $4^m,50$ de côté chargé de faire l'assiette directement posée sur le terrain solide.

Comme l'on a affaire ici à de la fumée de générateurs dont la température ne dépasse pas 250 à 300°, on a pu faire une notable économie sur la construction de cette portion enterrée, en remplaçant la maçonnerie de briques de Bourgogne par de la limousinerie de meulière, dont le prix est trois fois moindre. On a seulement fait un revêtement intérieur formant paroi en contact avec la fumée, et qui a une épaisseur de $0^m,22$, en briques de Bourgogne. Il constitue *une chemise* protectrice de la limousinerie ordinaire.

On remarquera l'arrivée du carneau de fumée, et la forme qu'on lui donne pour adoucir au mieux le coude à 90° du courant gazeux.

On voit aussi que, à l'arrivée du carneau, il y a une pro-

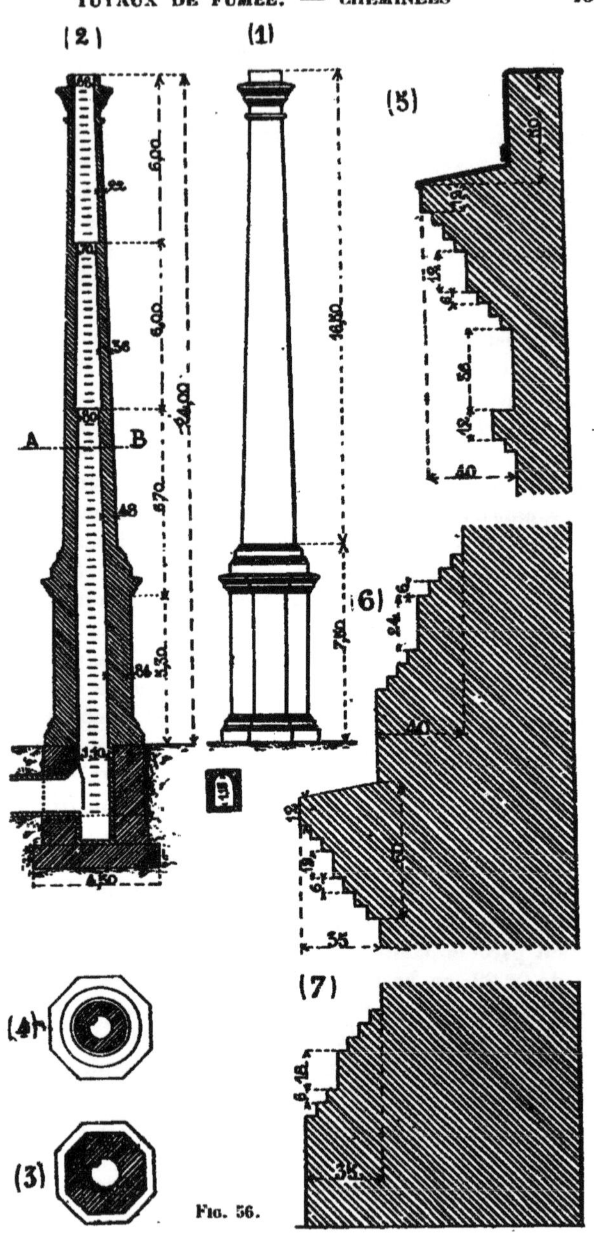

FIG. 56.

longation inférieure du vide de la cheminée sur 0^m,50 à 0^m,70. Ce vide est destiné à loger les suies et cendres, qui se déposent toujours en ce point; il permet, par suite, d'espacer les nettoyages.

Pour effectuer ces derniers, il faut toujours ménager une entrée dans la cheminée, à sa base. On la fait d'ordinaire dans la paroi de l'une des faces du socle; on lui donne une faible largeur, 0^m,40 à 0^m,50, afin d'affaiblir le moins possible la construction. On la bouche par une fermeture en briques sur 0^m,22 d'épaisseur, que l'on démolit à chaque nettoyage, et que l'on reconstruit après.

Lorsque le carneau est suffisamment grand pour qu'on y passe facilement, on remplace la porte précédente par un regard allant du sol au carneau, et que l'on termine par un tampon en fonte logé dans la feuillure d'un châssis fixe. On donne au regard 0^m,70 à 0^m,75 de côté, on y met des échelons de descente, et on prend pour le fermer le modèle léger des tampons d'égout employés dans les villes.

Le chaînage est fait, comme il a été indiqué, au moyen de chaînes en fer plat de 60/11 au bas, logés dans un joint vertical ménagé dans une assise à 0^m,12 du parement extérieur. Il y en a une à chaque rouleau, et ce n'est qu'au moyen d'un certain nombre de ces cercles que l'on a assuré la solidité des saillies très importantes du chapiteau.

86. Cheminée de l'hôpital Lariboisière. — La figure 57 donne, dans ses quatre croquis, la disposition d'ensemble et les détails de la cheminée de l'hôpital Lariboisière. Elle a 26 mètres de haut et 0^m,80 de diamètre en haut. Le diamètre intérieur en bas est trouvé porté à 1^m,60. Cette cheminée est montée très économiquement avec le minimum de briques.

Le socle inférieur est très réduit et consiste en un simple empattement raccordant par un profil courbe le fût avec la fondation.

La corniche également est supprimée, et l'ornementation consiste dans l'emploi de quelques cordons en briques de couleurs appareillées suivant des dessins réguliers et répar-

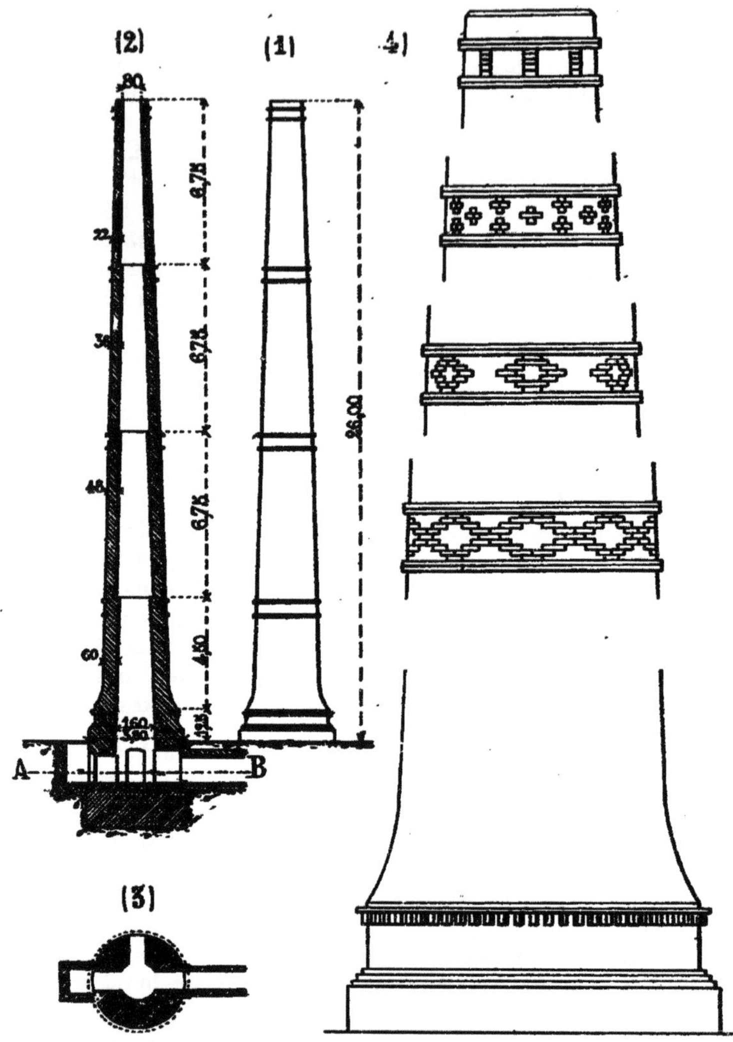

Fig. 57.

tis convenablement dans la hauteur. Ces cordons sont compris entre deux doubles assises légèrement saillantes sur le nu du fût de la cheminée. Le socle est réduit à $1^m,25$ de hauteur et est couronné par un cordon saillant soutenu par des denticules. La base est simplement formée par les retraites successives de quatre assises de briques.

87. Des carneaux de fumée. — La fumée ne se rend pas toujours directement du foyer à la cheminée, comme cela arrive dans nos foyers de cheminées d'appartement. Dans nombre d'appareils, il y a lieu de la faire circuler un certain temps autour du corps qu'elle doit échauffer, de façon à multiplier l'étendue du contact. C'est le cas des chaudières à vapeur notamment. D'autres fois, la cheminée est éloignée de l'appareil qui contient le foyer, et il y a à construire un conduit chargé de les relier.

Les conduits dans lesquels la fumée circule se nomment des *carneaux;* ils peuvent avoir toutes les directions possibles ; la plupart sont horizontaux ; d'autres sont verticaux ; enfin, quelques-uns sont inclinés à un degré quelconque. Les carneaux, qu'on nomme encore parfois les *traînées*, s'exécutent en métal dans quelques cas restreints ; presque toujours ils sont établis en maçonnerie. On les fait en briques réfractaires toutes les fois que les gaz qu'ils sont chargés de conduire sont susceptibles d'être portés à la température rouge. La maçonnerie de briques ordinaires suffit lorsque les gaz sont moins chauds, et lorsque les murs sont épais on les fait de limousinerie plus commune, hourdée en chaux ou ciment avec revêtement seul de la paroi en briques de $0^m,22$ ou même de $0^m,11$. Enfin, quand la fumée est à une température plus basse que 100 à 150°, on peut adopter la limousinerie ordinaire jointoyée, sans autre revêtement, à l'exclusion, bien entendu, des matériaux calcaires.

Pour les petits appareils, on emploie les poteries, que l'on enduit à l'extérieur, et que l'on soutient et protège convenablement.

Lorsque les carneaux sont verticaux ou très inclinés, et, qu'en raison de l'inclinaison, la cendre emportée par le courant et venant du foyer ne peut s'y déposer, on leur donne la même section qu'à la cheminée. Lorsqu'ils sont de faible inclinaison ou horizontaux, la section doit être augmentée notablement, afin de ne pas être de suite obstruée par le dépôt de cendres qui se fait sur sa paroi inférieure. De plus, il faut se réserver toute facilité pour le nettoyage et l'enlèvement des cendres. Si le carneau est visible dans un sous-sol, accroché à un mur ou à une voûte, on ménage des regards pour la visite et le nettoyage de toutes ses parties. S'il est construit dans le sol sur une certaine longueur, il faut de suite le faire d'une section suffisante pour qu'un ouvrier puisse le parcourir et le nettoyer dans toute son étendue. Dans ce cas, on peut lui donner la section d'un égout avec 1m,50 de hauteur sous clef.

Une bonne précaution à prendre, quelle que soit la construction, lorsque les carneaux sont construits dans l'intervalle des bâtiments, sous le sol d'une cour, consiste à les recouvrir d'une chape imperméable en ciment afin d'empêcher l'eau de pluie de les pénétrer.

Autant que possible, il est bon, lorsqu'on ne dispose pas d'un tirage assez énergique pour enlever la masse de gaz dans une direction quelconque, de donner une pente montante continue aux carneaux dans le sens du courant, pour que la fumée n'ait pas à descendre. Une bonne pente est celle de 0m,02 par mètre ; elle est indispensable pour les petits appareils.

88. Des carneaux de fumée rejoignant les grandes cheminées d'usines. — Les carneaux de fumée qui partent des appareils pour aller aboutir aux grandes cheminées isolées doivent avoir de larges sections, de manière, non seulement à laisser passer la fumée, mais encore à admettre une forte couche des cendres qui s'y déposent. Toutes les fois qu'on le peut, il est bon de leur donner la hauteur d'un homme, pour qu'on puisse facilement aller les nettoyer, lors même que les cendres sont encore chaudes.

On doit ménager des tampons, au moins un à chaque extrémité, pour pouvoir y descendre au moyen d'échelons en fer.

Enfin, lorsque dans les hautes eaux ils sont susceptibles d'être inondés, il faut les faire aussi étanches que possible et disposer leurs pentes vers un point bas accessible à l'aspiration d'une pompe qui devra épuiser les suintements.

Ces carneaux sont généralement voûtés, avec chape au dessus. Cependant, lorsqu'on dispose de peu de hauteur dans le sol pour les loger, et que les fumées ne sont pas très chaudes, on peut les recouvrir d'un plancher en fer boulonné et hourdé plein, soit en briques, soit en maçonnerie ordinaire.

La cheminée d'usine n'est pas nécessairement placée à côté des appareils qu'elle dessert. On peut la mettre à une distance plus ou moins grande, en tenant compte de l'augmentation de dépense occasionnée par la plus grande longueur du carneau.

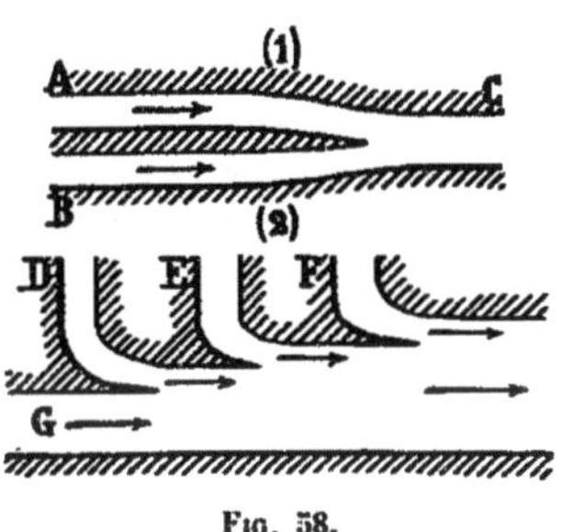

Fig. 58.

Dans le cas de longs carneaux, il faut leur donner plutôt une section un peu forte, de manière à diminuer les frottements. Il faut aussi, comme condition presque indispensable, qu'ils aient une pente constamment ascendante vers la cheminée. La perte de chaleur des carneaux enfouis dans le sol est toujours très faible et permet de mener la fumée au loin, lorsque les circonstances l'exigent. Comme exemple de carneaux de grandes longueurs et de fumée transportée à de grandes distances, il faut citer la grande cheminée de la papeterie d'Essonnes. Le parcours des gaz est de plus de 500 mètres, et la température est encore de 130° à l'orifice supérieur, quoique les fumées quittent les appareils qui les produisent à des températures relativement très basses.

Lorsque deux carneaux se réunissent il faut avoir bien soin de les disposer, au point de jonction, de telle sorte que la vitesse des gaz ait la même direction, afin que l'un d'eux ne *coupe* pas le tirage de l'autre.

Les deux carneaux A et B (1) (*fig.* 58) se réuniront donc doucement après qu'on les aura rendus parallèles, et le carneau collecteur devra avoir en C au moins la somme des sections de A et de B.

De même le carneau G (2) (*fig.* 58) devant recevoir les carneaux secondaires DEF, ces derniers devront être infléchis, comme l'indique le dessin, de manière à prendre la direction commune, et à joindre sans remous leurs gaz à ceux du conduit général.

Une bonne précaution consiste à établir un registre après les longs carneaux, avant leur débouché dans la cheminée, surtout lorsque la marche de l'usine est intermittente. On le ferme à chaque arrêt, et on maintient ainsi chauds et prêts à servir à la reprise, les fourneaux, les carneaux et la cheminée, qui n'ont pas été refroidis par un courant d'air froid pendant tout le temps de l'interruption de marche.

CHAPITRE III

SURFACES DE CHAUFFE

SOMMAIRE :

89. Principes du chauffage. — Surfaces de chauffe. — 90. Chaleur émise par rayonnement. — 91. Relation entre la formule de Péclet et celle de Newton. — 92. Tableau des pertes de chaleur par le rayonnement, exprimées en calories par mètre carré et par heure. — 93. Chaleur émise par le contact de l'air. — 94. Relation entre la formule de Péclet et celle de Newton. — 95. Perte de chaleur par le contact de l'air pour les corps sphériques. — 96. Perte pour les cylindres horizontaux. — 97. Perte pour les cylindres verticaux. — 98. Perte pour les surfaces planes verticales. — 99. Applications des tableaux. — 100. Influence de la vitesse de l'air sur la transmission par contact. — 101. Transmission par surfaces nervées. — 102. Principe du chauffage méthodique. — 103. Transmission de la vapeur à l'eau à travers une paroi métallique. — 104 Enveloppes isolantes.

CHAPITRE III

SURFACES DE CHAUFFE

---

89. Principes du chauffage. — Surfaces de chauffe. — Lorsque l'on veut chauffer un local, il faut y développer ou y amener de la chaleur, et le véhicule naturel de cette chaleur est un fluide, liquide ou gaz. Ce fluide circule chaud dans des appareils dont les parois s'échauffent et transmettent la chaleur à l'air ambiant.

Il faut, dans chaque application, déterminer la nature et l'étendue des surfaces de ces appareils en vue de l'effet calorifique à produire, et pour cela il faut connaître la quantité de chaleur que les parois sont susceptibles de recevoir et d'émettre dans les diverses circonstances de la pratique. Ces parois à travers lesquelles ont lieu les échanges de calories se nomment *surfaces de chauffe*, soit qu'elles reçoivent la chaleur d'une source quelconque, pour la transmettre au fluide qui sert de véhicule, soit qu'elles aient à transmettre la chaleur transportée à l'air de nos habitations.

Nous allons donc nous rendre compte de la manière dont la transmission de chaleur a lieu par l'intermédiaire des surfaces de chauffe, et cela nous amènera à déterminer les dimensions à donner à celles-ci dans les diverses circonstances.

90. Chaleur émise par rayonnement. — Tout corps chaud perd sa chaleur ou la transmet :

1° Par rayonnement ;

2° Par contact avec les corps voisins et avec l'air ambiant.

La quantité de chaleur émise par rayonnement, par unité de surface et pendant l'unité de temps est indépendante de la forme et de la grandeur du corps, pourvu que sa surface n'ait pas de parties rentrantes.

Cette quantité de chaleur ne dépend que de la nature de la surface;

De l'écart entre la température du corps et celle de l'enceinte ;

Et de la température de cette dernière.

Les rayons de chaleur traversent l'air et certains corps diaphanes sans les échauffer ; lorsqu'ils rencontrent un corps opaque, de température moindre, ce corps absorbe une certaine quantité de chaleur et réfléchit le reste. La quantité de chaleur réfléchie dépend de la nature du corps, de l'état sous lequel il se présente, ainsi que du poli de sa surface.

Voici les pouvoirs rayonnants relatifs de quelques corps usuels :

Noir de fumée	100
Eau	100
Tôle brute rouillée	90
Tôle ou fonte peinte	90
Marbre	90
Fer poli	15
Fonte polie	12
Cuivre poli	12

Plusieurs physiciens se sont occupés de la chaleur émise par rayonnement et contact, autrement dit du refroidissement des corps. Newton, le premier, avait admis que la vitesse de refroidissement, par rayonnement aussi bien que par contact de l'air, était représentée par la formule :

$$V = At;$$

(*Loi de Newton*) { A étant une constante pour chaque nature de surface; t étant l'excès de température du corps rayonnant sur l'enceinte.

Cette loi n'est pas exacte.

MM. Dulong et Petit, après de nombreuses expériences, ont posé la formule suivante qui les résumait :

$$V = ma^{\theta}(a^{t} - 1),$$

dans laquelle :

(*Loi de Dulong et Petit*)

- *m* est une constante pour chaque nature de surface;
- *a*, le nombre 1,0077;
- , la température de l'enceinte;
- *t*, l'excès de température du corps sur celle de l'enceinte;
- Enfin, V, la vitesse de refroidissement par le rayonnement seul.

Péclet a repris la question, et, après une série d'expériences très soignées, il est arrivé à la formule :

$$N^{c}_{R} = 124,72\, Ka^{T}(a^{E} - 1),$$

dans laquelle :

(*Loi de Péclet*)
(PÉCLET, 3ᵉ édit., I, 373)

- N^{c}_{R} représente le nombre de calories rayonnées par mètre carré et par heure;
- K, un coefficient qui dépend de la nature de la surface;
- *a*, le nombre 1,0077;
- T, la température de l'enceinte;
- E, l'excès de température du corps rayonnant sur celle de l'enceinte.

Cette formule s'applique au rayonnement d'un corps chaud, se refroidissant dans l'air, dans une enceinte à surface terne, ce qui se présente presque toujours dans la pratique.

Péclet a déduit de ses expériences les valeurs du coefficient K, pour les corps les plus usuels. Voici le tableau qui les contient (Péclet, 3e édit., I, 373) :

Valeurs de K *pour différentes matières*

Huile	7.24	Fonte oxydée	3.36
Eau	5.31	Craie en poudre	3.32
Noir de fumée	4.01	Fonte neuve	3.17
Papier	3.77	Verre	2.91
Peinture à l'huile	3.71	Tôle ordinaire	2.77
Étoffes de soie	3.71	Tôle plombée	0.65
Étoffes de laine	3.68	Tôle polie	0.45
Calicot	3.65	Papier argenté	0.42
Sable fin	3.62	Laiton poli	0.25
Plâtre	3.60	Zinc	0.24
Pierre à bâtir	3.60	Papier doré	0.23
Poussières de bois	3.53	Étain	0.21
Charbon en poudre	3.42	Cuivre rouge	0.16
Tôle oxydée	3.36	Argent poli	0.13

Les matières en poudre ont presque toutes le même coefficient.

L'eau et plus encore l'huile ont un énorme pouvoir émissif.

Les métaux polis en ont un très faible.

Pour le papier et les étoffes, la couleur n'influe pas sur le coefficient K.

91. Relation entre la formule de Péclet et celle de Newton. — Autant pour se rendre compte de la valeur de la loi de Newton que pour rendre sa formule plus simple à appliquer, Péclet a cherché, pour chaque intervalle de 10° d'excès de température, quel était le coefficient qu'il fallait appliquer à la formule de Newton pour la mettre en concordance avec la sienne ; il est arrivé au tableau suivant, en supposant l'enceinte à 15°, température ordinaire des lieux chauffés.

Excès E de température	N^c_R Nombres de calories rayonnées par m. q. et par heure		Excès E de température	N^c_R Nombre de calories rayonnées par m. q. et par heure	
10°	11,2K	1,14KE	140	269,5K	1,97KE
20	23,2K	1,18KE	150	302,1K	2,06KE
30	36,1K	1,22KE	160	339K	2,17KE
40	50,1K	1,28KE	170	377,4K	2,27KE
50	65,3K	1,35KE	180	418,5K	2,38KE
60	81,7K	1,43KE	190	463,2K	2,50KE
70	99,3K	1,50KE	200	511,2K	2,62KE
80	118,5K	1,55KE	210	563,1K	2,75KE
90	138,7K	1,59KE	220	619K	2,88KE
100	161,3K	1,65KE	230	679,5K	3,03KE
110	185,3K	1,72KE	240	744,8K	3,24KE
120	211,3K	1,80KE	250	848,7K	
130	239,3K	1,87KE			

Dans ce tableau, à côté de la valeur exacte de N^r_R correspondant aux excès indiqués de température 10°, 20°, 30°, etc., se trouve la formule applicable aux excès de température intermédiaire entre celui de la ligne même et celui de la ligne suivante :

Si la température de l'enceinte était:

0°, 10°, 20°, 30°, 40°, 50°, 60°, 70°, 80°, 90°, 100°,

au lieu de 15°, chiffre supposé ci-dessus, les résultats du tableau devraient être multipliés par :

0.89, 0.96, 1.04, 1.12, 1.21, 1.31, 1.41, 1.52, 1.65, 1.78, 1.92.

Pour rendre plus commodes dans la pratique les applications de cette formule, nous l'avons traduite en tableaux présentant immédiatement la perte par le rayonnement par mètre carré et par heure, exprimée en calories, pour des écarts variés de températures et avec diverses natures de surfaces, telles que le cuivre poli, les métaux peints en noir à l'huile, la fonte neuve, la tôle ordinaire neuve, la fonte et la tôle rouillées. Ce sont les conditions que l'on rencontre le plus ordinairement dans les questions de chauffage.

Voici ces tableaux :

92. Tableau des pertes de chaleur par le rayonnement, exprimées en calories par mètre carré et par heure.

(Déduites de la formule de Péclet)

E Écart de température	Cuivre poli. K = 0,16						Métaux peints en noir à l'huile, Fonte neuve } K = 3.17					
	Température de l'enceinte						Température de l'enceinte					
	5°	10°	15°	18°	20°	25°	5°	10°	15°	18°	20°	25°
10°	1.6	1.7	1.8	1.8	1.8	1.9	33	34	35	36	37	38
15	2.5	2.6	2.7	2.7	2.8	2.9	49	52	54	55	56	58
20	3.4	3.6	3.7	3.7	3.8	4.0	68	71	74	75	76	79
25	4.3	4.5	4.7	4.8	4.8	5.0	87	91	94	96	97	101
30	5.3	5.6	5.8	5.9	6.0	6.2	103	110	115	118	119	124
35	6.3	6.6	6.9	7.0	7.1	7.4	125	131	137	140	142	147
40	7.4	7.7	8.0	8.2	8.3	8.6	135	153	159	165	167	172
45	8.5	8.9	9.2	9.4	9.5	9.9	169	176	183	187	190	197
50	9.6	10.1	10.5	10.7	10.8	11.2	192	199	207	212	215	223
55	10.8	11.3	11.7	12.0	12.1	12.6	216	224	233	236	242	251
60	12.1	12.6	13.0	13.3	13.5	14.2	240	249	259	265	269	279
70	14.7	15.3	15.9	16.3	16.5	17.2	292	304	315	323	328	340
80	17.6	18.3	19.0	19.4	19.7	20.5	348	362	376	385	390	405
90	20.6	21.4	22.2	22.7	23.1	24 »	408	424	441	451	458	476
100	24.0	24.8	25.8	26.4	27 »	28 »	473	492	511	523	531	552
110	27.5	28.5	29.7	30 »	31 »	32 »	544	566	588	601	611	644
120	31.3	32.5	33.8	34 »	35 »	36 »	620	645	670	685	696	723
130	35.4	36.9	38.3	39 »	40 »	42 »	702	729	758	776	788	830
140	40.0	41.5	43.1	44 »	45 »	47 »	792	823	858	874	888	922
150	44.8	46.6	48.4	49 »	50 »	52 »	888	923	959	981	997	1.035
160	50 »	52.0	54.0	55 »	56 »	58 »	991	1.030	1.070	1.095	1.112	1.155
170	55.6	57.8	60.1	61 »	62 »	65 »	1.102	1.146	1.190	1.218	1.237	1.285
200	75.4	78.4	81.4	83 »	84 »	89 »	1.494	1.553	1.613	1.631	1.677	1.741
225	95.7	99.3	103 »	106 »	107 »	111.4	1.897	1.986	2.055	2.095	2.125	2.207
250	120 »	125.1	130 »	133 »	135 »	140 »	2.384	2.479	2.526	2.635	2.676	2.779
300	186 »	193.7	201 »	206 »	209 »	217 »	3.690	3.837	3.986	4.079	4.142	4.302
400	203 »	211.2	219 »	225 »	228 »	237 »	4.024	4.184	4.387	4.448	4.518	4.692

Pertes de chaleur par le rayonnement (*suite*), exprimées en calories par mètre carré et par heure.

(*Déduites de la formule de Péclet.*)

ÉCART DE TEMPÉRATURE E	TOLE ORDINAIRE NEUVE. K = 2,77						FONTE ROUILLÉE / TOLE ROUILLÉE } K = 3,36					
	TEMPÉRATURE DE L'ENCEINTE						TEMPÉRATURE DE L'ENCEINTE					
	5°	10°	15°	18°	20°	25°	5°	10°	15°	18°	20°	25°
10°	29	30	31	31.5	32	33	35	36	37	38	39	40
15	43	46	47	48	49	51	52	55	57	58	59	62
20	60	62	64	65.6	67	69	72	75	78	80	81	84
25	76	79	82	84	85	88	92	95	99	101	103	107
30	93	97	100	103	104	108	113	117	122	125	126	131
35	111	115	119	122	125	129	134	139	145	148	150	156
40	129	134	139	142	145	150	156	162	169	173	175	182
45	148	154	160	163	166	172	179	186	194	198	201	209
50	168	174	181	185	188	195	203	211	220	224	228	236
55	188	196	203	208	211	220	228	238	247	252	256	266
60	209	218	226	232	235	244	254	264	274	281	285	296
70	255	265	275	282	286	297	309	322	334	342	347	361
80	304	316	328	336	341	354	369	383	398	407	413	430
90	357	371	385	394	400	415	433	449	467	478	486	504
100	413	430	447	457	464	482	502	522	542	554	563	585
110	475	494	514	525	534	554	577	600	623	637	647	672
120	542	563	585	599	608	632	657	683	710	726	737	766
130	614	638	653	678	689	725	744	774	804	823	835	879
140	692	719	747	764	776	806	839	872	906	927	941	978
150	776	807	838	857	871	904	941	978	1.016	1.040	1.056	1.097
160	866	900	935	956	971	1.009	1.050	1.092	1.134	1.160	1.178	1.224
170	963	1.001	1.040	1.064	1.081	1.123	1.168	1.215	1.262	1.291	1.311	1.362
200	1.306	1.357	1.409	1.442	1.465	1.522	1.584	1.646	1.710	1.749	1.777	1.846
225	1.657	1.719	1.786	1.831	1.857	1.938	2.010	2.086	2.168	2.221	2.252	2.339
250	2.083	2.166	2.250	2.302	2.338	2.428	2.527	2.627	2.729	2.793	2.836	2.946
300	3.224	3.353	3.483	3.564	3.619	3.759	3.911	4.067	4.225	4.323	4.390	4.560
400	3.518	3.656	3.798	3.887	3.948	4.100	4.267	4.435	4.608	4.714	4.788	4.973

93. Chaleur émise par contact de l'air. — La quantité de chaleur émise par le contact d'un corps chaud avec l'air est indépendante de la nature de sa surface et de la température de l'enceinte ; elle ne dépend que de l'écart de température du corps, et de l'enceinte, et de la forme, et des dimensions du corps. C'est ce qui résulte de toutes les recherches expérimentales faites à ce sujet.

Péclet est arrivé à poser la formule suivante pour le refroidissement par contact de l'air :

$$N_C^c = 0{,}552\, K'E^{1{,}233},$$

dans laquelle :

(*Loi de Péclet*)
(Péclet, 3ᵉ édit., I, 375)

N_C^c représente le nombre de calories perdues par mètre carré et par heure par le contact de l'air ;
E, l'écart de température du corps et de l'enceinte ;
K', un coefficient dépendant de la forme du corps.

Au moyen de très nombreuses expériences, Péclet a déterminé la valeur du coefficient K' pour les formes de corps les plus usuelles, savoir : les sphères, les cylindres horizontaux, les cylindres verticaux, et enfin les surfaces planes verticales. Voici les formules relatives à ces différentes formes :

1° *Corps sphériques :*

$$K' = 1{,}778 + \frac{0{,}26}{D}.$$

Cette formule donne les nombres suivants pour les diamètres les plus pratiqués :

D	0m,10	0m,20	0m,40	0m,60	0m,80	1m,00	1m,60
K'	4 38	3 08	2 43	2 26	2 10	2 04	1 94

2° *Cylindres horizontaux :*

$$K' = 2,058 + \frac{0,764}{D}.$$

Cette formule donne les nombres suivants pour des diamètres de 0m,10 à 0m,80 :

D	0m,10	0m,20	0m,30	0m,40	0m,50	0m,60	0m,80
K'	2 82	2 44	2 30	2 25	2 21	2 18	2 15

3° *Cylindres verticaux.* — La formule applicable aux cylindres verticaux est plus compliquée ; elle tient compte à la fois du diamètre et de la hauteur des cylindres :

$$K' = \left[0,726 + \frac{0,0345}{\sqrt{\frac{D}{2}}}\right]\left[2,43 + \frac{0,8758}{\sqrt{h}}\right],$$

dans laquelle D est le diamètre du cylindre, et *h* la hauteur de ce même cylindre.

Cette formule donne pour K' les nombres suivants :

	D	0m,05	0m,10	0m,20	0m,40	0m,60	0m,80	1m,00
Hauteur des cylindres	0m,50	3.55	3.22	3.05	2.93	2.88	2.85	2.83
	1 00	3.20	2.90	2.75	2.65	2.60	2.57	2.55
	2 00	2.95	2.68	2.54	2.45	2.40	2.37	2.36
	3 00	2.84	2.57	2.44	2.35	2.31	2.28	2.26
	4 00	2.79	2.52	2.39	2.30	2.26	2.23	2.22
	5 00	2.73	2.48	2.35	2.26	2.22	2.20	2.18
	10 00	2.62	2.38	2.26	2.17	2.13	2.11	2.09

4° *Surfaces planes verticales :*

$$K' = 1,764 + \frac{0,636}{\sqrt{h}},$$

h étant la hauteur de la surface. Cette formule conduit au tableau suivant :

h	0m,10	0m,20	0m,30	0m,40	0m,50	0m,60	1m, »
K'	3 85	3 19	2 93	2 77	2 66	2 58	2 40
h	2m, »	3m, »	4m, »	5m, »	10m, »	15m, »	20m, »
K'	2 21	2 13	2 08	2 05	1 96	1 92	1 90

94. Relations entre la formule de Péclet et celle de Newton. — Comme pour la chaleur rayonnée, Péclet a cherché, pour chaque intervalle de 10°, quel était le coefficient qu'il fallait appliquer à la formule de Newton pour la mettre en concordance avec la sienne, et il est arrivé au tableau suivant (PÉCLET, 3e édit., I, 377) :

Excès E de température	N_C^c nombre de calories perdues par contact par mètre carré et par heure		Excès E de température	N_C^c nombre de calories perdues par contact par mètre carré et par heure	
10°	9,4 K'	1,05 K'E	140°	244,4 K'	1,76 K'E
20	22,2 K'	1,18 K'E	150	266,1 K'	1,79 K'E
30	36,6 K'	1,27 K'E	160	288,1 K'	1,81 K'E
40	52,2 K'	1,34 K'E	170	310,5 K'	1,83 K'E
50	68,6 K'	1,40 K'E	180	333,2 K'	1,85 K'E
60	86,0 K'	1,46 K'E	190	356,1 K'	1,88 K'E
70	104,0 K'	1,51 K'E	200	379,4 K'	1,90 K'E
80	122,6 K'	1,55 K'E	210	402,9 K'	1,92 K'E
90	141,7 K'	1,59 K'E	220	426,7 K'	1.95 K'E
100	161,5 K'	1,63 K'E	230	450,7 K'	1,97 K'E
110	181,5 K'	1,67 K'E	240	475,0 K'	1,99 K'E
120	202,1 K'	1,70 K'E	250	498,6 K'	
130	223,1 K'	1,74 K'E			

Dans ce tableau, à côté de la valeur exacte de N_C^c, correspondant aux excès de températures indiqués de 10°, 20°, 30°, etc., se trouve la formule applicable aux excès de températures intermédiaires entre celui de la ligne même et celui de la ligne suivante.

De même que pour le rayonnement, nous donnons dans les tableaux ci-après la perte de chaleur par le contact de l'air, par mètre carré et par heure, exprimée en calories, pour des écarts de températures et des formes de surfaces variés.

Voici ces tableaux :

95. Perte de chaleur par le contact de l'air, exprimée en calories, par mètre carré et par heure.

Corps sphériques.

E ÉCART DE TEMPÉRATURE	DIAMÈTRES DES SPHÈRES										OBSERVATIONS
	0m,05	0m,10	0m,15	0m,20	0m,25	0m,30	0m,40	0m,50	0m,60	0m,70	
	K' = 6.978	K' = 4.378	K' = 3.511	K' = 3.078	K' = 2.818	K' = 2.640	K' = 2.428	K' = 2.298	K' = 2.211	K' = 2.140	
10°	64	41	33	29	26	25	23	22	21	20	Les nombres de ce tableau ont été calculés d'après la formule de Péclet. En tête de chaque colonne verticale se trouve le coefficient K', déduit de la formule correspondant aux corps sphériques, et qui a servi de base aux calculs.
15	105	68	54	48	43	41	37	36	34	33	
20	150	97	78	68	62	58	53	50	49	48	
25	198	128	102	90	82	77	71	67	64	63	
30	248	160	128	112	103	96	88	84	80	79	
35	299	194	155	136	125	116	107	101	97	95	
40	353	228	183	160	147	137	126	120	115	112	
45	408	264	206	186	170	158	146	139	133	130	
50	465	301	241	211	194	180	166	158	151	148	
55	523	338	271	238	218	203	187	177	170	166	
60	582	367	302	265	243	226	208	197	190	185	
70	705	456	365	320	293	273	252	239	229	224	
80	830	537	430	377	346	322	297	282	270	264	
90	960	624	498	436	400	372	344	326	313	305	
100	1.094	708	567	497	456	424	392	371	356	348	
110	1.230	796	638	559	513	477	440	417	401	391	
120	1.369	886	710	622	571	531	490	465	446	435	
130	1.511	978	784	687	630	586	541	513	493	481	
140	1.655	1.071	858	752	690	642	593	562	540	527	
150	1.803	1.166	935	819	752	699	646	612	588	573	
160	1.952	1.263	1.012	887	814	757	696	663	636	621	
170	2.103	1.361	1.091	956	877	816	743	714	686	669	
200	2.538	1.642	1.316	1.153	1.058	984	909	862	828	807	
225	2.972	1.923	1.541	1.351	1.239	1.152	1.065	1.009	969	945	
250	3.384	2.190	1.757	1.538	1.411	1.312	1.212	1.149	1.104	1.077	
300	4.237	2.742	2.198	1.926	1.767	1.643	1.518	1.439	1.382	1.348	
400	6.043	3.910	3.135	2.747	2.420	2.343	2.165	2.052	1.971	1.923	
500	7.958	5.150	4.128	3.617	3.319	3.086	2.851	2.702	2.596	2.532	

96. Perte de chaleur par le contact de l'air, exprimée en calories, par mètre carré et par heure.

Cylindres horizontaux.

E ÉCART DE TEMPÉRATURE	DIAMÈTRE DES CYLINDRES										OBSERVATIONS
	0m,05	0m,10	0m,15	0m,20	0m,25	0m,30	0m,40	0m,50	0m,60	0m,70	
	K' = 3.08	K' = 2.82	K' = 2.60	K' = 2.44	K' = 2.35	K' = 2.30	K' = 2.25	K' = 2.21	K' = 2.18	K' = 2.16	
10°	33	26	24	23	22	22	21	21	20	20	Les nombres de ce tableau ont été calculés d'après la formule de Péclet. En tête de chaque colonne verticale se trouve le coefficient K', qui a servi de base aux calculs. Ce coefficient K' a été déduit de la formule qui correspond aux cylindres horizontaux.
15	55	43	39	37	36	36	35	34	34	33	
20	79	62	56	53	52	50	50	49	48	48	
25	104	82	74	71	69	67	66	64	63	63	
30	131	103	93	88	86	84	82	80	79	79	
35	158	125	113	107	104	101	99	97	96	95	
40	187	147	132	126	123	120	117	115	113	112	
45	216	170	154	146	142	139	135	133	131	130	
50	246	194	175	166	161	158	154	151	149	148	
55	277	218	197	187	182	177	173	170	167	166	
60	308	243	219	208	202	197	193	190	186	185	
70	373	293	263	252	245	239	233	229	226	224	
80	439	346	313	297	288	282	275	270	266	264	
90	508	400	362	344	334	326	318	313	308	305	
100	579	456	412	392	380	371	362	356	351	348	
110	651	513	463	440	429	417	408	401	394	391	
120	724	571	516	490	476	465	454	446	439	435	
130	800	630	569	541	525	513	501	493	485	481	
140	876	690	624	593	575	562	549	540	531	527	
150	914	752	679	646	627	612	598	588	578	573	
160	1.033	814	736	699	678	663	647	636	626	621	
170	1.113	877	793	743	731	714	697	686	675	669	
200	1.336	1.058	956	909	882	862	841	828	814	807	
225	1.573	1.239	1.120	1.065	1.033	1.009	985	969	933	945	
250	1.791	1.441	1.275	1.212	1.176	1.149	1.122	1.104	1.085	1.077	
300	2.243	1.767	1.597	1.518	1.472	1.439	1.405	1.382	1.359	1.348	
400	3.199	2.420	2.278	2.165	2.100	2.052	2.004	1.971	1.939	1.923	
500	4.213	3.319	3.000	2.851	2.766	2.702	2.636	2.596	2.552	2.532	

97. Perte de chaleur par le contact de l'air, exprimée en calories, par mètre carré et par heure.

Cylindres verticaux.

E ÉCART DE TEMPÉRATURE	DIAMÈTRE : 0m,10 — HAUTEUR VERTICALE					DIAMÈTRE : 0m,15 — HAUTEUR VERTICALE				
	0m,50	1m,00	1m,50	2m,00	2m,50	0m,50	1m,00	1m,50	2m,00	2m,50
	K'=3.22	K'=2.90	K'=2.75	K'=2.68	K'=2.62	K'=3.12	K'=2.82	K'=2.68	K'=2.60	K'=2.54
10°	30	27	26	25	25	30	27	25	24	24
15	50	45	43	42	41	49	44	42	40	39
20	71	64	61	59	58	69	62	59	57	56
25	94	85	80	78	76	91	82	78	76	74
30	117	106	101	98	96	114	103	97	95	93
35	142	128	122	118	116	138	124	118	115	112
40	167	151	144	140	136	163	146	140	135	132
45	193	175	166	162	158	189	169	162	156	153
50	220	199	189	184	180	215	193	184	178	174
55	248	224	212	207	202	241	217	207	200	196
60	276	249	236	230	225	269	241	231	223	218
70	333	301	286	278	272	323	292	279	269	263
80	393	355	337	328	321	383	344	329	317	311
90	455	411	390	379	361	442	398	380	367	360
100	518	468	445	432	423	505	453	433	418	409
110	582	527	500	486	476	568	510	487	470	460
120	648	586	566	541	529	632	567	542	524	513
130	715	647	614	598	584	698	626	598	578	566
140	784	709	673	655	640	765	686	655	633	620
150	853	772	733	713	697	832	747	714	689	675
160	924	836	793	772	755	901	809	773	746	731
170	996	901	855	832	813	971	872	833	804	787
200	1.201	1.087	1.032	1.004	981	1.172	1.052	1.004	971	950
225	1.407	1.272	1.208	1.176	1.149	1.367	1.232	1.176	1.137	1.112
250	1.602	1.449	1.375	1.338	1.308	1.557	1.403	1.339	1.294	1.267
300	2.359	1.874	1.732	1.675	1.638	1.957	1.756	1.677	1.620	1.586
400	3.115	2.587	2.456	2.390	2.336	2.791	2.505	2.392	2.311	2.262
500	3.766	3.407	3.235	3.147	3.077	3.675	3.298	3.149	3.043	2.979

Perte de chaleur par le contact de l'air, exprimée en calories, par mètre carré et par heure.

Cylindres verticaux (*suite*).

E ÉCART DE TEMPÉRATURE	DIAMÈTRE = 0m,20 HAUTEUR VERTICALE					DIAMÈTRE : 0m,25 HAUTEUR VERTICALE				
	0m,50	1m,00	1m,50	2m,00	2m,50	0m,50	1m,00	1m,50	2m,00	2m,50
	K' = 3.05	K' = 2.75	K' = 2.62	K' = 2.54	K' = 2.48	K' = 3.01	K' = 2.72	K' = 2.59	K' = 2.52	K' = 2.47
10°	29	26	25	24	24	29	25	24	24	23
15	47	43	41	39	39	47	42	40	39	38
20	68	61	58	56	55	67	60	57	55	54
25	89	80	77	74	73	88	79	75	73	71
30	111	101	96	93	91	111	99	94	91	89
35	135	122	116	112	110	134	119	114	111	108
40	159	144	137	132	130	158	141	134	130	128
45	184	166	158	153	150	183	163	155	151	147
50	209	189	180	174	171	208	185	177	172	168
55	235	213	203	196	192	234	209	199	193	189
60	262	237	226	218	214	260	232	221	215	210
70	317	286	273	263	258	315	281	268	260	254
80	373	337	322	311	304	371	331	325	306	300
90	431	390	372	360	352	429	383	365	363	347
100	491	445	424	409	401	488	436	415	404	395
110	553	500	477	460	451	549	490	467	451	444
120	615	556	531	513	502	611	545	520	505	494
130	679	614	586	566	554	675	602	574	558	546
140	744	673	642	620	607	739	660	629	611	598
150	810	733	699	675	661	805	718	685	665	651
160	877	792	757	731	715	872	778	741	720	705
170	945	855	816	787	771	939	838	799	776	759
200	1.140	1.032	984	950	930	1.133	1.011	964	937	916
225	1.335	1.208	1.152	1.112	1.089	1.327	1.290	1.129	1.097	1.073
250	1.520	1.376	1.312	1.267	1.240	1.511	1.348	1.285	1.249	1.222
300	1.903	1.722	1.643	1.586	1.552	1.892	1.688	1.609	1.564	1.530
400	2.715	2.456	2.343	2.262	2.214	2.699	2.408	2.295	2.230	2.182
500	3.575	3.235	3.086	2.779	2.916	3.554	3.171	3.022	2.937	2.873

Perte de chaleur par le contact de l'air, exprimée en calories, par mètre carré et par heure.

Cylindres verticaux (*suite*).

E ÉCART DE TEMPÉRATURE	DIAMÈTRE : 0ᵐ,30 — HAUTEUR VERTICALE					DIAMÈTRE : 0ᵐ,40 — HAUTEUR VERTICALE				
	0ᵐ,50	1ᵐ,00	1ᵐ,50	2ᵐ,00	2ᵐ,50	0ᵐ,50	1ᵐ,00	1ᵐ,50	2ᵐ,00	2ᵐ,50
	K' = 2.98	K' = 2.70	K' = 2.57	K' = 2.50	K' = 2.45	K' = 2.98	K' = 2.63	K' = 2.52	K' = 2.45	K' = 2.40
10°	28	25	24	23	23	28	25	24	23	23
15	47	42	40	39	37	46	41	39	38	37
20	66	59	57	55	53	66	59	56	54	53
25	87	78	75	72	70	86	77	74	71	70
30	109	87	93	91	88	108	97	92	89	87
35	139	118	113	110	107	131	117	111	108	106
40	156	140	133	129	126	154	138	133	128	125
45	180	162	154	150	146	178	160	152	147	145
50	205	184	175	170	166	203	182	173	168	165
55	231	207	197	192	187	228	204	195	189	185
60	257	231	220	213	208	254	227	217	210	206
70	311	279	266	258	252	307	275	262	254	250
80	366	329	313	304	297	362	324	309	300	294
90	424	380	362	352	344	419	374	357	347	340
100	483	433	412	401	392	477	427	407	395	388
110	543	487	464	451	440	537	480	457	444	436
120	604	542	516	502	490	597	535	509	494	485
130	667	598	570	554	541	659	590	562	546	535
140	730	655	624	606	593	722	646	615	598	587
150	795	714	680	660	646	786	704	670	651	639
160	861	773	736	715	699	851	762	726	705	692
170	928	833	793	771	753	917	821	782	759	735
200	1.120	1.004	957	930	909	1.106	991	943	916	900
225	1.311	1.176	1.121	1.089	1.065	1.295	1.160	1.110	1.073	1.053
250	1.493	1.339	1.280	1.240	1.212	1.475	1.321	1.258	1.222	1.199
300	1.869	1.677	1.598	1.552	1.518	1.847	1.654	1.575	1.530	1.501
400	2.666	2.392	2.279	2.214	2.165	2.634	2.359	2.246	2.182	2.132
500	3.511	3.149	3.000	2.915	2.851	3.469	3.107	2.958	2.873	2.820

Perte de chaleur par le contact de l'air, exprimée en calories, par mètre carré et par heure.

Cylindres verticaux (suite).

E ÉCART DE TEMPÉRATURE	DIAMÈTRE : 0m,50 — HAUTEUR VERTICALE					DIAMÈTRE : 0m,60 — HAUTEUR VERTICALE				
	0m,50	1m,00	1m,50	2m,00	2m,58	0m,50	1m,00	1m,50	2m,00	2m,50
	K'=2.91	K'=2.63	K'=2.50	K'=2.43	K'=2.37	K'=2.88	K'=2.60	K'=2.47	K'=2.40	K'=2.34
10°	28	25	24	23	22	27	25	23	23	22
15	45	41	39	39	37	45	40	39	37	36
20	65	58	55	53	53	64	58	55	53	50
25	85	77	73	70	69	85	76	72	70	67
30	107	96	91	88	86	106	95	91	87	84
35	129	116	111	107	105	128	115	110	106	101
40	152	137	130	126	124	151	135	129	125	120
45	176	158	151	146	143	175	156	150	145	139
50	200	180	172	166	163	199	178	170	165	158
55	225	203	193	187	183	224	200	192	185	177
60	251	226	215	208	204	249	223	213	206	197
70	303	273	260	252	247	301	269	258	250	239
80	357	322	306	297	291	355	318	304	294	282
90	413	372	363	344	336	411	367	352	340	326
100	471	424	404	392	383	468	418	401	388	371
110	530	477	454	440	431	527	471	451	436	417
120	589	531	505	490	480	586	524	502	485	465
130	651	586	558	541	529	647	578	554	535	513
140	713	642	611	593	580	709	633	606	587	562
150	776	699	665	646	632	772	690	660	639	612
160	841	757	720	699	684	836	747	715	692	663
170	900	816	776	753	736	901	805	771	735	714
200	1.093	984	937	909	889	1.087	971	930	900	862
225	1.280	1.152	1.097	1.065	1.041	1.272	1.137	1.089	1.053	1.009
250	1.457	1.312	1.249	1.212	1.185	1.449	1.295	1.240	1.199	1.149
300	1.824	1.643	1.364	1.518	1.484	1.814	1.621	1.552	1.501	1.439
400	2.602	2.343	3.230	2.165	2.117	2.587	2.311	2.214	2.132	2.052
500	3.426	3.086	2.937	2.851	2.788	3.407	3.044	2.915	2.820	2.702

Perte de chaleur par le contact de l'air, exprimée en calories, par mètre carré et par heure.

Cylindres verticaux (suite).

E ÉCART DE TEMPÉRATURE	DIAMÈTRE : 0m,80 — HAUTEUR VERTICALE					DIAMÈTRE : 1m,00 — HAUTEUR VERTICALE				
	0m,50	1m,00	1m,50	2m,00	2m,50	0m,50	1m,00	1m,50	2m,00	2m,50
	K'=2,85	K'=2,57	K'=2,44	K'=2,37	K'=2,31	K'=2,83	K'=2,55	K'=2,42	K'=2,36	K'=2,30
10°	27	24	23	23	22	27	24	23	23	22
15	45	40	38	37	36	44	40	38	37	36
20	64	57	55	53	52	63	57	55	53	52
25	85	76	72	70	68	84	76	72	70	68
30	105	95	90	87	85	104	94	89	87	85
35	127	115	109	106	103	125	114	108	106	103
40	150	135	129	125	122	148	134	128	124	121
45	174	156	150	145	141	170	155	149	144	140
50	198	178	169	165	160	194	177	168	164	159
55	223	200	190	185	180	217	199	189	184	179
60	248	223	212	206	201	243	221	210	205	200
70	300	269	256	250	243	294	267	254	249	242
80	353	318	302	294	267	347	316	300	293	266
90	408	367	349	340	331	400	364	346	339	330
100	465	418	398	388	377	457	415	395	386	375
110	523	471	447	436	424	513	468	444	434	422
120	582	524	498	485	472	572	520	494	483	470
130	643	578	550	535	521	631	574	546	533	519
140	704	633	602	587	571	692	628	597	585	569
150	767	690	656	639	622	753	685	651	636	619
160	830	747	710	692	673	815	742	705	689	670
170	894	805	765	735	726	878	799	759	732	723
200	1.081	971	823	900	876	1.073	964	816	896	872
225	1.264	1.137	1.081	1.053	1.028	1.255	1.129	1.072	1.049	1.024
250	1.439	1.295	1.231	1.209	1.203	1.411	1.285	1.221	1.194	1.198
300	1.802	1.621	1.541	1.501	1.462	1.789	1.609	1.529	1.494	1.455
400	2.570	2.311	2.198	2.132	2.085	2.552	2.294	2.191	2.123	2.076
500	3.384	3.044	2.894	2.820	2.745	3.360	3.021	2.871	2.808	2.733

98. Perte de chaleur par le contact de l'air, exprimée en calories, par mètre carré et par heure.

Surfaces planes verticales.

E Écart de température	Hauteurs verticales										
	0m,25	0m,50	0m,75	1m,00	1m,50	2m,00	2m,50	5m,00	10m,00	15m,00	20m,00
	K' = 3.00	K' = 2.06	K' = 2.53	K' = 2.40	K' = 2.30	K' = 2.21	K' = 2.17	K' = 2.05	K' = 1.90	K' = 1.92	K' = 1.90
10°	29	25	23	23	21	[illegible]	20	19	18	18	18
15	47	41	39	37	35	34	33	32	31	[illegible]	30
20	67	59	55	53	50	49	48	45	44	43	42
25	88	78	72	70	66	64	63	60	58	56	56
30	111	97	91	88	82	80	79	75	72	70	70
35	134	118	110	107	99	97	95	91	88	85	85
40	158	139	129	125	117	115	112	107	103	100	99
45	183	161	150	145	135	133	130	124	120	116	115
50	208	183	170	165	154	151	148	141	135	132	130
55	234	206	192	185	173	170	166	158	152	148	146
60	260	229	213	206	193	190	185	176	169	165	163
70	315	277	258	250	233	229	224	213	203	200	198
80	371	326	304	294	275	270	264	251	240	235	233
90	429	377	352	340	318	313	305	290	278	272	269
100	488	440	401	387	362	356	348	321	316	310	307
110	549	483	451	436	408	404	391	372	356	349	345
120	611	538	502	485	454	446	435	414	396	388	384
130	675	594	554	535	501	493	481	457	437	428	424
140	739	651	606	587	549	540	527	500	479	469	464
150	805	719	660	639	598	588	593	545	522	511	506
160	872	767	715	692	647	636	621	590	564	553	547
170	939	827	771	733	697	686	669	640	609	596	590
200	1.133	998	930	900	841	828	807	767	744	729	721
225	1.327	1.168	1.089	1.053	985	969	945	898	860	842	833
250	1.511	1.330	1.240	1.199	1.122	1.104	1.077	1.023	977	959	947
300	1.892	1.666	1.552	1.501	1.405	1.382	1.348	1.280	1.226	1.201	1.189
400	2.999	2.376	2.214	2.133	2.004	1.971	1.923	1.826	1.750	1.713	1.695
500	3.554	3.128	2.915	2.820	2.638	2.596	2.332	2.405	2.303	2.256	2.233

99. Applications des tableaux qui précèdent. — Pour fixer les idées sur la manière dont on peut utilement se servir de ces tableaux, en voici quelques applications :

Premier exemple. — Un tuyau en fonte, de $0^m,25$ de diamètre extérieur et de 10 mètres de longueur, est placé horizontalement dans une pièce maintenue à 20° ; il est parcouru par de la vapeur à 130°. Combien de calories ce tuyau abandonnera-t-il par heure?

L'écart E de température est :

$$130° - 20° = 110°.$$

Cherchons d'abord la perte par le rayonnement. Le tableau n° 92, pour un écart de 110° et une température de 20° pour l'enceinte, nous indique pour la fonte neuve ou peinte à l'huile, par mètre carré et par heure, une perte de 611 calories, ci........................ 611 cal.

Voyons ensuite la perte par contact de l'air, par *convection*, comme l'on dit quelquefois :

Le tableau n° 196, applicable à la perte par contact, indique pour un cylindre horizontal de $0^m,25$ de diamètre, par mètre carré et par heure, pour un écart de 110°............................ 429 cal.

Perte en calories par mètre carré et par heure. 1.040 cal.

La surface totale du cylindre est :

$$10,00 \times 0,25 \times 3,14 = 7^{m},85.$$

La perte totale par heure sera donc :

$$7^{m},85 \times 1.040 = 8.164 \text{ calories.}$$

Deuxième exemple, mais avec des données non comprises dans les tableaux. — Supposons les mêmes données principales, mais admettons que la température de l'enceinte soit maintenue à 15° seulement.

L'écart E est :

$$130° - 15° = 115°.$$

Le tableau n° 92 donne :

$$N_R^c \text{ pour } E = 110 \quad 588 \;\; \text{pour } E = 120 \quad 670 \Big\} \text{ diff. pour } 10^o : 82.$$

Pour 5°, la différence sera de moitié, soit 41.
Le chiffre N_R^c correspondant à 115° sera :

588 + 41 = ... 629 cal.

Le tableau n° 96 donne :

$$N_C^c \text{ pour } E = 110 \quad 429 \;\; \text{pour } E = 120 \quad 476 \Big\} \text{ diff. pour } 10^o : 47.$$

Pour 5°, la différence sera de moitié, soit 23 cal.
Le chiffre N_C^c correspondant à 115° sera :

429 + 23 = ... 452 »

Perte totale en calories par mètre carré et par heure. 1.081 cal.

La perte totale par heure sera donc :

$$7{,}85 \times 1{,}081 = 8.485 \text{ calories.}$$

Troisième exemple. — Dans une enceinte maintenue à 18° se trouve un poêle contenant de l'eau chaude à 75°, formé d'un cylindre vertical en tôle peinte, de 0m,60 de diamètre et 2 mètres de hauteur; combien fournira-t-il de calories par heure?

L'écart E de température est :

$$75^o - 18 = 57^o.$$

Le tableau n° 92 donne :

$$N_R^c \text{ pour } 55^o = 236 \text{ cal} \;\; \text{pour } 60^o = 263 \text{ »} \Big\} \text{ diff. pour } 5^o : 29^o.$$

Pour 2°, la différence sera 12 calories.

Le nombre de calories perdues par rayonnement en une heure sera :

236 + 12 = ... 248 cal.

Le tableau n° 97 donne :

N_C^c pour 55° = 185 cal. } diff. pour 5° : 21.
pour 60° = 206 »

Pour 2°, la différence sera 8 calories.

Le nombre de calories perdues par le contact de l'air en une heure sera :

185 + 8 = ... 193 —

La perte totale par m. q. et par heure sera donc. 441 cal.

La surface des parois verticales du poêle est de :

$$0{,}60 \times 3{,}14 \times 2{,}00 = 3{,}76.$$

Ces parois perdront donc :

$$3{,}76 \times 441 = 1.658 \text{ calories par heure.}$$

100. Influence de la vitesse de l'air sur la transmission par contact. — Les nombres donnés par la formule de Péclet sur la transmission de la chaleur à l'air par contact, calculés dans les tableaux n°s 95 à 98, supposent un milieu calme, dans lequel le corps chaud se refroidit.

Ils ne sont plus applicables dès que l'air est animé d'un mouvement dû à une cause étrangère quelconque. La vitesse avec laquelle il se renouvelle le long des parois augmente dans une très notable proportion la transmission de la chaleur, et cette transmission est rendue évidente dans la pratique par ce fait, que l'on est à même de constater souvent dans les chauffages où l'on emploie une ventilation mécanique :

Un poêle à vapeur tubulaire est traversé par un courant d'air faible, et cet air sort à une température θ, après avoir été mis en contact avec la surface de chauffe de l'appareil. On ouvre la valve d'accès de l'air, on double, on triple, on quintuple la quantité d'air qui passe dans le poêle, et la température de sortie varie à peine. Pour que ce résultat ait lieu, il a donc fallu que le coefficient de transmission augmentât avec la vitesse.

M. Ser a fait de nombreuses expériences [1] sur l'influence de la vitesse de l'air sur le refroidissement des tuyaux par contact, et il est arrivé à énoncer ce fait que le coefficient de transmission, pour un même tuyau, dans des circonstances données, est proportionnel à la racine carrée de la vitesse. Il paraît varier d'un tuyau à l'autre dans de notables proportions suivant le diamètre : l'accroissement du coefficient est d'autant moins grand que le diamètre est plus fort.

Il en résulte que, dans les chauffages, toutes les fois que l'on dispose à son gré d'un moyen mécanique de pulsion de l'air, on a tout avantage à donner à cet air une vitesse considérable le long des surfaces de chauffe et dans les conduites. Il y a, d'une part, une meilleure transmission de chaleur, et, d'autre part, les conduites sont plus petites, moins chères à construire, plus faciles à placer et à loger, et enfin elles perdent moins de chaleur dans le parcours de l'air chauffé jusqu'à l'endroit où il se dégage, par suite du moindre développement de leurs parois.

101. Transmission par des surfaces nervées. — Dans les chauffages, on emploie beaucoup de surfaces munies de nervures pour la transmission de la chaleur à l'air, et l'addition de ces nervures augmente considérablement la surface de contact ; mais il est évident aussi que, d'une part, ces nervures, en général rapprochées, gênent la circulation

---

[1] *Traité de Physique industrielle* de L. Ser, I, 150.

de l'air, et, d'autre part, que leur température est plus basse que celle de la surface lisse qu'elles remplacent. Enfin, elles rayonnent les unes sur les autres à cause des angles rentrants. D'où une transmission plus faible par mètre carré.

L'effet utile dépendra donc de la forme des nervures, de leur écartement, et de la nature du fluide qui circulera sur la paroi opposée aux nervures.

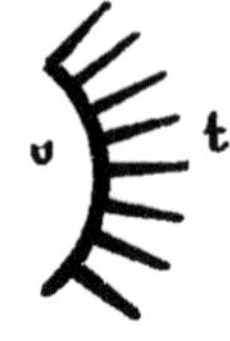

Fig. 59.

Les nervures ne doivent pas être trop allongées ; leur saillie dépend de la différence entre la température θ du fluide chauffant et celle *t* de l'air à chauffer ; on leur donne de 0m,04 à 0m,12 dans la plupart des applications.

Lorsqu'on les fond avec la paroi même de l'appareil, on leur donne une épaisseur convenable à leur point d'insertion, et cette épaisseur va en s'amincissant jusqu'à l'extrémité. C'est la disposition la plus avantageuse. D'autres fois, les ailettes peuvent être en tôle ou en fonte et rapportées. Elles doivent alors être solidarisées avec la surface lisse qui les porte, par l'intermédiaire d'un mastic conducteur qui assure la continuité du contact.

Il est important que l'air se renouvelle facilement dans l'intervalle des nervures, et, pour cela, la première condition est qu'elles soient dirigées dans le sens du courant d'air qui circule à leur contact. S'il s'agit d'un tuyau horizontal, par exemple, et que ce tuyau soit entouré d'une gaine parcourue longitudinalement par l'air, on mettra les nervures longitudinales (*fig.* 59). Si, au contraire, le courant est perpendiculaire au tuyau, on donnera aux nervures la forme de disques séparés par des intervalles de 0m,04 à 0m,06, comme dans la figure 60. Les disques en question pourront être circulaires et concentriques au tuyau, comme dans le croquis (1) de la figure 61 ; mais, la plupart du temps, on les exécutera suivant des profils tels que ceux des croquis (2) et (3), ce qui est plus avantageux, au point de vue du contact de l'air et de la meilleure utilisation.

Fig. 60.

On a intérêt, toutes les fois qu'on le peut, à ne pas donner une trop grande longueur aux nervures, de manière à changer l'air qui se meut dans leurs intervalles, et à l'y renouveler. Aussi, quelques constructeurs adoptent-ils des surfaces planes de petite largeur, sur lesquelles ils disposent les nervures à 45°. Cette disposition permet à l'air qui circule verticalement en A d'entrer dans les nervures en s'infléchissant, de les parcourir suivant un espace réduit qui lui suffit pour s'échauffer par contact et de s'échapper en B. De cette façon, il y a une plus grande quantité

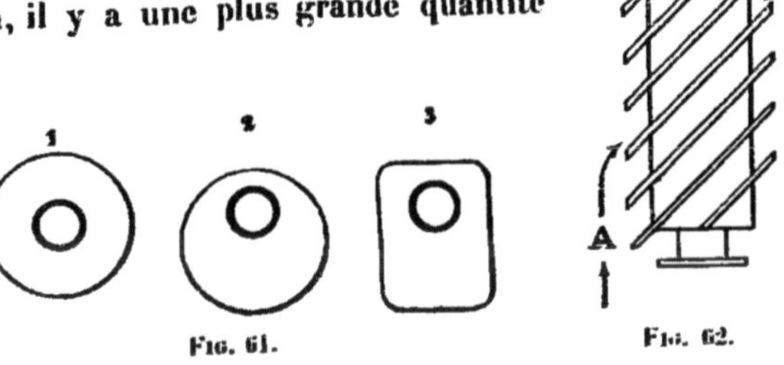

Fig. 61.

Fig. 62.

d'air qui circule sur les nervures, l'air s'y renouvelle mieux, et le rendement est meilleur.

L'utilisation des surfaces dépend donc beaucoup de la forme et de la disposition des nervures. Mais il dépend surtout des fluides qui circulent de chaque côté de la paroi ainsi formée.

Le fluide intérieur peut être un gaz chaud, tandis que les nervures baignent dans l'air à chauffer. On comprend que, la transmission des gaz chauds à la paroi trouvant moins de surface que la transmission de la paroi nervée à l'air, la température des nervures s'abaisse considérablement, et que chaque mètre de surface développée transmet peu de calories à l'air. Le calcul indique (Ser, *Physique industrielle*, I, 175) qu'en quadruplant la surface par des nervures, on augmente la transmission seulement de 1/3, et qu'en la décuplant on l'accroît des 2/3. La pratique confirme ces résultats. Ils montrent le peu d'avantage qu'on a à employer des nervures en cette circonstance.

Il est cependant un cas où elles deviennent avantageuses, c'est lorsqu'on les applique à des cloches de calorifères en fonte non garnies de maçonnerie à l'intérieur. Les nervures ont alors un rendement utile, parce que, d'abord, la température du foyer est élevée, et ensuite que la paroi interne reçoit non seulement de la chaleur du contact des gaz chauds, mais encore les calories nombreuses venant du rayonnement du foyer. En fait, la cloche munie de nervures rougit moins facilement, et chaque mètre carré de nervures transmet à l'air une quantité de chaleur très convenable.

La transmission par parois nervées devient très pratique lorsque c'est de l'eau chaude et surtout de la vapeur qui circule au contact de la paroi lisse, parce que, dans ces deux cas, la transmission de la vapeur à la fonte est mille fois plus forte que celle de la fonte à l'air. Les nervures prennent alors une température très voisine de celle de la vapeur, et la transmission à l'air est très importante. Les calculs établis par M. Ser montrent que, si au moyen de nervures on quadruple la surface d'un tuyau de vapeur, on double la transmission, et que, si on décuple la surface, on arrive à une transmission près de cinq fois plus grande.

L'eau chaude remplaçant la vapeur donne des résultats analogues.

En résumé, dans la pratique, on peut compter que des nervures bien disposées sur une cloche de calorifère qu'elles empêchent de rougir transmettent à l'air environ 1.600 calories par mètre carré et par heure.

On peut admettre aussi que des nervures appliquées judicieusement à des tuyaux d'eau chaude ou de vapeur transmettent, par mètre carré et par heure, *la moitié des calories que serait susceptible d'émettre la surface lisse qu'elle remplace.* Si une surface lisse peut donner 900 calories par mètre carré et par heure, une surface nervée, dans les mêmes circonstances, donnera 450 calories par mètre carré de développement des nervures et par heure.

102. Principe du chauffage méthodique. — Lorsque des fumées chaudes sortent d'un foyer, on les utilise, dans bien des cas, au chauffage d'un liquide ou d'un gaz, et pour cela on les met en contact avec une surface métallique qui les sépare, et par l'intermédiaire de laquelle se transmet la chaleur.

Le fluide chauffé peut être à température constante. C'est le cas de l'eau que l'on vaporise dans une chaudière. On peut chercher quel est l'effet refroidissant de la surface, suivant son plus ou moins grand développement.

On a trouvé dans des expériences directes, en divisant une chaudière en compartiments successifs séparés, de même surface, que la quantité de vapeur produite dans chaque compartiment était en décroissance d'un compartiment au suivant, d'après une progression géométrique. Il arrive donc bien vite un moment où la transmission par une nouvelle surface de chauffe ne compense plus la dépense de cette surface.

Il en résulte aussi que l'on ne peut mesurer la puissance d'un appareil par sa surface de chauffe, puisqu'en doublant la surface, toutes choses égales d'ailleurs, on est loin de doubler la transmission.

Si les deux fluides sont en mouvement, toujours séparés par la paroi, l'un à température croissante, l'autre, qui le chauffe, à une température au contraire décroissante, il peut arriver deux cas :

Ou bien les fluides se meuvent dans le même sens ;

Ou bien les fluides se meuvent en sens contraire.

Si les fluides se meuvent dans le même sens, il y a d'abor une forte transmission de chaleur, en raison de la différence de température, mais la surface est bien vite inerte, par suite d'une très faible utilisation. C'est le cas le plus défavorable.

Si les fluides se meuvent en sens inverse, les circonstances changent : il y a pendant tout le contact le plus grand écart possible de température, et la transmission en est fortement augmentée. Le développement de la surface a un effet utile plus considérable que dans le cas précédent ; de plus, la température du fluide chauffant s'abaisse notablement plus, au bénéfice du fluide chauffé.

Ce principe si avantageux, de faire circuler les fluides en sens contraire, porte le nom de *chauffage méthodique*. Il s'applique aussi bien dans l'industrie au chauffage des liquides et des gaz que dans les chauffages domestiques à l'élévation de la température de l'air.

103. Transmission de la vapeur à l'eau à travers une paroi métallique. — La vapeur se condense sur les surfaces froides avec une très grande facilité et en grande abondance, surtout lorsqu'elle ne contient en mélange aucun gaz inerte. En se condensant, elle cède à la paroi une grande quantité de chaleur, soit par kilogramme : 606,5 + 0,305 T, T étant la température d'ébullition de l'eau qui lui donne naissance, quantité dont il faut défalquer le nombre de calories gardées par l'eau de condensation.

Lorsque la paroi qui condense la vapeur est en contact avec l'air, la condensation est limitée par la quantité de chaleur que peut prendre l'air de l'autre côté du métal.

Lorsque cette paroi contient un liquide, la condensation est bien plus abondante, surtout si le liquide est agité et renouvelé le long de la paroi avec laquelle il est en contact.

Le chauffage de l'eau par la vapeur avec paroi métallique interposée peut se faire de deux manières : par double fond ou par serpentin. Les chiffres ne sont pas les mêmes dans les deux cas.

Dans le chauffage par double fond, la purge de l'air est moins assurée, et il peut en résulter une diminution dans la transmission. Si le liquide est peu agité, on peut compter sur une condensation de 1 kilogramme de vapeur par mètre carré, par heure, et par degré d'écart de température entre la vapeur et le liquide chauffé.

Lorsque la purge est complète et le liquide un peu en mouvement, on peut arriver à une condensation, par mètre carré et par heure, de 3 kilogrammes.

C'est aussi ce chiffre de 3 kilogrammes que l'on prend pratiquement pour le chauffage par le moyen d'un serpentin.

A partir du moment où le liquide est en ébullition, et se renouvelle par suite très vivement au contact des surfaces métalliques, la condensation devient plus vive, et, pour un serpentin elle peut arriver à 8 ou 9 kilogrammes de vapeur par mètre carré, par heure, et par degré d'écart entre les températures des deux fluides.

Ces chiffres résultent d'expériences peu nombreuses de Clément Désormes et Thomas et de Laurens, citées par Péclet. Ce sont ceux que l'on applique dans la pratique.

104. Enveloppes isolantes. — Les fluides, air, eau ou gaz, employés pour transporter la chaleur à distance, et contenus dans des enveloppes étanches, perdent une partie de cette chaleur dans le transport, par suite du contact avec l'air de la paroi de leurs enveloppes. On a cherché à atténuer cette perte, souvent fort importante, en recouvrant les parois chaudes d'un corps mauvais conducteur, tel que les matières feutrées ou pulvérulentes, le liège, ou même un cantonnement d'air. On obtient un cantonnement d'air, soit par des briques creuses, soit par des copeaux ou des matières duveteuses qui ne lui permettent aucun mouvement.

On fait de grandes économies en enveloppant de la même manière les parois des fourneaux et appareils producteurs de chaleur, d'autant que leurs parois sont à des températures généralement très élevées.

Tant que la construction de l'enveloppe isolante n'augmente pas la surface de contact avec l'air, on obtient un très bon résultat, et il en résulte de fortes économies de combustible. Il n'en est plus de même lorsque l'on veut envelopper des tuyaux cylindriques; il faut alors tenir grand compte de la conductibilité de l'isolant et de son épaisseur, car s'il y a une diminution de transmission par mètre carré, la surface en contact avec l'air augmente dans de fortes proportions, surtout pour de petits tuyaux, et il pourrait, dans certains cas, y avoir perte plus grande, du fait de l'enveloppe.

Il résulte de ces principes :

Que les fourneaux et appareils chauds doivent être enveloppés d'une façon absolue, et qu'on y trouve toujours une grande économie. L'une des meilleures matières à employer pour cet usage est le liège aggloméré en briquettes que l'on applique sur la paroi, soit directement, soit en laissant un faible cantonnement d'air ;

Que les petits tuyaux ne peuvent être avantageusement entourés qu'avec des enveloppes très peu conductrices, telles que la paille et le liège en plaques ou en bourrelets;

Que les tuyaux trouvent dans les enveloppes isolantes une protection d'autant plus grande que leur diamètre est plus grand, et que, pour les diamètres un peu forts, on peut adopter les lièges agglomérés, les feutres, les enveloppes de bois, le coton minéral ou laine de scories.

Tous les isolants que l'on applique aux tuyaux d'eau ou de vapeur doivent laisser les joints complètement libres pour les deux raisons suivantes :

1° Lors des réparations il n'y a pas à démonter l'enveloppe, d'où économie de temps ;

2° En cas de fuite, l'eau n'imprègne pas l'enveloppe, d'où économie de chaleur. L'eau qui vient à imbiber une enveloppe est une cause très sérieuse de perte de chaleur, car elle doit se vaporiser aux dépens de la chaleur du tuyau.

Lorsque la température des conduites d'eau ou de vapeur dépasse 100°, les enveloppes durent peu, elles sont brûlées et détériorées en un an ou deux, et l'isolement lui-même diminue notablement au bout de quelques mois, de telle sorte qu'il y a lieu de les renouveler souvent pour entretenir l'économie qu'elles procurent.

Ce n'est qu'au moyen d'enveloppes bien entretenues que l'on peut pratiquement envoyer de la vapeur à des distances de 700 à 800 mètres de la chaudière, dans les chauffages très étendus.

CHAPITRE IV

REFROIDISSEMENT DES ÉDIFICES

SOMMAIRE:

105. Déperdition de chaleur des locaux d'habitation. — 106. Transmission de la chaleur à travers les surfaces métalliques. — 107. Transmission de la chaleur à travers les corps non conducteurs, tels que les murs des édifices. — 108. Tableau de la perte de chaleur par des murs de diverses natures et épaisseurs. — 109. Pertes de chaleur par les vitres. — 110. Tableau de ces pertes. — 111. Application des tableaux précédents à la recherche de la déperdition de chaleur des lieux habités. — 112. Températures à obtenir dans des différents édifices. — 113. Températures extérieures. — 114. Applications pratiques des tableaux qui précèdent. — 115. Chaleur produite par les personnes et les appareils d'éclairage. — 116. Programme du chauffage d'un édifice. — Tableau. — 117. Détails des pertes. — Disposition des tableaux. — 118. Pertes de chaleur rapportées au cube chauffé.

CHAPITRE IV

REFROIDISSEMENT DES ÉDIFICES

105. Déperdition de chaleur des locaux d'habitation. — Si on cherche à analyser la manière dont nos édifices se refroidissent en hiver, on trouve qu'il y a perte de calories par toutes les parois extérieures, par le sol, et aussi par la quantité plus ou moins grande d'air qui les traverse. Cet air, en effet, entre froid dans le bâtiment, s'y échauffe dans le parcours plus ou moins long qu'il y fait, avant de s'échapper au dehors.

Pour pouvoir déterminer la puissance des appareils de chauffage qui doivent entretenir la température intérieure, il faut préalablement évaluer ces pertes, et, pour cela, étudier la manière dont les corps se laissent traverser par la chaleur dans les circonstances ordinaires de la pratique.

Or, il y a à distinguer deux cas. Le premier est celui où la paroi est très conductrice de la chaleur: c'est le cas des métaux; mais il est rare que les parois en soient formées. Le second, qui s'applique à la plupart des bâtiments, est celui où les parois sont exécutées en matériaux épais, comme la maçonnerie ou la charpente, et mauvais conducteurs de la chaleur.

106. Transmission de la chaleur à travers les surfaces métalliques. — Lorsqu'une lame métallique se trouve entre deux liquides à mouvement lent, la transmission de chaleur d'un liquide à l'autre paraît indépendante de la conductibilité propre du métal, ainsi que de l'épaisseur de la paroi.

Pour arriver à la loi de la proportionnalité inverse de la transmission et des épaisseurs d'un même métal, il faut renouveler très vivement le liquide sur chacune des faces de la plaque (1.600 fois par minute dans les expériences de Péclet).

Dans les mêmes circonstances, qui ne se rencontrent jamais dans la pratique, on trouve pour coefficients de conductibilité de quelques métaux (nombres de calories transmises en une heure, à travers des plaques de 1 mètre de surface, de 1 mètre d'épaisseur, et dont les faces opposées seraient maintenues à des températures constantes différant de 1°) :

Or	77	Fer	28
Platine	75	Zinc	28
Argent	74	Étain	22
Cuivre	69	Plomb	14

Mais, dans la pratique, dans les limites d'épaisseurs généralement employées, la nature du métal n'a pas d'influence sensible, non plus que son épaisseur. Il en est de même quand une même lame métallique sépare deux gaz d'inégales températures ou bien un liquide et un gaz. Dans le premier cas, on a comme exemple les calorifères à air chaud : dans le second, les chaudières à vapeur. Or, sur ces points, les ingénieurs sont bien d'accord : un calorifère en fonte épaisse chauffe aussi bien que le même calorifère en tôle mince ; une chaudière donnera toujours le même produit, qu'elle soit en tôle ou en cuivre, et quelle que soit l'épaisseur de sa paroi. La quantité de chaleur qui passe d'une face à l'autre dépend de l'écart de température des deux faces, des pouvoirs rayonnants et absorbants de chaque surface, enfin, de la vitesse des fluides en mouvement le long des parois.

107. Transmission de la chaleur à travers les corps mauvais conducteurs, tels que les murs des édifices. — Soit un corps mauvais conducteur de la chaleur, un mur par exemple, terminé par deux faces parallèles, représenté en coupe par la figure 63. La température intérieure du côté de la face A est T; la température extérieure du côté de la face B est T'; l'épaisseur est e, exprimée en mètres. Ce mur, en raison de la différence de température de ses deux faces, est traversé par un courant de chaleur qui va de la face la plus chaude à la face la plus froide.

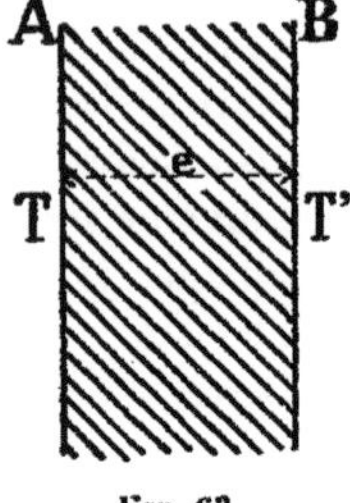

FIG. 63.

Par une série de nombreuses expériences, Péclet est arrivé à déterminer la formule suivante, qui donne la valeur de cette transmission de chaleur :

$$N^c = \frac{C(K + K')E}{2C + (K + K')e} \quad \text{(Péclet, 3}^e\text{ édit., I, 409)},$$

dans laquelle C est le coefficient de conductibilité de la matière ; K et K', les coefficients trouvés précédemment (n°s 90 et 93); et N, le nombre de calories perdues par mètre carré de surface de mur et par heure.

Voici les coefficients C de conductibilité de quelques matériaux usuels de construction, d'après Péclet :

Marbre gris à grains fins...	3.48	Caoutchouc..........	0.17
Pierre à bâtir..........	1.70	Sable quartzeux.......	0.27
Terre cuite..........	0.60	Cendres de bois.......	0.06
Plâtre..........	0.52	Charbon de bois en poudre.	0.08
Verre..............	0.75	Poudre de bois........	0.06
Bois de sapin, coupé en travers.	0.17	Craie en poudre.......	0.09
Bois de chêne, coupé en long.	0.29	Coton ou laine.........	0.04
Liège..............	0.14	Molleton de laine......	0.024
Brique pilée à gros grains..	0.14		

A l'aide de la formule de Péclet et des valeurs des coefficients K et K' données aux numéros précédents, il est donc facile de déterminer la perte de chaleur subie par une enceinte déterminée; mais les chiffres obtenus sont trop faibles, parce que les expériences ont été faites au laboratoire, dans un air tranquille, et ne correspondent pas aux agitations de l'air extérieur. Pour en tenir compte, la pratique indique qu'il y a lieu de multiplier les résultats obtenus par un coefficient de correction égal à 1,2.

C'est ainsi qu'ont été calculés les tableaux suivants donnant la perte totale de chaleur éprouvée par les murs, exprimée en calories par mètre carré et par heure.

108. Perte totale de chaleur éprouvée par les murs, exprimée en calories, par mètre carré et par heure.

D'après la formule de Péclet:

$$N^c = \frac{C\,(K + K)\,E}{2C + (K + K')\,e}$$

(modifiée par le coefficient 1,2 qui tient compte de l'agitation de l'air extérieur).

MATÉRIAUX du MUR	ÉPAISSEUR du MUR	E ÉCART de température	HAUTEURS VERTICALES						
			0m,25	0m,50	1m,00	3m,00	5m,00	20m,00	[illegible]
Briques	0m,06	10°	31	30	29	28	27	26	25
		15	47	44	43	42	41	40	39
		18	55	53	52	50	49	48	47
		20	61	59	58	55	54	53	52
		23	71	68	66	64	62	61	60
		25	77	73	72	68	68	66	65
		28	86	83	80	77	76	74	73
		30	92	89	85	83	82	80	79
Briques	0m,11	10	26	25	24	24	23	23	23
		15	40	37	36	36	35	35	35
		18	47	46	44	42	42	41	41
		20	52	50	49	47	47	46	46
		23	60	57	56	54	54	53	53
		25	65	62	61	59	59	57	57
		28	73	69	68	66	66	65	64
		30	78	75	73	71	69	68	68
Briques	0m,22	10	19	19	18	18	18	18	18
		15	29	28	28	26	26	26	26
		18	35	34	34	32	32	31	31
		20	38	37	37	36	36	35	35
		23	44	43	42	41	41	41	41
		25	48	47	46	44	44	44	43
		28	54	53	52	50	49	49	49
		30	57	56	55	54	53	53	53
Briques	0m,35	10	14	14	14	14	14	13	13
		15	23	22	22	22	20	20	20
		18	26	26	25	25	25	25	25
		20	30	29	29	28	28	28	28
		23	34	34	32	32	32	31	31
		25	37	36	36	35	35	35	35
		28	42	41	40	40	40	38	38
		30	44	43	43	42	42	41	41

Perte totale de chaleur éprouvée par les murs, exprimée en calories, par mètre carré et par heure.

D'après la formule de Péclet :

$$N' = \frac{C(K + K')E}{2C + (K + K')e}$$

(modifiée par le coefficient 1,2 qui tient compte des agitations de l'air extérieur).

MATÉRIAUX du MUR	ÉPAISSEUR du MUR	E ÉCART de température	HAUTEURS VERTICALES						
			$0^m,25$	$0^m,50$	$1^m,00$	$3^m,00$	$5^m,00$	$20^m,00$	$50^m,00$
Briques	$0^m,50$	10°	12	11	11	11	11	11	11
		15	18	17	17	17	17	17	17
		18	22	22	20	20	20	20	19
		20	23	23	23	23	23	22	22
		23	26	26	26	25	25	25	25
		25	29	29	29	28	28	28	28
		28	32	31	31	31	31	31	31
		30	35	34	34	34	34	32	32
Briques	$0^m,60$	10	11	10	10	10	10	10	10
		15	16	16	14	14	14	14	14
		18	18	18	18	18	18	18	18
		20	20	20	20	19	19	19	19
		23	24	23	23	23	23	23	23
		25	25	25	25	25	24	24	24
		28	29	29	28	28	28	28	28
		30	31	30	30	30	30	29	29
Pierre à bâtir ordinaire	$0^m,30$	10	25	24	24	24	23	23	23
		15	37	36	35	35	34	34	34
		18	44	43	42	41	41	40	40
		20	50	48	47	46	46	44	44
		23	57	55	54	53	52	50	50
		25	62	60	59	57	56	55	55
		28	69	67	66	65	64	62	62
		30	75	72	71	69	68	66	66
Pierre à bâtir ordinaire	$0^m,50$	10	20	19	19	19	19	19	19
		15	30	29	29	29	28	28	28
		18	36	35	35	34	34	32	32
		20	41	38	38	37	37	36	36
		23	47	44	44	43	43	42	42
		25	50	48	48	47	47	46	46
		28	56	54	54	53	52	50	50
		30	61	59	57	56	55	54	54

Perte totale de chaleur éprouvée par les murs, exprimée en calories, par mètre carré et par heure.

D'après la formule de Péclet :

$$N^c = \frac{C\,(K + K')\,E}{2C + (K + K')\,e}$$

(modifiée par le coefficient 1,2 qui tient compte des agitations de l'air extérieur).

MATÉRIAUX du MUR	ÉPAISSEUR du MUR	ÉCART de température	HAUTEURS VERTICALES						
			0m,25	0m,50	1m,00	3m,00	5m,00	20m,00	50m,00
Pierre à bâtir ordinaire	0m,60	10	18	18	18	17	17	17	17
		15	28	26	26	26	25	25	25
		18	32	32	31	31	30	30	30
		20	37	36	35	35	34	34	34
		23	42	41	40	40	38	38	38
		25	46	44	43	43	42	42	42
		28	52	50	49	48	47	47	47
		30	55	53	53	52	50	50	50
Pierre à bâtir ordinaire	0m,70	10	17	17	17	16	16	16	16
		15	25	24	24	24	23	23	23
		18	30	29	29	29	28	28	28
		20	34	32	32	32	31	31	31
		23	38	37	37	37	36	36	36
		25	42	41	41	40	40	39	38
		28	47	46	46	44	44	43	43
		30	50	49	48	48	47	47	47
Pierre à bâtir ordinaire	0m,80	10	16	16	16	14	14	14	14
		15	23	23	23	22	22	22	22
		18	28	28	28	27	27	26	26
		20	31	30	30	29	29	29	29
		23	36	35	35	34	34	34	34
		25	38	37	37	36	36	36	36
		28	43	42	42	41	41	41	41
		30	47	46	44	44	43	43	43
Pierre à bâtir ordinaire	1m,00	10	13	13	13	13	13	13	13
		15	20	20	20	19	19	19	19
		18	24	24	24	23	23	23	23
		20	26	26	26	25	25	25	25
		23	31	30	30	29	29	29	29
		25	34	32	32	31	31	31	31
		28	38	37	36	36	35	35	35
		30	41	40	40	39	39	38	38

109. Perte de chaleur par les vitres. — Si on applique aux vitrages la formule générale de Péclet:

$$N^{c} = \frac{C (K + K') E}{2C + (K + K') e},$$

on remarquera que le verre à vitre a une épaisseur variant de 1 à 3 millimètres, en moyenne 2 millimètres; K et K' varient chacun de 1 à 5; leur somme ne dépassera pas le nombre 10; le produit $(K + K')e$ ne dépassera pas 0.02, ce qui est négligeable devant 2C, qui pour le verre présente la valeur 1,50. On peut donc réduire approximativement le dénominateur à 2C, ce qui amène la formule à :

$$N^{c} = \frac{(K + K') E}{2}.$$

Elle devient indépendante de la conductibilité et de l'épaisseur.

Cette formule ne tient pas compte de. l'agitation de l'air extérieur, et cette agitation est bien plus importante pour les vitres que pour les murs; la pratique indique qu'il y a lieu de prendre le chiffre 2 comme coefficient de correction, c'est-à-dire qu'il faut doubler les résultats de la formule. Les vitrages doubles sont estimés ne perdre que les 2/3 d'un vitrage simple dans les mêmes conditions. De là, le tableau pratique suivant :

110. Perte de chaleur par les vitrages simples ou doubles, exprimée en calories, par mètre carré et par heure.

Déduite de la formule de Péclet simplifiée pour ce cas :

$$N^{\circ} = \frac{(K + K')\,E}{2}$$

(modifiée par le coefficient 2, qui tient compte des agitations de l'air extérieur).

E ÉCART de température	HAUTEURS VERTICALES									
	0m,25	0m,50	0m,75	1m,00	2m,00	3m,00	4m,00	5m,00	6m,00	7m,00
	Vitrages simples									
10°	60	56	54	54	52	50	50	50	50	50
15	90	84	82	80	78	76	76	75	74	74
18	108	100	98	96	92	90	90	90	88	88
20	120	116	108	106	102	100	100	100	98	98
23	136	128	124	122	118	116	115	114	114	112
25	148	140	134	132	128	126	124	124	124	122
28	166	156	152	148	144	142	140	138	138	136
30	178	168	162	160	154	152	150	148	148	146
	Vitrages doubles									
10°	40	38	36	36	34	34	34	32	32	32
15	60	56	54	54	52	50	50	50	50	48
18	72	66	64	64	62	60	60	60	60	58
20	80	74	72	70	68	68	66	66	66	66
23	92	86	82	82	78	78	76	76	76	74
25	98	92	90	88	86	84	84	82	82	82
28	110	104	100	98	96	94	94	92	92	92
30	118	112	108	106	102	100	100	100	98	98

111. Application des tableaux précédents à la recherche de la déperdition de la chaleur des locaux habités. — Un édifice, une portion d'édifice, une salle de destination quelconque se refroidissent par un certain nombre de causes, savoir:

1° Par les murs extérieurs ;

2° Par les murs intérieurs, refends ou cloisons, non exposés directement à l'extérieur ;

3° Par les vitres ;

4° Par les plafonds ou les voûtes ;

5° Par les planchers ou par le sol ;

6° Par le renouvellement de l'air, naturel ou artificiel.

Il y a donc lieu, pour établir la perte totale de chaleur, d'évaluer successivement pour chaque application ces diverses causes de refroidissement.

1° *Pertes par les murs extérieurs.* — Étant données : la nature des matériaux du mur, son épaisseur, la température extérieure, celle qu'il faut maintenir à l'intérieur, les tableaux du n° 108 indiquent de suite, par mètre carré et par heure, la perte superficielle de chaleur par la paroi directement exposée au froid du dehors.

Il suffit donc d'établir un métré de la surface extérieure des murs qui intéresse l'espace chauffé et d'en déduire la surface des fenêtres, qui se calcule à part. On multiplie ensuite cette surface de murs par la perte superficielle, et on a le nombre de calories correspondant à cette première perte.

S'il y a des allèges au bas des fenêtres, on les considère comme des parties mêmes du mur dont elles dépendent, sans tenir compte de leur plus faible épaisseur. Si, d'une part, elles sont plus minces que les murs, d'autre part, elles sont presque toujours garnies d'un revêtement en lambris, ce qui fait compensation.

2° *Pertes par les murs intérieurs, refends ou cloisons, non exposés directement au dehors.* — Si un mur intérieur, refend ou cloison, sépare deux pièces chauffées, il n'y a pas de transmission de chaleur à calculer, on ne doit en tenir aucun compte.

Si le mur ou la cloison sépare un local chauffé d'un autre local non chauffé, mais fermé, il est évident que la perte est moindre que si la paroi était directement exposée au dehors. Il est difficile d'évaluer cette perte, qui varie, suivant chaque cas, avec la perfection de la clôture, avec l'exposition et toutes les causes spéciales du programme. On simplifie la question en général, en admettant comme perte la *moitié* de ce qu'elle serait si la paroi était exposée au dehors.

On calcule donc la perte comme si le mur ou la cloison étaient en façade, et on prend les 0,50 de cette perte.

3° *Perte par les vitres.* — Le tableau n° 110 donne la déperdition en calories par mètre carré et par heure pour des vitrages simples ou doubles de différentes hauteurs. Il y a donc lieu de tenir un état des surfaces de vitres qui garnissent les locaux à chauffer, de les ranger par catégories de mêmes hauteurs, et d'appliquer au total de chacune de ces catégories la perte superficielle qui lui correspond.

Si le vitrage était horizontal, on prendrait la déperdition correspondant à la plus petite hauteur verticale, soit 0m,25, parce que, dans cette position, le verre est en contact avec l'air intérieur le plus chaud, et qu'alors il perd plus que dans une position verticale.

On doit prendre également cette déperdition maximum correspondant à 0m,25 de hauteur, même pour des vitrages verticaux de toutes dimensions, toutes les fois que toute la surface de l'appareil destiné à chauffer le local est disposée immédiatement au bas de ce vitrage, et cela pour la même raison. Cela revient à augmenter l'écart de température le long des vitres, cause de la plus grande déperdition.

4° *Pertes par les plafonds ou les voûtes.* — Les plafonds hourdés qui recouvrent les pièces d'un étage chauffé peuvent les séparer d'un autre étage également chauffé ; dans ce cas, la perte d'un étage à l'autre est presque nulle, et on n'en tient pas compte.

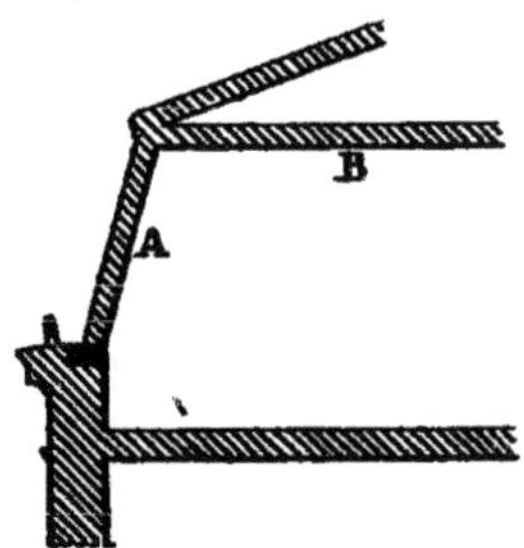

Fig. 64.

Il n'en est pas de même si l'étage supérieur n'est pas chauffé; si cet espace est ouvert et exposé à l'air froid extérieur, on assimile le plafond hourdé à un mur en briques de 0m,35 d'épaisseur et on prend les chiffres correspondant à la plus petite hauteur verticale, soit 0m,25.

Si l'espace au-dessus du plafond est un grenier latté et enduit, on réduit la perte à celle d'un mur de $0^m,22$, en briques, avec le minimum de hauteur.

Si le local est mansardé, comme celui de la coupe représentée par la figure 64, voici la manière d'évaluer les pertes :

Le rampant A, étant formé d'une charpente hourdée, perdra autant qu'un mur en briques de $0^m,22$ exposé à l'air extérieur, en tenant compte de sa hauteur réelle.

La partie B, surmontée d'un grenier enduit et fermé, autant qu'une séparation de $0^m,22$ en briques, avec le minimum de hauteur.

Si l'espace chauffé est recouvert par une voûte exposée à l'air libre, on prend le chiffre maximum du tableau correspondant à un mur extérieur de même composition et de même épaisseur moyenne.

Si la voûte est recouverte d'un étage non chauffé, mais fermé, on réduit de moitié la perte précédente.

Si la voûte est formée de charpentes avec lattis et enduit seulement, la perte par mètre sera celle d'un mur de refend en briques de $0^m,11$ (chiffre maximum).

Dans les grandes églises, si les voûtes sont en pierres appareillées, avec les reins remplis en matériaux mauvais conducteurs ; si, de plus, l'ensemble est recouvert par une toiture, on prendra pour la perte superficielle celle d'un mur de refend en pierres ordinaires de 1 mètre d'épaisseur.

On prendra dans tous ces calculs pour surface de voûte le développement dans œuvre de la paroi d'intrados.

5° *Perte par les planchers ou par le sol.* — Dans les cas où le local reposerait sur un plancher hourdé dont le dessous ne serait pas chauffé, mais serait fermé, il y a évidemment perte par ce plancher ; mais elle est moindre, à surface égale, que celle du plafond, car l'air intérieur au niveau du plancher est plus froid que la température moyenne de l'intérieur. On l'assimile à la moitié de la perte maximum pour un mur de $0^m,22$ en briques.

Si le plancher était exposé en dessous à l'air extérieur se renouvelant facilement, on doublerait le chiffre de l'évaluation.

Si le sol de la pièce est établi sur terre-plein sec, la perte s'assimile à la moitié de la perte maximum par un mur de 0m,22 en briques.

6° *Perte par le renouvellement de l'air naturel ou artificiel.* — Dès qu'une pièce est chauffée au-dessus de la température extérieure, il s'établit un renouvellement d'air par les fissures de toutes sortes, les joints des fenêtres, des portes, et aussi par les tuyaux des cheminées allumées ou non, enfin, par les ouvertures nécessitées par la circulation.

Cette ventilation est dite ventilation naturelle. Elle est difficile à évaluer ; on peut supposer qu'elle soit proportionnelle au cube de la pièce, et on ne fait pas une grande erreur en supposant que par heure il y ait un renouvellement de 8 à 10 °/₀ du volume du local.

Chaque mètre cube vient du dehors ; il est froid et à la température extérieure T. Chaque mètre cube qui part s'échappe à la température T' du local chauffé. Il s'est donc échauffé de l'écart entre les deux températures.

Soit V, le volume de la pièce ; $\frac{V}{10}$ est la ventilation naturelle par heure ; le poids d'air est $\frac{V}{10}$ 1,3, et la quantité de chaleur emportée par heure est :

$$\frac{V}{10} \times 1,3 \times 0,237\,E,$$

E étant T' — T.

Dans le cas où la salle réunirait un grand nombre de personnes, comme un amphithéâtre de cours, par exemple, la ventilation naturelle ne suffirait plus pour conserver à l'air sa température constante et ses qualités respiratoires, et on est obligé de prendre les dispositions convenables pour forcer l'air à s'introduire en plus grande quantité, en même temps que pour évacuer l'air qui s'est vicié par le séjour des personnes. Le nombre de mètres cubes à introduire ainsi artificiellement est ordinairement proportionnel au nombre des personnes réunies. On le prend de 10 à 100 mètres cubes, suivant les cas, par individu et par heure.

C'est ce que l'on nomme la *ventilation artificielle.*

De même que la ventilation naturelle, elle enlève une certaine quantité de chaleur que doit fournir le chauffage, et on l'évalue exactement de la même manière.

Soient :

n^{mc} le nombre de mètres cubes d'air à renouveler par heure ;

E, l'écart de température entre l'intérieur et l'extérieur.

La chaleur emportée par la ventilation s'exprimera en calories par la relation :

$$N^c = n^{mc} \times 1{,}3 \times 0{,}237E$$
$$N^c = 0{,}308\, n^{mc}E.$$

En additionnant les pertes produites par ces six causes, on obtiendra le nombre total de calories que perdra l'édifice par heure, et, par suite, le nombre total de calories que l'appareil de chauffage devra produire et restituer, si on veut maintenir l'intérieur des locaux à température constante.

112. Températures à obtenir dans les locaux des principaux édifices. — Ces températures n'ont rien d'absolu, l'impression que produit une température donnée sur les personnes à qui on l'applique variant du tout au tout pour les divers individus, variant même pour un même individu suivant son état de santé, suivant l'exercice qu'il prend ou vient de prendre, suivant le moment de la journée et l'éloignement du repas le plus proche. Cependant les chiffres suivants peuvent être pris comme moyennes pour servir de base aux calculs, lorsque le programme même de l'application qu'on a en vue n'en fournit pas de plus précis.

Maisons d'habitation	Salons	16° à	17°
	Salles à manger	17	18
	Vestibules, couloirs	14	15
	Chambres à coucher	14	15
	Cabinets de toilette, salles de bains	20	22

Locaux divers	Crèches, salles d'asile	15° à	16°
	Salles d'étude, classes d'écoles	16	18
	Bureaux	17	18
	Amphithéâtre de cours	16	18
	Salles d'assemblées	17	19
	Théâtre	19	20
	Hôpitaux (salles d')	16	18
	Salles d'opéra	20	25
	Prisons	15	16
	Ateliers, casernes	13	15
	Églises	12	14

113. Températures extérieures. — Les températures extérieures varient à tout instant du jour et de l'année pour une même localité, et également dans de grandes limites d'une localité à l'autre. Dans chaque pays on trouve des renseignements approximatifs sur les variations de la température extérieure.

Le climat de Paris est un de ceux pour lesquels les documents sont les plus nombreux et les plus précis. Nous empruntons au savant ouvrage de M. L. Ser (*Physique industrielle*, vol. II, p. 721) le tableau suivant donnant le résultat des observations établies sur soixante-quinze années.

Température moyenne mensuelle à Paris de 1806 *à* 1880

MOIS	MOYENNES MENSUELLES	VARIATIONS DES MOYENNES
Janvier	+ 2°,4	— 4°,4 (1838) à + 7°,1 (1834)
Février	4 ,3	— 1 ,0 (1827) à + 7 ,8 (1809)
Mars	6 ,5	+ 1 ,3 (1845) à + 10 ,2 (1880)
Avril	10 ,2	+ 5 ,7 (1837) à + 15 ,1 (1865)
Mai	14 ,0	+ 10 ,6 (1879) à + 17 ,7 (1868)
Juin	17 ,1	+ 14 ,5 (1869) à + 21 ,2 (1822)
Juillet	18 ,9	+ 15 ,5 (1816) à + 22 ,7 (1859)
Août	18 ,6	+ 15 ,5 (1844) à + 22 ,5 (1842)
Septembre	15 ,7	+ 13 ,0 (1877) à + 19 ,4 (1865)
Octobre	11 ,3	+ 7 ,3 (1817) à + 14 ,7 (1831)
Novembre	6 ,5	+ 3 ,1 (1871) à + 10 ,6 (1852)
Décembre	3 ,4	— 7 ,4 (1879) à + 8 ,7 (1806)
Moyenne annuelle	+ 10°,7	+ 8°,7 (1879) à + 14 ,2 (1781)
Moyenne pour 6 mois d'hiver (15 oct. au 15 avril)		5 ,6

Sous le climat de Paris, le chauffage des lieux habités commence vers le 15 octobre pour finir vers le 15 avril. Il a lieu pendant la période où la température moyenne s'abaisse au-dessous de 10°.

Pour certains établissements, comme les hôpitaux, le chauffage s'étend même au delà, et on compte deux cents jours de chauffage.

Il y a pour chaque localité deux températures extérieures qui sont à consulter pour étudier un chauffage : 1° Les grands froids, dont il faut tenir compte pour déterminer la puissance d'un appareil ; 2° et la température moyenne extérieure de l'hiver, qui permet de se rendre compte de la dépense moyenne de combustible.

Dans la région de Paris la température extérieure, pour les grands froids, peut être prise égale à — 10°. Si la température intérieure doit être maintenue à 16° dans un édifice, l'excès de température sera de 26°, et c'est pour cet excès que l'on calculera les pertes en calories et, par suite, la surface de chauffe que devront présenter les appareils.

La température moyenne extérieure peut être prise égale à + 5°, ce qui fait une différence de 11° avec l'intérieure. C'est sur ce chiffre de 11° qu'on devra établir le refroidissement moyen par jour d'hiver, celui qui permettra d'établir la consommation moyenne de combustible.

114. Application pratique des tableaux qui précèdent. — *Première application.* — Supposons une salle de réunion de 15 mètres de long, 10 mètres de large et 6 mètres de haut (*fig.* 65). Un des longs côtés est en façade, formé par un mur en pierre de 0m,50 d'épaisseur. Les trois autres côtés sont des cloisons de distribution en briques de 0m,22, qui séparent cette salle des autres pièces de l'édifice. La façade est percée de trois baies garnies de croisées qui ont chacune 4 mètres de hauteur et 1m,60 de largeur.

Proposons-nous de calculer la chaleur perdue par le mur et les vitres de la façade, en supposant que toutes les pièces contiguës soient chauffées. On admet que la température extérieure soit — 5°, et que l'intérieure doive être maintenue à + 15°.

La surface de mur exposée au refroidissement est :

15^{m},00 × 6^{m},00 = ...	90^{m},00

moins trois croisées, chacune :

4^{m},00 × 1^{m},60...........	ensemble =	19 ,20
Surface effective de mur.		70^{m},80

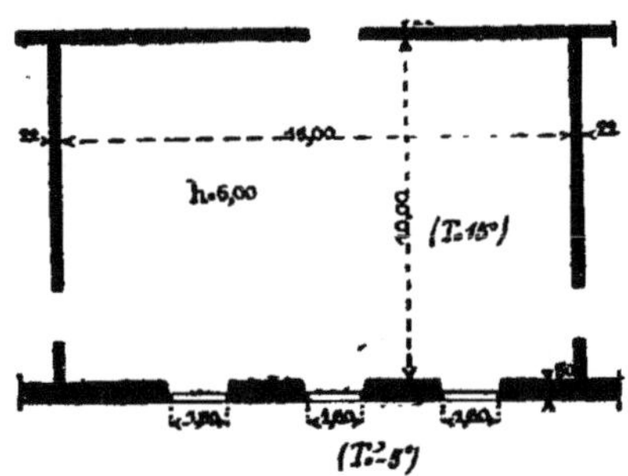

Fig. 65.

Le tableau n° 108 donne, pour la perte par un mur en pierre de 0^{m},50 d'épaisseur et pour un écart de 20° (h = 6 mètres), 37 calories.

Le mur en question perdra donc :

70^{m},80 × 37 = ...	2.619^{cal},60

Le tableau n° 110 donne, pour la perte par les vitres simples, pour une hauteur de 4 mètres et un écart de 20°, 100 calories.

La surface totale vitrée, 19^{m2},20, perdra donc :

19^{m},20 × 100 = ...	1.920 00
Donc perte totale par la façade.............	4.539^{cal},60

Deuxième application. — Conservons la même salle, la même façade, les mêmes températures, mais supposons que toutes les salles contiguës ne soient pas chauffées, non plus que les étages du dessus et du dessous, et proposons-nous de chercher la déperdition par les murs de refend en briques de $0^{m},22$ d'épaisseur, et aussi celle du plafond et du plancher.

La surface des murs de refend est :

($15^{m},00$ + 2 fois 10 mètres) $6^{m},00 = 35^{m},00 \times 6^{m},00 = 210^{mq},00$

Un mur de $0^{m},22$ en briques, de 6 mètres de hauteur, exposé à l'extérieur, perdrait, par mètre carré et par heure, pour un écart de 20°, 35 calories, tableau n° 108.

D'autre part, on a vu qu'on pouvait réduire la perte à moitié lorsque les murs, au lieu d'être exposés au dehors, ont leur façade extérieure dans un local fermé non chauffé ; la perte par mètre carré se réduira donc à 18 calories.

Les 200 mètres de refends perdront donc :

210 × 18 = ...	$3.780^{cal},00$
Le plafond perdra autant qu'un mur de $0^{m},35$ d'épaisseur, en briques, et de $0^{m},25$ de hauteur, soit moitié de la perte d'un mur de $0^{m},35$ exposé à l'extérieur, soit 15 calories (tableau n° 108) ; la surface est de 15 × 10 = 150 mètres. Les 150 mètres perdront :	
150 × 15 = ...	2.250 00
Le plancher inférieur perdra moitié de la perte maximum d'un mur en briques de $0^{m},22$ dans les mêmes conditions, soit le 1/4 d'un mur en briques de $0^{m},22$ exposé à l'extérieur, soit 10 calories ; la perte totale de ce chef sera donc :	
150 × 10 = ...	1.500 00
Les pertes par les cloisons de refend, le plafond et le plancher montent en totalité à.....	$7.530^{cal},00$
Si on y ajoute la perte par la façade calculée précédemment, soit........................	4.539 60
on obtient une déperdition totale de..........	$12.069^{cal},60$

Troisième application. — Quelle serait la perte par la ventilation naturelle d'une pareille salle ?

Son cube est de :

$$15,00 \times 10,00 \times 6,00 = 900 \text{ mètres cubes}$$

dont le 1/10e est 90 mètres cubes d'air se renouvelant par heure.

La perte par la ventilation est :

$90^{m},500 \times 1,3 \times 0.237 \times 28 =$	$554^{cal},00$
Si l'on ajoute les pertes précédentes.......	12.069 60
On a un total de..........................	$12.623^{cal},60$

que l'appareil de chauffage devra fournir par heure.

Si, au lieu de cette ventilation naturelle, on suppose que cette salle contienne cent cinquante personnes réunies, et que l'on ait jugé à propos de lui donner artificiellement 40 mètres cubes par heure et par personne, l'air introduit par cette ventilation serait, par heure, 6.000 mètres cubes.

La quantité de chaleur prise par ces 6.000 mètres sera :

$6.000 \times 1,3 \times 0,237 \times 20 =$	$36.972^{cal},00$
Si on y ajoute les pertes par les murs et les vitres déjà trouvées.....	12.069 00
On a un total de	$49.041^{cal},00$

que l'appareil de chauffage devra fournir par heure.

On voit par ces deux derniers calculs l'importance que prendra la ventilation dans la détermination de la puissance d'un appareil de chauffage.

Quatrième application. — On demande de déterminer la puissance d'un appareil de chauffage nécessaire à un bâtiment de 20 mètres de long, 10 mètres de large et 10 mètres de haut, et, en second lieu, on désire connaître la consommation de houille de cet appareil pour le chauffage de tout l'hiver. On sait, de plus, que l'on est sous le climat de Paris, que la température intérieure sera maintenue à 15°, et que l'on n'a à fournir de l'air que pour la ventilation naturelle. — Enfin, la surface des croisées est le 1/4 de la surface extérieure.

La surface extérieure totale est :

$$2\,(20^m,00 + 16^m,00) \times 10^m,00 = 720^m,00,$$

dont les 3/4 forment la surface du mur :

$$S_m = 540^m,00\ ;$$

1/4 forme la surface des fenêtres :

$$S_f = 180^m,00\ ;$$

La surface du plafond supérieur :

$$S_p = 320^m,00\ ;$$

La surface du plancher inférieur ou sol :

$$S_s = 320^m,00.$$

Le cube du bâtiment est :

$$320 \times 10^m,00 = 3.200\ ;$$

Le volume d'air renouvelé par heure par la ventilation naturelle peut être évalué à :

$$\frac{3200}{10} = 320 \text{ mètres.}$$

Pour déterminer la puissance de l'appareil de chauffage, il faut obtenir la déperdition de chaleur dans les grands froids, alors que la température extérieure est — 10°, et l'écart avec l'intérieur de 25°. Dans ces conditions, la perte est la suivante :

$540^m,00$, murs pierre de $0^m,30$, à 47 cal. ($h = 10^m,00$).	25.380 cal.
$180^m,00$, fenêtres ($h = 3^m,00$), à 126 calories.......	22.680
$320^m,00$, plafond du haut, à 19 calories............	6.080
$320^m,00$, sol, à 12 calories......................	3.840

320 mètres cubes d'air renouvelé emportent :

$320 \times 1,3 \times 0,237 \times 25°$......................	2.465
Perte horaire par les grands froids...	60.445 cal.

C'est ce chiffre de 60.445 calories que le calorifère aura à fournir, chiffre dont ses dimensions se déduiront immédiatement.

Maintenant, pour obtenir l'évaluation approximative du charbon que le chauffage exigera pendant la saison d'hiver, il faut chercher la déperdition horaire moyenne. Il faut supposer la température extérieure à + 5°, ce qui réduit l'écart à 10°. On a alors le détail suivant :

540^m,00, murs pierre de 0^m,50 à 19 calories.......	10.260 cal.
180^m,00, fenêtres (h = 3^m,00), à 50 calories......	9.000
320^m,00, plafond du haut, à 7 calories...........	2.240
320^m,00, sol, à 5 calories......................	1.600
320 mètres cubes d'air renouvelé emportent :	
320 × 1,3 × 0,237 × 10°....	986
Perte horaire moyenne........................	24.086 cal.

C'est cette perte horaire moyenne qui va servir de base à l'évaluation du combustible dépensé. Si l'appareil de chauffage est tel que chaque kilogramme de charbon produise utilement 4.000 calories, la consommation horaire sera de 6 kilogrammes, ou 144 kilogrammes par vingt-quatre heures ; soit pour cent quatre-vingt-dix jours de chauffage : 27.500 kilogrammes.

115. Chaleur produite par les personnes et les appareils d'éclairage. — Quoique la chaleur dégagée dans les habitations par la respiration des personnes et la combustion des appareils d'éclairage soit assez élevée, on n'a pas à s'en préoccuper dans la pratique, ni à la défalquer des pertes subies par le bâtiment. D'abord, cette chaleur est insignifiante par rapport à la déperdition totale ; ensuite, elle se produit d'une façon intermittente. Lorsqu'il y a des réunions où ces causes de chaleur se produisent d'une façon importante, on restreint le chauffage dans les locaux occupés.

Dans certains cas spéciaux on peut avoir à s'en occuper et à évaluer le nombre de calories qui peuvent ainsi se produire. Voici quelques chiffres à ce sujet.

La chaleur dégagée par les individus provient de la combustion dans les tissus des matières hydrocarbonées fournies au sang par les aliments. Une partie sert à produire et à vaporiser de l'eau ; l'autre est fournie au milieu ambiant aussi bien par l'expiration que par la transpiration cutanée et le contact de l'air.

On a calculé qu'un homme adulte fournit ainsi à l'air qui l'entoure environ 70 calories par heure ; une femme ou un vieillard, de 40 à 60 ; un enfant, de 30 à 40 calories.

On voit que, dans certaines réunions nombreuses dans un espace restreint, la quantité totale de chaleur produite ne laisse pas d'être considérable.

Quant aux appareils d'éclairage, voici une base d'évaluation :

Une bougie brûle à raison de 10 à 12 grammes par heure.

Une lampe à gros bec consomme de 40 à 45 grammes pendant le même temps.

Un bec de gaz, suivant sa grosseur, dépense de 100 à 200 litres à l'heure. Connaissant la puissance calorifique de ces diverses matières, ainsi que le nombre des brûleurs, il est facile d'en déduire le nombre horaire de calories produites.

116. Programme de chauffage d'un édifice. — Tableau. — Lorsque l'on doit étudier le chauffage d'un édifice, il faut commencer par donner un programme parfaitement établi des conditions à remplir, sans omettre aucune des circonstances spéciales du problème.

Il est utile de détailler un par un chacun des locaux dont il y a lieu de s'occuper en les groupant de la façon la plus commode pour les recherches ultérieures, et pour chaque pièce il faut noter ses dimensions, son cube, la température demandée, la ventilation par heure ; il faut indiquer si les locaux sont occupés continuellement ou si le chauffage doit se restreindre à certaines heures de la journée.

On ne peut avoir des renseignements très complets et un programme très précis qu'en mettant beaucoup d'ordre dans l'établissement de ces notes, et cet ordre s'obtient facilement au moyen d'un tableau ayant un en-tête du genre de celui ci-après.

DÉSIGNATION des LOCAUX	DIMENSIONS			CUBES	TEMPÉRATURE	VENTILATION par HEURE	DURÉE de L'OCCUPATION des locaux	NOMBRES de PERSONNES	OBSERVATIONS
	LONGUEUR	LARGEUR	HAUTEUR						

On évite ainsi toute erreur, ainsi que des recherches ultérieures inutiles et des pertes de temps considérables.

117. Détail des pertes par pièce. — Disposition des tableaux. — Le dernier exemple donné au n° 115 montre la manière de calculer les déperditions horaires par grands froids et par froids moyens. Le premier résultat permet de déterminer les dimensions générales de l'appareil de chauffage, sa surface de chauffe, sa surface de grille, les sections de prise d'air ou de conduits généraux d'air chaud, mais ne donne aucune indication sur la manière dont cette chaleur et cet air devraient être répartis entre les différents locaux. On ne peut se baser sur leurs cubes, parce que la perte est loin d'être proportionnelle au cube ; elle dépend des parois, de l'état des espaces voisins, de la ventilation plus ou moins forte.

Il faut donc reprendre en détail, pièce par pièce, les données et les résultats à obtenir, les surfaces de parois et les pertes, les quantités d'air à fournir et la température nécessaire. C'est un travail facile, mais qui demande un ordre parfait si on veut le faire bien, sans erreur, en dépensant le minimum de temps.

On établit pour cela, dans chaque étude, un tableau permettant de présenter les calculs le mieux possible, sans oublier un local, sans faire une répétition. Ce tableau accompagne le plan du chauffage, et les numéros d'ordre de la première colonne sont reproduits sur le plan.

Ce tableau peut se disposer d'une façon variée. Voici l'entête de celui qui est conseillé par M. Ser dans le IIe volume de sa *Physique industrielle* (p. 739), modifié légèrement pour l'application de nos tableaux.

Perte de chaleur des divers locaux, par refroidissement des parois et par ventilation

NUMÉROS D'ORDRE	LOCAUX PARTIELS			TEMPÉRATURE EXIGÉE	EXCÈS DE TEMPÉRATURE	PAROIS REFROIDISSANTES			PERTE HORAIRE PAR MÈTRE CARRÉ DÉDUITE DES TABLEAUX	PRODUITS PARTIELS	PERTES PAR REFROIDISSEMENT A
	DÉSIGNATION	DIMENSIONS m. l.	CUBES m.			NATURE	DIMENSIONS m. l.	SURFACES m²			

Suite du même Tableau

CHAUFFAGE DIRECT						CHAUFFAGE PAR AFFLUX D'AIR CHAUD					OBSERVATIONS
VENTILATION					PERTES TOTALES A + B	TEMPÉRATURE DE L'AIR AFFLUENT T	EXCÈS DE TEMPÉRATURE	CALORIES FOURNIES PAR MÈTRE CUBE	VOLUME D'AIR A INTRODUIRE	CHALEUR TOTALE A FOURNIR	
PAR PERSONNE	NOMBRE DE PERSONNES	VOLUME D'AIR m. c.	COEFFICIENT	PERTE PAR SALLE B							

118. Pertes de chaleur rapportées au cube chauffé. — Les pertes de chaleur pour une même disposition de bâtiment varient avec les étendues relatives, plus ou moins grandes, des murs et des vitrages, avec les matériaux employés, avec la quantité variable d'air de ventilation. Il n'est donc pas possible d'admettre une relation quelconque, et, à plus forte raison, une proportionnalité de la perte avec le cube des espaces chauffés.

Ce n'est que pour des bâtiments similaires ayant même destination, mêmes dimensions générales, que l'on peut à la rigueur, et comme simple évaluation approximative, établir une proportion entre les déperditions et le cube. Il faut, en un mot, que les bâtiments soient comparables au point de vue du chauffage et de la ventilation. Et encore faut-il, avant de décider l'exécution et d'arrêter le projet, refaire les calculs dans tous leurs détails pour s'assurer que l'on n'a pas commis d'erreur sérieuse.

CHAPITRE V

CHAUFFAGE PAR CHEMINÉES

SOMMAIRE :

119. Premières cheminées. — 120. Cheminées actuelles. — Arrangement intérieur. — 121. Etablissement des ventouses. — 122. Mode de combustion dans une cheminée ordinaire. — 123. Cheminée Arnott. — 124. Nettoyage et ramonage. — 125. Inconvénients des cheminées qui fument. — Remèdes. — 126. Tuyaux unitaires. — 127. Effets utiles d'une cheminée ordinaire, comme chauffage et comme ventilation. — 128. Cheminées à rendement amélioré. — Cheminées-poêles, dites Prussiennes. — 129. Cheminées-calorifères. — Premier appareil de Péclet. — 130. Cheminées à coffres. — 131. Cheminée système Joly. — 132. Cheminées à tuyaux. Appareil Fondet. — 133. Grille à coke de la Compagnie Parisienne. — 134. Considérations générales sur les cheminées-calorifères. — Rendement. — 135. Cheminées mobiles. — 136. Cheminées à gaz.

CHAPITRE V

CHAUFFAGE PAR CHEMINÉES

119. Premières cheminées. — Les premières cheminées datent du moyen âge. Dans l'origine, elles consistaient en une simple cavité ménagée dans le mur, avec tuyau d'évacuation à travers la paroi de la construction. Cette disposition rudimentaire était vicieuse comme principe; elle ne permettait d'évacuer la fumée que partiellement, et encore lorsque le vent était favorable, et qu'il ne donnait pas sur l'orifice extérieur.

C'est ensuite que l'on a ménagé des tuyaux verticaux dans l'épaisseur même des murs, débouchant à l'air par un orifice supérieur plus à l'abri de l'influence du vent. En même temps on a avancé deux jambages pour délimiter le foyer, et, enfin, on a disposé le bas du tuyau en forme d'entonnoir, pour prendre toute la fumée.

Les anciennes cheminées ainsi établies, adoptées seulement dans les demeures seigneuriales, avaient une très grande section; l'utilisation du combustible se réduisait à une très faible portion de la chaleur produite; le reste, c'est-à-dire presque la totalité, passait dans la cheminée, y échauffait les gaz et produisait un tirage énergique. L'air enlevé de la pièce y était remplacé par de l'air froid du dehors, et le rendement de la cheminée variait en raison inverse de la vivacité du foyer (sauf en ce qui concerne le rayonnement).

Enfin, lorsque le feu se ralentissait, il se produisait de doubles courants inverses dans la large section de la cheminée, et les remous ramenaient de la fumée dans la pièce.

Rumford le premier, Lhomond ensuite, au commencement de ce siècle, ont modifié les cheminées et les ont amenées aux formes actuelles. Rumford a imaginé le rétrécissement, et Lhomond a ajouté le rideau mobile; ces deux perfectionnements principaux ont rendu la cheminée pratique.

120. Cheminées actuelles, arrangement intérieur. — On a vu dans la *Maçonnerie* les formes que présentent les cheminées, telles que le maçon et le marbrier les préparent dans le gros œuvre des constructions. Le maçon a ménagé un vide, à l'endroit de la cheminée, ayant environ $0^m,80$ de large et 1 mètre de hauteur. Ce vide est établi dans la pièce qu'il s'agit de chauffer; il se continue par le tuyau de fumée, qui suit la construction dans toute sa hauteur et va déboucher sur le toit, à $0^m,50$ au-dessus du faîtage, par l'intermédiaire d'une souche.

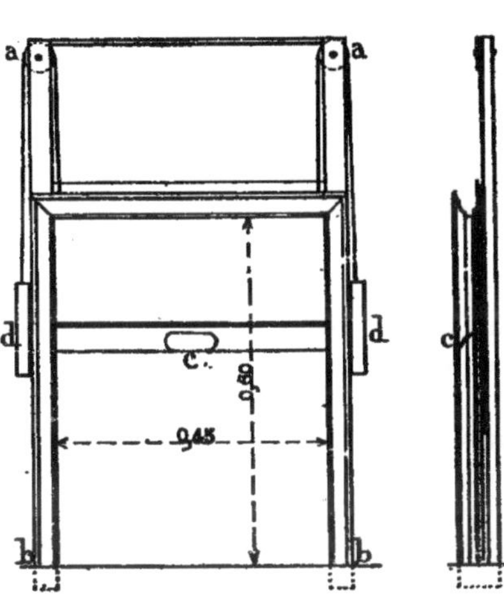

Fig. 66.

Au-devant de ce vide le marbrier vient rapporter un *chambranle* en pierre dure ou en marbre, composé de deux piédroits, d'une traverse et d'une tablette. En avant, une dalle en marbre, appelée improprement *foyer*, éloigne le parquet du feu et préserve des causes d'incendie.

C'est alors qu'intervient le fumiste ; c'est lui qui va terminer le travail et le rendre prêt à l'usage.

Il commence par se munir d'un châssis à rideau ; c'est un appareil qui se trouve de fabrication courante dans le commerce. Il est représenté dans la figure 66. Il consiste dans un cadre en cuivre mouluré fixé à deux montants verticaux portant des rainures latérales dans lesquelles peuvent glisser verticalement, en s'étageant, trois lames en tôle. Les dimensions de ces dernières sont telles qu'en s'abaissant elles peuvent fermer complètement le vide du cadre, et qu'en se relevant elles se superposent, dégagent complètement l'ouverture et peuvent se loger l'une derrière l'autre, au-dessus de la traverse, dans un espace restreint. C'est la lame du bas qui actionne et entraîne les deux autres ; la manœuvre se fait au moyen d'une poignée *c*, que l'on nomme *coquille*, en raison de la forme qu'on lui donne d'ordinaire. Deux contrepoids *d*, *d*, équilibrent les tôles et rendent la manœuvre plus commode, tout en permettant au rideau de s'arrêter dans une position intermédiaire quelconque.

D'autres fois, les contrepoids sont remplacés par une double crémaillère qui arrête la première lame en un point quelconque de la hauteur du châssis. L'usage du châssis à contrepoids est plus apprécié que celui des rideaux à crémaillère.

C'est depuis l'application des rideaux mobiles, inventés par Lhomond, que les cheminées sont devenues réellement pratiques.

Le fumiste place ce châssis dans un plan vertical, parallèle au mur de la cheminée, un peu en retrait sur le parement de face du chambranle, ainsi qu'il est indiqué en *ab*, dans la coupe verticale de la figure 67, en *abcd* vu de face, dans l'élévation, et en *bd* dans le plan.

Ce châssis, pour une pièce ordinaire d'appartement, a $0^m,45$ à $0^m,60$ de largeur, $0^m,50$ à $0^m,60$ de haut. On établit et on scelle verticalement deux tubes en fer dans l'axe des contrepoids, en *f*, pour ménager la place nécessaire à leur mouvement vertical.

La largeur du châssis détermine la position de deux

murets en briques *mm* qui limitent l'*âtre*, c'est-à-dire l'endroit où on fait le feu. On les construit en briques dures de Bourgogne ou analogues, ou même en briques réfractaires,

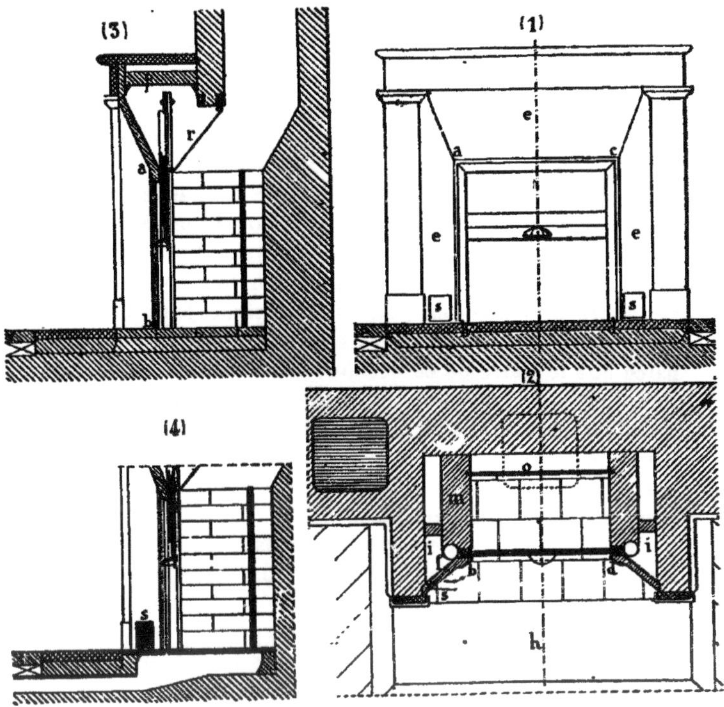

Fig. 67.

si l'on prévoit que l'on y fera des feux ardents de houille ou de coke. Ces murs portent le nom de *contre-cœur*.

Le fond ou le cœur de la cheminée est formé le plus ordinairement d'une plaque de fonte *o*, dite *plaque de cœur*.

Autrefois on avait des plaques de fonte fabriquées au bois et d'excellente qualité. On recherche encore ces vieilles plaques, malgré leur long usage, dans les cheminées que l'on construit actuellement, de préférence aux plaques neuves que fournit le commerce et qui fendent très facilement dès les premiers feux un peu ardents. Lorsqu'on emploie ce mode de construction pour le cœur, on a soin de laisser libre un espace de $0^m,06$ à $0^m,10$ derrière la plaque, pour l'empêcher de fondre, ce qui arriverait si on l'appliquait contre le mur, ou si on comblait le vide avec des gravois.

On remplace très avantageusement cette plaque par un cœur en maçonnerie de bonnes briques réfractaires, ou par des plaques spéciales plus minces, également réfractaires, lorsque l'on est gêné par un emplacement restreint.

Pour empêcher la tablette en marbre de chauffer, on établit au dessous un carreau de plâtre ou pigeon *p*, renforcé de quelques fentons, de dimensions convenables pour remplir tout l'intervalle libre, et on le scelle sur tout son pourtour. Cette sorte de planche en plâtre, faite quelques jours d'avance, est bien préférable à un hourdis qui serait exécuté sur place, parce que le plâtre de ce dernier, en se gonflant, pourrait desceller le chambranle et même endommager la traverse.

On raccorde le châssis avec tuyau de fumée par une tôle *r* raidie par deux ourlets et qui forme trémie pour conduire les gaz. Cette plaque se nomme tantôt *tôle de soubassement*, tantôt *arrière-soubassement*.

Enfin, du côté de l'extérieur, le châssis du rideau se raccorde avec le cadre du chambranle par trois remplissages plans, inclinés pour former une sorte de trémie, et qui se rencontrent d'onglet aux angles. C'est ce que l'on nomme le *rétrécissement* de la cheminée. Ses trois faces sont indiquées dans la figure par la lettre *e*.

Dans les cheminées tout ordinaires on exécute économiquement ce rétrécissement en plâtre, et on peint l'enduit qui forme le parement nu. Mais presque toujours on emploie préférablement la faïence en grands panneaux, que l'on ajuste avec soin, ou encore de petits carreaux de faïence que l'on appareille suivant la même forme.

D'autres fois, on remplace les ajustements en faïence par un rétrécissement d'une seule pièce, en fonte ornée de dessins en saillie, et dont on accentue la décoration par la peinture, l'émaillage, la dorure, etc. La figure 68 représente un rétrécissement de ce genre, exécuté d'une seule pièce, en métal.

La décoration des cheminées se porte également et principalement sur le chambranle, que l'on exécute en marbres

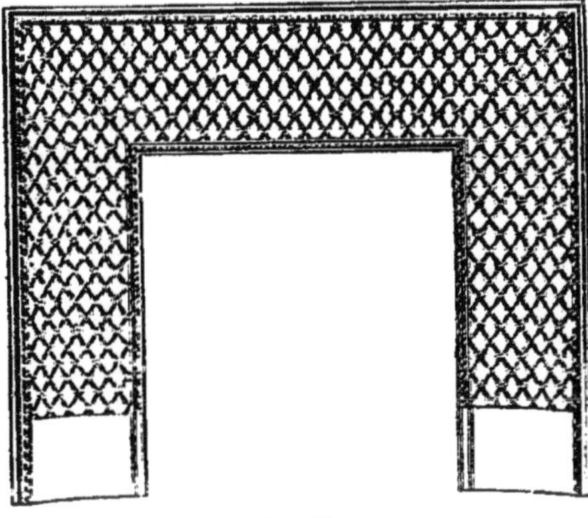

Fig. 68.

plus ou moins rares et suivant des formes étudiées avec soin.

121. Établissement des ventouses. — Dans tout bâtiment neuf que l'on édifie, il est pour ainsi dire indispensable de munir chaque cheminée d'une prise d'air communiquant à l'extérieur, prise que l'on nomme une *ventouse*. Il est même bon, toutes les fois qu'on le peut, de soustraire la ventouse à l'influence du vent en la faisant déboucher à la fois sur deux façades opposées du bâtiment. De la sorte, si la direction du vent est telle qu'il s'oppose à l'entrée de l'air par l'un des orifices, il favorise, au contraire, la bouche opposée, ce qui établit une compensation ; il en résulte un fonctionnement moyen plus constant.

La figure 69 représente l'ensemble de la disposition d'une prise d'air d'une cheminée. Le carneau de la ventouse est un conduit plat passant entre les solives et le parquet, dans un espace souvent très restreint, et venant aboutir sous une plaque de fonte qui forme le carrelage d'âtre de la cheminée. Le percement des façades se fait ordinairement au milieu des allèges des baies, et le débouché a lieu à l'extérieur par une grille assez fine pour s'opposer à l'entrée des animaux. Lorsqu'on omet cette précaution, la ventouse ne tarde pas à être bouchée par les matériaux, pailles et détritus que les oiseaux y transportent pour y établir leurs nids. Ordinairement la ventouse se construit au moyen d'un léger enduit en plâtre dressant le fond, de deux murets, également en plâtre, espacés de $0^m,30$,

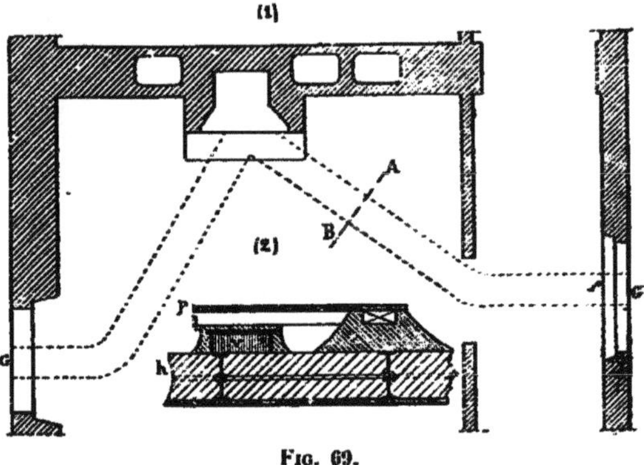

Fig. 69.

et d'un plafond en tuiles, généralement en vieilles tuiles de Bourgogne provenant d'anciennes couvertures démontées.

La figure 69 donne en (1) le plan d'une pièce à cheminée, avec l'indication en ponctué du passage sous le parquet du conduit de ventouse. Celui-ci est double et aboutit aux grilles G et G', placées en façade sous les allèges des fenêtres.

Le croquis (2) donne une coupe transversale suivant AB indiquant en P le parquet ; en *l*, la position des lambourdes ; en *h*, le hourdis du plancher, et en *v*, le passage de la ventouse.

La section qu'on obtient par cette construction est ordinairement de $0^m,30 + 0^m,10$; elle suffit dans la plupart des cas. Lorsque l'espace est plus restreint, on loge le conduit dans l'intervalle de deux solives, et au passage au-dessus de chaque solive à franchir on fait usage d'un conduit en tôle dont les parois horizontales prennent alors le minimum d'épaisseur ; on entaille même au besoin par dessous la lambourde du parquet de la moitié de son épaisseur, afin de rendre le passage possible.

Les ventouses sont d'une grande ressource pour empêcher les cheminées de fumer. Il arrive, en effet, souvent, que le grand volume d'air que le tirage tend à faire passer dans le tuyau de fumée se trouve contrarié par la difficulté d'être remplacé facilement par une quantité égale d'air extérieur; les fissures des portes et des fenêtres sont trop minces ou trop closes ; la vitesse de sortie des gaz se ralentit ; il se produit des remous qui ramènent la fumée, sous l'influence du vent soufflant à l'orifice supérieur.

On rétablit la marche normale en faisant usage de la ventouse pour amener l'air extérieur; il est nécessaire que cet air puisse alimenter la cheminée sans être gênant pour les personnes qui se trouvent devant la cheminée. Le moyen le plus pratique consiste à ouvrir dans le bas des jambages du rétrécissement deux orifices *ss* (*fig.* 67), garnis de bouches s'ouvrant à soufflet et communiquant avec la ventouse. Cette disposition a l'avantage de diriger le courant d'air froid sur le combustible; de plus, on peut fermer ces orifices, et éviter l'introduction d'air froid, lorsque le foyer ne fonctionne pas. Par contre, ces bouches n'ont pas un aspect agréable.

Une seconde disposition très employée consiste à faire monter l'air de la ventouse par les vides *ii* des jambages, jusque dans l'espace transversal *j*. Cet air se dégage alors derrière le rideau, dans la fente qui sépare ce dernier de la plaque de soubassement ; il descend, en vertu de son poids, sur le combustible, et il alimente le feu. Il a l'avantage de ne rien montrer au dehors de la disposition prise; mais le fonctionnement ne peut s'arrêter, et, lorsque la cheminée n'est pas allumée, il tend à produire un courant descendant dans le tuyau vertical, avec des odeurs de suie désagréables par certains temps.

La première disposition, celle des bouches à soufflet, est donc préférable: 1° parce qu'elle dirige mieux sur le foyer, et à la partie basse, l'air froid du dehors; 2° parce qu'on peut régler l'introduction par l'ouverture plus ou moins grande de la bouche; 3° et enfin, parce que cet air ne peut pas, les bouches une fois fermées, amener les désagréments d'un afflux d'air descendant du tuyau et arrivant dans les pièces.

122. Mode de combustion dans une cheminée ordinaire. — Lorsqu'on veut brûler du bois dans une cheminée ordinaire, il faut l'élever à environ $0^m,10$ de l'âtre. On le fait au moyen de supports mobiles, les *chenets*. Pour l'allumage, on fait le premier feu le plus au fond possible, et on baisse le rideau; il se produit dans l'espace ainsi rétréci un courant d'air violent qui active et étend la combustion. Le feu allumé, on remonte graduellement le rideau, et on avance le feu le plus qu'il est possible sans provoquer la sortie de la fumée dans la pièce. C'est ce qui donne le meilleur effet utile.

Lorsque l'on veut brûler des combustibles minéraux solides, houilles, anthracites, coke, on est obligé de les soutenir par des grilles à $0^m,06$ à $0^m,10$ environ au-dessus de l'âtre, de manière à produire un cendrier pour recevoir les matières inertes en même temps que pour donner accès à l'air comburant. Ces grilles sont ordinairement en fonte, moulées d'une seule pièce et en forme de coquille. Il est bien que la grille occupe toute la largeur de la cheminée. Les plaques de cœur en fonte résistent mal aux feux de houille ou de coke, elles se fendent ou fondent. Lorsqu'on prévoit l'emploi de ces combustibles, il est bon de faire en briques réfractaires tout le pourtour du foyer, cœur et murs de contre-cœur.

Les cheminées disposées pour le chauffage au bois sont trop larges pour un foyer de même importance à la houille ou au coke. Dans ces dernières conditions, on prend une grille plus petite, et on garnit les côtés en briques, de manière à ne laisser latéralement aucun intervalle. On a soin que cette maçonnerie additionnelle ait son parement de face en arrière du rideau, de manière à ne pas gêner le fonctionnement de ce dernier.

Dans les pays où la houille est le combustible employé généralement, on dispose de suite les cheminées pour ce genre de combustible.

La quantité d'air qui passe dans la cheminée pour brûler un kilogramme de combustible est énorme, pour un feu moyen elle est estimée à 200 ou 300 mètres cubes. La température de la fumée varie de 30 à 75°, suivant l'intensité du feu.

On peut brûler par heure et par mètre carré de grille 60 à 80 kilogrammes de houille.

La vitesse des gaz dans les tuyaux a toutes les valeurs possibles entre 0 et 5 mètres, suivant les cas.

123. Cheminée Arnott. — On a appliqué aux cheminées un foyer à houille, dit foyer Arnott, qui a eu une certaine vogue en Angleterre. Il se compose (*fig.* 70) d'une caisse rectangulaire en fonte formant le foyer proprement dit, où le combustible brûle à la partie haute au moyen de quelques barreaux horizontaux d'une grille fixe. La caisse se prolonge jusqu'au sol et elle est parcourue par un piston métallique prolongé par une tige à la partie basse. Le piston se meut verticalement par la manœuvre d'un tisonnier actionnant les trous ménagés dans la tige, tandis qu'un cliquet engrenant avec les dents de cette tige maintient le piston dans une position quelconque.

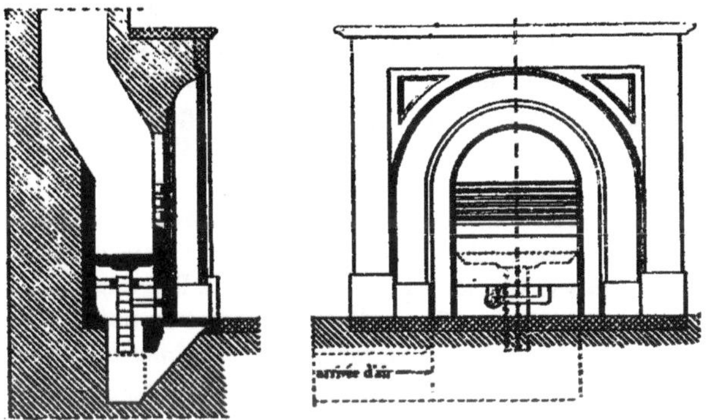

Fig. 70.

Au commencement de la journée, on baisse le piston, on emplit la caisse de combustible, et on allume la couche supérieure. A mesure que la houille disparaît, on n'a qu'à remonter le piston cran à cran pour maintenir la combustion à bonne allure.

Le combustible neuf se trouve sous le combustible en ignition, et réalise ainsi une des meilleures conditions de la combustion complète.

La caisse doit être de dimensions convenables pour contenir l'approvisionnement nécessaire pour la marche de l'appareil pendant les plus longues journées ; on y trouve alors comme second avantage la suppression du transport de houille, en dehors du moment de l'allumage.

124. Nettoyage et ramonage des cheminées. — Pendant la combustion qui s'opère dans la cheminée, il se dégage, outre des gaz chauds, des goudrons et des huiles empyreumatiques, et le courant entraîne des cendres menues et du carbone divisé. La condensation des goudrons et produits empyreumatiques se fait au moment de l'allumage et toutes les fois que les parois sont froides à l'intérieur des conduits de fumée ; elle fixe en même temps du noir de fumée et des cendres légères. Au bout d'un certain temps de service, la couche ainsi formée, plus ou moins adhérente, a pris de l'épaisseur. Non seulement elle diminue le passage des gaz, mais elle devient un danger, étant combustible. Elle peut prendre feu, échauffer violemment le conduit, casser ses poteries et les échauffer assez pour enflammer les bois qu'elles toucheraient. Ce sont les accidents connus sous le nom de *feux de cheminées*.

Il est donc utile de nettoyer périodiquement les conduits de fumée ; on opère ce nettoyage une fois par an pour les tuyaux de cheminées, de poêles et de calorifères. Pour les fourneaux de cuisine importants, ceux de laboratoires culinaires et les appareils dont les tuyaux sont susceptibles de s'encrasser rapidement, on le fait tous les six mois, et même tous les trois mois. Ce nettoyage porte le nom de *ramonage*.

Autrefois les tuyaux étaient d'assez grandes dimensions

pour qu'un enfant pût les parcourir et en gratter toutes les parois ; le nettoyage était nécessairement complet. Aujourd'hui que, pour d'autres raisons, les tuyaux de fumée ont leur section considérablement réduite, on se contente de passer à la corde, plusieurs fois dans chaque sens, une brosse circulaire en fer ou acier, nommée *hérisson*, qui gratte les parois et en détache les dépôts peu adhérents. Le ramonage doit être fait avec des hérissons très durs et très fournis, pour produire un effet sérieux. Sans cela, il reste une certaine quantité de bistre que l'opération a nettoyé et qui n'en est que plus susceptible de s'allumer. Les feux de cheminées consécutifs de ramonages imparfaits ne sont pas rares.

Il est bon, dans la construction des édifices, de prévoir sur les toitures des chemins commodes pour permettre d'accéder aux cheminées ; ils évitent que la circulation des ouvriers ne produise des dégâts à la couverture, et de plus ils permettent de surveiller d'une façon commode, et sans danger, l'opération importante du ramonage.

Lorsqu'un feu de cheminée éclate, le meilleur moyen de s'en rendre maître consiste à empêcher tout passage d'air dans le tuyau, et à le laisser refroidir ainsi un temps variable de vingt-quatre à quarante-huit heures. On bouche la cheminée facilement en baissant complètement le rideau et appliquant sur les joints du papier mouillé. Quand on peut accéder facilement sur la toiture, on pose une tuile sur l'orifice extérieur du tuyau de fumée, mais ce n'est pas indispensable. Quelquefois, on jette préalablement dans l'âtre une matière inflammable, telle que du soufre avant d'obturer l'orifice du chambranle.

125. Inconvénients des cheminées qui fument. — Remèdes. — Les cheminées fument pour l'une ou plusieurs des raisons suivantes :

1° Le tuyau de fumée est large et plat, ce qui se rencontre dans les anciennes constructions ; il se produit des remous par suite de courants opposés, et ces remous ramènent de la fumée ;

2° Les tuyaux de fumée contigus sont crevassés, la languette qui les sépare est en mauvais état, la fumée de l'un passe en partie dans l'autre, et revient dans la pièce que dessert celui-ci ;

3° L'orifice du tuyau de fumée à l'extérieur est dominé par des constructions plus hautes qui rendent le vent plongeant et *coupent* le tirage ;

4° Un courant descendant est établi dans la cheminée et ramène les fumées qui débouchent des orifices des cheminées voisines ;

5° Le soleil chauffe la façade sur laquelle donnent les fenêtres des pièces chauffées, et par la disposition des locaux peut déterminer un tirage sur les fissures des baies qui contrarie celui de la cheminée ;

6° Pour les étages supérieurs de la maison, la hauteur du tuyau vertical est insuffisante ;

7° La pièce est trop close, et le débit de la cheminée ne peut se faire, par suite de l'insuffisance des rentrées d'air ;

8° Lorsqu'il y a deux pièces contiguës bien closes en communication ouverte et deux appareils de chauffage allumés, l'un peut absorber tout l'air venant des fissures et même tirer sur la cheminée voisine, qui se met à fumer ;

9° Le tuyau de fumée peut être de section insuffisante ;

10° Le tuyau de fumée peut être obstrué.

Reprenons ces diverses causes et examinons les remèdes à y apporter :

1° *Dans les murs des anciennes constructions, on faisait les corps de tuyaux de fumée larges et plats :* plats, pour les loger dans l'épaisseur des murs, 0m,30 environ ; larges, pour permettre le ramonage par de jeunes apprentis, qui les parcouraient dans toute leur hauteur pour gratter la suie accumulée sur les parois. Cette largeur était de 0m,60 au minimum.

Dans de tels tuyaux, il faut un brasier énorme dans la cheminée pour échauffer les gaz dans toute la section et y déterminer un mouvement ascensionnel uniforme. Dès que le feu faiblit, il n'y a de courant ascendant que sur une partie de la section, et il se produit des courants partiels en sens contraires, et, par suite, des remous qui ramènent la fumée.

Il faut, pour y remédier, supprimer radicalement les vieux coffres dans la hauteur de la maison, et les remplacer par des suites de tuyaux en poterie, de forme et de section convenables. C'est ainsi que dans Paris la plupart des vieux coffres ont disparu à mesure des réparations.

Lorsque l'on veut retarder le plus possible cette dépense importante, et que les tuyaux sont assez droits, on peut loger dans celui qui donne lieu à des plaintes un tuyau en tôle galvanisée, de $0^{m},25$ de diamètre, montant depuis la chambre dont il est question jusqu'à la partie haute du toit, et qui constituera un tuyau de fumée très convenable, à condition qu'il soit soigneusement raccordé avec l'âtre. Ce tuyau est passé soit par le haut, soit mieux par le bas quand c'est possible. On le maintient dans sa hauteur par une série de colliers scellés au mur. Quelques trous, de distance en distance, percés dans la paroi de l'ancien tuyau, deux par étage par exemple, permettent de faire ces scellements d'une façon commode. Le tuyau doit être en tôle de 2 millimètres environ d'épaisseur, pour avoir une durée suffisante, en rapport avec la dépense.

Enfin, lorsqu'on veut reculer même la dépense de ce tuyau en tôle, on peut essayer de produire une amélioration par le moyen suivant moins sûr, mais moins cher: on n'établit le tuyau en tôle que sur un mètre ou deux de hauteur, en ayant soin de le raccorder par une trémie avec l'âtre, et par des glacis intérieurs avec la partie plus large du tuyau, afin d'éviter les dépôts de suie et de cendres en un point quelconque. Cela n'empêche pas les remous de se produire, mais ils sont éloignés de la cheminée, et ont moins de facilité à ramener la fumée dans la pièce.

2° *Les tuyaux de fumée sont crevassés ; la languette qui les sépare laisse passer la fumée.* — Il n'y a d'autres ressources que de reconstruire les *suites* des tuyaux, ou bien d'y passer des tuyaux en tôle.

3° *L'orifice du tuyau de fumée à l'extérieur est dominé par des constructions plus élevées.* — Il est indispensable de surhausser les cheminées jusqu'à les sortir de la zone où le vent est rendu plongeant. On remonte donc l'orifice, soit en continuant la souche, soit en la surmontant d'un tuyau en tôle, jusqu'à ce qu'il dépasse de 0m,50 les bâtiments voisins plus élevés, ou jusqu'à ce qu'on obtienne un résultat convenable, si la construction est établie en vallée et dominée par les collines voisines.

Les tuyaux qu'on ajoute ainsi se font en tôle galvanisée de 0m,0015 à 0m,0025 d'épaisseur. S'ils sont de faible hauteur, on leur donne un diamètre tel qu'ils coiffent seulement les mitrons. S'ils ont une longueur dépassant 1 mètre,

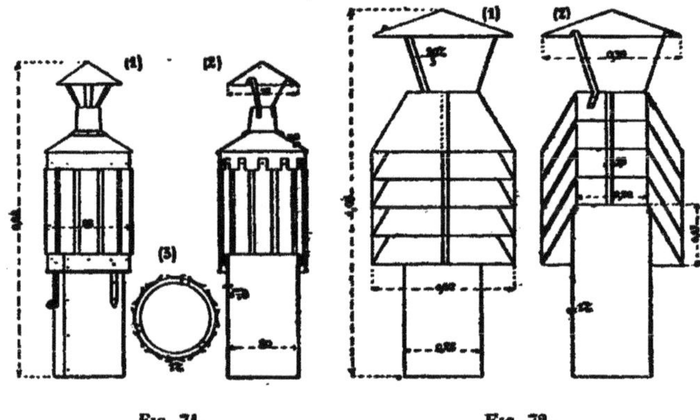

Fig. 71. Fig. 72.

au lieu de leur donner la section réduite du mitron, on leur donne la section même de la cheminée avec laquelle on les raccorde.

L'assemblage se fait par emboîtement, et il est limité par une collerette qui forme larmier et éloigne les eaux du joint.

Il est bon de terminer le tuyau par un orifice rétréci légèrement, rétablissant l'effet du mitron, qui est d'augmenter la vitesse de sortie, et de rendre la cheminée moins accessible à l'influence du vent.

Les suites de tuyaux en tôle ainsi ajoutés sont très exposées à l'action du vent, qui tend à les renverser. On les maintient convenablement fixes au moyen d'armatures en fer scellées, auxquelles on les relie par des colliers, ou, s'ils sont élevés, par l'intermédiaire de trois ou quatre haubans répartis également au pourtour et rattachés à des points fixes. On les établit en fil de fer galvanisé de $0^m,003$ à $0^m,005$ de diamètre, et par des attaches plus fortes pour les tuyaux de fort diamètre et très élevés.

On termine souvent les tuyaux en tôle par des appareils appelés *lanternes* ou *têtes de loup*, ou encore *aspirateurs*, dont les formes très variées sont étudiées en vue d'éviter l'effet nuisible du vent, et même dans quelques-uns, pour utiliser celui-ci en faveur d'un meilleur tirage. Deux de ces lanternes sont représentées dans les figures 71 et 72. Celle de la figure 71 est un cylindre en tôle dont les parois sont formées de bandes verticales de tôle, cintrées et posées la convexité en dedans ; il en résulte des ajutages faits pour laisser écouler facilement la fumée du dedans au dehors, tandis que du côté exposé au vent une nouvelle contraction intercepte tout passage. Dans la figure 72 la lanterne est composée d'une série de troncs de cône équidistants, qui donnent au vent une direction verticale pour la portion qui pénètre dans le tuyau : la vitesse de ce courant entraîne la fumée et l'aide à sortir par l'orifice du haut.

4° *Un courant descendant est établi dans la cheminée* et ramène, lorsqu'on n'y fait pas de feu, la fumée des cheminées voisines. Ce courant peut être accidentel et passager ou avoir lieu d'une façon constante. S'il est accidentel, on rétablit instantanément le courant ascendant en brûlant dans l'âtre une poignée d'un combustible flambant, papier, copeaux, menus bois.

Lorsqu'il se produit, ce courant sent la suie ; il prend cette odeur par son contact avec les parois enfumées du tuyau. D'autres fois, il sent la fumée franchement, et cette fumée vient des cheminées voisines ; elle sort d'un orifice, passe horizontalement au-dessus de l'orifice voisin où le courant est descendant et se mélange en partie à ce courant. D'où l'odeur de fumée dans les pièces correspondantes.

On évite cette rentrée de la fumée d'une cheminée dans l'autre de bien des façons :

On peut, au moyen de mitrons de différentes hauteurs, alternés au-dessus de la souche de cheminée, éloigner les orifices les uns des autres, comme le montre la figure 73 dans son croquis (1).

On peut encore remplacer les mitrons inégaux par des sortes de doubles tuiles inclinées, plates ou légèrement arrondies, recouvrant les orifices et ne permettant à la fumée qu'une sortie latérale en avant ou en arrière. Il en résulte que, même pour une très faible inclinaison du vent sur le plan de la souche, toutes les fumées s'échapperont par les orifices d'un même côté; l'air neuf s'introduit par l'autre, de sorte que, s'il existe un courant descendant dans un des tuyaux, il ne sera pas mélangé de fumée. Un certain nombre de formes de mitrons sont établies d'après ce principe.

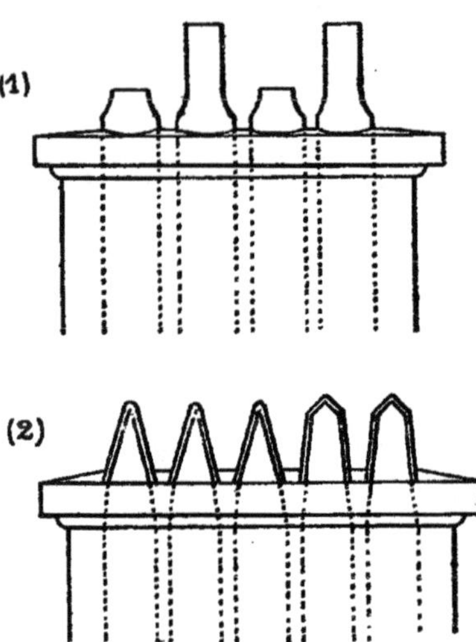

Fig. 73.

Un autre moyen d'éviter le courant descendant consiste à fermer le bas du tuyau à son débouché dans l'âtre, par une plaque mobile à charnières, que l'on maintient fermée quand on ne fait pas de feu, et que l'on ouvre plus ou moins, à volonté, au moyen d'une tige articulée et terminée par un crochet qui s'arrête dans les trous d'une tige de fer scellée. Ces *trappes* arrêtent le courant, sinon complètement, — car elles ne sont jamais hermétiques, — du moins dans une notable proportion.

5° *Le soleil chauffe la façade* sur laquelle s'éclairent les pièces chauffées, et par son appel extérieur vient nuire au tirage des cheminées. Cet effet se produit surtout lorsque la façade en question donne dans un espace confiné, dans une cour entourée de bâtiments, par exemple.

Le seul moyen d'éviter cet inconvénient, qui se reproduit périodiquement aux mêmes heures de la journée, consiste à aérer la pièce sur la façade opposée, de manière à fournir de l'air à l'appel extérieur sans nuire au tirage de la cheminée. Cet aérage peut se faire par une ventouse, ou par les pièces et couloirs voisins en accentuant le jeu du haut des fenêtres opposées, en calfeutrant au mieux les croisées exposées au soleil, enfin en cherchant à améliorer le tirage soit par un plus grand échauffement de sa fumée, soit par une surélévation en tôle de l'orifice supérieur. Le rétrécissement de l'âtre est un des moyens qui produisent de suite une plus haute température des gaz en diminuant la quantité d'air mélangée aux produits de la combustion.

Si ces moyens n'arrivent pas à supprimer la fumée, il ne reste plus qu'à remplacer la cheminée par un poêle, dont le meilleur tirage ne subira aucune influence.

6° *Pour les étages supérieurs la hauteur du tuyau vertical est insuffisante.* — Cela se présente surtout dans les deux derniers étages des édifices. Le remède est tout indiqué : on continue la cheminée, avec sa section, par un tuyau en tôle, de 3 ou 4 mètres de hauteur, qui rétablit le tirage à la valeur nécessaire pour éviter la fumée.

7° *La pièce est trop close*, et le débit de la cheminée ne peut se faire, par suite de l'insuffisance des rentrées d'air. On a vu, dans le n° 121, l'effet utile des ventouses dans cette circonstance.

Si l'on ne veut pas faire la dépense de l'installation après coup d'une ventouse, ce qui exige la réfection du parquet ou du carrelage, il faut se rendre compte de quel côté il sera le moins gênant d'admettre l'air, et on accentuera de ce côté le jeu nécessaire, soit à la partie haute des portes, soit au joint supérieur des croisées.

8° *Deux pièces contiguës bien closes se contrarient comme tirage ;* l'un des appareils l'emporte et fait fumer l'autre. Signaler le fait, c'est signaler le remède. Par de larges ventouses, il faut faire arriver suffisamment d'air dans chaque pièce. Si les ventouses sont impossibles, on doit chercher les points où une admission d'air sera le moins gênante, et supprimer une partie des clôtures et des bourrelets qui s'opposent aux rentrées d'air, surtout à la partie haute des baies, portes ou fenêtres.

9° *Le tuyau de fumée peut être insuffisant.* — Il peut avoir été établi en vue d'un autre appareil qu'une cheminée. Il n'y a pas d'autres remèdes que de rétrécir l'âtre pour augmenter la température de la fumée, ou bien de remplacer la cheminée par une cheminée dite *prussienne* (voir n° 128) ou par un poêle, qui se contentent de tuyaux de fumée de plus petites sections.

10° *Enfin, le tuyau de fumée peut être obstrué en tout ou en partie.* — Ce cas se présente fréquemment dans les maisons neuves, lorsqu'on n'a pas pris soin, en livrant la maison, de s'assurer que tous les tuyaux sont bien libres. Cela peut arriver également dans les vieilles constructions, par suite d'éboulements de matériaux de maçonnerie en mauvais état. On s'en assure par un sondage, au moyen d'une boule de plâtre suspendue au bout d'une corde et que l'on introduit par le haut. L'endroit où la boule s'arrête donne la position exacte de l'engorgement et le point précis où la réparation doit être faite.

Lorsqu'on est appelé à remédier au dégagement de fumée d'une cheminée, c'est la première chose à faire : la sonder dans toute la hauteur du tuyau de fumée, pour s'assurer que partout la section se trouve complètement libre.

126. Tuyaux unitaires. — Dans les maisons à loyer, où cinq à six étages sont superposés au rez-de-chaussée, les tuyaux à réserver pour les diverses cheminées s'accumulent dans les refends et ne peuvent s'y loger tous; ceux des étages supérieurs sont adossés à leurs parois et réduisent d'autant la dimension des pièces.

On a eu l'idée d'établir des tuyaux collecteurs réunissant les fumées d'un certain nombre d'appareils, et qui devenaient très faciles à loger, sans aucune perte de place.

M. Mousseron avait proposé dans ce sens ses *tuyaux unitaires*. Il disposait un seul tuyau pour desservir une suite verticale de foyers superposés du bas en haut de la maison. La disposition qui en résulte paraît très séduisante au premier abord; mais, dans la pratique, les inconvénients se dévoilent très dangereux: Il est difficile de compter sur un tirage assez fort pour entraîner toutes les fumées des appareils superposés, et il arrive des cas où la fumée de la partie basse de la maison se répand dans les étages supérieurs. Il en résulte un danger sérieux d'asphyxie, surtout avec l'emploi possible de poêles à combustion lente, pouvant dégager de notables proportions d'oxyde de carbone.

Aussi les ordonnances de police de 1875 prohibent-elles les tuyaux unitaires. Elles disent dans un article spécial :

« Art. 8. — Tout conduit de fumée doit, à moins d'autorisation spéciale, desservir un seul foyer et monter dans toute la hauteur du bâtiment sans ouverture d'aucune sorte dans tout son parcours.

« En conséquence, il est formellement interdit de pratiquer des ouvertures dans un conduit de fumée traversant un étage pour y faire dégager de la fumée, des vapeurs ou des gaz, ou même de l'air. »

127. Effet utile d'une cheminée ordinaire, comme chauffage et comme ventilation. — Une cheminée ordinaire ne donne qu'une bien faible utilisation du combustible qu'elle consomme. On a trouvé qu'à peine 3 à 5 % de la chaleur produite entre dans la pièce. Si la cheminée donne l'agrément du feu visible et gai auquel on est habitué dans notre pays, elle laisse s'écouler en pure perte au dehors, par le conduit de fumée, la presque totalité de la chaleur dégagée.

Son effet utile est encore moindre si l'on songe à la grande ventilation qu'elle produit et qui, dans nombre de cas, est inutile. Il arrive même fréquemment, lorsque les ouvertures de la chambre sont mal jointes, que la ventilation est telle qu'elle neutralise l'effet du chauffage, et que la température s'abaisse par le fonctionnement du foyer, et d'autant plus que le foyer est plus actif.

L'effet de la ventilation exagérée que produisent les cheminées se traduit par des lames d'air froid venant des fissures et allant jusqu'au foyer, et qui sont des causes invisibles de maladies souvent très graves pour les personnes qui s'y trouvent exposées, même au milieu des pièces ainsi chauffées, et dont les paravents seuls peuvent garantir.

Cette très faible utilisation du combustible brûlé dans les cheminées en fait restreindre l'emploi au chauffage de luxe et est cause de la grande vogue dans notre pays, des poêles, et notamment les poêles mobiles, que nous décrirons plus loin.

La véritable manière confortable de se servir des cheminées consiste à les combiner avec l'emploi d'un chauffage par calorifère de cave débouchant dans les pièces par de larges conduits. Le moindre feu allumé dans la cheminée détermine un appel sur la bouche de chaleur et, par suite, donne de suite une grande augmentation du chauffage. Le courant d'air appelé est chaud et ne risque point de gêner ni d'incommoder.

On a vanté souvent l'avantage que présentent les cheminées au point de vue de la ventilation, par suite de la quantité d'air qu'elles laissent passer et qui augmente d'autant la *ventilation naturelle*. Or, à ce point de vue encore, le résultat laisse complètement à désirer à cause de l'irrégularité de fonctionnement.

Les cheminées ne donnent une ventilation énergique qu'en hiver, lorsque l'excès de température de l'intérieur sur le dehors est considérable, et à ce point de vue elles tendent souvent à refroidir d'une façon intempestive les locaux habités. Lorsque les deux températures extérieure et intérieure s'équilibrent, le mouvement d'air dans la cheminée devient nul ou à peu près, pour changer de sens et devenir descendant si le dehors continue à se réchauffer, amenant alors des odeurs de suie par son contact avec les parois enfumées du tuyau.

Lorsqu'une cheminée ventile, elle ventile mal. Elle prend

l'air près du sol, là où il est le moins chaud, là où l'amènent directement, par suite de l'appel dû au tirage, les lames venant des fissures du bas des portes et des croisées. C'est l'air le plus nouvellement introduit.

L'air le plus vicié, au contraire, celui qui a reçu les émanations des êtres animés et des appareils d'éclairage monte près du plafond et s'y cantonne. Il ne s'échappe que lentement, par un mélange difficile avec l'air inférieur.

On se rendra compte facilement qu'une partie de ces inconvénients disparaît lorsqu'on combine la cheminée avec une alimentation d'air chaud par calorifère, pourvu que cet air soit assez chaud pour monter en haut en déplaçant l'air vicié, sans cependant que sa température s'élève assez pour incommoder.

Il n'en reste pas moins vrai que l'effet de ventilation diminue à mesure que la température extérieure vient à se relever.

128. Cheminées à rendement amélioré. — Cheminées-poêles, dites prussiennes. — On a cherché depuis longtemps à parer au faible rendement des cheminées ; on a obtenu une légère amélioration en cherchant à augmenter la proportion de la chaleur rayonnée utilement. Pour cela on a avancé autant que possible le foyer dans la pièce. Mais il y a une difficulté sérieuse, c'est la fumée qui se produit dès que l'activité de la combustion se ralentit, ou encore au moment de l'allumage.

On a ensuite eu l'idée de mettre la grille sur un chariot à roulettes permettant de la repousser au fond de l'âtre au moment de l'allumage, et de la tirer au maximum lorsque la combustion est à son plein. Ce foyer dû à Burnat a eu un très grand succès.

Un autre moyen, basé sur un principe différent, d'améliorer le rendement des cheminées, consiste à les isoler du mur qui contient leur tuyau, et à les transformer en cheminées amovibles, dont le tuyau, en tôle dans la hauteur de la pièce, ne rejoint le conduit de fumée du mur que près du plafond. On a ainsi une sorte de cheminée-poêle.

C'est le principe des cheminées dites *prussiennes*. Les cheminées prussiennes font profiter la pièce d'une certaine quantité de chaleur perdue par la partie postérieure du foyer. Ce gain est limité par les isolements qu'on est obligé de créer pour empêcher cette portion de rougir et d'amener des accidents. Le tuyau lui-même forme surface de chauffe et dégage une quantité de chaleur appréciable.

D'un autre côté, ces cheminées ne peuvent se mettre dans nos pièces principales d'habitation: elles se prêtent mal à la décoration à laquelle nous sommes habitués; elles ne conviennent donc que pour des pièces secondaires. De plus, leur qualité d'être amovibles les fait installer souvent sur des parquets ou planchers mal disposés pour les recevoir. Il en résulte des dangers d'incendie sérieux, malgré un surélèvement de l'âtre, qui, par principe, fait partie de leur construction.

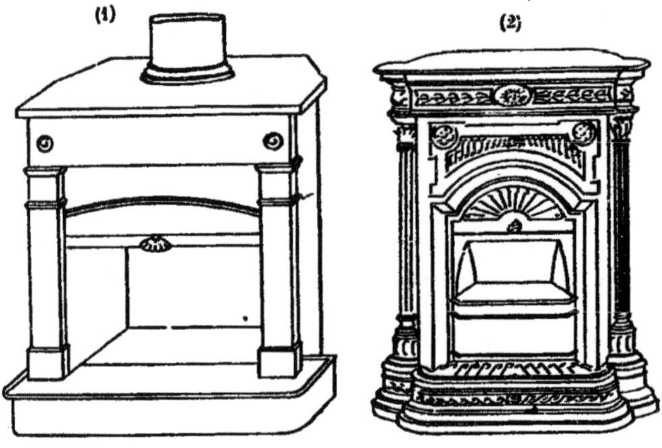

FIG. 74.

Les croquis de la figure 74 représentent deux dispositions différentes de cheminées prussiennes.

La première est faite d'une caisse en tôle surélevée, avec âtre en fonte isolé, et parois doubles en tôle, dont l'intervalle est souvent garni de matières isolantes incombustibles.

D'autres fois la garniture intérieure est établie en briques réfractaires.

La façade est en marbre, retrécie en faïence, avec rideau en tôle à contrepoids.

Le dessus est fait d'une plaque de marbre, que l'on garantit au mieux d'un trop grand échauffement pour éviter la casse ; enfin, le tout est surmonté d'un tuyau en tôle vernie avec base, astragale et chapiteau en cuivre mouluré. Cette cheminée est établie pour brûler du bois, mais on peut, avec l'addition d'une grille mobile, y brûler tous autres combustibles.

Le second croquis représente un autre type. C'est une cheminée spécialement destinée à brûler des combustibles minéraux. Elle est fondue de toutes pièces, en fonte de fer ornée. Son épaisseur est très réduite, et le tuyau de fumée est à l'arrière. Le foyer est étudié pour obtenir sous le plus petit volume la combustion de la houille. On se sert beaucoup de cette cheminée dans le nord de la France.

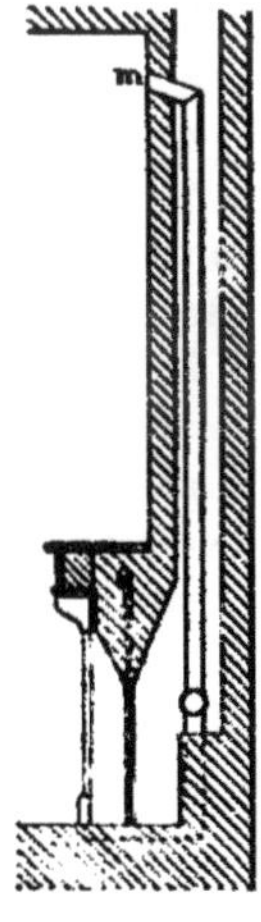

Fig. 75.

129. Cheminées-calorifères. — Premier appareil de Péclet. — Dès 1828, Péclet a proposé un moyen d'améliorer les cheminées d'après un principe différent.

Il s'agit de refroidir la fumée en lui faisant échauffer une certaine quantité d'air venu du dehors ou pris dans la pièce.

Son appareil consistait en un ou plusieurs tuyaux parcourant le tuyau de fumée, immédiatement après le foyer, dans la hauteur de la pièce. Il est figuré schématiquement dans la figure 75.

L'air à chauffer était pris par une grille en bas des jambages de la cheminée, ou venait du dehors par le moyen d'une ventouse. Cet air se trouvait ainsi en contact avec une surface de chauffe importante échauffée par la fumée et s'échappait en la refroidissant. C'est le principe d'une cheminée-calorifère.

Le rendement de cet appareil n'est pas aussi considérable qu'on pourrait tout d'abord le supposer, la tôle n'étant en contact qu'avec un mélange de fumée et d'air à température peu élevée.

De plus, il présente certaines difficultés d'établissement, et de ramonage. On a paré à ce dernier inconvénient en prenant la disposition inverse, c'est-à-dire en faisant passer la fumée dans le tuyau et chauffant l'air par sa surface extérieure.

130. Cheminées à coffres. — Si l'appareil de Péclet donne une faible utilisation, parce que sa surface de chauffe est à température trop basse, le même principe appliqué au foyer lui-même donne une meilleure transmission. C'est, en effet, au foyer que l'on doit demander de la chaleur et non aux produits de la combustion déjà refroidis par le mélange d'une grande quantité d'air.

L'arrangement qui donne un résultat sérieux consiste donc à établir dans le foyer, ou autour du foyer, un coffrage de forme quelconque en contact avec le combustible et la flamme, et dans lequel passe l'air à échauffer.

Bien des dispositions ont été prises pour réaliser ce mode de chauffage, et on va voir quelques exemples de ces cheminées-calorifères.

Une première cheminée, qu'on peut faire approprier partout, est représentée par la figure 76. Un coffre en tôle à double paroi A remplace les contre-cœur et le mur de cœur. Il est en communication, à la partie basse, avec la ventouse *v* et, d'autre part, en haut, il donne dans un tuyau transversal en tôle T. Ce dernier vient déboucher au dehors par deux bouches de chaleur percées dans les costières de la cheminée.

L'appareil principal, le coffre, entoure l'âtre de trois côtés ; il est exposé au rayonnement du combustible, et en contact direct avec lui.

Une plaque intérieure en tôle le sépare incomplètement en deux parties et force l'air qui s'y trouve à suivre le chemin marqué par les flèches, et, par suite, à prolonger son contact avec la surface de chauffe avant d'arriver aux bouches de chaleur C.

Cette disposition convient très bien pour les petites cheminées, en raison de la plus grande section du passage

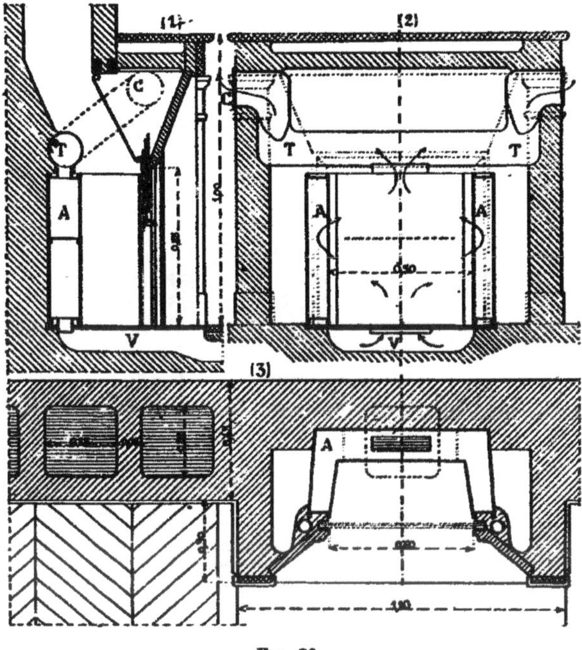

Fig. 76.

de l'air, elle a sur la précédente l'avantage de moins gêner le ramonage.

La figure 77 représente la coupe verticale d'une cheminée entièrement en fonte, y compris le chambranle, et arrangée pour la combustion de la houille ; elle est construite par la maison Godin-Lemaire. Le foyer C est en fonte, avec grille inférieure, et grille sur le devant ; il est garni de plaques en terre réfractaire K ; il se termine par une buse *g*, qui envoie les produits de la combustion dans le tuyau de fumée A. Dans le bas, un tiroir *p* reçoit les cendres et permet de les enlever.

D'autre part, l'air d'une large ventouse *d* circule en *c* sous la plaque de fonte du cendrier, passe autour du foyer, dans

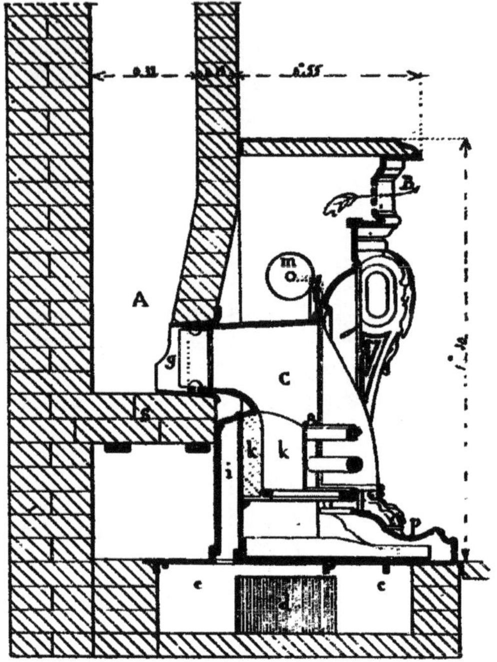

Fig. 77.

un espace limité *i*, où il s'échauffe, et vient s'échapper en B.

En *m* est un tambour tournant autour de son axe et développant une toile métallique servant de garde-feu pare-étincelles, que l'on peut baisser jusqu'à la grille pour accélérer le tirage. Cette toile sert de rideau et en tient lieu.

En S est une séparation maçonnée qui sert à fermer le

bas de la cheminée, et permet de faire facilement le scellement de la buse.

Dans cette cheminée, comme dans la précédente, le coffre qui sert à chauffer l'air est en contact direct avec le combustible et profite d'une partie de la chaleur rayonnante du brasier.

131. Cheminée système Joly. — La cheminée système Joly comprend un arrangement intérieur plus développé que dans l'appareil précédent ; elle est représentée

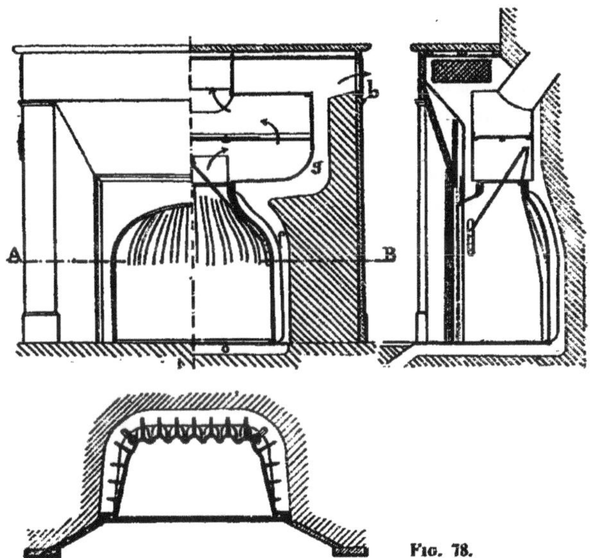

Fig. 78.

en élévation, coupes et plan dans la figure 78. Elle se compose d'une cloche à nervures dans laquelle brûlera le combustible, bois ou charbon minéral ; elle est surmontée d'un coffre en tôle très large, logé entièrement dans le chambranle, qui reçoit la fumée et l'envoie à la cheminée. Une chicane divise le coffre en deux parties, et force les gaz à longer la surface extérieure. Cette chicane est mobile, afin de permettre le ramonage. L'air, de son côté, vient de la prise d'air extérieure, est amené par la ventouse sous la plaque d'âtre en *o*, se répand dans l'espace *f* tout autour de la cloche, se chauffe au contact de la paroi et des nervures, continue à monter en longeant la tôle du coffre en *g*, et enfin sort chaud par les bouches de chaleur logées dans le haut des parois latérales du chambranle.

Une variante de cette disposition consiste à remplacer le coffre supérieur par deux ou plusieurs tuyaux parallèles parcourus successivement par la fumée et chauffant l'air par leurs parois.

Dans les deux modèles, une trappe manœuvrée au moyen d'une tige à crochet, se fixant par une plaque percée de trous rivée à la cloche, permet de fermer la cheminée toutes les fois que le foyer n'est pas allumé.

132. Cheminées à tuyaux. — Appareil Fondet. — Un appareil qui a eu une grande vogue et qui résout comme les précédents le problème d'une amélioration notable du chauffage des cheminées, est connu sous le nom d'appareil *Fondet*, du nom du fabricant qui l'a imaginé et construit. Il a l'avantage de se trouver tout fait en plusieurs numéros correspondant aux dimensions les plus usuelles des cheminées. D'autre part, la section de passage de l'air qu'il est appelé à chauffer est considérablement restreinte. Il est représenté dans la figure 79.

Il se compose : 1° d'un coffre inférieur *c*, en fonte, posé transversalement en bas de la cheminée, et communiquant par une buse avec la ventouse ; 2° d'un second coffre transversal *g*, communiquant par des tuyaux avec deux bouches latérales percées dans les costières du chambranle ; 3° d'un faisceau de tubes à section carrée réunissant les coffres.

Les coffres et les tubes sont montés d'une seule pièce. On établit cet ensemble dans l'âtre même de la cheminée, en biais, ainsi que le montre le croquis (1) de la figure en coupe transversale, et le croquis (2) en élévation. Le combustible est adossé à l'appareil, et les gaz produits de la combustion passent en grande partie à travers les tubes. L'ensemble s'échauffe, et il s'établit un courant d'air qui, venant de la ventouse, passe par l'appareil, s'y échauffe, et sort par les bouches latérales à température élevée.

Cet appareil laisse libre le fonctionnement du rideau, mais il empêche le ramonage d'être aussi commode que dans les cheminées ordinaires. Cependant, avec un peu de

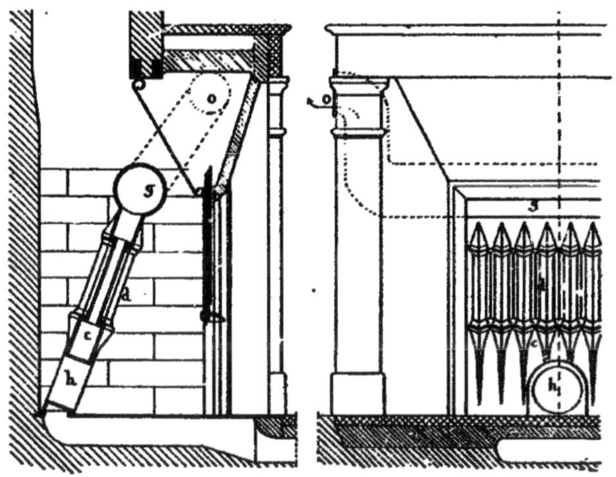

Fig. 79.

soin, on arrive à passer le hérisson dans le conduit, et les suies tombent derrière l'appareil. Au moyen d'une buse *h* ménagée à travers le coffre inférieur, on peut enlever les cendres et suies, et on bouche l'ouverture avec un tampon de briques et un peu de terre à four.

Ce détail des pièces de l'appareil est représenté dans la figure 80, avec leurs formes et l'indication de leurs assemblages.

Une première pièce à poser au-dessus de la ventouse est une plaque de base, en fonte, percée d'un trou trapézoïdal avec léger rebord formant une sorte d'emboîtement. Cette plaque se pose au niveau du sol de l'âtre, qui peut être en carreaux ou formé d'une plaque de fonte. Sur cette plaque on monte le coffre transversal inférieur *c*, établi en fonte, et moulé de telle sorte qu'il présente les orifices nécessaires pour l'emboîtage de tous les tubes *d* Ceux-ci sont à section carrée et se présentent sur l'angle ; ils sont disposés sur trois rangs, en quinconce, de manière

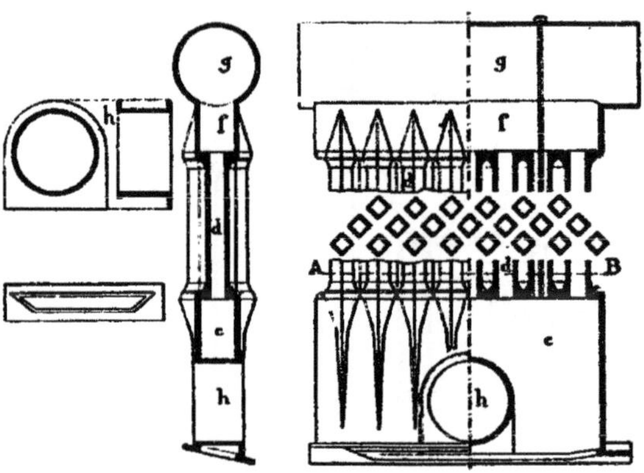

FIG. 80.

à laminer la fumée en la brisant en tous sens. Leur largeur est faible, et variable, du reste, avec chaque numéro d'appareil. On voit leur disposition dans la coupe horizontale qui accompagne la vue de face.

Le tambour supérieur *g* est prolongé par une partie rectangulaire *f*, qui présente sur sa face inférieure les buses dans lesquelles le haut des tubes devra s'emboîter. La partie haute *g*, circulaire, présente deux buses latérales de même forme, sur lesquelles on emboîte les prolongements en tôle, coudés à la demande, et qui vont aboutir aux bouches de chaleur percées dans les costières.

Enfin, dans un croquis placé à gauche, se trouve, vue à part, la pièce spéciale qui constitue la buse de ramonage *h*.

Les appareils Fondet sont surtout avantageux pour les grands modèles. Appliqués aux cheminées où on entretient de grands feux, leurs bouches débitent une certaine quantité d'air chaud. Pour les petites cheminées et les feux dormants, le rendement est moins avantageux.

M. Cordier, en vue de faciliter le ramonage, a proposé une modification intéressante de ces appareils. Il les rend mobiles autour d'un axe horizontal à la partie basse. Lorsqu'on veut faire le ramonage du tuyau, on redresse l'appareil verticalement le long du mur de cœur, et on a les mêmes facilités qu'avec une cheminée simple.

Dans les appareils Fondet, indépendamment des ramonages annuels, les intervalles des tubes pouvant s'engorger de cendre et de suie, on les nettoie en marche avec une lame mince en fer, emmanchée court, et que l'on passe en deux sens dans les intervalles des tubes. La forme prismatique de ces derniers et leur arrangement en quinconce se prêtent particulièrement bien à cette opération.

133. Grille à coke de la Compagnie Parisienne. — La Compagnie Parisienne du Gaz a fait étudier et construire un certain nombre d'appareils de chauffage destinés à utiliser le coke qu'elle produit en grande quantité. Parmi ces appareils est une grille à coke représentée dans les croquis (3) et (4) de la figure 81. C'est un véritable foyer indépendant, pouvant se placer tout d'une pièce et sans frais accessoires dans une cheminée intérieure d'appartement, comme le montrent en élévation (1) et en coupe (2) les deux premiers croquis de la figure.

L'appareil, non seulement est destiné à former un brasier de coke, mais encore à utiliser une partie de la chaleur ordinairement perdue à chauffer la pièce par une circulation d'air le long des parois chaudes du foyer.

Voici le principe de cet appareil :

Un foyer en fonte, muni d'une buse de départ à la partie haute, contient une grille en forme de corbeille ; cette grille est indépendante ; elle s'accroche à des saillies ménagées exprès aux parois du foyer.

Le foyer vient porter sur une plaque horizontale soulevée au-dessus du sol de l'âtre au moyen de pieds, et contenant

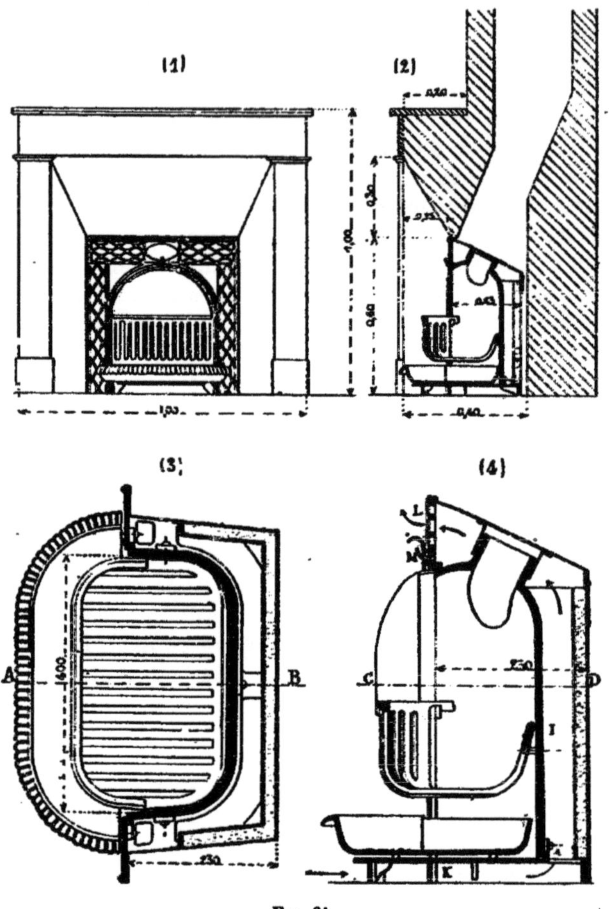

FIG. 81.

un cendrier mobile, commode pour le nettoyage et l'enlèvement des cendres.

Le tout est contenu dans une boîte en tôle à double paroi, renfermant une matière pulvérulente formant isolement; il reste partout un espace libre de quelques centimètres entre la tôle et le foyer. De plus, la boîte est ouverte par le bas et n'a d'autre ouverture supérieure qu'un grillage à jour transversal au-dessus du foyer.

Il en résulte que, lorsque le foyer est allumé, l'air de la pièce passe en K, sous le cendrier, de là s'introduit dans l'espace existant derrière le foyer, s'échauffe au contact de la partie arrière de ce dernier et se dégage par le grillage. L'important est de soigner le joint de l'appareil avec la traverse du rideau de la cheminée, pour que le tirage de la cheminée n'enlève pas une partie de cet air.

Le fonctionnement est aussi avantageux que possible pour un appareil locatif qui n'exige aucun scellement ni aucun travail de fumiste pour son installation. L'effet du rideau pour l'allumage est remplacé par une sorte d'écran bombé en toile métallique qui s'accroche au-dessus de la grille, donne une résistance au passage de l'air et le force à passer à travers la coquille et à activer la combustion.

134. Considérations générales sur les cheminées-calorifères. — Rendement. — Les cheminées-calorifères, malgré toutes les ingénieuses combinaisons que nous venons de décrire, sont très loin d'utiliser toute la chaleur que dégage le combustible. Elles doublent, dans la plupart des cas, la chaleur que donnerait une cheminée simple, c'est-à-dire que, si cette dernière utilise les 0,05 de la chaleur développée par le foyer, elles donneront une utilisation de 0,10, rarement plus.

Ce faible rendement tient à la forme même du foyer, qui admet l'introduction d'une grande quantité d'air au-dessus du combustible. Cet air abaisse de suite la température des gaz produits de la combustion, avec lesquels il se mélange, de telle sorte que l'on a beau les faire circuler autour de coffres ou de tuyaux, les surfaces de chauffe ajoutées ne sont que tièdes, et la transmission est faible.

Dans le système Fondet, les tubes dont l'intervalle est traversé par la flamme présentent bien, en certains points, une température élevée, mais la circulation de l'air s'y fait mal et en quantité trop faible, et le résultat est toujours le même.

Du reste, le rendement d'une cheminée-calorifère est très variable suivant les diverses phases de la combustion. Il est élevé si on baisse le rideau momentanément, parce qu'on réduit l'introduction de l'air et qu'à ce moment la cheminée marche à la manière d'un poêle ; il est nul, au contraire, dès que le foyer se ralentit et que l'on n'a plus qu'un feu dormant insignifiant.

Si le rendement est faible d'une façon absolue, comparé à la quantité de chaleur qu'est susceptible de donner le combustible brûlé, il devient fort par rapport à la chaleur que donne une cheminée simple ordinaire, puisqu'il arrive à doubler le nombre de calories que reçoit réellement la pièce, et cela sans nuire à aucun des avantages d'un autre genre qu'on réclame du service des cheminées.

135. Cheminées mobiles. — On a établi, depuis une quinzaine d'années, des appareils mobiles spéciaux que l'on vient placer devant les cheminées d'appartement ; ils utilisent des charbons maigres, fort chargés de cendres, que l'on vend sous le nom impropre d'anthracite. Ces appareils ont l'apparence d'une cheminée, avec cette différence que le foyer n'est pas ouvert, et que l'on n'y voit le feu qu'à travers des plaques de mica. On les nomme *cheminées mobiles* ou *cheminées roulantes*.

En réalité, ce sont de simples poêles de forme particulière ; nous les décrirons au chapitre des *Poêles*, n° 160.

136. Cheminées à gaz. — On a employé le gaz de l'éclairage au chauffage des cheminées, en raison de la grande commodité de son emploi, de la propreté de ses foyers, et de sa rapidité de mise en fonction et d'extinction, malgré son prix très élevé. Ces qualités rendent possible cette application, malgré le bien faible rendement de ce genre d'appareils.

Le premier moyen employé a été de faire sortir le gaz

d'un brûleur Bunsen, à le faire brûler en bleu et à échauffer, au moyen de cette flamme bleue, des corps susceptibles de rayonner, tels qu'un sommier arrière en terre réfractaire et des coques en fonte étagées ; tel est l'appareil représenté par les deux croquis de la figure 82 : l'un est l'élévation de la cheminée ; l'autre, la coupe verticale. Ce dernier montre en *a* l'arrivée du gaz, en *b* la sortie du gaz mélangé d'air ; enfin, l'introduction de l'air nécessaire à la combustion est marquée par une flèche ; elle se fait par le moyen d'un orifice placé dans le socle de l'appareil.

Fig. 82.

Pour diminuer la quantité d'air qui s'engouffre d'ordinaire dans le coffre des cheminées, on a restreint l'orifice de sortie, et on a fait passer les gaz chauds dans un coffre qui précède le tuyau allant à la souche en maçonnerie. L'air de la pièce, entrant par une grille avant, longe le coffre, se chauffe à son contact et rentre dans la pièce en lui restituant un peu de calorique enlevé ainsi aux produits de la combustion.

On a pris encore un autre moyen pour brûler le gaz dans les cheminées, et il est surtout applicable à l'installation du gaz dans les cheminées existantes. Il consiste à employer une caisse en fonte ayant la forme de bûches de bois réunies, à la mettre dans la cheminée même, de manière à imiter un foyer ordinaire, à y faire arriver le gaz et à le faire sortir par des orifices distancés garnis de mèches d'amiante. Le gaz brûle en blanc et imite le feu de bois. La caisse en fonte simulant les bûches est représentée dans la figure 83.

Il est enfin une dernière manière de brûler le gaz dans une cheminée, soit prussienne, soit ordinaire; elle est représentée dans la figure 84, et consiste à établir en haut de la cheminée, et à l'intérieur, en *a*, une rampe à gaz droite brûlant en blanc, et rayonnant de la chaleur, puis à renvoyer cette chaleur au moyen d'un réflecteur *b* en métal poli, et dont la section est étudiée pour obtenir des rayons presque parallèles et horizontaux.

Fig. 83.

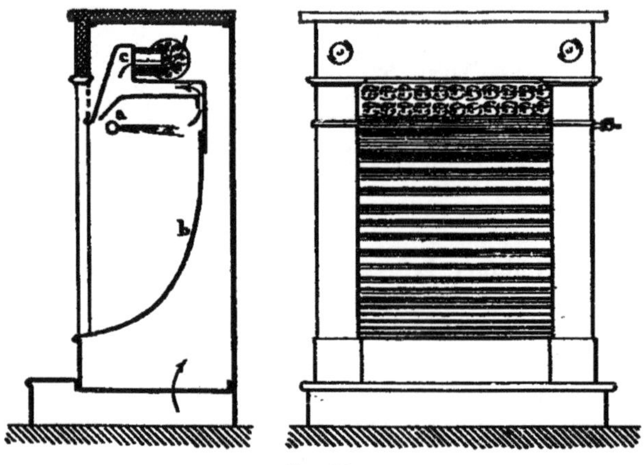

Fig. 84.

La chaleur emportée par les gaz produits de la combustion est recueillie en partie par un petit coffre *c*, qu'ils parcourent avant de se rendre à la cheminée. L'air de la pièce, amené au contact du coffre par un orifice avant, s'échappe plus chaud par des bouches rondes latérales et rentre dans la pièce, récupérant ainsi pour le chauffage une portion de la chaleur dégagée. Une autre portion de l'air entrant par le bas s'échauffe au contact des parois arrière du réflecteur et entre dans la pièce par la même voie que le précédent. Ces cheminées se trouvent assez répandues pour le chauffage momentané de locaux secondaires; elles sont moins dangereuses que les précédentes au point de vue des incendies.

CHAPITRE VI

CHAUFFAGE PAR POÊLES

SOMMAIRE :

137. Braseros. — Leurs dangers. — 138. Emploi pour le séchage des maçonneries. — 139. Des poêles en général. — 140. Du chauffage par les poêles. — 141. Influence d'un fonctionnement intermittent sur la puissance d'un appareil de chauffage. — 142. Dimensions à donner aux poêles. — 143. Poêle de corps de garde. — 144. Poêles en faïence. — 145. Poêle Gurney. — 146. Poêle français. — 137. Poêles à magasin de combustible. — 148. Poêles-calorifères. — Leurs avantages. — 149. Poêles-calorifères à foyer droit. — 150. Poêles-calorifères à foyers à nervures. — 151. Poêle-calorifère avec tuyau de fumée inférieur. — 152. Poêle-calorifère Muller en terre réfractaire. — 153. Poêle-calorifère Geneste et Herscher avec magasin de combustible. — 154. Poêle de salle à manger avec enveloppe en faïence. — 155. Poêles avec étuves — 156. Poêle-cheminée. — 157. Poêles-calorifères chauffant des salles superposées. — 158. Poêles mobiles de Chouberski. — 159. Poêle Cadé. — 160. Cheminées mobiles. — « La Salamandre ». — 161. Danger des poêles mobiles. — 162. Poêles à gaz.

CHAPITRE VI

CHAUFFAGE PAR POÊLES

137. Braseros. — Leurs dangers. — Avant de chauffer les habitations comme elles le sont de nos jours, on a commencé par la combustion directe dans des brasiers dont la fumée n'avait aucun orifice spécial de sortie. Les Grecs et les Romains, favorisés par leur climat, n'avaient pas d'autres moyens de chauffage. Tout au plus, dans les maisons somptueuses trouvait-on par exception le chauffage par l'*hypocauste*, véritable calorifère, avec foyer sous le sol et carneaux de fumée circulant sous les dallages et dans l'épaisseur des murs.

La combustion directe d'un combustible brûlant sans fumée apparente, du charbon de bois par exemple, est encore employée de nos jours en Italie, en Espagne, et dans plusieurs contrées de l'Amérique et de l'Orient. On la produit dans un vase ouvert nommé *brasero*, et les produits de la combustion se mélangent directement à l'air de la pièce. On emploie surtout pour cet usage le combustible à l'état de poussier, qui alors brûle lentement par sa surface supérieure, en ne donnant pour ainsi dire que de l'acide carbonique.

Le chauffage est très économique, puisqu'il utilise tout le rayonnement et aussi toute la chaleur emportée par les gaz de la combustion. Mais il vicie l'air et peut amener des asphyxies. En effet, 1 kilogramme de charbon, pour se consumer complètement, exige l'oxygène de 8 mètres cubes d'air. D'autre part, pour que l'air soit respirable, il faut qu'il contienne au moins les 2/3 de l'oxygène normal. Il en résulte que 1 kilogramme de charbon rend irrespirable une pièce de 27 mètres cubes de capacité où l'air ne se renouvellerait pas.

Ce raisonnement suppose que la combustion ne donne que de l'acide carbonique.

S'il y a production d'oxyde de carbone, gaz éminemment toxique — et avec la combustion lente on n'est jamais sûr de n'en pas produire — l'altération de l'air est encore plus redoutable, puisqu'il suffit d'un centième de ce gaz pour rendre mortelle aux hommes une atmosphère ainsi contaminée.

Les braseros ne sont bons à employer que dans des vestibules, passages, couloirs, ateliers, en général dans tous les locaux où il se fait une circulation active qui renouvelle l'air continuellement, ou bien dans ceux qui, par leur construction même, donnent lieu à une ventilation naturelle considérable.

Lorsque les appareils sont établis dans de grands espaces en partie ouverts, comme des ateliers couverts en tuiles non plafonnées, on peut les alimenter avec du coke, qui, outre les inconvénients ci-dessus, aurait, dans les espaces fermés, celui d'un dégagement d'acide sulfureux désagréable à respirer.

On peut considérer comme braseros les chaufferettes alimentées avec du poussier de charbon de bois; mais elles sont peu nocives en raison de l'exiguité du foyer et de la combustion complète, quoique lente qui s'y produit. Dans une grande pièce elles ne présentent d'autre inconvénient que celui des chances d'incendie en cas de renversement.

Il en est de même des chaufferettes qui contiennent entre griffes ou dans un panier en toile métallique une briquette de charbon de Paris en ignition ; mais elles cessent d'être sans danger si on les emploie au chauffage d'un espace restreint, tel qu'une voiture trop bien close. Des accidents sérieux ont eu lieu avec l'emploi de ce genre de chaufferettes dans des voitures, qui restaient trop longtemps fermées.

138. Emploi des braseros pour le séchage des maçonneries. — On emploie encore les braseros avec avantage pour le séchage des bâtiments neufs, ou des portions de bâtiments réparés dont on veut accélérer la mise en service. M. de Ligny a construit pour cet objet de grands braseros à coke composés, comme le montre la figure 85, d'une caisse formée de grilles en fer sur toutes ses faces, au-dessus d'une cuvette pleine exhaussée formant cendrier. Au moyen de tuyaux mobiles, dont on règle l'inclinaison à volonté, on dirige les gaz chauds et les produits de la combustion sur les parois des murs dont on veut achever la dessiccation. On favorise ainsi le séchage des portions les plus humides, de telle sorte que l'ensemble du local se trouve habitable en peu de temps.

Fig. 85.

139. Des poêles en général. — On appelle *poêles* des appareils placés dans les pièces mêmes à chauffer, et disposés pour contenir du combustible et pour le brûler. Ce sont des capacités en métal ou terre cuite, formant foyer avec cendrier, contenant quelquefois des développements auxiliaires de surface, et terminés par un tuyau qui va rejoindre le conduit de fumée ménagé dans le mur.

Les poêles se divisent en deux grandes séries :

1° *Les poêles proprement dits*, qui ne chauffent l'air de la pièce que par leur surface extérieure ;

2° *Les poêles-calorifères*, dont le foyer ainsi que les surfaces auxiliaires, s'il y en a, sont logés dans une enveloppe extérieure. L'air, pour s'y chauffer, pénètre par des grilles situées au bas de l'enveloppe, circule dans l'espace libre ménagé entre celle-ci et l'appareil, et sort à la partie haute de l'enveloppe par d'autres grilles formant bouches de chaleur.

140. Du chauffage par les poêles. — Les poêles conviennent très bien pour de faibles cubes et de petites et économiques installations. Leur prix est peu élevé, et les frais de mise en place très faibles. Il suffit pour les employer d'avoir dans un refend à proximité un tuyau de fumée disponible, ou de pouvoir faire traverser par un tuyau métallique ou autre l'espace supérieur du bâtiment jusqu'à la sortie au dehors.

Ils dégagent une quantité de chaleur considérable, et en cela ils présentent une énorme supériorité sur les cheminées. Étant placés dans les locaux mêmes qu'il s'agit de chauffer, il n'y a aucun déchet dans le transport des calories, qu'ils transmettent à la fois par rayonnement et par le contact avec l'air.

Les seules pertes de chaleur sont :

1° La mauvaise combustion de la plupart des foyers, en raison de l'épaisseur considérable de combustible qu'on y accumule pour rendre le service plus commode et les chargements moins fréquents ;

2° Les calories emportées au dehors par la fumée qui s'échappe vers 200 ou 250° dans bien des cas.

La perte par mauvaise combustion peut être évaluée de	10 à 20 %
La perte par le tuyau de fumée peut être évaluée de	5 à 15 %
Soit ensemble	15 à 35 %

Ce qui fait ressortir un rendement de 0,85 à 0,65. On utilise donc 0,85 à 0,65 de la chaleur maximum totale que le combustible est susceptible de développer. A ce point de vue, ce sont d'excellents appareils, et c'est ce qui explique leur très grand succès.

Lorsque l'on veut installer un poêle dans une pièce, on a deux solutions extrêmes possibles :

1° On peut, par économie, choisir un poêle de petites dimensions dont les parois seront chauffées à température très élevée, souvent rouge intense. Indépendamment des chances d'incendie pour les habitants et pour les objets mobiliers à proximité, ces appareils présentent les inconvénients suivants :

La haute température des parois donne à l'air de la pièce une odeur désagréable, et, de plus, cet air très chauffé monte vivement à la partie supérieure de la pièce, où il forme une couche très chaude. Il n'est pas rare, dans cette circonstance, de constater que l'air en haut de la pièce est de 10 à 20° supérieur à la température de la région habitée, d'où une gêne pour les occupants, dont la tête se trouve trop chauffée.

2° On a, comme seconde solution extrême, la possibilité d'établir un appareil de grandes dimensions, à surfaces très développées destinées à rester à température relativement basse. L'air est bien moins chauffé, mais il se meut en plus grande quantité ; au lieu de monter immédiatement en haut et de s'y cantonner, il se mélange plus facilement avec l'air de la chambre, il s'y brasse tout naturellement par la simple circulation des personnes et les ouvertures des portes, et il en résulte, enfin, une température bien plus uniforme et bien plus agréable de l'enceinte.

Entre ces deux solutions on trouvera tous les cas intermédiaires.

Les poêles par eux-mêmes changent peu l'air de la pièce ; ils n'admettent, en effet, qu'une quantité de 8 à 12 mètres cubes d'air par kilogramme de combustible brûlé. Lorsqu'il y a des causes de viciation de l'air, il y a lieu de disposer leur installation pour produire une ventilation supplémentaire en dehors de celle produite par l'accès de l'air au foyer.

Par la raison qu'ils prennent peu d'air à la pièce, les poêles y déterminent une dépression, pour ainsi dire, insensible, et ne donnent pas lieu à ces rentrées d'air si désagréables et si dangereuses que produisent les cheminées.

Par contre, les poêles tiennent une certaine place dans la pièce où on les installe ; leur aspect n'est pas décoratif, et l'effet des tuyaux annexes qui les accompagnent est souvent déplorable. Ils n'ont pas la gaîté que bien des personnes trouvent dans les foyers découverts, attrait pour les yeux, occupation pour les mains.

Ce sont ces différentes considérations qui, suivant l'importance que l'on accorde à chacune d'elles, militent ou non en faveur de l'emploi des poêles.

Il y a bien des types de poêles, et leur installation peut se faire aussi de bien des façons, de telle sorte qu'il y a lieu de faire, pour chaque application, un choix de l'appareil, et d'étudier son installation en vue du programme à remplir.

On doit préférer les appareils dont les surfaces de chauffe ne sont pas susceptibles de rougir, ce qui aurait l'inconvénient de brûler les poussières contenues dans l'air, en produisant une odeur désagréable, et l'on doit se rendre compte de la ventilation qui aura lieu dans le local, lorsque le poêle sera placé.

On a reproché aux poêles de supprimer toute ventilation ; nous verrons qu'il est toujours possible d'obtenir avec un poêle le renouvellement d'air dont on a besoin.

On prétend qu'ils vicient l'air ; nous avons vu qu'ils peuvent produire, lorsqu'ils sont portés au rouge, la distillation des poussières en suspension dans l'air, en produisant de mauvaises odeurs ; mais ils ne dégagent dans la pièce, lorsqu'ils sont bien établis, aucune parcelle des gaz de la combustion, par suite de l'excédent de tirage dont ils jouissent. De plus, on peut toujours les disposer de telle sorte que leurs parois ne puissent à rougir.

On leur attribue le dessèchement de l'air, alors qu'ils n'influent en aucune manière sur la quantité d'eau contenue dans l'air ; celle-ci ne dépend que du degré hygrométrique de l'air extérieur. En somme, ils donnent le même degré hygrométrique intérieur que tout autre appareil de chauffage qui porterait la température de la pièce au même degré. D'ailleurs, il est toujours possible d'augmenter le degré d'humidité de l'air en profitant de la chaleur du poêle pour provoquer un dégagement complémentaire de vapeur d'eau.

Il résulte de ce qui précède que les reproches que l'on adresse aux poêles ne sont justes que s'ils s'appliquent à des appareils mauvais, installés d'une façon défectueuse, tandis qu'ils tombent complètement si l'on a mis tous ses soins au choix judicieux de l'appareil et à la disposition rationnelle de son installation.

141. Influence d'un fonctionnement intermittent sur la puissance d'un appareil de chauffage. — Nous avons indiqué le moyen de déterminer la puissance d'un appareil de chauffage en nous basant sur un chauffage continu, c'est-à-dire en supposant que l'appareil compense dans l'unité de temps, par une production de chaleur équivalente, les pertes subies par le local à chauffer, lorsque le régime est établi.

En réalité, il n'en est pas toujours ainsi : beaucoup d'appareils ne peuvent fonctionner sans soins pendant quelques heures, et sont arrêtés ou modérés la nuit, et pendant huit ou dix heures le chauffage est sinon nul, du moins beaucoup réduit. Les locaux se refroidissent notablement tant par leurs parois extérieures que par la ventilation naturelle qui les traverse.

Le matin, lorsqu'on allume l'appareil, celui-ci doit, non seulement réparer la perte horaire moyenne, mais encore ramener le local à sa température de régime, et cela dans un délai très court, deux heures par exemple.

Il faut donc que l'appareil ait une puissance plus grande dans le cas d'un chauffage intermittent, et l'expérience indique que, dans les conditions ordinaires de la pratique où le fonctionnement, a lieu la moitié du temps, il y a lieu de *doubler* la surface que le calcul indique comme nécessaire pour compenser les pertes horaires maximum des grands froids.

Cet excédent de puissance d'un appareil de chauffage a, de plus, le grand avantage de ne jamais surmener l'appareil, de marcher régulièrement à allure modérée, et de rendre le service moins pénible.

142. Dimensions à donner aux poêles. — Supposons qu'on ait calculé le nombre de calories que le local peut perdre par heure pendant les grands froids et représentons ce nombre par A. Nous allons en déduire les dimensions qu'il conviendra de donner au poêle qu'on devra adopter.

La première condition qu'il doit remplir, c'est de pouvoir, après un arrêt, ramener vivement la température de la pièce au degré voulu ; il faut, comme on vient de le voir au numéro précédent doubler la surface qui serait nécessaire pour la vitesse de régime d'une marche continue. Nous supposerons donc qu'il y ait à parer à une déperdition deux fois plus forte. Il faut donc qu'il soit capable de fournir par heure 2A calories.

Si nous supposons de la houille produisant 8.000 calories par kilogramme, et si nous admettons un rendement d'appareil de 0,70, on voit que chaque kilogramme de houille produira utilement :

$$0{,}70 \times 8.000 = 5.600 \text{ calories,}$$

et la consommation horaire de combustible sera :

$$\frac{2A}{5600} = B.$$

Cette consommation rapportée au cube chauffé, dans les conditions courantes des habitations, est d'environ 1 *kilogramme par heure et par* 100 *mètres cubes*.

La surface de grille nécessaire pour brûler le combustible s'établit à raison de 500 kilogrammes par mètre carré et par heure, soit 2 décimètres carrés par kilogramme de charbon brûlé en une heure, soit encore 2 *décimètres carrés par* 100 *mètres cubes*, si on veut rapporter cette surface au cube à chauffer.

La grille de notre poêle aura donc comme surface :

$$0^{m},02 \times B = \frac{5.600}{0,04A} = \frac{A}{140.000} = 0,000007A.$$

La surface de chauffe ne doit pas être trop restreinte pour les raisons que nous avons données. Nous conseillons de ne pas compter sur une transmission horaire de plus de 3.000 calories par mètre carré. La surface de chauffe sera alors donnée par la formule :

$$\frac{2A}{8000} = 0,00066A.$$

Si on rapporte cette surface de chauffe à la capacité des locaux, on trouvera $0^{m},70$ à $1^{m},00$ *par* 100 *mètres cubes*, de 3/4 de mètre carré à 1 mètre.

Bien entendu, si cette surface est, en partie, formée d'ailettes, on tiendra compte de sa valeur en surface directe.

Enfin, reste la section du tuyau de fumée. Il faut remarquer qu'ici les tuyaux sont de faible diamètre et présentent une grande résistance au passage de l'air, aussi doit-on prendre la section telle qu'elle corresponde à 250 kilogrammes de charbon brûlé par mètre carré. Cette section sera donc :

$$\frac{B}{250} = 0,004B\,;$$

rapportée à la capacité de la pièce, elle sera de $0^{mc},004$ *par* 100 *mètres cubes*.

Nous allons passer en revue les principaux types d'appareils que l'on trouve dans le commerce, en insistant sur leurs avantages et leurs inconvénients.

143. Poêle de corps de garde. — Un des poêles les

plus simples, et très employé autrefois, est le poêle *de corps de garde*, représenté en élévation et en coupe par les deux croquis de la figure 86. Il se compose de deux capacités presque hémisphériques superposées ; l'une, celle du bas, montée sur pieds, comporte une grille et sert de cendrier avec porte pour l'introduction de l'air et le nettoyage. Au dessus se place une seconde pièce, en cloche renversée, munie d'un tuyau à sa partie supérieure. C'est dans cette pièce, munie d'une porte de chargement, que l'on met le combustible et qu'on l'entretient en ignition. L'ensemble de ces deux pièces contenant le cendrier et le foyer est ce qu'on appelle en fumisterie une *cloche*, surtout lorsque l'appareil est exécuté en fonte.

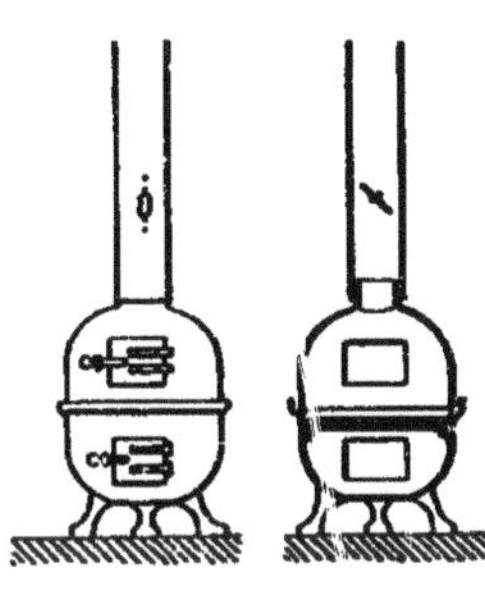

Fig. 86.

La cloche communique avec un tuyau de fumée réservé dans un mur, par l'intermédiaire d'une suite de tuyaux en tôle, emboîtés les uns dans les autres. Chacun d'eux est fait d'une virole de $0^{m},30$ environ de longueur ; ils doivent s'emboîter de telle sorte que ce soit le bout inférieur du tuyau du haut qui entre *à force* dans le bout supérieur du tuyau du bas. De cette manière, s'il y a condensation de liquides visqueux contenant du goudron, ces liquides ne peuvent se répandre par les joints.

D'autres fois, le tuyau de tôle traverse la toiture du bâtiment et va directement au dehors.

Ces sortes de poêles sont rustiques et dégagent par rayonnement et par contact de grandes quantités de chaleur, en raison de la grande quantité de combustible employé ; mais, si on les charge à plus de $0^{m},12$ à $0^{m},15$ d'épaisseur, le charbon est mal utilisé, il se produit de l'oxyde de carbone en quantité, et on sait que la production de chaleur est alors considérablement réduite. De plus, à moins d'un grand développement de tuyaux, la fumée passe encore très chaude dans le conduit du mur ou au dehors, si le tuyau monte directement à travers le toit; c'est une seconde raison pour avoir un mauvais rendement. On les améliore un peu en interposant sur le parcours de la fumée, et immédiatement au-dessus de la cloche, deux ou trois tambours en tôle, comme ceux qui sont indiqués dans la figure 87. Une chicane est établie au milieu de ces tambours, et la fumée est obligée, pour les parcourir, de longer leur surface extérieure. On ajoute ainsi une surface auxiliaire qui prolonge le contact avec l'air du local et augmente la transmission.

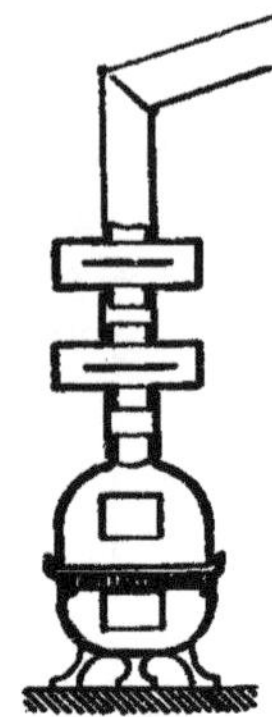
Fig. 87.

Il n'y a lieu, malgré cela, de n'employer ces appareils que lorsqu'on veut faire le chauffage provisoire et rapide d'un local, dans les cas où la dépense de combustible s'efface devant le résultat immédiat à obtenir. Ils ne sauraient convenir, en raison de leur rendement relativement faible, pour une installation définitive.

144. Poêles en faïence. — On se sert fréquemment, pour le chauffage de locaux de petite capacité, de poêles établis en panneaux de faïence, et dont l'intérieur est garni en briques. Ils sont plus longs à s'échauffer que les poêles métalliques; mais leurs parois se maintiennent à température plus basse, et la chaleur qu'ils donnent est plus agréable.

L'un des nombreux modèles de ces poêles est représenté dans la figure 88. Il est établi spécialement pour brûler du bois, qui est le combustible le mieux approprié aux appareils en faïence. Il est formé d'une capacité rectangulaire montée sur pieds pour l'isoler du sol. Cette capacité même est le foyer. La longueur est assez grande pour y mettre des bûches de dimensions convenables; on soutient ces dernières sur un petit chevalet en fer. Un plancher permet de faire circuler la fumée dans la hauteur d'un second rang de faïence, et le départ a lieu par l'arrière. Le dessus est également en faïence. L'air est admis par une ouverture à coulisse ménagée dans la porte du foyer, et un tuyau en tôle, plus ou moins développé, va rejoindre le conduit ménagé dans le mur.

Lorsqu'on admet peu d'air, le bois se consume lentement et se transforme en braise, qui dure à son tour un certain temps. On a un chauffage lent et économique.

Quelquefois on remplace la circulation du haut par une

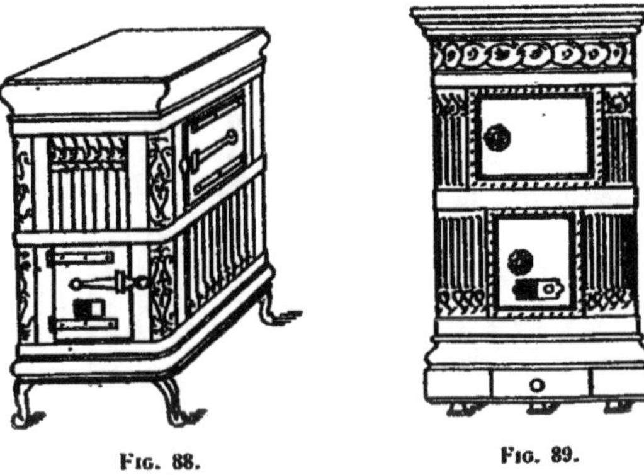

Fig. 88. Fig. 89.

étuve qui plonge dans la capacité et est fermée par une porte. On peut avoir l'utilisation de cet accessoire.

La figure 89 montre un autre modèle de poêle établi, soit sur forme ronde, soit sur plan carré, et qui est destiné à brûler de la houille, dans les cas où on préfère ce combustible. La porte du foyer et la porte de l'étuve sont en façade ; il y a une grille et un tiroir, qui constitue un cendrier inférieur. Le dessus est en faïence ou en marbre. Il faut modérer le feu si on ne veut pas désorganiser les faïences. malgré les cercles en cuivre qui les réunissent.

145. Poêle Gurney. — M. Gurney a établi un poêle de grandes dimensions, qu'il a appliqué au chauffage de vastes salles, et notamment des églises. Ce poêle est formé simplement d'une cloche de fort diamètre et d'un tuyau de fumée. Ainsi que le représente la figure 90, la cloche constitue un foyer droit, cylindrique, posé sur un cendrier élevé sur socle et portant la grille. Le chargement du combustible peut se faire par deux portes ; l'une est au niveau de la grille ; la seconde, plus haut, sert lorsque l'on veut accumuler le combustible sur une plus grande épaisseur.

De petites nervures intérieures consolident la cloche dans sa portion basse, tandis que de fortes nervures extérieures, espacées convenablement et disposées dans le sens vertical, augmentent la surface de contact avec l'air et empêchent la fonte de rougir en la refroidissant.

La cloche est surmontée d'un chapeau qui la ferme

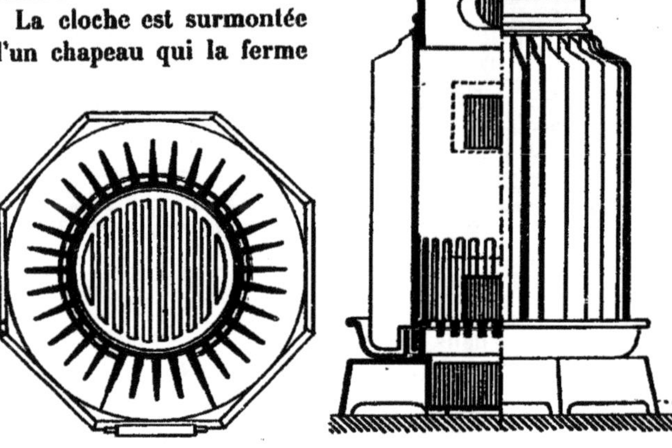

FIG. 90.

complètement ; le tuyau de fumée part soit du centre de ce chapeau, soit de sa paroi latérale, suivant la position relative que l'on adopte pour l'appareil par rapport au tuyau de fumée qui, dans le mur le plus voisin, doit recueillir et enlever les produits de la combustion.

Préoccupé de la mauvaise réputation qu'on faisait aux poêles en fonte, et plus généralement aux surfaces de chauffe exécutées en fonte et qu'on accusait de dessécher l'air, M. Gurney a établi, autour de son appareil, un bassin circulaire étanche, que l'on peut remplir d'eau, et dans lequel trempent les extrémités des ailettes. De cette manière, il rend à l'air l'humidité que le chauffage du métal a soi-disant absorbée. Nous avons vu que l'air n'est pas plus sec lorsqu'on le chauffe d'une façon ou d'une autre ; seulement, quand on le chauffe, il est plus loin de son point de saturation, et on peut avoir avantage à l'humidifier en même temps qu'on élève la température. Mais les ailettes très chaudes du poêle Gurney vaporisent trop d'eau, ce qui, dans un chauffage d'appartement, pourrait présenter de sérieux inconvénients. La cloche droite de ce poêle demande, pour bien utiliser le combustible, que l'on ne mette pas une trop grande épaisseur de charbon à la fois sur la grille, et, par suite, que l'on soigne son fonctionnement de temps en temps.

146. Poêle français. — Sous le nom de *poêle français*, MM. Geneste et Herscher ont construit un poêle analogue au poêle Gurney, mais dont la forme est plus acceptable au point de vue de l'aspect extérieur. Il se compose d'un cendrier, d'une vaste cloche munie de nervures et d'un tuyau de fumée latéral, sans autre surface annexe.

Le poêle français est dessiné en élévation, en coupes verticale et horizontale dans les quatre croquis de la figure 91.

Le cendrier forme un soubassement saillant, orné de moulures développées formant socle, dé et corniche. Dans la hauteur du dé se trouve percé l'orifice du cendrier, qui est garni d'un tiroir avec façade munie de portes pour régler l'accès de l'air. La saillie de la corniche forme autour de l'appareil un vaste bassin creux dans lequel on maintient de l'eau, dont l'évaporation est chargée de modifier l'état hygrométrique de l'air.

Au-dessus du cendrier se pose la cloche, formée de plusieurs anneaux superposés ; l'anneau du bas est rétréci à sa partie inférieure pour porter la grille. Dans le modèle figuré, le diamètre du corps du poêle étant de $0^m,85$ intérieur, le diamètre de la grille est réduit à $0^m,52$.

Un second anneau vient poser sur le précédent ; il a une hauteur de $0^m,32$ et comporte une porte de chargement ; il est muni sur son pourtour de nervures verticales.

Le troisième anneau, de même hauteur, comprend une

porte de chargement et une buse de départ de fumée. Enfin, par dessus, se pose la calotte supérieure qui ferme l'appareil.

Ces poêles sont destinés à servir de magasin de combus-

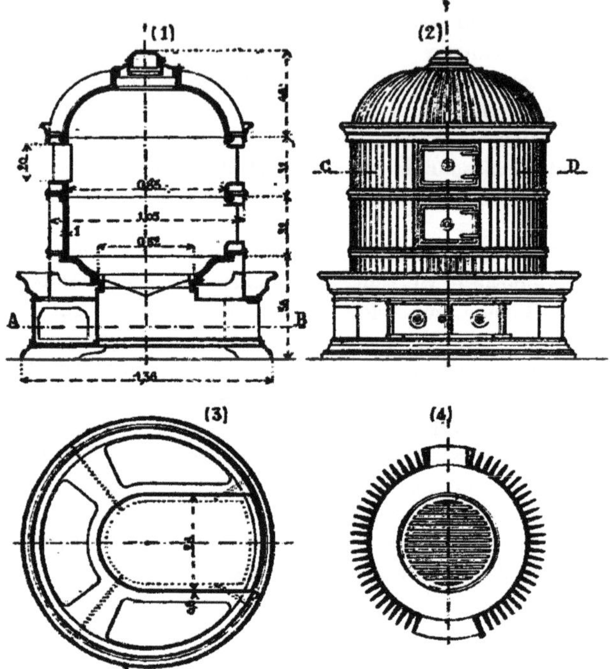

Fig. 91.

tible pouvant permettre d'espacer les chargements à de longs intervalles, et ils doivent fonctionner à feu dormant.

Les parois de la cloche tendent à être chauffées à haute température, mais le grand développement de la surface extérieure, grâce aux nervures, empêche les parois de rougir; en même temps au dehors, l'air se chauffe librement par son contact avec les parois, le long desquelles il se renouvelle constamment.

Ces poêles sont employés au chauffage de grands vaisseaux, tels que les nefs d'églises, les salles de pas perdus et analogues. Leur forme permet de les laisser apparents. D'autres fois, on les établit dans des locaux en contre-bas, en communication par de larges grilles avec les espaces à chauffer, et dans ce cas ils fonctionnent comme de véritables calorifères.

La combustion ne peut y être complète, et, par suite, le charbon ne peut rendre son maximum d'effet utile que si on limite l'épaisseur de la couche à une quinzaine ou une vingtaine de centimètres au plus. Il faut alors surveiller le foyer pour le maintenir en état de bon fonctionnement. Si, au contraire, on accumule la houille sur une plus forte épaisseur pour constituer une réserve, on espace les chargements, mais on a une combustion incomplète. Il est bon pour cette allure de ménager quelques trous dans la porte de chargement du bas, afin de faire rentrer de l'air qui brûlera en partie les gaz combustibles produits.

147. Poêles à magasin de combustible. — En 1835, le Dr Arnott proposa un poêle très bien étudié qui a été le point de départ des appareils si nombreux exécutés depuis. Dans son appareil il y avait les idées neuves suivantes : garnissage du foyer en terre réfractaire pour diminuer la température en ce point ; chargement par le haut, au moyen d'une trémie renversée ; emploi d'une enveloppe faisant circuler l'air avec plus de vitesse, pour refroidir mieux les surfaces ; enfin, règlement de l'admission de l'air par une rondelle à vis, par suite, combustion lente.

Vers la même époque parut le poêle Phénix de M. Walter. Ce poêle met en pratique le chargement par le haut, et la trémie renversée du Dr Arnott y devient un magasin de combustible permettant d'espacer les chargements. Enfin, l'admission d'air y est réglée par une rondelle à vis, ce qui permet de ralentir à volonté l'allure de marche.

Ce poêle, très bien compris, est figuré en élévation et en coupe dans le dessin de la figure 92. Il se compose d'un foyer B en fonte contenant une grille G, avec une porte D pour le nettoyage; d'un cendrier F avec réceptacle mobile de cendres et admission d'air en C, par un orifice réglable; d'un réservoir de combustible très élevé A, terminé à la partie haute par un tampon dont les bords verticaux plongent dans une

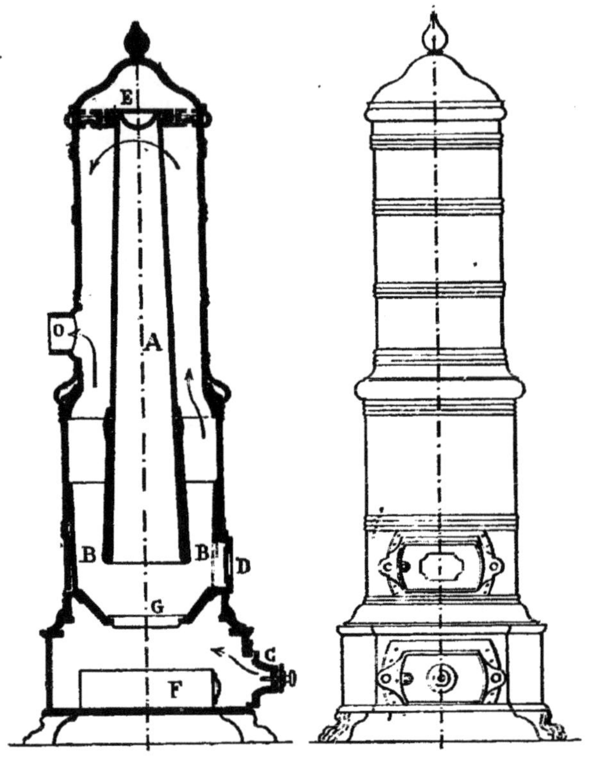

Fig. 92.

rainure profonde supérieure, entretenue pleine de sablon fin (c'est un joint très efficace d'une partie mobile et que l'on désigne sous le nom de *joint de sable*); enfin, d'une enveloppe extérieure très développée, en fonte, munie d'une buse de départ de fumée.

Les précautions prises dans la construction dénotent un appareil soigné. Le foyer est indépendant de l'enveloppe, afin de moins chauffer celle-ci en ce point, et de permettre un remplacement facile lorsque le foyer lui-même est hors de service. Le bas de la trémie peut également se remplacer à

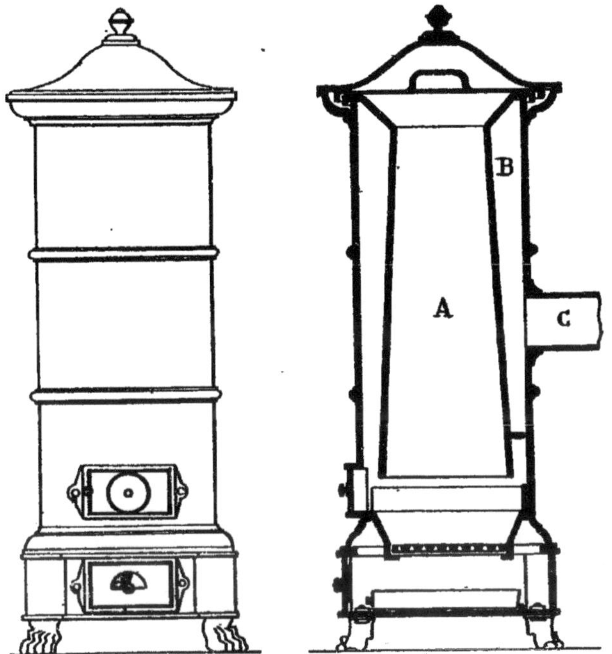

Fig. 93.

part, et son épaisseur le rend très résistant à la température du foyer. Enfin, grâce à la circulation de fumée qui s'établit dans le vide annulaire existant autour du magasin de combustible, toute la surface extérieure devient surface de chauffe.

Ces sortes de poêles sont bien préférables aux poêles à foyers droits au point de vue de la combustion. L'air n'a à traverser qu'une couche mince de combustible en ignition, et la combustion peut être complète. On peut obtenir, par suite, toutes les calories qu'elle est susceptible de produire.

Ces poêles ont été établis pour brûler du coke cassé fin, ils peuvent recevoir également des houilles maigres à forte proportion de cendres, improprement dénommées *anthracites*, à Paris. Seulement il y a lieu, de temps en temps, de ringarder le foyer pour faire tomber les cendres qui obstruent la grille. Ces appareils Phénix sont très convenables dans les habitations pour chauffer des vestibules, cages d'escaliers et locaux analogues.

La Compagnie Parisienne du gaz, qui a créé une série d'appareils pour brûler du coke, a repris la forme générale du poêle Phénix, en faisant varier les proportions, et elle est arrivée au modèle dessiné en élévation et en coupe dans la figure 93. Le foyer, en forme de trémie, est encore plus éloigné de l'enveloppe, de manière à éviter que celle-ci puisse rougir. Au dessus est le magasin de combustible A. Ce dernier monte moins haut; il est d'un diamètre plus grand et se termine par un entonnoir qui facilite le chargement. Le couvercle est à bain de sable. Le tout est logé dans une enveloppe en fonte, qui sert de surface de chauffe et porte une tubulure latérale C pour le départ de la fumée.

L'air est admis dans la porte du cendrier, par un orifice muni d'un papillon mobile, qui permet le réglage et la combustion lente.

Ces appareils sont très convenables pour brûler du coke, et ils le brûlent dans de bonnes conditions économiques.

148. Des poêles-calorifères. — Leurs avantages. — Les poêles-calorifères ne diffèrent des poêles simples que par l'addition d'une enveloppe qui entoure le foyer à petite distance. L'enveloppe doit admettre par le bas une introduction d'air ; cet air s'échauffe et peut s'échapper par des grilles disposées à la partie supérieure. Les orifices de chargement, ainsi que le cendrier, traversent l'intervalle de l'enveloppe au moyen de buses convenables, pour aboutir au dehors; ils y sont fermés par des portes, pour la manœuvre.

Les poêles-calorifères sont nécessairement d'un prix plus élevé que les poêles simples; mais ils présentent sur ces derniers les avantages suivants :

1° Ils sont bien moins dangereux au point de vue de l'incendie pour les personnes et les objets environnants ;

2° Ils chauffent l'air au contact de parois moins chaudes. Le tirage qui s'opère dans l'enveloppe y fait circuler l'air avec une vitesse notable refroidissant le poêle davantage. L'enveloppe recevant le rayonnement s'échauffe aussi et contribue au chauffage de l'air extérieur ;

3° Ils rendent possible et facile une ventilation importante au moyen de l'air venant du dehors et que l'on fait communiquer avec le bas de l'enveloppe, ce qui est utile dans un certain nombre de cas;

4° Ils permettent d'approprier le poêle intérieur aux meilleures conditions de chauffage, sans souci de la forme extérieure, l'enveloppe seule étant chargée d'avoir l'aspect convenable pour les locaux à chauffer ;

5° Enfin, ils donnent le moyen, par l'addition à la cloche de surfaces annexes, d'augmenter l'étendue des parois chaudes de l'appareil et, par suite, de mieux refroidir la fumée.

Ils peuvent, dans ces conditions, donner un meilleur rendement, surtout lorsque l'appareil ne doit pas être suivi d'un long tuyau en tôle allant regagner la cheminée.

Les poêles-calorifères admettent des enveloppes de toutes formes, soit en tôle, soit en fonte, soit en faïence. L'aspect extérieur présente d'ordinaire la forme d'un piédestal avec socle, dé et corniche. On fait fréquemment des enveloppes métalliques au moyen d'un cylindre en tôle planée, unie, vernie au four, assemblé avec un socle et une corniche en fonte ornée brute, vernie ou nickelée.

Voici les principales formes usuelles des poêles calorifères.

149. Poêles-calorifères à foyer droit. — Comme premier exemple d'un poêle-calorifère, nous donnons, dans les trois premiers croquis de la figure 94, un poêle construit, pour brûler du coke, par la *Compagnie parisienne d'Éclairage et de Chauffage par le gaz*. Cet appareil se compose d'une cloche et d'une enveloppe, le tout en fonte et monté pour être amovible d'une seule pièce.

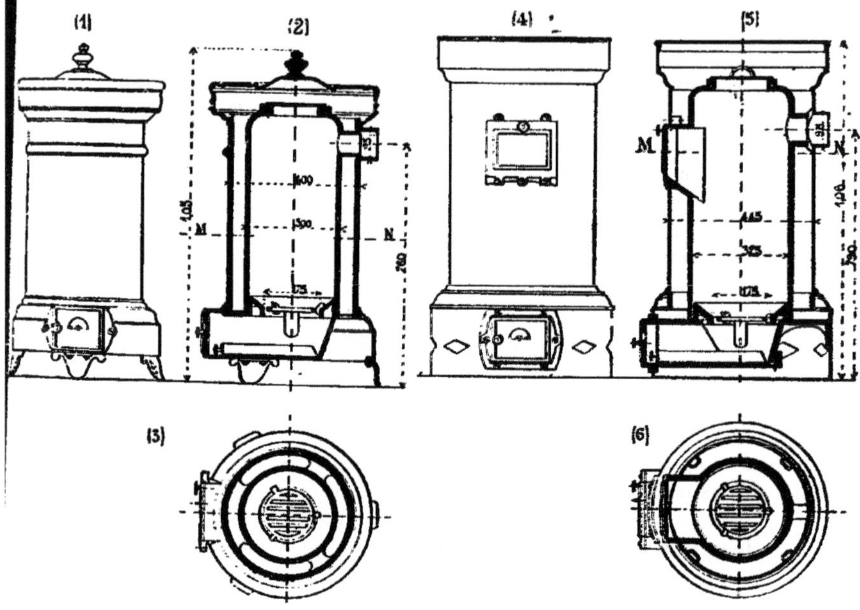

Fig. 94.

La cloche est droite; elle a $0^m,30$ de diamètre et environ $0^m,60$ de haut. Elle est posée sur un cendrier avec tiroir pour enlever les cendres et porte hermétique munie d'un régulateur pour l'admission de l'air. La grille est circulaire, de petit diamètre, posée au fond d'une corbeille pleine ; elle est montée sur un levier permettant certains mouvements pour faire tomber les cendres et dégager le passage de l'air.

Le foyer droit sert de magasin à combustible; il se charge par le haut après enlèvement d'un couvercle, dont les bords saillants viennent s'engager par le bas dans une rainure profonde remplie de sablon blanc; on obtient de la sorte un joint suffisamment hermétique pour s'opposer au passage des gaz du foyer si le tirage est faible, ou à une rentrée d'air sérieuse si le tirage est fort. Le tuyau de fumée se branche sur la cloche par une buse latérale, au-delà de laquelle il se poursuit en tôle pour aller rejoindre le tuyau ménagé dans le gros œuvre du bâtiment.

Toute cette partie de l'appareil, destinée à contenir le combustible et à le brûler, est placée dans une enveloppe en fonte, posée sur pieds à une certaine distance du sol. C'est un cylindre vertical, parallèle à celui de la cloche, à une distance d'environ $0^m,05$. Ce cylindre forme fût, se monte sur un socle élargi raccordé par une moulure, et se termine par une tête également moulurée figurant corniche. Le dessus est percé de dessins à jour; il comporte un couvercle également à jour permettant de démasquer l'ouverture du foyer et d'y accéder. Cette enveloppe protège à l'extérieur contre les parois trop chaudes de la cloche; de plus, elle détermine, le long des parois de cette dernière, un courant d'air assez vif qui la refroidit et l'empêche de trop rougir. L'air arrive par la partie inférieure, s'échauffe dans son passage entre les deux cylindres, et sort chaud à la partie ajourée supérieure, qui forme bouche de chaleur.

Lorsque l'appareil vient d'être chargé, il est évident que la hauteur de combustible en ignition est assez forte pour qu'il y ait formation d'une notable proportion d'oxyde de carbone qui part dans la cheminée sans brûler et sans donner son utilisation. Cette proportion diminue à mesure que le niveau du combustible vient à baisser.

Les croquis (4), (5) et (6) de la même figure donnent une variante de ce même poêle, dans laquelle l'enveloppe est en tôle; le chargement se fait par une porte percée dans la paroi verticale, au-dessus de la porte du cendrier; malgré cela, le couvercle supérieur à bain de sable est maintenu pour faciliter le nettoyage journalier.

Le soubassement est en tôle; il descend avec sa forme cylindrique jusqu'au sol, ce qui remplace les pieds; il est percé d'orifices sur tout son pourtour, afin de permettre le passage de l'air qui doit s'échauffer sur la paroi du poêle.

150. Poêle-calorifère avec cloche à nervures. — En employant une cloche à nervures, on développe notablement la surface de la cloche et le refroidissement des gaz de la combustion; cela permet de supprimer les surfaces auxiliaires et de simplifier beaucoup la construction des poêles-calorifères.

L'appareil dessiné en coupe verticale dans la figure 95 est un exemple de ce genre de poêles.

Sur un cendrier inférieur est montée une cloche en deux pièces, munie d'une grille à sa partie basse, et d'une porte de cendrier en avant; en haut, elle se termine par la buse de départ de la fumée. Toute sa surface extérieure est munie de nervures verticales de 0m,04 à 0m,05 de saillie, espacées de 0m,03 environ.

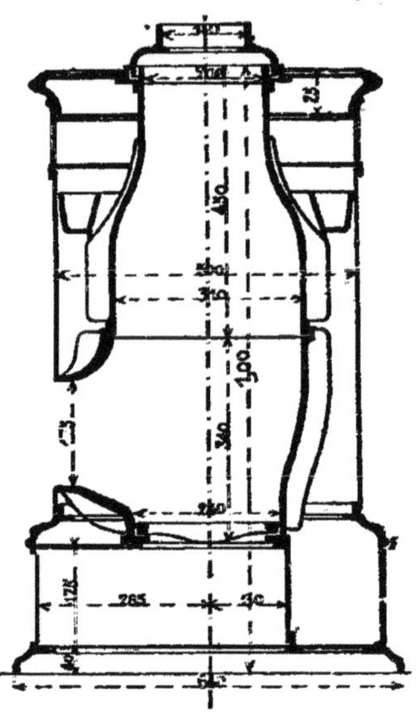

Fig. 95.

L'addition de nervures à une cloche permet un refroidissement très important, et l'empêche de rougir, à condition d'être en contact avec de l'air animé d'une certaine vitesse. C'est le cas ici où l'air circule entre la paroi de l'appareil et une enveloppe extérieure en tôle et fonte.

Comme pour tous les appareils à foyer droit, ce poêle donnera des résultats convenables, au point de vue de l'utilisation du combustible, si l'on s'astreint à limiter l'épaisseur de la couche. De plus, une certaine portion des gaz s'élève verticalement jusqu'au tuyau sans avoir approché les parois et, par suite, sans s'être refroidie; il faut donc que le tuyau apparent ait encore un certain parcours dans la pièce. afin de présenter une surface suffisante de refroidissement.

L'air chauffé dans l'enveloppe peut être pris, suivant les cas, ou dans la pièce même, lorsque la ventilation naturelle suffit, ou au dehors, amené par une prise d'air spéciale ménagée sous le sol, si on veut profiter du poêle pour produire dans le local chauffé un renouvellement d'air nécessaire.

L'air chaud sort par quatre bouches de chaleur ménagées dans la paroi haute de l'enveloppe, entre la corniche et l'astragale.

En dessus des nervures, se trouve un vase annulaire en fonte, dans lequel on maintient une certaine quantité d'eau, lorsqu'il est nécessaire d'augmenter le degré hygrométrique de l'air de la pièce.

151. Poêle-calorifère avec tuyau de fumée inférieur. — La figure 96 représente, en coupe verticale et en plan, un poêle-calorifère en fonte construit par la maison Godin-Lemaire, à Guise, et destiné à être placé dans le milieu d'une pièce à rez-de-chaussée pour le chauffage d'une salle d'attente de gare, d'une école, ou d'un autre local analogue. Le poêle s'établit à rez-de-chaussée sur une fondation en briques comprenant une fosse à dépôt de cendres G et une cheminée traînante en fonte D, allant rejoindre le conduit vertical de fumée H, logé dans un mur de refend. En F est une porte de nettoyage et de ramonage.

La fondation est surmontée, pour recevoir l'appareil, d'une trémie C sur laquelle il repose, et une prise d'air extérieure amène en E l'air du dehors qui vient pour s'échauffer.

Quant au poêle lui-même, il se compose d'une cloche A, avec cendrier et tiroir à cendres, et d'une buse supérieure retournant la fumée en deux courants descendants au moyen des tuyaux BB, qui l'amènent à la trémie C. Une enveloppe en fonte ornée entoure l'appareil, et l'intervalle entre cette enveloppe et la surface de chauffe est parcourue par l'air à chauffer. Une large grille supérieure, formant bouche de

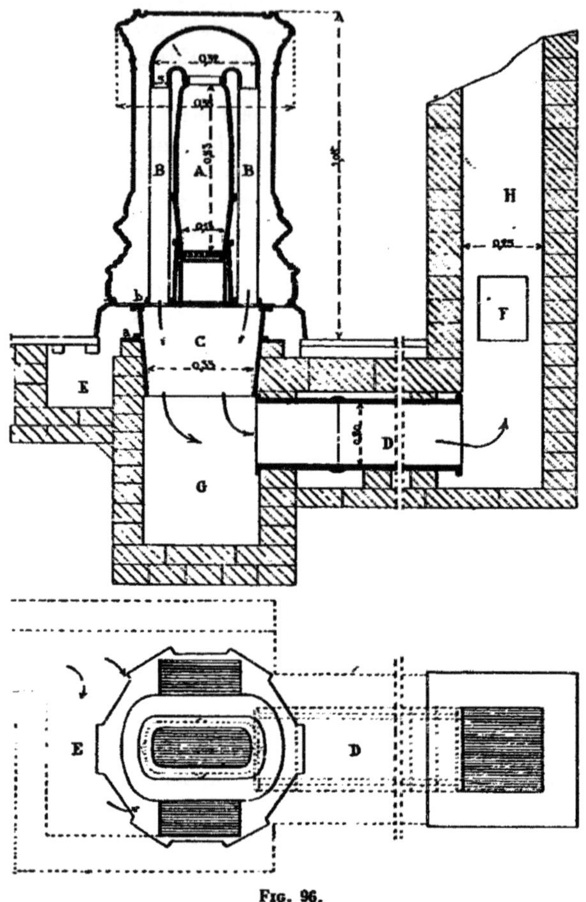

Fig. 96.

chaleur, terminé l'enveloppe et donne issue à l'air chaud.

Le poêle en lui-même est médiocre, en raison de son long foyer droit et de la grande épaisseur de combustible en ignition. Les tuyaux B sont aussi trop serrés contre la cloche, et refroidissent mal la fumée; mais la disposition de cheminée traînante peut être avantageusement appliquée dans certains cas, lorsque le tuyau apparent de départ de fumée n'est pas acceptable. Il y a lieu, lorsqu'on adopte cet arrangement, de ménager, au bas de la cheminée verticale du mur, un foyer d'appel destiné, au moment de l'allumage, à déterminer le premier tirage.

152. Poêle Muller en terre réfractaire. — A un moment où il était admis que les surfaces métalliques étaient insalubres, que la fonte dégageait de l'oxyde de carbone, que les parois rougies rendaient l'air irrespirable, on a cherché tous les moyens de remédier à ces inconvénients, dont on grossissait l'importance. On a cherché à faire les parois avec des substances moins conductrices, et s'élevant, par suite, à une température moins élevée. Après avoir garni les cloches avec des matériaux réfractaires placés à l'intérieur, on a eu l'idée d'employer les parois en terre cuite seule, en supprimant radicalement le métal.

De là la construction des poêles en terre cuite, comme celui qui est représenté dans la figure 97. Cet appareil, établi par la maison Muller, d'Ivry, est destiné principalement au chauffage des écoles. Le croquis (1) montre l'élévation de l'appareil, et en (2) on voit le plan correspondant. La coupe verticale par l'axe est figurée dans le croquis (3), enfin, en (4) est dessinée la coupe horizontale suivant CD.

Sur un cendrier en fonte qui porte la grille circulaire est une cloche en terre d'un seul morceau, de forme approximativement sphérique. Elle se raccorde avec une porte antérieure de chargement. Au dessus est un tambour en deux pièces pour le développement des gaz chauds; pour forcer ces derniers à circuler le long des parois, on a bouché le passage au moyen d'une cloche renversée, également en terre; enfin, par dessus, est une hausse cylindrique recevant le tuyau de fumée. Les joints sont en coulis réfractaire maintenu par des cercles métalliques.

Ce poêle est logé dans une enveloppe composée de fonte

et de terre cuite. Le socle est en métal, construit comme les précédents. Il reçoit l'air soit de la pièce, comme l'indiquerait la flèche *a*, au moyen d'orifices régulièrement disposés au pourtour, soit d'une prise débouchant à l'exté-

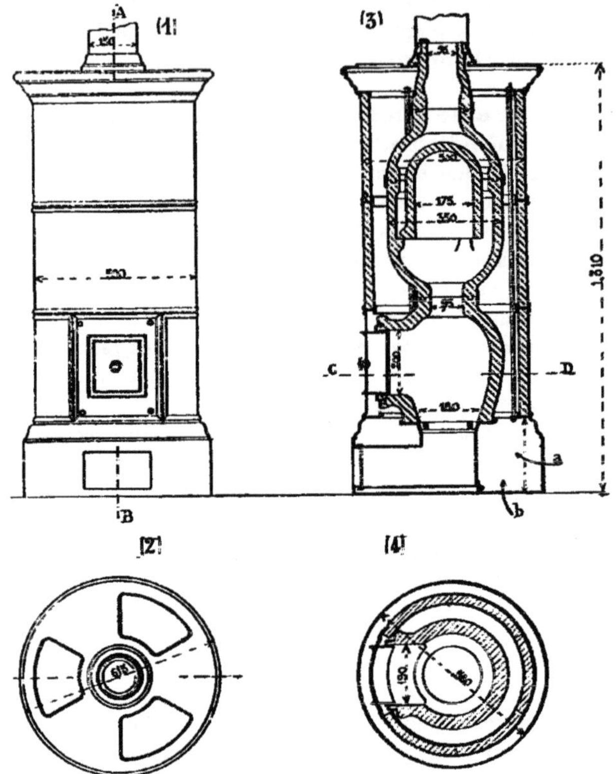

Fig. 97.

rieur, comme l'indiquerait la flèche *b*, et alors il est complètement plein.

Au-dessus de ce soubassement, le fût est en terre cuite émaillée à l'extérieur. Il est formé de panneaux cintrés disposés en trois rangs étagés, retenus dans les rainures de ceintures en fonte disposées pour les recevoir. Le fût est surmonté d'une corniche également émaillée.

La surface supérieure de cette enveloppe est aussi en terre cuite émaillée; elle est percée de trois larges orifices triangulaires à angles arrondis, et dont les vides sont grillagés. C'est par ces orifices que se dégage l'air chaud.

Le développement de la paroi de l'appareil n'est pas assez grand pour refroidir complètement la fumée, il est nécessaire de le compléter par une longueur suffisante de tuyaux en tôle parcourant le vide de la pièce avant de rejoindre le conduit ménagé dans le mur.

153. Poêle-calorifère Geneste et Herscher, avec magasin de combustible. — MM. Geneste et Herscher ont créé un modèle de poêle-calorifère qu'ils ont nommé *poêle d'école*, en raison d'une des principales applications pour lesquelles ils le proposent. Ce calorifère donne, concentré dans un petit espace, un développement considérable de surface de chauffe. Il est représenté dans les cinq croquis de la figure 98.

Sur un cendrier en fonte, muni d'une porte à régulateur d'air, se monte un foyer assez large pour recevoir une garniture réfractaire; la grille est un rectangle terminé par un demi-cercle; elle est assez éloignée d'une porte qui sert au décrassage des barreaux et à l'enlèvement des pierres et mâchefers.

Au-dessus de la cloche est une trémie servant de magasin de combustible, avec porte de chargement à l'avant; tout autour de ce magasin sont disposés une série de tubes, sept dans le modèle figuré. Ils partent du pourtour du foyer, reçoivent directement ses gaz chauds et les mènent dans un tambour supérieur, où ils se réunissent pour se rendre à la cheminée.

Le haut de la trémie et le tambour sont mis en communication directe par une ouverture qu'on peut fermer du dehors, au moyen d'une clef dont la poignée indique la position.

Pour l'allumage, on commence par brûler dans le foyer des combustibles très légers à longue flamme, copeaux et menus bois, et la flamme monte dans la trémie, passe par la communication, dont la clef est ouverte, traverse directement le tambour et se rend à la cheminée. Le mouvement est partout ascendant; le tirage s'établit de lui-même. Lorsque tout est échauffé, on ferme la clef, et l'on remplit la trémie

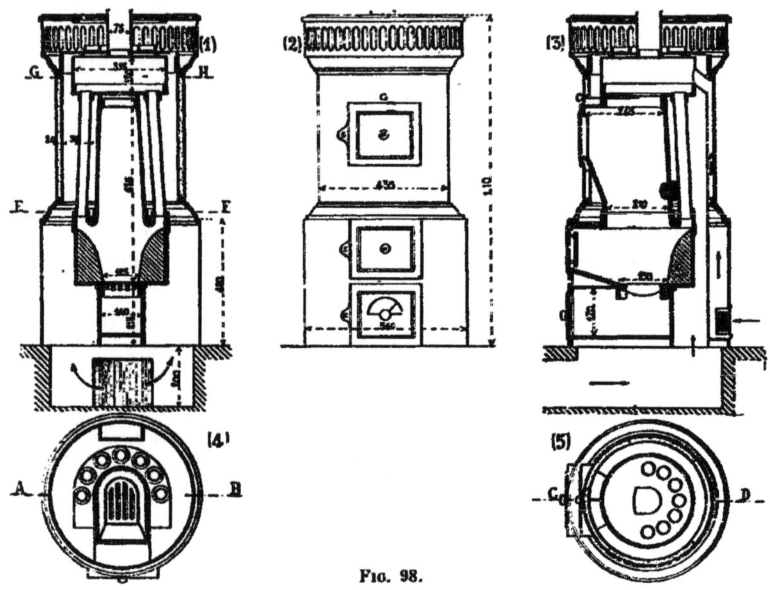

FIG. 98.

de coke ou de houille maigre; les gaz du foyer passent alors par les tubes, sans avoir à traverser une grande hauteur de combustible; la proportion d'oxyde de carbone est faible, et le combustible rend le maximum de chaleur. Comme l'espace manque pour le développement de la flamme et que les gaz s'éteindraient à l'entrée des tubes, ce foyer ne conviendrait pas pour des combustibles à longue flamme.

Tout cet appareil est logé dans une enveloppe composée

d'un socle cylindrique en tôle posé sur le sol, d'un fût et d'une corniche.

Le socle peut communiquer avec une prise d'air extérieure, comme il convient pour des chauffages d'écoles. Pour d'autres applications, où la ventilation naturelle suffirait, le socle serait percé de trous au pourtour, de manière à prendre l'air dans la pièce elle-même.

Une moulure en fonte raccorde le socle avec le fût. Ce dernier est formé d'une double paroi en tôle, comprenant un corps isolant, afin d'éviter qu'il ne monte à une température trop élevée.

Comme on dispose souvent d'un excès de tirage, on peut en profiter pour déterminer une certaine ventilation. A cet effet, comme le montre la figure 98 (3), on profite d'une partie de la distance des parois de l'enveloppe pour ménager un passage d'air pris au bas de la pièce par une grille à créneaux, et allant dans le tambour supérieur se mélanger avec la fumée. On règle ce passage sur le tirage dont on dispose.

L'air chauffé au contact des parois du foyer et des tubes se dégage par la corniche de l'enveloppe, qui est raccordée par une moulure en fonte avec le fût, et présente des orifices latéraux, en même temps qu'une grille à jour sur sa surface horizontale supérieure.

Un vase à eau surmonte le tambour et permet d'augmenter le degré hygrométrique de l'air, si le besoin s'en fait sentir; mais, la plupart du temps, on se dispense de ce soin.

154. Poêles dits de salle à manger avec enveloppe en faïence. — On a adopté longtemps partout, et on emploie encore quelquefois, dans les salles à manger, des poêles-calorifères établis soit pour le bois, soit pour la houille, indifféremment, et dont la cloche et les surfaces auxiliaires sont enfermées dans une enveloppe en faïence décorée à l'extérieur. La figure 99 représente, en élévation et en coupes, l'un de ces appareils. La cloche C est ordinairement demi-cylindrique; elle est posée sur un cendrier A muni d'un tiroir, et elle en est séparée par une grille permettant l'emploi de tous

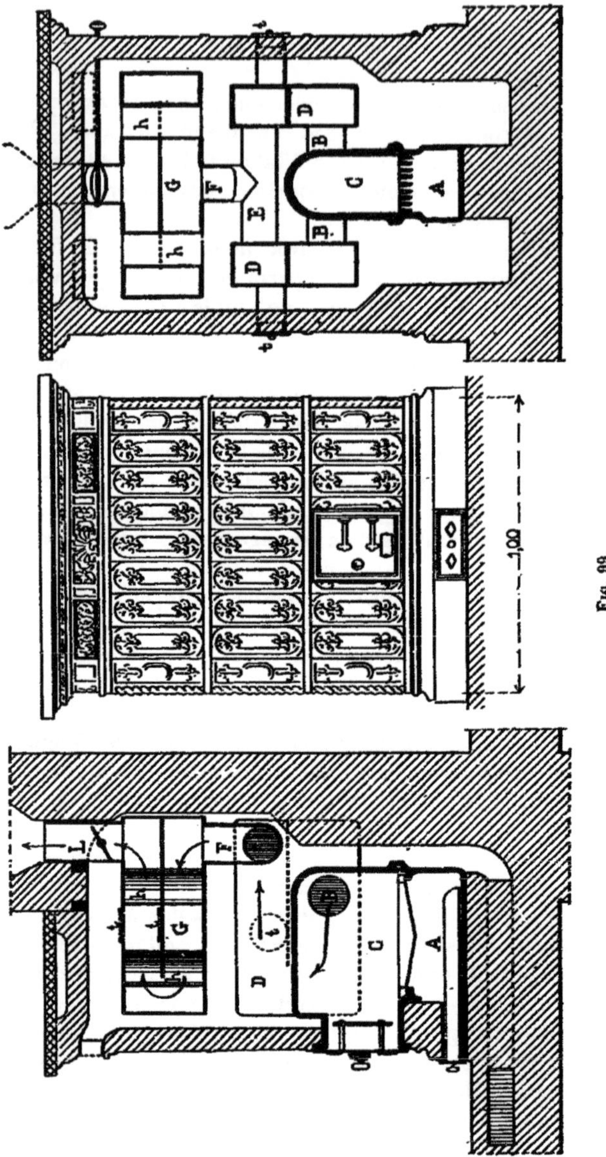

Fig. 99.

combustibles. En raison de sa forme, on nomme souvent cette cloche *le cylindre*. Le départ de fumée se fait soit par une seule buse placée au-dessus ou sur la paroi arrière, soit par deux buses latérales B, comme dans le croquis figuré. Ces buses versent la fumée dans une série de coffres qu'elle parcourt successivement avant de se rendre à la cheminée. Dans le dessin se présentent d'abord les deux coffres en tôle D, munis de chicanes pour augmenter le développement du chemin des gaz ; de là, ces gaz, par les tuyaux E et F, se rendent dans le second coffre G ; enfin, par le tuyau L, ils vont à la cheminée. Une clef à valve, placée dans ce tuyau et manœuvrable du dehors, modère ou arrête le tirage à volonté.

Les conditions que l'on s'impose dans l'étude de ces coffres sont : 1° de loger dans l'espace restreint dont on dispose la plus grande surface de chauffe. Aussi, quelquefois, les traverse-t-on de tuyaux *h*, comme le coffre G du croquis ; ces tuyaux *h*, parcourus par l'air, augmentent le développement de son contact avec la fumée ; 2° de présenter les facilités les plus grandes de nettoyage, afin d'enlever les suies qui garniront les parois et empêcheront la transmission de la chaleur, ainsi que les cendres dont les accumulations, en certains points, gêneraient le passage des gaz. C'est au moyen des tampons *t*, facilement accessibles soit du dehors, soit du dedans, par un travail peu important, que l'on fait ces nettoyages. Il est utile de soigner tout particulièrement les emboîtages de toutes ces pièces, afin que les alternatives de dilatation et de contraction ne puissent défaire les joints.

Quant à l'enveloppe, elle se compose d'un mur mince formé de panneaux de faïence, que l'on pose en plusieurs assises successives. Le socle inférieur est ordinairement d'une seule pièce, y compris de courts retours, que l'on complète par des morceaux ajoutés si la saillie en avant du mur est importante. Au dessus sont des rangs de carreaux de 0m,30 à 0m,33 de hauteur sur 0m,22 de largeur. Les encoignures sont des pièces spéciales avec retours inégaux, permettant de croiser les joints d'une assise à l'autre. Pour que les panneaux soient mieux reliés, non seulement on fait les joints en plâtre, mais encore on noie dans le mortier des agrafes en fort fil de fer galvanisé, deux fois coudé, dont les extrémités se logent dans des trous faits à la mèche dans les nervures intérieures ou *colombins* de la faïence. De plus, quand la disposition s'y prête, on consolide les rangs par des cercles en cuivre, dont les extrémités sont bien scellées dans les murs et qu'un tendeur permet de serrer fortement.

La faïence monte ainsi sur deux ou sur trois rangs, suivant la hauteur qu'il faut donner à l'enveloppe, et on la coiffe d'une corniche, ordinairement d'une seule pièce, au moins en façade. Dans cette corniche on place des bouches de chaleur. Le dessus du poêle est fermé par une paillasse maçonnée, formée de quelques fers à ⊥ ou plats. sur lesquels on étale un double rang de tuiles ou d'ardoises, que l'on recouvre d'un glacis en mortier. Cette paillasse est en creux; elle est cachée par une plaque de marbre qui termine l'enveloppe à la partie haute, mais qui ne doit être en aucune façon scellée. L'air qui doit se chauffer dans le poêle-calorifère peut être pris dans la pièce même ou en dehors. Dans le premier cas, on perce des prises dans le bas du socle, et on les munit de bouches grillagées. Dans le second, on fait communiquer le bas de l'enveloppe avec une ventouse amenant l'air extérieur, disposée ainsi qu'il a été dit, à propos des cheminées, au n° 121.

En avant de l'enveloppe on remplace le parquet par un *foyer* en marbre qui a d'ordinaire $0^m.20$ à $0^m,25$ de largeur. Ce foyer a la longueur voulue pour régner avec les côtés du poêle et être compris dans le même encadrement.

155. Poêles avec étuves. — Dans nombre de salles à manger on garnit les poêles en faïence d'étuves, munies de portes en cuivre en façade, et destinées la plupart du temps à usage de chauffe-assiettes. Ces étuves occupent un certain volume dans l'enveloppe, et, comme la dimension extérieure est forcément limitée, elles prennent la place d'un coffre et diminuent très notablement la surface de

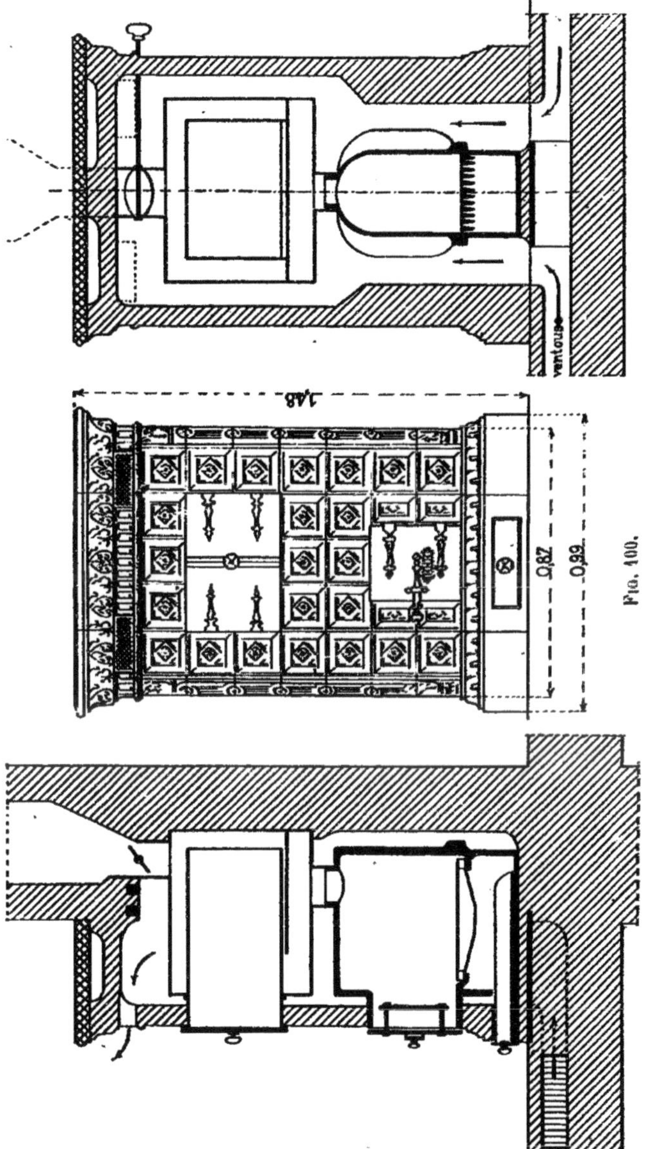

Fig. 100.

chauffe auxiliaire possible. La manière la plus commode d'installer ces étuves est représentée dans la figure 100. Une cloche cylindrique contient le foyer; elle peut être flanquée de deux coffres, comme dans l'exemple précédent, ou armée de nervures verticales. Le coffre du haut augmente en dimensions et contient l'étuve autour de laquelle circule la fumée. Lorsqu'on met un seul coffre, on évite que la flamme sortant du cylindre par le haut ne vienne frapper directement la tôle basse de l'étuve et la faire rougir. On interpose une chicane épaisse qui reçoit le coup de feu et protège ainsi la partie inférieure de l'étuve. Le reste de la construction se fait comme dans l'exemple précédent. Les coffres sont munis de tampons de nettoyage qui n'ont pas été indiqués dans ce dessin, et qui sont disposés sur les mêmes principes que ceux de la figure 99. On a ici un accès plus facile au moyen de l'étuve elle-même, qui peut porter des regards de visite, soit au plafond, soit au plancher, et par lesquels on fait les ramonages.

Il est bon également de mettre sur la paroi de l'étuve un petit regard avec porte à coulisse pour la ventiler; si l'on venait à y réchauffer accidentellement un plat avant de le servir, on éviterait toute odeur en ouvrant quelque peu la coulisse.

156. Poêles-cheminées. — On a établi depuis peu de temps, pour satisfaire les goûts et les habitudes de chacun, des appareils mixtes qui tiennent le milieu entre les poêles et les cheminées. Ce sont les poêles-cheminées, dont un exemple est dessiné dans la figure 101.

La forme générale est une enveloppe de poêle en faïence décorée, avec soubassement, corniche, et enfin plaque de marbre terminant le tout à la partie supérieure; mais le foyer diffère. Le soubassement est disposé pour recevoir un foyer ouvert avec rétrécissement, rideau et tous accessoires, comme dans une cheminée ordinaire.

La plaque du fond et les contre-cœurs sont métalliques. Ils forment une boîte fermée par le haut avec buse d'échappement pour la fumée. Celle-ci, avant de se rendre au tuyau ménagé dans le mur pour son évacuation, passe dans un coffre auxiliaire, en tôle, au milieu duquel est logée une étuve.

L'enveloppe en faïence reçoit l'air extérieur par le bas, au moyen de sa communication avec une ventouse. L'air se

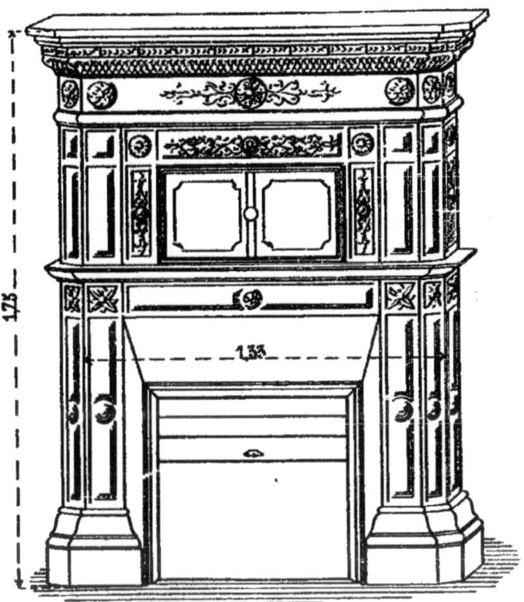

Fig. 101.

chauffe un peu au contact du coffre de la cheminée et du tambour auxiliaire, et vient sortir en haut par des bouches percées dans la frise de la corniche, en façade ou sur les côtés. D'autres fois, comme dans le croquis 101, on peut établir à jour les moulures ornées de la corniche, et par les orifices faire sortir l'air chaud.

On conçoit que la grande quantité d'air qui s'engouffre dans la cheminée donne un rendement presque nul, comparé à celui des appareils précédents, au point de vue de l'utilisation du combustible ; mais on y retrouve comme compensation l'agrément que nombre de personnes trouvent dans le feu visible des cheminées.

157. Poêles-calorifères chauffant des salles superposées. — La puissance des poêles-calorifères peut être étendue très facilement ; on a souvent avantage à profiter d'un même poêle pour chauffer des pièces contiguës. Parfois, on les établit en travers de la cloison ou du mur séparatif, de manière à rayonner dans les deux pièces, et en même temps à envoyer de l'air chaud par des bouches afférentes à chacune d'elles. Dans d'autres circonstances, on place le poêle dans une seule des pièces, mais adossé à la cloison de séparation, et, au moyen d'un conduit en tôle terminé par une bouche de chaleur, on met en communication la seconde pièce avec l'enveloppe de l'appareil, de manière à y mener une partie de l'air chaud. C'est une disposition qui rend souvent de grands services.

Il se présente aussi des cas où les pièces, au lieu d'être contiguës et à même étage, sont superposées à étages successifs. Le chauffage est encore plus certain pour la pièce du haut, la chaleur ayant toujours tendance à monter. On installe donc le poêle-calorifère dans la pièce inférieure, et on fait monter en partie l'air chauffé dans l'enveloppe, au moyen d'un tuyau en tôle entourant à distance le tuyau de fumée ; enfin, on reçoit cet air à la pièce supérieure dans une enveloppe vide, nommée *repos de chaleur*, destinée seulement à remonter les bouches de chaleur au-dessus du parquet. Le tuyau de fumée traverse le repos de chaleur et monte au dessus verticalement. L'appareil de la pièce du haut simule donc la forme d'un poêle qui serait muni de son tuyau. La disposition est représentée dans la figure 102.

Le seul inconvénient pouvant résulter de cet arrangement, c'est que la pièce du haut, en raison du tirage de la colonne d'air chaud, prenne tout l'air chauffé dans le poêle-calorifère. Il peut même arriver, si le chauffage se ralentit au rez-de-chaussée, que ce tirage fasse passer de l'air de la pièce inférieure dans la chambre au dessus, à travers l'enveloppe du poêle du bas.

Pour éviter ces inconvénients, il faut se réserver des moyens de régler la quantité d'air allant en haut, ou, mieux, séparer nettement les surfaces de chauffe en leur don-

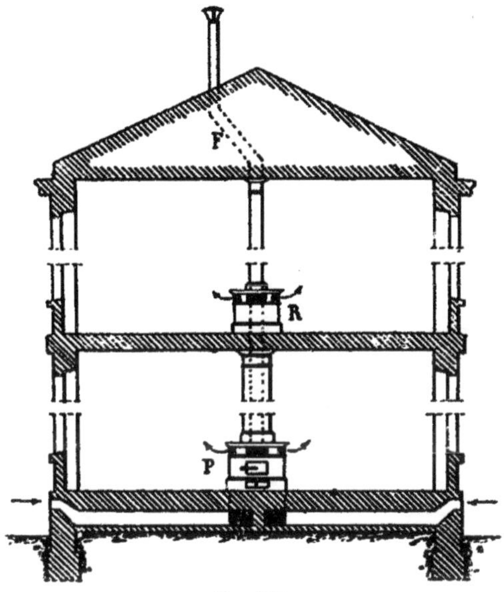

Fig. 102.

nant à chacune sa prise d'air, et les attribuant d'une façon précise à chacune des pièces desservies.

Il restera, enfin, un dernier inconvénient, c'est la liaison des deux chauffages; on l'évite en partie en munissant les bouches de chaleur de fermetures mobiles à la disposition des habitants de chaque pièce.

Lorsque la dimension des appareils doit être aussi restreinte que possible, et que l'enveloppe du rez-de-chaussée ne suffit pas pour loger les surfaces auxiliaires, on peut en transporter une partie dans l'enveloppe du premier étage. Un exemple en est dessiné dans les quatre croquis de la figure 103, représentant un chauffage de deux salles superposées de l'hôpital

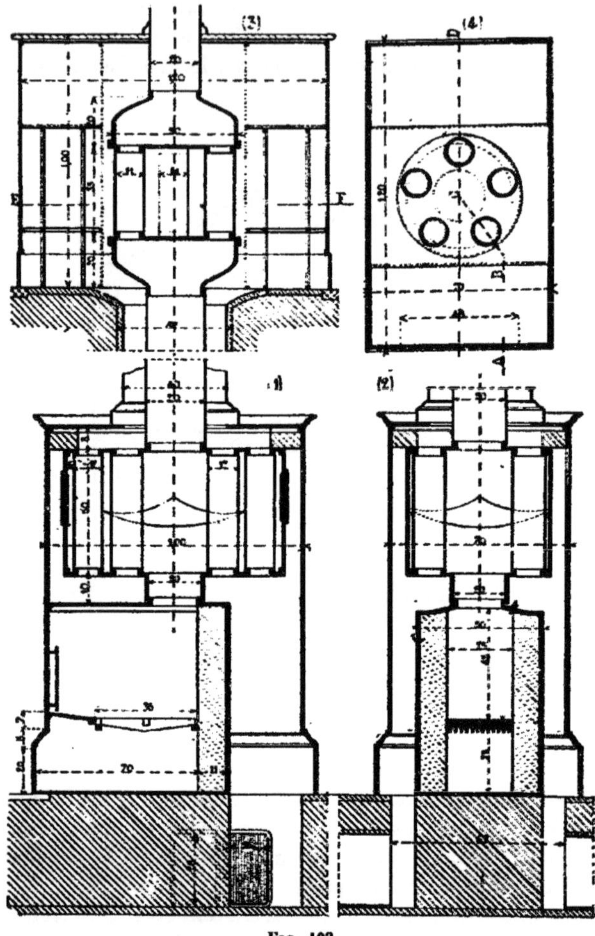

Fig. 103.

Saint-Louis, à Paris. Les deux croquis du bas montrent des coupes verticales du poêle du rez-de-chaussée. Il est monté sur une prise d'air venant du dehors. Le foyer est en maçonnerie exécutée dans une caisse métallique ; une buse de départ des gaz se branche au plafond de la caisse et communique avec un tambour rectangulaire traversé sur sa périphérie par un certain nombre de tuyaux verticaux ; un diaphragme milieu, placé horizontalement, force la fumée à circuler le long des parois du tambour et autour du tuyau, pour regagner ensuite le conduit de fumée en tôle qui s'élève verticalement dans la salle du rez-de-chaussée et traverse son plafond.

Quant à l'air, il est amené du dehors par la prise d'air ; il circule le long des parois du foyer, le long du tambour et dans les tubes qui traversent ce dernier. Une partie s'échappe à rez-de-chaussée par des grilles qui garnissent le haut des parois verticales de l'enveloppe. Une autre partie monte au premier étage dans l'espace annulaire ménagé entre le tuyau de fumée et un tuyau concentrique extérieur.

Il se rend dans l'enveloppe du premier étage. Là, comme la fumée est encore très chaude, on la fait passer à travers deux tambours reliés par cinq tuyaux circulaires, et cette disposition est figurée dans la coupe verticale et le plan, croquis (3) et (4). La fumée est ramenée au milieu et conduite hors du toit par un tuyau vertical. La surface auxiliaire formée par les tambours et les tubes du premier étage est en contact avec l'air qui circule dans l'enveloppe, et achève de porter cet air à la température voulue.

L'enveloppe du repos de chaleur du premier étage est plus longue que ne le comporterait l'appareil de chauffage, par suite d'une disposition spéciale. Aux deux bouts du rectangle formé par cette enveloppe, sont deux portes ouvrantes correspondant à des armoires grillagées, avec tablettes à jour. Les convalescents ont la libre disposition de ces armoires, dans lesquelles les tisanes et aliments, plongés dans l'air chaud, se maintiennent à la température tiède.

158. Poêles mobiles de Choubersky. — Le poêle de Choubersky est un appareil à combustion lente qui a beaucoup d'analogie avec le poêle Joly. Il a été étudié avec soin dans toutes ses proportions ; de plus, il a été monté sur roulettes pour devenir mobile, se transporter d'une pièce à l'autre, et donner, par suite, successivement le chauffage dans plusieurs pièces d'une habitation. Il se place devant les cheminées des appartements d'une façon très simple. On munit l'orifice de ces dernières d'une plaque de tôle percée notamment d'un trou à la hauteur du tuyau de fumée du poêle. Il n'y a plus qu'à rouler l'appareil, de manière à engager son tuyau dans l'orifice en question. Le poêle de Choubersky a été étudié pour brûler du coke criblé régulièrement en morceaux très fins ; plus tard, on y a brûlé avec avantage des houilles maigres très chargées de cendres et qu'on a désignées commercialement sous le nom d'anthracite ; criblées à un calibre donné, de telle sorte que les morceaux soient de la grosseur d'une noix, ces houilles permettent une combustion lente. Avec le coke, on chargeait d'ordinaire toutes les douze heures ; avec l'anthracite, qui, sous même volume, contient plus de combustible, on a pu espacer les chargements à vingt-quatre heures.

Ces deux propriétés de la combustion lente d'un poêle qui peut brûler pendant douze heures sans qu'on s'en occupe, même pour remuer la grille, qui peut rester vingt-quatre heures sans alimentation, ont fait la fortune de cet appareil qui, dans les ménages modestes, rend d'incomparables services.

Voici la disposition du poêle de Choubersky, tel qu'il est figuré par une coupe verticale dans la figure 104.

Il se compose d'un cylindre *a*, d'un cendrier *d*, d'un magasin de combustible *b*, le tout contenu dans une enveloppe en tôle, avec tuyau de fumée latéral.

Le foyer *a* est en fonte, porté dans une virole cylindrique en tôle *f*, suspendue par des plates-bandes en fer *e* au magasin de combustible. Cette disposition est prise afin de permettre de remplacer facilement le foyer après usure, et aussi pour rendre les dilatations possibles en tous sens. La grille *g* est circulaire, à barreaux très espacés ; elle est portée par trois taquets faisant partie du foyer. Le jeu étant convenable, il lui est facile de prendre un mouvement de rotation autour de son axe vertical. Pour lui donner ce dernier mouvement, elle est complétée par une fourchette, dont

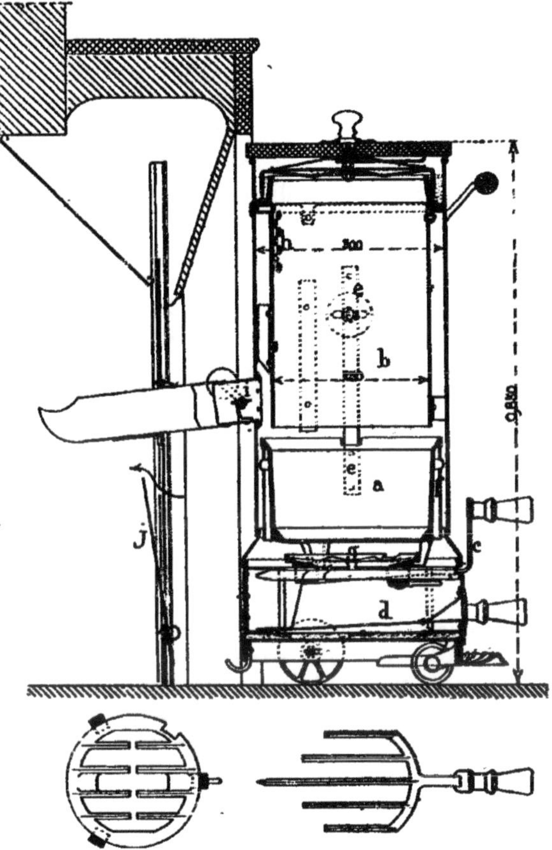

Fig. 104.

les dents forment barreaux dans les intervalles des premiers, et qui s'engage dans des coulisseaux venus en dessous de la grille. La fourchette complète donc la grille ; elle se termine au dehors par une tige coudée et une poignée garnie de bois.

La tige sort de l'enveloppe par un orifice horizontal, assez grand pour permettre de dégager toute la fourchette et de l'enlever.

En saisissant la poignée de la fourchette, on peut secouer la grille entière à droite et à gauche; dans le mouvement alternatif, le combustible remué laisse tomber les cendres qui peuvent obstruer le passage de l'air. En retirant ensuite la fourchette, on supprime du coup la moitié des barreaux de la grille, et on fait ainsi tomber dans le cendrier les pierres qui ont pu s'accumuler. La grille et la fourchette sont figurées à part, au bas de la figure.

Le cendrier *d*, formé d'un tiroir de grande capacité, peut recevoir et emmagasiner les cendres qui se produisent pendant vingt-quatre heures de marche.

Le fond de l'appareil est formé de deux tôles dans l'intervalle desquelles on a mis des escarbilles ou une matière isolante et incombustible quelconque, afin de rendre inoffensif le faible rayonnement sur le sol des pièces, qui peut être du parquet. Il convient, malgré cela, de le garantir au moyen d'une large tôle, par mesure de prudence, aux places où le poêle doit stationner. Cette tôle doit déborder en avant de l'appareil d'au moins $0^m,30$.

Le magasin de combustible *b* est un simple cylindre en tôle, de $0^m,25$ de diamètre, ouvert par le bas et par le haut. Il est fixé par quelques équerres à l'enveloppe générale du poêle, et l'attache est complétée par une couronne supérieure qui ferme l'intervalle annulaire des deux cylindres. Une fois le charbon chargé, l'orifice supérieur est fermé par une cloche en tôle dont le rebord vient plonger dans la rainure ménagée au-dessus de la couronne, et que l'on remplit de sablon fin. A la cloche est fixé un disque en marbre, avec poignée, qui constitue le couvercle extérieur.

Le tuyau de fumée est latéral; il part d'une buse faisant corps avec l'enveloppe immédiatement au-dessus du foyer, et est allongé au moyen d'un tuyau en tôle légèrement coudé à son extrémité. Ce dernier est muni d'une valve qui, par rotation autour d'un axe horizontal, permet de faire varier le passage de sortie des gaz entre deux limites extrêmes:

la *grande marche*, lorsque le tuyau est complètement ouvert, et la *petite marche*, lorsqu'il ne reste plus que la section strictement nécessaire pour que les gaz ne se répandent pas dans la pièce.

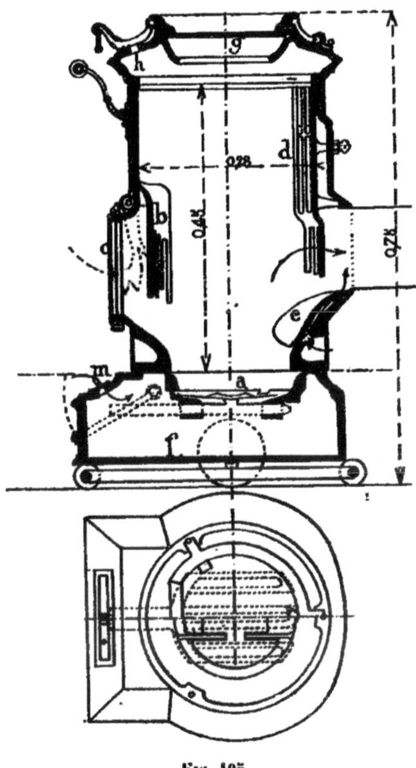

FIG. 105.

La commande de la valve se fait extérieurement par le moyen d'un levier coudé terminé par une boule en bois.

Le poêle est, enfin, complété par un jeu de roulettes à la partie basse, et par trois poignées pour rendre la manœuvre facile ; deux de ces poignées sont latérales et permettent de soulever l'appareil pour le changer de niveau, tandis que la troisième poignée, placée en avant, rend facile le cheminement du poêle sur un même plan horizontal.

La Société de Choubersky construit un autre modèle de poêle mobile qui est figuré dans le croquis 105. Ce second appareil a son enveloppe extérieure en fonte.

159. Poêle Cadé. — Le poêle *Cadé* s'installe, d'une façon générale, comme le poêle de Choubersky. On le place devant une cheminée dont on a relevé le rideau, et dont on a bouché l'ouverture par une plaque obturatrice. On peut encore le mettre devant un poêle-calorifère, en bouchant l'ouverture de ce dernier. On peut, enfin, l'adapter à une colonne montante en communication avec l'extérieur. Il demande un bon tirage.

L'appareil se compose (*fig.* 106) :

1° D'un foyer B, dans lequel s'opère la combustion à l'air libre, et qui est muni de deux systèmes de grilles verticales à barreaux horizontaux, dont les faces sont inclinées à 45°. Ce foyer, quoique de faible capacité — un litre et demi environ — donne une chaleur rayonnante considérable. Deux barreaux enveloppés de matières réfractaires se trouvent à l'arrière et augmentent le rayonnement, tout en élevant la température du foyer et permettant la combustion en volume réduit;

2° D'un magasin de combustible A contenant une réserve pour une marche d'au moins vingt-quatre heures;

3° D'un chariot mobile muni d'un fond à bascule *c*;

4° D'une pelle *p*, mobile, pouvant glisser dans des rainures au travers du foyer, et qui sert à retenir le combustible s'il en est besoin;

5° D'un tisonnier à l'aide duquel on peut manœuvrer le chariot et sa plaque à bascule;

6° D'un tiroir *c* où tombent les cendres;

7° D'un couvercle *i*, à fermeture de sable hermétique;

8° D'un tube vertical *h* amenant l'air extérieur sous le couvercle, en empêchant les gaz du foyer de s'y accumuler.

Le tout est représenté en coupe verticale, d'une part, et, à côté, en vue de face, les tôles latérales de l'enveloppe du foyer étant enlevées.

Pour allumer cet appareil, on glisse la pelle dans l'une des rainures supérieures, on charge la trémie de combustible, on amène à soi, à l'aide du tisonnier, la partie mobile du foyer, on l'emplit entièrement de petite braise, et on la

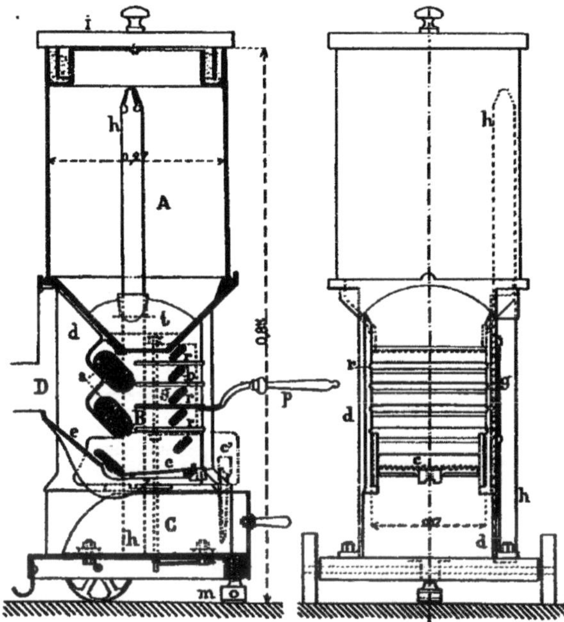

Fig. 106.

remet en place en la poussant bien à fond. On retire la pelle en laissant arriver le combustible sur la braise, et on ouvre en grand la clef de réglage. Il ne reste plus qu'à présenter devant la braise un papier allumé, avec un peu de menu bois. On règle la vitesse de combustion par le dégorgement plus ou moins actif des cendres.

Les combustibles qui conviennent le mieux sont l'anthracite et les charbons maigres. Ces charbons s'emploient bien calibrés, à la grosseur d'une noisette.

Enfin, le poêle *Cadé* est monté sur roulettes, afin de fonctionner aussi bien comme appareil mobile que comme poêle fixe.

160. Cheminées mobiles. — La Salamandre. — Les cheminées mobiles, appelées ainsi en raison de leur forme et de l'application qu'on en fait en les disposant devant

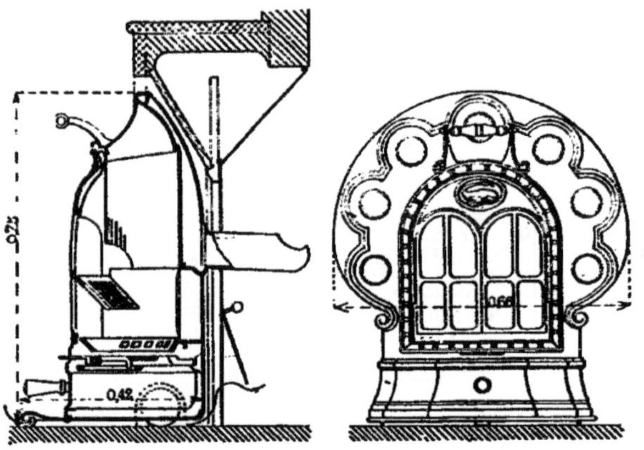

Fig. 107.

les chambranles de cheminées avec lesquelles elles semblent faire corps, ne sont, en réalité, que des poêles mobiles d'une forme particulière.

De même que pour les poêles de Choubersky, les cheminées d'appartement destinées à recevoir des cheminées mobiles sont fermées par une plaque, et cette dernière est percée de deux orifices ; l'un est à hauteur convenable pour recevoir le tuyau de l'appareil mobile ; le second, plus bas, fermé par une plaque équilibrée, règle le tirage du tuyau, par admission d'air froid, à ce qui est nécessaire pour le fonctionnement du foyer.

Nous donnons, dans la figure 107, la coupe et l'élévation

de l'un des types de cheminées roulantes, dit *la Salamandre*, construit par M. Chaboche, ingénieur.

Sa forme est, suivant les modèles, ronde ou carrée; c'est un prisme ou un cylindre vertical terminé en bas par une grille, qui le sépare du cendrier. Sa capacité est assez grande pour former magasin de combustible. En haut est la porte de chargement; en avant, la poignée de manœuvre; au centre, la grande porte percée de huit ouvertures laissant apercevoir le feu au travers de plaques de mica.

Le cendrier est muni d'une poignée et d'une valve de réglage. Une fermeture très simple permet de le tenir hermétiquement fermé pendant la marche, l'air n'entrant que par la valve, ou de l'ouvrir pour vider les cendres.

Au-dessous du garde-cendres, qui sert de base à la cheminée, sont fixées les roulettes.

Deux grilles étagées soutiennent le combustible. Leur position relative empêche les charbons de venir en contact avec les plaques de mica.

La grille inférieure est mobile; on peut, au moyen d'une tige de manœuvre qui fait saillie dans la façade, dégager le feu des cendres qui l'obstruent, et, par un mouvement en avant, évacuer complètement les pierres et les scories, si cette manœuvre devient nécessaire, ce qui est rare.

Les parties les plus chaudes du foyer sont garnies de pièces en terre réfractaire. Le foyer est disposé de telle sorte que la flamme sort en avant et que les produits de la combustion passent de chaque côté du magasin de combustible pour se rendre à la cheminée.

La combustion, par le mode de réglage de cet appareil, est aussi lente que l'on veut. Le magasin de combustible a une capacité telle qu'elle suffit à une marche de douze heures, si l'on emploie du coke, et à une marche de vingt-quatre heures si l'anthracite est le combustible choisi.

161. Dangers des poêles mobiles. — Tous les foyers dégagent une proportion plus ou moins grande d'oxyde de carbone parmi les produits gazeux de la combustion, et il est très rare qu'une fumée n'en contienne pas. En raison de la propriété non seulement asphyxiante, mais encore délétère de cet oxyde de carbone, il est de toute importance de ne répandre aucune fumée dans les locaux habités.

Le gaz dont il est question, mélangé à l'air respiré, même en petite quantité, par exemple à un millième, se dissout dans le sang, se combine avec les globules et les rend impropres à subir ultérieurement l'action de l'oxygène de l'air, de telle sorte qu'on se trouve asphyxié en présence de l'oxygène, parce que le sang n'est plus en état d'absorber ce dernier gaz. Aussi les cas d'empoisonnement par l'oxyde de carbone sont-ils toujours très graves, et des soins énergiques continués longtemps n'ont-ils pas toujours raison des conséquences d'un accident, même pris à son début.

Les cheminées fument souvent, mais c'est pendant la durée du jour, et on s'en aperçoit ; on en évite l'odeur, en même temps que le danger, en changeant l'air de la pièce au moyen de l'ouverture d'une baie, porte ou fenêtre.

Les poêles ordinaires fument rarement en raison de l'excès de tirage, et il y a peu de risques d'en être incommodé ; de plus, vu la faible quantité de gaz qu'ils laissent échapper et de la température élevée de ces gaz, le tuyau de fumée dans lequel ils les déversent est à haute température, et il n'y a pas à craindre la rentrée de la fumée dans les pièces, même dans les locaux supérieurs avec lesquels des fissures peuvent établir une communication.

L'immunité reste, pour ainsi dire, la même avec des poêles à combustion lente placés à demeure dans un local chauffé continuellement. Le tuyau de fumée est ordinairement assez échauffé pour qu'il n'y ait pas à redouter en hiver un renversement de courant. Il peut n'en être pas de même des locaux traversés par le tuyau de fumée, et qui seraient en communication avec lui par des fissures, surtout si le tirage de leurs cheminées propres domine. Il peut y avoir appel, par ces fissures, des produits de la combustion du poêle inférieur, qui alors se répandent dans ce local et viennent se mélanger à l'air qu'il contient. Or, les fumées des poêles à combustion lente, en raison même de la lenteur de cette combustion et de l'épaisseur du combustible en ignition, peuvent contenir assez d'oxyde de carbone pour causer des accidents mortels. Les exemples de personnes endormies, empoisonnées ainsi, la nuit, par les émanations d'un poêle inférieur, ne sont pas rares.

Mais l'accident peut se produire même dans les locaux chauffés, lorsque les conditions absolues de bon tirage ne sont pas remplies, et ces circonstances se présentent toutes les fois qu'on transporte un poêle dans une pièce froide.

C'est une commodité très appréciée de ces poêles de pouvoir être amovibles, de suivre les occupations de la famille et de chauffer successivement toutes les pièces où l'on s'installe.

Quand un de ces transports a lieu pendant le jour, et que de la fumée se répand dans la pièce, on sent l'*odeur de charbon*, on s'en inquiète, on ventile la pièce; on s'assure que le tirage s'établit, et au besoin on le provoque en brûlant quelques papiers ou copeaux au bas du tuyau de fumée, dans l'âtre de la cheminée qui reçoit l'appareil. Celle-ci s'échauffera peu à peu, surtout si, pendant quelque temps, pour produire le tirage, on fonctionne à *grande marche*.

Cependant, si on installe le poêle, le soir, dans une chambre à coucher, il peut arriver que la cheminée n'ait pas été suffisamment échauffée, et que le poêle remis à la petite allure ne soit pas suffisant pour continuer le tirage. Le courant descendant se rétablit, ramène dans la pièce les produits de la combustion, y compris l'oxyde de carbone. Les personnes endormies ne peuvent s'apercevoir du changement qui vient de s'opérer dans la marche de l'appareil et peuvent être surprises par l'empoisonnement.

Donc, d'une façon absolue, il est *dangereux* d'établir un appareil roulant, à combustion lente, dans une chambre à coucher, lorsque la cheminée n'est pas échauffée de longue date, et que l'on n'est pas certain qu'un renversement de tirage ne puisse se produire. *On ne doit admettre dans les chambres à coucher que des appareils fixes continus*, et on ne doit coucher dans ces chambres que lorsque quelque temps de marche, quelques jours, au besoin, donnent la certitude que le tirage est établi sans variation possible. Il faut également proscrire les poêles à combustion lente des chambres à coucher, lorsque celles-ci peuvent être mises en communication avec des locaux chauffés accidentellement par des feux directs intenses. Il peut arriver que les tirages se contrarient, et que ce soit la fumée du poêle mobile qui rentre dans la pièce habitée, par suite de l'excès de tirage de l'autre foyer.

162. Poêles à gaz. — L'emploi du gaz pour le chauffage domestique tend à se répandre de plus en plus, surtout pour les locaux restreints chauffés momentanément. La rapidité du chauffage, son utilisation pendant le temps du besoin seulement, sa rapidité d'allumage et d'extinction le rendent précieux, malgré son prix, dans nombre de circonstances. On a vu déjà son emploi dans les cheminées d'appartement, où la flamme présente l'avantage d'être visible.

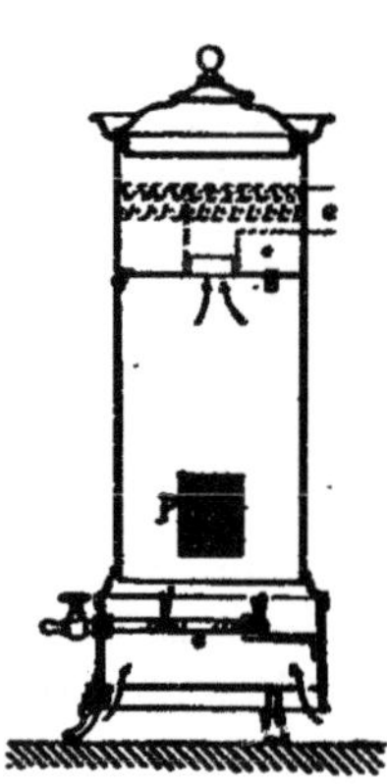

Fig. 108.

Dans les poêles l'utilisation du calorique est beaucoup plus grande. La figure 108 représente un poêle extrêmement simple. Ce n'est qu'une enveloppe cylindrique entourant une couronne de becs de gaz *c* et préservant des accidents par incendie les personnes et les objets voisins. Le gaz brûle en blanc; l'accès de l'air a lieu par le bas, entre les pieds de l'appareil; l'allumage se fait par une porte latérale *p*, et les produits de la combustion montent, sont resserrés par une plaque B, percée d'un trou au milieu, pour le passage d'une tubulure de dégagement. Dans quelques cas, on ne met pas de tuyau, et l'appareil fonctionne à la manière d'un brasero. Seulement ce brasero est bien moins dangereux que les braseros ordinaires, car il ne donne pas d'oxyde de carbone, et les produits de la combustion peuvent sans danger se répandre dans la pièce du moment que la ventilation est suffisante pour maintenir dans l'air une quantité convenable d'oxygène. C'est ce qui arrive pour les locaux chauffés momentanément et dans lesquels des portes fréquemment ouvertes établissent la communication avec d'autres locaux.

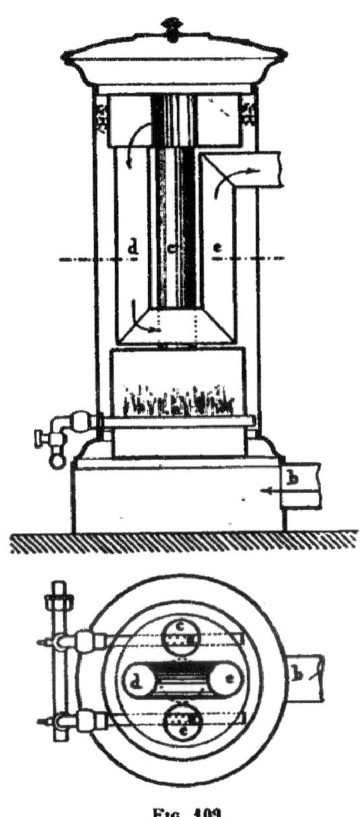

Fig. 109.

Si l'on veut se débarrasser des produits de la combustion, on ajoute un petit tuyau de dégagement allant rejoindre l'extérieur; on le munit d'une valve de réglage, afin de ne faire évacuer que la quantité strictement nécessaire des produits de la combustion; l'utilisation est un peu moins bonne, mais la sécurité est plus grande.

Du moment que l'on adopte le principe d'évacuer dans les coffres des cheminées les produits de la combustion du gaz brûlé dans les poêles, on a avantage à chercher à tirer de ces gaz tout le calorique possible et, par suite, à augmenter la surface métallique qui transmet par contact cette chaleur à l'air. On arrive à de véritables poêles-calorifères.

La figure 109 donne un exemple de ces poêles-calorifères. Une couronne de gaz forme le foyer; quelquefois, elle est remplacée par plusieurs rampes droites parallèles. On fait brûler le gaz soit en blanc, soit en bleu, et on ménage à cet effet les arrivées d'air ; les produits de la combustion s'élèvent dans un tuyau jusqu'à un coffre occupant la partie haute de l'appareil ; puis, on les fait redescendre et remonter, de manière à multiplier les surfaces de contact. Entre deux appareils, il faut toujours préférer celui qui présenterait l'avantage du chauffage méthodique ; ce sera celui qui refroidira le mieux les gaz et qui, par suite, donnera le meilleur effet utile.

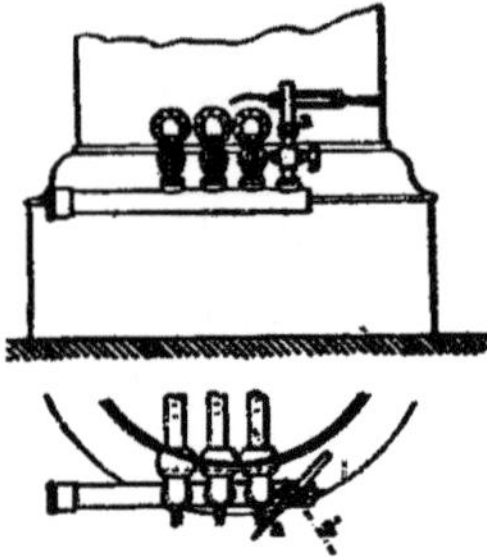

Fig. 110.

Dans la plupart des appareils de ce genre il y a des portes latérales qui servent pour l'allumage. Mais, entre des mains inexpérimentées, il peut arriver, si on ouvre les robinets et que l'on tarde à allumer, qu'il se répande dans l'enveloppe du gaz mélangé d'air (surtout si on brûle en bleu), et que le mélange détone au contact de l'allumette ; de là, des accidents quelquefois graves qui, tout au moins, peuvent effrayer. On les évite au moyen d'une disposition que l'on nomme un allumeur (*fig.* 110) ; elle consiste en un bec rotatif disposé pour donner une flamme très effilée, et commandé par un robinet spécial. Ce bec peut tourner, tout en étant allumé, et envoyer sa flamme dans le foyer, au-dessus des rampes à mettre en marche ; on l'allume le premier, puis on ouvre les rampes une à une ; celles-ci prennent feu sans retard et sans accident possible.

CHAPITRE VII

CALORIFÈRES A AIR CHAUD

SOMMAIRE :

163. Détermination pratique des dimensions des calorifères à air chaud. — Surface de chauffe. — 164. Consommation de combustible. — 165. Surface de grille. — 166. Sections des carneaux, de la cheminée et des conduits d'air chaud. — 167. Dispositions générales d'un calorifère. — 168. Des prises d'air. — 169. Filtrage de l'air. — 170. Chambres de calorifères. — 171. Réservoirs d'air chaud. — 172. Chambres de mélanges. — 173. Conduits horizontaux dans les sous-sols, menant l'air chaud aux gaines montantes. — 174. Distribution et réglage de l'air chaud. — Distribution par conduits séparés. — 175. Conduits verticaux, ou gaines montantes. — 176. Bouches de chaleur. — 177. Vitesse de l'air à la sortie des bouches. — 178. Dangers d'incendie par les bouches de chaleur. — 179. Choix de l'emplacement des bouches. — 180. Disposition des appareils calorifères en eux-mêmes. — 181. Foyers de calorifères. — 182. Utilisateurs. — Disposition générale des surfaces de chauffe. — Chauffage méthodique. — 183. Cheminées traînantes en tôle ou en maçonnerie. — Cendres. — Nettoyages. — 184. Mise en train du tirage. — Pompe d'appel. — Foyers auxiliaires. — 185. Considérations sur l'emploi des calorifères à air chaud. — 186. Calorifère Grouvelle, à tuyaux horizontaux. — 187. Calorifère Réveillac, à tuyaux lisses. — 188. Calorifères à tuyaux horizontaux, armés de disques. — 189. Calorifères à tambours verticaux. — 190. Appareil à tambour de MM. Geneste et Herscher. — 191. Calorifères en fonte à tuyaux verticaux. — 192. Appareil Chaussenot. — 193. Calorifère Boyer. — 194. Type à grande surface. — 195. Application au Tribunal de Commerce. — 196. Calorifère Geneste et Herscher, de petites dimensions. — 197. Calorifère Grouvelle à tuyaux verticaux. — 198. Calorifère Weibel. — 199. Calorifère Besson. — 200. Calorifère Bourdon. — 201. Calorifère céramique Gaillard et Haillot. — 202. Calorifère Muller. — 203. Inconvénients de ces calorifères. — 204. Calorifère céramique Geneste et Herscher. — 205. Calorifère Perret.

CHAPITRE VII

CALORIFÈRES A AIR CHAUD

---

163. Détermination des dimensions d'un calorifère à air chaud. — Surface de chauffe. — Les tableaux de transmission donnent, pour la fonte et la tôle, pour des excès de température de 200 à 500°, un dégagement de calories par mètre carré, par heure et par degré d'écart :

Pour le rayonnement, de : 7 à 14 calories ;
Pour le contact de l'air, de : 4 à 6 calories.

Si l'on considère que, dans un calorifère à air chaud, le rayonnement est très mal utilisé, que souvent il s'exerce sur des surfaces métalliques contenant de la fumée déjà refroidie et qu'il réchauffe, on voit qu'il y a lieu de ne compter que sur une utilisation restreinte. La pratique indique qu'on n'utilise que le tiers environ de ce rayonnement :

Soit...............................	2 à 5 cal.

à ajouter à une transmission par contact de l'air de 4 à 6 calories,

Soit...............................	4 à 6 —
Soit ensemble......................	6 à 11 cal.

Le chiffre le plus bas s'appliquera aux températures les plus faibles, lorsque le calorifère ne devra pas avoir ses parois portées à la température du rouge; le second s'emploiera lorsque les surfaces pourront rougir sans inconvénient.

Connaissant le nombre de calories à fournir, connaissant les nombres ci-dessus, il est facile de déterminer *la surface de chauffe.*

Si on rapporte cette surface au cube des pièces à chauffer dans notre climat de Paris, et dans le cas d'une ventilation naturelle ou faible, on arrive à une surface de chauffe de 8 à 10 mètres carrés par 1.000 mètres cubes. Ceci, pour fixer les idées et sauf vérification pour chaque cas particulier.

La température des parois d'un calorifère à air chaud, si l'on ne veut pas que la cloche rougisse, est de 600° pour la cloche et 200° pour le tuyau de fumée, soit en moyenne 400°. L'air supposé pris à 0° est chauffé à 60°, soit une température moyenne de 30°. L'excès de température est de :

$$400 - 30 = 370°.$$

On peut compter sur une transmission de :

$$370 \times 6 = 2.220 \text{ calories},$$

par heure et par mètre carré.

Si on admet que la cloche puisse rougir sans inconvénient, ce qui dépend des conditions spéciales de l'installation, on peut adopter une production de 3.000 calories par mètre carré et par heure.

Supposons, comme application, qu'il s'agisse de chauffer une salle, et que, par les calculs déjà indiqués, on ait trouvé une perte de chaleur de 70.000 calories. Supposons, en outre, que l'air nécessaire à la ventilation, pris au dehors à 0°, doive être chauffé à 66°, afin de porter dans la salle les 70.000 calories, nous déterminerons comme suit la surface de chauffe du calorifère, en admettant qu'il ne doive pas rougir :

L'écart entre la température moyenne de la paroi, 400°, et

celle de l'air, 33° en moyenne, est de 367°; la chaleur transmise par mètre carré de surface et par heure est de :

$$6° \times 367 = 2.202 \text{ calories.}$$

Pour 70.000 calories, il faudra une surface de :

$$\frac{70.000}{2.202} = 31^{m},81.$$

Si on avait à fournir dans un séchoir industriel une somme de 50.000 calories par heure au moyen d'un calorifère à air chaud, et que la cloche pût rougir sans inconvénient, en prenant le chiffre ci-dessus de 3.000 calories pour la production de chaque mètre carré de paroi du calorifère; la surface totale de ce dernier devrait être :

$$\frac{50.000}{3.000} = 16^{mc},66.$$

164. Consommation de combustible. — Avant de passer à l'étude du foyer d'un calorifère, il faut préalablement se rendre compte de la *consommation de combustible.* On ne doit guère compter que sur un rendement de 3.500 calories par kilogramme de houille, à cause des déperditions dans les caves et sous-sols où se trouvent le calorifère et les conduits d'air chaud, et dans le tuyau de cheminée, où les gaz sont emportés sans avoir été complètement refroidis, pertes auxquelles il faut ajouter la combustion incomplète dans des foyers droits à feux dormants, avec grandes épaisseurs de combustibles et une surveillance médiocre.

Pour produire les 50.000 calories nécessaires au séchoir de tout à l'heure, il faudra donc brûler par heure :

$$\frac{50.000}{3.500} = 14^{kg},500 \text{ de houille.}$$

Pour cette application, nous sommes arrivés ci-dessus à

une surface de chauffe de $16^{m^2},66$. Il y aurait donc une surface de chauffe de :

$$\frac{16,66}{14,50} = 1^{m},15,$$

pour 1 kilogramme de charbon à brûler par heure, la cloche étant susceptible de rougir.

Dans l'application précédente, où la cloche ne devait pas rougir, 70.000 calories demandaient une consommation de :

$$\frac{70.000}{3.500} = 20 \text{ kilogrammes de houille ;}$$

la surface de $31^{m^2},81$ correspondait à :

$$\frac{31,81}{20} = 1^{m},59$$

de paroi par kilogramme de houille.

Il y a lieu de rappeler ici que, si l'on applique un calorifère au chauffage des lieux habités, il y a à distinguer la consommation de combustible par les jours les plus froids et la consommation moyenne.

La première sert à calculer les dimensions de l'appareil de chauffage ; la seconde, la dépense probable de combustible pour toute la saison froide.

Lorsqu'on a déterminé la déperdition de calories par un jour de grand froid, il faut se rendre compte de l'allure de l'appareil, et, suivant que ce dernier devra marcher d'une façon continue ou d'une façon intermittente, la consommation par heure sera très différente. On comprend, en effet, que, si une déperdition de 120.000 calories par jour doit être combattue par un appareil à marche continue de jour et de nuit, la déperdition effective est de :

$$\frac{120.000}{24} = 5.000 \text{ calories}$$

par heure. Si le calorifère ne devait, au contraire, marcher que pendant dix heures effectives par jour, la consommation horaire correspondrait non plus à 5.000 calories, mais à 12.000 calories, plus du double par conséquent.

On a vu comment on pouvait calculer les déperditions moyennes d'un jour d'hiver, en partant de la température moyenne de l'hiver dans la localité où le chauffage doit être exécuté, et de la température à maintenir dans chaque local. C'est cette déperdition qui permet de calculer la consommation moyenne d'un jour d'hiver, et, par suite, la dépense à laquelle donnera lieu l'achat de la provision annuelle de combustible.

De même qu'on peut admettre une relation entre la surface de chauffe et le cube des locaux chauffés, lorsque la ventilation est peu importante, de même, et avec la même condition, on peut évaluer approximativement la dépense moyenne de combustible en la rapportant à ce même cube. Il s'agit de constructions ordinaires à usage d'habitations, sous le climat de Paris ou un climat analogue.

Des locaux à chauffage constant dépensent environ 50 à 60 kilogrammes de charbon par jour et par 1.000 mètres cubes;

Des locaux chauffés une partie du temps, 30 kilogrammes seulement ;

Les couloirs, vestibules, office, escaliers, pièces secondaires, 40 kilogrammes.

Cette quantité de combustible est ordinairement dépensée en dix heures.

165. Surface de grille. — La surface de grille du foyer d'un calorifère se déduit de la consommation horaire maximum. Si le service est actif, on peut brûler jusqu'à $0^{kg},800$ par décimètre carré de grille. Si, au contraire, et c'est le cas des habitations, on veut espacer les visites au calorifère et ne charger la houille qu'à des intervalles éloignés, il faut marcher à feu dormant et ne brûler que $0^{kg},300$ à $0^{kg},400$ par décimètre carré.

On déduit facilement de ces chiffres la surface de grille à adopter dans chaque application.

166. Section des carneaux, de la cheminée et des conduits d'air chaud. — *La section des carneaux et celle de la cheminée* se déduisent également de la consommation horaire maximum de combustible. On admet qu'il faut au minimum 1 décimètre carré de section par 3 kilogrammes de houille brûlée par heure, et cela tant pour la cheminée que pour les carneaux qui la précèdent. On a soin de réserver un excédent de section aux carneaux horizontaux, surtout aux parties qui sont susceptibles de recevoir des accumulations de cendres produisant un rétrécissement du passage des gaz.

La section des conduits d'air chaud s'obtient facilement dès que l'on connaît le cube d'air chaud qui doit y passer. On admet que, dans les grands conduits correspondant à une série de bouches, la vitesse puisse atteindre 1 mètre par seconde, si on peut obtenir une pente de $0^m,03$ à $0^m,04$ par mètre. Si cette déclivité n'est que de $0^m,02$, on réduit la prévision de vitesse à $0^m,70$. Pour les conduits qui mènent à des bouches isolées, il ne faut pas dépasser $0^m,40$ à $0^m,50$ de vitesse. Pour les gaines verticales, en raison de leur tirage direct, on admet la vitesse de 1 mètre; pour de fortes sections on pourrait au besoin aller jusqu'à $1^m,50$.

Quant au cube d'air qui doit circuler dans les conduits, on le déduit du programme :

De deux choses l'une :

1° Ou bien le cube d'air est défini par le chiffre de la ventilation et par la répartition que l'on fait entre les différentes bouches. Dans ce cas, par les formules connues, on en déduit la *température de sortie*.

Pour les 70.000 calories de l'exemple de tout à l'heure, si l'on veut produire une ventilation de 3.500 mètres cubes pris à 0°, la température de l'air sortant par les bouches sera donnée par l'équation :

$$3.500 \times 1,3 \times 0,237 \times x = 70.000;$$

d'où :

$$x = \frac{70.000}{3.500 \times 1,3 \times 0,237} = 65°.$$

L'air doit donc entrer à 65° à l'issue des bouches de chaleur;

2° Ou bien, le cube d'air n'étant pas défini d'avance, on s'impose la condition de ne pas faire sortir l'air à une température plus forte qu'un chiffre donné.

Si, dans notre application industrielle de séchoir, par exemple, où le calorifère doit fournir 50.000 calories, on s'impose la condition de ne pas faire sortir l'air à plus de 80°, la quantité d'air qui devra passer pour transporter les 50.000 calories sera :

$$x \times 1,3 \times 0,237 \times 80 = 50.000 ;$$

d'où :

$$x = \frac{50.000}{1,3 \times 0,237 \times 80} = 2029.$$

On voit donc que, dans l'un ou l'autre cas, il est facile de déterminer le cube d'air A passant par un conduit déterminé en une heure; divisant par 3.600, on aura le débit par seconde, et en désignant par S la section du conduit exprimée en mètres carrés, et par v la vitesse admise :

$$Sv = \frac{A}{3.600},$$

d'où :

$$S = \frac{A}{3.600v}.$$

167. Dispositions générales d'un calorifère à air chaud. — Toute installation de calorifère, et on en trouvera de nombreux exemples dans le présent chapitre, se compose :

1° De prises d'air ;

2° De la chambre du calorifère ;

3° De l'appareil en lui-même :

4° D'une capacité, ou chambre d'air chaud, plus ou moins développée, servant quelquefois de chambre de mélange ;

5° De conduits horizontaux (avec faible pente), dans les caves ou sous-sols, menant l'air aux gaines verticales;

6° Des conduits, ou gaines, montant verticalement ;

7° Des bouches de chaleur.

Nous allons successivement passer en revue, d'une façon générale, les différentes parties des installations de chauffage.

Tout d'abord, disons que, dans les calorifères à air chaud, le mouvement de l'air ne se produit, la plupart du temps, que par la diminution de densité qu'amène son échauffement, et que le mouvement est d'autant plus vif et assuré que la colonne d'air chaud en mouvement est plus haute.

Il en résulte que les calorifères doivent nécessairement être installés au-dessous des locaux à chauffer, au-dessous du rez-de-chaussée des habitations, c'est-à-dire, dans les caves. On a tout intérêt, au point de vue de la répartition de l'air chaud, à les descendre le plus possible en contre-bas, et, s'il n'y a pas assez de hauteur dans l'étage en sous-sol, on doit ne pas craindre de les abaisser encore davantage, et cela d'autant plus que l'on veut distribuer l'air chaud à des distances horizontales plus grandes.

Il y a lieu d'insister sur cette nécessité d'une hauteur considérable, puisque le mouvement et, par suite, la distribution de l'air n'a lieu qu'en raison du tirage produit *pendant la chauffe* du courant d'air chaud. Et c'est pour avoir été descendus à une profondeur insuffisante que la plupart des calorifères chauffent si inégalement les espaces qu'ils doivent desservir, les locaux les plus éloignés ne recevant aucune chaleur.

Si, au contraire, on dispose pour le mouvement de l'air d'une force motrice pouvant actionner un ventilateur pendant tout le temps de la marche du calorifère, la considération de la hauteur disparaît, et l'appareil peut être logé dans tel local qui peut être commode, même dans un étage en contre-haut, même dans un bâtiment séparé.

168. Des prises d'air. — L'air qui doit alimenter le calorifère, pour de là se rendre dans les locaux à chauffer, peut être, suivant les cas, ou bien de l'air pris dans le local lui-même, lorsque la ventilation naturelle suffit, ou bien de l'air venant du dehors en quantité plus ou moins grande, suivant l'importance de la ventilation.

Le premier cas est évidemment le plus économique, au point de vue de la dépense de combustible. On l'applique fréquemment dans les églises. Dans ces sortes d'édifices, même dans le cas d'une grande affluence de monde, la grandeur du vaisseau est telle que les ouvertures de portes, jointes aux nombreuses fissures des vitraux, châssis, etc., déterminent une ventilation naturelle suffisante, sans qu'il soit besoin d'avoir recours à un appel d'air spécial venant du dehors. On évitera donc de prendre à l'extérieur de l'air qu'il faudrait préalablement et inutilement échauffer à la température de l'intérieur, ce qui constituerait une dépense assez importante de combustible non justifiée.

On prend donc, au moyen de larges grilles situées près du sol de la salle, et verticales autant que possible, l'air le plus refroidi du local ; on le dirige par des conduits convenablement disposés dans la partie inférieure de la chambre du calorifère. Cet air se réchauffe dans l'appareil et retourne dans le local, en raison de sa densité devenue plus faible. Il y transporte les calories nécessaires pour parer aux pertes du bâtiment.

Dans le second cas, le plus fréquent, il y a lieu de prendre l'air au dehors. On doit se demander d'abord où prendre cet air.

Théoriquement, l'air le plus pur étant celui des couches supérieures de l'atmosphère, c'est là où il faudrait l'aller chercher. Lorsque les circonstances du programme s'y prêtent d'une façon spéciale et facile, il faut en profiter ; mais, dans la plupart des cas, on y renonce en pratique, en raison de la dépense trop élevée qui en résulterait.

On prend donc l'air près du sol, et, lorsqu'on le peut, on choisit l'orifice de telle sorte que l'air que l'on puise soit aussi exempt que possible de causes d'infection. A l'ancien Théâtre-Lyrique, par exemple, on a cherché à réaliser une prise d'air pur au moyen d'un carneau venant déboucher dans un massif du square voisin. On a dissimulé l'orifice par des arbustes. Au théâtre du Châtelet, la prise d'air débouche sur la Seine, par un orifice pratiqué dans la paroi verticale du mur de quai.

On n'a pas toujours cette ressource d'espaces voisins convenables pour ces prises, et on doit se contenter d'orifices établis à la base même du bâtiment à chauffer ; seulement on prend toutes les dispositions possibles pour éviter près de ces prises toutes causes d'infection.

D'ordinaire, lorsque les caves sont sèches, saines, sans aucun usage comme dépôt de marchandises, lorsqu'elles sont en communication avec le dehors par de larges soupiraux orientés à plusieurs expositions à la fois, on peut sans inconvénient y prendre l'air directement pour alimenter le calorifère ; autrement dit, la cave elle-même sert de conduit de prise d'air.

Il suffit, dans ce cas, de ménager dans les murs mêmes de la chambre du calorifère, et à leur partie inférieure, une série d'orifices disposés au mieux pour obtenir un afflux régulier de l'air sur toutes les parties de l'appareil. Chacun de ces orifices devra être muni d'un grillage serré, à mailles de $0^{m},02$, pour éviter l'entrée des animaux, et, aussi, d'une porte pleine à coulisse permettant de régler le passage de l'air sur la ventilation nécessaire.

Le calorifère de la figure 111 donne un exemple de cette prise d'air directe dans les caves.

Lorsque les caves ne présentent pas, soit dans leur ensemble, soit dans une partie qui puisse être isolée, toutes les conditions dont il est parlé plus haut, il est indispensable de prendre l'air à l'extérieur par des conduits spéciaux appelés conduits de prise d'air, débouchant par les soupiraux, convenablement élargis, percés dans le soubassement de l'édifice. Il va sans dire que l'on supprime, dans le voisinage de ces soupiraux, toute cause d'insalubrité ou de mauvaise odeur.

Le nombre des prises d'air d'un même appareil est au minimum de deux, d'orientations tout à fait opposées, de manière à éviter toute mauvaise influence du vent. Le sappareils qui ne sont alimentés que par une seule prise d'air percée verticalement dans un soubassement sont, en effet, contrariés par certains vents, au point de présenter un courant contraire à celui qu'il faut obtenir; il peut arriver une sortie d'air chaud au dehors par l'orifice unique de prise d'air. Ceci est moins à craindre avec les orifices diamétralement opposés. Si l'une des prises d'air donne moins par certains vents, l'autre fournit davantage, et la marche du calorifère reste normale.

Il est souvent utile, lorsque le calorifère n'est soumis qu'à une marche de jour, de munir les prises d'air d'un registre de manœuvre permettant de les fermer complètement chaque soir, à la fin du chauffage. On évite de la sorte des rentrées d'air froid, la nuit, dans toutes les pièces du bâtiment dont les bouches de chaleur seraient restées ouvertes.

Il arrive, dans quelques cas, que l'on installe un calorifère dans une cave présentant peu de soupiraux, et qui deviendrait d'un service difficile et serait très obscure si l'on venait à les boucher. On emploie alors une disposition simple, avantageuse dans bien des circonstances.

On fait servir les soupiraux pour les prises d'air, et on dispose, dans la paroi verticale des gaines qui partent de chacun d'eux, un large châssis vitré dormant qui laisse passer la lumière.

La figure 111 donne la représentation de prises d'air de ce genre alimentant un calorifère.

La section des prises d'air s'établit en supposant une vitesse de 1 mètre et en tenant compte du volume maximum d'air qui doit passer par la chambre du calorifère. En cas de deux gaines de prises opposées, chacune doit avoir la section totale, puisqu'elle est supposée devoir fournir tout l'air nécessaire dans certaines circonstances.

169. Filtrage de l'air. — L'air dont on dispose dans les villes pour alimenter la prise d'air est capté, le plus souvent, au niveau du sol, soit à proximité des voies publiques, soit dans des cours, et il contient fréquemment une grande quantité de poussières, auxquelles il y a lieu d'ajouter les noirets venant des cheminées, et dont il ne serait pas exempt, même s'il était pris à une certaine hauteur.

Il est donc avantageux de le filtrer pour retenir la majeure partie de ces impuretés, et ce filtrage est une opération délicate, difficile à effectuer lorsqu'on ne dispose que d'un faible tirage pour la distribution de l'air chaud. Elle devient facile si on dispose d'une ventilation mécanique.

Le principe à suivre consiste à faire arriver l'air dans une chambre spéciale précédant le calorifère, et dans laquelle on développe sur des châssis appropriés une grande surface d'étoffe filtrante. L'étoffe qui paraît la meilleure pour cet usage est une sorte de molleton de coton bien pelucheux, qui retient bien les corpuscules étrangers, et que l'on change dès que ses mailles sont assez obstruées pour gêner le passage de l'air.

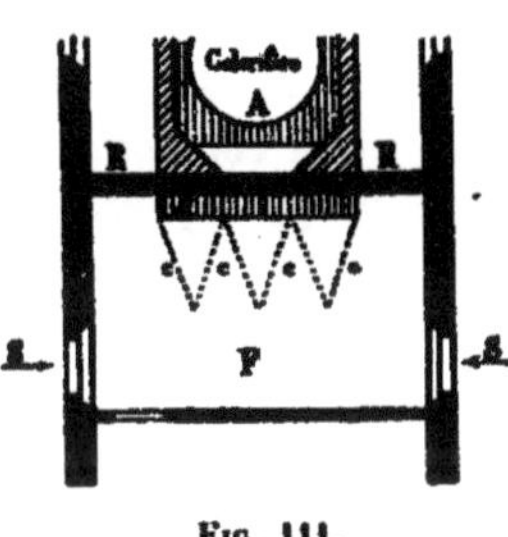

Fig. 111.

La disposition schématique de l'appareil est représentée dans la figure 111.

A est la chambre de calorifère qu'il s'agit d'alimenter. On suppose qu'elle se trouve assez en contre-bas des locaux à chauffer pour que le tirage de l'air chaud soit suffisamment énergique. On dispose une cave voisine pour en faire une chambre de filtrage F, et l'air y est admis par les deux soupiraux opposés S, S. Cet air doit passer sous le mur de refend R par une gaine *g* en contre-bas du sol de la cave. En avant de la gaine *g* on ménage un local fermé, dont l'avant est clos par un certain nombre de châssis *c* développant une grande surface et sur lesquels on tend le molleton. Le développement de l'étoffe est variable suivant le tirage dont on dispose pour l'air chaud. L'air ne peut arriver dans la gaine *g* et, par suite, dans le calorifère qu'après avoir traversé le molleton et y avoir déposé ses impuretés.

Quand on peut établir un ventilateur mécanique, on met le filtre entre la grille de prise et l'aspiration du ventilateur dans une chambre disposée à cet effet. On diminue alors la surface filtrante en raison de la plus grande résistance que peut, sans inconvénient, présenter le filtre.

170. Chambres de calorifères. — Les chambres qui contiennent les appareils de calorifères peuvent être isolées ou adossées aux murs des caves. Isolées, on les construit généralement en briques de 0m,22 d'épaisseur avec mortier de chaux ou de ciment, et on fait, en outre, un jointoyage extérieur très soigné, afin d'augmenter l'étanchéité. Si la chambre devait fortement chauffer, on remplacerait le mortier de chaux par un mélange de chaux avec de la terre à four ou bien par cette dernière seule.

Lorsque l'on doit se servir des caves voisines, et que l'on a intérêt à les chauffer le moins possible, on cherche tous les moyens de s'opposer à la déperdition de la chaleur par les parois de la chambre. On peut alors composer ces parois de deux cloisons de 0m,11 en briques parallèles, séparées par un intervalle de 0m,3 à 0m,10, et même la cloison extérieure peut être en briques creuses. L'air interposé et emprisonné s'oppose à une transmission facile de la chaleur à travers les parois. La figure 111 montre une construction de ce genre. On peut encore remplir le vide soit par du liège en poudre, soit par des briquettes de liège aggloméré, soit encore par de la laine de scories ou de la terre fossile, tous corps mauvais conducteurs de la chaleur. Enfin, on peut conserver le mur de 0m,22 et le recouvrir extérieurement ou intérieurement, suivant le cas, d'une cloison en briques de liège plâtrées.

Lorsque la chambre d'un calorifère est adossée à un mur de bâtiment, il est toujours bon de garnir le parement de ce dernier d'un revêtement en briques, qui prévient les dégradations que pourrait causer la chaleur à la maçonnerie ordinaire.

De même, à la partie supérieure, il y a à construire un plafond spécial qui ferme la chambre du calorifère, et protège en même temps les voûtes ou planchers du bâtiment. Le plafond de la chambre est ordinairement constitué par une série de petits fers à T de 0m,025 à 0m,030, soutenus convenablement, disposés parallèlement les uns aux autres à une distance de 0m,32 d'axe en axe. On les établit la table en bas, afin de former double feuillure ; on leur fait porter des tuiles de Bourgogne placées au mortier, avec des joints soigneusement remplis. Un second rang de tuiles croise les joints avec le premier ; par dessus on peut encore mettre un rang de briques creuses ou de briques de liège à plat. On a soin de parfaitement garnir les joints pour éviter tout passage d'air.

Quand on le peut, il est bon de boucher au pourtour, par une cloison légère, l'intervalle qui reste entre le plafond du calorifère et la voûte de la cave. On y cantonne ainsi une certaine quantité d'air, qui constitue un isolant et s'oppose à la déperdition de la chaleur.

Lorsque les chambres de calorifères sont établies sur plan circulaire, elles sont très solides par leur forme même ; il est bon de donner aux murs un léger fruit à l'extérieur, et de les consolider par des cercles en fer formant ceintures, et s'opposant aux disjonctions dues à la chaleur.

Lorsqu'elles sont établies sur plan polygonal, on arme chacun des angles saillants d'une cornière montante en fer de 0m,040 à 0m,060 de branche, et ces cornières sont reliées en haut et en bas par des ceintures en fer plat qui consolident le tout ; les armatures s'opposent aux fissures que les dilatations inégales pourraient produire dans la maçonnerie.

Il est utile que les chambres des calorifères soient établies sur un sol bien sec en toute saison ; il y va de la conservation des surfaces métalliques, qui, sans cela, s'oxydent très vivement, surtout si elles sont en tôle. Dans les caves humides, les appareils en tôle se détériorent davantage pendant le repos de l'été que pendant tout le service de chauffage de l'hiver.

Si l'eau peut monter dans le terrain pendant la saison pluvieuse, il faut en garantir absolument la chambre du calorifère en construisant cette dernière dans une cuve étanche en tôle, suffisamment haute pour éviter les débords dans les hautes eaux. Les prises d'air doivent profiter du même isolement.

Lorsque la nature du terrain le permet, il faut descendre aussi bas que possible le sol de la chambre, ainsi que le sol correspondant nécessaire au chauffeur pour le fonctionnement de l'appareil ; il en résulte, d'abord plus de pente pour les conduits d'air chaud, et ensuite, on dispose d'une hauteur de tirage plus forte pour aider l'air chaud à circuler jusque dans les locaux auxquels il est destiné.

Il est souvent utile, quand on doit desservir des pièces éloignées, de laisser une capacité libre en haut de la chambre du calorifère, entre le dessus de l'appareil et le plafond. La hauteur dont on dispose ainsi détermine un tirage avant l'emploi qui pousse l'air chaud dans les conduits rayonnants de distribution. De la sorte, on tend à mieux répartir uniformément l'air chaud entre les différentes prises.

171. Réservoirs d'air chaud. — Quelquefois ce réservoir d'air chaud est formé, non plus par le haut de la chambre du calorifère, mais par la première partie du conduit général qui dessert toutes les prises et dont on augmente les dimensions.

La figure 112 montre une application des chambres d'air chaud. Il s'agit du chauffage de l'hospice de Mer (Loir-et-Cher). Ce chauffage est obtenu au moyen de deux calorifères placés dans les ailes de l'établissement, au bout de la galerie du corps de bâtiment milieu. On a profité du sous-sol de cette galerie pour réunir les deux chambres de calorifères par un carneau général commun, formant chambre d'air chaud, et sur lequel sont faites toutes les prises pour les locaux de l'hospice.

A l'art. 195 on trouvera le plan du chauffage à air chaud du Tribunal de Commerce de Paris ; il présente également un carneau général de grandes dimensions qui relie les appareils, au nombre de trois, et sert de réservoir d'air chaud. Par le moyen de ce carneau, les trois calorifères mélangent leur produit, et l'un d'eux peut venir au secours des deux autres.

Si les réservoirs d'air chaud sont bons en pratique, il ne faudrait pas exagérer leurs dimensions. Leur périmètre

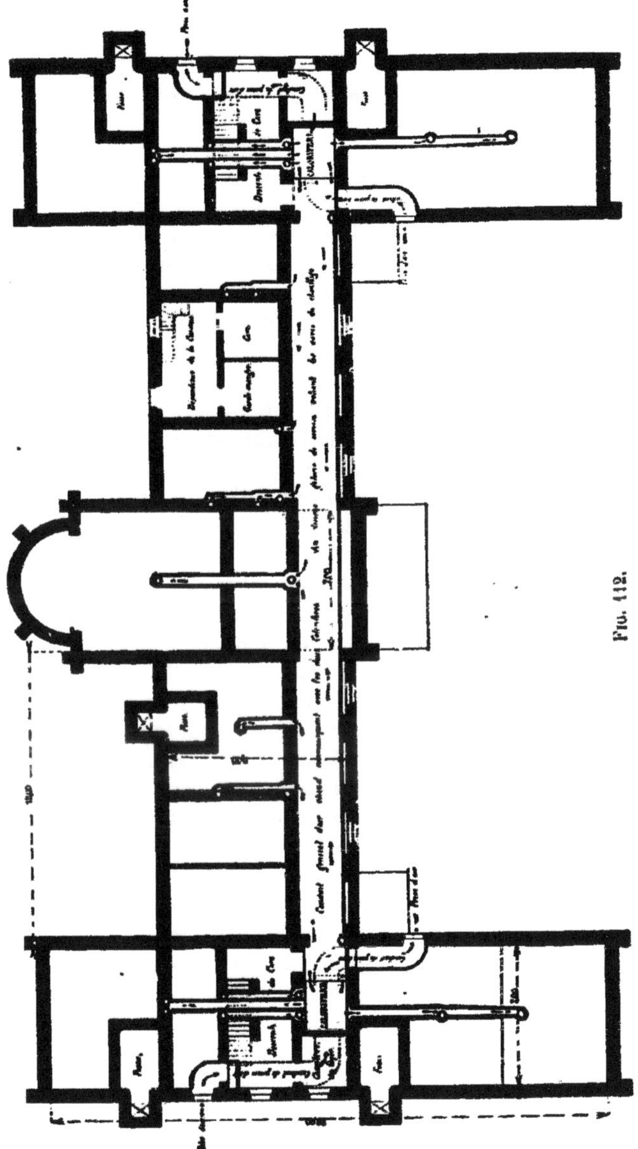

FIG. 112.

extérieur est une cause de refroidissement de l'air qui peut influer notablement sur leur rendement et leur bonne marche. Il y a lieu, dans bien des cas, de les isoler par tous les moyens, briques creuses, briques de liège, enveloppes de toutes sortes.

172. Chambres de mélanges. — Les chambres d'air chaud se transforment, dans certaines applications, en chambres de mélanges, destinées à obtenir, par l'introduction d'une quantité d'air froid réglable à volonté, une circulation d'air à température mitigée déterminée.

Le mouvement et le mélange de l'air peuvent être obtenus soit par l'appel que produit un simple tirage dans les locaux à chauffer, soit par un moteur quelconque dont on dispose pour produire une ventilation mécanique.

Le principe à suivre dans l'établissement de ces chambres consiste à établir à côté de la chambre du calorifère, et parallèlement, un conduit communiquant par en bas avec la prise d'air, et en haut avec la chambre d'air chaud. Les deux communications en question sont de mêmes dimensions, placées dans un même plan vertical au-dessus l'une de l'autre et distantes de la hauteur de l'appareil.

Deux registres permettent de régler les passages d'air ; ces registres glissent dans le sens vertical et sont reliés par la même tige actionnée du dehors, de telle sorte qu'aux positions extrêmes tout l'air peut passer par le calorifère ou, au contraire, par le conduit froid. Toutes les positions intermédiaires possibles permettent les mélanges à la température voulue et dans toutes les positions du double registre, la section de passage de l'air reste constante.

Une série de thermomètres peuvent donner, même à distance, les indications de température nécessaires pour suivre, au moyen du mélange convenable, les variations de température des locaux desservis. Nous verrons des exemples de ces chambres dans les chapitres suivants.

173. Conduits horizontaux dans les caves ou les sous-sols, menant l'air chaud aux gaines mon-

tantes. — Ces conduits horizontaux peuvent être établis en terre-plein ou suspendus aux voûtes de caves. Il n'y a aucun inconvénient à les noyer dans un terre-plein, si le sol est convenablement sec; il y a alors peu de perte par le sol, surtout lorsque celui-ci est échauffé et que le régime est établi.

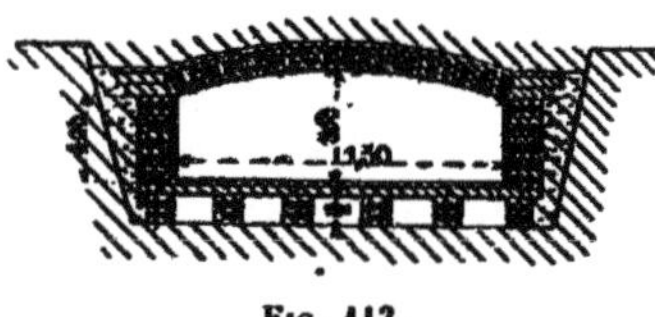

Fig. 113.

Si la section des conduits est restreinte, et rentre dans les dimensions des poteries que fournit le commerce, on peut employer économiquement ces matériaux, en ayant soin de bien garnir les joints, de recouvrir le tout d'un enduit extérieur et de les entourer au besoin d'une matière isolante, comme le mâchefer ou le liège, ou simplement de l'air cantonné.

Si la section du carneau est importante, on construit celui-ci sur place avec des briques ordinaires pleines, ou mieux, creuses. Un exemple de conduit en terre-plein est représenté dans la figure 113. Il a été employé dans le chauffage des bâtiments de l'hospice des Ménages, à Issy. Ainsi qu'on le voit, la tranchée dans le sol est peu profonde et plus large que l'extérieur du carneau. Sur le sol dressé et pilonné, on a construit des murets d'isolement en briques creuses de $0{,}11 \times 0{,}12 \times 0{,}30$, sur lesquels sont posés des bardeaux creux de $0{,}04 \times 0{,}16 \times 0{,}30$, avec enduit, le tout formant le plancher bas du conduit. Les murs latéraux sont montés en briques creuses de $0{,}15 \times 0{,}07 \times 0{,}30$, avec enduit, et ils sont accotés contre le terrain par l'intermédiaire d'un remblai bien pilonné en frasil ou mâchefer. La voûte recouvrant le tout est construite en briques creuses de $0{,}11 \times 0{,}06 \times 0{,}22$, avec chape à l'extrados.

Dans la plupart des cas, la voûte peut être avantageusement remplacée par un plancher en fer hourdé en briques creuses, ou bien encore par une paillasse en fer à T soutenant un double rang de tuiles de Bourgogne comme un ciel de chambre de calorifère.

Lorsque l'on a à traverser des espaces plus particulièrement froids, on dispose au pourtour des conduits des isolants spéciaux, tels que la laine de scories ou les briques de liège.

Lorsque les conduits d'air chaud passent dans les caves, il faut les suspendre aux voûtes ou aux planchers. La figure 114, dans ses croquis (1) et (2), représente la construction de conduits en poteries dont les dispositions varient beaucoup avec le nombre et la grandeur de celles-ci, et aussi avec la position relative que les conduits doivent occuper par rap-

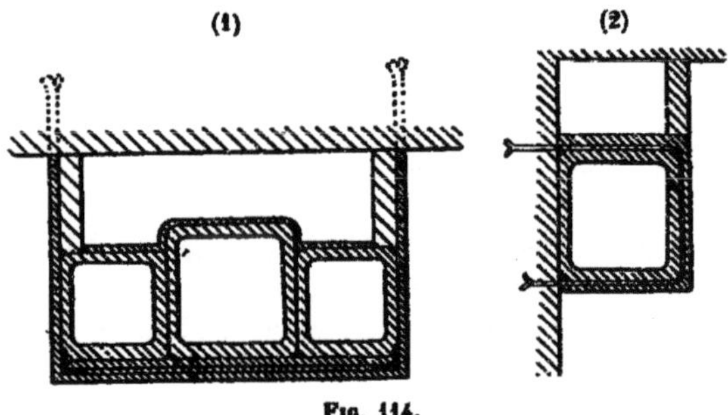

FIG. 114.

port aux murs et aux plafonds. Dans le croquis n° 2 est un conduit unique en poteries, adossé à un mur vertical. De distance en distance, tous les mètres par exemple, un collier en fer, muni de deux scellements relie la gaine au mur et empêche la disjonction. Chaque poterie est posée au plâtre ; les joints comme les ravalements sont faits en même mortier. Le croquis n° 1 représente trois poteries juxtaposées inégales. Elles sont suspendues au plafond au moyen d'une ceinture en fer carré de 20 à 25, tous les mètres, reliées par deux cornières formant les angles. On a soin, comme précédemment, de confiner un coussin d'air à la partie supérieure, entre la poterie, d'une part, et la voûte ou le plancher de cave, de l'autre.

La pente des conduits d'air chaud est au minimum de 0^{m},02 par mètre, et ce minimum doit être porté au moins à 0^{m},03 pour les poteries. Plus on donne de valeur à cette pente, mieux l'air s'écoulera. Plus on veut aller loin, plus il faut de pente.

On a quelquefois exécuté, spécialement pour la construction des gaines d'air chaud, de grandes poteries, genre Gourlier, dont les parois, épaisses de 0^m,05 à 0^m,06, étaient creuses. Tel le croquis de la figure 115.

Fig. 115.

Elles ont l'avantage d'être plus isolantes que les conduits ordinaires, et, lorsque leur prix n'est pas trop élevé, leur emploi est à recommander.

Leur paroi extérieure est striée comme celle des poteries courantes, afin de mieux recevoir et de rendre plus adhérent le mortier d'enduit qui doit les recouvrir.

Lorsque la section augmente, on ne peut plus établir les conduits suspendus d'une seule pièce ; on les compose avec des fers de diverses sections, des briques et des tuiles. La figure 116 indique une gaine de cette sorte suspendue à un plancher en fer. Un étrier, tous les 2 mètres environ, en fer carré de 0^m,04, est suspendu aux solives et présente les dimensions et les coudes nécessaires pour embrasser le conduit à construire. Dans les deux angles inférieurs s'appuient des cornières *f*, *f*, de 0^m,04 à 0^m,06 de branches. Entre ces cornières on pose une série de fers à T, la table en bas, à l'espacement de 0^m,32 d'axe en axe. Ces fers reçoivent en feuillure des tuiles plates de Bourgogne enduites en dessus. Une seconde assise de tuiles croise ses joints avec la première. On régularise la surface de ce premier plancher avec un peu de plâtre, puis, sur des cales en briques creuses *h*, de 0,06 × 0,11 × 0,22, on fixe une nouvelle assise de tuiles *e*.

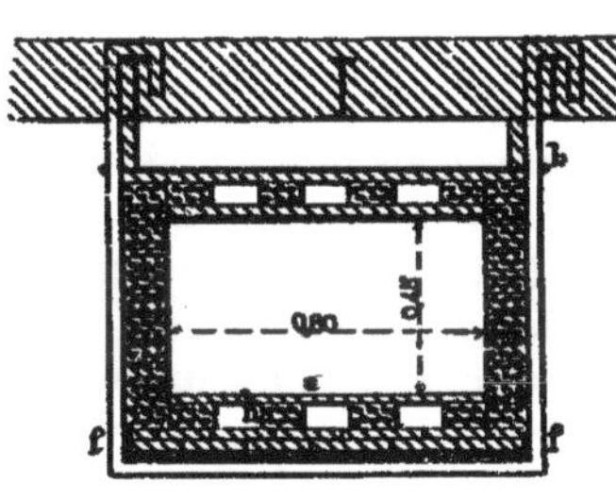

Fig. 116.

Les murs latéraux sont formés de briques creuses et sont montés en $0^m,11$ d'épaisseur. A la hauteur voulue, une nouvelle *paillasse* en fer à T et tuiles ferme le conduit et se trouve doublée d'un second plancher en tuiles posé sur cales. L'intérieur et l'extérieur du conduit sont ravalés en plâtre. L'intervalle entre le plafond et le conduit est fermé latéralement pour y cantonner l'air et diminuer la déperdition de chaleur.

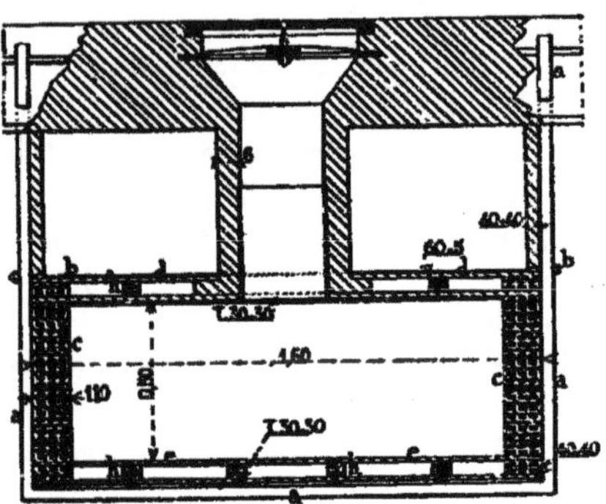

Fig. 117.

C'est un conduit du même genre, mais plus grand, qui est représenté dans la figure 117. Les dimensions intérieures sont $1^m,60$ pour la largeur et $0^m,50$ pour la hauteur. La ceinture qui le supporte tous les $1^m,20$ environ est en fer carré de 40 : elle est accrochée aux solives du plancher ; les branches verticales sont réglées de longueur pour tenir compte de la pente et de la longueur du conduit.

La paillasse inférieure est formée dans les angles de cornières de $\frac{40 \times 40}{5}$ et dans l'intervalle de fers à T parallèles de $\frac{30 \times 30}{4}$. Entre ces fers sont posées des tuiles de Bourgogne plates, en deux rangs croisés ; puis, vient une série de cales en demi-briques *h*, creuses, de $0,05 \times 0,05 \times 0,22$, et, enfin, au dessus un nouveau carrelage en tuiles à plat.

La paillasse supérieure est établie de même, sauf que les fers à T sont transversaux. Le conduit est enduit en plâtre à l'intérieur. L'espace entre le conduit et la paroi haute des caves est fermé par des cloisons en carreaux de plâtre, comme on l'a vu dans l'exemple précédent. Ce conduit est appliqué au Tribunal de Commerce, où il forme une des gaines principales d'air chaud.

Quand, dans un bâtiment, on trouve une galerie de caves ayant la direction des conduits à établir, on peut se servir de l'un de ses murs et quelquefois des deux pour simplifier la construction du conduit qui prendra sa direction. Dans chaque cas particulier on cherche la construction la plus simple.

174. Distribution et réglage de l'air chaud. — Lorsqu'un conduit général d'air chaud se divise en plusieurs ramifications secondaires, il est indispensable de mettre à l'origine de chaque ramification une clef ou valve. Il en est de même pour chacun des conduits partant de la chambre du calorifère ou de la chambre d'air chaud. Ces valves sont très commodes lorsque l'on veut, par un réglage convenable, répartir uniformément l'air dans tous les branchements. Ces valves, une fois leur position bien déterminée, ne varient plus pendant toute la durée du fonctionnement du calorifère, chaque pièce chauffée se réglant de son côté par ses bouches de chaleur.

Lorsque des ramifications partent d'un conduit principal, il est toujours bon d'étudier leur forme en vue de la plus grande facilité du mouvement de l'air. Autant que possible, on évite les changements brusques de direction, et on s'arrange pour réduire la section du conduit principal, après le branchement, d'une quantité proportionnelle à la réduction correspondante du débit.

La figure 118 montre ainsi en plan trois gaines secondaires partant d'une conduite principale et allant aboutir au pied de colonnes montantes disposées dans un mur de refend. Les branchements secondaires sont inclinés d'une façon très marquée, de manière à éviter un changement trop brusque dans la direction du courant. De plus, en raison de la réduction de section, chacune fait une légère saillie sur le conduit, ce qui facilite l'entrée.

Malgré les registres dont sont munis les branchements, la répartition se fait inégalement lorsque les trois conduits correspondent à des étages différents. La bouche du rez-de-chaussée donne moins, ayant une plus faible hauteur de tirage ; celle du premier donne un peu plus ; celle du deuxième risque de prendre beaucoup plus que la quantité d'air qui lui revient, et cette différence s'accentue à mesure que les locaux desservis sont plus élevés au-dessus du sol.

Fig. 118. Fig. 119.

La figure 119 représente une coupe longitudinale du grand conduit de tout à l'heure, avec trois branchements devant aboutir à trois étages superposés.

On fera les prises à trois hauteurs différentes. La gaine du rez-de-chaussée partira de la partie supérieure, où l'air est plus chaud, et les autres prises se feront à des hauteurs de plus en plus petites à mesure qu'elles desservent un point plus élevé. On régularise ainsi naturellement les courants partiels, et les valves achèvent les répartitions prévues.

174 *bis*. Distribution par conduits séparés. — On a quelquefois une grande difficulté à régler ainsi les divers branchements qui naissent d'une conduite générale d'air chaud et se rendent aux locaux à chauffer. Aussi un certain nombre de constructeurs préfèrent-ils séparer les conduits allant aux différentes bouches jusqu'à la chambre même du calorifère ; de la sorte, chaque conduit prend dans l'appareil même l'air chaud qu'il doit laisser passer. On a soin, lorsque l'on adopte cette disposition, de maintenir au départ de tout conduit une valve de réglage, et aussi d'avantager, par une plus grande section et une déclivité convenable, les conduits qui ont un plus grand chemin à parcourir.

La figure 120 représente en plan une installation de ce

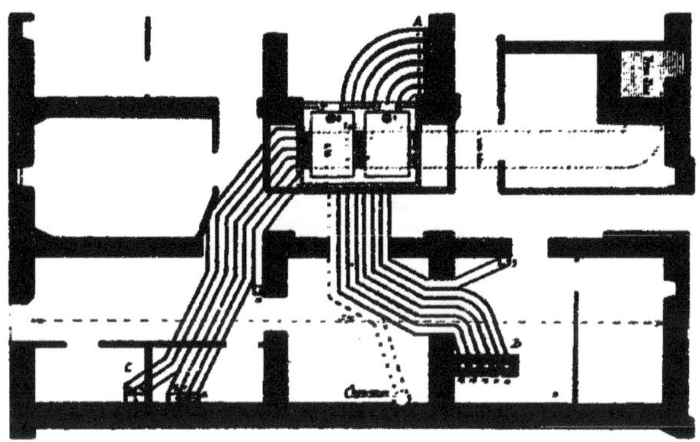

FIG. 120.

genre. Deux calorifères sont établis dans une chambre qui leur est commune, et de ces calorifères partent des conduits en poterie suspendus à la paroi haute des caves, et alimentant plusieurs groupes de gaines montantes et notamment les groupes figurés en A, B et C, et, en outre, deux bouches isolées.

On a avantage à grouper les conduits, afin de diminuer la surface des parois susceptibles de se refroidir ; on ne les sépare qu'à l'arrivée aux gaines, lorsque la disposition de celles-ci le réclame. On arrondit au mieux les passages et les coudes, pour faciliter le mouvement des gaz.

La séparation des conduits augmente dans une notable proportion le périmètre de contact avec l'air pour une section donnée, d'où un frottement plus considérable, qui tend à réduire la vitesse. Il faut rétablir l'équilibre et l'on assure le passage convenable au moyen d'un léger excédent de section.

Dans le dessin en plan de la figure 120, on voit la disposition d'une prise d'air unique et la position du tuyau vertical de la cheminée, à laquelle un conduit en tôle mène la fumée des deux appareils.

La figure 121 donne un second exemple de la disposition de conduits séparés partant de la chambre même d'un appareil calorifère. L'application représentée est dessinée en plan et en élévation.

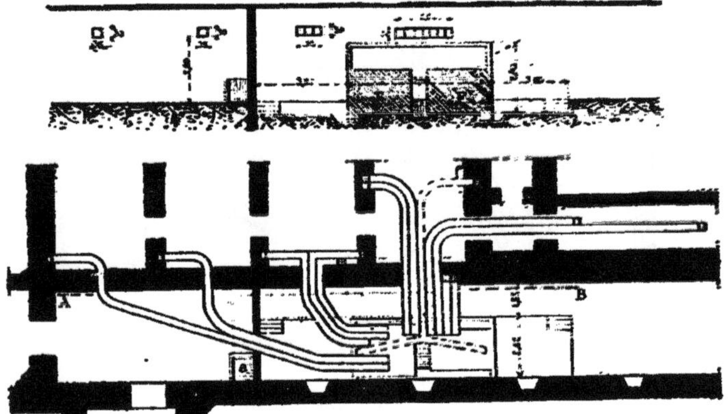

FIG. 121.

Deux calorifères F et F' sont établis dans une chambre commune, et, du haut de cette chambre formant magasin d'air chaud, partent les différents conduits qui mènent l'air aux gaines montantes.

Le calorifère est dans un couloir, tandis que les gaines montantes sont logées dans des refends transversaux placés de l'autre côté du mur longitudinal intérieur. Les conduits ont donc dû traverser ce dernier mur à hauteur convenable déterminée pour chacun d'eux par la pente qu'on lui a attribuée. En élévation, on voit les passages des conduits ainsi ménagés dans le mur longitudinal ; cette élévation est faite dans une coupe verticale par un plan dont la trace horizontale est AB.

Distance d'action d'un calorifère. — On ne peut compter pratiquement porter avec succès l'air chaud en conduit horizontal (légère pente de $0^m,02$ à $0^m,04$ par mètre) à plus d'une quinzaine de mètres de la chambre du calorifère. Ce chiffre peut être considéré comme un maximum dans les cas ordinaires de la pratique.

Cependant, si, dans une application spéciale, on avait besoin de le conduire encore plus loin, on trouverait la solution dans l'emploi du principe précédent du réservoir d'air chaud, joint à celui d'un tirage énergique pendant la chauffe. Ce tirage serait obtenu par un abaissement suffisant de l'appareil au-dessous du niveau le plus bas des locaux à chauffer. Il faudrait, dans ce cas, baisser le sol de la chambre du calorifère, baisser en même temps l'appareil, donner une plus grande hauteur à la chambre d'air chaud, augmenter enfin la section et la pente des conduits, tout en s'opposant au refroidissement dû au grand développement de leur paroi.

Une autre solution serait, lorsqu'on a un moteur à sa disposition, ou lorsque l'importance de l'établissement le permet, d'établir un ventilateur soufflant de l'air dans le calorifère et l'envoyant par des gaines de sections réduites dans toutes les parties de l'établissement. La distance d'action serait alors augmentée dans des proportions considérables; il n'y aurait aucune impossibilité à alimenter des bouches distantes de 40 à 50 mètres de l'appareil.

175. Conduits verticaux ou gaines montantes. — Les gaines montantes sont chargées de distribuer l'air chaud venant d'un calorifère aux différents locaux d'une maison. Toutes les fois qu'on le peut, on les ménage dans les murs de refend de la construction; on les construit, de même que les tuyaux de fumée, en briques ordinaires, en briques cintrées ou en wagons, suivant le mode de construction adopté pour d'autres raisons dans le reste du mur.

Il y a lieu, dans l'exécution de ces gaines, lorsqu'elles doivent être alimentées par un calorifère à air chaud, de prendre les mêmes principes d'isolement que pour les tuyaux de fumée. L'air chaud qui les parcourt, par suite d'un concours de circonstances imprévues tel qu'un réchauffement de la température extérieure faisant fermer toutes les bouches, peut y atteindre exceptionnellement des températures de 300 à 400°, capables d'enflammer tout corps combustible adjacent.

Il est bon de bien lisser l'intérieur des gaines montantes au moyen d'un enduit en plâtre, de manière à supprimer les aspérités, diminuer le frottement et faciliter le passage.

On a soin d'isoler les conduits d'air chaud des conduits de fumée les plus voisins par une maçonnerie pleine d'au moins $0^m,22$ d'épaisseur, pour éviter toute communication.

Lorsqu'il s'agit de porter l'air aux étages d'un bâtiment, il faut forcément avoir une colonne montante par bouche, ou quelquefois par paire de bouches, à condition que ces dernières appartiennent à un même appartement.

Lorsque les refends, ou distributions, ne peuvent contenir tous les conduits d'air chaud, les gaines qui n'y trouvent pas place sont adossées aux murs et cloisons, et on les construit en poteries de terre cuite ou même en poteries de plâtre, en leur donnant une épaisseur convenable (au moins $0^m,08$) pour un isolement suffisant, et en les maintenant, comme pour les conduits de fumée, à $0^m,16$ de tout bois. Une autre manière très employée consiste à les établir en tuyaux ronds ou carrés de tôle galvanisée que l'on recouvre à l'extérieur de $0^m,08$ de plâtre. L'intérieur d'une gaine ainsi construite est très lisse, et le frottement de l'air est réduit à son minimum. La place prise est également aussi faible que possible.

Lorsque le parcours est long ou qu'il a lieu à travers des locaux froids, il est bon de garantir les gaines par un isolement en liège aggloméré sur lequel on fait un enduit en plâtre.

Ces gaines montantes aboutissent presque toujours directement à des bouches de chaleur. Parfois, cependant, elles ne mènent l'air qu'à une petite distance de l'endroit où l'air chaud doit déboucher ; on est alors obligé de les compléter par un conduit horizontal dans l'épaisseur du plancher. Ce conduit est établi comme une ventouse, sauf qu'on prend toutes précautions pour l'isoler de tout bois et éviter les chances d'incendies. C'est alors ce branchement qui est terminé par la bouche de dégagement.

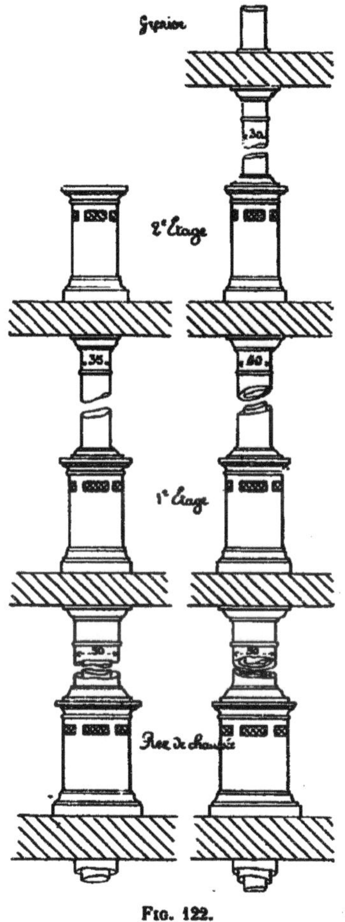

FIG. 122.

On n'a pas toujours à sa disposition des murs de refend ou des cloisons de distribution, pour loger ou adosser les gaines montantes.

Dans les grandes salles d'hôpitaux, par exemple, il n'y a aucune division contre laquelle on puisse disposer les tuyaux. On adopte alors la solution représentée par la figure 122. Le cas est celui de trois salles superposées, l'une au rez-de-chaussée, les deux autres aux premier et deuxième étages. On place les *repos de chaleur* verticalement au-dessus les uns des autres. Ce sont des cylindres en tôle, ayant l'apparence de poêles et destinés à porter les bouches de chaleur qui dispensent l'air chaud; de distance en distance on répète ce groupement.

L'alimentation de ces repos de chaleur se fait au moyen

de tuyaux en tôle concentriques, dont le premier n'a, comme longueur que l'épaisseur seulement du rez-de-chaussée ; le second, de $0^m,50$ de diamètre, correspond au premier étage ; et le troisième, de $0^m.35$ de diamètre, correspond au deuxième étage. Le repos de chaleur du troisième étage n'a pas de tuyaux en prolongement ; il a l'apparence d'un poêle sans tuyau.

Dans ce genre d'édifices, la série des repos de chaleur superposés se complique encore, en certains points, du passage du tuyau de fumée du calorifère. Ce tuyau passe dans tous les tuyaux précédents, élargis si besoin est, et va directement jusqu'au-dessus de la toiture.

On voit dans la figure précitée deux colonnes montantes disposées de cette manière, et celle de droite correspond à l'aplomb d'un tuyau de fumée de calorifère.

Quand on entre dans une salle, on voit de distance en distance un repos de chaleur avec un tuyau plus ou moins gros, orné d'une base et d'un chapiteau, et présentant l'aspect d'un poêle ordinaire ; cet aspect n'est nullement choquant.

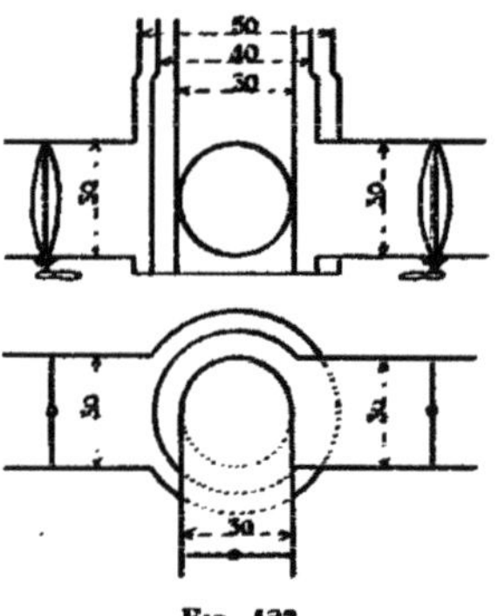

FIG. 123.

Les colonnes montantes sont espacées tous les 8 ou 10 mètres, suivant la grandeur des salles à chauffer.

L'ensemble d'un calorifère et de ses trois gaines montantes est représenté dans la figure 124. Le calorifère chauffe un pavillon d'hôpital formé de trois salles superposées ; il est placé au milieu du bâtiment ; et à ce milieu correspond une gaine triple montante ; à 10 mètres, à droite et à gauche, sont d'autres gaines distribuant l'air chaud dans l'axe longitudinal, et ces gaines sont disposées avec trois repos étagés, mais sans tuyau de fumée. C'est le détail de ces colonnes qui a été indiqué dans la figure 122 (Hospice des Ménages d'Issy).

Il est indispensable de régler la quantité de chaleur que chaque étage doit recevoir, et c'est à la partie inférieure que l'on doit disposer des valves de réglementation.

On doit pouvoir les manœuvrer soit dans le sous-sol lorsqu'il existe, soit dans le repos de chaleur inférieur si le rez-de-chaussée est en terre-plein.

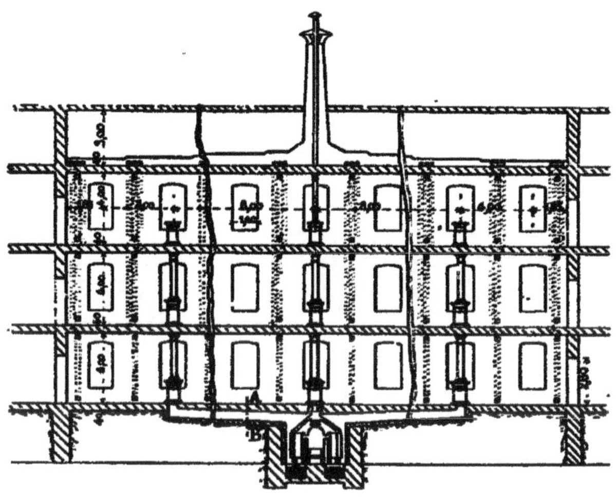

Fig. 124.

Le principe des dispositions des valves pour tuyaux concentriques est indiqué comme schéma dans la figure 123. Chaque tuyau a sa prise faite au moyen d'une buse latérale, et c'est à l'arrivée de la buse que se trouve la valve de réglage.

Souvent la longueur des salles exige que l'on ait une arrivée d'air chaud à chaque extrémité. L'axe en ce point est occupé par la porte. On dédouble alors les bouches, et on les place de chaque côté. Les gaines montantes sont placées dans le mur de refend qui existe à cet endroit, et les bouches de chaleur sont portées par des repos de chaleur demi-cylindriques appliqués le long du mur.

176. Bouches de chaleur. — Les bouches de chaleur doivent remplir une série de conditions indispen-

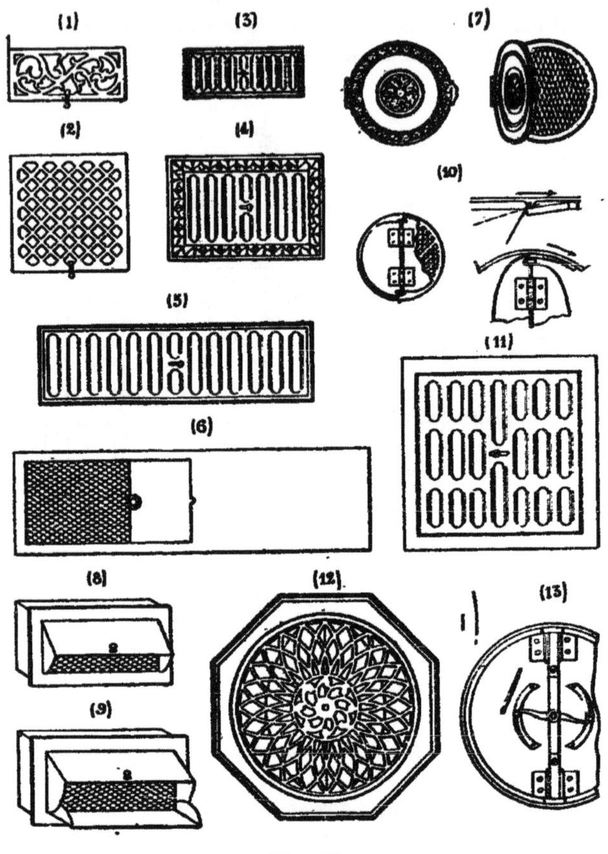

Fig. 125.

sables : elles doivent avoir la plus grande section possible, car presque toujours l'emplacement qu'on leur assigne est restreint.

On doit pouvoir régler graduellement cette section, et cela d'une façon commode ; la manœuvre doit se faire dans la pièce même desservie.

Elles doivent être grillées pour empêcher les ordures et les animaux de s'introduire dans le conduit qui les alimente.

Enfin, suivant leur position, leur forme doit être appropriée à leur emplacement.

Les treize croquis de la figure 125 représentent les principales formes des bouches de chaleur.

En (1) est une bouche, avec façade, ordinairement en cuivre, ajourée suivant un dessin formant grille. En arrière, est une valve en tôle que l'on manœuvre par un bouton et qui ferme plus ou moins l'ouverture. La section utile n'est au plus que la moitié environ de la section apparente. On l'emploie dans les frises en faïence des poêles de salles à manger par exemple.

En (2) est une grille carrée établie dans le même système.

En (3) et (4) sont des bouches dites à *créneaux*. La façade est en fonte plus ou moins ornée ; les ouvertures sont verticales ; et, comme dans les précédentes, la section utile n'est que la moitié à peine de la section vue. La fermeture se fait par une tôle de même forme, qui coulisse en arrière en restant constamment appliquée sur la paroi. Le mouvement, limité à une division de créneaux, suffit pour mettre les pleins de la tôle plus ou moins en rapport avec les vides de la façade; d'où, la fermeture ou l'ouverture du passage.

La bouche (5) est de même système, mais en cuivre.

Ces bouches servent dans les murs, dans les frises, dans les plinthes, près du sol, et on en trouve dans le commerce de dimensions très variées entre lesquelles on n'a qu'à choisir pour chaque application.

Le croquis (6) représente une bouche établie soit en tôle, soit en cuivre, comme on en pose souvent dans les plinthes près du sol. Elle est formée d'un cadre dans lequel coulisse une plaque munie d'un bouton ; cette plaque se loge, lorsqu'elle est ouverte, derrière une partie pleine de la façade ménagée à cet effet. En arrière de l'ouverture est un grillage en cuivre qui préserve de toute introduction. La section vue est la section réelle, et on peut graduer l'ouverture mieux que dans les dispositions précédentes.

En (7) est une bouche ronde, ordinairement en cuivre. On en fait un emploi fréquent dans les costières des cheminées garnies d'un appareil calorifère. Elles sont munies d'un grillage intérieur et d'un couvercle à charnières.

En (8) est une *bouche à soufflet*. L'ouverture se trouve avancée au-devant du parement du mur dans lequel elle est scellée, par la saillie du couvercle qui est muni de joues latérales.

Il en résulte une direction donnée à l'air qui s'échappe, et une protection des objets voisins contre le contact de cet air qui peut se trouver trop chaud.

La bouche (9) est à double soufflet, et donne une protection encore plus efficace.

Ces systèmes sont munis de grillages intérieurs en cuivre.

Le croquis (10) indique une grille ronde, en fonte ou en cuivre, disposée de manière à être posée horizontalement sur le sol. Elle ne doit faire aucune saillie extérieure ; elle est fermée par une double valve en tôle, qui s'ouvre ou se ferme par la rotation de la bouche autour d'un axe vertical passant par son centre ; elle porte des taquets qui actionnent deux plans inclinés, rivés sur les valves, ainsi que l'indiquent les détails.

Les cadres de ces bouches, appelées *bouches-parquets*, se logent dans une feuillure à la demande ménagée dans le parquet ou le dallage qui forme le sol, et auquel on donne l'épaisseur convenable pour cet effet. Ordinairement elles ne sont que posées, et on peut les soulever verticalement d'une seule pièce, afin de pouvoir nettoyer l'orifice et l'extrémité du carneau qui y aboutit.

D'autres fois, elles sont vissées, lorsqu'il y a utilité à prendre cette précaution.

Il est bon de disposer en entonnoir l'extrémité du conduit, et à l'évaser pour recevoir une bouche de grandes dimensions. De la sorte, on peut s'arranger de telle sorte que la section libre de la bouche soit égale à la section totale du conduit d'air chaud qui y aboutit. On a un exemple de la disposition d'une bouche de grande dimension de ce système dans la figure 117.

La bouche (11) est une grille à créneaux, de forme carrée, disposée pour être placée sur le sol dans une position horizontale.

(1)

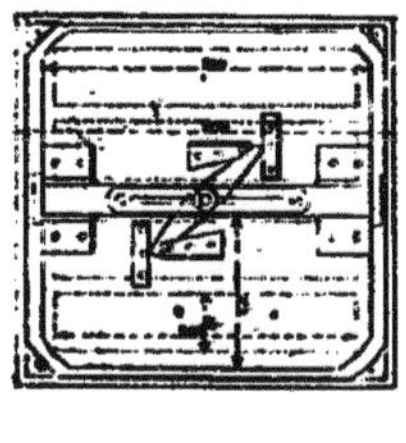

(2)

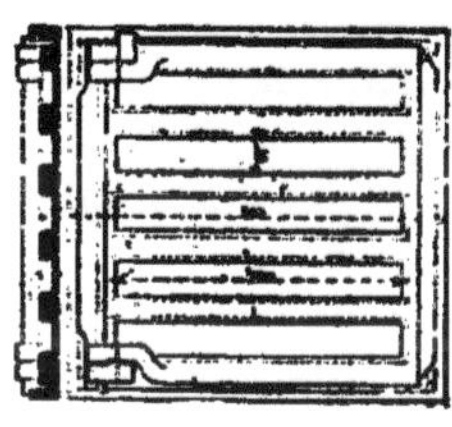

(3)

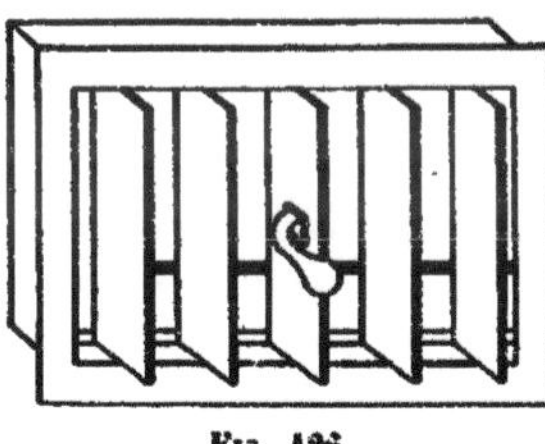

Fig. 126.

Le croquis (12) montre une bouche à parquet dont le châssis est octogonal, et la partie à jour circulaire. Elle est fermée par deux valves actionnées par la rotation même de la grille.

Le croquis (13) indique les valves vues de dessous.

La figure 126 représente une grille à créneaux étudiée de façon à présenter une section libre notablement plus grande que la moitié de sa surface.

Cette bouche se ferme par le moyen de deux valves en fonte, manœuvrées par un système de lames, comme les précédentes, ou bien par une seule valve carrée tournant autour d'un de ses côtés. Les croquis (1) et (2) rendent compte de ces deux dispositions, avantageuses à employer dans nombre de cas.

Le croquis (3) donne une disposition de bouche de chaleur qui permet d'avoir toute la section disponible. C'est la *bouche persienne*. La valve qui la ferme est divisée en un certain nombre de bandes parallèles pouvant tourner chacune autour d'un axe milieu longitudinal. Toutes les bandes sont rendues solidaires par une tige articulée ; et un bouton posé sur l'une d'elles les ouvre ou les ferme toutes à la fois. En arrière de l'espace nécessaire pour les lames, on met un grillage serré en cuivre pour clore l'orifice d'amenée de l'air.

177. Vitesse de l'air à la sortie des bouches. — Lorsqu'on pose une grille de chaleur à l'extrémité d'un conduit maçonné, il est indispensable de badigeonner en noir l'arrivée du conduit, pour que ce dernier ne fasse pas mauvais effet, vu à travers la grille. Avec cette précaution, les vides des bouches paraissent tout noirs, le dessin de la grille est net, et le tout offre un bien meilleur aspect.

Les grilles doivent avoir une section telle que la vitesse de l'air soit assez faible pour ne pas gêner. Pour qu'une vitesse soit insensible, il faut qu'elle ne dépasse pas $0^m,25$ à $0^m,30$ par seconde. C'est sur cette vitesse que l'on compte pour déterminer la section utile d'une bouche, auprès de laquelle on stationnerait longtemps, pour travailler, par exemple, telles sont les bouches qui, dans un amphithéâtre de cours, distribuent l'air à chaque auditeur.

Dans une salle, au contraire, où on ne fait que passer, où l'on se remue, on peut facilement admettre la vitesse de 1 mètre. Souvent, même dans les appartements, on arrive à donner cette vitesse, en raison du peu de place dont on dispose. Mais il vaudrait mieux, dans ce cas, doubler la surface utile et se restreindre à une vitesse de $0^m,50$.

178. Dangers d'incendie par les bouches de chaleur. — Nous avons déjà vu que, lorsque des conduits d'air viennent d'un calorifère à air chaud, il peut se présenter des moments où, par suite d'un réchauffement extérieur brusque, on ferme ou on pousse les bouches alimentant les locaux chauffés. La quantité d'air qui passe dans la chambre du calorifère est très faible et, par contre, s'y échauffe et peut atteindre des températures de 400 à 500°. Cet air monte très chaud dans les conduits, et, si une bouche n'est que poussée, s'écoule lentement dans la pièce. Or, il suffit que les boiseries et tentures soient chauffées à

300° ou 350° pour prendre feu spontanément au contact de l'air.

Il peut donc y avoir incendie de ce fait, et les exemples ne sont pas rares d'incendies occasionnés par les bouches de chaleur.

Il est donc indispensable de disposer les bouches de chaleur dans des emplacements où elles ne risquent pas d'être masquées par des portes, des portières, des rideaux. Il faut, en outre, les isoler du parquet en les haussant de quelques centimètres ou remplacer par du marbre les frises contiguës. Enfin, lorsque le voisinage immédiat d'une bouche peut recevoir des tentures saillantes, il faut choisir pour cette bouche un modèle à soufflet de dimensions telles que le courant d'air sortant, convenablement dirigé, puisse éviter le contact de l'étoffe.

179. Choix de l'emplacement des bouches de chaleur. — Lorsqu'en étudiant le plan des locaux à chauffer on cherche à disposer au mieux les bouches de chaleur, il faut tenir compte de l'observation précédente et éviter les emplacements qui peuvent être recouverts par des tapisseries, des rideaux, ou masqués par des portes ouvertes en grand.

D'autre part, il faut se rendre compte des espaces qui seront réellement pris par les gros meubles, et qui ne conviendraient pas pour y établir des bouches, ce qui restreint dans chaque pièce les emplacements réellement disponibles.

Lorsqu'on peut faire un choix, il y a toujours avantage à employer des grilles verticales ; elles sont moins exposées aux chocs et aux détériorations et peuvent être maintenues plus propres.

Les grilles horizontales, en effet, servent de décrottoirs, reçoivent les balayures, et sont d'un entretien très difficile comme propreté. Il est bon de leur donner une grande dimension et de restreindre la largeur des vides, de manière à arrêter les grosses ordures et éviter que l'on puisse voir, dans le conduit au dessous, les ordures accumulées. Il faut, de plus, les nettoyer fréquemment ; il est pour cela nécessaire qu'on ait toute facilité pour les enlever et les remettre facilement.

Toutes les fois qu'on le peut, on remplace les bouches horizontales dans le sol par des bouches élevées au-dessus du sol au moyen d'un cylindre en tôle présentant la forme d'un poêle. On les soustrait ainsi aux chances de malpropreté.

Ces enveloppes de poêles ne servant que de bouches élevées portent, comme on l'a vu, le nom de *repos* de chaleur. On les exécute ordinairement en tôle, ou en tôle et fonte. Quelquefois, le repos de chaleur tout entier est exécuté à jour, en fonte.

180. Disposition des appareils calorifères en eux-mêmes. — Les appareils calorifères à air chaud se composent toujours :

1° D'un foyer où se brûle le combustible et où la chaleur se développe ; les produits de la combustion s'en échappent à une température de 500 à 800° ;

2° De surfaces auxiliaires que l'on peut désigner sous le nom d'*utilisateur*. C'est un groupement de tambours, coffres, tuyaux de formes diverses parcourus par la fumée à l'intérieur, entourés d'air à l'extérieur. La fumée s'y refroidit avant de se rendre à la cheminée, où elle n'arrive qu'à 200° ou 300° ; et cela, au profit de l'air enveloppant qui s'est échauffé ;

3° D'un conduit de fumée qui va rejoindre le tuyau ménagé dans un des murs du bâtiment.

La disposition relative de ces différentes parties d'un calorifère est très variable suivant les systèmes. Avec un bon tirage on peut faire parcourir à la fumée des chemins très divers, horizontaux ou verticaux, ces derniers ascendants ou descendants. Avec les courants de haut en bas on a le grand avantage d'obtenir une répartition aussi égale que possible entre deux ou plusieurs chemins parallèles, à condition que le parcours des gaz ainsi que la section soient identiques ; mais il est nécessaire de prendre les moyens convenables pour déterminer le sens du courant au moment de l'allumage.

Il est bon de concentrer les diverses parties de l'appareil de manière à les contenir dans l'espace le plus restreint, dans la chambre la plus petite possible, mais il ne faut pas que ce soit aux dépens de la bonne marche du calorifère.

Il faut chercher à éviter que la fumée déjà refroidie n'ait à parcourir des conduits chauds, où sa température se relèverait, car on dépense alors de la surface de chauffe en pure perte. Cet inconvénient se présente quand on serre les surfaces auxiliaires autour de la cloche ; celle-ci, chauffée au rouge, rayonne sur l'utilisateur et annule en partie l'action de ses parois, si même elle n'arrive pas en certains points à réchauffer la fumée.

Il est également mauvais de disposer les surfaces de chauffe immédiatement au-dessus du foyer ; l'air échauffé fortement par la cloche passe ensuite sur l'utilisateur ; mais, comme l'excès de température de ce dernier sur l'air est faible, il donne peu de transmission, malgré le grand développement qu'il peut présenter. Il faut chercher, au contraire, au moyen du chauffage méthodique, à maintenir entre les gaz chauffants et l'air à chauffer la plus grande différence possible de température ; pour cela, il faut les faire circuler en sens inverse, la fumée la plus refroidie se trouvant à l'arrivée de l'air le plus froid venant du dehors.

Telles sont les principales règles à observer dans l'organisation d'un appareil calorifère. Nous allons maintenant passer en revue les principales parties de ces appareils.

181. Des foyers de calorifères. — Les foyers de calorifères n'ont pas une forme spéciale déterminée : ils procèdent des différents types de foyers qui ont été passés en revue dans le chapitre II de cet ouvrage. La plupart du temps, dans les appareils ordinaires, on emploie des foyers droits, malgré la médiocre combustion qu'on y obtient. Lorsque l'on veut éviter que les surfaces de chauffe ne rougissent, on ajoute des nervures à l'extérieur, ou un garnissage à l'intérieur, ou encore on les établit tout en maçonnerie.

On recherche, dans la plupart des habitations, les appareils à magasins de combustible, permettant des chargements espacés, et même une marche continue de jour et de nuit, et on a vu le principe et les formes de ces sortes de foyers.

Lorsqu'on dispose à meilleur marché de combustibles flambants, on préfère les foyers métalliques ; lorsque les charbons sont maigres et faciles à brûler, on prend les foyers métalliques seuls ou doublés de matériaux de maçonnerie réfractaires. On préfère ces derniers ou les foyers tout en maçonnerie avec les combustibles difficiles à brûler, ou pauvres en carbone.

182. Utilisateurs. — Disposition générale des surfaces de chauffe. — Les gaz sortent de la cloche à une température très élevée : ils contiennent la presque totalité de la chaleur dégagée par la combustion, lorsque le foyer est garni de maçonnerie, et encore une notable partie de cette chaleur si le foyer est en métal, et même si elle est munie de nervures.

Pour utiliser cette chaleur, on ajoute à la cloche, sous forme de tuyaux, de coffres, de tambours, etc., des surfaces auxiliaires qui forment l'utilisateur, et qui s'interposent entre le foyer et la cheminée. La fumée les parcourt à l'intérieur, l'air à chauffer circule au dehors de leur paroi, et il en résulte un échange de calories. La température de la fumée s'abaisse rapidement avec la surface, et elle est bientôt à un degré assez réduit pour qu'on lui donne issue au tuyau de fumée.

Si l'on se rend compte du rendement de l'utilisateur, à mesure que, pour une même cloche, on augmente sa surface, on trouve que la transmission est très considérable par unité de surface pour les premiers coffres ou tuyaux, mais qu'ensuite l'effet utile décroît très rapidement à mesure qu'on ajoute de nouvelles parois, et que bientôt ces dernières sont plutôt onéreuses ; on n'a donc pas avantage à multiplier les surfaces de l'utilisateur au-delà d'un certain développement. En pratique, on admet généralement une surface d'utilisateur de $0^m,80$ à $1^m,25$ par kilogramme de houille brûlée par heure sur la grille.

La forme des tuyaux et coffrages qui forment l'utilisateur n'est pas indifférente. Comme principes à suivre dans leur disposition générale, on peut dire :

1° Que les surfaces verticales sont préférables aux surfaces horizontales. Ces dernières retiennent les poussières qui se déposent par dessus et qui, en brûlant ou distillant, lorsque la paroi est fortement chauffée, dégagent de mauvaises odeurs. Quand c'est la fumée qui passe au-dessus d'une surface horizontale, elle y dépose de la suie et des cendres qui s'y accumulent et diminuent beaucoup la transmission par mètre carré de paroi. De telle sorte que, pour un tuyau horizontal, les surfaces réellement utiles sont celles qui forment les deux côtés du tuyau, et pour un coffre ce sont les parois verticales réunissant ses deux fonds. Les surfaces verticales sont encore préférables parce que l'air extérieur y est moins stagnant ; sa vitesse de circulation y est plus grande par suite et à état de propreté égal, la transmission est plus forte ;

Fig. 127.

2° Que les coffres et tuyaux doivent être disposés pour que toute leur surface soit utile. Il faut qu'aucune partie ne soit disposée pour recevoir le rayonnement de surfaces plus chaudes qui réchaufferaient la fumée déjà refroidie. Il faut donc les éloigner de la cloche et faire circuler de l'air dans l'intervalle ;

3° Pour avoir le plus grand effet utile, il faut maintenir entre la fumée et les gaz le plus grand écart possible de température pendant tout le temps de la circulation, et pour cela il faut appliquer le principe du *chauffage méthodique*, c'est-à-dire qu'il faut faire circuler les gaz à refroidir en sens contraire de l'air à réchauffer. On a vu que, par ce moyen, on obtenait un bien meilleur effet utile ;

4° Il faut que l'utilisateur soit accessible pour le nettoyage dans toutes ses parties intérieures. Il se dépose en dedans des cendres entraînées et de la suie ; il est indispensable de procéder, de temps en temps, à leur enlèvement et au brossage des surfaces verticales. On dispose à cet effet des *buses* qui partent des endroits les plus convenables de l'utilisateur, qui s'allongent au dehors en traversant le mur de la chambre, et qui se terminent par un tampon facilement amovible. Il est bon aussi que l'on puisse avoir quelques ouvertures d'accès pour la chambre même du calorifère, de manière à pouvoir facilement maintenir en état de propreté les surfaces extérieures, et enlever leurs poussières, surtout au moment du commencement de l'hiver, alors que, pendant toute la belle saison, ces dernières ont eu le temps de s'accumuler;

5° Lorsque l'utilisateur est en métal, ce qui est le cas le plus général, on a le choix entre la tôle et la fonte.

La tôle peut être employée à plus faible épaisseur et, par conséquent, elle donne des surfaces plus économiques; les joints sont faciles à faire, et la confection des coffres et des tuyaux, au moyen de rivets, très simple et commode. La tôle est rongée assez rapidement par les fumées sulfureuses, surtout lorsque la température permet qu'il puisse y avoir une condensation d'eau dans certaines portions; elle est également sujette à être vivement détruite pendant la période d'arrêt des appareils, lorsqu'ils sont placés dans des caves humides, et surtout lorsque les surfaces sont couvertes de poussières et de suie que l'humidité peut imprégner, qui forment éponge et maintiennent le contact.

Les joints de la tôle sont souvent insuffisamment emboîtés, et se disjoignent à la suite des dilatations et contractions successives dues aux alternatives de chauffage.

La fonte est moins altérable; mais elle s'établit avec des épaisseurs plus fortes et, par conséquent, revient à un prix élevé. Les différentes pièces s'assemblent souvent par simple emboîtement, avec interposition de terre à four délayée. Il faut avoir soin de disposer les emboîtements dans le sens le plus favorable au bon maintien de cette terre. Il est bon d'accompagner ces emboîtements de brides et de boulons assurant le rapprochement des pièces, et de prendre, pour garnir les joints, des mastics plastiques de plus grande résistance que la terre argileuse. On évite par ces précautions le mélange des gaz que sépare la paroi: la fumée et l'air.

La fonte est tout indiquée avec joints boulonnés et très

bien établis si, au moyen d'un agent mécanique, tel qu'un ventilateur, on augmente la différence de pression qui existe entre la fumée et l'air, ce qui accroît la tendance aux fuites et au mélange.

183. Cheminées traînantes en tôle ou en maçonnerie. — Cendres, — nettoyages. — Lorsque l'on construit un bâtiment à neuf, on prévoit d'avance la place que devront occuper les appareils de chauffage. On ménage à proximité, dans le mur de refend le plus voisin, un tuyau de fumée vertical qui mènera la fumée au dehors, et le raccord avec l'extrémité de l'utilisateur se fait facilement par le moyen d'un tuyau presque horizontal que l'on nomme souvent pour cela une *cheminée traînante*.

Ce tuyau horizontal, lorsque la fumée sort de l'appareil à la partie haute, se monte ordinairement en tôle; on le suspend à la voûte de cave par une série de tiges en fer, à collier mobile pour les réparations. Le parcours, lorsqu'il est très court, ne refroidit pas la fumée. Il est bon sur le départ du calorifère d'établir une clef permettant de régler le tirage de l'appareil, et, au besoin, de le fermer, lorsqu'il n'y a pas de feu dans la cloche.

Si le tuyau est long, non seulement il chauffe la cave, ce qui peut être une gêne, mais encore il refroidit les gaz inutilement aux dépens du tirage. Il est avantageux de l'envelopper de matières isolantes pour éviter ces deux inconvénients.

Si la fumée sort de l'utilisateur à la partie basse, on la ramène en haut, au moyen d'un tuyau vertical en tôle, logé dans la chambre même du calorifère, dont la paroi extérieure est utilisée et s'ajoute à celles de l'utilisateur. On est ramené au cas précédent pour le conduit traînant.

D'autres fois, on fera passer le tuyau de fumée, au départ de l'utilisateur, dans le sol même, dans un conduit maçonné, isolé au mieux et allant retrouver le pied du tuyau vertical du mur. Il faut ménager des regards de visite, et des tampons de nettoyage sur le parcours de ce carneau, pour le ramoner et enlever la suie et les cendres qui s'y accumulent. Lorsque le conduit est bien garanti, la perte par le sol est faible, et on trouve à cette disposition l'avantage de ne pas chauffer la cave.

Lorsque le tuyau traînant est en tôle et vient déboucher dans le tuyau vertical C du mur de refend, il faut prévoir qu'en ce point il se fera une accumulation de cendres. On s'arrange pour ménager une prolongation du tuyau C en contre-bas de la jonction, et on y met un tampon ou une

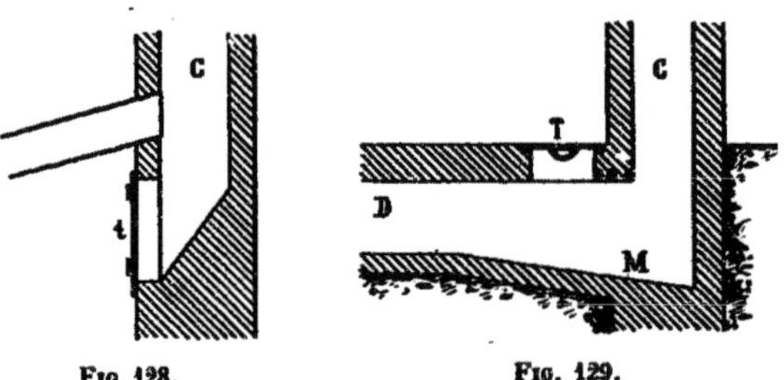

FIG. 128. FIG. 129.

porte de nettoyage *t*. De la sorte, les dépôts ne peuvent obstruer le passage des gaz, et on peut les enlever facilement.

Lorsque la cheminée traînante D est établie dans le sol, on fait le raccord comme l'indique le croquis de la figure 129.

D est l'extrémité de la cheminée traînante aboutissant au tuyau C ménagé dans le mur de refend, on approfondit le carneau de manière à former une sorte de magasin M permettant de loger les cendres et la suie qui tomberont de la cheminée, et on dispose au pied du mur un tampon de visite T correspondant à une ouverture ménagée au plafond du carneau. Le tampon est fait d'une plaque carrée, en fonte, avec poignée, et monté dans un cadre mobile en cornières.

184. Mise en train du tirage. — Pompe d'appel. — Foyers auxiliaires. — Lorsque, dans l'utilisateur, après la cloche, on offre à la fumée un chemin plongeant avant de remonter à la cheminée, elle se refuse, au moment de l'allumage, à suivre ce trajet, en raison de sa faible densité, tandis que, lorsque le courant est établi, on n'éprouve plus, de sa part, aucune résistance. Le parcours plongeant forme une sorte de syphon gazeux qui a besoin d'être amorcé, et qui, une fois amorcé, enlève les gaz par la supériorité du tirage de la cheminée sur le contre-tirage du courant descendant.

On rend dans ces sortes d'appareils l'allumage facile par une disposition que l'on nomme souvent une *pompe d'appel*, et qui consiste ou bien à ouvrir un chemin provisoire permettant de se rendre à la cheminée par un chemin toujours ascendant, ou bien à établir au bas du tuyau de fumée vertical un petit foyer qui permettra de l'échauffer au moment de l'allumage avec une petite quantité de menu bois.

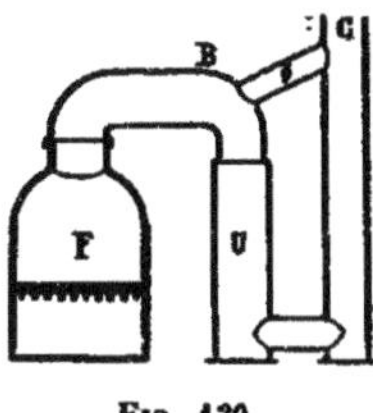

Fig. 130.

Le premier cas est représenté par la figure 130. Un foyer F envoie sa fumée dans un utilisateur U, au moyen d'un tuyau B, et la fumée, après avoir plongé, remonte par le conduit C. On met, au moyen d'un conduit spécial, le haut du tuyau B, par une tubulure montante, en communication avec la cheminée, et on munit cette tubulure d'une clef que l'on puisse manœuvrer du dehors.

Au moment de l'allumage, on ouvre la clef de la tubulure. Les gaz trouvant un chemin toujours montant s'y engagent immédiatement ; on leur laisse ce parcours jusqu'à ce que le tuyau de fumée soit bien échauffé, ce qui a lieu au bout de quelques minutes ; puis, on ferme la clef, et le circuit se fait par l'utilisateur, le syphon est amorcé.

Il est utile que la poignée de manœuvre de la clef de cette tubulure soit bien apparente au dehors, et qu'elle ait une forme qui indique bien si le passage est ouvert ou fermé. Sans cela on risquerait de faire passer les gaz chauds directement à la cheminée pendant des journées entières sans les refroidir dans l'utilisateur.

Le second cas, relatif à l'emploi d'un foyer d'appel, est figuré dans la figure 131.

Le foyer F envoie sa fumée, par le tuyau B, dans l'utilisateur U ; puis, cette fumée, sortant par le bas, se rend, par une cheminée traînante D, à un tuyau de fumée éloigné C ménagé dans un mur du bâtiment. Un second foyer A, de petites dimensions, est établi près du pied de ce tuyau de fumée ; il est muni d'une porte de foyer et d'une porte de cendrier, et communique avec le tuyau vertical par une tubulure E munie d'une clef. Immédiatement avant l'allumage du

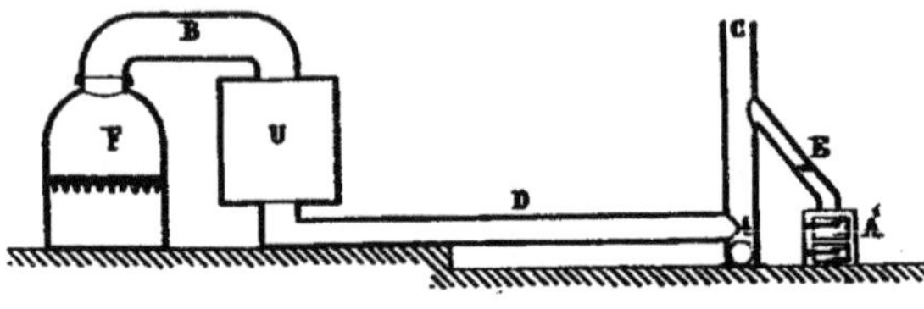

Fig. 131.

calorifère, on fait un léger feu de bois et combustibles flambants dans le foyer d'appel A, en ouvrant la clef de E. La cheminée s'échauffe ; le tirage s'y établit; le syphon du grand appareil s'amorce; on ferme complètement A, et on peut allumer alors le calorifère sans la moindre résistance, de la part de la fumée, à suivre le chemin plongeant.

La seule précaution à prendre dans l'établissement du foyer A est que ses portes et sa clef ferment bien hermétiquement, pour éviter les rentrées d'air qui *couperaient* le tirage de l'appareil principal.

185. Considérations sur l'emploi des calorifères à air chaud. — Il y a un certain nombre d'années, sur le résultat annoncé d'expériences de laboratoire *que l'air entourant* les surfaces de fonte chauffées au rouge contenait de l'oxyde de carbone, on s'est figuré que ce gaz filtrait à travers la matière poreuse de la fonte, et que les appareils en fonte étaient d'un emploi dangereux et complètement à rejeter.

Il est de toute évidence que le point de départ de cette théorie est faux. Si la fonte était assez poreuse pour laisser passer des gaz, ce serait l'air de la Chambre du calorifère qui filtrerait par les pores pour se mêler à la fumée, en raison de la dépression produite par le tirage, et non de l'oxyde de carbone qui suivrait le chemin inverse. Si le tirage était insuffisant, d'autre part, la fumée trouverait pour s'échapper dans la chambre les fissures des joints, bien autrement importantes que les pores du métal. C'est ce qui arrive quelquefois au moment de l'allumage au commencement de l'hiver, ou encore quand une fausse manœuvre ferme la clef de la cheminée.

Quant à l'oxyde de carbone qui serait produit aux dépens du carbone de la paroi extérieure de la fonte portée au rouge au contact de l'air, s'il se produit, ce n'est qu'en proportions infinitésimales, puisque le carbone ne semble pas disparaître, et que la fonte des vieux calorifères hors de service ne paraît pas altérée. Il y a donc à revenir sur cette condamnation des calorifères en fonte, qui n'est pas justifiée et qui n'a aucune raison d'être.

De même, on prétend que les calorifères chauffés au rouge donnent de l'air sec, irrespirable, et capable d'incommoder sérieusement. Si on réfléchit que, dans la pièce où cet air s'est mélangé à l'air ambiant, l'état hygrométrique ne dépend que de l'humidité de l'air extérieur et de la température moyenne obtenue, que les surfaces plus ou moins chaudes n'ont pu absorber ni attirer cette humidité, on voit que le fait annoncé généralement est complètement inexact. Le seul fait à retenir est que l'air passant sur des surfaces au rouge voit les poussières organiques qu'il contient désorganisées par cette chaleur, et qu'il en résulte une légère odeur désagréable pour nos organes. Mais l'air est plutôt purifié par ce surchauffage, et le temps ne paraît pas éloigné où, pour stériliser l'air dont notre respiration a besoin, on le fera chauffer sur des surfaces à haute température, à un nombre moyen de 110 à 120°, c'est-à-dire à cette température qu'on juge si insalubre aujourd'hui.

Le discrédit dans lequel sont tombés les calorifères métalliques à air chaud n'est donc pas justifié.

Ce sont des appareils simples, d'un fonctionnement commode, qui rendent d'excellents services, toutes les fois que leur emploi est approprié aux qualités qu'ils présentent.

Ils sont économiques d'installation. Si on rapporte la dépense de premier établissement au cube de l'édifice à chauffer, on trouve qu'en général cette dépense est de 2 francs environ pour les petits chauffages, et 1 fr. 50 pour les grands chauffages par mètre cube de pièces chauffées (la ventilation étant naturelle ou modérée), tandis que, dans les mêmes circonstances, les chauffages à eau chaude ou à vapeur coûtent 4 francs à 3 francs le mètre cube.

Les calorifères métalliques à air chaud s'échauffent rapidement, peuvent suivre facilement les variations de la température extérieure. Ils n'ont pas besoin de chauffeur spécial ni de mécanicien adroit dans le fonctionnement de tous les jours.

Plusieurs se prêtent, par des chargements de combustible en réserve, à des chauffages continus de jour et de nuit, sans grands soins spéciaux, sans personnel particulier.

Si on craint l'odeur qu'ils peuvent dégager quelquefois, on peut les disposer pour qu'aucune partie de l'appareil ne puisse rougir, même la cloche.

On peut même, lorsqu'on a besoin d'une ventilation déterminée, les combiner dans bien des cas avec un ventilateur mû par machine à gaz ou électricité, et leur demander une régularité absolue.

186. Calorifère Grouvelle à tuyaux horizontaux. — Le calorifère de M. Grouvelle est à tuyaux horizontaux; il est représenté par les quatre croquis de la figure 132 Il se compose d'une cloche droite, avec cendrier, portes et grille. Cette cloche, lorsqu'il s'agit de chauffages d'habitations, est garnie d'un revêtement réfractaire intérieur. Elle est surmontée d'un cylindre transversal traversant la chambre du calorifère et terminé au dehors par des tampons de nettoyage; de ce tuyau partent trois ou quatre tubulures, correspondant à des séries de tuyaux horizontaux étagés en trois rangs et conduisant la fumée à un second cylindre transversal, identique au premier, et qui communique avec la cheminée. Celle-ci est munie d'une pompe d'appel pour la mise en train. La cloche travaille à part, et les surfaces auxiliaires, contenant de la fumée descendante, se prêtent à un chauffage méthodique, l'air à chauffer circulant en sens contraire, de bas en haut. Cet air vient du dehors par le conduit indiqué au plan et muni d'un registre pour

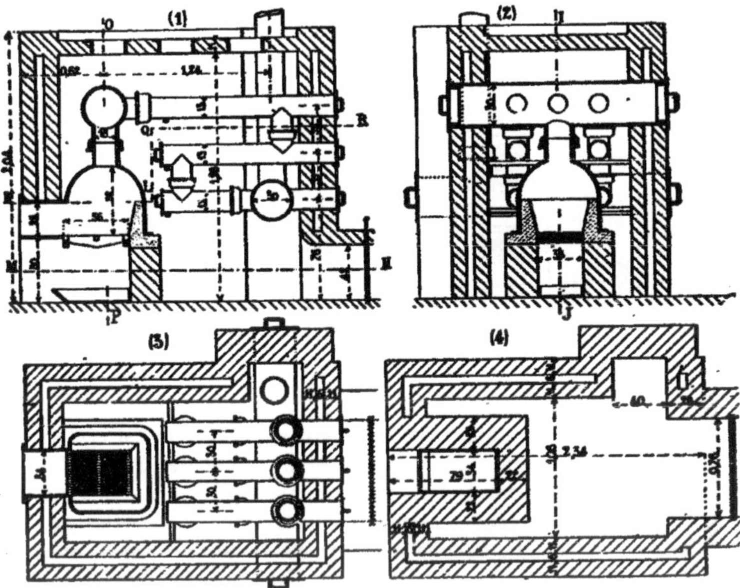

Fig. 132.

la fermeture du soir. Le croquis (1) montre la coupe en long, et le croquis (2) la coupe en travers par la cloche. Les croquis (3) et (4) sont deux plans, l'un suivant la ligne brisée KLQR, l'autre suivant MN. Ce dernier donne la disposition de la maçonnerie de fondation.

Ce calorifère présente partout des tampons de nettoyage; il est très facile à entretenir, et convient particulièrement dans tous les cas où l'on est gêné par la hauteur; il est en effet très bas, la hauteur de la chambre pouvant se réduire à 2 mètres.

187. Calorifère Réveillac. — On trouve dans le commerce des calorifères à tuyaux horizontaux, lisses ou à nervures, disposés avec des joints boulonnés et prêts de toutes

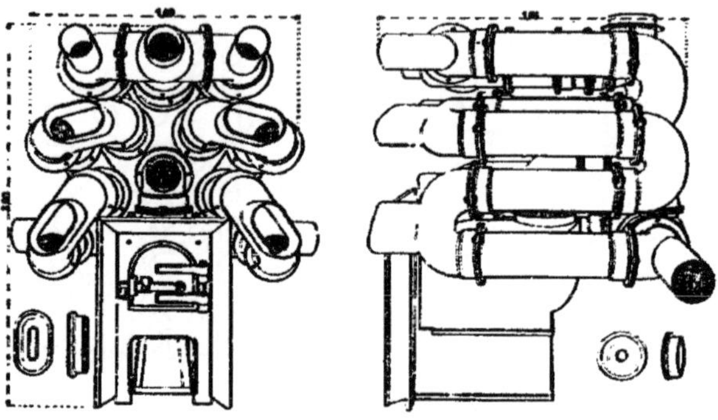

Fig. 133.

pièces à être montés et à fonctionner. La cloche est rectangulaire, arrondie, montée sur cendrier; le départ est fait ordinairement par le haut; il se bifurque en deux, descend dans deux tuyaux horizontaux inférieurs, puis remonte dans des tuyaux en zigzag, jusqu'au tuyau de fumée, dans lequel les deux courants se réunissent. Ce calorifère est représenté dans la figure 133. Les différents coudes de l'avant sont munis de tubulures de ramonage munies de tampons.

Ainsi que dans les calorifères déjà vus, la surface de chauffe est très groupée autour de la cloche, et le chauffage n'y est pas méthodique. Mais ce système, dans des installations urgentes, offre une ressource qu'il est utile de connaître.

188. Calorifères à tuyaux horizontaux armés de disques. — Les calorifères à tuyaux horizontaux se simplifient un peu lorsque leur surface extérieure est augmentée considérablement par une grande quantité de disques parallèles. Il faut évidemment une moindre longueur de tuyaux pour obtenir un effet utile déterminé, mais dans ce cas spécial l'augmentation de surface est loin de donner une augmentation proportionnelle dans la transmission de la chaleur : Premièrement, parce que la transmission par ailettes rend bien moins au mètre carré, même dans les cas les plus

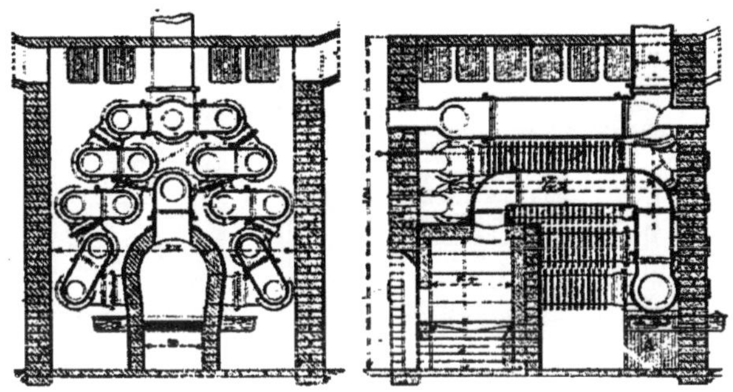

Fig. 134.

favorables, que la transmission par surface lisse directe; et, en second lieu, parce que, ici, à l'intérieur des tuyaux, on n'a qu'une surface très réduite pour transmettre la chaleur des gaz à la fonte, et que cette surface ne correspond pas à la surface extérieure, chargée de transmettre à l'air, dans le même temps, le même nombre de calories. On a vu au chapitre des *surfaces de chauffe* que, dans le cas qui nous occupe, la surface développée des ailettes ne paraissait correspondre par mètre qu'à 1/4 à 1/5 au plus de surface lisse (cloche à part).

De ce chiffre, on déduit facilement la surface de chauffe développée qu'il y a lieu de donner à un calorifère ainsi composé, pour obtenir un chauffage déterminé.

La figure 134 représente, en coupes transversale et longitudinale, la disposition que l'on donne d'ordinaire à de tels calorifères. Les arrangements des divers constructeurs varient peu ; celui-ci est construit par M. Réveillac.

Une cloche en maçonnerie, entourée de métal, contient le foyer. Du dessus de la cloche part un tuyau recourbé à angle droit qui redescend derrière le foyer, se bifurque en deux et mène la fumée dans deux systèmes symétriques de tuyaux horizontaux à disques, qu'elle parcourt successivement en montant pour se rendre, enfin, après réunion, à la cheminée.

Evidemment, il eût mieux valu, tant au point de vue de la ré-

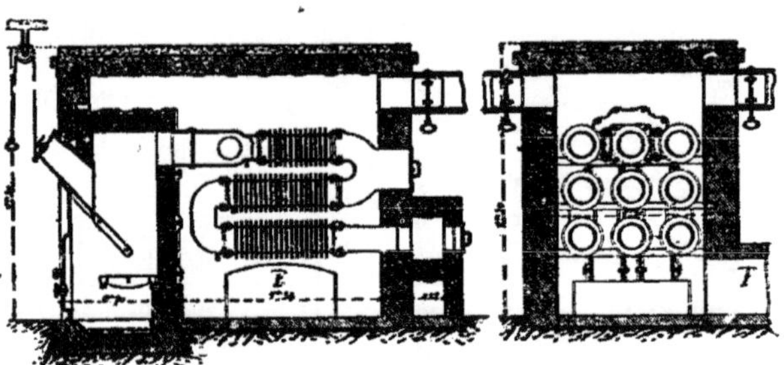

FIG. 135.

partition égale des gaz entre les deux systèmes qu'à celui d'un chauffage méthodique de l'air, que la fumée montât d'abord en haut de l'utilisateur, et redescendît ensuite parallèlement dans les deux séries symétriques de tuyaux.

MM. Grouvelle et Arquembourg donnent à ces calorifères une forme plus simple, représentée en coupes dans les deux croquis de la figure 135.

Le foyer dont il a été fait la description au numéro 49 est en maçonnerie réfractaire renfermée dans une caisse en fonte. Le départ de fumée se fait sur la paroi verticale du fond, par une buse qui fait corps avec cette partie de l'enveloppe. Une allonge à tubulures divise le courant en trois tuyaux horizontaux ; les gaz les parcourent et, en s'abaissant continuellement, circulent successivement dans deux autres rangs de tuyaux superposés identiques ; ils se rendent, enfin, à la cheminée.

Comme on le voit dans le dessin, tous les tuyaux horizontaux sont à disques. Chacun d'eux est réuni au suivant par le moyen d'un double coude, et les coudes situés du côté de l'extérieur sont munis de tampons de visite et de nettoyage. Une prise P amène l'air du dehors.

Dans cet appareil, la division des gaz en trois courants parallèles se fait au mieux, puisque les courants vont en descendant. De plus, le chauffage de l'air est ce que nous appelons méthodique, puisque cet air se meut en sens contraire du parcours de la fumée à refroidir.

189. Calorifères à tambours verticaux. — Les calorifères en tôle sont plus économiques que les calorifères en fonte, mais ils ont moins de durée : la tôle s'oxyde très promptement, surtout en été, lorsque les caves sont humides et que l'appareil ne fonctionne pas. Lorsque les caves sont très saines et que la question d'économie prime les autres considérations, ils rendent encore de bons services. Ils ont, en outre, l'avantage de se prêter à des arrangements très simples; tantôt on les forme de séries de tuyaux horizontaux étagés, partant de la cloche, ainsi qu'on l'a vu pour la fonte; tantôt on en compose des tambours verticaux entre lesquels se partage la fumée de la cloche.

La figure 136 représente un calorifère établi à l'hospice des Ménages d'Issy, par M. d'Hamelincourt, sous la direction de M. Ser, ingénieur de l'Assistance publique. Ce calorifère est formé d'une cloche verticale en fonte, à section circulaire, garnie de briques réfractaires sur la hauteur du foyer et du cendrier; cette cloche est en trois pièces emboîtées; celle du haut est terminée par une calotte percée de six tubulures horizontales et d'une verticale, tout en haut. Cinq des tubulures horizontales mènent la fumée à autant de tambours ou coffres verticaux disposés au pourtour de la cloche, la sixième correspond à un tampon de nettoyage.

Chaque tambour est formé de deux cylindres concentriques; l'air passe dans le cylindre intérieur, et la fumée dans l'espace excentré qui les sépare. Seulement, pour y trouver deux circulations, on a divisé cet intervalle par deux cloisons verticales en deux capacités distinctes communiquant par le bas. De telle sorte que la fumée arrivant de la cloche se rend à la partie haute du grand compartiment du

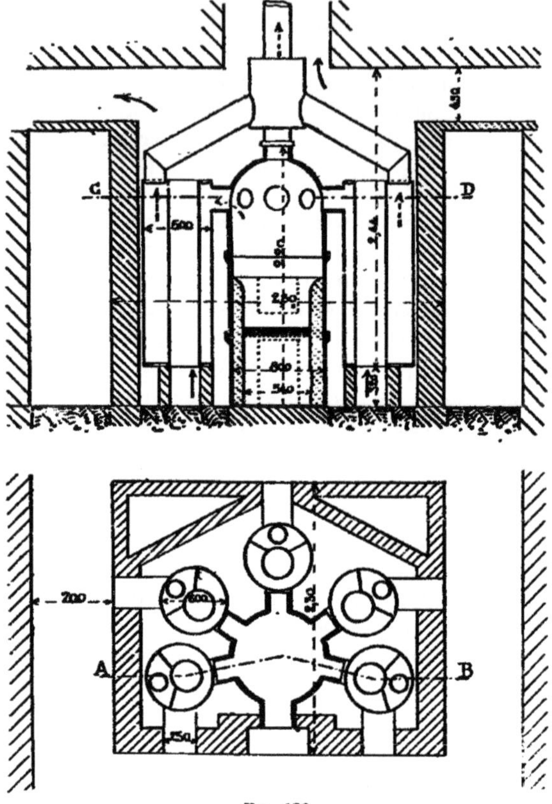

Fig. 136.

tambour, le parcourt du haut en bas, passe dans le second compartiment, qui la ramène à la partie haute ; enfin, elle va à la cheminée par un tuyau oblique.

Cinq tambours disposés circulairement autour de la cloche se partagent ainsi la fumée.

Les cloisons de séparation des compartiments des tambours prêtent à la critique : la fumée qui s'échappe n'est séparée que par une tôle de la fumée chaude qui arrive, et il y

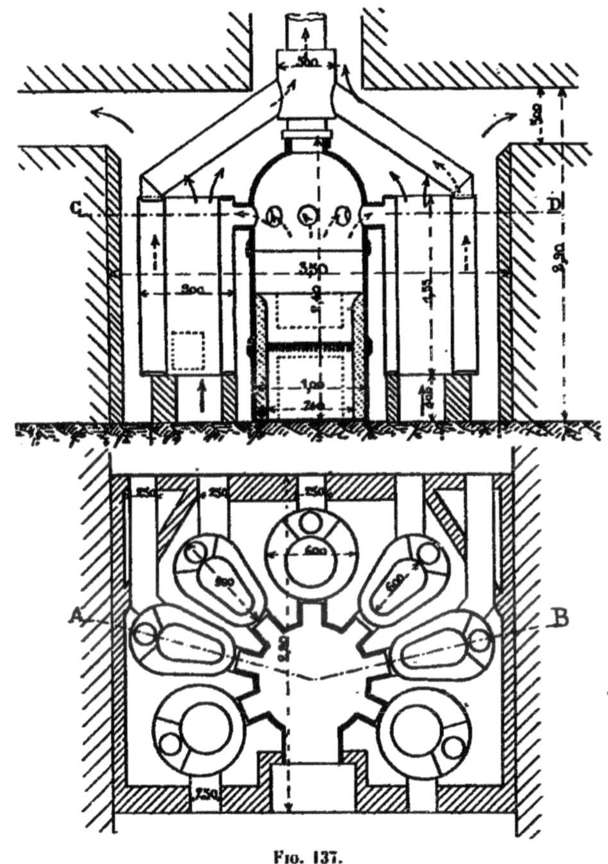

Fig. 137.

a là un refroidissement inutile; mais les surfaces de ces divisions sont faibles, et la perte se trouve peu importante.

Les cinq tuyaux de tôle qui amènent la fumée au bas

de la cheminée se réunissent dans une partie cylindrique de plus fort diamètre, surmontée du tuyau vertical d'échappement. Une disposition très intéressante, qu'on retrouve dans nombre d'appareils, consiste à réunir le pied de la cheminée à la tubulure de la cloche par un bout de tuyau garni d'une clef bien hermétique, dont la poignée de manœuvre indique bien au dehors la position. Cette disposition évite une pompe d'appel. En effet, à l'allumage, on ouvre la clef. Les gaz montent verticalement de la cloche à la cheminée, sans difficulté pour le tirage. Une fois le feu bien allumé et le tirage bien établi, on ferme la clé, et la fumée parcourt alors les surfaces auxiliaires en y laissant sa chaleur.

Cette forme de calorifère à tambours se prête à toutes les applications voulues et à toutes les surfaces désirées; on dispose en effet de la hauteur des coffres, de leur nombre et de leurs diamètres.

La figure 137 montre un autre calorifère plus fort, du même établissement, dont les coffres donnent une surface plus considérable. Les coffres sont ici au nombre de sept, et plusieurs présentent une forme aplatie qui leur permet de se serrer convenablement dans la chambre.

190. Appareil à tambour de MM. Geneste et Herscher. — Une disposition fréquemment employée est celle de MM. Geneste et Herscher, représentée figure 138 dans les croquis (1) et (2) en coupes, et dans le croquis (3) en plan.

Ainsi qu'on le voit, la cloche est droite et de grande hauteur; elle est composée d'anneaux successifs posés à emboîtement. Le cendrier forme le premier anneau et porte la grille. Au dessus est le foyer proprement dit, garni d'un revêtement intérieur en produits céramiques réfractaires; puis viennent trois anneaux cylindriques munis d'ailettes au pourtour. Enfin, un dernier anneau hémisphérique, également armé de nervures, ferme la cloche; il se termine par une buse supérieure placée dans son axe pour le départ de la fumée.

Le foyer ainsi disposé, tout en présentant, au point de vue

de la combustion, les inconvénients des formes verticales, offre l'avantage d'être assez protégé dans le bas, et assez refroidi plus haut pour ne pas risquer de rougir ; de plus, il développe une grande surface de chauffe.

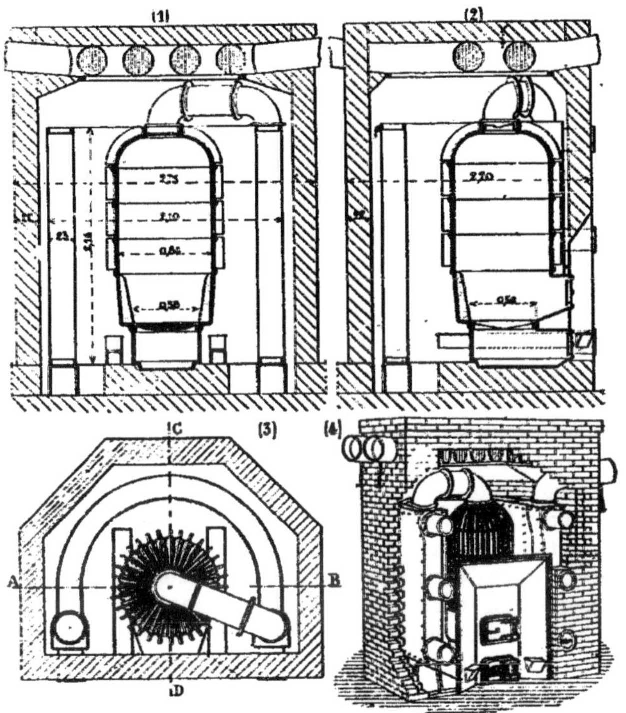

Fig. 138.

La fumée encore chaude est menée par un tuyau recourbé dans un tambour en fer à cheval qui enveloppe la cloche à distance; ce dernier est divisé par une cloison intérieure n'allant pas jusqu'au bas. La fumée, forcée de descendre, parcourt tout le coffre en s'y développant et se relève pour gagner le tuyau de fumée à l'extrémité opposée à l'arrivée.

Ce calorifère est d'une grande simplicité de construction; le nettoyage s'y fait facilement au moyen de buses convenablement disposées, donnant à l'extérieur et fermées par des tampons. On établit le tuyau de fumée soit à gauche, soit à droite, suivant la position du conduit disponible du bâtiment. Le croquis (4) de la figure montre le calorifère en perspective, la chambre en partie ouverte, avec départ de fumée à gauche ; on y voit tous les tampons servant au nettoyage.

En raison du parcours plongeant de la fumée, l'allumage est quelquefois difficile lorsqu'il n'y a pas de pompe d'appel ; on détermine le premier tirage, en enlevant un tampon du tambour en dessous de la cheminée, et y brûlant une poignée de copeaux.

191. Calorifères en fonte à tuyaux verticaux. — On remplace avantageusement les tambours par des tuyaux de petit diamètre qui, pour une faible section, présentent un développement considérable ; du moment qu'on les met en nombre suffisant pour le passage de la fumée, ils laminent mieux cette dernière et utilisent plus complètement la surface.

Voici (*fig.* 139) un petit calorifère en fonte, avec une disposition de tuyaux verticaux souvent adoptée.

La cloche est limitée à la partie haute du foyer. Ce dernier est en maçonnerie convenablement chaînée et entouré de plaques de fonte sur trois faces; la grille est carrée; elle a $0^m,54 \times 0^m,40$.

La calotte en fonte qui termine la cloche est surmontée d'une hausse cylindrique de $0^m,20$ de diamètre supportant un tambour supérieur, où la fumée arrive. Un certain nombre de tubes verticaux partent de la circonférence de ce tambour et font redescendre les gaz dans un coffre annulaire inférieur, qui les rassemble et les mène à la cheminée. Cet appareil présente plusieurs dispositions défectueuses :

La fumée, pour se rendre de la cloche à la cheminée, peut suivre des chemins variés, de longueurs différentes;

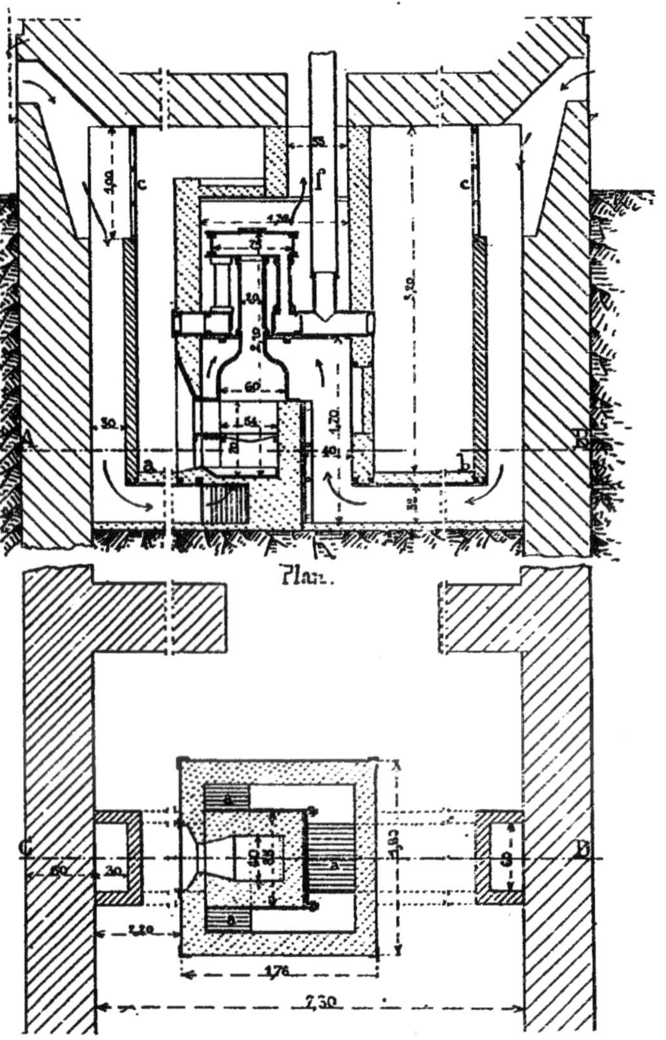

Fig. 139.

elle tendra donc à adopter le chemin le plus court, et à se répartir inégalement entre les surfaces de chauffe. En outre, l'air n'arrive sur les surfaces auxiliaires que déjà échauffé par la cloche, de telle sorte qu'il les refroidit mal, en raison de la différence plus faible entre les températures de l'air et de la paroi. On va voir d'autres dispositions mieux étudiées, dans lesquelles ces inconvénients ont plus ou moins disparu.

192. Calorifères Chaussenot. — L'une des premières dispositions commerciales de calorifères est celle qui a été créée par M. Chaussenot, et qui a eu une certaine vogue. Cet appareil est représenté en coupe verticale et en plans par les croquis (1), (2) et (3) de la figure 140.

Il se compose d'une cloche en fonte A, avec grille et porte de chargement : elle est posée sur un cendrier également muni d'uncouverture et d'une porte.

La fumée qui s'élève dans la cloche se répand dans un tambour circulaire supérieur C ; de là, au moyen des tubes verticaux D, elle va dans un second tambour inférieur E, à la circonférence duquel elle arrive pour se réunir au centre où elle trouve le conduit de fumée H.

Les tambours sont traversés par des tubes qui, servant de passage à l'air, augmentent son contact avec les parois exposées à la fumée. Tout cet appareil est en fonte, et les joints sont à emboîtement et garnis en terre à four. A part l'inconvénient de la cloche qui, placée au milieu des surfaces auxiliaires, tend à réchauffer leur fumée, et en se dilatant produit des mouvements qui, à la longue, font tomber la garniture des joints des tuyaux verticaux D.

Cet appareil est très rationnel. La fumée dégagée par la cloche se recourbe pour descendre ; tous les chemins qui lui sont offerts pour se rendre à la cheminée sont de même section et de même longueur, et comme, en outre, la fumée va de haut en bas, on est sûr d'une répartition bien régulière. L'air va en sens contraire de la fumée, et le chauffage est méthodique. Le tout est condensé dans le plus petit espace possible. De son côté, la chambre, avec sa forme circulaire, comprend aussi le plus petit cube de matériaux et est facile à chaîner par plusieurs cercles.

C'est un appareil très bien étudié ; le nettoyage en est facile

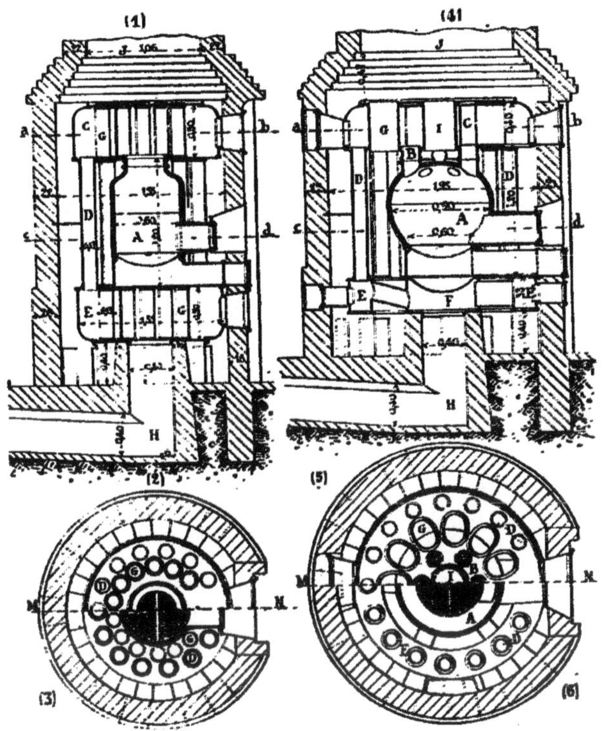

FIG. 140.

au moyen de nombreux tampons débouchant à l'extérieur.

Les croquis (4) et (5) montrent un appareil plus important, construit par les successeurs de M. Chaussenot, avec quelques variantes dans les dispositions de détail.

Pour déterminer le tirage au moment d'allumer le feu, il est nécessaire d'avoir un foyer d'appel en bas de la cheminée verticale qui doit évacuer la fumée.

193. Calorifère Boyer. — Si le calorifère Chaussenot était bien installé au point de vue de la circulation de la fumée, il l'était moins bien au point de vue du chauffage de l'air. La cloche, d'après sa forme, était susceptible de rougir et de réchauffer la fumée contenue dans les coffres et les

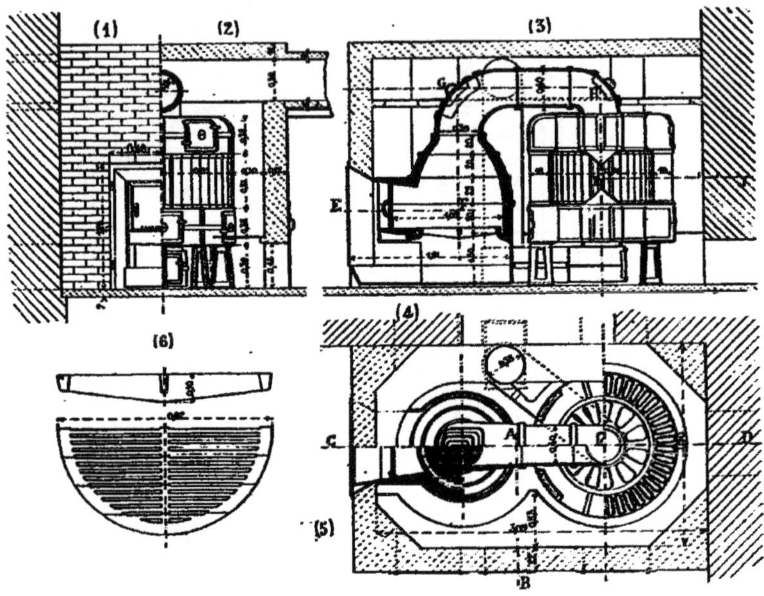

Fig. 141.

tuyaux auxiliaires trop serrés au pourtour. Le chauffage de l'air n'y est méthodique qu'en apparence ; l'air, en réalité échauffé par la cloche, contourne après coup des surfaces moins chaudes, auxquelles il emprunte peu de chaleur.

M. Boyer a évité d'une façon radicale ces inconvénients, dans un calorifère parfaitement étudié représenté dans la figure 141. Dans cet appareil, il a dédoublé franchement les surfaces en deux groupes, que souvent même il sépare par un mur en briques de $0^m,11$ jusqu'à une certaine hauteur.

D'une part, la cloche, qu'il dispose de façons variables suivant les applications, chauffe à part une certaine quantité d'air, en fonctionnant comme un calorifère séparé.

D'autre part, les surfaces auxiliaires, très développées, formant second calorifère, chauffent également de l'air dans un espace voisin, et les deux groupes sont réunis par un tuyau abducteur. La fumée, après les avoir parcourus, gagne une cheminée traînante qui la mène au conduit de fumée.

Le tout est contenu dans une chambre qui présente cela de particulier qu'on peut y pénétrer pour y exercer une surveillance et pour y faire soit les nettoyages, soit les réparations.

Reprenons maintenant les différentes parties de l'appareil en détail.

La cloche est en fonte dans l'appareil représenté ; elle est montée sur un cendrier formant pièce à part et disposé en cuvette pour contenir de l'eau. La cloche est droite, très large dans le bas, se rétrécissant à la partie supérieure ; elle est faite d'anneaux successifs posés les uns sur les autres et d'épaisseurs diminuant à mesure qu'on s'éloigne de la grille. Cette épaisseur est de 7 à 8 centimètres pour les premiers anneaux ; elle décroît jusqu'à 2 centimètres à 2 centimètres et demi dans le tuyau abducteur.

La cloche est munie d'une porte de chargement éloignée de la grille par une sorte de gueulard se raccordant avec la devanture en fonte de l'appareil. Une seconde porte ferme le tout, y compris le cendrier, et peut cependant laisser écouler une certaine quantité d'air pour la combustion, au moyen d'orifices de passage réglables à volonté.

La grille est circulaire, et d'une surface très développée, en vue de recevoir un feu dormant, et la porte du foyer est percée de trous pour laisser passer une petite quantité d'air chargée de brûler les gaz combustibles.

La fumée qui s'élève verticalement s'infléchit dans le tuyau abducteur qui la mène aux surfaces auxiliaires. Celles-ci rappellent la disposition Chaussenot, mais avec une grande perfection dans l'exécution.

Deux grands tambours circulaires horizontaux sont superposés à une distance de 0^{m},50 à 1^{m},25, suivant les cas, et sont réunis par un grand nombre de tuyaux verticaux, méplats, disposés sur la circonférence pour le passage de la fumée, tandis qu'ils sont traversés par de grands tubes livrant passage à l'air.

La fumée arrive au centre du tambour supérieur, passe entre les tubes d'air pour se rendre à la circonférence ; là elle trouve les tuyaux verticaux où le tirage l'entraîne pour l'amener à l'extérieur du tambour du bas. Elle parcourt ce dernier de la circonférence au centre, en passant entre les tubes d'air, et trouve le départ de la cheminée.

Les chemins sont donc tous égaux ; la section de passage est partout la même, et, de plus, les gaz vont en descendant, toutes raisons pour obtenir une répartition uniforme.

L'air, de son côté, arrive froid à la partie basse et monte verticalement. Des chicanes le répartissent pour une petite quantité à l'extérieur, pour la majeure partie au-dedans de l'intervalle des tuyaux, les tubes d'air supérieurs, plus petits et munis d'obstacles, ne laissent passer à travers le tambour du haut qu'une partie de cet air. L'excédent est forcé de se laminer dans les intervalles des tuyaux.

Ces surfaces auxiliaires fonctionnent donc seules, et d'une façon parfaitement méthodique.

De plus, elles sont établies en fonte mince *à marmite* et développent une surface considérable, de manière à donner une utilisation aussi complète que possible du calorique.

Ces surfaces auxiliaires ainsi disposées sont aptes à utiliser la fumée d'un foyer quelconque et s'appliquent à tous autres appareils avec la plus grande facilité. Elles présentent des regards, à tous les points où le nettoyage complet le demande.

En raison de la course verticale de haut en bas de la fumée, il ne faut pas omettre l'établissement d'un foyer, dit *pompe d'appel*, à la base de la cheminée, pour déterminer le premier tirage au moment d'allumer le feu, et forcer la fumée à plonger dans les surfaces auxiliaires.

194. Type à grande surface. — Les dispositions des calorifères Boyer se prêtent à des combinaisons d'appareils

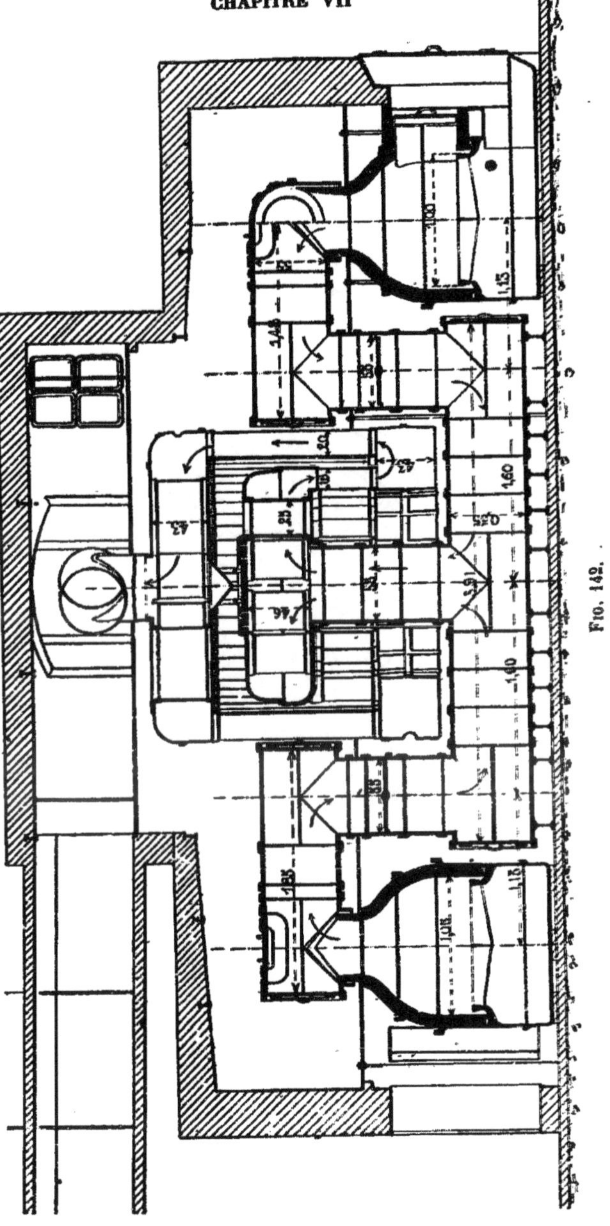

Fig. 142.

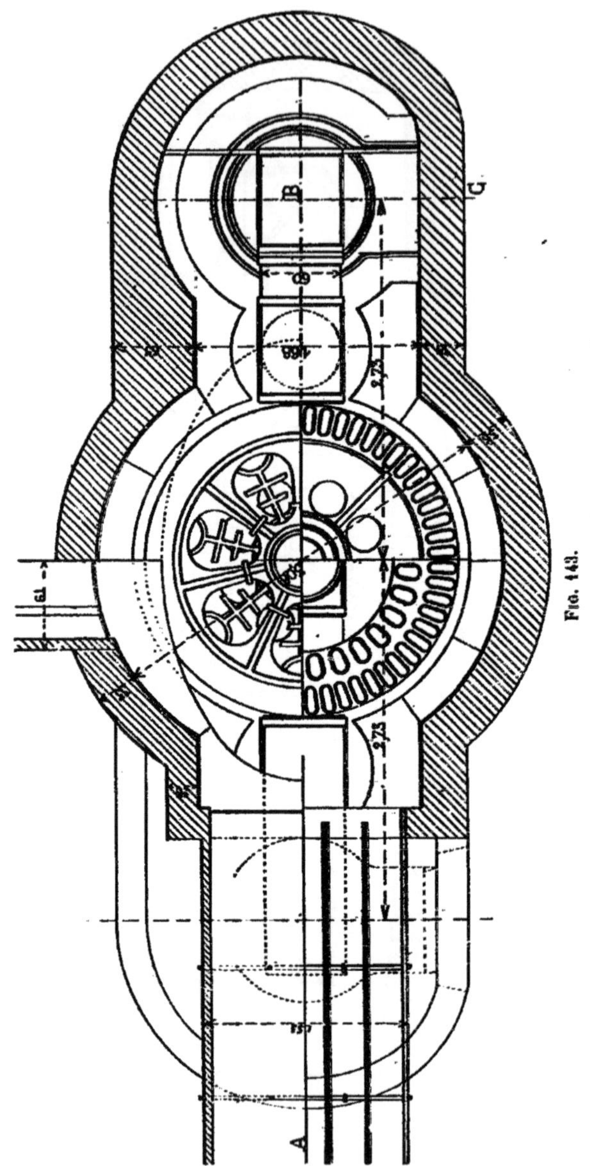

Fig. 143.

à surfaces très développées pour faire le chauffage de grands espaces ou satisfaire à des programmes industriels.

Nous donnons, dans les figures 142 et 143, le plan et la coupe verticale de l'un des appareils au moyen desquels ce constructeur a opéré le chauffage du Tribunal de Commerce de Paris. Ainsi qu'on le voit, chaque appareil se compose de deux cloches séparées, et d'un seul et même utilisateur. Cette disposition présente un grand avantage, celui de faire varier la surface de grille avec l'abaissement extérieur de la température. Dans la moyenne de l'hiver on n'allume qu'une cloche ; dans les grands froids, on se sert des deux foyers.

En raison des espaces à chauffer, les cloches sont énormes, elles ont 1m.05 et 1 mètre de diamètre intérieur. L'épaisseur de la fonte est d'environ 0m,13, à l'endroit du coup de feu. Elles comportent un cendrier à cuvette et les portes nécessaires. Elles se trouvent établies, comme dans le modèle précédent, au moyen d'anneaux superposés.

Des cloches partent des tuyaux de 0m,55 de diamètre, plusieurs fois coudés, amenant les fumées près du sol, au centre de l'utilisateur. Un tuyau vertical de 0m,55 aboutit à un premier tambour horizontal percé d'un certain nombre de tubes d'air. La fumée arrivant au centre contourne les tubes d'air, se répand à la circonférence, se répartit entre autre vingt-huit tuyaux verticaux, qui la font descendre dans un tambour annulaire inférieur. Là, elle trouve extérieurement un nouveau faisceau de tuyaux plus plats, au nombre de cinquante-six, qui la font remonter dans un troisième tambour horizontal surmontant les deux autres et traversé par de grands tubes d'air. La fumée arrivant à la périphérie contourne les tubes, se réunit au centre, où se trouve le départ de la cheminée.

Les flèches, dans la coupe longitudinale, rendent compte de la marche de la fumée.

La construction est toute en fonte et très soignée. L'épaisseur, très forte à la cloche, diminue à mesure de l'abaissement de température et arrive dans l'utilisateur à se réduire à 0m,004, épaisseur de la fonte à marmite.

Au-dessus des cloches, la partie de tuyau qui reçoit le coup de feu est formée de rondelles amovibles ; partout où le nettoyage le demande sont placées des portes d'accès. Les joints sont à emboîtements, simples pour les tuyaux, boulonnés pour les tambours, avec matière plastique interposée.

La chambre en briques prend la forme de l'appareil, en laissant la place de circuler intérieurement, et le mouvement de l'air y est réglé par un ou deux planchers minces en fonte, posés à la fois sur des supports en fonte et sur la maçonnerie de la chambre. Ces planchers s'arrêtent à une distance des appareils telle que la répartition de l'air se fasse convenablement entre les diverses surfaces de chauffe, et soit en rapport avec la température de chacune d'elles.

Les développements de l'utilisateur seul, tel qu'il est indiqué au plan, correspondent à une surface de chauffe de 75 mètres. Les cloches et les tuyaux abducteurs font environ 25 mètres ; soit, en tout, une surface totale de 100 mètres carrés.

C'est la plus grande dimension à laquelle on soit arrivé pour un calorifère à air chaud, dans de bonnes conditions pratiques.

195. Application au Tribunal de Commerce. — Le chauffage du Tribunal de Commerce de Paris a été obtenu au moyen de trois de ces appareils. La figure 144 représente le plan du sous-sol de cet établissement qui occupe un rectangle de 67 mètres sur 58^{m},65. Presque toute la surface est évidée. Seules sont en terre-plein les parties hachées. Le terre-plein de la grande cour vitrée est entouré d'une galerie de circulation reliant les différents locaux de sous-sol.

La répartition des calorifères est faite au point de vue de la meilleure distribution de la chaleur. Ils sont reliés, comme le montre le dessin, par un grand carneau d'air chaud formant chambre de chaleur, et dans lequel viennent s'alimenter bien des bouches secondaires. Certaines autres bouches partent directement des chambres mêmes des calorifères.

Cette disposition de chambre d'air chaud peut bien présenter l'inconvénient du refroidissement par le développement de ses parois extérieures, mais les frottements y sont bien moindres que dans la multitude de conduits séparés qui la remplaceraient, et, par suite, on y a trouvé le grand

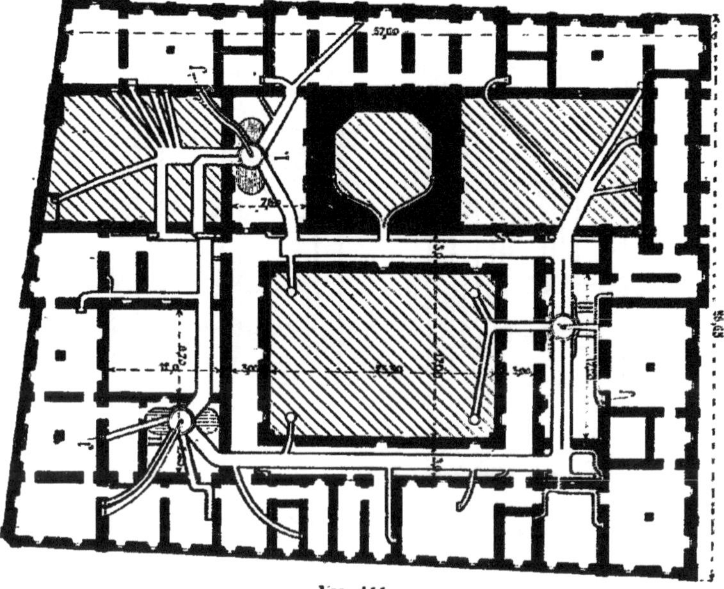

Fig. 144.

avantage de pouvoir conduire l'air chaud à une plus grande distance, et de restreindre le nombre des appareils.

196. Calorifère Geneste et Herscher de petites dimensions. — L'intérieur du poêle d'école de la maison Geneste et Herscher, décrit au n° 153, peut servir d'appareil de calorifère de cave, lorsque l'on n'a besoin que d'une faible surface. Comme la combustion y doit être plus active que dans le poêle, on trouve avantageux d'ajouter en arrière un coffre en tôle, que la fumée parcourt en deux circulations avant de se rendre à la cheminée. Ce coffre est muni de quatre ouvertures de nettoyage, ouvrant au dehors par des buses munies de tampons.

La figure 145 donne, en deux coupes perpendiculaires

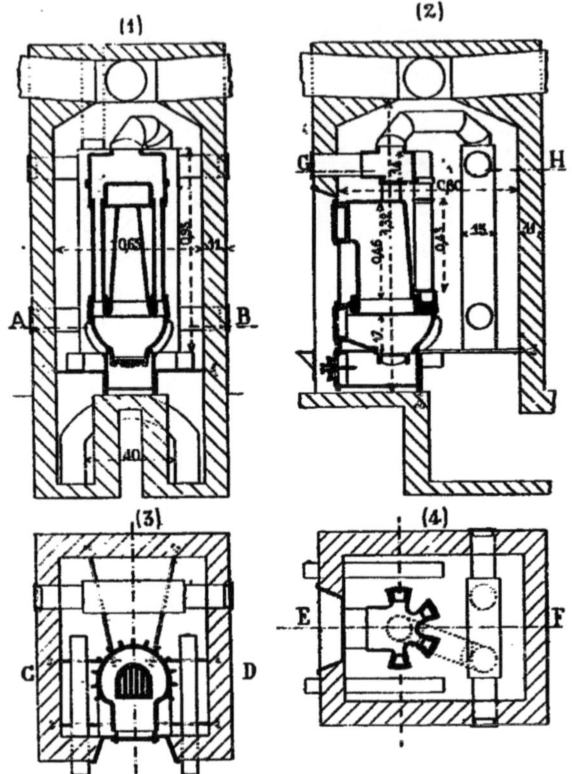

Fig. 145.

entre elles, et en deux plans à hauteurs différentes, la disposition d'un calorifère de cave ainsi établi.

Sous le prétexte que les calorifères à air chaud dessèchent l'air, ce qui n'est pas exact, on a pris l'habitude de munir bien des modèles, à la hauteur de la cloche. de bacs à eau, dans lesquels le liquide chauffé se vaporise. Dans le calorifère qui nous occupe deux bacs en fonte, figurés dans les plans, sont ainsi disposés pour recevoir de l'eau destinée à augmenter l'état hygrométrique. Ces bacs sortent au dehors pour faciliter l'introduction de l'eau, et une cloison n'allant pas jusqu'au fond empêche la communication de la chambre du calorifère avec le dehors, dès qu'il y a quelques centimètres d'eau qui bouchent le passage. Cette addition de bacs à eau aux calorifères, qui au premier abord paraît bonne et ingénieuse, ne donne pas, en pratique, de sérieux avantages, parce qu'elle part d'une idée fausse ; parce que l'eau ne peut s'y maintenir propre, parce qu'on oublie de l'alimenter régulièrement, parce qu'enfin il en résulte quelquefois des condensations nuisibles dans les parties froides des locaux chauffés. Au bout de quelque temps de marche, on arrive à les boucher et à en abandonner le fonctionnement ; ce n'est plus qu'une gêne dans l'appareil.

Le grand avantage de cette application du poêle d'école Geneste et Herscher aux petits calorifères de cave réside dans la trémie, formant réservoir de charbon, et qui permet d'espacer les chargements. On peut alors distancer les visites au calorifère de quatre ou cinq heures ; les soins sont moins minutieux et peuvent être confiés au personnel domestique ordinaire.

C'est vers ce point qu'il y a lieu de pousser l'étude des foyers de calorifères ; la vogue ira toujours, toutes choses égales d'ailleurs, vers ceux qui, une fois chargés et en état, fonctionneront, sans aucune surveillance, vingt-quatre heures durant, d'une façon régulière. C'est ce fonctionnement qui a fait la fortune des poêles mobiles en France, ainsi qu'on l'a vu au chapitre précédent.

197. Calorifère Grouvelle à tuyaux verticaux. — La figure 146 représente, par deux coupes verticales, un calorifère à tuyaux verticaux, construit par M. Grouvelle. Le foyer est celui qui a déjà été décrit au n° 10 ; il est construit en maçonnerie, dans une enveloppe complètement métallique. Une buse, à la partie supérieure, reçoit les gaz ; une culotte les sépare en deux courants descendant de chaque côté de la cloche dans des tuyaux en fonte verticaux, de grande section, munis d'ailettes. Un double coude fait communiquer le bas de chacun de ces tuyaux avec un tuyau voisin identique qui remonte le courant de fumée à la partie haute de la chambre. Une nouvelle culotte réunit les deux courants et les conduit à la cheminée.

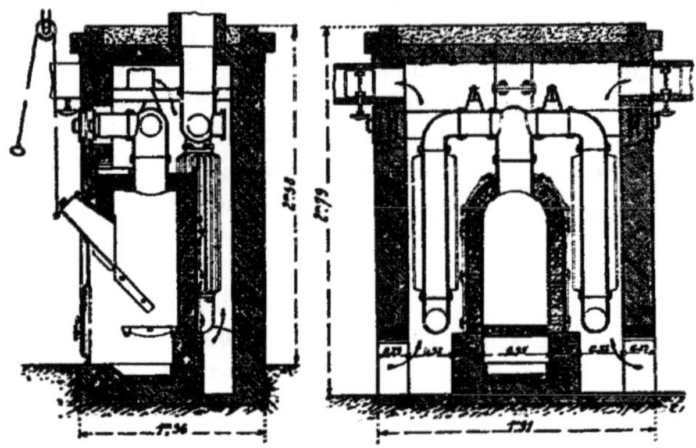

Fig. 146.

Il est nécessaire, pour le ramonage, que les doubles coudes du bas se prolongent jusqu'à la paroi avant de la chambre, et s'y ferment par des tampons mobiles, afin de permettre d'enlever, même en marche, les cendres et suies qui peuvent s'y déposer et obstruer le passage.

198. Calorifère Weibel. — Ce calorifère, représenté par la figure 147, en élévation, coupes et plans, est d'une construction très simple. Un coffre en fonte, dont les parois sont fortement ondulées en vue de multiplier les surfaces, contient le foyer. Ce dernier, également en fonte, est garni au pourtour de briques réfractaires ; il est desservi par deux portes : l'une au niveau de la grille, pour permettre le décrassage et l'entretien; l'autre au dessus, pour le chargement du combustible.

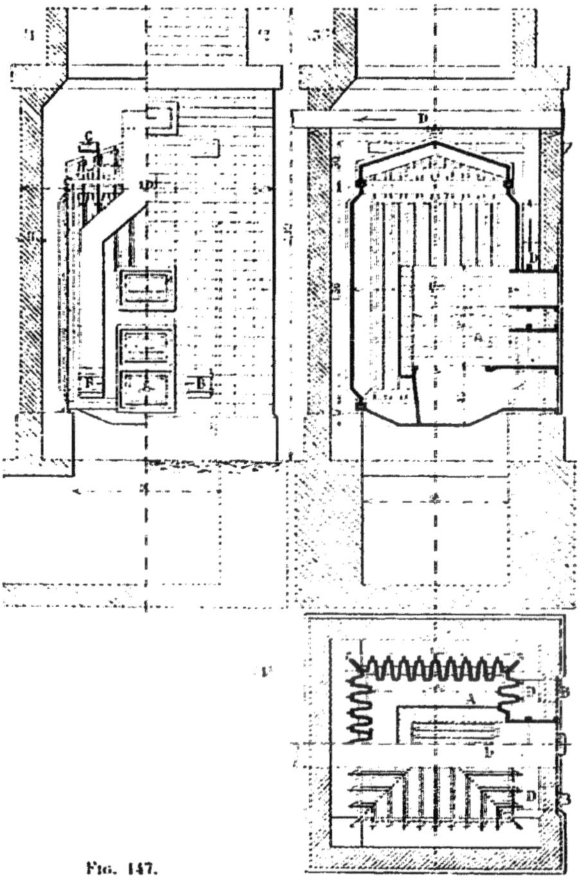

Fig. 147.

Il surmonte un cendrier muni d'une cuvette.

Le tout est logé dans une chambre maçonnée très réduite.

Toute la surface de chauffe réside dans les parois de l'utilisateur, dont le développement est considérable. Le coffre est composé de pièces assemblées, avec deux fonds, celui supérieur muni d'ondulations.

Les gaz sortant du foyer se répandent dans la capacité du coffre où ils descendent lentement en se refroidissant le long des parois extérieures, au profit de l'air qui les parcourt au dehors. Ils se réunissent à la partie basse, où ils trouvent les départs de la cheminée, passent de chaque côté du gueulard et se réunissent au dessus.

L'appareil est très simple, l'utilisateur réduit à un coffre. La chambre exige peu de maçonnerie; la hauteur n'est pas excessive; mais l'utilisation de la chaleur est peut-être restreinte, la fumée paraissant avoir la possibilité de s'échapper à température un peu élevée. Cet appareil présentant peu de frottements doit offrir des avantages lorsque le tirage dont on dispose est faible.

199. Calorifère Besson. — Le calorifère Besson se compose : 1° d'un foyer à magasin de combustible ; 2° d'un coffre clos en métal, étanche, dans lequel se déversent les gaz sortant du foyer; 3° de tubes verticaux traversant ce coffre, et parcourus par une portion de l'air à échauffer ; 4° d'un tuyau de fumée. Le tout est logé dans une chambre en briques identique à celles des calorifères déjà vus. Le foyer et le coffre sont en tôle de fer ou d'acier, et les différentes pièces sont assemblées et maintenues au moyen de clavettes qui assurent le serrage et l'étanchéité.

La figure 148 donne la coupe verticale de l'appareil. C est la grille, de forme conique, surmontée d'une trémie. En dessous est le cendrier muni d'une cuvette E; B est le magasin de combustible, avec porte de chargement A; D est une porte de cendrier; H est le coffre de l'utilisateur; I. les tubes d'air en nombre variable (de onze à cinquante, suivant l'importance des appareils). L'extérieur du coffre est longé également par l'air à chauffer et sert de surface de transmission, ainsi que la paroi des premiers bouts du tuyau de fumée L; F est l'arrivée d'air froid, et M la chambre d'air chaud, indiquant le départ d'un certain nombre de conduits allant aux pièces à alimenter.

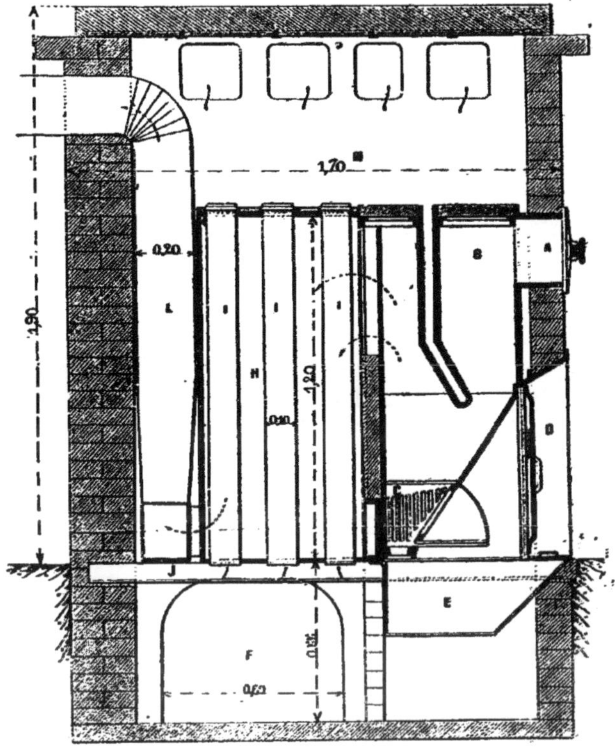

FIG. 148.

Ce calorifère peut présenter, dans le cas où l'on dispose de peu de hauteur, un certain avantage, celui de la petite dimension de sa paroi verticale.

200. Calorifères Bourdon. — Le calorifère Bourdon est représenté par les cinq croquis des figures 149 et 150. Il se compose d'un foyer à trémie, contenant du combustible en réserve pour plusieurs heûres de marche, et, à la suite, un utilisateur tout spécial. Il est formé d'une caisse en tôle, doublée de briques sur tout son pourtour, et parcourue par la fumée avant de se rendre à la cheminée.

Des tubes verticaux à fond fermé partent du couvercle de la caisse et plongent dans la fumée chaude; ils descendent

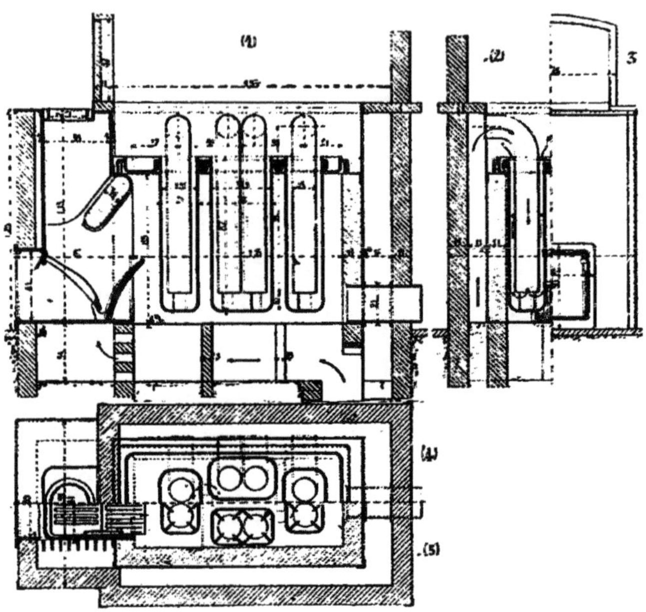

Fig. 149.

jusque près du fond de la caisse. Le joint avec le couvercle est fait par des tubulures renversées engagées dans des rainures pleines de sable. Dans ces tubes plongent à leur tour des tuyaux courbes ouverts aux deux bouts, communiquant en haut avec l'intervalle libre entre la chambre du calorifère et le prolongement en tôle de la paroi verticale de la caisse.

Ceci posé, voici la marche de l'appareil : la prise d'air

froid arrive dans l'intervalle entre la caisse et la paroi de la chambre; l'air commence à s'échauffer et monte en haut; là, il rencontre les tuyaux, les suit, et arrive au bas des tubes plongeants, le long desquels il achève de se chauffer; et, enfin, il débouche dans le haut de la chambre, pour de là être distribué aux pièces à chauffer par des conduits convenablement ménagés.

Le fonctionnement est régulier, et l'appareil donne un bon service; tout au plus pourrait-on objecter que les surfaces des tuyaux ne sont pas des surfaces utilisées au chauffage, que les parois verticales de la caisse le sont peu, et que les seules surfaces de chauffe efficaces sont les parois du foyer, les fonds de la caisse et les tubes.

Un des avantages de ce système est, par contre, de tenir peu de place en hauteur et de réserver tout l'espace vertical disponible à la pente des conduits de distribution.

Un des inconvénients de la disposition qui vient d'être décrite est que les premiers tubes sont exposés au rayonnement direct du foyer en même temps qu'au contact continu des gaz très chauds qui en sortent. Ces premiers tubes ont alors peu de durée. Pour remédier à ce défaut, M. Bourdon a modifié la disposition de son appareil, comme l'indiquent les deux croquis de la figure 150, représentant deux coupes verticales perpendiculaires l'une à l'autre.

Le foyer est en maçonnerie construite dans une enveloppe en métal, tôle ou fonte. Il est à magasin de combustible supérieur. Comme le magasin A est en forme de trémie étranglée par le bas, il est nécessaire de choisir des charbons maigres, qui puissent couler facilement dans le foyer. Celui-ci est à grille inclinée; la houille y prend sa pente sur une épaisseur assez considérable pour que l'on puisse assimiler son fonctionnement à celui d'un foyer gazogène. Il se produit donc une grande quantité de gaz combustibles, d'oxyde de carbone notamment, et, pour brûler ces gaz, on ouvre dans le cendrier deux conduits K qui amènent une quantité d'air supplémentaire.

Le foyer est fermé par une porte hermétique avec entrée d'air réglée par une rondelle à vis L, précisant le tirage. Le cendrier B est disposé pour l'enlèvement commode des cendres.

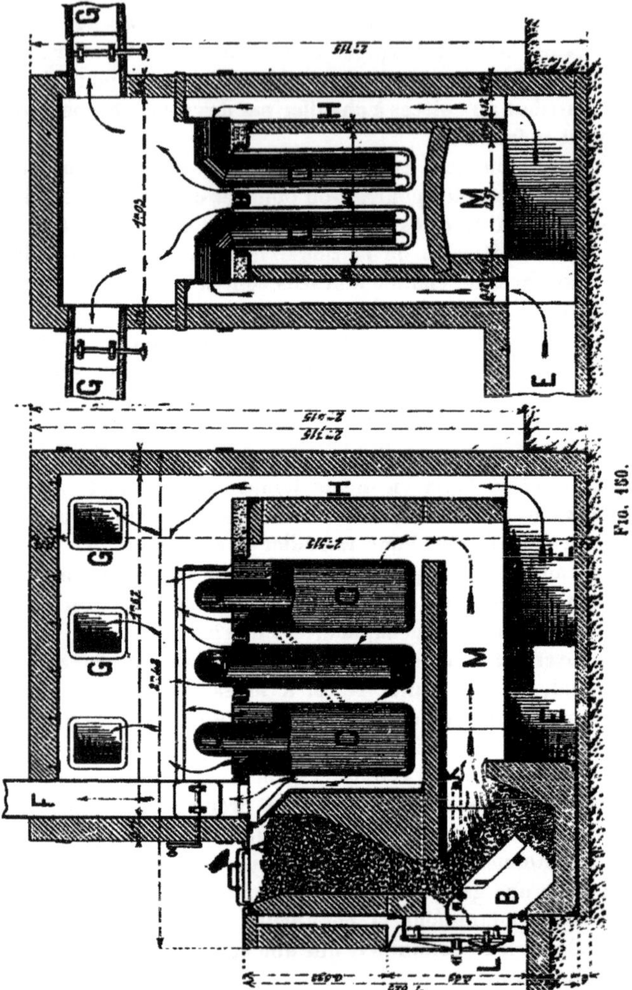

Fig. 150.

Les gaz très chauds sortant du foyer parcourent un carneau

horizontal M, dans lequel la flamme peut se développer et où les combustions s'achèvent. Ce n'est qu'en seconde circulation que les produits gazeux entourent les tubes C, pour leur céder leur chaleur; ils vont ensuite à la cheminée F. La disposition des tubes est sensiblement la même que dans l'exemple précédent.

L'air à chauffer, venant du dehors par les prises E, circule sous la plaque qui forme le sol du carneau M et lui prend quelques calories. Il monte ensuite en H ; une partie passe directement dans la chambre d'air chaud, une autre passe par les tubes et achève de s'échauffer ; les deux se mélangent pour donner une température intermédiaire.

L'air se rend aux pièces à chauffer par les conduits GG qui partent du sommet de la chambre.

201. Calorifère céramique Gaillard et Haillot. — C'est en partant de la réprobation imméritée des calorifères métalliques (n° 185) que l'on a imaginé des calorifères en matériaux exclusivement maçonnés, tels que les poteries réfractaires. La figure 151 représente un calorifère ainsi composé, étudié et construit par MM. Gaillard et Haillot. Il se compose d'un foyer en briques, avec grille et cendrier. Ce foyer est alimenté par une trémie pour former magasin et espacer les chargements.

La fumée produite contient, en raison même de la forme du foyer et de l'épaisseur du combustible, beaucoup de gaz pouvant brûler. Pour achever leur combustion, de petites gaines *a*, débouchant au dehors, près du cendrier, y puisent de l'air extérieur, l'échauffent dans leur parcours à travers la maçonnerie chaude et le dégagent à la sortie du foyer, alors que les gaz sont à température rouge.

Les produits de la combustion, sortant ainsi à température élevée, passent dans trois carneaux étagés d'une maçonnerie établie au moyen de poteries (5) et de plaques horizontales faisant office de carrelages. De là, par un carneau métallique coudé, ils se rendent à la cheminée.

Les poteries sont creuses; elles sont percées verticalement de neuf trous, et on les pose de telle sorte que ces trous se correspondent, et forment des conduits verticaux continus dans les séparations chaudes des carneaux de fumée. Ce sont ces conduits qui constituent la surface de chauffe du calorifère. L'air, arrivant par une prise *f* [croquis (1) et (2)], monte verticalement dans les vides, s'y échauffe

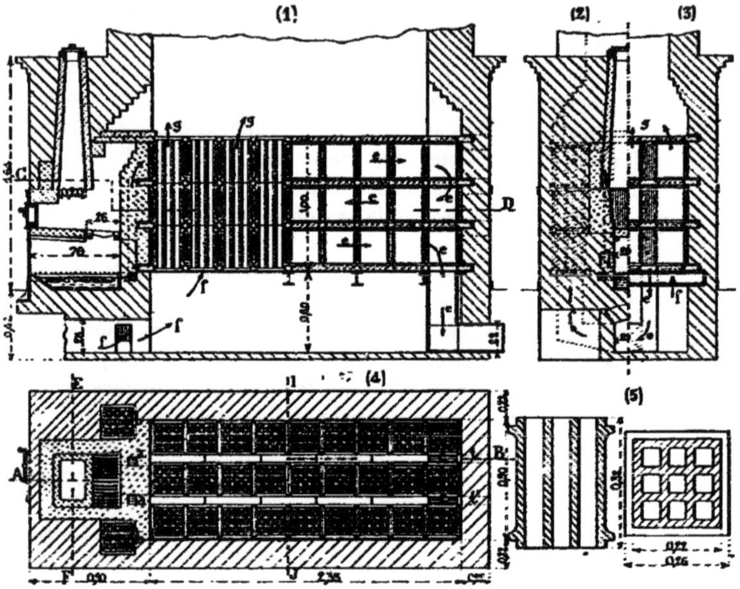

FIG. 151.

et sort à température convenable en *g*, à la partie haute de la chambre.

On voit, par l'examen du plan de ce calorifère, que les trous qui avoisinent directement les parois des carneaux sont les seuls qui soient réellement utiles ; les autres ont leur effet bien réduit au point de vue du chauffage.

202. Calorifère Muller. — La figure 152 représente

une variante du même système construite par M. Muller, et dans laquelle la surface de chauffe est mieux distribuée, et la section de passage de l'air mieux ouverte.

Dans l'appareil dont il est question, la circulation est établie suivant le même principe que dans la disposition de MM. Gaillard et Haillot, le nombre de carneaux superposés seul diffère ; ici, il est de cinq, et les produits de la combustion du foyer doivent parcourir successivement ces cinq circulations étagées avant de se rendre à la cheminée.

Les poteries sont à quatre trous seulement, et chaque conduit vertical qu'elle forme sert utilement comme surface de chauffe, sauf pour la dernière paroi extérieure.

Chaque circulation est divisée en quatre carneaux entre lesquels se partagent les gaz.

203. Inconvénients de ces calorifères. — Ces calorifères paraissent, au premier abord, très bien étudiés et semblent convenir parfaitement au chauffage ; ils présentent même un avantage sérieux pour les chauffages intermittents, celui d'emmagasiner une très notable quantité de chaleur, qu'ils sont susceptibles de restituer en partie dès que le foyer est éteint. Ils forment, pour ainsi dire, dans une certaine mesure, volants de chaleur. Mais, en pratique, ils ont donné lieu à des mécomptes : il s'y est produit des fissures, inévitables dans toute maçonnerie chauffée ; les joints, mal garantis, se sont ouverts, et ont permis la communication des carneaux de fumée avec les conduits d'air chaud.

Comme, d'autre part, en raison de la résistance qu'éprouve l'air à circuler dans les passages restreints des poteries, la dépression à la partie haute de la chambre d'air chaud peut arriver à surpasser celle de la cheminée, il se produit des mélanges de la fumée avec l'air chaud se rendant dans les pièces, de sorte que les inconvénients se sont trouvés plus grands que ceux qu'ils étaient destinés à supprimer. Lorsqu'elles se produisent, ces fissures sont d'autant plus déplorables qu'il n'y a, pour les réparer, d'autre remède possible que la démolition complète et la reconstruction totale de l'appareil.

On pourrait rendre les chances de fuites plus difficiles en améliorant la forme des poteries de manière à obtenir de meilleurs joints, et leur donner les dispositions que l'on adopte industriellement dans certains récupérateurs qui

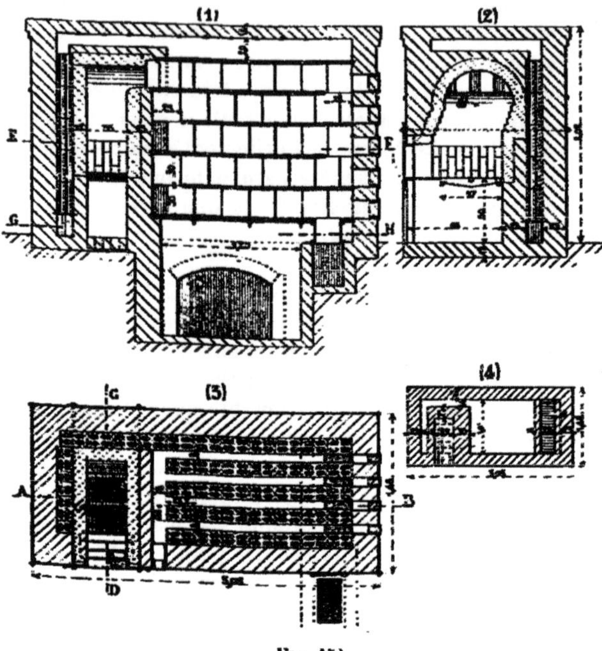

Fig. 152.

ne sont, en somme, que des calorifères céramiques. La figure 153 donne, dans ses quatre croquis, une portion d'un récupérateur construit par M. Magot, et dont les pièces céramiques donneraient certainement un meilleur résultat que les pièces des appareils précédents. Le croquis (1) donne la coupe transversale de la maçonnerie; on voit la manière dont s'établissent les tuyaux de fumée *f* et les conduits d'air *a*. Ces derniers sont chevauchés d'une assise à l'autre, ce qui permet de parfaitement organiser les joints, tout en facilitant un contact plus intime de l'air et des surfaces de chauffe. Chaque plancher est double et d'une épaisseur bien plus convenable pour mettre les joints à l'abri.

Le croquis (3) montre une portion de coupe horizontale suivant EF, mise en concordance avec la coupe au dessus. On y voit le débouché des conduits d'air inférieurs *a* en traits pleins, tandis que des traits ponctués indiquent les conduits d'air de l'assise immédiatement au dessus.

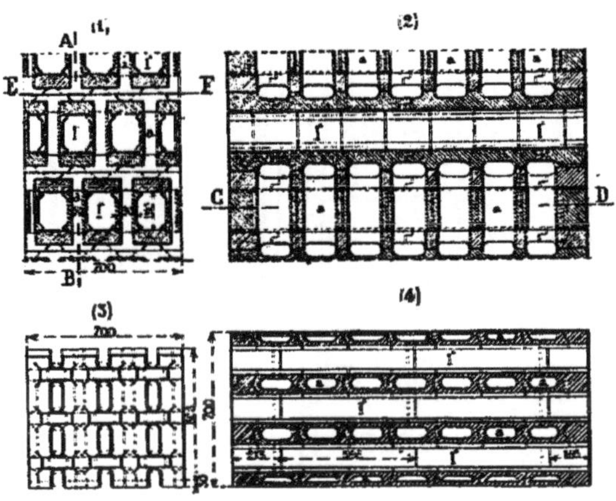

Fig. 153.

Le croquis (2) représente une coupe verticale suivant AB de deux assises successives. Ainsi qu'on le voit, l'assise inférieure est sectionnée suivant les conduits d'air *a*, tandis que l'assise au dessus coupe le carneau de fumée, et on peut ainsi se rendre compte de la correspondance de ces deux sortes de conduits, en même temps que de l'indépendance de leurs joints.

Enfin, le croquis (4) est un plan suivant CD, fait à la hauteur de la moitié d'une assise. On y voit les carneaux parallèles d'une même circulation de fumée et en même temps les conduits *a*, qui laissent circuler l'air entre ces carneaux. Le joint est arrondi, afin que la liaison de deux parties successives soit mieux assurée.

204. Calorifère céramique Geneste et Herscher. — MM. Geneste et Herscher ont résolu la question par un autre moyen, représenté en plan et en coupes dans les trois croquis de la figure 154. Leur principe est de donner une plus grande section aux passages d'air et

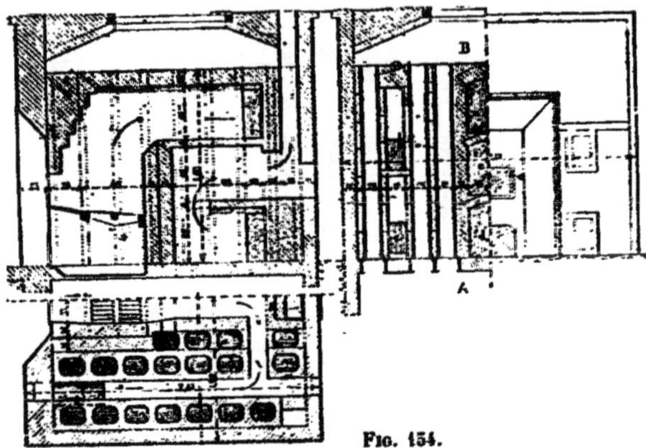

Fig. 154.

de les garnir dans toute leur hauteur d'un tube métallique d'une seule pièce ne permettant aucunement le passage de la fumée dans les conduits d'air.

Le calorifère représenté a un foyer en maçonnerie, et les fumées qui en sortent parcourent successivement, et en descendant, trois circulations étagées.

Les parois de ces circulations, qui se divisent chacune en deux carneaux, sont faites de poteries réfractaires creuses, présentant un seul tube intérieur bien régulièrement obtenu. Dans la pose, les tubes se superposent bien verticalement, et dans chacun on fait passer un tuyau en tôle qui servira de conduit d'air. On remplit l'intervalle entre la tôle et la poterie au moyen d'un coulis réfractaire assurant le contact ainsi que la transmission. Ces tubes débouchent, à la partie basse, dans la chambre d'arrivée d'air, et là ils sont, ainsi que les poteries, soutenus par un plancher en fer. A la partie haute, ils déversent l'air chaud dans la chambre de chaleur. Leur peu de hauteur relative et l'isolement de leurs extrémités font que la différence de dilatation du métal et de la poterie ne présente qu'un très faible inconvénient.

205. Calorifère Perret. — Au moyen de son foyer à combustible menu, M. Michel Perret compose des calorifères destinés au chauffage des édifices. Une des dispositions le plus employées par ce constructeur est celle représentée par la figure 155. Le foyer en maçonnerie, un des types dont il a été parlé au chapitre II, muni de ses armatures, se trouve isolé dans une chambre de calorifère, et dans un espace libre réservé au dessus sont disposées les surfaces auxiliaires de l'utilisateur. Elles sont formées de deux rangs de tuyaux horizontaux constituant deux groupes entre lesquels se partagent les fumées qui se réunissent ensuite dans un conduit de départ.

Lorsque ce genre de calorifère est établi dans un édifice disposant d'un personnel spécial au chauffage, il rend des services et est économique, par suite de l'utilisation qu'il peut faire de combustibles de faible valeur. Il y a, toutefois, à prendre une précaution contre un trop fort chauffage résultant d'une élévation brusque de la température extérieure. Le grand cube de maçonnerie chauffée forme volant de chaleur, et continue à chauffer les bouches, qui élèvent à un degré inadmissible la température des pièces. Si on ferme les bouches, on s'expose à en voir filtrer de l'air dangereux au point de vue de l'incendie. Il vaut mieux établir un conduit spécial partant de la chambre du calorifère et aboutissant sur le toit. On peut alors l'ouvrir au moyen d'une clef et dégager au dehors l'air trop chauffé par l'appareil.

Une autre disposition bonne à prendre avec ce genre d'appareils a trait au conduit de fumée. Cette dernière peut y être très chaude, ce qui nécessite une construction spéciale, soit avec des parois en briques d'au moins $0^m,22$, soit au moyen d'un tuyau en tôle forte placé libre dans un conduit vertical où passe un courant d'air.

L'utilisateur adopté, et représenté dans la figure, a l'inconvénient de se trouver assez mal placé au-dessus du foyer et de peu refroidir la fumée, étant baigné par l'air déjà chauffé par la maçonnerie. Il serait remplacé avec avantage par un utilisateur séparé, du genre de ceux du système Boyer, et dont les dimensions seraient en rapport avec la quantité de fumée chaude à refroidir.

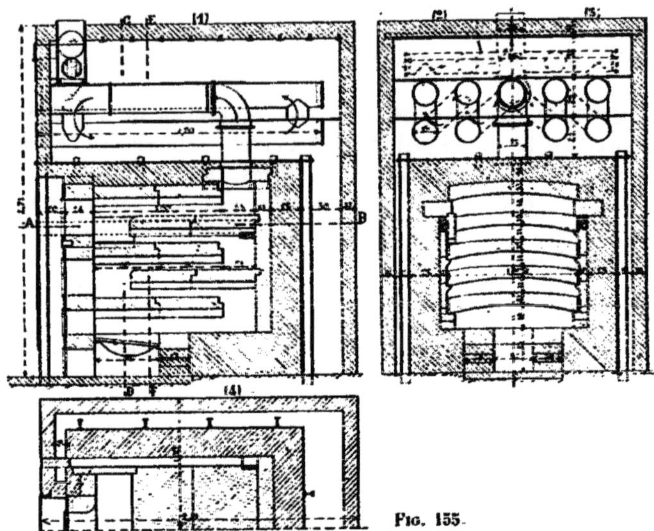

FIG. 155.

CHAPITRE VIII

CHAUFFAGE A VAPEUR

§ 1. — *Production de la vapeur*

§ 2. — *Transport de la vapeur*

§ 3. — *Utilisation de la vapeur*

SOMMAIRE :

§ 1er. *Production de la vapeur.* — 206. Lois de la vaporisation. — 207. Tableau de la force élastique, du volume et de la densité de la vapeur d'eau. — 208. Unité de pression. — 209. Chaleur latente de vaporisation. — 210. Production de la vapeur. Générateurs. — 211. Quantité de vapeur que peut produire une chaudière. Détermination de la surface de chauffe. — 212. Quantité d'eau vaporisée pratiquement par kilogramme de houille. Section de la grille et des carneaux. — 213. Eau entraînée par la vapeur. — 214. Chaudières à bouilleurs. — 215. Chaudières tubulaires. — 216. Chaudières multitubulaires ou inexplosibles. — 217. Chaudière Belleville. — 218. Chaudière de Naeyer. — 219. Chaudières sans pression. — 220. Chaudière à basse pression de MM. Grouvelle et Arquembourg. — 221. Chaudières Sultzer. — 222. Vaporigène Bourdon. — 223. Règlements administratifs concernant les appareils à vapeur. — 224. Appareils d'alimentation d'eau.

2. *Transport de la vapeur.* — 225. Des conduites de vapeur. — 226. Tableau donnant le nombre de kilogrammes de vapeur que peut laisser passer par heure un tuyau de diamètre donné. — 227. Tuyaux en fonte. — 228. Tuyaux en cuivre rouge. — 229. Tuyaux en tôle rivée. — 230. Tuyaux en fer. Tuyaux Simon. — 231. Dilatation des conduites de vapeur. — 232. Condensation dans les tuyaux de vapeur. — 233. Enveloppes des tuyaux de vapeur. — 234. Des robinets de vapeur.

§ 3. *Utilisation de la vapeur.* — 235. Du chauffage à vapeur en général. — 236. Chauffage à haute pression. — 237. Transmission par des tuyaux horizontaux remplis de vapeur. — 238. Chauffage par tuyaux lisses. Système Simon. — 239. Chauffage des bâtiments à étages. — 240. Chauffages à haute pression par tuyaux nervés. — 241. Tuyaux près du sol ou dans le sol. — 242. Chauffage d'ateliers par poêles à vapeur. — 243. Calorifère d'usine pour éviter les condensations. — 244. Emploi de la vapeur d'échappement. — 245. Emploi du chauffage à haute pression dans les bâtiments d'habitation. — 246. Chauffages à vapeur à moyenne pression. — 247. Détendeurs de vapeur. — 248. Régulateurs de pression système Grouvelle. — 249. Servo-régulateur de pression. — 250. Poêles à vapeur. — 251. Poêles-calorifères à vapeur. — 252. Calorifères de caves. — 253. Transmission de chaleur des poêles à vapeur dans les chauffages à moyenne pression. — 254. Disposition d'un chauffage par poêles à moyenne pression. — 255. Chauffage de l'hôpital militaire de Vincennes. — 256. Chauffage à moyenne pression et retour direct. — 257. Chauffages à retour par les tuyaux de distribution. — 258. Disposition de M. Grouvelle. — 259. Chauffage à vapeur système Grouvelle, avec régulateur et servo-moteur. — 260. Chauffage de certains locaux à température constante, disposition de M. Grouvelle. — 261. Chauffage de locaux industriels. — 262. Chauffage à moyenne pression avec surfaces de chauffe dans des gaines verticales. Disposition de M. Anceau. — 263. Chauffage des magasins du Printemps. — 264. Chauffages à moyenne pression avec surfaces en sous-sol. — 265. Chauffage d'une maison à loyers à moyenne pression, avec surfaces de chauffe en cave. — 266. Chauffages à vapeur sans pression. — 267. Disposition de MM. Grouvelle et Arquembourg. — 268. Disposition de M. Bourdon. — 269. Disposition de M. Kæferlé. — 270. Chauffage à vapeur sans pression, système Kœrting.

CHAPITRE VIII

CHAUFFAGE A VAPEUR

§ 1. — PRODUCTION DE LA VAPEUR

206. Lois de la vaporisation. — Les lois de la vaporisation se résument en ceci :

1° Lorsqu'on chauffe de l'eau dans un vase fermé et que l'on y maintient la pression fixe, elle atteint une température où elle se met à bouillir, à se transformer en vapeur, et cette température reste constante pendant l'ébullition;

2° A chaque pression correspond une température d'ébullition toujours la même;

3° La température de la vapeur est égale à celle de l'eau qui la produit sous même pression, pourvu que cette vapeur ne touche pas la surface de chauffe;

4° Si l'on vient à chauffer séparément la vapeur, elle se conduit comme un gaz, se surchauffe, et sa température n'est plus en rapport avec la pression.

Dans certaines circonstances toutes spéciales, lorsque, par exemple, l'eau est pure et privée d'air, et qu'on la chauffe lentement, à l'abri des vibrations, elle peut atteindre sans bouillir une température de 105 à 110° ; mais alors à la moindre secousse, ou bien, lorsque la température dépasse un certain maximum, il y a production instantanée d'une grande quantité de vapeur et abaissement immédiat à 100° de la température. Ce phénomène est assez rare, on peut le produire à l'air libre dans des expériences délicates de laboratoire ; il est rendu plus facile si on lubréfie les parois du vase par un corps gras les empêchant d'être mouillées par l'eau.

Ce phénomène peut aussi se produire en vase clos à des températures différentes, suivant les pressions, et on l'a invoqué pour expliquer quelques explosions de chaudières à vapeur.

On a à tout instant besoin de connaître la relation qui existe entre la température de l'eau et la force élastique de la vapeur qu'elle émet. Voici, d'après les expériences de Régnault, un tableau qui donne pour chaque pression la température correspondante : il indique en même temps le volume d'un kilogramme de vapeur, ainsi que le poids du mètre cube de cette même vapeur.

207. Tableau de la force élastique, du volume et de la densité de la vapeur d'eau

PRESSION OU TENSION DE LA VAPEUR EXPRIMÉE EN				TEMPÉRATURE CORRESPONDANTE (centigrade)	VOLUME occupé par 1 KILOGRAMME de vapeur	DENSITÉ de la vapeur ou poids du m.c.
Atmosphères		Hauteur de mercure	Hauteur d'eau			
	atm.	mètres	mètres	degrés	mc.	kilog.
1/166 ou	0.0060	0.0046	0.0625	0	205.222	0.004873
	0.0085	0.0065	0.0884	5	147.753	0.006768
	0.0133	0.0091	0.1237	10	107.489	0.009303
	0.0167	0.0127	0.1727	15	78.352	0.012763
1/50	0.0200	0.0152	0.2067	17.86	66.144	0.015125
	0.0229	0.0174	0.2366	20	58.184	0.017210
	0.0309	0.0235	0.3195	25	43.814	0.022818
1/25	0.0400	0.0304	0.4134	29.37	34.364	0.029090
	0.0414	0.0315	0.4283	30	33.233	0.030084
1/20	0.0500	0.0380	0.5167	33.30	27.852	0.035903
	0.0550	0.0418	0.5681	35	25.409	0.039276
1/16	0.0625	0.0475	0.6459	37.38	22.578	0.044306
	0.0722	0.0549	0.7465	40	19.701	0.050758
1/12	0.0833	0.0633	0.8607	42.66	17.232	0.058033
	0.0939	0.0714	0.9709	45	15.378	0.064977
1/10	0.1000	0.0760	1.0334	46.25	14.515	0.068926
	0.1209	0.0919	1.2496	50	12.133	0.082360
1/8	0.1250	0.0950	1.2918	50.60	11.769	0.084958
1/7	0.1428	0 10857	1.4755	53.35	10.391	0.096220
	0.1546	0.11748	1.5975	55	9.648	0.103652
1/6	0.1666	0.12666	1.7214	56.63	8.996	0.111192
	0.1958	0.14879	2.0222	60	7.736	0.129238
1/5	0.2000	0.15184	2.0657	60.40	7.582	0.131859
	0.2460	0.18694	2.5420	65	6.247	0.160055
1/4	0.2500	0.19000	2.5821	65.36	6.156	0.162407
	0.3067	0.23309	3.1695	70	5.084	0.196654
	0.3796	0 28851	3.9231	75	4.168	0.239911
	0.4666	0.35464	4.8224	80	3.439	0.290728
1/2	0.5000	0.38000	5.1642	81.72	3.227	0.309835
	0.5697	0.43304	5.8885	85	2.856	0.350041
	0.6914	0.52545	7.1457	90	2.366	0.418920
3/4	0.7500	0.57000	7.7463	92.18	2.215	0.451410
	0.8339	0.63378	8.6181	95	2.006	0.498487
1 at.	1.0000	0.76000	10.3304	100	1.696	0.591300
	1.1926	0.90640	12.3252	105	1.441	0.693885
1 1/4	1.2500	0.9500	12.9105	106.33	1.380	0.724300
	1.4150	1.0754	14.6233	110	1.230	0.812516
1 1/2	1.5000	1.1400	15.4926	111.83	1.167	0.856700
	1.6703	1.2694	17.2613	115	1.054	0.946740
1 3/4	1.7500	1.3300	18.0747	116.50	1.012	0.987525
	1.9622	1.4913	20.2787	120	0.910	1.098075
2 at.	2.0000	1.5200	20.6568	120.64	0.895	1.116717

Suite du tableau

PRESSION OU TENSION DE LA VAPEUR EXPRIMÉE EN				TEMPÉRATURE CORRESPONDANTE (centigrade)	VOLUME occupé par 1 KILOGRAMME de vapeur	DENSITÉ de la vapeur ou poids du mc.
Atmosphères		Hauteur de mercure	Hauteur d'eau			
	atm.	mètres	mètres	degrés	mc.	kilog.
2 at.	2.2500	1.7100	23.2389	124.39	0.798	1.253057
	2.2946	1.7439	23.7135	125	0.788	1.267941
	2.5000	1.9000	25.8210	127.83	0.729	1.370875
	2.6714	2.0303	27.6080	130	0.685	1.457834
	2.7500	2.0900	28.4031	130.98	0.668	1.496207
3 at.	3.0000	2.2800	30.9852	133.91	0.616	1.620384
	3.0969	2.3537	32.0056	135	0.599	1.669346
	3.2500	2.4700	33.5673	136.72	0.573	1.743400
	3.5000	2.6600	36.1490	139.29	0.534	1.865826
	3.5758	2.7176	36.9539	140	0.525	1.903826
	3.7500	2.8500	38.7315	141.72	0.503	1.987318
4 at.	4.0000	3.0400	41.3130	144	0.474	2.108285
	4.1118	3.1250	42.4937	145	0.462	2.163500
	4.2500	3.2300	43.8950	146.28	0.448	2.227800
	4.5000	3.4200	46.4780	148.44	0.426	2.346833
	4.7118	3.5810	48.6944	150	0.408	2.449666
	4.7500	3.6100	49.0600	150.35	0.405	2.466035
5 at.	5.0000	3.8000	51.6420	152.26	0.386	2.584176
	5.2500	3.9900	54.2240	154.15	0.370	2.701352
	5.3789	4.0880	55.5886	155	0.361	2.763687
	5.5000	4.1800	56.8060	155.94	0.354	2.812250
	5.7500	4.3700	59.3880	157.64	0.340	2.934600
6 at.	6.0000	4.5600	61.9700	159.25	0.327	3.050785
	6.1197	4.6510	63.2443	160	0.321	3.108142
	6.9394	5.2740	71.6730	165	0.287	3.482167
7 at.	7.0000	5.3200	72.2990	165.40	0.284	3.509307
	7.8434	5.9610	81.0577	170	0.256	3.893666
8 at.	8.0000	6.0800	82.6270	170.84	0.252	3.970636
	8.8381	6.7170	91.3378	175	0.230	4.318500
9 at.	9.0000	6.8400	92.9550	175.77	0.226	4.407700
	9.9289	7.5460	102.6105	180	0.207	4.820000
10 at.	10.0000	7.6000	103.2840	180.30	0.206	4.848444
	11.0000	8.3600	113.6120	184.60	0.189	5.283250
	11.1223	8.4530	114.9439	185	0.187	5.340500
	12.0000	9.1200	123.9410	188.54	0.174	5.714250
	12.4250	9.4430	128.4059	190	0.169	5.901428
	13.8160	10.5200	143.0510	195	0.153	6.504286
	15.3560	11.6890	158.9470	200	0.138	7.317166
	17.0390	12.9560	176.1757	205	0.127	7.842800
	18.8420	14.3250	194.7913	210	0.116	8.581600
20 at.	20.2640	15.8010	214.8620	215	0.106	9.369000
	22.8810	17.3900	236.4692	220	0.097	10.206280
	25.1180	19.0970	259.6810	225	0.090	11.095890
	27.5340	20.9260	284.5517	230	0.083	12.037220

208. Unité de pression. — L'unité adoptée pour mesurer les pressions dans les appareils a été pendant longtemps la pression atmosphérique, représentée par une colonne de mercure de $0^m,76$ ou une colonne d'eau de $10^m,33$. On nommait cette unité *atmosphère*. On exprimait la pression par rapport au vide, de sorte qu'à 100° les chaudières fermées contenant de l'eau en ébullition correspondaient à une atmosphère, quoique la pression sur les parois fût nulle, étant contrebalancée par la pression atmosphérique extérieure.

Maintenant, on évalue, au contraire, les pressions intérieures des appareils en kilogrammes par centimètre carré, et en partant de la pression atmosphérique. c'est-à-dire ne mesurant que l'excédent de la pression intérieure sur la pression extérieure.

Il est facile d'après cela, et en appliquant les chiffres du tableau précédent, de transformer les atmosphères en pressions par centimètre carré, et réciproquement.

209. Chaleur latente de vaporisation. — La chaleur qu'il faut communiquer à 1 kilogramme d'eau à 0° pour le transformer entièrement en vapeur à T° est donnée par la formule :

$$N_c = 606,5 + 0,305T,$$

N_c étant un nombre de calories. Cette formule, due à Régnault, donne en même temps le nombre de calories qu'un kilogramme de vapeur saturée est capable de fournir en se condensant, en admettant que l'eau de condensation soit refroidie à 0°.

Lorsque l'eau est incomplètement refroidie, le nombre de calories utilisées doit être diminué de celles restées dans le liquide; celles-ci se mesurent par le même nombre que la température qu'il s'est trouvé conserver.

210. Production de la vapeur. — Générateurs. — On produit la vapeur dans des vases métalliques clos, en partie remplis d'eau, exposés à la chaleur d'un foyer et en contact avec la fumée qu'il dégage, tant que cette fumée contient encore des calories pratiquement utilisables. On nomme ces vases *chaudières à vapeur*, ou encore *générateurs de vapeur*.

On pousse le feu jusqu'à ce que la vapeur qui naît de l'ébullition ait la tension nécessaire pour l'usage que l'on veut en faire. On donne alors issue à la vapeur par l'ouverture d'un robinet, *le robinet de prise de vapeur*, communiquant avec la conduite qui emmène cette vapeur aux appareils chargés de l'utiliser.

La pression de l'eau est indiquée par un *manomètre*.

L'excédent de vapeur produit par un feu trop vif, alors que les appareils utilisateurs n'emploient pas tout ce qui se vaporise, s'échappe par deux *soupapes de sûreté* réglementaires, qui s'opposent à toute élévation de pression anormale à laquelle la chaudière pourrait ne pas résister.

L'eau qui s'est échappée à l'état de vapeur doit être remplacée à mesure. On y pourvoit au moyen de *pompes alimentaires* ou d'appareils dits *injecteurs*, établis pour refouler l'eau d'alimentation malgré la pression intérieure de l'appareil. On emploie aussi pour cet objet des *bouteilles alimentaires*. Un *clapet de retenue, placé à la base du tuyau d'alimentation*, empêche, en cas d'accident, la chaudière de se vider.

Pour régler la marche de ces appareils, il faut connaître à tout instant le niveau de l'eau dans le générateur, pour le maintenir constamment à la même hauteur. Le niveau est donné par des appareils spéciaux, appelés *indicateurs de niveau* ou *tubes de niveau d'eau*, placés en avant, à la vue du chauffeur.

Enfin, lorsque plusieurs chaudières sont groupées, on munit chaque prise d'un *clapet automatique d'arrêt de vapeur*, qui empêche, en cas de rupture ou d'accident sur la conduite générale, toutes les chaudières de vider leur vapeur.

Un générateur, du moment qu'il produit de la vapeur sous pression, est toujours muni de tous les appareils annexes dont nous venons de faire l'énumération, appareils qui assurent en même temps son bon fonctionnement et la sécurité des abords.

En avant des chaudières, il faut réserver un espace, nommé quelquefois l'*enfer*, qui permet au chauffeur l'accès commode du foyer, le dépôt et le chargement du combustible sur la grille, le décrassement de cette dernière, le dépôt et l'enlèvement des cendres et mâchefers. Une bonne dimension, dans les circonstances ordinaires, est de 3 mètres pour la largeur de cet enfer au-devant de la façade du générateur. Dans chaque programme on se rend compte des dimensions que commandent les circonstances spéciales.

Quant au vase qui forme le corps même de la chaudière, on l'établit en raison de la pression qu'il doit pouvoir supporter en toute sécurité. On le fait en tôle de fer ou d'acier, rarement en cuivre. On lui donne de préférence la forme cylindrique, qui lui permet de résister de la façon la plus sûre et la plus économique à une pression déterminée. Les chaudières seront donc, en général, formées de gros et de petits cylindres établis avec des feuilles métalliques rivées, et d'épaisseur en rapport avec le diamètre.

Les gros cylindres sont les corps de chaudières proprement dits. On en fait jusqu'à 1^{m},50 à 2 mètres de diamètre.

Les cylindres de dimensions moyennes, c'est-à-dire de 0^{m},45 à 0^{m},75, sont souvent appelés *bouilleurs* lorsqu'ils sont exposés à un feu vif, et *réchauffeurs* lorsqu'ils ne sont en contact qu'avec des gaz déjà refroidis.

Les cylindres de petits diamètres 0^{m},05 à 0^{m},30 sont appelés tubes ou tuyaux. La dénomination de *tubes* s'applique aux faisceaux qui constituent la surface de chauffe totale ou partielle de certaines chaudières. On appelle plus spécialement tuyaux les cylindres métalliques qui forment les canalisations de vapeur et sont chargés de conduire cette dernière aux appareils utilisateurs.

En combinant ensemble les cylindres, bouilleurs et tubes, on obtient des chaudières qui peuvent répondre à tous les besoins de la pratique.

On les range en plusieurs groupes, qui sont :

1° *Les chaudières à bouilleurs*, formées de gros cylindres et de bouilleurs que l'on chauffe extérieurement. Elles contiennent un très grand volume d'eau, ce qui est un avantage appréciable lorsque l'on veut avoir une production régulière avec réserve de chaleur. Par contre, elles sont encombrantes et exigent un très grand emplacement. Les foyers sont intérieurs ou extérieurs;

2° *Les chaudières tubulaires*, dans lesquelles on combine les cylindres et bouilleurs avec des faisceaux de tubes, qui augmentent beaucoup la surface de chauffe par rapport au volume d'eau. Ce sont des chaudières moins encombrantes, et employées d'une façon plus générale dans l'industrie. On peut les appliquer aux chauffages importants, toutes les fois que l'on dispose d'un bâtiment de chaufferie distinct éloigné des bâtiments habités. Les foyers sont extérieurs ou intérieurs ;

3° *Les chaudières multitubulaires*, dans lesquelles la surface de chauffe est constituée uniquement par des faisceaux de tubes, auxquels on adjoint, dans quelques cas, un cylindre de moyennes dimensions formant réservoir de vapeur. Les foyers sont extérieurs;

4° *Les chaudières sans pression*, dans lesquelles on combine à volonté les grands cylindres et les faisceaux de tubes, et qui communiquent avec l'atmosphère par un manomètre libre, à eau, de grand diamètre. La pression est mesurée par la hauteur de dénivellation de l'eau dans le manomètre, et elle est limité à quelques dixièmes d'atmosphère. Ces chaudières sont particulièrement très convenables pour les chauffages dits à *basse pression*. Les foyers sont intérieurs.

Sans entrer dans l'étude complète des différentes dispositions de générateurs de vapeur, on trouvera ici un type de chaudière à bouilleurs, un type de chaudière tubulaire. On insistera davantage sur les chaudières multitubulaires, qui trouvent dans le chauffage de nombreuses applications. Enfin, on détaillera quelques types de chaudières sans pression.

211. Quantité de vapeur que peut produire une chaudière. — Détermination de la surface de chauffe. — Dans une chaudière à vapeur, l'eau occupe une grande portion du volume; il faut laisser au dessus un espace pour loger la vapeur formée; mais on ne doit chauffer que les parois recouvertes d'eau. Une portion de la surface est exposée au rayonnement d'un foyer actif; une autre portion plus grande reste en contact avec les gaz chauds sortant du foyer, et s'échauffe à leurs dépens, en les refroidissant. Quel que soit le système de générateur, il est nécessaire de lui donner une surface de développement convenable, afin de lui faire produire, dans les conditions économiques qu'indique la pratique, une quantité donnée de vapeur.

Le maximum de vapeur qu'une surface exposée au feu direct d'un foyer actif puisse produire est de 100 à 120 kilogrammes par heure. Les surfaces ajoutées, qui n'ont pour but que d'utiliser une partie de la chaleur restant dans la fumée, ont une transmission qui décroît très rapidement.

D'après les expériences de M. Graham sur une chaudière très courte d'une surface S, à laquelle il a ajouté successivement d'autres tronçons de même surface, la transmission, qui était de 100 au premier tronçon, devenait 127 après l'addition du second, 140 après celle du troisième, 148 après celle du quatrième. L'addition du cinquième tronçon n'eût pas payé sa dépense en rendement.

On compte aujourd'hui, en moyenne, sur une production de 12 à 15 kilogrammes par mètre carré, pour les générateurs fixes, sur celles de 25 à 30 kilogrammes pour les locomotives. Dans les chauffages, on admet une production de 15 à 25 kilogrammes et on détermine, d'après cela, l'étendue que l'on doit donner à la surface de parois réellement chauffées, ce que l'on nomme la *surface de chauffe* de la chaudière.

212. Quantité d'eau vaporisée pratiquement par kilogramme de houille. — Section des grille et carneaux. — La quantité de chaleur nécessaire pour produire 1 kilogramme de vapeur, à la pression de 5 kilogrammes est, d'après la formule de Régnault :

$$C = 606,5 + 0,305 \times 159^{\circ} = 655 \text{ calories.}$$

Un kilogramme de charbon, dégageant 8.000 calories, devrait produire $\frac{8,000}{655} = 12$ kilogrammes de vapeur, avec de l'eau à 0° ; mais, pratiquement, ce chiffre est loin d'être atteint. Les générateurs ne vaporisent que de 5 à 9 kilogrammes d'eau, dans les conditions ordinaires de la pratique. Ils ne donnent donc qu'un rendement variant de 0,40 à 0,75 de la puissance calorifique du combustible.

La production varie avec le type de chaudières.

Les chaudières à bouilleurs à faible surface (produisant 30 à 35 kilogrammes par mètre carré) donnent, par kilogramme de houille, environ 5 kilogrammes de vapeur ;

Les chaudières à bouilleurs à grandes surfaces (12 à 15 kilogrammes par mètre carré), 7 à 8 kilogrammes ;

Les chaudières à foyer intérieur, types de locomotives (10 à 12 kilogrammes au mètre carré), 7 kil. 50 à 8 kilogrammes ;

Les mêmes, avec jet de vapeur, 6 kil. 50 à 7 kil. 50 ;

Les chaudières semi-tubulaires, 7 kil. 50 à 8 kil. 50 ;

Les chaudières à foyer intérieur et réchauffeur tubulaire, 8 kil. 50 à 9 kilogrammes ;

Les chaudières multitubulaires, 7 kilogrammes à 8 kil. 50.

Dans certains foyers perfectionnés, on prétend arriver à 10 kilogrammes de vaporisation ; mais, dans tous ces résultats, il y a une cause d'erreur qu'il est peu commode d'apprécier, c'est la quantité d'eau entraînée, qui peut varier dans d'assez grandes limites.

Une bonne installation peut faire varier la production de 20 %. Aussi, ne saurait-on étudier avec trop de soin les installations des générateurs de vapeur.

On a remarqué qu'une chaudière neuve produisait moins de vapeur qu'au bout d'un certain temps, lorsque ses parois se sont recouvertes d'un léger dépôt de calcaire.

En résumé, on peut, dans une étude de chaudière, compter sur une production de 7 à 8 kilogrammes de vapeur par kilogramme de bonne houille. C'est au moyen de ce chiffre qu'on peut prévoir la consommation du combustible, et on en déduit la surface nécessaire à la grille, ainsi que la dimension des carneaux de fumée et de la cheminée.

213. Eau entraînée par la vapeur.—Si l'on ouvre brusquement le robinet qui commande la prise de vapeur d'une chaudière en pression, il y a une ébullition violente et mélange d'eau pulvérisée avec la vapeur de l'espace libre. La vapeur qui part par les tuyaux entraîne beaucoup de cette eau. C'est un inconvénient grave qui peut causer des accidents dans les machines utilisatrices de cette vapeur. On croit même devoir attribuer certaines explosions à la manœuvre brusque d'un robinet de prise amenant une ébullition tumultueuse instantanée. Un robinet ne doit toujours être ouvert que très lentement.

Lorsque l'espace destiné à loger la vapeur au-dessus du niveau de l'eau n'est pas très grand, la mousse produite par l'ébullition l'emplit en partie, et il y a beaucoup d'eau entraînée par la vapeur.

Pour diminuer la proportion d'eau entraînée, on ajoute aux chaudières des dômes de vapeur le plus grands possibles. Ce sont, la plupart du temps, des cylindres verticaux en tôle, de $0^m,70$ à $0^m,80$ de diamètre, et communiquant avec la chaudière par une large ouverture. D'autres fois, on les remplace par des cylindres horizontaux, sortes de petits bouilleurs couchés sur la chaudière, et communiquant avec elle par de véritables *cuissarts*.

On évite encore l'entraînement de l'eau en faisant saillir à l'intérieur de la chambre de vapeur la tubulure de prise, ou bien en prenant la vapeur dans toute la longueur de la chaudière par un tuyau en cuivre fendu longitudinalement par dessus, ou régulièrement fendu par le travers de traits de scie multipliés.

M. de Mastaing a trouvé par des expériences suivies que, tant que la vapeur ne contenait pas plus de 3 à 4 $^0/_0$ d'eau entraînée, elle sortait transparente par les fissures des joints de soupapes ; elle est opaque, au contraire, quand la proportion d'eau entraînée augmente. C'est donc un moyen pratique de juger, en certains cas, que la quantité d'eau entraînée avec la vapeur se trouve limitée aux chiffres ci-dessus ou les dépasse.

214. Chaudières à bouilleurs. — Les chaudières à bouilleurs sont ordinairement composées d'un corps principal de chaudière horizontal, cylindrique, de 1 mètre à 1^m,50 de diamètre, et, au dessous, de deux autres cylindres plus petits disposés parallèlement, les bouilleurs proprement dits; on donne aux bouilleurs de 0^m,50 à 0^m,65 de diamètre.

Bouilleurs et corps principal sont réunis par des *communications* ou *cuissarts*, démontables s'il est nécessaire, de manière à former un seul vase dans lequel on chauffe l'eau. Le corps de chaudière est surmonté d'un dôme de vapeur, cylindre vertical, destiné à augmenter la capacité de l'ensemble par en haut, et à éloigner la prise de vapeur du plan supérieur de l'eau.

L'ébullition de l'eau dans un vase détermine une précipitation de sels calcaires qui s'accumulent sur les parois et empêchent, dès qu'ils deviennent importants, la transmission de la chaleur. Une épaisseur exagérée de ces dépôts pourrait même amener la tôle à être trop chauffée et brûlée; sa résistance diminuerait, et il pourrait arriver des accidents graves, même des ruptures avec explosion.

Il faut donc pouvoir nettoyer l'intérieur des chaudières et pour cela permettre l'accès de l'intérieur. On le fait par le moyen de *trous d'homme à fermetures autoclaves*. On en met un sur le dôme, pour pouvoir entrer dans la chaudière; un autre sur chacun des bouilleurs que l'on prolonge en avant jusqu'en dehors du fourneau. De la sorte, on peut surveiller l'état intérieur des parois et piquer au marteau les dépôts souvent très adhérents.

La chaudière ainsi constituée est portée sur des supports en fonte appelés *chandeliers*, et on y ajoute des *oreilles* rivées sur les côtés du corps principal. Le niveau de l'eau est ordinairement établi à 0^m,10 ou 0^m,15 au-dessus du centre du corps de chaudière. Au dessus est une capacité qui sera remplie par une accumulation de vapeur, qu'agrandira encore le dôme.

La moitié inférieure du corps de la chaudière et la paroi des bouilleurs doivent être chauffées à feu nu. Pour cela, on les établit dans un fourneau contenant un foyer suivi de circulations de fumée chaude. Le foyer, extérieur à la chaudière, est de la forme indiquée par la figure 22. Il est plus avantageux de chauffer directement les bouilleurs que le corps de chaudière. En cas de feu très vif, la tôle peut être avariée et brûlée, malgré la présence de l'eau, et il se produit un *coup de feu* qui exige un remplacement de tôle. L'avarie est moins grave pour un bouilleur, que l'on n'a qu'à démonter et sortir, que pour le corps principal, qui porte tous les appareils annexes et se relie à la canalisation de vapeur.

Le fourneau est disposé de telle sorte que la fumée, sortant encore chaude du foyer, circule horizontalement dans toute la longueur des bouilleurs, revient en avant dans la moitié de la partie inférieure de la chaudière, et retourne en arrière en longeant l'autre moitié. Il y a donc trois circulations successives, avant la cheminée. La fumée parcourt donc trois fois la longueur du fourneau ; dans ce long parcours elle est en contact avec la tôle de la chaudière, et lui transmet sa chaleur.

Pour obtenir cette triple circulation, on établit deux sommiers en terre cuite sur les bouilleurs et dans toute leur longueur, et on leur fait supporter trois voûtes de $0^m,11$, en briques, qui séparent la première circulation. Au dessus il reste un vide entre les murs du fourneau et le corps principal ; on le divise en deux par une cloison verticale, et on obtient ainsi les deux autres circulations. La section du passage des gaz doit être partout environ le tiers de la surface adoptée pour la grille.

Le fourneau est très commode à construire lorsque l'extérieur du bouilleur est à l'aplomb de l'extérieur de la chaudière. Entre les bouilleurs l'espace à ménager ne doit pas être supérieur à $0^m,06$ à $0^m,08$, la même distance est à observer entre les bouilleurs et le mur du fourneau

Le foyer et le cendrier doivent être munis de portes ordinairement en fonte et attachées sur une plaque de devanture également en fonte. Le carneau qui fait communiquer le fourneau à la cheminée doit être muni d'un registre. C'est une plaque de fonte qui, par glissement ou par rotation, doit obturer totalement ou partiellement le passage des gaz.

Lorsque le fourneau ne marche que de jour, on ferme avec soin, le soir, les portes du foyer et du cendrier, ainsi que le registre arrière. La chaleur emmagasinée dans les briques se concentre dans le fourneau; celui-ci n'est pas refroidi par un courant d'air froid, et le lendemain matin, avant le rallumage, la chaudière se trouve déjà en pression. On trouve dans cette précaution une très notable économie.

Les chaudières à bouilleurs ont des longueurs très variables suivant la surface dont on a besoin. La figure 156 montre dans ses croquis la disposition des générateurs de vapeur qui servent aux différents services du chauffage, de la buanderie et de l'élévation d'eau de l'hôpital de Corbeil. La longueur est de 4m,60.

Mais, dans les grandes chaudières de manufactures, on allonge les cylindres souvent jusqu'à 10 et 12 mètres. On augmente ainsi la surface de chauffe qui, de cette façon, peut être portée à 35 ou 40 mètres par appareil.

On fait quelquefois des modifications au type de chaudière à bouilleurs qui vient d'être décrit ; on y ajoute des réchauffeurs, simples bouilleurs isolés dans les carneaux de fumée, et dans lesquels commence à circuler l'eau d'alimentation ; on peut ainsi, quelquefois, en utilisant les chaleurs perdues, échauffer cette eau jusqu'à près de 100° avant son entrée dans la chaudière.

D'autres fois, on élargit l'espace où sont les bouilleurs, pour y mettre trois de ces appareils en première circulation, comme dans les chaudières d'Alsace, ce qui augmente notablement la surface maximum par chaudière. Enfin, dans d'autres cas, on supprime les bouilleurs en les remplaçant par des réchauffeurs latéraux, et on chauffe directement la chaudière, comme cela a lieu dans la chaudière Farcot. Le chauffage devient complètement méthodique, mais on a l'inconvénient de plus grandes réparations lorsqu'un coup de feu vient à brûler une tôle du cylindre principal.

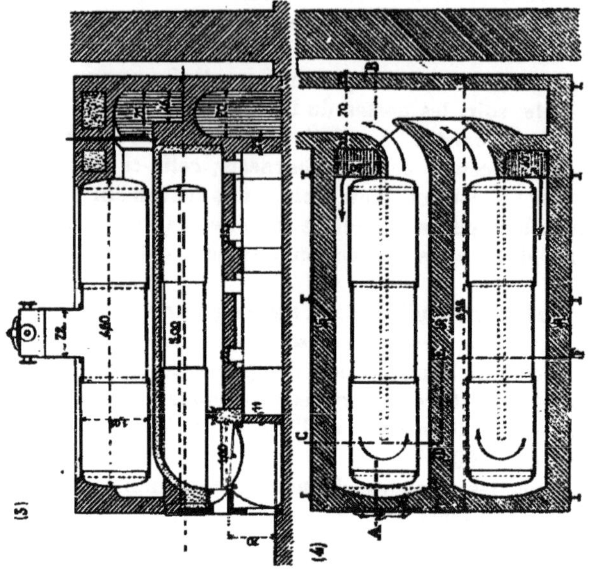

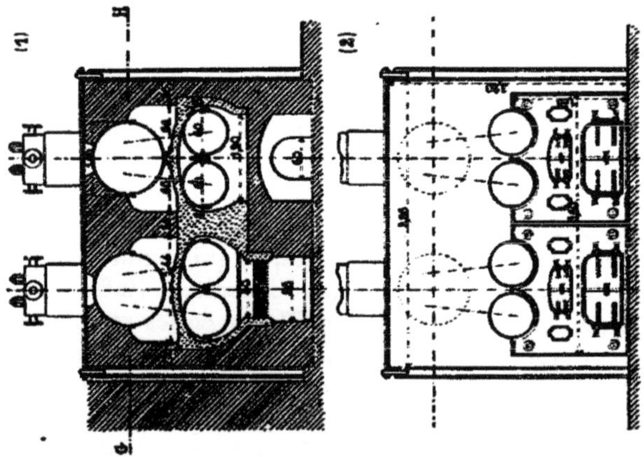

Fig. 156.

Quant aux principes qu'il y a lieu de suivre pour la construction des fourneaux, ils sont très simples : tout en réservant les sections de passage des gaz et des accumulations de cendres, il faut mettre les murs bien verticaux, éviter tous les hors d'aplomb, restreindre les voûtes, les établir en plein cintre pour réduire leur poussée, et enfin comprendre le fourneau, dans les deux sens perpendiculaires, entre les armatures bien ancrées.

Lorsque la surface de chauffe doit se répartir entre plusieurs chaudières, il est avantageux de réunir ces dernières dans un même fourneau ; on y économise des murs, et on

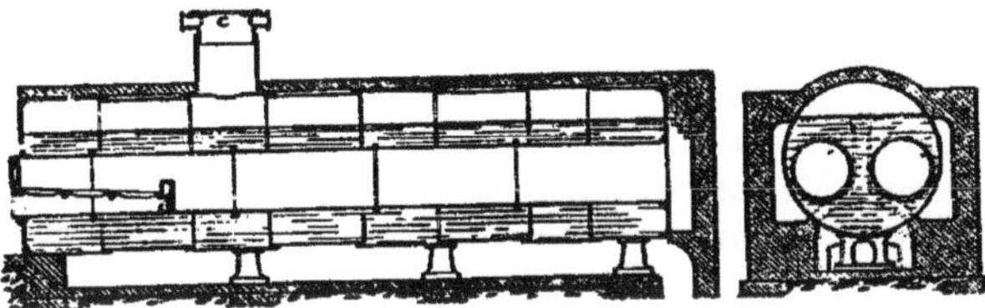

Fig. 157.

diminue la surface de refroidissement des parements extérieurs. Il suffit d'un mur de séparation de $0^m,36$ d'épaisseur entre les carneaux de deux chaudières voisines pour constituer entre les deux un isolement suffisant.

On a fait des chaudières à bouilleurs avec foyers intérieurs ; le type de ces appareils est la chaudière de Cornwal, dans laquelle les bouilleurs sont placés dans le corps même de la chaudière et reçoivent les foyers dans leur partie avant. Ils sont placés dans le liquide même à chauffer et sont pressés, par la tension de la vapeur, du dehors au dedans. Dans quelques dispositions, on a même traversé ces bouilleurs d'autres cylindres plus petits plongés dans la fumée, et dans lesquels circule l'eau, ce qui augmente encore la surface de chauffe.

Le grand avantage des chaudières à bouilleurs horizontales, telles qu'on vient de les décrire, réside dans la grande quantité d'eau enfermée dans l'appareil et qui permet un chauffage facile et une grande élasticité dans la production et l'emploi de la vapeur.

Leurs principaux inconvénients sont: 1° la grande place occupée pour une surface de chauffe donnée, et 2° la difficulté de les placer dans les bâtiments en raison des règlements administratifs.

On a fait des chaudières à bouilleurs verticales, à faible volume d'eau; l'une de ces chaudières est représenté par la figure 158; c'est le type de M. Cochot.

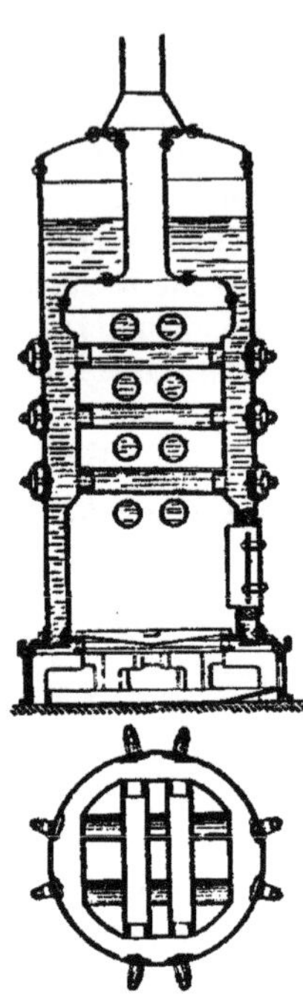

Fig. 158.

Cette chaudière est composée de deux cylindres verticaux concentriques: l'un est intérieur et contient le foyer, l'autre est une *calandre* extérieure portant tous les appareils accessoires; entre les deux se trouve l'eau à chauffer, et les gaz non seulement circulent dans le cylindre intérieur, mais sont de plus refroidis par de doubles bouilleurs traversant le foyer dans deux sens perpendiculaires et augmentant d'autant la surface de contact avec le liquide.

Ici le cube d'eau est très diminué; la conduite du feu est très délicate en raison de la production presque instantanée d'une quantité plus ou moins grande de vapeur.

215. Chaudières tubulaires. — Pour réduire les volumes occupés par les chaudières encombrantes qui précèdent, on a employé des faisceaux de tubes parcourus intérieurement par la fumée à refroidir, et placés dans le liquide même à chauffer. On a du coup diminué beaucoup la longueur des appareils, d'autant que la longueur pratique des tubes est de 4 à 6 mètres.

Les tubes sont disposés en quinconce, afin de tenir moins

de place; ils sont *sertis* dans les trous de deux plaques parallèles épaisses, que l'on nomme plaques tubulaires; les diamètres sont de $0^m,07$ à $0^m,08$ lorsqu'on dispose d'un tirage par cheminée; ils peuvent s'abaisser à $0^m,05$, si le mouvement des gaz est obtenu par jet de vapeur ou ventilateur. La figure 159 représente un type de chaudière tubulaire à foyer extérieur, nommée fréquemment chaudière semi-tubulaire. C'est une chaudière à bouilleurs, courte, dans laquelle la première circulation de la fumée se fait sous les bouilleurs et sous le corps principal, la seconde dans les tubes, et, comme il faut ramener la fumée à l'arrière, la plupart du temps, au point

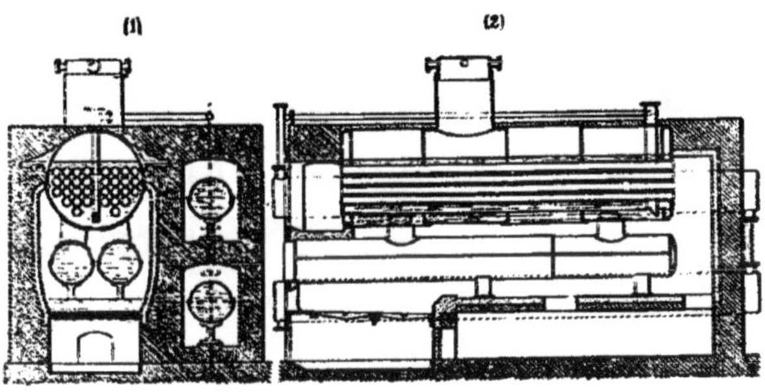

Fig. 159.

de vue de la plus grande commodité de son départ, on établit une troisième circulation autour d'un ou de plusieurs réchauffeurs latéraux. Les faisceaux tubulaires se couvrent de suie assez rapidement sur leur paroi interne; il faut donc les nettoyer, ce qu'on fait, soit par l'avant, soit par l'arrière, au moyen de brosses métalliques longuement emmanchées; pour y accéder, on les fait aboutir dans une boîte à fumée munie de doubles portes à deux vantaux, qui découvrent toutes leurs extrémités.

Un autre type de chaudières tubulaires, mais à foyer intérieur, est celui des locomotives de chemin de fer. Il est peu employé dans les chauffages; on lui préfère les chaudières à foyers amovibles, celles de Thomas et Laurens, par exemple, perfectionnées par la maison Weyher et Richemond.

Le principe de cette chaudière consiste à établir un corps de chaudière ouvert à l'avant et surmonté d'un cylindre horizontal servant de dôme et contenant un supplément d'eau.

Dans le corps de chaudière on fait glisser un vaporisateur amovilbe, composé d'un bouilleur horizontal contenant le foyer et la première circulation, et se terminant par une boite à fumée. De cette boîte part un faisceau circulaire de tubes aboutissant à la plaque d'avant.

Le vaporisateur contient donc deux circulations, et, au

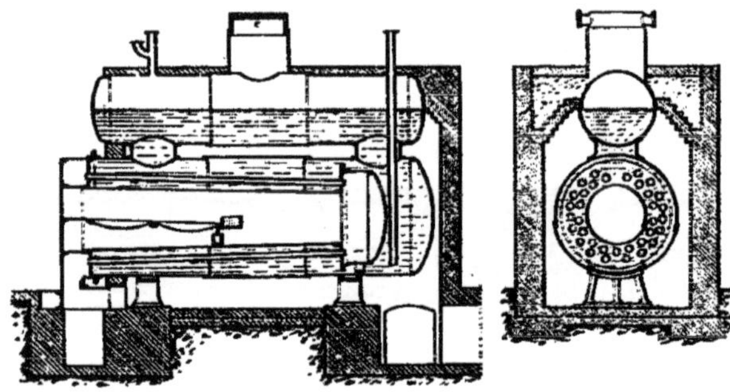

Fig. 160.

moyen d'un seul joint circulaire établi avec des boulons, on le relie à la chaudière. On le démonte à volonté, ce qui permet de le nettoyer et de le *détartrer* des sels calcaires qui ont pu incruster les parois, après un certain temps de fonctionnement.

Lorsque l'on a dans une même chambre de chauffe plusieurs chaudières, on peut avoir un vaporisateur supplémentaire qui sert de rechange et qui peut remplacer l'un quelconque des autres (ils doivent tous être interchangeables).

Il existe d'autres systèmes de chaudières à foyers amovibles également recommandables. Tel est le générateur Farcot, dans lequel le foyer et les tubes se font suite dans une même circulation. Il y a deux joints à faire pour la pose du vaporisateur, mais le principe est exactement le même.

On fait aussi des chaudières verticales tubulaires, avantageuses quand on doit les loger dans un emplacement restreint. L'un des types de ces appareils est représenté par la figure 161. C'est la chaudière Zambeaux; elle se compose d'un foyer vertical entouré d'eau, surmonté d'un faisceau de tubes aboutissant à une boîte à fumée; le tout, disposé verticalement et terminé par un tuyau, est entouré d'une calandre extérieure portant les appareils accessoires. Dans l'intervalle est l'eau à échauffer, avec portion libre au-dessus pour loger la vapeur. La difficulté consiste dans le nettoyage des tubes, d'un accès difficile. Le cube d'eau est faible, et la conduite du feu demande de l'attention soutenue, par suite de la rapidité de la vaporisation.

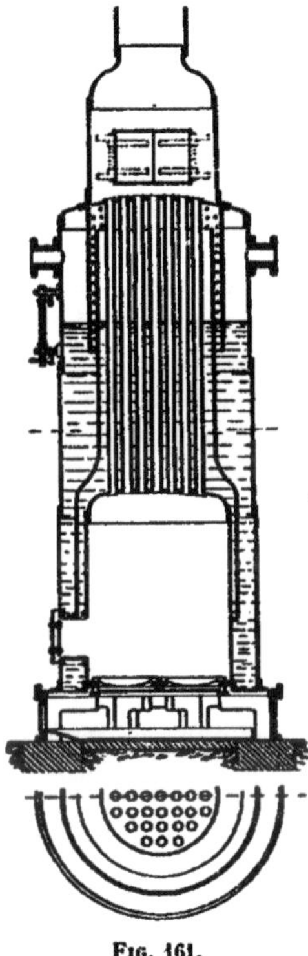

Fig. 161.

Un autre genre de chaudières verticales tubulaires a été représenté partiellement dans la figure 20. C'est la chaudière Field, qui s'est répandue dans l'industrie d'une façon remarquable. C'est encore une chaudière à faible cube d'eau, c'est-à-dire à circulation rapide. Le vide du foyer intérieur vertical est plus élevé; de sa paroi supérieure se détachent des tubes fermés en bas, appelés tubes Field, qui pendent dans le foyer, serrés les uns contre les autres. On détermine dans ces tubes, dont la paroi extérieure est exposée au rayonnement du foyer et au contact des gaz très chauds, une circulation énergique de l'eau, en y introduisant un petit tube mobile divisant l'eau et lui permettant deux mouvements en sens inverse. Ces chaudières sont surtout employées comme aides momentanés ou comme rechange.

216. Générateurs multitubulaires, appelés aussi inexplosibles. — Les accidents les plus graves qui puissent arriver aux chaudières à vapeur sont les explosions. Elles ont lieu soit par production instantanée d'une grande quantité de vapeur donnant naissance à une tension supérieure à celle pour laquelle l'appareil a été construit, ou par diminution de résistance d'une partie quelconque de la chaudière elle-même.

Les conséquences de ces accidents sont d'autant plus importantes que les diamètres sont plus grands, la tension plus forte, et le volume d'eau plus considérable.

On a eu l'idée de diminuer les chances d'explosion en réduisant les chaudières à un simple faisceau de tubes métalliques, contenant un très faible volume d'eau que l'on renouvelle régulièrement à mesure qu'il se vaporise. Les tubes ont une résistance bien plus grande qu'il n'est nécessaire, et, en cas de rupture ou de fuite, le volume d'eau est si faible que les grands accidents ne sont plus à craindre ; mais les accidents aux chauffeurs, par suite de défauts dans les fonctions, sont encore nombreux.

Les chaudières ainsi composées sont nommées *multitubulaires*, en raison de leur composition, et aussi *inexplosibles*, en raison de la sécurité qu'elles offrent.

Leur seul inconvénient réside dans la conduite du feu, qui est d'une certaine délicatesse et demande une attention de tous les instants. Malgré cela, on est arrivé à les rendre complètement pratiques au moyen d'une série d'appareils annexes automatiques, qui fonctionnent avec une régularité absolue, et qui simplifient la conduite des appareils.

Nous donnerons successivement deux types de ces générateurs, la chaudière Belleville et la chaudière de Naeyer. On les emploie très fréquemment dans les chauffages, en raison de leur grande surface sous faible volume, et de la facilité avec laquelle ils se plient aux exigences administratives.

(1)

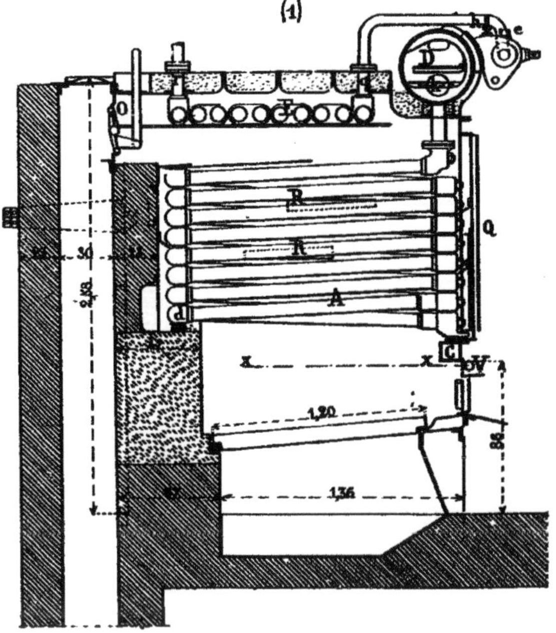

(2)

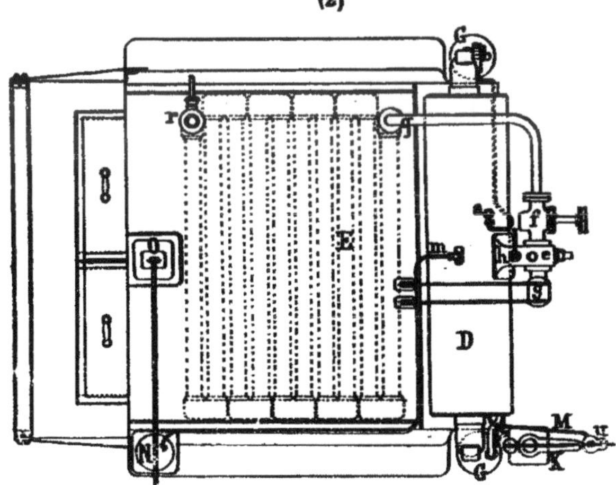

Fig. 162.

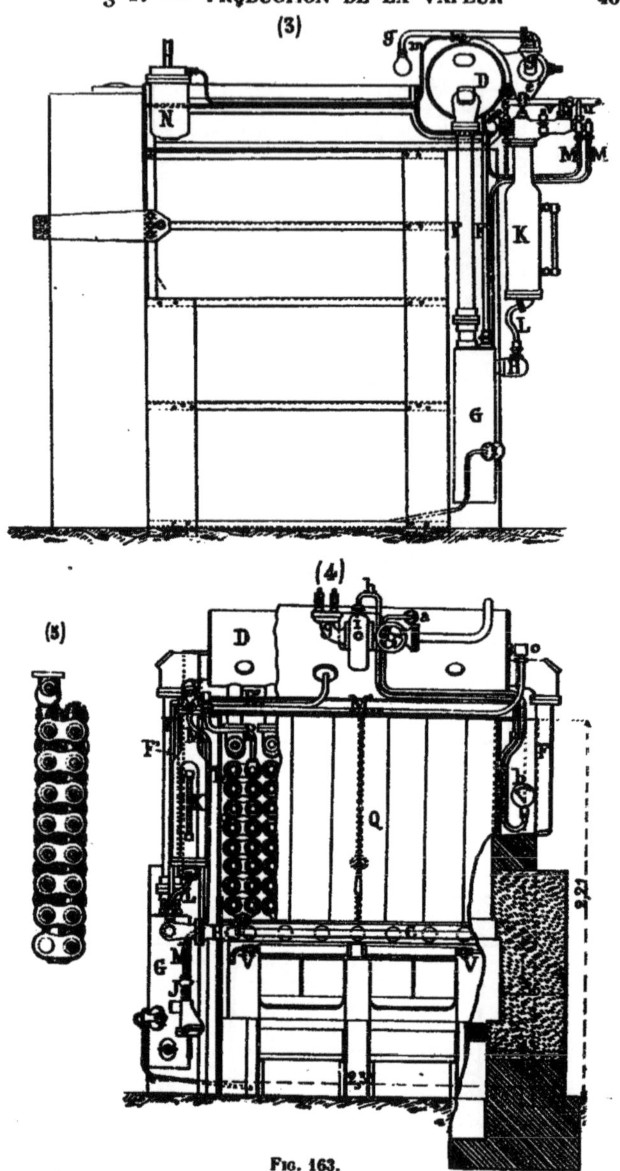

Fig. 163.

217. Générateur Belleville. — Le générateur Belleville (*fig.* 162 et 163) est notre premier type des chaudières multitubulaires. Il se compose d'un faisceau de tubes disposés au-dessus d'un foyer extérieur, dans une chambre qui enferme les gaz et les conduit à la cheminée. Chaque élément A est constitué par deux rangées verticales voisines de tubes qui communiquent en spirale, à l'aide de boîtes de raccordement, et sont portés à l'arrière sur rouleaux, de façon à faciliter la dilatation. Il reçoit l'eau d'un tube *collecteur* C *d'alimentation* placé transversalement à la base de la façade, et avec lequel il communique. L'eau se chauffe graduellement et se vaporise dans l'élément ; la vapeur s'échappe par le haut, en raison de la pente de la spirale et se déverse dans un *collecteur épurateur de vapeur et d'eau d'alimentation* D.

C'est un cylindre transversal d'environ 0^m,40 de diamètre qui occupe toute la largeur du fourneau ; il sert de dôme de vapeur et reçoit sur sa surface une tête *e* de prise de vapeur sur laquelle sont montés :

1° Le robinet-soupape de prise, dont le tuyau *q* aboutit au sécheur E ;

2° Les soupapes de sûreté réglementaires G ;

3° Un robinet *h* pour la prise de vapeur du souffleur fumivore chargé de brasser les gaz du foyer et de faciliter leur combinaison ;

4° Un robinet *i* pour la lance à vapeur avec laquelle on nettoie les intervalles des tubes ;

5° Un robinet *j* pour la prise de vapeur du cheval alimentaire ;

6° Une tubulure de retour d'eau K ;

7° Un robinet *m* pour la communication du régulateur de pression ;

8° Un robinet *a'* pour le manomètre *b* ;

9° Un grand autoclave de nettoyage *n* ;

10° Une buse *o* d'injection d'eau dans l'épurateur ;

11° Plusieurs bouchons de visite *p*.

Le collecteur contient, en outre, des chicanes en tôle, le divisant intérieurement en compartiments tels que la vapeur les parcourant se débarrasse des impuretés et de l'eau entraînée, et s'essore avant de s'échapper. Une tubulure de purge F', partant de la chambre d'essorage *l*, permet le nettoyage et communique avec le déjecteur G. C'est par le moyen de cette disposition intérieure que le collecteur devient *épurateur de vapeur*.

La vapeur sortant du collecteur se rend dans un *sécheur de vapeur* EE, composé d'un faisceau de tubes transversaux traversant le ciel du carneau de fumée, et dans lequel elle se surchauffe légèrement ; de là elle passe dans un détendeur, si l'on a besoin de régler, à la sortie *r*, sa pression à une valeur constante.

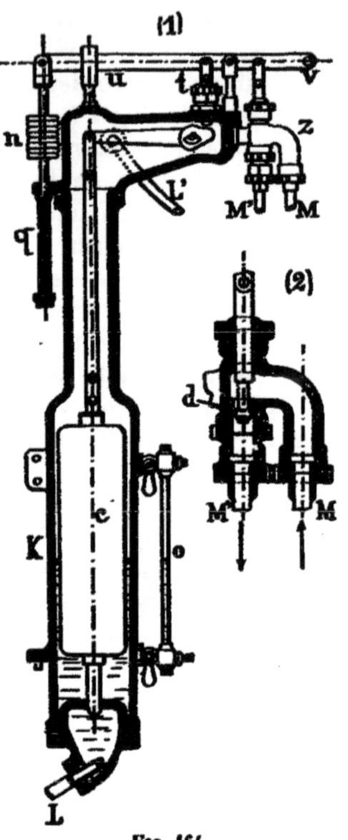

FIG. 164.

L'alimentation de l'eau est une des fonctions qui demande le plus de soin et de régularité; elle se fait au moyen d'un appareil annexe K, dit *régulateur d'alimentation*, dont le détail est représenté au croquis 164; il porte extérieurement un niveau à tube de verre, un robinet de jauge, un flotteur, un robinet-soupape d'alimentation *u*, un sifflet *v* avertisseur du manque d'eau d'alimentation, des leviers de transmission de mouvement et un contrepoids.

Si on se reporte maintenant au croquis 163, de manière à se rendre compte du fonctionnement de ce régulateur d'alimentation, on voit qu'il se compose : d'une colonne de niveau K communiquant avec l'eau L et la vapeur L' du générateur, de manière à donner le niveau moyen du liquide dans la chaudière. Un flotteur C suit le mouvement de ce niveau; il est attaché par une tringle avec un levier intérieur qui transmet son mouvement au levier extérieur *u*, par l'intermédiaire du poinçon *t*. Le levier extérieur *u* commande la soupape *d* du robinet automoteur Z. Le réglage se fait par l'effet d'un ressort *q* et d'un poids *n* variable au besoin, agissant tous deux sur l'extrémité du levier *u*. Au moyen de cette disposition, le flotteur, dès que le niveau baisse, ouvre davantage le robinet d'alimentation, et règle celle-ci d'après les besoins de la vaporisation; l'eau tend toujours à venir en excès du cheval alimentaire, par le tuyau M, et elle sort en quantité strictement convenable par le tuyau M', qui la mène à l'épurateur.

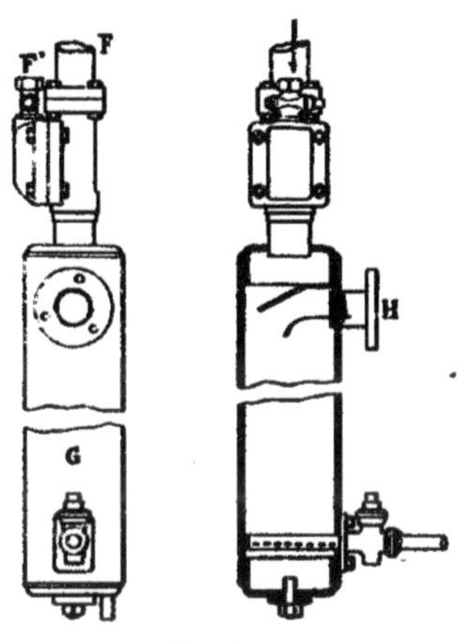

Fig. 165.

Si l'on se reporte aux figures 162 et 163, on voit comment l'eau arrive à ce collecteur-épurateur par le tuyau M'. Au moment où l'eau arrive en contact avec le milieu chaud, elle s'échauffe brusquement, et la précipitation des sels calcaires, sulfate et carbonate de chaux, a lieu. Ces dépôts, fortement adhérents lorsque l'échauffement est lent, obstruent rapidement les tubes; lorsqu'il est vif, ils se séparent à l'état pulvérulent, sous forme de boue. On évite les engorgements en timbrant le générateur à 15 kilogrammes et le faisant fonctionner à 10 ou 12 kilogrammes; par ce moyen l'eau d'alimentation atteint rapidement la température de 160°, nécessaire à la précipitation complète. Le collecteur devient ainsi *un épurateur d'eau d'alimentation*. Le calcaire précipité est entraîné avec l'eau dans le déjecteur G, récipient dans lequel l'eau, animée d'une faible vitesse, circule en suivant un chemin marqué par des chicanes, et où le calcaire se dépose sous forme de boues; des extractions faites de temps en temps par un robinet inférieur permettent d'expulser ces boues. Ce récipient est représenté séparément en élévation et en coupe dans la figure 165.

L'eau sortant du déjecteur se rend, au moyen d'une communication H, au tube *collecteur d'alimentation* C, qui distribue le liquide aux différents éléments.

Pour obtenir un fonctionnement régulier de cette chau-

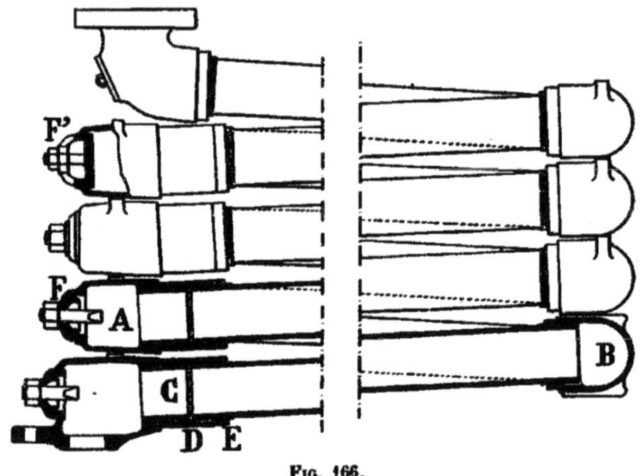

FIG. 166.

dière avec un aussi petit volume d'eau, il était indispensable de réglementer automatiquement l'allure du foyer suivant le débit de la vapeur, c'est-à-dire suivant sa pression. M. Belleville a obtenu ce résultat au moyen d'un appareil dit *régulateur de pression* qui régularise aussi la combustion en agissant sur la valve O de communication du fourneau avec la cheminée. Cet appareil est placé en N (*fig.* 162 et 163), et il est représenté dans la figure 167 en coupe verticale détaillée.

Il se compose d'un vase N en communication avec la chaudière, et dans ce vase est un soufflet métallique formé de disques à ressorts assemblés d'une façon étanche, et qui, suivant la pression, s'allonge ou se raccourcit d'une quantité notable. C'est ce mouvement dépendant de la pression qui est transmis par un système de leviers et de tringles articulées au registre-valve de fumée O.

On voit comment, au moyen de ces appareils multiples, on est parvenu, par une longue pratique, à obtenir une régularité convenable de marche, malgré l'absence d'un volume d'eau important dans la chaudière; cette régularité est encore affirmée si l'on marche à 10 ou 12 kilogrammes de pression, quitte à détendre à l'origine de la conduite de prise à 5 ou 6 kilogrammes seulement. Dans ce cas, en effet, les appareils régulateurs ont le temps d'agir avant que la pression de la chaudière se soit abaissée à la valeur de la détente, et celle-ci reste invariable. On trouve dans cette manière de fonctionner un autre avantage au point de vue du séchage de la vapeur: l'eau qui peut être entraînée se vaporise en partie au moment de la détente, et la vapeur est plus sèche.

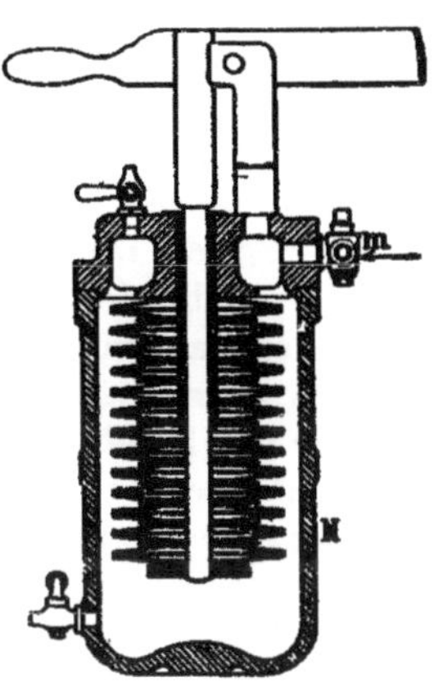

Fig. 167.

Si maintenant on examine un élément de chaudière représenté à part en (5) (*fig.* 163), on voit que les tubes sont courts et facilement accessibles, en dehors et au dedans, pour le nettoyage. Ils sont en fer, filetés à leurs extrémités (*fig.* 166). Ils se jonctionnent les uns aux autres par l'intermédiaire de boîtes en fonte A, extérieures au foyer, munies de tubulures C en fer, également filetées, et la réunion aux tubes est faite par des manchons taraudés D et des bagues additionnelles E.

Pour le nettoyage intérieur, les boîtes sont munies de bouchons F appliqués sur un siège par des boulons ancrés dans l'intérieur du tube; le joint est fait au mastic de minium et céruse.

Dans un nouveau modèle, les bouchons sont ovales et s'appliquent à l'intérieur de la boîte; ils sont pressés par la vapeur; les boulons ne travaillent plus à une aussi grande extension; toutes les boîtes sont recouvertes de portes en tôle Q les protégeant du refroidissement.

Si maintenant on examine le foyer, on voit qu'il est rectangulaire et qu'il occupe en plan tout le vide du fourneau, sauf une saillie soutenant l'arrière des tubes. La grille est composée de barreaux en fer accouplés, formant des ondulations trapézoïdales qui favorisent l'égale répartition de l'air sur sa surface, en même temps qu'elles s'opposent à l'adhérence du mâchefer. Au dessous, le cendrier est muni d'une cuvette étanche qu'il est bon de maintenir pleine d'eau. Les gaz produits par la combustion sont brassés avec l'excès d'air qu'ils contiennent, au moyen de jets de vapeur provenant de tuyères placées sur la conduite VV qui communique avec la prise de vapeur par le tube *h*.

Les gaz passent entre les faisceaux de tubes, et sont guidés par les cloisons R qui les répartissent sur toutes les surfaces de chauffe. Un obturateur placé en haut des éléments oblige la fumée à déboucher en tête du sécheur E pour s'échapper à la cheminée, après avoir traversé le registre O dont il a été question.

218. Chaudière de Naeyer. — Le croquis 168 représente la coupe longitudinale d'une chaudière de Naeyer. Elle se compose d'un faisceau de tubes inclinés, parallèles, qui constituent toute la surface de chauffe, et d'un réservoir de vapeur cylindrique, horizontal, muni d'un dôme, contenant de l'eau jusqu'à environ un tiers de sa hauteur.

Le faisceau de tubes est terminé en avant par un collecteur de vapeur, qui recueille la vapeur formée et la verse dans le réservoir cylindrique. Au fond, il est de même terminé par un collecteur, communiquant également avec l'arrière du réservoir cylindrique, et formant distributeur d'alimentation.

L'ensemble est enfermé dans un fourneau en maçonnerie formant une grande chambre rectangulaire divisée en deux par un refend transversal. Dans le compartiment d'avant est placée la grille, desservie par une ou deux portes; l'autre

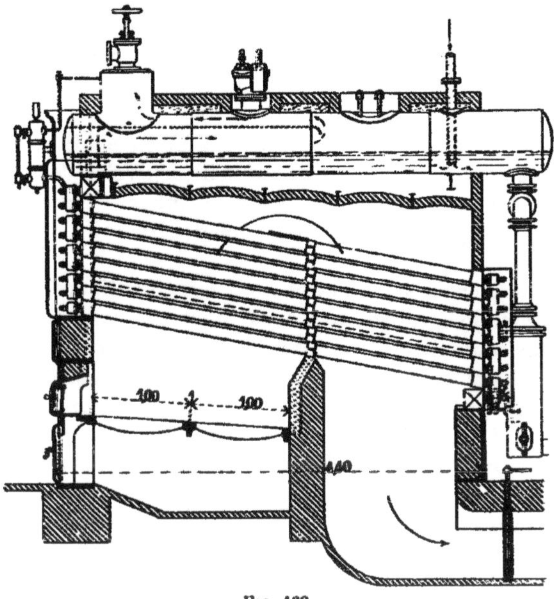

Fig. 168.

compartiment sert pour le départ de la fumée et communique avec la cheminée.

Entre le réservoir cylindrique et les tubes, est un plancher en voûtes de briques portées sur des fers transversaux. Le feu en activité sur la grille rayonne sur la première moitié du faisceau de tubes, la fumée traverse leurs intervalles, arrive en haut de la chambre, et traverse de nouveau l'arrière du faisceau en redescendant pour se rendre à la cheminée.

Le réservoir cylindrique est placé au-dessus du plancher haut ou ciel de la chambre ; il se trouve logé dans une enveloppe en briques qui lui forme un isolement, en sorte qu'il profite de la chaleur perdue par le dessus de la chambre.

Si maintenant on cherche à se rendre compte de la disposition du faisceau de tubes, on voit que ce dernier est formé par la juxtaposition de suites verticales de tubes disposés par paires, formant un élément. Ces suites sont toutes identiques et en nombre plus ou moins grand, suivant la surface de chauffe que doit présenter l'ensemble de la chaudière.

Dans une suite verticale, il y a huit éléments superposés, et les deux tubes de l'élément sont dénivelés de telle sorte que, dans le faisceau tout formé, les tubes soient partout disposés en quinconce. La pente longitudinale est de $0^m,20$ par mètre.

Les éléments tubulaires sont tous identiques, amovibles et interchangeables. Les deux tubes qui composent chacun d'eux sont mis en communication, soit à l'avant, soit à l'arrière, par une caisse rectangulaire dans laquelle ils sont parfaitement fixés ; cette caisse est représentée dans la figure 170 ; elle est percée en avant de deux orifices circulaires recevant des tubulures que l'on recouvre d'un chapeau pour former communication, donner issue à la vapeur et permettre la circulation. Les chapeaux sont alternativement penchés à droite et à gauche, pour relier les tubes d'une même suite. Il se forme ainsi, pour chaque suite de tubes, un canal en zigzag, qui mène la vapeur à un collecteur supérieur, en communication lui-même avec le réservoir du haut.

Les tubes composant cette chaudière ont un diamètre de 120 millimètres et une longueur qui peut aller de 3 à 5 mètres.

A partir de $3^m,50$, et c'est le cas de la figure 168, les tubes sont en deux pièces mises en prolongement, et réunies par une caisse transversale rectangulaire de mêmes dimensions que les caisses d'avant. Ces caisses forment une cloison transversale qui sépare les deux carneaux de circulation de fumée.

En deçà de $3^m,50$, les tubes sont d'une seule pièce. Le

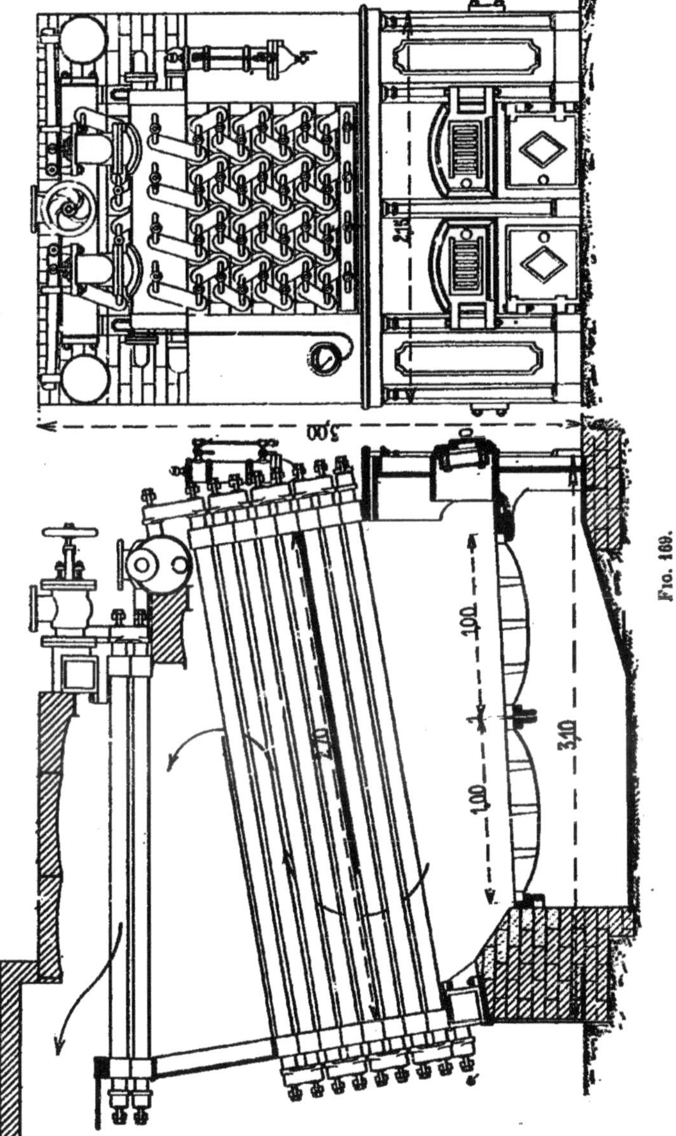

FIG. 169.

faisceau tubulaire se loge immédiatement au-dessus de la grille, qui occupe toute la longueur du fourneau, comme on le voit dans la figure 169. Les chicanes chargées de diriger convenablement la fumée sont établies au moyen de surfaces métalliques placées ou entre les tubes ou au-dessus des tubes, afin de forcer les gaz à suivre le chemin marqué par les flèches.

La fumée s'échappe, dans ce cas, par la partie supérieure du fourneau.

Le nettoyage des tubes se fait d'une façon très simple. Les chapeaux qui les terminent sont fixés par des arcades serrées au moyen de boulons prenant appui dans les boîtes de

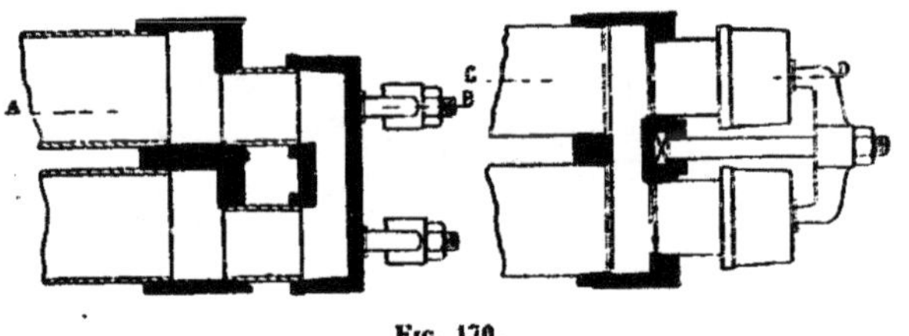

Fig. 170.

réunion, et les arcades serrent en même temps les chapeaux voisins. On n'a donc qu'à défaire les boulons pour enlever arcades et chapeaux. On peut à volonté nettoyer les tubes, les dégager par un jet d'eau ou de vapeur, enlever un élément et le remplacer, le tout dans un temps relativement court.

L'extérieur des tubes se nettoie à la main pour toutes les parties accessibles, et au moyen d'un jet de vapeur pour le reste. On peut injecter la vapeur, soit par l'avant et l'arrière, soit par une porte ménagée à cet effet dans la paroi latérale de la chambre.

La grille, dans ces chaudières, a 2 mètres de profondeur. Sa largeur est exactement celle du faisceau tubulaire qu'il s'agit de chauffer.

Dans certains cas, lorsque les eaux d'alimentation ne sont pas pures, on ajoute au réservoir de vapeur un récipient vertical, qui part de l'arrière et va jusqu'au bas du fourneau; il est chargé de recevoir les boues et les dépôts, et au moyen d'une extraction, faite de temps en temps, à la partie basse par l'ouverture d'un robinet, on les expulse.

L'alimentation se fait dans le réservoir cylindrique supé-

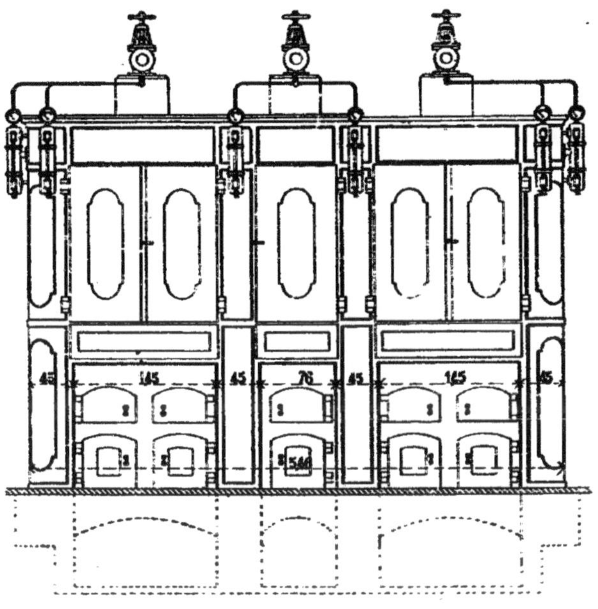

Fig. 171.

rieur, et la circulation de l'eau et de la vapeur a lieu en circuit, dans le même sens.

Lorsque la position des générateurs est telle que le cube du réservoir cylindrique les ferait classer dans une catégorie trop élevée, on le remplace par un surchauffeur, formé d'un faisceau de tubes, établi sous le ciel de la chambre de la chaudière, et dont le cube n'est pas compté pour le classement de la catégorie; on baisse alors le niveau de l'eau aux 2/3 environ de la hauteur du faisceau tubulaire.

Les foyers sont munis d'une seule porte lorsqu'ils sont étroits, de deux portes s'ils sont larges, et les portes, ainsi que celles des cendriers correspondants, sont ferrées sur une devanture en fonte, occupant toute la largeur du fourneau. Au dessus se trouve une prolongation du bâti de la devanture, sur lequel sont ferrées de grandes portes en tôle emboutie, recouvrant les collecteurs des tubes, les préservant, dans une certaine mesure, du refroidissement et garantissant le chauffeur contre la projection d'un bouchon venant de la rupture d'un boulon. Pareille disposition est prise pour les collecteurs de l'arrière.

La figure 169 montre la partie inférieure de la devanture d'un tel fourneau.

La figure 171 représente l'ensemble de la devanture de trois générateurs accolés, deux grands et un plus petit interposé, avec les prolongations de la devanture au-devant des collecteurs de vapeur.

Un grand nombre de types de chaudières à faisceaux tubulaires, de petite capacité, ont été créés d'après les mêmes principes que les deux types de Belleville et de Naeyer.

Telles sont, pour ne citer que les principales, les chaudières Babcock et Wilcox, Roser, Bourgeois et Lencauchez, Collet, etc. Elles ne diffèrent que par des variations dans l'arrangement et l'assemblage des organes.

219. Chaudières sans pression. — Nous désignons ainsi une catégorie de chaudières que l'on construit depuis très peu de temps, et principalement en vue de chauffages à vapeur, pour lesquels, pratiquement, il n'y a besoin que d'une pression très faible, 1 ou 2 mètres de hauteur d'eau par exemple. La pression de la chaudière est donc pour ainsi dire nulle, comparée aux chaudières décrites jusqu'ici, et l'appareil est sans danger, par suite de cette absence de pression. On s'assure que la pression ne peut s'établir dans la chaudière, en la mettant en communication directe avec l'atmosphère, par le moyen d'un large tube manométrique, à hauteur d'eau limitée. Si la tension de la vapeur dépasse le maximum fixé, cette vapeur s'échappe dans l'atmosphère. Ces chaudières sont à faible cube d'eau, et leur fonctionnement est très délicat. Cependant, on est arrivé à régler leur marche automatiquement, par l'intermédiaire de régulateurs, modérant la combustion d'après la pression intérieure.

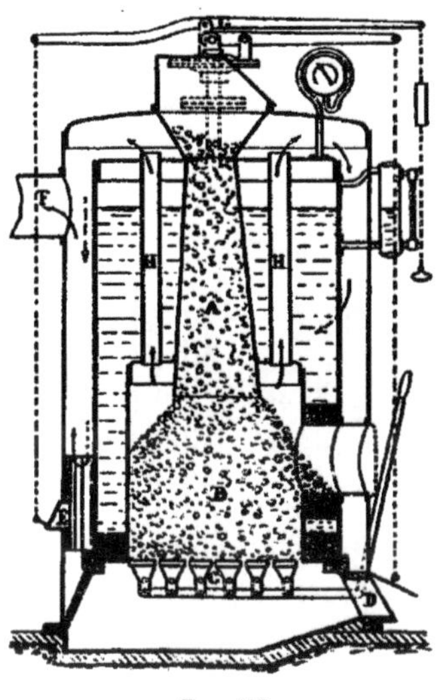

Fig. 172.

La figure 172 représente une de ces chaudières, construite par M. Leroy. Elle se compose d'une calandre verticale, dans laquelle se trouve établi un foyer intérieur B, surmonté de tubes H. Comme dans la plupart des chaudières de ce genre, le foyer est alimenté automatiquement par un magasin de combustible A, fait d'une trémie que l'on charge par le haut. L'eau est comprise entre le foyer et la trémie, d'une part, et la calandre, de l'autre, et les tubes la traversent. La fumée, encore chaude, est contenue dans une enveloppe en tôle, qui recouvre le tout et chauffe encore la calandre avant d'aller à la cheminée.

La grille est formée d'un certain nombre de barreaux articulés *c*, que l'on secoue au moyen d'un levier D, pour dégager leurs intervalles, lorsqu'ils sont obstrués par les cendres et les mâchefers. Le régulateur automatique contient un diaphragme, qui soulève un levier dès que la pression s'élève, et le mouvement est transmis à la porte du cendrier, qui se ferme. L'arrivée d'air se restreint, et la production de vapeur se ralentit.

Pour éviter que la chaudière ne s'emporte lorsqu'on ouvre la porte du foyer, on dispose une poignée à la portée du chauffeur, pour lui permettre d'ouvrir préalablement l'orifice arrière E, par lequel il se fait une rentrée d'air froid qui coupe le tirage.

En proportionnant la trémie et le foyer B, de manière que le charbon se répartisse sur la grille mieux et sous plus faible épaisseur que dans l'appareil représenté, on peut obtenir une bonne chaudière.

220. Chaudière à basse pression de MM. Grouvelle et Arquembourg. — La chaudière à basse pression de MM. Grouvelle et Arquembourg est, comme la précédente,

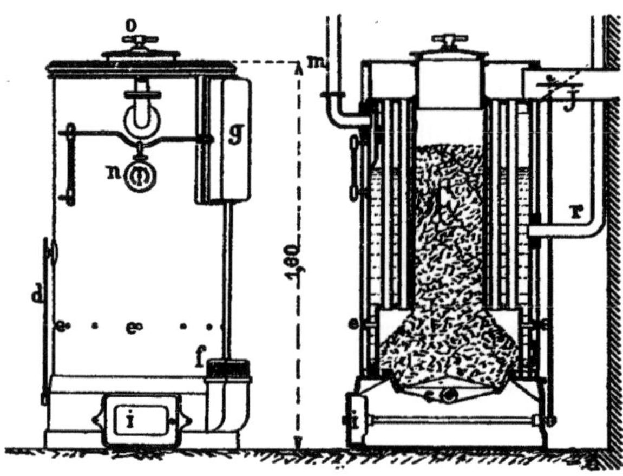

Fig. 173.

du type vertical avec magasin de combustible. Elle est représentée dans la figure 173, en élévation et en coupe verticale.

Dans un cylindre droit est logé un vaporisateur composé d'un foyer intérieur avec ciel horizontal, duquel partent : 1° une trémie débouchant au dehors et contenant le combustible, et 2° tout autour, deux séries concentriques de tubes par lesquels s'échappent les gaz chauds. Ces derniers se rassemblent dans une boîte à fumée supérieure en communication, par un tuyau latéral, avec le conduit de fumée ménagé dans un mur.

La grille du foyer, formée de barreaux enfilés sur un axe carré, peut osciller autour de cet axe par le moyen d'un levier extérieur *d*. Avec quelques coups de levier d'une amplitude limitée, on la dégage de ses cendres et mâchefers, qu'on peut faire tomber dans le cendrier.

La chaudière est munie, à son pourtour, de petites ouvertures latérales débouchant dans le foyer au-dessus du combustible, afin de brûler au mieux les gaz produits par la combustion et qui, vu l'épaisseur de la couche qui recouvre la grille peuvent contenir de l'oxyde de carbone.

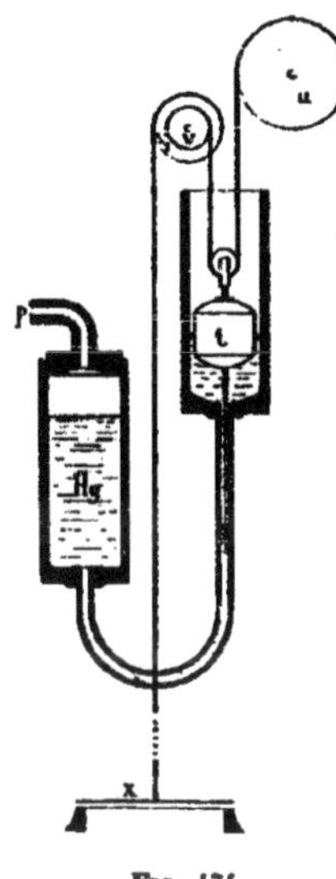

Fig 174.

Pendant la marche régulière de l'appareil, le cendrier est hermétiquement clos ; l'air alimentant la combustion est exclusivement admis par une tubulure latérale *f*, de section convenable, pratiquée dans la paroi du cendrier. L'entrée de l'air extérieur dans cette tubulure est réglée par une soupape actionnée au moyen d'un régulateur de tirage à mercure. Les variations les plus légères de la pression dans l'intérieur de la chaudière sont transmises à la soupape par l'intermédiaire d'un flotteur en fer et d'un système de chaînes enroulées sur des poulies. La sensibilité de cet appareil permet de restreindre dans d'étroites limites les oscillations de la pression autour de la valeur fixée.

Lorsqu'on ouvre, pour une cause quelconque, la porte du cendrier, le mouvement d'ouverture est transmis par un système de leviers à un registre qui diminue le tirage, réduit la combustion pendant la durée de l'ouverture du cendrier et s'oppose à l'élévation de la pression.

La figure 174 montre le dispositif qui règle l'admission d'air du foyer : une tubulure de vapeur arrive par le haut en *p*, dans un réservoir clos contenant du mercure; par un tube en *u* la communication s'établit avec un réservoir surélevé communiquant à l'air libre, et dans le bas duquel le mercure est refoulé; un flotteur *t* est entraîné dans les oscillations de la surface liquide, et, au moyen de deux chaînettes reliées par une poulie différentielle, actionne le registre K d'admission d'air. Le réglage est obtenu au moyen de la rotation de la poulie U, sur laquelle est attachée l'extrémité de la chaînette du haut, que l'on fixe au point voulu.

Cet appareil est contenu dans une enveloppe *g* (*fig.* 173) fixée à la paroi de la chaudière, verticalement au-dessus de la tubulure *f* de prise d'air.

Les combustibles employés doivent brûler sans fumée, et être assez purs pour ne pas former de mâchefers abondants. L'anthracite, le coke, la houille du type Charleroy de bonne qualité, calibrés comme pour les poêles mobiles, conviennent.

221. Chaudières Sultzer. — MM. Sultzer frères, constructeurs à Winterthur, qui, depuis longtemps, établissent des chauffages à basse pression, ont créé, pour cet usage, deux types de chaudières très bien étudiées. Le premier est figuré dans les croquis 175; il convient pour les faibles surfaces jusqu'à 12 mètres.

Le corps du générateur est vertical, il contient un magasin de combustible formant trémie au-dessus d'une grille circulaire, et une porte latérale permet d'aider au nettoyage de la grille que l'on peut remuer d'ailleurs par le moyen de leviers. L'appareil est logé dans un fourneau, laissant tout autour un isolement dans lequel circuleront les fumées. De plus, il est traversé verticalement par un certain nombre de tubes. Lorsque la marche est établie, les gaz sortent par l'orifice latéral, enveloppent le dehors de la chaudière et ne se rendent à la cheminée qu'après avoir traversé les tubes.

Les parties du foyer et du cendrier sont toujours fermées; l'air n'arrive que par un conduit spécial, couvert par un plateau plein que soulève plus ou moins un régulateur de pression. On règle donc facilement l'admission de l'air d'après la dépense de vapeur demandée par le chauffage.

Pour les surfaces de chauffe supérieures à 12 mètres, MM. Sultzer ont créé un second type que représentent les divers croquis de la figure 176. Cette fois, la chaudière est horizontale, et elle est traversée dans sa longueur, d'abord

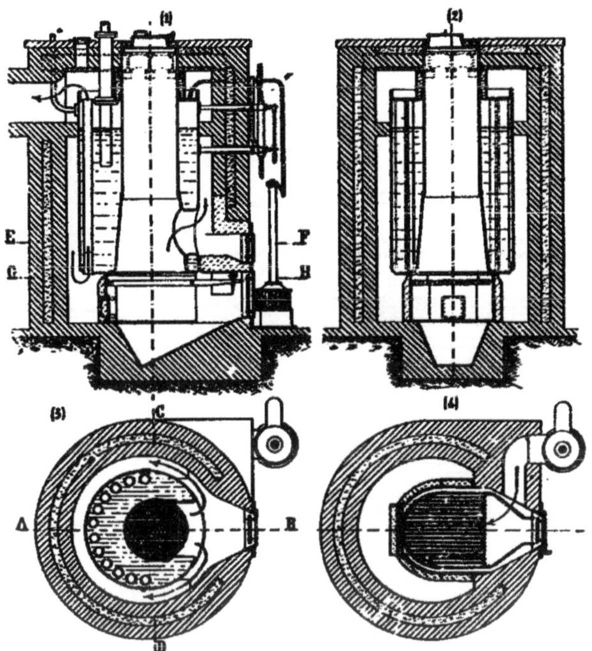

Fig. 175.

par un gros tube intérieur qui contient le foyer et l'autel, et ensuite, par un faisceau tubulaire que la fumée parcourt en seconde circulation. Le tout est logé dans un fourneau qui limite le passage des gaz en troisième circulation au dehors de la calandre. Le combustible est chargé par le haut d'une trémie verticale formant magasin; la figure montre la disposition ingénieuse de la grille, en même temps que l'action d'air qui, comme dans le type précédent, est modérée par un régulateur de pression. Malgré la faible pression sous laquelle fonctionnent ces générateurs, les constructeurs éta-

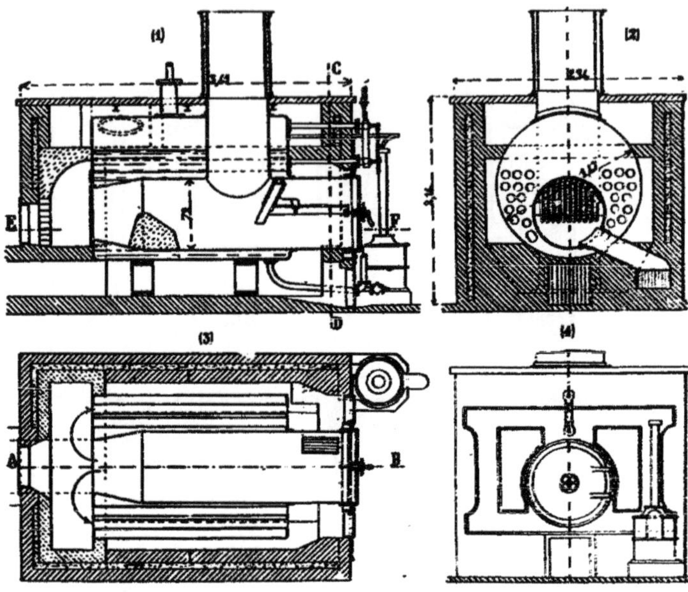

FIG. 176.

blissent les parois métalliques comme si elles devaient subir une pression de 4 kilogrammes par centimètre cube. Cette précaution leur assure un long usage.

222. Vaporigène Bourdon. — La chaudière de M. Bourdon est représentée dans les quatre croquis de la figure 177. Le croquis (1) en montre l'ensemble par le moyen d'une coupe longitudinale.

L'appareil se compose de deux cylindres verticaux, concentriques, dans l'intervalle D desquels on met l'eau à vaporiser. Le cylindre inférieur contient à sa base un foyer analogue à ceux des poêles continus, et un magasin de combustible A, formé d'un troisième cylindre intérieur aux autres, alimente la grille. La fumée s'échappe par l'intervalle B qui règne autour du magasin, pour s'échapper dans la cheminée C. L'admission de l'air se fait par une ouverture réglable à la main dans l'obturateur du cendrier.

L'intérieur de la chaudière communique avec une boîte

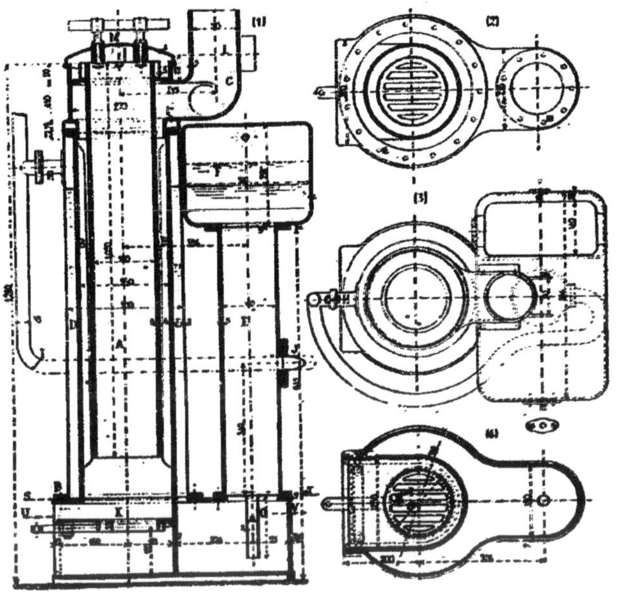

Fig. 177.

métallique entourant le foyer et le cendrier, et figurée en plan dans le croquis (4). Sur cette boîte vient se fixer un cylindre vertical E, surmonté d'un réservoir rectangulaire F, ouvert à l'air libre et fermé par un couvercle sur une partie de la paroi supérieure. Lorsque l'eau est en repos sans pression aucune, elle se nivelle à la hauteur normale figurée au dessin, et cette hauteur est la même dans la chaudière et le cylindre E, les deux vases communiquant. Si on chauffe le foyer, la vapeur s'échappera par le tube H pour aller au chauffage. Si, en raison de l'intensité du feu, il se produit plus de vapeur qu'on n'en utilise, il tendra à s'établir une pression qui fera baisser le niveau dans la chaudière, et correspondra à un surélèvement de liquide dans le cylindre et dans son réservoir supérieur.

On limite l'abaissement de niveau par une prolongation inférieure du tuyau de prise de vapeur qui descend en I et se recourbe horizontalement pour se jonctionner en J avec le cylindre. Lorsque, dans la chaudière, le liquide est arrivé au niveau IJ, l'excédent de vapeur passe dans le cylindre, dont le niveau, grâce à la dimension convenable du réservoir supérieur, n'est monté que d'environ $0^m,10$; la vapeur traverse le liquide et monte en haut pour s'échapper par le couvercle ou par un tuyau spécial la conduisant au dehors.

Pour éviter que les dénivellations ne soient trop brusques, on a restreint la communication du cylindre et de la chaudière, et l'eau ne peut circuler que dans la section très réduite d'un tube G contenant un diaphragme percé d'un trou convenable.

Le croquis (2) donne une coupe horizontale au-dessus de la grille.

Le croquis (3) est la représentation en plan de l'appareil : il montre la forme du réservoir qui surmonte le cylindre arrière, et aussi la disposition du tuyau IJ, qui fait communiquer par le dehors les deux parties de l'appareil.

Cette chaudière, nommée *vaporigène* par son auteur, est spécialement créée pour de très faibles productions de vapeur, celle qui, par exemple, est nécessaire au chauffage d'un appartement.

223. Règlements administratifs concernant les appareils à vapeur. — Les appareils à vapeur sont régis par le décret du 1er mai 1880.

Voici la teneur de ce décret :

DÉCRET

Relatif aux appareils à vapeur autres que ceux qui sont placés à bord des bateaux

Du 1er mai 1880

(Promulgué le 2 mai 1880)

Le Président de la République française,

Sur le rapport du Ministre des Travaux publics;

Vu le décret du 25 janvier 1865, relatif aux chaudières à vapeur autres que celles qui sont placées sur des bateaux;

Vu les avis de la Commission centrale des machines à vapeur;

Le conseil d'État entendu,

Décrète :

ARTICLE PREMIER. — Sont soumis aux formalités et aux mesures prescrites par le présent règlement : 1° les générateurs de vapeur, autres que ceux qui sont placés à bord des bateaux; 2° les récipients définis ci-après (titre V).

TITRE PREMIER

MESURES DE SURETÉ RELATIVES AUX CHAUDIÈRES PLACÉES A DEMEURE

ART. 2. — Aucune chaudière neuve ne peut être mise en service qu'après avoir subi l'épreuve réglementaire ci-après définie. Cette épreuve doit être faite chez le constructeur et sur sa demande.

Toute chaudière venant de l'étranger est éprouvée, avant sa mise en service, sur le point du territoire français désigné par le destinataire dans sa demande.

ART. 3. — Le renouvellement de l'épreuve peut être exigé de celui qui fait usage d'une chaudière :

1° Lorsque la chaudière, ayant déjà servi, est l'objet d'une nouvelle installation;

2° Lorsqu'elle a subi une réparation notable;

3° Lorsqu'elle est remise en service après un chômage prolongé.

A cet effet, l'intéressé devra informer l'Ingénieur des Mines de ces diverses circonstances. En particulier, si l'épreuve exige la démolition du massif du fourneau ou l'enlèvement de l'enveloppe de la chaudière et un chômage plus ou moins prolongé, cette épreuve pourra ne point être exigée, lorsque des renseignements authentiques sur l'époque et les résultats de la dernière visite intérieure et extérieure constitueront une présomption suffisante en faveur du bon état de la chaudière. Pourront être notamment considérés comme renseignements probants les certificats délivrés aux membres des associations de propriétaires d'appareils à vapeur par celle de ces associations que le Ministre aura désignée.

Le renouvellement de l'épreuve est exigible également lorsque, à raison des conditions dans lesquelles une chaudière fonctionne, il y a lieu, par l'Ingénieur des Mines, d'en suspecter la solidité.

Dans tous les cas, lorsque celui qui fait usage d'une chaudière contestera la nécessité d'une nouvelle épreuve, il sera, après une instruction où celui-ci sera entendu, statué par le préfet.

En aucun cas, l'intervalle entre deux épreuves consécutives n'est supérieur à dix années. Avant l'expiration de ce délai, celui qui fait usage d'une chaudière à vapeur doit lui-même demander le renouvellement de l'épreuve.

Art. 4. — L'épreuve consiste à soumettre la chaudière à une pression hydraulique supérieure à la pression effective qui ne doit point être dépassée dans le service. Cette pression d'épreuve sera maintenue pendant le temps nécessaire à l'examen de la chaudière, dont toutes les parties doivent pouvoir être visitées.

La surcharge d'épreuve par centimètre carré est égale à la pression effective, sans jamais être inférieure à un demi-kilogramme ni supérieure à 6 kilogrammes.

L'épreuve est faite sous la direction de l'Ingénieur des Mines et en sa présence, ou, en cas d'empêchement, en présence du garde-mine opérant d'après ses instructions.

Elle n'est pas exigée pour l'ensemble d'une chaudière dont les diverses parties, éprouvées séparément, ne doivent être réunies que par des tuyaux placés sur tout leur parcours en dehors du foyer et des conduits de flamme, et dont les joints peuvent être facilement démontés.

Le chef d'établissement où se fait l'épreuve fournit la main-d'œuvre et les appareils nécessaires à l'opération.

Art. 5. — Après qu'une chaudière ou partie de chaudière a été éprouvée avec succès, il y est apposé un timbre, indiquant, en kilogrammes par centimètre carré, la pression effective que la vapeur ne doit pas dépasser.

Les timbres sont poinçonnés et reçoivent trois nombres indiquant le jour, le mois et l'année de l'épreuve.

Un de ces timbres est placé de manière à être toujours apparent après la mise en place de la chaudière.

Art. 6. — Chaque chaudière est munie de deux soupapes de sûreté, chargées de manière à laisser la vapeur s'écouler dès que sa pression effective atteint la limite maximum indiquée par le timbre réglementaire.

L'orifice de chacune des soupapes doit suffire à maintenir, celle-ci étant au besoin convenablement déchargée ou soulevée, et quelle que soit l'activité du feu, la vapeur dans la chaudière à un degré de pression qui n'excède, pour aucun cas, la limite ci-dessus.

Le constructeur est libre de répartir, s'il le préfère, la section totale d'écoulement nécessaire des deux soupapes réglementaires entre un plus grand nombre de soupapes.

Art. 7. — Toute chaudière est munie d'un manomètre en bon état placé en vue du chauffeur et gradué de manière à indiquer, en kilogrammes, la pression effective de la vapeur dans la chaudière.

Une marque très apparente indique sur l'échelle du manomètre la limite que la pression effective ne doit point dépasser.

La chaudière est munie d'un ajutage terminé par une bride de $0^m,04$ de diamètre et 0,005 d'épaisseur, disposée pour recevoir le manomètre vérificateur.

Art. 8. — Chaque chaudière est munie d'un appareil de

retenue, soupape ou clapet, fonctionnant automatiquement et placé au point d'insertion du tuyau d'alimentation qui lui est propre.

Art. 9. — Chaque chaudière est munie d'une soupape ou d'un robinet d'arrêt de vapeur, placé, autant que possible, à l'origine du tuyau de conduite de vapeur, sur la chaudière même.

Art. 10. — Toute paroi en contact par une de ses faces avec la flamme doit être baignée par l'eau sur sa face opposée.

Le niveau de l'eau doit être maintenu, dans chaque chaudière, à une hauteur de marche telle qu'il soit, en toute circonstance, à $0^m,06$ au moins au-dessus du plan pour lequel la condition précédente cesserait d'être remplie. La position limite sera indiquée, d'une manière très apparente, au voisinage du tube de niveau mentionné à l'article suivant.

Les prescriptions énoncées au présent article ne s'appliquent point :

1° Aux surchauffeurs de vapeur distincts de la chaudière ;

2° A des surfaces relativement peu étendues et placées de manière à ne jamais rougir, même lorsque le feu est poussé à son maximum d'activité, telles que les tubes ou parties de cheminées qui traversent le réservoir de vapeur en envoyant directement à la cheminée principale les produits de la combustion.

Art. 11. — Chaque chaudière est munie de deux appareils indicateurs du niveau de l'eau, indépendants l'un de l'autre et placés en vue de l'ouvrier chargé de l'alimentation.

L'un de ces deux indicateurs est un tube en verre, disposé de manière à pouvoir être facilement nettoyé et remplacé au besoin.

Pour les chaudières verticales de grande hauteur, le tube en verre est remplacé par un appareil disposé de manière à reporter, en vue de l'ouvrier chargé de l'alimentation, l'indication du niveau de l'eau dans la chaudière.

TITRE II

ÉTABLISSEMENT DES CHAUDIÈRES A VAPEUR PLACÉES A DEMEURE

Art. 12. — Toute chaudière à vapeur destinée à être

employée à demeure ne peut être mise en service qu'après une déclaration adressée, par celui qui fait usage du générateur, au préfet du département. Cette déclaration est enregistrée à sa date. Il en est donné acte. Elle est communiquée sans délai à l'Ingénieur en chef des Mines.

Art. 13. — La déclaration fait connaître avec précision :

1° Le nom et le domicile du vendeur de la chaudière ou l'origine de celle-ci ;

2° La commune et le lieu où elle est établie ;

3° La forme, la capacité et la surface de chauffe ;

4° Le numéro du timbre réglementaire ;

5° Un numéro distinctif de la chaudière, si l'établissement en possède plusieurs ;

6° Enfin, le genre d'industrie et l'usage auquel elle est destinée.

Art. 14. — Les chaudières sont divisées en trois catégories.

Cette classification est basée sur le produit de la multiplication du nombre exprimant en mètres cubes la capacité totale de la chaudière (avec ses bouilleurs et ses réchauffeurs alimentaires, mais sans y comprendre les surchauffeurs de vapeur) par le nombre exprimant, en degrés centigrades, l'excès de la température de l'eau correspondant à la pression indiquée par le timbre réglementaire sur la température de 100°, conformément à la table annexée au présent décret[1].

Si plusieurs chaudières doivent fonctionner ensemble dans un même emplacement, et si elles ont entre elles une communication quelconque, directe ou indirecte, on prend, pour former le produit, comme il vient d'être dit, la somme des capacités de ces chaudières.

Les chaudières sont de la première catégorie quand le produit est plus grand que 200 ; de la deuxième quand le produit n'excède pas 200, mais surpasse 50 ; de la troisième si le produit n'excède pas 50.

Art. 15. — Les chaudières comprises dans la première catégorie doivent être établies en dehors de toute maison

---

[1] Cette table est donnée plus loin n° 236, p. 465.

d'habitation et de tout atelier surmonté d'étages. N'est pas considérée comme un étage, au-dessus de l'emplacement d'une chaudière, une construction dans laquelle ne se fait aucun travail nécessitant la présence d'un personnel à poste fixe.

ART. 16. — Il est interdit de placer une chaudière de première catégorie à moins de 3 mètres d'une maison d'habitation.

Lorsqu'une chaudière de première catégorie est placée à moins de 10 mètres d'une maison d'habitation, elle en est séparée par un mur de défense.

Ce mur, en bonne et solide maçonnerie, est construit de manière à défiler la maison par rapport à tout point de la chaudière distant de moins de 10 mètres, sans toutefois que sa hauteur dépasse de 1 mètre la partie la plus élevée de la chaudière. Son épaisseur est égale au tiers au moins de sa hauteur, sans que cette épaisseur puisse être inférieure à 1 mètre en couronne. Il est séparé du mur de la maison voisine par un intervalle libre de 30 centimètres de largeur au moins.

L'établissement d'une chaudière de première catégorie à la distance de 10 mètres ou plus d'une maison d'habitation n'est assujetti à aucune condition particulière.

Les distances de 3 mètres et de 10 mètres, fixées ci-dessus, sont réduites respectivement à $1^m,50$ et à 5 mètres, lorsque la chaudière est enterrée de façon que la partie supérieure de ladite chaudière se trouve à 1 mètre en contrebas du sol du côté de la maison voisine.

ART. 17. — Les chaudières comprises dans la deuxième catégorie peuvent être placées dans l'intérieur de tout atelier, pourvu que l'atelier ne fasse pas partie d'une maison d'habitation.

Les foyers sont séparés des murs des maisons voisines par un intervalle libre de 1 mètre au moins.

ART. 18. — Les chaudières de troisième catégorie peuvent être établies dans un atelier quelconque, même lorsqu'il fait partie d'une maison d'habitation.

Les foyers sont séparés des murs des maisons voisines par un intervalle libre de $0^m,50$ au moins.

ART. 19. — Les conditions d'emplacement prescrites pour les chaudières à demeure, par les précédents articles, ne sont pas applicables aux chaudières pour l'établissement desquelles il aura été satisfait au décret du 25 janvier 1865, antérieurement à la promulgation du présent règlement.

ART. 20. — Si, postérieurement à l'établissement d'une chaudière, un terrain contigu vient à être affecté à la construction d'une maison d'habitation, celui qui fait usage de la chaudière devra se conformer aux mesures prescrites par les articles 16, 17 et 18, comme si la maison eût été construite avant l'établissement de la chaudière.

ART. 21. — Indépendamment des mesures générales de sûreté prescrites au titre Ier de la déclaration prévue par les articles 12 et 13, les chaudières à vapeur fonctionnant dans l'intérieur des Mines sont soumises aux conditions que pourra prescrire le préfet, suivant les cas et sur le rapport de l'Ingénieur des Mines.

TITRE III

CHAUDIÈRES LOCOMOBILES

ART. 22. — Sont considérées comme locomobiles les chaudières à vapeur qui peuvent être transportées facilement d'un lieu dans un autre, n'exigent aucune construction pour fonctionner sur un point donné et ne sont employées que d'une manière temporaire à chaque station.

ART. 23. — Les dispositions des articles 2 à 11 inclusivement du présent décret sont applicables aux chaudières locomobiles.

ART. 24. — Chaque chaudière porte une plaque sur laquelle sont gravés, en caractères très apparents, le nom et le domicile du propriétaire et un numéro d'ordre, si ce propriétaire possède plusieurs chaudières locomobiles.

ART. 25. — Elle est l'objet de la déclaration prescrite par les articles 12 et 13. Cette déclaration est adressée au Préfet du département où est le domicile du propriétaire.

L'ouvrier chargé de la conduite devra représenter à toute réquisition le récépissé de cette déclaration.

TITRE IV

CHAUDIÈRES DES MACHINES LOCOMOTIVES

Art. 26. — Les machines à vapeur locomotives sont celles qui, sur terre, travaillent en même temps qu'elles se déplacent par leur propre force, telles que les machines des chemins de fer et des tramways, les machines routières, les rouleaux compresseurs, etc.

Art. 27. — Les dispositions des articles 2 à 8 inclusivement et celles des articles 11 et 24 sont applicables aux chaudières des machines locomotives.

Art. 28. — Les dispositions de l'article 25, paragraphe 1er, s'appliquent également à ces chaudières.

Art. 29. — La circulation des machines locomotives a lieu dans les conditions déterminées par des règlements spéciaux.

TITRE V

RÉCIPIENTS

Art. 30. — Sont soumis aux dispositions suivantes les récipients de formes diverses, d'une capacité de plus de 100 litres, au moyen desquels les matières à élaborer sont chauffées, non directement à feu nu, mais par de la vapeur empruntée à un générateur distinct, lorsque leur communication avec l'atmosphère n'est point établie par des moyens excluant toute pression effective nettement appréciable.

Art. 31. — Ces récipients sont assujettis à la déclaration prescrite par les articles 12 et 13.

Ils sont soumis à l'épreuve, conformément aux articles 2, 3, 4 et 5. Toutefois, la surcharge d'épreuve sera, dans tous les cas, égale à la moitié de la pression maximum à laquelle l'appareil doit fonctionner, sans que cette surcharge puisse excéder 4 kilogrammes par centimètre carré.

Art. 32. — Ces récipients sont munis d'une soupape de sûreté réglée pour la pression indiquée par le timbre, à moins que cette pression ne soit égale ou supérieure à celle fixée pour la chaudière alimentaire.

L'orifice de cette soupape, convenablement déchargée ou soulevée au besoin, doit suffire à maintenir, pour tous les cas, la vapeur dans le récipient à un degré de pression qui n'excède pas la limite du timbre.

Elle peut être placée soit sur le récipient lui-même, soit sur le tuyau d'arrivée de la vapeur, entre le robinet et le récipient.

Art. 33. — Les dispositions des articles 30, 31 et 32 s'appliquent également aux réservoirs dans lesquels de l'eau à haute température est emmagasinée, pour fournir ensuite un dégagement de vapeur, ou de chaleur, quel qu'en soit l'usage.

Art. 34. — Un délai de six mois, à partir de la promulgation du présent décret, est accordé pour l'exécution des quatre articles qui précèdent.

TITRE VI

DISPOSITIONS GÉNÉRALES

Art. 35. — Le Ministre peut, sur le rapport des Ingénieurs des Mines, l'avis du préfet et celui de la Commission centrale des machines à vapeur, accorder dispense de tout ou partie des prescriptions du présent décret, dans tous les cas où, à raison soit de la forme, soit de la faible dimension des appareils, soit de la position spéciale des pièces contenant de la vapeur, il serait reconnu que la dispense ne peut pas avoir d'inconvénient.

Art. 36. — Ceux qui font usage de générateurs ou de récipients de vapeur veilleront à ce que ces appareils soient entretenus constamment en bon état de service.

A cet effet, ils tiendront la main à ce que des visites complètes, tant à l'intérieur qu'à l'extérieur, soient faites à des intervalles rapprochés, pour constater l'état des appareils et assurer l'exécution, en temps utile, des réparations ou remplacements nécessaires.

Ils devront informer les ingénieurs des réparations notables faites aux chaudières et aux récipients, en vue de l'exécution des articles 3 (1°, 2° et 3°) et 31, § 2.

Art. 37. — Les contraventions au présent règlement sont constatées, poursuivies et réprimées conformément aux lois.

Art. 38. — En cas d'accident ayant occasionné la mort ou des blessures, le chef de l'établissement doit prévenir immédiatement l'autorité chargée de la police locale et l'Ingénieur des Mines chargé de la surveillance. L'Ingénieur se rend sur les lieux, dans le plus bref délai, pour visiter les appareils, en constater l'état et rechercher les causes de l'accident. Il rédige sur le tout :

1° Un rapport qu'il adresse au Procureur de la République, et dont une expédition est transmise à l'Ingénieur en chef, qui fait parvenir son avis à ce magistrat ;

2° Un rapport qui est adressé au Préfet, par l'intermédiaire et avec l'avis de l'Ingénieur en chef.

En cas d'accident n'ayant occasionné ni mort ni blessures, l'Ingénieur des Mines seul est prévenu ; il rédige un rapport qu'il envoie, par l'intermédiaire et avec l'avis de l'ingénieur en chef, au Préfet.

En cas d'explosion, les constructions ne doivent point être réparées, et les fragments de l'appareil rompu ne doivent point être déplacés ou dénaturés avant la constatation de l'état des lieux par l'Ingénieur.

Art. 39. — Par exception, le Ministre pourra confier la surveillance des appareils à vapeur aux Ingénieurs ordinaires et aux Conducteurs des Ponts et Chaussées, sous les ordres de l'Ingénieur en chef des Mines de la circonscription.

Art. 40. — Les appareils à vapeur qui dépendent des services spéciaux de l'Etat sont surveillés par les fonctionnaires et agents de ces services.

Art. 41. — Les attributions conférées aux Préfets des départements par le présent décret sont exercées par le Préfet de police dans toute l'étendue de son ressort.

Art. 42. — Est rapporté le décret du 23 janvier 1865.

Art. 43. — Le Ministre des Travaux Publics est chargé de l'exécution du présent décret, qui sera inséré au *Journal officiel* et au *Bulletin des lois.*

Fait à Paris, le 30 avril 1880.

Signé : Jules Grévy.

Par le Président de la République :

Le Ministre des Travaux publics,

Signé : H. Varroy.

224. Appareils d'alimentation d'eau. — A mesure que l'eau se vaporise et se dépense dans un générateur de vapeur, il faut fournir à ce dernier une nouvelle quantité de liquide, afin d'obtenir la continuité de production, d'une part, et, en second lieu, de ne pas faire baisser le niveau, et de ne pas découvrir les surfaces métalliques exposées au feu.

On appelle cela *alimenter* la chaudière.

On a bien des moyens de faire l'alimentation :

1° Dans les chauffages, lorsque la disposition des appareils le permet, on fait rentrer directement à la chaudière l'eau qui s'est condensée dans les divers appareils à vapeur, de telle sorte que c'est toujours la même eau qui sert dans la chaudière, qui se vaporise, s'échappe à l'état de vapeur, se condense pour céder sa chaleur et revient au générateur se réchauffer et se vaporiser de nouveau. En pratique, il y a toujours des pertes, et quoique l'alimentation soit très restreinte, il faut se réserver de pouvoir la faire par un des moyens suivants.

2° Dans les villes, on a fréquemment des distributions d'eau à haute pression, et lorsque cette pression dépasse celle des générateurs, il suffit d'établir par un tuyau et un robinet une communication avec la chaudière. On règle la rentrée d'eau suivant les besoins. Lorsque l'on veut ainsi utiliser l'eau de la distribution, il faut prévoir les variations de cette pression et les interruptions de service.

Si la pression d'eau de la ville baissait au-dessous du timbre de la chaudière, celle-ci se viderait dans la conduite, et cela pourrait amener des accidents. On s'oppose à cet effet en mettant sur la conduite d'alimentation un double clapet de retenue. Il faut aussi que le robinet de manœuvre soit doublé d'un robinet d'arrêt, la moindre fuite ayant pour effet de faire passer l'eau chaude de la chaudière dans la canalisation d'eau froide. Il est bon de mettre un manomètre à côté du robinet d'arrêt de l'eau, afin de n'alimenter, par ce procédé, que dans les moments où il y a un excédent de pression convenable.

3° On peut alimenter au moyen d'une *bouteille*. L'appareil que l'on nomme une *bouteille alimentaire* se compose d'un cylindre fermé en tôle B, capable de supporter la pression de la chaudière, muni d'un bouchon autoclave de visite et d'un tube de niveau d'eau ; il doit être d'une capacité convenable. Ce cylindre peut être relié, par des tuyaux A et R (*fig.* 178), munis de robinets à portée de la main, soit avec un réservoir de retour d'eau condensée, soit avec un réservoir d'eau ordinaire, souvent avec les deux. Un tuyau *k* en communication avec l'atmosphère, et fermé par un robinet K permet d'expulser l'air pour rendre le remplissage possible. On interrompt l'accès du liquide, lorsqu'il arrive à une hauteur marquée sur le tube de niveau, et on ferme tous les robinets A, R et K.

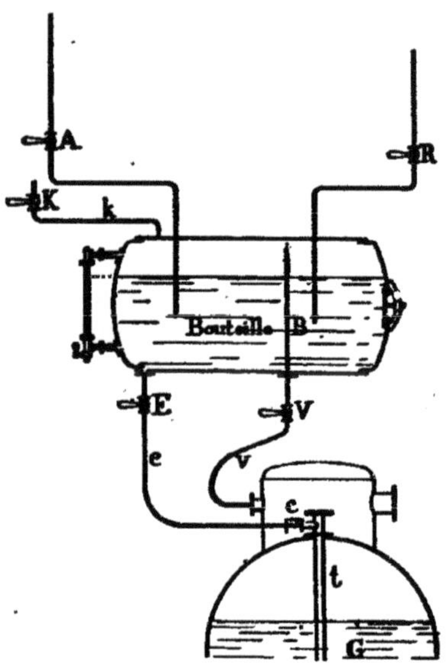

Fig. 178.

Deux autres tuyaux *v* et *e*, munis de robinets E et V, mettent la bouteille B en relation avec la chaudière. L'un V amène la vapeur jusqu'en haut de la bouteille, au-dessus du niveau du liquide ; le second E est chargé de laisser écouler dans la chaudière l'eau de la bouteille, dès que la pression s'est équilibrée ; il communique pour cela avec un tuyau plongeant dans l'eau du générateur. La disposition par bouteille est, en somme, une écluse à eau permettant, au moyen d'équilibres successifs de pression, l'introduction de l'eau dans le générateur.

4° L'alimentation mécanique au moyen d'une pompe est fréquemment employée. Toutes les fois que l'on dispose d'un moteur, c'est un moyen très sûr et peu dispendieux. La pompe prend l'eau au moyen d'un tuyau d'aspiration dans une bâche pleine d'eau placée à proximité. On réduit la hauteur de l'aspiration si l'eau à élever est tiède. Si cette eau est chaude, voisine du degré d'ébullition de l'eau, on aspire *en charge*, c'est-à-dire que l'on met la pompe en contre-bas de la bâche.

La pompe doit être calculée pour pouvoir fournir un volume d'eau bien plus considérable que celui qui correspond à la dépense de la chaudière, afin de pouvoir rattraper vivement un abaissement anormal du niveau.

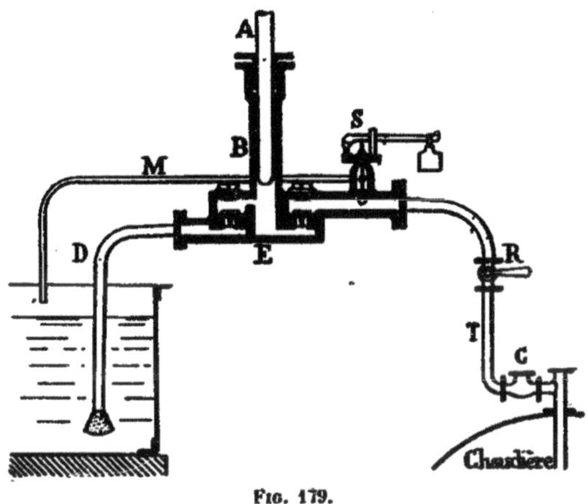

Fig. 179.

Dans les installations importantes, on trouve avantage à manœuvrer la pompe par un petit moteur direct; et l'ensemble de la pompe et du moteur porte le nom de *petit cheval* alimentaire.

Le croquis de la figure 179 représente le principe de la disposition d'une pompe alimentaire et l'une des dispositions les plus ordinaires que l'on donne à l'appareil. A est un piston plongeur qui monte et descend dans un cylindre de corps de pompe B en passant dans un presse-étoupe. En bas du corps de pompe est une boite C munie de deux soupapes, avec regards de visite au-dessus de chacune d'elles. En D est un tuyau d'aspiration qui trempe dans une bâche que l'on maintient pleine d'eau, en l'alimentant au moyen d'un flotteur. En T est le tuyau de refoulement qui va à la chaudière. Ce tuyau est muni d'un robinet d'arrêt R, qui permet de régler la quantité d'eau injectée à chaque coup, ou d'interrompre tout à fait l'alimentation. En S est une soupape de sûreté, qui se lève dès que le robinet R est fermé, et qui laisse échapper l'eau refoulée, au moyen d'un tuyau M la ramenant à la bâche.

Un clapet de retenue C est toujours établi, quel que soit l'appareil d'alimentation, à l'origine de l'insertion du tuyau sur la chaudière ; il évite que celle-ci ne se vide en cas d'une ouverture quelconque par accident ou fausse manœuvre.

5° Un des modes d'alimentation les plus commodes est sans contredit celui par injecteur. L'invention en est due à Giffard, et elle s'applique aux chaudières à pression. Un injecteur est un petit appareil dans lequel un jet de vapeur entraîne, par un ajutage de forme convenable, de l'eau qui lui est fournie par un tuyau aspirant dans une bâche. L'eau et la vapeur se mélangent, sortent à l'air libre avec une telle vitesse que, si on les met en face d'un tuyau muni d'une soupape et communiquant avec la chaudière qui a fourni la vapeur, elles forcent le passage, malgré la pression, et y rentrent. On a fait une foule d'appareils établis sur le même principe et qui concourent avec une grande simplicité de manœuvre au même résultat. Ils se sont multipliés dans toutes les installations de chaudières, en raison de leur grande commodité, et de l'absence de tout mécanisme. Ils sont surtout utiles lorsque les chaudières ne servent qu'à des chauffages et ne sont accompagnés d'aucun moteur.

Les injecteurs que l'on nomme souvent des *Giffard* ne peuvent aspirer que de l'eau froide ou seulement tiède ; avec l'eau chaude ils ne fonctionnent pas, même en charge. On les installe fréquemment comme appareils de secours, assurant l'alimentation concurremment avec un des autres moyens précédemment cités.

L'installation d'un de ces appareils est représentée par la

figure 180. L'injecteur est figuré en G ; il se termine par trois brides qu'il n'y a qu'à raccorder convenablement. Le tuyau V est la prise de vapeur directe sur la chaudière. Il se termine par deux robinets *v* et *v'*. X est le tuyau d'aspiration qui prend l'eau dans une bâche B placée immédiatement au-dessous de l'appareil ; une crépine termine ce tuyau et empêche les corps étrangers d'un certain volume d'être

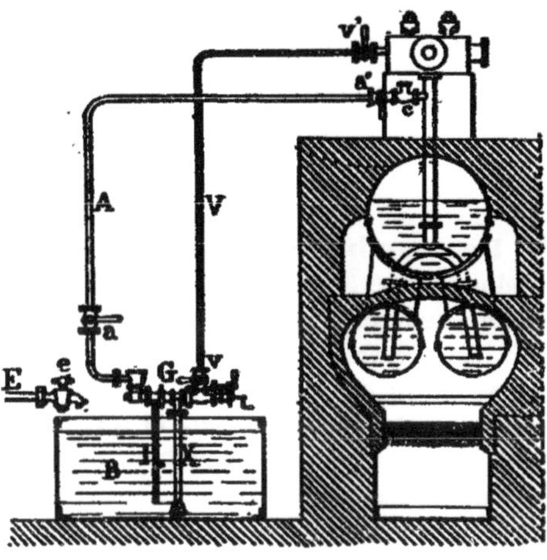

Fig. 180.

aspirés par l'appareil, et de l'engorger. A est le tuyau de refoulement, avec des robinets *a* et *a'* pour le service. Il est muni, à l'entrée dans la chaudière, du clapet de retenue réglementaire *c*. Le tuyau d'alimentation qui pénètre dans le générateur est en fonte, pour la plus grande partie, en cuivre pour le reste. Comme l'application en est faite à une chaudière à bouilleurs, on le bifurque de manière à faire arriver l'eau froide ou tiède dans les bouilleurs mêmes. Si la chaudière était munie d'un réchauffeur, c'est dans le réchauffeur que se ferait l'introduction.

Enfin, un tuyau I ramène à la bâche l'eau de l'injecteur, soit dans le cas où celui-ci est mal amorcé, soit dans celui où l'un des robinets *a* ou *a'* serait fermé.

La bâche est un petit réservoir en tôle de 500 à 600 litres, alimenté par un tuyau E muni d'un robinet *e*. Ce dernier peut être à flotteur.

Il faut donner un diamètre relativement important au tuyau qui amène l'eau dans la chaudière, notamment dans la partie qui plonge dans le générateur, car il s'y forme des dépôts calcaires très adhérents qu'il est bon de surveiller et d'enlever à mesure, sans quoi ils arrivent à obstruer complètement le passage et à s'opposer à l'alimentation. Une bride pleine termine ce tuyau en dehors et permet cette surveillance.

§ 2. — Transport de la vapeur

225. Des conduites de vapeur. — La vapeur une fois produite dans les générateurs, il faut la mener aux appareils ou aux machines qui doivent utiliser soit sa chaleur, soit son travail de détente. On transporte la vapeur d'un point à un autre au moyen de tuyaux métalliques capables de contenir sa tension, et qu'on jonctionne bout à bout, au moyen de joints étanches, pour en former des conduites continues.

Les canalisations de vapeur s'établissent, suivant les cas, en fonte, en fer ou en cuivre, de diamètres appropriés. Les tuyaux en plomb doivent être proscrits rigoureusement pour cet usage, même pour des installations provisoires à très faible pression. La plus légère tension, jointe aux dilatations successives, les boursoufle et les crève rapidement.

Diamètre des conduites à vapeur. — Il faut donner aux conduites un diamètre tel que, pour la quantité de vapeur à débiter dans l'unité de temps, il n'y ait pas une perte trop forte de pression ; d'autre part, il ne faut pas exagérer les dimensions, ce qui conduirait à une trop grande surface, à un prix trop élevé, et en même temps à une perte exagérée par la condensation, sur la paroi exposée au refroidissement.

D'ordinaire, pour les canalisations courantes, on admet

une vitesse de 15 à 20 mètres pour les conduites courtes ou les faibles pressions, et on va facilement jusqu'à 40 mètres pour des pressions de 5 et 6 kilogrammes par centimètre, carré, quitte, si la conduite est très longue, à augmenter de 1 kilogramme le timbre de la chaudière, pour faire la part des frottements.

Comme le chiffre que l'on connaît le plus facilement est la quantité de vapeur en kilogrammes que le tuyau doit débiter par heure, nous donnons, pour simplifier les recherches, le tableau calculé ci-après. Il donne le nombre de kilogrammes de vapeur à 2, 4, 6, 8 et 10 kilogrammes de pression par centimètre carré que peut laisser, pratiquement, passer par heure un tuyau de diamètre donné, en supposant à la vapeur des vitesses successives de 20, 30 et 40 mètres.

Pour les prises de vapeur sur les chaudières, on doit prendre la vitesse de 20 mètres et supposer la production maximum de la chaudière.

Lorsque les tuyaux alimentent une machine à vapeur à faible détente voisine du générateur, on peut maintenir jusqu'à la machine le diamètre de la prise.

Lorsque la canalisation est longue, on a avantage à augmenter la vitesse de la vapeur dans les tuyaux, en même temps que le timbre de la chaudière, et à adopter les vitesses de 30 et 40 mètres.

Si la conduite se rend à une machine à vapeur à grande détente, l'admission étant de 1/10e de la course, il faut multiplier par 10 la consommation de vapeur réelle, puisque l'écoulement devenant intermittent dans la conduite n'a lieu que pendant le 1/10e du temps environ; autrement dit, pour les machines à vapeur, on suppose, en général, qu'elles doivent être alimentées par de la vapeur ayant 20 à 30 mètres de vitesse agissant à pleine pression pendant toute la course.

Pour les chauffages à vapeur, on prend pour la canalisation qui mène aux appareils une vitesse de 40 mètres, en supposant la consommation maximum; et, pour les branchements courts desservant les appareils, il est bon de revenir à la vitesse de 20 mètres, quitte à régler par un robinet le débit de l'admission.

226. Tableau donnant le nombre de kilogrammes de vapeur à 2, 4, 6, 8 et 10 kilogrammes de tension par centimètre carré, que peut laisser passer par heure un tuyau de diamètre donné, la vapeur ayant la vitesse de 20, 30 ou 40 mètres.

DIAMÈTRE INTÉRIEUR du tuyau	VITESSE de la VAPEUR	PRESSION EN KIL. PAR CENTIMÈTRE CARRÉ DE :				
		2 kil.	4 kil.	6 kil.	8 kil.	10 kil.
mètres	mètres	kil.	kil.	kil.	kil.	kil.
0.005	20	2	3	5	6	7
	30	3	5	7	9	11
	40	4	7	10	12	15
0.010	20	9	15	20	25	30
	30	13	22	30	37	45
	40	18	30	40	50	60
0.015	20	21	33	45	56	68
	30	31	50	67	84	102
	40	42	66	90	112	138
0.020	20	37	60	80	100	121
	30	55	90	120	150	181
	40	74	120	160	200	242
0.025	20	57	93	125	156	190
	30	85	140	187	234	285
	40	114	186	250	312	380
0.030	20	83	134	180	225	272
	30	124	200	275	337	408
	40	166	268	360	450	544
0.035	20	112	182	245	306	371
	30	168	274	367	459	556
	40	224	364	490	612	742
0.040	20	147	238	320	400	485
	30	220	357	480	600	720
	40	294	476	640	800	970
0.045	20	186	302	406	507	614
	30	279	453	609	760	920
	40	370	600	810	1.010	1.230

Suite du même tableau

DIAMÈTRE INTÉRIEUR du tuyau	VITESSE de la VAPEUR	PRESSION EN KIL. PAR CENTIMÈTRE CARRÉ DE :				
		2 kil.	4 kil.	6 kil.	8 kil.	10 kil.
mètres	mètres	kil.	kil.	kil.	kil.	kil.
0.050	20	230	373	501	626	758
	30	345	560	750	940	1.140
	40	460	750	1.000	1.250	1.520
0.060	20	331	537	720	901	1.091
	30	496	805	1.080	1.350	1.640
	40	660	1.070	1.440	1.800	2.200
0.070	20	450	731	980	1.227	1.485
	30	675	1.100	1.470	1.840	2.230
	40	900	1.460	1.960	2.450	3.000
0.080	20	588	955	1.280	1.602	1.940
	30	880	1.430	1.920	2.400	2.900
	40	1.180	1.900	2.560	3.200	3.900
0.090	20	745	1.208	1.620	2.028	2.455
	30	1.117	1.800	2.430	3.000	3.700
	40	1.490	2.400	3.200	4.000	4.900
0.100	20	920	1.492	2.000	2.500	3.000
	30	1.380	2.200	3.000	3.700	4.500
	40	1.800	3.000	4.000	5.000	6.000
0.120	20	1.300	2.150	2.900	3.600	4.700
	30	1.900	3.200	4.300	5.400	7.000
	40	2.600	4.300	5.800	7.200	9.400
0.140	20	1.800	2.900	3.900	4.900	5.900
	30	2.700	4.350	5.850	7.350	8.800
	40	3.600	5.800	7.800	9.800	11.800
0.160	20	2.300	3.800	5.100	6.400	7.800
	30	3.400	5.700	7.650	9.600	11.700
	40	4.600	7.600	10.200	12.800	15.600
0.200	20	3.600	6.000	8.000	10.100	12.110
	30	5.400	9.000	12.000	15.000	18.000
	40	7.200	12.000	16.000	20.000	24.000

227. Tuyaux en fonte. — Lorsque les canalisations ont une longueur considérable et se composent principalement d'alignements droits, on trouve une certaine économie d'installation à employer des conduites en fonte. On les assemble bout à bout, au moyen de brides venues de fonte à leurs extrémités. Ces brides sont tournées et serrées l'une contre l'autre par des boulons, en interposant entre elles du chanvre mélangé de mastic de minium et de céruse. La figure 181 représente le joint.

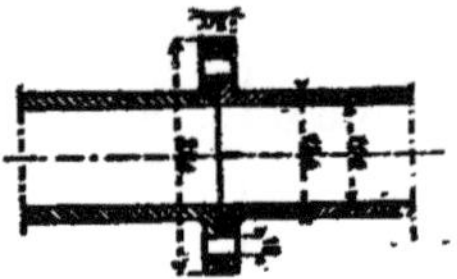

Fig. 181.

Comme il faut toujours prévoir, dans le moulage de ces tuyaux, l'existence de soufflures, les défauts divers de fabrication inhérents à la fonte et les inégalités d'épaisseur, on est obligé de leur donner un surcroît de résistance et de les faire assez lourds.

Voici les longueurs et épaisseurs ordinairement employées pour les conduites en fonte, et encore prend-on la précaution d'exiger que les tuyaux qui les composent soient coulés debout.

DIAMÈTRE en MILLIMÈTRES	ÉPAISSEUR en MILLIMÈTRES	LONGUEUR DES BOUTS en mètres	DIAMÈTRE extérieur EN MILLIMÈT.	DIAMÈTRE extérieur DES BRIDES en millimèt.	BOULONS	
					NOMBRE pour un joint	DIAMÈTRE en millimèt.
millimètres	millimètres	mètres	millimètres	millimètres		millimètres
40	8	1,50	56	155	4	16
50	9	2,00	68	165	4	16
60	10	2,00	80	180	4	18
80	11	2,50	102	20[illegible]	5	18
100	12	2,50	124	224	6	18
150	13	2,50	176	276	7	18
200	14	3,00	228	330	7	20
250	15	3,00	280	385	8	20

On interpose encore entre les brides des tuyaux en fonte,

pour faire le joint, des rondelles en caoutchouc durci de 1 à 2 millimètres d'épaisseur et de la forme même des brides. Il faut que le caoutchouc soit de très bonne qualité pour obtenir un bon joint.

Les branchements des canalisations en fonte, ainsi que les coudes, exigent des modèles spéciaux, et leurs brides s'assemblent avec celles des tuyaux courants. Les pièces spéciales sont souvent désignées industriellement sous le nom de *raccords ;* lorsque les raccords sont nombreux, l'emploi de la fonte devient onéreux, et la moindre pièce qui manque fait perdre un temps souvent précieux dans l'exécution.

Le plus grand inconvénient des tuyaux en fonte ainsi établis est la rigidité ; le moindre tassement dans les supports peut déterminer des ruptures.

Lorsque la conduite doit contenir de la vapeur à faible pression, et que cette dernière est limitée à 1 kilogramme ou 1 kil. 500 par exemple, on peut employer les tuyaux à joints à caoutchouc adoptés pour les conduites d'eau, celles à joint système Petit, par exemple. La rondelle est en caoutchouc vulcanisé flexible, mais elle est protégée dans un alvéole en fonte, et le serrage est obtenu par des pattes de jonction et des broches.

Les conduites ainsi obtenues sont économiques, et jouissent d'une certaine élasticité qui manque totalement aux conduites à brides.

Dans les chauffages on emploie fréquemment les tuyaux en fonte comme surfaces de chauffe ; on les munit souvent, au dehors, de nervures longitudinales ou de disques transversaux, afin d'augmenter le développement de leurs parois extérieures.

228. Tuyaux en cuivre rouge. — Pour les petits tuyaux, et aussi pour les tuyaux d'un diamètre plus grand, dont les formes contournées exigeraient de nombreuses pièces spéciales, on emploie de préférence le cuivre. Ce dernier métal est beaucoup plus cher au kilogramme, mais aussi les épaisseurs qu'on peut lui donner sont bien inférieures à celles des tuyaux correspondants en fonte, de sorte que la différence de prix n'est pas très considérable.

Voici les épaisseurs ordinairement adoptées pour les tuyaux en cuivre devant résister à une pression allant jusqu'à 6 kilogrammes par centimètre carré :

Diamètres intér. en millim.	15	20	25	30	40	50	60	70	80	100	120	250
Épaisseurs en millimètres.	1.5	1.75	2	2	2.5	2.5	3	3	3	3.5	3.5	3.5
Poids du m. cour. en kil.	0.691	1.057	1.492	1.769	2.944	3.634	5.225	6.055	6.834	9.857	11.970	15.000

Les tuyaux du commerce se trouvent par bouts de 4 mètres de longueur. Autrefois, on enroulait les feuilles en cylindres, et on soudait les tubes suivant une génératrice ; aujourd'hui on les obtient d'une seule pièce à la filière, sans soudure, par conséquent, et d'une résistance plus grande.

La jonction des tuyaux en cuivre se fait au moyen de brides en fer représentées par les croquis (1) et (2) de la figure 182. Ces brides sont tournées sur les deux faces et présentent deux petites encoches pour recevoir, d'un côté, le *collet* relevé sur l'extrémité du tuyau en cuivre, de l'autre, une quantité suffisante de soudure. La bride est légèrement arrondie au collet, afin de ne pas casser le cuivre à l'endroit où il est coudé. La bride et le tuyau sont brasés à chaud, de manière à ne former qu'une seule et même pièce. Voici les dimensions ordinaires de ces brides :

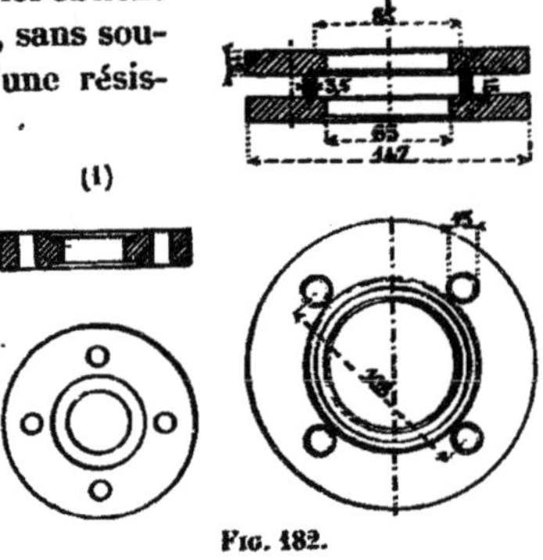

Fig. 182.

Diamètres intérieurs des tuyaux.	15	20	25	30	40	50	60	70	80	100	120	150
Diamètres extérieurs des brides..	70	90	115	115	130	140	175	195	205	220	240	270
Épaisseurs des brides..........	9	10	11	11	11	12	13	13	14	15	16	17
Nombres des boulons...........	3	3	3	3	4	4	4	4	4	5	6	17
Diamètres des boulons.........	10	15	15	15	15	18	18	18	18	18	16	16

Le joint entre les deux brides tournées se fait soit au

moyen de mastic de minium et de céruse, soit au moyen d'une rondelle en caoutchouc durci, comme les joints à brides des tuyaux en fonte...

On emploie aussi quelquefois avec avantage une petite virole en cuivre très courte, amincie à ses deux bouts et s'engageant dans deux grains d'orge, de même diamètre, préparés au tour dans les brides ; la pression des boulons écrase dans le grain d'orge la partie amincie de la virole ; c'est ce joint qui est représenté sur le croquis (2) de la figure 182 ; il est excellent et très étanche.

Les coudes des tuyaux en cuivre se font à la demande, sur place, en cintrant les tuyaux à chaud, après les avoir préalablement remplis de résine pour qu'ils ne se déforment pas pendant le cintrage. Ces coudes s'exécutent de toutes formes et, à moins de circonstances spéciales, avec un rayon au moins égal à quatre ou cinq fois le diamètre du tuyau. Il est bon, lorsque les cintres sont compliqués et très accentués, de les prendre dans des tuyaux épais, afin qu'ils puissent résister à plusieurs chaudes successives, et aussi qu'il reste encore assez de métal dans les parties amincies par l'opération.

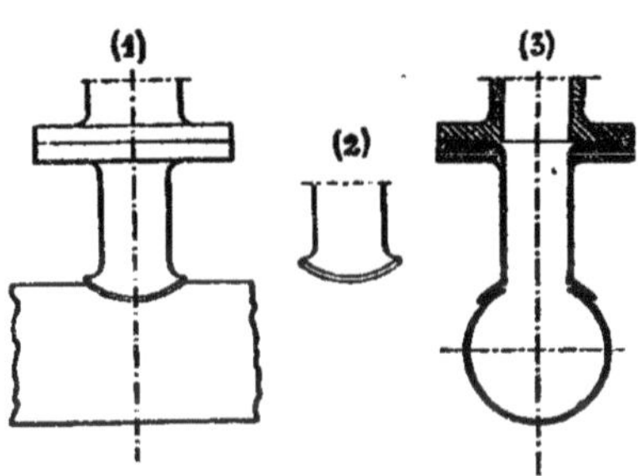

FIG. 183.

Les branchements des canalisations en cuivre se font au moyen de tubulures de même métal, élargies à la rencontre, et brasées sur la conduite principale ; ces tubulures portent un joint à brides pour se continuer par les pièces du branchement.

La figure 183 donne en (1) l'élévation de la tubulure toute posée sur la conduite, en (2) l'élargissement à la jonction, et en (3) la coupe par l'axe du branchement montrant le collet battu et la bride de la pièce suivante.

Le grand avantage que présente la tuyauterie de cuivre réside dans sa très grande élasticité jointe à une très grande légèreté. Les joints sont bien moins fatigués par la dilatation, et les tassements que peuvent éprouver les supports n'ont aucune influence sur la résistance de la conduite.

Malgré leur prix élevé, ils sont préférables à tous autres pour les petites et moyennes canalisations soignées.

229. Tuyaux en tôle rivée. — Pour les gros diamètres de conduites, on peut employer des tuyaux en tôle rivée avec brides de raccordement tournées et boulonnées. On les obtient par bouts jusqu'à 4 mètres de longueur d'une

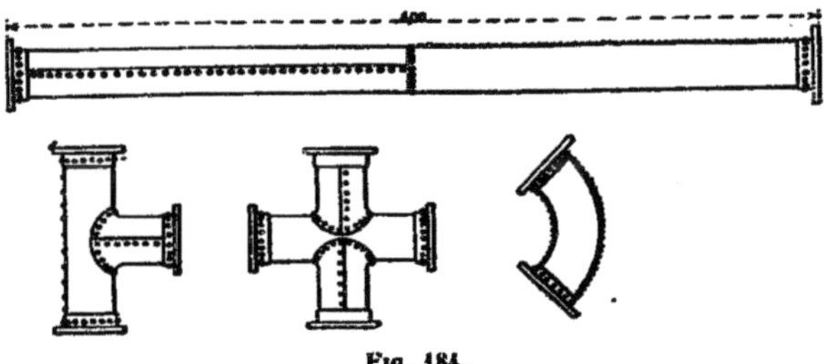

Fig. 184.

seule pièce, et, lorsqu'ils sont fabriqués avec soin, ils donnent de très bonnes canalisations. La figure 184 représente un de ces tuyaux. Elle montre en même temps un branchement simple, un branchement double et un coude, permettant de donner à une conduite toutes les formes qu'elle est susceptible de prendre.

230. Tuyaux en fer. — Tuyaux Simon. — Les tuyaux en fer étiré emmanchés à vis, comme ceux employés pour les conduites de gaz sont bien assez résistants pour conduire la vapeur; mais, tels qu'on les trouve dans le commerce, ils ne sont pas d'un bon usage. Leurs assemblages à vis ne sont pas assez précis, et la qualité du fer ne permet pas de les cintrer et, par suite, de leur donner la forme voulue.

Lorsque l'on veut obtenir une conduite étanche avec ces tuyaux, il faut n'avoir que des alignements droits à exécuter et soigner particulièrement les joints. Un des moyens les meilleurs est représenté dans la figure 185 ; il consiste à fileter les extrémités des tuyaux avec soin, sur une longueur un peu grande, à les garnir de bagues taraudées et à les jonctionner par un manchon taraudé juste suivant deux directions opposées. Les tuyaux, de plus, sont affranchis bien d'équerre ; on les présente, on les jonctionne par le manchon que l'on tourne dans le sens voulu, pour les rapprocher, jusqu'à forte pression, des extrémités ; puis, on rapproche les bagues du manchon en les serrant contre lui.

FIG. 185.

D'autres fois, on supprime les bagues, mais on termine les bords de l'un des tuyaux en sifflet ; la pression écrase la partie mince sur l'extrémité de l'autre en formant un joint exact.

Pour les coudes et branchements, on les exécute soit en cuivre, soit en fer étiré, mais d'une qualité tout à fait supérieure, qui permet de les travailler et de les cintrer convenablement.

Quand on prend ces derniers tuyaux pour toute une canalisation, parties droites comprises, on peut avoir un travail tout à fait irréprochable, un peu moins cher que les canalisations en cuivre et d'un usage tout aussi bon.

On emploie beaucoup, dans l'est et le nord de la France, les tuyaux en fer étiré d'une fabrication supérieure, qui ont porté le nom du constructeur qui les a vulgarisés, M. Simon. Ils ont 3 à 4 millimètres d'épaisseur et sont essayés à l'usine qui les produit à 20 kilogrammes de pression. Un de leurs grands avantages est leur longueur, chaque bout pouvant avoir de 5 à 8 mètres sans joint. On conçoit que leur emploi, restreignant considérablement le nombre des joints, diminue d'autant les chances de fuite. De plus, ils présentent presque la légèreté de la chaudronnerie en cuivre. Ils sont calibrés aux diamètres extérieurs de 30, 40, 50, 60, 70, 80, 90, 100, 120, 140, 160, 180, 200, 220, 240, 260, 280 et 300 millimètres.

Ceux de 30, 40, 50 et 60 millimètres se montent au moyen

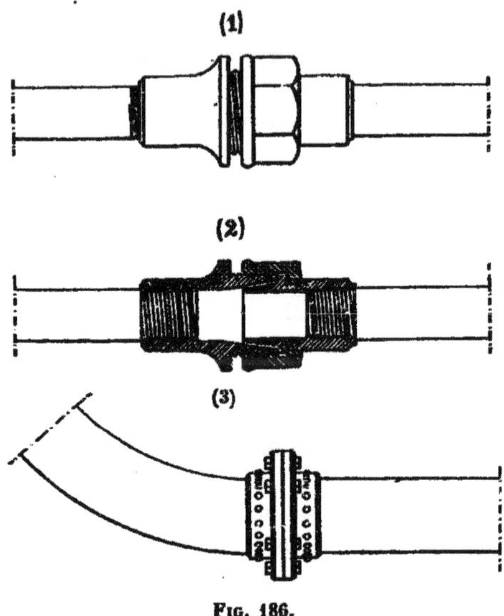

Fig. 186.

de raccordements à ajustages rodés en bronze, représentés en élévation et en coupe longitudinale dans les croquis 1 et 2 de la figure 186.

Les deux pièces rodées du raccord se jonctionnent par un filetage précis aux extrémités des tuyaux, et un chapeau extérieur donne le serrage au moyen d'un autre filetage.

Les tuyaux de 70 millimètres et au dessus se joignent par des brides en fonte tournées au support fixe et boulonnées comme le montre la figure 186. Le joint entre brides se fait au minium. Ces tuyaux se cintrent même à froid à la demande. Nous détaillerons dans le paragraphe 3 quelques-uns des nombreux chauffages d'usines que M. Simon a exécutés avec ces tuyaux, et qui ont donné et donnent encore toute satisfaction.

231. Dilatation des conduits de vapeur. — Les tuyaux de vapeur sont sujets, suivant qu'ils sont chauds ou froids, à des variations importantes dans leur longueur et dont il faut tenir grand compte dans leur établissement.

Le coefficient de dilatation du fer étant 0,0000123, une conduite de 50 mètres de longueur en passant de 0° à 130° se dilatera de $0^m,08$.

Le coefficient de dilatation du cuivre étant 0,0000171, la même conduite exécutée en cuivre se dilaterait, dans les mêmes circonstances, de $0^m,11$. Il faut donc, dans l'exécution d'une conduite, rendre possibles et faciles tous les mouvements qui sont la conséquence de cette dilatation. On y arrive en ne posant jamais les tuyaux de vapeur sur des supports fixes, et en adoptant comme règle, toutes les fois que cela est possible, de les suspendre à l'extrémité de tiges libres. En effet, lorsqu'on soutient une conduite longue sur des supports fixes et qu'il y a refroidissement, les tuyaux se contractent, il faut qu'il y ait glissement de toute la conduite sur ses supports, d'où une résistance très considérable que les boulons des joints ont à vaincre. Même phénomène, mais inverse, lorsque la conduite se réchauffe.

La figure 198 donne en (2) l'exemple d'une très bonne disposition que l'on emploie pour la suspension des tuyaux et qui permet de régler la longueur de chaque tringle et de donner à la conduite la pente nécessaire, tout en assurant la tension régulière de toutes les tiges.

On remplace quelquefois les tiges précédentes par des supports à rouleau scellés dans les murs ou fixés aux colonnes métalliques des bâtiments, ainsi qu'on le voit dans le croquis (1) de cette même figure 198; mais le premier mode est bien préférable.

Un second moyen consiste à ne jamais avoir d'alignements droits trop longs et à les fractionner en tronçons de 20 à 25 mètres de longueur au maximum et à relier les tronçons par des coudes flexibles ou des tuyaux en forme d'S. Il faut, de plus, que ces coudes aient un développement suffisant, pour que la flexibilité du métal pare à la dilatation.

La figure 187 montre en (1) l'emploi d'un coude, et en (2) l'emploi d'un S placés tous deux sur la longueur d'une longue conduite. Il y a bien des manières de disposer ces parties flexibles des conduites ; le principe à suivre consiste toujours à les maintenir par des colliers leur permettant tout mouvement dans leur plan, sans leur laisser possible la moindre déviation de ce dernier, comme ceux, par exemple, qui sont figurés dans le croquis 188.

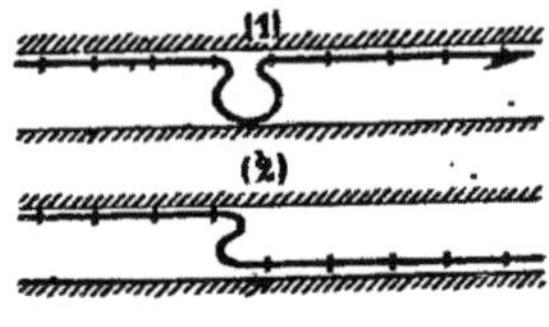

Fig. 187.

L'application de ces coudes de dilatation est fréquente dans les installations de chaufferies où sont installées côte à côte un certain nombre de chaudières à vapeur, comme le montre le dessin d'ensemble n° 189. Chaque générateur est pourvu d'un dôme sur lequel se fait la prise de vapeur, et toutes les prises partielles doivent se réunir en une seule conduite. Au lieu de rapprocher cette conduite générale des dômes et de les jonctionner par une tubulure rigide, qui ne permettrait aucune dilatation aux tuyaux ni aucun mouvement à la chaudière, on écarte, au contraire, la conduite des dômes et on fait un branchement partiel, pour chaque générateur, aussi long que possible et contournant le dôme par un coude pour prendre la vapeur sur une tubulure opposée.

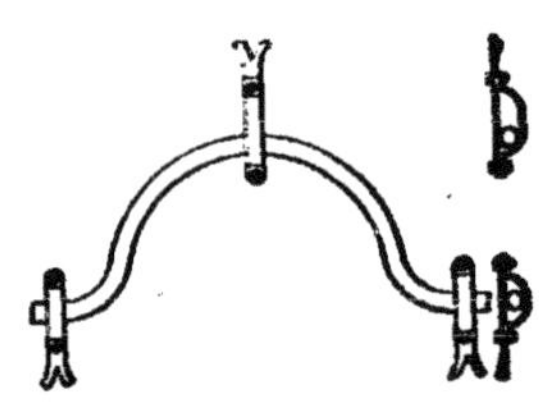

Fig. 188.

Lorsque les conduites sont d'un gros diamètre, les coudes deviennent onéreux, et on les remplace quelquefois par les deux dispositions suivantes : la première (*fig.* 190) consiste en une portion de conduite compressible formée de disques emboutis et rivés, ajoutés les uns aux autres, au nombre de trois ou quatre, et permettant une variation notable dans la longueur de la conduite. Ces disques se font en tôle de cuivre ou d'acier avec des épaisseurs suffisantes pour la résistance;

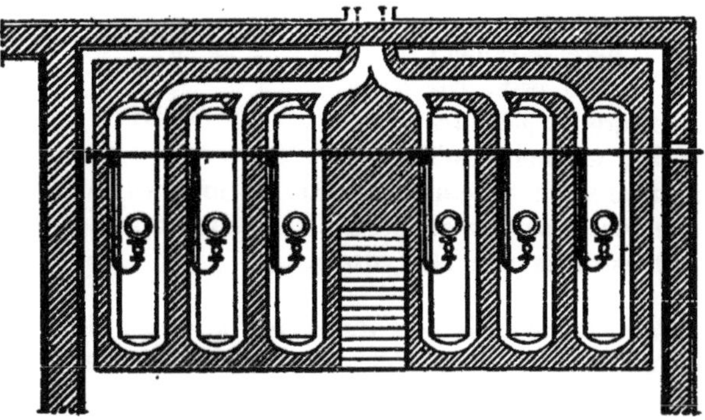

FIG. 189.

on a soin que le vide ne puisse en aucun cas se faire dans la conduite, pour éviter la pression extérieure sur ces larges surfaces.

La seconde disposition consiste à établir deux portions de

FIG. 190.

conduites tournées, entrant l'une dans l'autre d'une façon télescopique, l'étanchéité du joint étant obtenue par le moyen d'un presse-étoupes. Ces appareils, nommmés *joints compensateurs*, fonctionnent bien, à condition que le presse-étoupes soit bien entretenu. Ils sont nécessairement d'un certain prix, car il faut que la pièce intérieure au moins soit en bronze. On les emploie pour les longues conduites en fonte posées sur les supports à rouleaux, lorsque les coudes flexibles ne peuvent être admis.

Fig. 191.

232. Condensation dans les tuyaux de vapeur. — Toutes les fois que l'on conduit de la vapeur dans des tuyaux, il y a condensation partielle de la vapeur sur les parois refroidies et formation d'eau. Si l'on suppose un tuyau à 140° placé dans une cave à 10°, chaque mètre carré de tuyau perdra par heure 1 300 calories environ, d'où formation d'eau condensée à 140°.

Lorsque le développement d'une canalisation est important, on conçoit qu'il puisse se produire ainsi un certain nombre de litres d'eau de condensation. Il est important de s'en débarrasser. Si on la laisse s'accumuler, en effet, elle remplit des portions de tuyaux et obstrue le passage; de plus, par suite de condensations partielles et de pressions variables, elle est subitement lancée avec violence dans le sens des tuyaux, vient frapper brusquement les coudes et les robinets, et provoque ce qu'on appelle des *coups d'eau*. Ces effets désorganisent les canalisations, desserrent les joints, provoquent des fuites, et produisent des bruits stridents, intolérables dans les maisons habitées. Il faut donc les éviter à tout prix.

Lorsque la conduite de vapeur est de grand diamètre, on peut lui donner une pente vers la chaudière, de manière que l'eau condensée y retourne en cheminant en sens contraire de la vapeur; mais on comprend que cela n'aura lieu que si la vapeur a une vitesse assez faible pour ne pas faire remonter la pente au liquide, et, en second lieu, si on vient à serrer le robinet de prise, il arrêtera l'eau condensée qui s'accumulera dans la conduite, et la vapeur sera obligée de traverser cette couche d'eau pour entrer dans la canalisation.

Le principe à adopter est, au contraire, de faire circuler l'eau de condensation dans le même sens que la vapeur, au moyen d'une pente régulière de quelques millimètres par mètre que l'on donne aux tuyaux.

Lorsque la conduite est susceptible d'amener ainsi à un moteur un mélange de vapeur et d'eau condensée, il faut établir immédiatement avant l'entrée dans la machine, à un point bas que l'on crée, une bouteille métallique, garnie d'un petit robinet purgeur et d'un tube de niveau en verre qui avertit lorsqu'il y a de l'eau à évacuer.

Lorsque la vapeur est employée à des chauffages, il est de toute importance de la faire monter d'abord au niveau le plus haut auquel on doive l'élever, pour la faire redescendre ensuite d'une façon continue, et sans point bas intermédiaire, pendant son utilisation. Elle entraîne alors doucement et sans bruit son eau de condensation, qui se décharge dans chaque appareil utilisateur desservi.

233. Enveloppes des tuyaux de vapeur. — Pour diminuer la condensation intérieure des tuyaux, on a vu

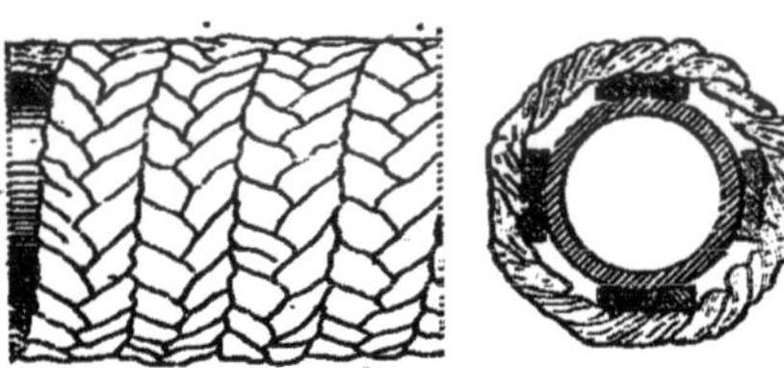

Fig. 192.

qu'il était utile de les envelopper. Un des moyens les plus simples, et en même temps des plus économiques, consiste dans l'emploi de tresses de paille. Pour les pressions élevées on fait durer davantage ces tresses en les isolant du métal au moyen de quatre lattes placées comme l'indique la figure 192.

On remplace avec avantage, dans les mêmes conditions, les tresses de paille par des bourrelets remplis de poudre de liège et sur lesquels on lisse quelquefois un enduit extérieur.

Lorsque les tuyaux de vapeur traversent des espaces froids on peut encore les contenir dans des caisses en bois remplies de liège en poudre.

Comme on l'a vu, il faut renouveler souvent ces enveloppes, car elles se brûlent facilement, et dès qu'elles se détériorent, leur pouvoir isolant diminue dans une très notable proportion.

234. Des robinets de vapeur. — Les robinets de vapeur pour les petits diamètres s'exécutent en bronze et prennent la forme des robinets à *boisseau et à brides* figurés dans le croquis 193 ; à partir des robinets de 0,040 à 0,050, les métaux grippent facilement et deviennent très durs, malgré les grandes poignées qui servent à manœuvrer la clef. On les remplace, pour ces diamètres et ceux au dessus, par des robinets fonte et bronze, à soupapes, dont il existe de nombreux modèles ; la forme la plus générale est représentée au croquis (1) (*fig.* 194). Une sphère creuse, traversée par une cloison oblique et munie de deux brides, forme la boîte du robinet. Dans la cloison est le siège horizontal d'une soupape se soulevant verticalement au moyen d'une tige filetée et d'un volant de manœuvre, avec presse-étoupe pour éviter toute sortie de vapeur.

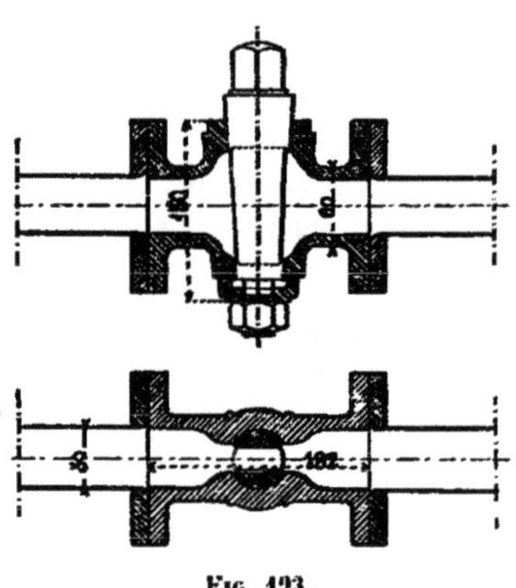
Fig. 193.

Pour les diamètres plus gros, on modifie la forme de ce robinet à soupape de manière à rendre la soupape plus accessible et à faciliter les réparations. On arrive ainsi à la forme du croquis n° 2. La tige de la soupape passe dans

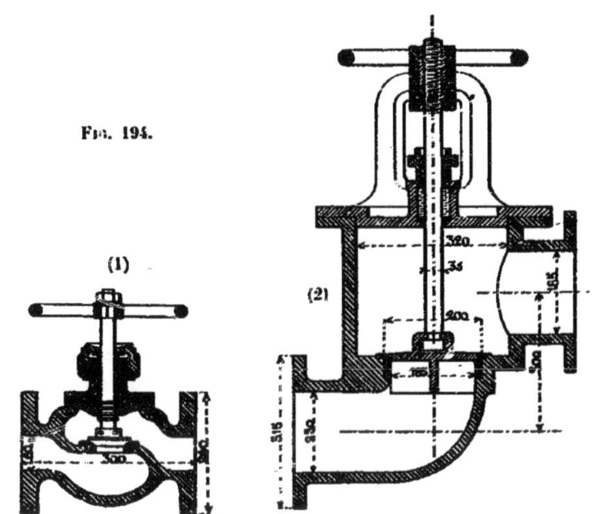

Fig. 194.

un presse-étoupes, mais la vis est extérieure. On a soin de limiter la course de la vis dès que la soupape se trouve suffisamment levée au-dessus de son siège pour donner la section de passage voulue.

§ 3. — Utilisation de la vapeur

235. Du chauffage à vapeur en général. — L'emploi de la vapeur au chauffage n'est entrée dans la pratique courante que depuis une vingtaine d'années, et encore n'est-ce que depuis peu que les applications tendent à se multiplier. Jusque-là on n'avait eu que des exemples isolés, tels que le chauffage de la Bourse de Paris, exécuté dès 1828.

La vapeur présente, sur les autres véhicules de chaleur,

de tels avantages que son choix s'impose pour la solution de nombreux programmes. Elle permet, en effet, de produire économiquement et industriellement, dans un atelier spécial, la chaleur nécessaire à tout un grand établissement, et de concentrer en un point le chauffage de pièces réparties sur un grand espace ; elle peut circuler, en effet, sans trop de pertes de calories, à des distances allant au besoin jusqu'à 800 mètres.

Alors que l'air ne contient, par kilogramme, que 24 calories ; alors que l'eau, par kilogramme, ne peut transporter que 60 à 80 calories ; la vapeur, sous même poids, peut en conduire jusqu'à 600 à 610 ; elle est donc, sous ce rapport, bien supérieure à l'air et à l'eau.

La vapeur transmet, aux surfaces avec lesquelles elle se trouve en contact, de grandes sommes de calories, du moment que ces surfaces peuvent les utiliser, ce qui est un avantage très appréciable dans nombre de circonstances, dans le chauffage des liquides par exemple.

La vapeur, en raison de sa grande mobilité, permet de chauffer instantanément ou de cesser de suite toute transmission, par l'ouverture ou la fermeture d'un simple petit robinet. On peut faire varier comme on veut le chauffage, entre les deux circonstances extrêmes.

Cette élasticité est très avantageuse ; elle permet de proportionner à volonté le chauffage au refroidissement, de le répartir dans un même édifice, en proportion des besoins variés des divers locaux, dont l'indépendance de température peut être complète, et, dans un même local, de suivre toutes les variations de la température extérieure. La vapeur ne forme pas volant de chaleur, comme on verra que cela a lieu avec le chauffage à eau chaude, lorsqu'il y a de grandes masses d'eau en circulation.

La vapeur donne, enfin, la faculté de fractionner le chauffage et de le réduire aux seules pièces en service.

Dans les habitations elle ne crée aucun danger d'incendie, et ne présente aucune chance d'explosion, lorsqu'on fait un choix judicieux du générateur. Elle présente l'inconvénient d'obliger à une sorte d'installation mécanique, exigeant un personnel spécial, lorsqu'on l'utilise sous des pressions élevées ; mais cette observation tombe d'elle-même avec l'emploi des basses pressions, adoptées maintenant, qui se règlent automatiquement et n'exigent que les soins très espacés du personnel domestique ordinaire.

236. Chauffages à haute pression. — Les chauffages à haute pression sont ceux pour lesquels la vapeur peut avoir, sans inconvénient, dans les canalisations, la même pression que dans le générateur, 5, 6, 8 kilogrammes, par exemple. Il est nécessaire, dans ces conditions, de construire des canalisations solides, bien disposées pour la dilatation avec des joints parfaitement établis. Il faut que la vapeur arrive au point le plus haut de leurs parcours, et qu'une pente uniforme, convenablement ménagée, conduise dans le même sens la vapeur et l'eau de condensation qui résulte du chauffage. Il faut, enfin, que cette eau de condensation s'écoule, à mesure de sa formation, sans pouvoir s'accumuler nulle part.

Ces chauffages à haute pression peuvent s'appliquer de bien des façons différentes, suivant les programmes à remplir. Les surfaces de chauffe les plus avantageuses à employer sont celles que l'on peut établir directement dans les locaux à chauffer ; de la sorte, on ne fait aucune perte de chaleur, et on utilise le rayonnement des surfaces elles-mêmes.

Ce genre de chauffage trouve une application très convenable dans les chauffages d'ateliers. Une disposition très simple consiste à faire circuler de la vapeur au moyen de tuyaux suspendus dans les locaux à chauffer, à une hauteur au-dessus du sol assez grande pour que les ouvriers puissent circuler dessous sans inconvénient. Elle s'applique aux filatures, aux tissages et autres ateliers analogues. Pour ce genre d'usines, qui s'étendent souvent à rez-de-chaussée dans des sheds de très grandes surfaces, quelques circulations espacées suffisent pour donner une température soutenue au degré voulu.

Dans l'étude des chauffages à haute pression, on a besoin, à tout instant de connaître les températures en degrés centigrades correspondant aux pressions de vapeur exprimées, soit en atmosphères, soit en kilogrammes par mètre carré. On les trouvera dans le tableau ci-dessous :

TEMPÉRATURES EN DEGRÉS CENTIGRADES CORRESPONDANT AUX PRESSIONS DE LA VAPEUR EXPRIMÉE EN					
Atmosphères (d'après Régnault)		Kilogrammes effectifs par cent. carré (Décret du 30 Avril 1880)			
p	T	*p*	T	*p*	T
	degrés		degrés		
1	100.00	0.5	111	10.5	185
2	120.60	1.0	120	11.0	187
3	133.91	1.5	127	11.5	189
4	144.00	2.0	133	12.0	191
5	152.22	2.5	138	12.5	193
6	159.22	3.0	143	13.0	194
7	165.34	3.5	147	13.5	196
8	170.81	4.0	151	14.0	197
9	175.77	4.5	155	14.5	199
10	180.31	5.0	158	15.0	200
11	184.50	5.5	161	15.5	202
12	188.41	6.0	164	16.0	203
13	192.08	6.5	167	16.5	205
14	195.53	7.0	170	17.0	206
15	198.80	7.5	173	17.5	208
16	201.90	8.0	175	18.0	209
17	204.86	8.5	177	18.5	210
18	207.69	9.0	179	19.0	211
19	210.40	9.5	181	19.5	213
20	213.01	10.0	183	20.0	214

237. Transmission par tuyaux horizontaux remplis de vapeur. — Le tableau suivant a été calculé au moyen des tableaux 92 et 96. Il donne le nombre de calories perdues par mètre carré et par heure (soit par rayonnement, soit par convection, ou par les deux causes ensemble) pour des températures de l'air ambiant variant de 10 à 50°, et des pressions de vapeur variant de 0 kil. 5 à 8 kilogrammes, en supposant un diamètre moyen de tuyau égal à 0^{m}.15 et ce tuyau horizontal. La paroi est supposée en tôle ou fonte rouillée.

PRESSION de la VAPEUR en kilogr.	TEMPÉRATURE CORRESPONDANTE	NOMBRE DE CALORIES TRANSMISES PAR MÈTRE CARRÉ ET PAR HEURE POUR DES TEMPÉRATURES DE L'AIR AMBIANT DE :														
		10°			20°			30°			40°			50°		
		RAYONNEMENT	CONVECTION	TOTAL	RAYONNEMENT	CONVECTION	TOTAL	RAYONNEMENT	CONVECTION	TOTAL	RAYONNEMENT	CONVECTION	TOTAL	RAYONNEMENT	CONVECTION	TOTAL
kilogr.	degrés															
0,5	111	522	417	939	493	367	860	453	318	771	411	270	681	367	224	591
1.0	120	600	463	1063	563	412	975	533	367	890	481	318	799	438	270	708
1,5	127	658	500	1158	621	449	1070	581	399	980	539	351	890	495	303	798
2.0	133	710	531	1241	674	479	1153	634	428	1062	541	378	919	547	329	876
2.5	138	754	558	1312	719	505	1224	678	456	1134	637	406	1043	593	357	950
3.0	143	804	585	1389	767	532	1299	726	479	1205	684	428	1112	640	378	1018
3,5	147	844	607	1451	807	553	1360	765	501	1266	723	450	1173	679	400	1079
4,0	151	882	629	1514	847	574	1421	805	521	1326	763	468	1231	720	417	1137
4,5	155	928	651	1579	888	597	1485	847	543	1390	805	490	1295	762	439	1201
5	158	952	668	1620	920	613	1533	879	560	1439	837	507	1344	793	456	1249
6	164	1023	701	1724	987	646	1633	945	591	1536	903	538	1441	860	487	1347
7	170	1092	736	1828	1056	679	1735	1014	624	1638	972	569	1541	930	516	1446
8	175	1153	764	1917	1117	706	1823	1076	651	1727	1033	596	1629	991	543	1534

Ce tableau permet de prendre vivement, pour un avant-projet, un chiffre suffisamment approché, dans la pratique, pour des tuyaux variant de $0^m,10$ à $0^m,25$ de diamètre, les chiffres par convection variant seuls de 1/10 au plus, et le total de 1/20.

Lorsque le tuyau est placé dans l'espace même à échauffer, la chaleur émise par rayonnement est utilisée tout entière, et le chiffre total est applicable. Lorsque la surface de chauffe est placée dans une chambre de calorifère ou dans une gaine, il faut ne prendre que la moitié du chiffre du rayonnement, et l'ajouter à la perte par convection. Si l'air se meut le long des parois des tuyaux avec une certaine vitesse, les chiffres donnés ci-dessus pour la convection deviennent faibles, et il y a lieu de les augmenter. Il devient, d'après cela, difficile de compter sur un chiffre bien fixe pour le rendement d'un calorifère sous enveloppe. Ce rendement dépendra de la disposition de l'appareil, de la manière dont les surfaces se présenteront au contact de l'air à chauffer, et enfin de la vitesse de l'air le long des parois.

D'ailleurs, le tableau montre la grande variation de puissance des surfaces de chauffe suivant la pression de la vapeur, puisque, lorsque la pression s'élève de 0 kil. 5 à 8 kilogrammes, le nombre de calories transmis va du simple à plus du double. Il en résulte une grande élasticité des chauffages à haute pression, lorsqu'on se ménage la possibilité de faire varier cette pression dans les appareils de chauffe, entre des limites très étendues.

Quand on remplace les surfaces lisses par des surfaces convenablement nervées, nous avons vu qu'on pouvait admettre, pratiquement, que la surface développée, obtenue ainsi, transmet une quantité de chaleur, par mètre carré et par heure, moitié de la quantité donnée dans les tableaux pour les surfaces lisses.

238. Chauffages Simon. — Comme spécimens de chauffages à haute pression au moyen de tuyaux horizontaux nous donnons quelques exemples de ceux que construit la maison Simon, de Saint-Dié, qui s'est fait une notable réputation dans ce genre de travaux.

La figure 195 représente un des nombreux chauffages exé-

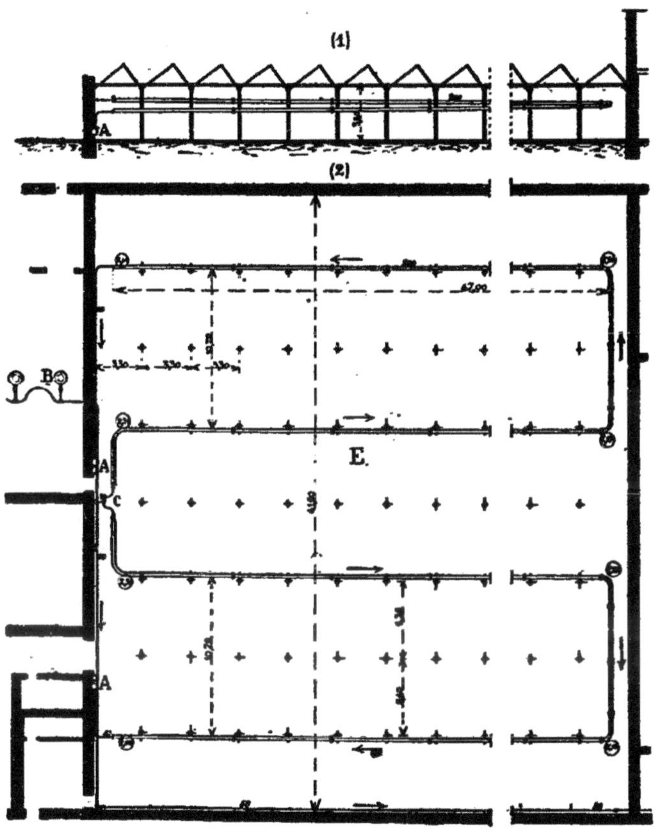

Fig. 195.

cutés par M. Simon, celui du tissage de MM. Dillies frères, à Roubaix.

L'atelier est un vaste rez-de-chaussée de 41^{m}.60 sur environ 50 mètres. Il est divisé en travées de sheds de $3^m,30$, et dans chaque travée les colonnes sont espacées de $5^m,40$. La hauteur du shed est de $3^m,80$ sous chéneau.

Il est facile de déterminer, au moyen des chiffres que nous avons donnés, la perte horaire que l'atelier peut subir par les grands froids pour une température déterminée, et d'en déduire la surface de chauffe dont on a besoin. Dans l'exemple figuré, la salle du générateur est adossée à l'atelier à chauffer; en B se trouvent les derniers dômes des générateurs et l'extrémité de la conduite qui réunit les prises. C'est à l'extrémité de cette conduite que l'on a branché le chauffage.

La surface de chauffe est obtenue au moyen de quatre grands tuyaux transversaux de 47 mètres de longueur chacun, et le diamètre adopté est de $0^m,200$.

Ils sont divisés en deux circuits partant d'un point de bifurcation C, formant un départ à environ $2^m,35$ au-dessus du sol, et c'est en ce point qu'arrive la vapeur par un tuyau de diamètre approprié.

Les tuyaux ont une légère pente régulièrement continue de $0^m,0033$ par mètre, qui les amène au point bas à 2 mètres du sol. C'est en ce point qu'arrive de la vapeur en excès non utilisée, et toute l'eau condensée par le chauffage. Il est urgent de se débarrasser de l'eau, sans laisser échapper de vapeur, ce qui constituerait une perte inutile. On établit alors un tuyau de départ, placé au point le plus bas, afin de recueillir jusqu'aux dernières parcelles d'eau; ce tuyau mène, en A, à un appareil spécial appelé *purgeur automatique* qui donne issue à l'eau seule en retenant la vapeur.

Suivant les dispositions des locaux, on peut ou perdre cette eau ou la recueillir ; toutes les fois qu'on le peut, on la récolte pour la faire servir à l'alimentation des chaudières. C'est de l'eau distillée ne contenant aucune impureté calcaire incrustante.

Telle est l'ensemble de la disposition le plus généralement adoptée pour ces chauffages d'ateliers. Il y a, suivant les programmes spéciaux des applications, des variantes possibles,

Ainsi, lorsque les chauffages sont très importants, il est

avantageux de leur consacrer une chaudière spéciale; les machines motrices deviennent complètement indépendantes, de telle sorte que l'uniformité de leur vitesse, qui peut être essentielle, n'est pas influencée par l'ouverture plus ou moins brusque et imprévue du robinet de chauffage. D'autre part, si on a pu placer les générateurs de vapeur assez bas au-dessous du sol de l'usine, on supprime les purgeurs et les ennuis de leur marche délicate, et on fait très avantageusement un retour direct de l'eau condensée à la chaudière. On a vu, au n° 224, les conditions qu'il est nécessaire de remplir pour que ce retour puisse s'effectuer convenablement.

Voici maintenant les détails d'exécution de ce chauffage.

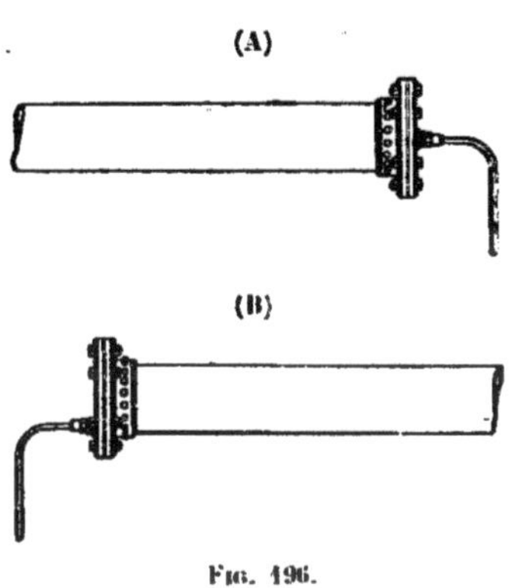

Fig. 196.

Les tuyaux qui forment les surfaces de chauffe peuvent être en fonte pour les petits diamètres; mais pour les diamètres importants on a avantage à les faire en tôle, ce qui les rend plus légers et permet d'espacer les joints. M. Simon employait des tuyaux en tôle soudée, de fabrication spéciale, très soignée, et dont la longueur pouvait aller jusqu'à 7 mètres. Il obtenait également de la même manière des coudes très régulièrement cintrés. Les joints de ces gros tubes, exécutés à brides tournées avec bagues en cuivre à biseaux, donnent une étanchéité parfaite.

Les extrémités des conduites sont bouchées par une bride pleine percée d'un trou plus petit où aboutit le tuyau d'arrivée de vapeur, ou d'où part le tuyau de départ d'eau condensée, ainsi que le représentent les deux croquis de la figure 196; en A est l'arrivée de vapeur, qui se fait au milieu même de la rondelle; en B est le départ de l'eau condensée, placé au point le plus bas de la bride pleine, afin de laisser échapper jusqu'à la dernière goutte de liquide.

Pour les canalisations de petit diamètre, M. Simon employait des tuyaux en fer étiré avec joints à raccords et à rodage ; et c'est avec ces mêmes sortes de joints qu'il jonctionnait les robinets de prise ou de réglage. La figure 197, dans son croquis (1), représente un robinet à boisseau ainsi assemblé avec le joint rodé à raccord dont il vient d'être question.

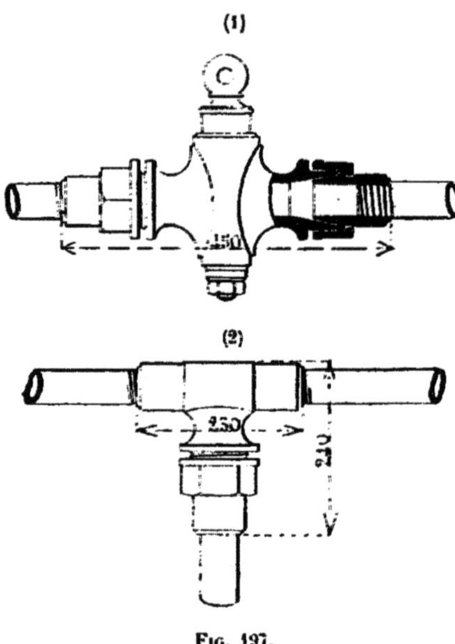

Fig. 197.

Lorsque ce joint est bien fait, il ne donne lieu à aucune fuite ; il résiste pour ainsi dire indéfiniment à la pression de la vapeur, sans demander aucune réparation.

Le croquis (2) de la même figure indique un branchement sur un tuyau, fait au moyen d'un manchon à T. Les joints préparés d'avance à l'atelier sont établis à vis et fortement serrés, tandis que le joint exécuté sur le tas, pendant le montage, est un joint à rodage.

On a vu, à propos des canalisations de vapeur, le grand

intérêt qu'il y a à ménager la libre dilatation des tuyaux, afin d'éviter que la traction sur les joints ne les désorganise et ne produise des fuites. Une conduite bien facilement dilatable ne donne lieu qu'à des réparations bien rares.

Ici, en raison de la position des tuyaux, il est facile de

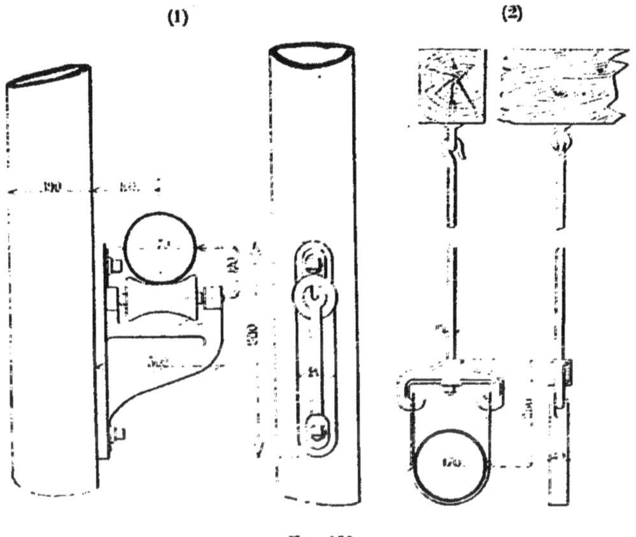

Fig. 198.

les disposer pour une dilatation très libre, il suffit de les suspendre à la charpente de l'atelier à chauffer.

Un premier moyen, lorsque le tuyau suit un mur ou une file de colonnes, consiste à faire supporter le tuyau, de distance en distance, sur des supports à rouleaux, tels que celui qui est figuré dans le croquis (1) de la figure 198.

Le rouleau doit être très mobile autour de son axe et, quand il est bien établi et bien entretenu, il donne de bons résultats.

Mais le moyen le plus sûr et le meilleur consiste à suspendre le tuyau à une tige verticale attachée par crochet à la charpente supérieure et réglé à la longueur nécessaire, au moyen d'une partie inférieure filetée et d'un écrou. Ce boulon supporte une traverse en fonte à crochets à laquelle on fixe un fer rond ou un feuillard formant ceinture, et qui enveloppe le tuyau par dessous. C'est cette disposition qui est représentée dans le croquis (2) de la figure 198. C'est celle qu'il y a lieu de préférer toutes les fois que cela est possible.

Il ne reste plus, pour terminer le détail de ce chauffage,

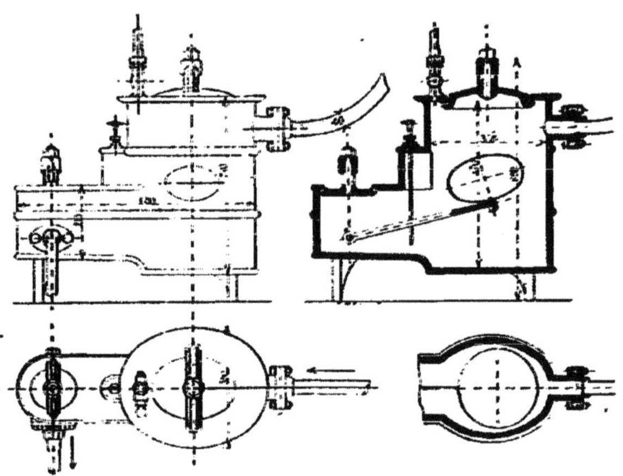

Fig. 199.

qu'à étudier le purgeur automatique auquel aboutissent les conduites de chauffage dans le cas le plus défavorable, celui où l'on ne peut pas faire revenir directement dans le générateur l'eau de condensation du chauffage. Il y a bien des purgeurs automatiques, et il en sera indiqué plusieurs dans le cours de ce chapitre; ils ont tous pour objet de séparer l'eau de la vapeur, de donner issue à l'eau en retenant la vapeur.

Le purgeur Simon est représenté dans les quatre croquis de la figure 199.

C'est une boite en fonte munie de joints autoclaves de

visite. Cette boîte est assez solide pour résister à la pression maximum de la vapeur.

Elle reçoit deux tuyaux : celui du haut lui amène un mélange d'eau et de vapeur ; le second, plus bas, donne issue à l'extérieur. L'eau s'accumule dans le récipient, et son niveau s'élève. En s'élevant, elle soulève une boule métallique creuse formant flotteur, et attachée à un levier fixé à un axe qu'il entraîne dans son mouvement de rotation. Cet axe, grâce à un pas de vis prend un léger mouvement latéral qui soulève une soupape chargée de démasquer et d'ouvrir le tuyau d'issue. Dès que l'excès d'eau est parti, le flotteur retombe, la soupape se ferme, et l'écoulement de la vapeur qui surmonte l'eau ne peut se faire.

239. Chauffage des bâtiments à étages. — Le chauffage dont il vient d'être question, par tuyaux lisses suspendus, est applicable aussi bien à des bâtiments à étages qu'à des ateliers à rez-de-chaussée.

La seule condition à remplir consiste à amener la vapeur directement d'abord à l'atelier du haut, et à y établir une circulation avec pente, comme celle qui vient d'être décrite. Puis, la vapeur, sortant de l'étage supérieur, vient dans l'atelier du dessous, où elle circule de la même façon, et ainsi de suite d'étage en étage jusqu'au purgeur inférieur, s'il est nécessaire, ou jusqu'au retour à la chaudière.

La figure 200 représente ainsi un chauffage de deux ateliers superposés dans un bâtiment de forme irrégulière. Il est établi en tuyaux de $0^m,200$ de diamètre ; et, pour obtenir la surface de chauffe déterminée par le calcul, on a replié le tuyau sur lui-même en plan, de façon à augmenter la surface dans la partie la plus large des salles à chauffer.

La vapeur suit le parcours qui vient d'être indiqué ; après avoir chauffé l'atelier G, elle chauffe en seconde circulation l'atelier F, et arrive enfin au purgeur, qui ne laisse sortir que l'eau condensée.

Cette disposition suppose que les deux ateliers superposés doivent toujours servir à la fois et être chauffés en même temps. C'est pourquoi on a rendu leur chauffage dépendant l'un de l'autre. Il est des cas où les ateliers n'ayant aucune corrélation doivent être tout à fait indépendants. Le chauffage, pour s'y prêter, est alors disposé de la façon suivante :

Chaque atelier a son branchement spécial de vapeur, avec robinet d'arrêt en tête du chauffage. Chacun aussi a son purgeur à la fin de la circulation. On peut chauffer une des pièces, en laissant l'autre atelier sans chauffage, ou bien régler chaque salle à la température propre qui lui convient.

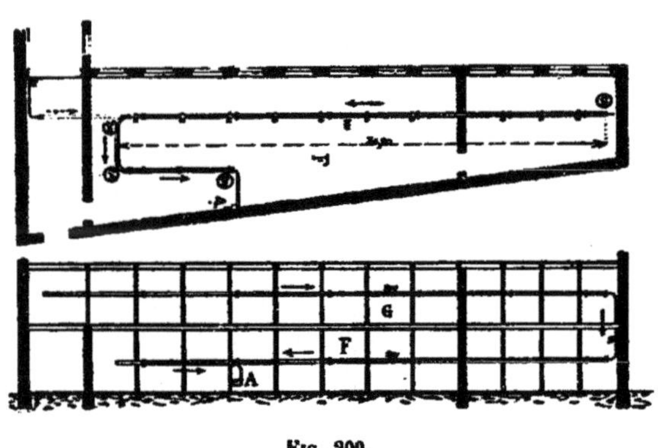

Fig. 200.

C'est ainsi que l'on opère lorsque l'on a affaire à des bâtiments importants composés d'étages nombreux superposés. Il est toujours utile, même lorsque les ateliers fonctionnent en même temps, de pouvoir régler séparément la température de chacun des étages.

Les deux figures 201 et 202 représentent le chauffage par circulation de tuyaux d'un grand bâtiment d'usine : la filature de MM. Dillies frères, à Roubaix.

Ce bâtiment, dont on n'a figuré que les deux extrémités, a une longueur de 80 mètres, sur une largeur de 20 mètres ; il est élevé d'un rez-de-chaussée et de quatre étages carrés, au dessus. Les étages inférieurs sont éclairés par des fenêtres latérales percées dans les murs de face ; le dernier

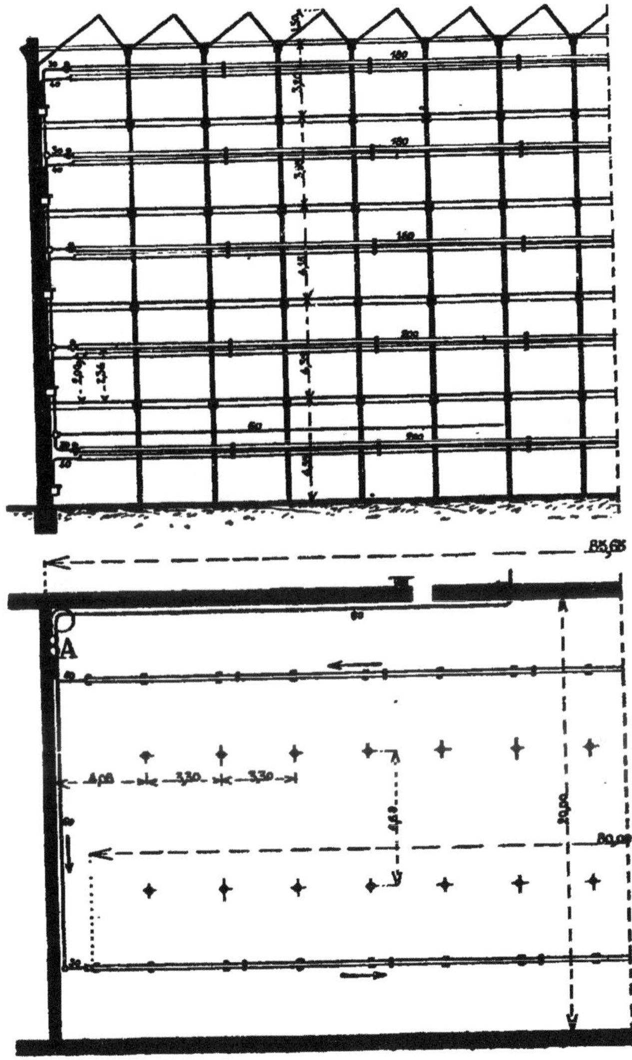

Fig. 201.

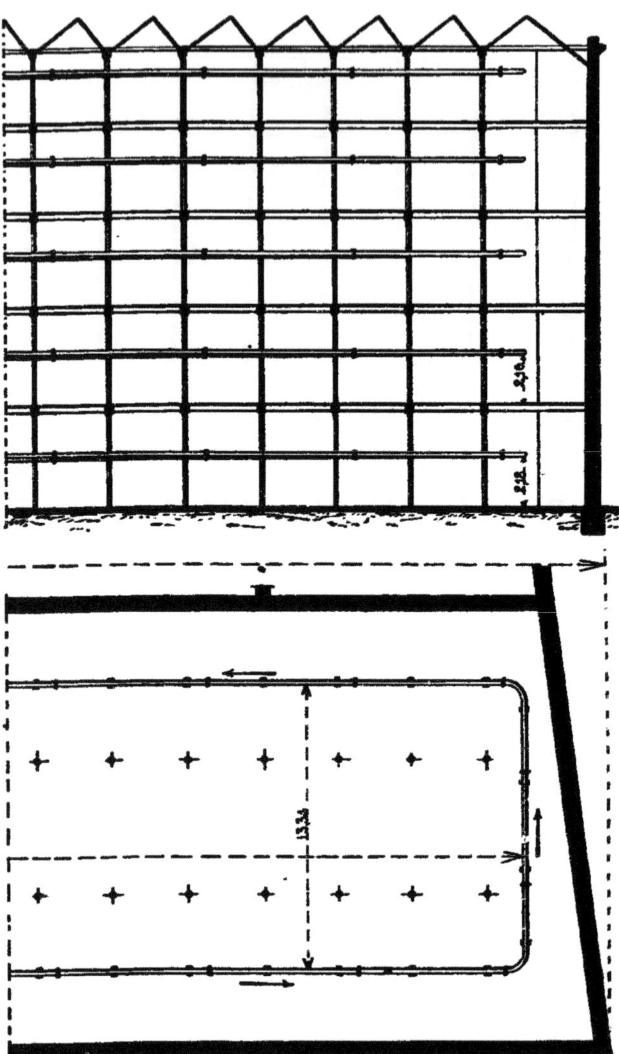

Fig. 202.

atelier du haut est couvert et éclairé par des sheds. Les hauteurs sont variables, de $4^m,55$ à $3^m,20$. Les planchers sont portés par les murs et par deux files longitudinales de colonnes, formant ainsi trois travées.

Le chauffage de chaque atelier est obtenu par deux longueurs de canalisation en tuyaux Simon, réunies par une conduite transversale, et ces tuyaux sont établis dans les travées extérieures qui sont le plus exposées au refroidissement.

Le rez-de-chaussée et le premier sont munis de conduites de $0^m,200$ de diamètre ; les autres étages sont chauffés par des tuyaux de $0^m,180$, et dans chaque étage la circulation part d'un point haut, où elle reçoit la vapeur par l'intermédiaire d'un robinet d'arrêt et de réglage ; elle poursuit le parcours qui a été indiqué, avec une légère pente permettant le mouvement de l'eau condensée dans le même sens que celui de la vapeur, et arrive enfin au purgeur indiqué en A.

Le point le plus haut de chaque canalisation est à $2^m,34$ du sol ; le point le plus bas, à 2 mètres ; le parcours total est de 173 mètres ; cela correspond à une pente de $0^m,00196$, c'est-à-dire de deux millimètres par mètre environ.

La canalisation de vapeur directe nécessaire pour alimenter ce chauffage est indiquée en plan. La vapeur, produite à rez-de-chaussée, arrive par un tuyau de 60 ; elle parcourt l'atelier du rez-de-chaussée jusqu'au point haut de la canalisation de chauffage ; elle monte dans les étages et forme une colonne verticale sur laquelle se feront toutes les prises.

Pour chaque étage, il y a un branchement de 30 millimètres de diamètre, avec robinet d'arrêt et de réglage, qui rejoint la tête de la canalisation. La colonne montante se purge directement dans la circulation de chauffage du rez-de-chaussée.

D'autre part, chaque canalisation communique à son purgeur automatique par un tuyau de 40 millimètres de diamètre.

Quant aux eaux des purgeurs, elles sont ou bien évacuées

directement dehors ou réunies dans un large tuyau, qui les emmène aux chaudières, où des pompes les reprennent, tandis que le haut de ce même tuyau, débouchant à l'extérieur, laisse sortir le peu de vapeur que laissent toujours passer, de temps en temps, les purgeurs.

Si dans un certain nombre de ces chauffages bien établis, appliqués à des bâtiments de filatures, de tissages ou ateliers analogues, on cherche à se rendre compte du rapport qui existe entre la surface de chauffe adoptée et le cube des locaux chauffés, on trouve que l'on emploie une surface de $1^m,50$ à 2 mètres par 100 mètres cubes. Et ce nombre est sensiblement constant pour ce genre d'ateliers. Nous donnons ce chiffre, qui peut permettre une sorte de vérification dans les calculs d'un chauffage appliqué à des ateliers dans des conditions peu différentes.

Le chiffre de $1^m,50$ se rapproche des applications à de grands ateliers disposés en sheds, avec double paroi, et celui de 2 mètres aux ateliers plus petits ou moins protégés contre le refroidissement extérieur, ou encore à ceux où l'intermittence du chauffage exige une surface de chauffe plus importante.

240. Chauffage à haute pression par tuyaux nervés. — MM. Sée, constructeurs à Lille, ont exécuté des chauffages d'ateliers avec des tuyaux de plus petits diamètres, munis d'ailettes en forme de disques pour augmenter la surface de contact avec l'air. Ils suspendent leurs tuyaux de la même façon que dans les chauffages de M. Simon.

La figure 203 représente le chauffage d'un atelier à rez-de-chaussée : celui de l'atelier de construction de l'Artillerie à Puteaux. Le local est composé de deux rectangles communiquant et constituant une salle unique ; l'un a 50 mètres sur 62 mètres ; le second, 20 mètres sur 28 mètres. Les colonnes sont espacées de 5 mètres en tous sens.

Un second croquis indique la forme des tuyaux employés. Ce sont des tuyaux en fer de $0^m,060$, auxquels on a ajouté des nervures dans certaines portions du parcours.

L'exiguïté des conduites n'a pas permis de faire le chauf-

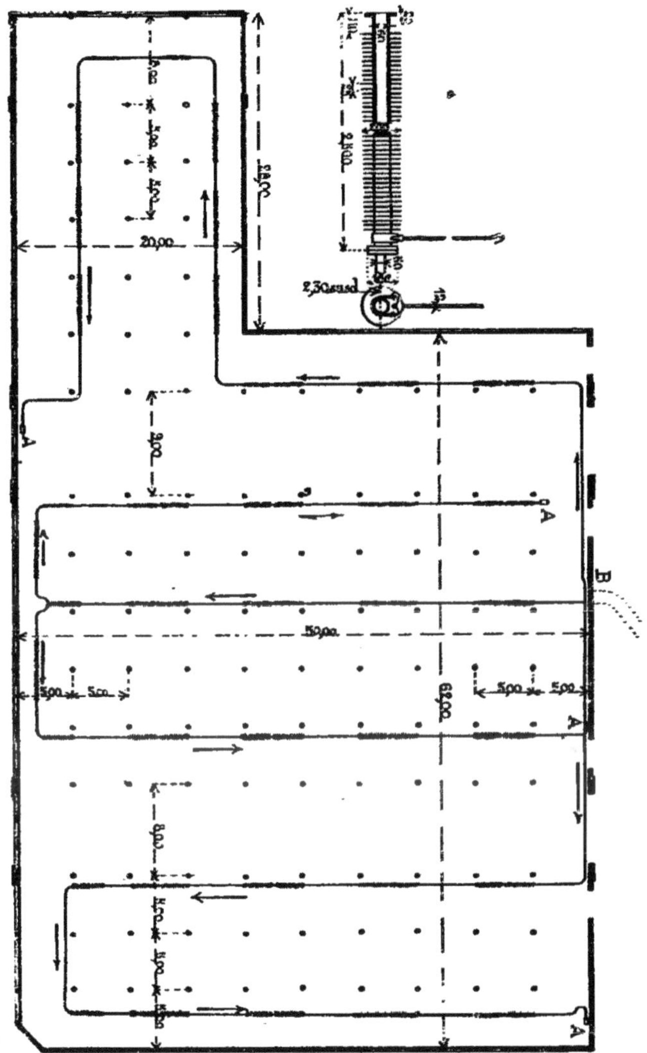

Fig. 203.

fage de l'atelier au moyen d'une seule circulation; on a donc fractionné le parcours de la vapeur. Elle arrive en B, se divise en trois, pour donner naissance à trois parcours distincts, réglés chacun par un robinet en tête. Les deux circulations extrêmes forment un circuit direct et aboutissent à des purgeurs indiqués en A sur le plan. La circulation du milieu, après avoir traversé l'atelier, se bifurque en deux conduites également transversales, aboutissant aussi à un purgeur.

Le calcul des surfaces a amené à établir des ailettes sur la moitié environ du parcours des conduites, et le plan indique la répartition de ces surfaces.

Les tuyaux à ailettes employés dans ce chauffage ont $0^{m},06$ de diamètre intérieur, $0^{m},20$ de diamètre extérieur. Les ailettes sont distantes de $0^{m},025$ l'une de l'autre, et la surface de chauffe est de $2^{mq},30$ par mètre courant.

Le cube total de l'atelier est de 16.470 mètres; la surface de chauffe est de près de 450 mètres. La surface par 100 mètres cubes est d'environ $2^{mq},74$.

Quatre purgeurs automatiques règlent la sortie de l'eau condensée, tout en retenant la vapeur.

241. Tuyaux près du sol ou dans le sol. — Tous les ateliers ne se prêtent pas à un chauffage par tuyaux suspendus ainsi à une certaine hauteur au-dessus du sol. Ceux qui, notamment, sont mal fermés par le haut ne profiteraient pas d'un chauffage ainsi établi : l'air chaud monterait au plafond mal clos et s'échapperait sans utilité. On est obligé, dans ces locaux, de rapprocher les tuyaux du sol, de manière que les ouvriers puissent au moins recevoir la chaleur rayonnante.

On fait circuler la vapeur le long des parois, sous les établis installés devant les vitrages, et on a soin qu'il y ait une fente libre de 5 à 6 centimètres entre l'établi et la paroi, pour que l'air chaud qui se dégage monte le long du vitrage et combatte le courant d'air froid, qui tend à le parcourir de haut en bas.

On évite ainsi une grande gêne pour l'ouvrier.

Lorsque la disposition des locaux ne se prête pas à cette

disposition, on a encore la ressource de faire circuler les tuyaux dans un caniveau établi dans le sol et recouvert d'une série de plaques ajourées. On rapproche les surfaces des ouvriers ; on les fait passer même sous leurs pieds, afin qu'ils en profitent dans la plus large mesure possible. Les seuls inconvénients de cette manière de disposer les surfaces de chauffe sont de n'utiliser qu'une fraction de la chaleur rayonnante, et de recevoir les ordures et produits de balayage. Les caniveaux demandent alors une surveillance incessante et de fréquents nettoyages.

242. Chauffage d'ateliers par poêles à vapeur. — Des ateliers ou des magasins peuvent être avantageusement chauffés également par des poêles à vapeur disposés de distance en distance au milieu même des locaux, en les multipliant et les répartissant au mieux. MM. Sée emploient à cet effet un poêle très simple représenté dans la figure 204. Cet appareil est composé d'un cylindre posé verticalement sur sa base moulurée, et terminé en haut par une calotte amincie. Les parois verticales sont munies de nervures présentant une saillie de 0m,06 à 0m,08, et qui développent une surface considérable.

Fig. 204.

La vapeur arrive par le haut, et la dépense est réglée par une valve; l'eau condensée s'échappe par le bas, et le départ est également réglé par un robinet.

Le tuyau de retour d'eau se rend à un purgeur automatique, qui laisse passer l'eau sans que la vapeur puisse s'échapper. Dans d'autres installations, lorsque la hauteur des locaux au-dessus des chaudières le permet, on fait retourner directement l'eau condensée dans le générateur.

243. Calorifère d'usine. — Disposition pour éviter les condensations. — Dans les exemples qui précèdent, on a vu que l'on baissait les tuyaux le plus possible, afin de répartir mieux la chaleur dans toute la hauteur de l'atelier. Dans l'exemple présent, le calorifère n'a pour but que de chauffer suffisamment le plafond de la salle et l'air qui se trouve en contact avec lui, afin d'éviter les condensations dues au froid extérieur. On emploie cette disposition dans les ateliers qui dégagent beaucoup de vapeur, tels que les papeteries, teintureries, etc. Sans cette précaution, et lorsque la paroi n'est pas suffisamment isolante, les condensations se réunissent en gouttes, après avoir mouillé le plafond, et, en

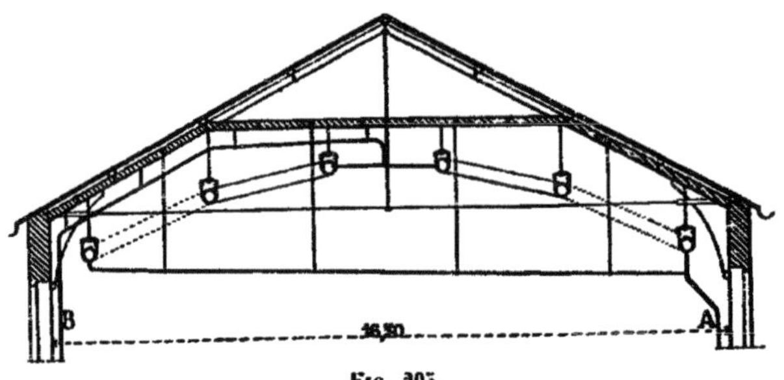

Fig. 205.

tombant sur les matières traitées, peuvent y causer des avaries et des déchets.

On a recours souvent, pour éviter cet inconvénient, à l'emploi d'un véritable calorifère à vapeur, composé, comme l'indique la figure 205, de plusieurs lignes longitudinales de tuyaux de $0^m,12$ à $0^m,15$ de diamètre, répartis sous le plafond, et dans lesquels on fait circuler soit de la vapeur à pleine pression, soit de la vapeur détendue dans son passage à travers une machine à vapeur.

On suspend les tuyaux à $0^m,60$ environ au-dessous du plafond à protéger. La vapeur arrive en B, monte à la partie supérieure, se bifurque pour alimenter deux circulations parallèles symétriques. En raison d'une pente continue d'au moins $0^m,003$ par mètre, elle circule dans les conduites, en descendant dans le même sens que l'eau de condensation. Le tout aboutit à un tuyau de retour A, muni d'un purgeur automatique, si l'on emploie de la vapeur directe, ou débouchant directement au dehors, s'il s'agit de l'échappement d'une machine.

On établit les combles de ces ateliers, où une grande humidité se dégage, au moyen de surfaces hourdées, et on prend pour ces hourdis des matériaux peu conducteurs. Lorsqu'on construit les bâtiments à neuf, on a avantage à exécuter les hourdis en briques de liège, qui forment un excellent isolant et qui, si elles ne dispensent pas toujours du calorifère supérieur, permettent d'en réduire les dimensions et diminuent notablement la consommation de vapeur.

244. Emploi de la vapeur d'échappement. — On a facilement l'idée d'appliquer au chauffage des ateliers la vapeur d'échappement des machines motrices. La vapeur se détend dans la machine et circule dans les canalisations que nous venons d'étudier. On peut ainsi utiliser une machine d'un rendement moins bon, que l'on fait marcher sans condensation.

Dans la pratique, cette combinaison donne lieu à des mécomptes. Il est rare que la quantité de vapeur produite par l'échappement coïncide avec celle qui doit être fournie pour le chauffage. Cela n'arrive, dans tous les cas, que pour une température déterminée.

S'il y a trop de vapeur, le chauffage est en excès, on dépense de la vapeur inutilement; il faut ouvrir des baies, ce qui peut être nuisible à la fabrication. S'il y a insuffisance, il faut ajouter de la vapeur directe, qu'on injecte au commencement du calorifère, et qui se mélange à l'échappement; il faut aussi employer de la vapeur directe pendant les arrêts de la machine; c'est un service dont il faut constamment s'occuper.

Il est préférable de beaucoup de rendre le chauffage complètement indépendant des machines. Sa marche est bien plus régulière et ne vient pas créer des perturbations dans le fonctionnement de l'usine; lorsque l'on a une bonne machine, la dépense de combustible n'est pas plus forte qu'avec l'utilisation de l'échappement.

Dans les usines, où la machine motrice doit marcher avec la plus grande régularité, on trouve même avantage à séparer une ou deux chaudières et à les affecter spécialement au service du chauffage. De la sorte, une prise de vapeur brusque, pour la mise en train d'une canalisation de chauffage, ne vient pas déranger l'allure de marche du moteur.

Il faut ajouter qu'au point de vue de la tuyauterie on a moins de fatigue pour les joints, et moins de chances de fuites avec un chauffage régulier indépendant, qu'avec les dilatations dues aux continuelles modifications causées par l'échappement.

245. Emploi des chauffages à haute pression dans les bâtiments d'habitation. — L'emploi des chauffages à haute pression s'applique sans inconvénient aux ateliers. On y trouve l'avantage d'avoir des surfaces à températures élevées, donnant une grande transmission par mètre carré. Dans ces sortes de locaux, les calorifères suspendus offrent peu de chances de fuites, en raison de leur facile dilatation ; d'ailleurs, une fuite n'est ni dangereuse ni nuisible, et l'on a les moyens de la réparer de suite. On n'a pas à s'inquiéter non plus du sifflement de la vapeur dans les passages étranglés des robinets, bruit qui est couvert par les autres bruits des ateliers.

Toutes ces circonstances deviennent autant d'inconvénients très graves dans les habitations où on ne doit entendre aucun bruit, n'avoir jamais de fuite de vapeur ou de sorties d'eau suintant des appareils. De plus, les calorifères placés à demeure en des points fixes se prêtant mal aux dilatations des tuyaux, les joints fatigueraient beaucoup et ne tiendraient pas la vapeur à haute pression. Les accumulations locales d'eau condensée, lancées à grande vitesse dans la canalisation, lorsqu'on se sert de vapeur à tension élevée, y produisent des claquements inquiétants, impossibles à tolérer.

Pour toutes ces raisons, il faut proscrire l'emploi de la

vapeur à haute pression pour le chauffage d'une portion habitée, même dans les bâtiments d'usine, même pour les bureaux de cette usine, à plus forte raison pour les établissements qui ne comportent que des locaux habités.

On prend alors, suivant les cas, soit des chauffages à moyenne pression, soit des chauffages à basse pression. C'est de ces chauffages qu'il va être maintenant question.

246. Chauffage à vapeur à moyenne pression. — Les chauffages à vapeur à moyenne pression conviennent principalement pour le service des bâtiments d'habitation qui occupent un grand développement de locaux, soit dans un seul édifice, soit répartis dans une série de constructions voisines. Il faut que l'importance de l'établissement permette l'installation de chaudières et l'emploi continuel d'un chauffeur exercé.

Les chaudières doivent produire la vapeur avec une tension suffisante pour assurer ses parcours les plus éloignés. Dans la plupart des cas, la marche à 2 ou 3 kilogrammes de pression suffit pour obtenir une circulation convenable sur tous les points du chauffage.

Ce n'est que pour des établissements dont les bâtiments sont répartis sur une grande étendue de terrain, où la vapeur aurait à parcourir des espaces de 600 à 800 mètres, qu'il faudrait timbrer les générateurs à 5 ou 8 kilogrammes. Mais, pour éviter qu'une pression aussi forte puisse, même accidentellement, se produire dans les canalisations ou appareils de chauffage, on fait, à l'arrivée à chaque bâtiment, passer la vapeur dans un appareil détendeur qui ne lui permet qu'une pression réduite à 1 kilogramme ou 1 kil. 1/2 ; une soupape de sûreté, placée à l'origine de la canalisation, assure qu'en aucun cas cette pression ne pourra être dépassée.

On peut alors en toute sécurité employer des appareils plus légers, plus économiques. On peut les établir de telle sorte que les fuites soient extrêmement rares, et, si la disposition est bien comprise, éviter toute espèce de bruit, surtout pour les chauffages continus de jour et de nuit.

C'est encore le chauffage à moyenne pression qui convient

dans les habitations et bureaux des usines, et, en général, toutes les fois que dans un établissement on a de la vapeur disponible. Quelle que soit la pression du générateur, on réduit la tension au degré convenable, et on exécute le chauffage ainsi qu'il va être dit.

247. Détendeurs de vapeurs. — On emploie, pour détendre la vapeur et abaisser sa pression à un chiffre déterminé, des appareils bien divers nommés *détendeurs* qui sont tous établis d'après le même principe : une soupape pressée par l'action d'un poids ou d'un ressort, action qui correspond à la diminution de pression à obtenir.

La figure 206 représente un détendeur construit et employé par MM. Geneste et Herscher. L'appareil consiste en une boîte communiquant avec la canalisation à établir, et recevant de la vapeur à haute pression d'un tuyau latéral muni d'un robinet.

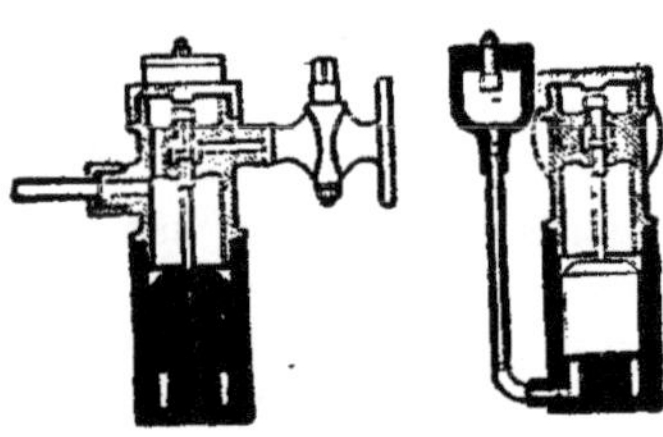

Fig. 206.

Dans cette boîte est une soupape à laquelle est suspendu un poids, et sous laquelle agit la vapeur. Le poids est réglé de telle sorte que la vapeur ne puisse sortir à une pression supérieure à celle qu'on désire, 1 kilogramme ou 1 kil. 5 par exemple. On achève de le régler en faisant tremper partiellement le poids dans un bain de mercure en relation avec un vase communiquant latéral.

Dans cet appareil la pression de la vapeur détendue suit les variations de pression du générateur.

Un autre détendeur dû également à MM. Geneste et Herscher est dessiné (*fig.* 207). Il se compose d'une boîte en fonte communiquant par le haut avec la source de vapeur, et par le bas avec la canalisation. Une séparation porte une soupape dont la tige pose sur une pièce verticale attachée à un diaphragme, et maintenue par un ressort extérieur qui tend à la soulever. Si la pression baisse dans la canalisation, le ressort agit par dessous et lève la soupape. La course de celle-ci est limitée par un butoir supérieur.

Cet appareil parfaitement imaginé n'a pas donné en pratique les résultats qu'on en attendait.

Un détendeur très commode est celui de M. Deniau, représenté (*fig.* 208).

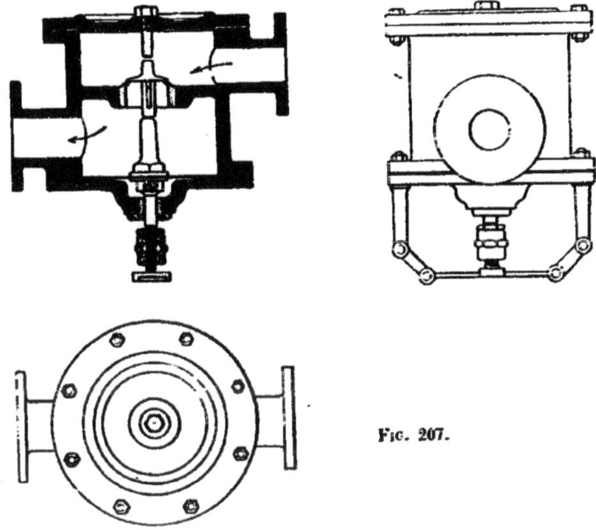

Fig. 207.

Il se compose d'un corps de pompe vertical alésé muni de deux tubulures latérales. Par l'une arrive la vapeur du générateur, par l'autre s'échappe la vapeur détendue. Un double piston, cannelé pour tenir la vapeur, monte et descend dans le corps de pompe, et joue le rôle de tiroir.

Lorsqu'il descend, il entraîne la bride inférieure que tendent à ramener deux ressorts latéraux, dont on règle la tension par un volant inférieur.

Si la pression tend à s'élever dans la canalisation, l'intérieur du piston reçoit cette pression, alors qu'au dessus il n'y a que la pression atmosphérique additionnée de l'action des ressorts. Le piston monte et restreint l'orifice. Dès que l'excès de pression disparaît, le tiroir s'abaisse, et le passage augmente.

On peut encore ranger dans les détendeurs de vapeur le

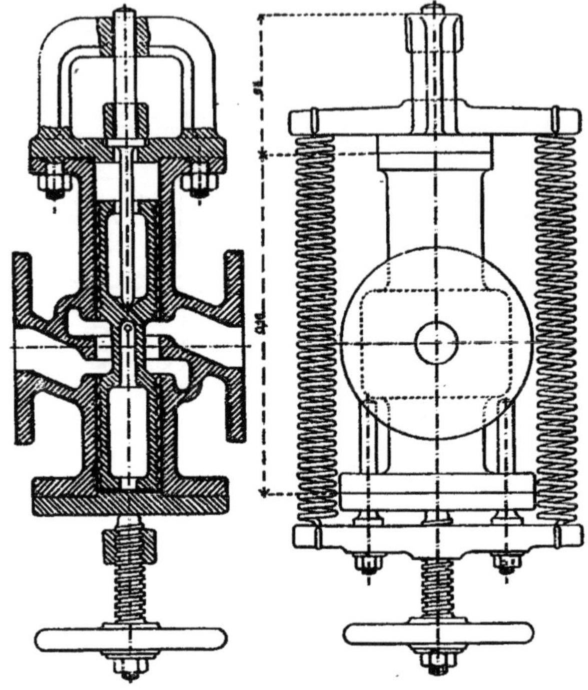

Fig. 208.

régulateur de pression, système Grouvelle, et le servo-régulateur de ce même constructeur.

248. Régulateur de pression, système Grouvelle. — Le régulateur de pression qu'emploient MM. Grouvelle et Arquembourg se compose de trois parties (*fig.* 209).

1° La boîte supérieure d'admission et de détente de la vapeur, communiquant avec la canalisation par l'intermédiaire d'une soupape double équilibrée C. La vapeur arrive par la bride de droite, traverse la soupape qui règle son passage, se détend au delà, et se rend par la bride de gauche au chauffage.

2° Une boîte à membrane inférieure dans laquelle une feuille flexible de caoutchouc, serrée au pourtour dans un joint à brides, a son milieu compris entre deux larges disques qui ne lui laissent qu'un mouvement limité. Cette boîte est reliée à la première par un long tube vertical. Au-dessus de la membrane agit la pression de la vapeur détendue, par l'intermédiaire d'une colonne d'eau, qui se maintient froide par suite du refroidissement des parois augmenté encore par des nervures extérieures B.

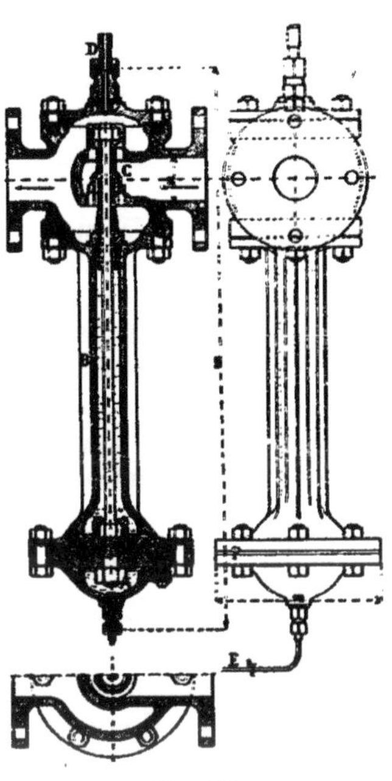

Fig. 209.

Au-dessous de la membrane est une capacité A mise en relation avec un fluide de pression déterminée au moyen du tube E.

La membrane flexible est reliée à la soupape équilibrée par une tige métallique, et lui communique son mouvement. Si dans le chauffage la pression est supérieure à π, la membrane est abaissée et, la soupape étant fermée, la vapeur cesse d'arriver. Dès que la pression diminue, c'est le fluide extérieur de pression π qui soulève la soupape et qui laisse de nouveau passer la vapeur du générateur. La pression π au moyen d'une série continuelle d'oscillations sera donc maintenue dans le chauffage.

Un ajutage qui entoure la tige verticale au-dessus du

tube et monte jusqu'à la soupape inférieure, empêche les impuretés entraînées par la vapeur de se mêler à l'eau et de gêner le fonctionnement de la soupape.

Quant au fluide qui arrive par le tuyau E, ce peut être l'eau du servo-régulateur dont on règle à volonté la pression depuis la chambre de chauffe (on évite alors les variations brusques en donnant au tuyau E un très petit diamètre). Ce peut être aussi l'eau ou le mercure d'un manomètre à l'air libre à partie supérieure évasée, de manière à être à niveau constant. Dans cette seconde hypothèse, la pression est absolument fixe.

La surface est calculée de telle sorte que la puissance développée par une faible variation de pression de la vapeur, dans l'un ou l'autre sens, suffit pour vaincre les résistances que la soupape équilibrée réglant le passage de la vapeur rencontre dans son mouvement. Dans ces conditions, la sensibilité de l'appareil est très grande ; la pression peut être maintenue à un dixième de kilogramme près dans chaque sens ; et, en cas de variation brusque, la membrane agit presque instantanément.

249. Servo-régulateur de pression. — Le servo-régulateur de pression qu'emploient MM. Grouvelle et Arquembourg sert à régler à distance la pression dans la conduite de vapeur, en agissant sur le régulateur de pression, et à faire varier, au besoin, cette pression à volonté, suivant les nécessités du service.

La pression est transmise par un liquide qui emplit le bas de la capacité M de l'appareil (*fig.* 210), et est envoyé au régulateur par le tuyau E. Ce liquide est de l'eau glycérinée.

Le servo-régulateur se compose d'une chambre cylindrique de vapeur M, munie d'un tuyau d'arrivée de vapeur P, d'un tuyau d'échappement R et d'une soupape pressée par un ressort dont on règle la tension à volonté.

Le tuyau R est plus petit que le tuyau d'arrivée, de telle sorte que la pression en M tend toujours à s'accroître ; mais, dès qu'elle dépasse un point voulu, correspondant à la tension du ressort, la soupape se lève et, en laissant échapper un peu de vapeur, maintient la pression. Le tube R est disposé pour assurer l'invariabilité du niveau de l'eau dans le bas du récipient M. On a donc au-dessus de cette eau de la vapeur à une pression fixe pour chaque tension que l'on donne au ressort, et, par le moyen du tube E en cuivre,

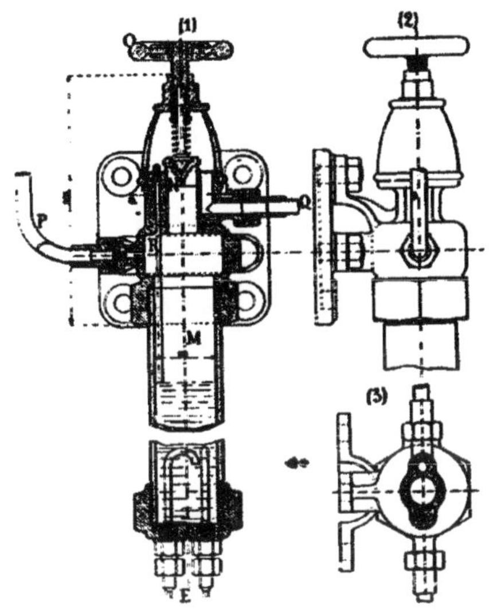

Fig. 210.

cette pression peut être envoyée au loin à des régulateurs répartis en différents points d'un chauffage. Un servo-régulateur peut ainsi desservir plusieurs régulateurs marchant à une même pression.

Le servo-régulateur est toujours accompagné d'un manomètre très sensible donnant la mesure de la pression π dans la capacité M. On peut alors, d'après les indications du manomètre, régler la tension du ressort au moyen du volant O, de manière à être assuré de la valeur précise de cette pression π.

Cet appareil est ordinairement placé près du chauffeur, à côté de la chaudière, pour la plus grande commodité du service.

250. Poêles à vapeur. — La première disposition que l'on puisse donner aux surfaces de chauffe devant contenir de la vapeur consiste à les établir dans les locaux mêmes à chauffer. On utilise ainsi directement les surfaces et le rayonnement qu'elles émettent. Dans la plupart des applications on met dans les pièces des récipients spéciaux, ayant l'apparence de poêles; à ces récipients nous conservons le nom de *poêles à vapeur*.

On conçoit que les formes de ces poêles soient extrêmement variées. Pour les ranger en catégories, nous les grouperons en deux séries : Les poêles sans enveloppes, et les poêles à enveloppes ou poêles-calorifères.

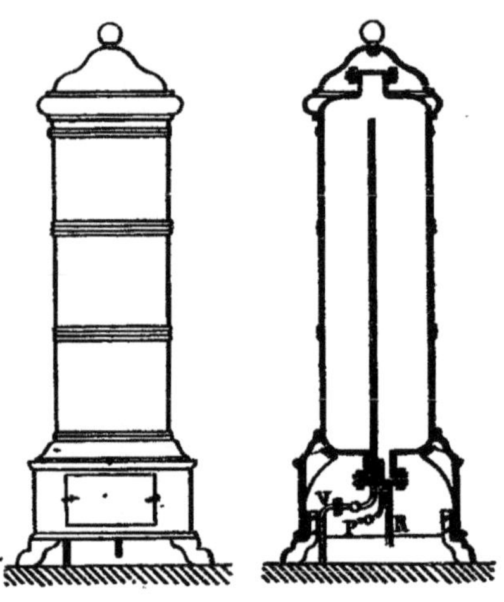

FIG. 211.

Les poêles sans enveloppe chauffent directement par leur surface extérieure et quelquefois par d'autres surfaces intérieures annexes. Ils conviennent dans les locaux où la ventilation se fait naturellement, sans introduction spéciale d'air.

Les plus simples consistent en un cylindre, en fonte ou en tôle, à section circulaire autant que possible, monté sur pieds, muni d'un socle mouluré à la partie basse et d'un dessus formant corniche pour terminer sa partie supérieure. Le socle doit être disposé pour contenir les tubulures d'arrivée de vapeur et de départ d'eau condensée, ainsi qu'un purgeur d'air; une partie mobile du socle permet d'y accéder facilement.

Le croquis de la figure 211 représente un poêle de ce genre. C'est un cylindre en fonte terminé par une tubulure à chaque extrémité. La tubulure du haut est bouchée par une bride pleine. Celle du bas également; mais celle-ci donne passage au tuyau de vapeur V qui traverse le poêle dans toute sa hauteur, au tuyau de retour R qui part de la bride dans laquelle il est vissé, et enfin au tuyau purgeur d'air P.

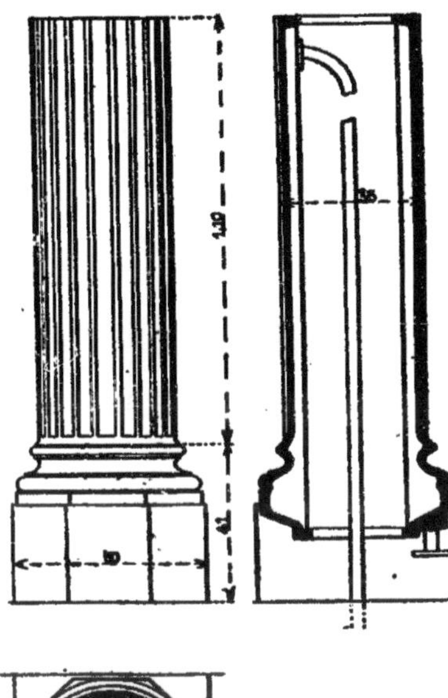

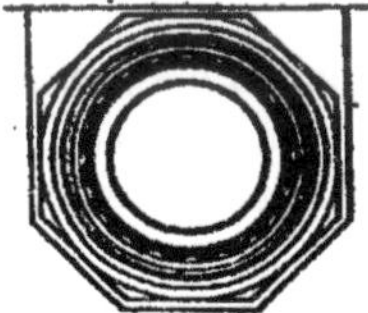

Fig. 212.

Le socle est rapporté et est monté sur pieds; il reçoit le cylindre sur une couronne intérieure soutenue par des nervures; quant à la corniche, elle vient s'ajouter à la partie haute du fût, et on lui donne une forme appropriée à la décoration de la pièce.

Une autre forme plus décorative est représentée dans la figure 212. Le poêle a la forme d'une colonne tronquée et peut servir en même temps de support d'un objet d'art; à l'intérieur de la colonne, exécutée en fonte, se trouve un cylindre en tôle concentrique, et l'intervalle des deux, de quelques centimètres seulement de largeur, reçoit la vapeur.

Ce second cylindre sert également de surface de chauffe, de sorte que le développement est considérable. Le socle est plein ou ajouré, suivant que l'air qui passera à l'intérieur du poêle sera amené de l'extérieur ou devra être pris dans le local même qu'il s'agit de chauffer.

On dispose fréquemment, le long des murs, des poêles plats prenant très peu de place et composés de tuyaux en jeux d'orgue, branchés entre deux collecteurs horizontaux, ou

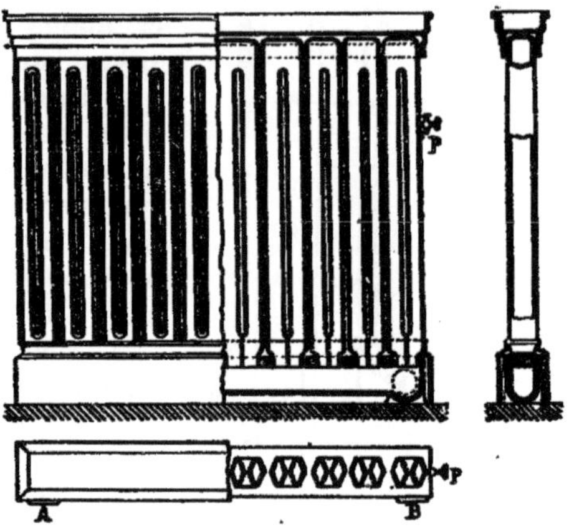

FIG. 213.

simplement sur un seul collecteur inférieur. On les nomme des *radiateurs*, et on donne à l'ensemble un aspect satisfaisant en les accompagnant d'un socle inférieur ainsi que d'une corniche moulurés.

La figure 213 représente un de ces radiateurs, du système Leeds. Il se compose d'une série de doubles tubes creux et verticaux fermés par le haut et vissés en bas sur un collecteur horizontal.

L'arrivée de la vapeur se fait dans le socle, en A; l'eau condensée s'échappe par B, et un purgeur *p* permet de laisser échapper l'air au commencement du chauffage, c'est-à-dire à la mise en train.

Dans d'autres radiateurs les tubes sont isolés, avec circulation centrale. On trouve aussi ces tubes remplacés par des caisses minces munies de nervures sur leurs parois verticales.

251. Poêles-calorifères à vapeur. — La seconde catégorie de poêles comprend ceux que l'on place toujours dans les locaux à chauffer, mais que l'on munit d'enveloppes extérieures, ce qui permet de n'avoir aucunement à s'occuper de la forme des surfaces de chauffe qui se disposent alors au mieux.

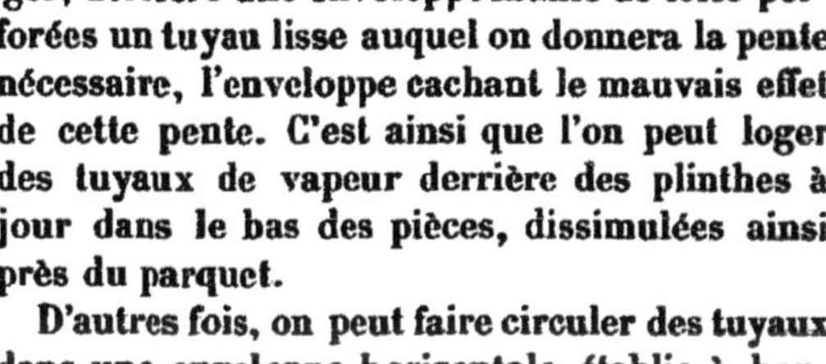

On peut loger, derrière une enveloppe munie de tôles perforées un tuyau lisse auquel on donnera la pente nécessaire, l'enveloppe cachant le mauvais effet de cette pente. C'est ainsi que l'on peut loger des tuyaux de vapeur derrière des plinthes à jour dans le bas des pièces, dissimulées ainsi près du parquet.

Fig. 214.

D'autres fois, on peut faire circuler des tuyaux dans une enveloppe horizontale établie à hauteur convenable autour de parois susceptibles de donner des courants d'air froid descendant verticalement. On dispose ces circulations ainsi que le montre la coupe verticale de la figure 214.

Deux lambourdes moulurées A et B, parallèles, horizontales, s'étendent le long de ces surfaces et sont séparées par un intervalle h assez haut pour contenir les tuyaux, en tenant compte de leur pente. Les lambourdes A et B n'ont pas besoin d'être bien saillantes, si on prend la précaution de bomber la tôle légèrement, ce qui donne, de suite, l'emplacement nécessaire pour loger les joints.

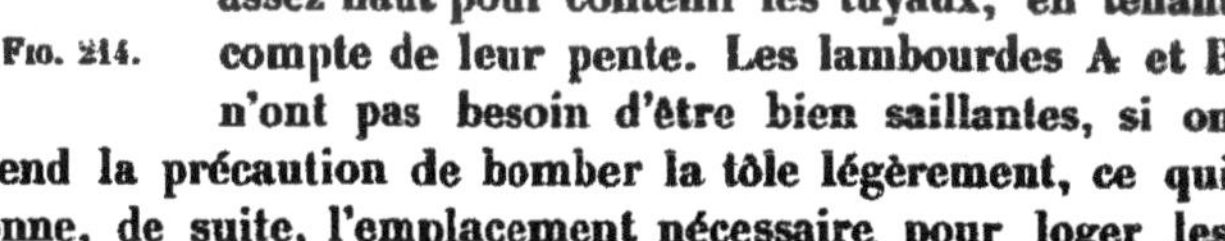

La tôle est vissée sur les lambourdes ; elle peut s'enlever par morceaux, afin de permettre les réparations.

Dans les locaux à rez-de-chaussée servant de salles publiques, de magasins, d'ateliers, de bureaux, on peut avec avantage établir des circulations de tuyaux dans des caniveaux en contre-bas du sol, et recouverts de grilles à jour. Ils n'ont que l'inconvénient des bouches parquet : ils demandent de fréquents nettoyages.

Dans les habitations, les tuyaux horizontaux formant poêles-calorifères à vapeur s'installent très avantageusement dans les allèges des fenêtres des salles à chauffer ; elles y combattent très convenablement les courants descendants qui viennent des parois vitrées refroidies. On les dispose en serpentins, de manière à trouver dans l'espace souvent restreint de ces allèges le logement nécessaire pour la surface de chauffe calculée ; mais, dans la plupart des cas, il y a économie à remplacer les serpentins par une ou deux lignes de tuyaux à ailettes, ces ailettes étant formées de disques verticaux perpendiculaires à l'axe des tuyaux. On augmente ainsi la surface, sans complication de tuyauterie, sans multiplication des joints, et on obtient en même temps cette augmentation de parois à un prix avantageux au mètre carré.

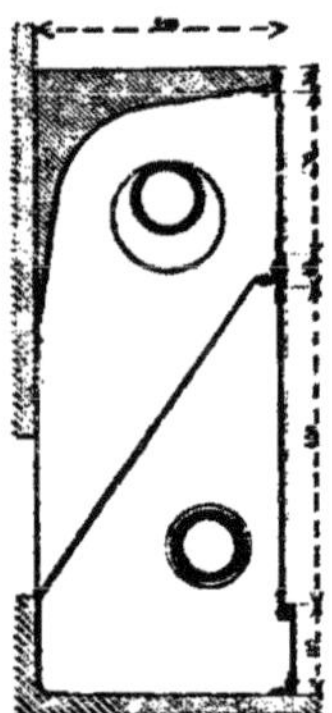
Fig. 215.

Les tuyaux se trouvent enfermés dans une enveloppe de tôle, dont le dessus, s'il est en bois ou en marbre, sera protégé par un isolement. La paroi verticale est grillée ou garnie de tôle perforée.

L'enveloppe peut être mise en communication avec le local lui-même, dont l'air vient se chauffer en formant un circuit animé d'un mouvement continu. D'autres fois la communication aura lieu avec le dehors, de manière à combiner le chauffage avec une ventilation déterminée.

Enfin, dans certains cas, on combine les deux systèmes comme dans la figure 215, qui représente une disposition prise par MM. Geneste et Herscher. L'enveloppe est séparée en deux parties par une cloison inclinée, et dans chaque compartiment circule un tuyau armé ou non de nervures. Celui du bas est mis en large communication, par le moyen d'une tôle perforée ou d'un grillage, avec l'air de la pièce, de manière à donner un chauffage continu ; l'autre est en communication avec l'extérieur, et contient le second tuyau. La ventilation donne de l'air qui s'échauffe en passant et arrive dans la pièce par des bouches réglables à la main, de telle sorte que l'on est maître à la fois et de la ventilation et du complément de chauffage.

La figure 216 montre l'ensemble d'une salle ainsi chauffée

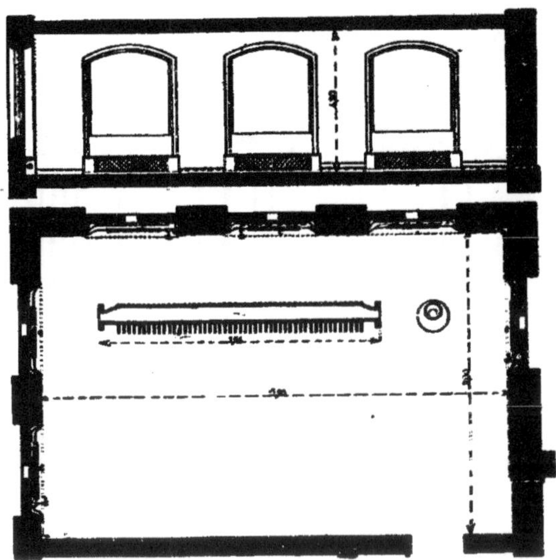

FIG. 216.

avec des poêles dans les allèges des fenêtres, et ces poêles formés par deux tuyaux à nervures, dont l'un est représenté en coupe longitudinale, au milieu du croquis du plan.

Les tuyaux de vapeur les alimentant passent dans les plinthes disposées à cet effet le long des parois de la pièce.

Lorsque dans les allèges des fenêtres on dispose d'une hauteur notable, on peut y établir, sous une enveloppe à jour, l'un des poêles déjà figurés ou indiqués et composé de tuyaux verticaux ou de caissons verticaux minces à nervures. Quand il n'y a pas d'allèges on peut établir les poêles dans une niche percée dans le mur et fermée au droit de la paroi intérieure par une tôle ajourée. Enfin, on peut mettre les poêles-calorifères comme des poêles simples dans la pièce elle-même, à l'endroit où ils gêneront le moins.

On peut les constituer par les formes précédentes mises dans une enveloppe en tôle et fonte. Les croquis (1), (2), (3) de la figure 217 représentent trois types de poêles usuels.

Le n° 1 consiste simplement en un cylindre en fonte unie posé sur pieds et entouré d'un repos de chaleur ordinaire. Il

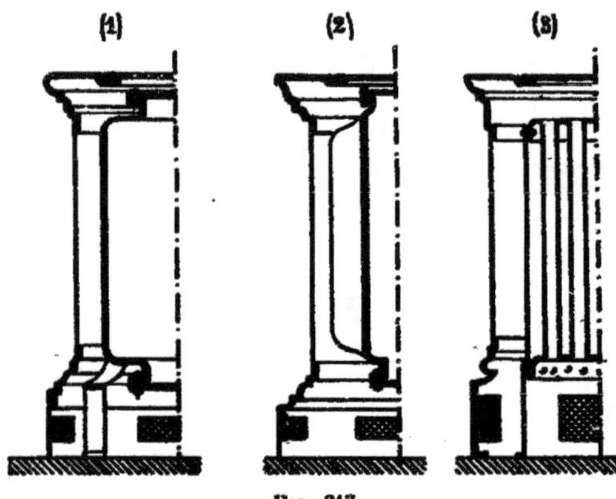

Fig. 217.

s'applique aux poêles qui n'ont besoin que d'une petite surface. Le cylindre peut être construit également en tôle.

Dans le croquis (2) la surface est plus développée, et le poêle proprement dit est formé d'un ou de plusieurs tuyaux à ailettes disposés parallèlement, et qui donnent en plan une forme parfois mieux appropriée aux emplacements disponibles des locaux.

Le croquis (3), enfin, donne un grand développement de surface au moyen d'un corps tubulaire disposé verticalement; tout est surface utile, la calandre extérieure et les tubes dans l'intérieur desquels l'air circule.

On forme également des poêles-calorifères au moyen des radiateurs précédents et d'enveloppes ; on obtient ainsi des formes très plates qui, dans nombre de cas, présentent de notables avantages. L'un d'eux est représenté par la figure 218. Il est formé d'un socle en fonte creux, qui fait en même temps office de collecteur inférieur de vapeur, et sur lequel se vissent les tuyaux verticaux formant la surface de chauffe. Une partie de l'enveloppe enlevée laisse voir les tubes établis sur deux rangs parallèles.

Le socle est mouluré à l'extérieur, et il reçoit la tôle d'enveloppe; il est posé sur quatre pieds entre lesquels l'accès de l'air se fait librement.

Fig. 218.

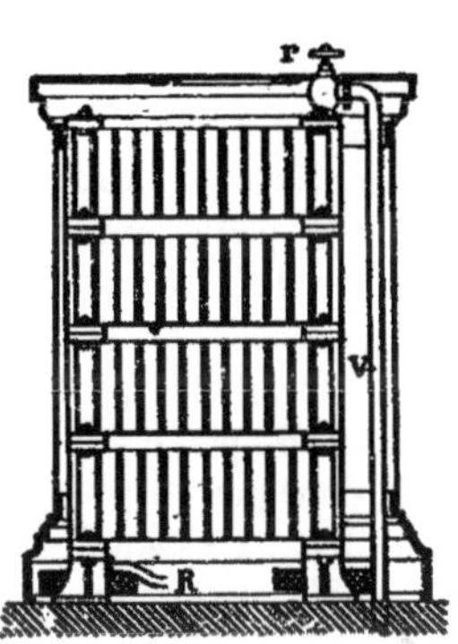

Fig. 219.

La corniche supérieure est en fonte et vient coiffer les tuyaux; elle est évidée sur le dessus, de manière à former bouche de chaleur, et à laisser dégager l'air chaud.

Quelques constructeurs forment des poêles de dimensions variables au moyen de tuyaux ou coffres nervés qu'ils combinent en batteries plus ou moins larges, plus ou moins hautes, suivant les besoins. Les éléments sont tantôt horizontaux, tantôt verticaux; dans les deux cas ils constituent, sous des enveloppes convenables, des poêles-calorifères de très bon service.

Le poêle représenté dans le croquis de la figure 219 est un

exemple de la disposition dont nous venons de donner le principe. Il se compose, comme surface de chauffe, de quatre éléments horizontaux à ailettes verticales, munis chacun de deux tubulures extrêmes, tant en haut qu'en bas, au moyen desquelles il se relie avec les éléments similaires qui précèdent et avec ceux qui suivent. L'élément du bas est jonctionné avec deux pieds en fonte par ses deux tubulures; les pieds sont creux et peuvent servir à recevoir l'arrivée de vapeur et le retour R d'eau condensée. D'autres fois l'arrivée V de la vapeur se fait par le haut, de manière à rendre plus facilement accessible le robinet *r*, qui règle l'entrée de vapeur et le degré de chauffage.

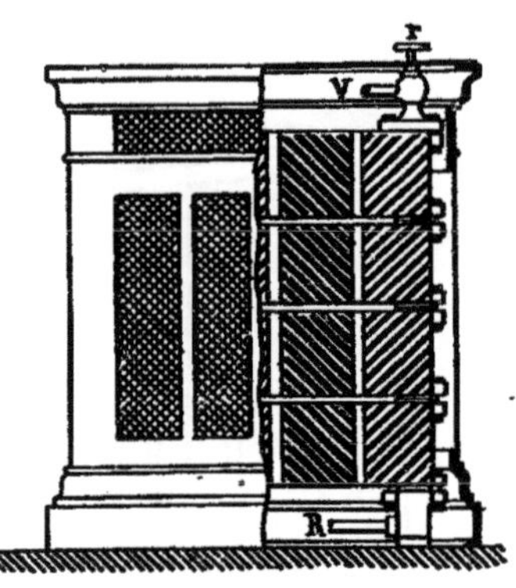

Fig. 220.

L'épaisseur des éléments est très faible, 0m,20 à 0m,25, ailettes comprises, de telle sorte que le poêle obtenu par la jonction des éléments superposés et recouvert de son enveloppe est lui-même de peu d'épaisseur, et tient peu de place dans les locaux à chauffer.

MM. Kœrting frères construisent des intérieurs de poêles dont les surfaces de chauffe se composent d'éléments de même forme que ceux ci-dessus, mais dont les ailettes sont inclinées à 45° sur les parois. Ils donnent comme raison très admissible que l'air ne peut suivre les intervalles des nervures que pendant un chemin limité par la longueur de ces dernières. Il se dégage alors faisant place à une autre quantité qui se chauffe à son tour.

La figure 220 montre ainsi un poêle de quatre éléments superposés.

Cette manière de chauffer l'air et de le renouveler dans les nervures oblige de le faire entrer, suivant une ligne verticale correspondant aux points où les ailettes convergent par le bas; par suite, il faut munir l'enveloppe de grillages sur ses faces verticales. D'autres grilles disposées, soit en frise, soit sur le dessus, laissent échapper l'air chaud.

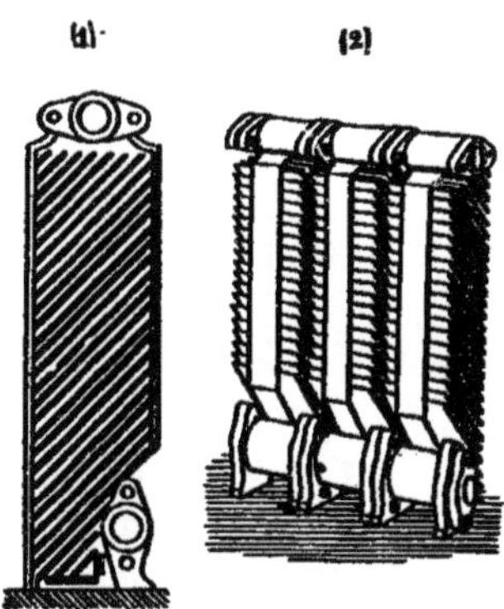

Fig. 221.

MM. Kœrting construisent également des poêles qui sont formés de l'adjonction d'éléments verticaux garnis de nervures inclinées, et comportant chacun la portion correspondante d'un collecteur supérieur et d'un collecteur inférieur.

La figure 221, dans son croquis (1), représente la face latérale d'un élément avec ses brides de jonction. Le croquis (2) montre trois éléments mis en batterie pour former l'intérieur d'un poêle.

Il résulte de la disposition des nervures que tout l'air à chauffer est laminé entre les surfaces, et aussi que cet air doit arriver sur l'une des faces du poêle et sortir sur la face opposée. Il faudra donc disposer les enveloppes pour faciliter et utiliser ce mouvement.

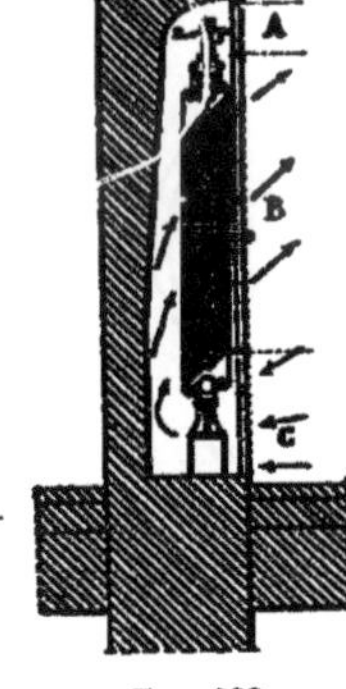

Fig. 222.

Cette disposition nous paraît bien préférable à la précédente, et doit donner une meilleure utilisation de la surface des ailettes.

Les mêmes constructeurs établissent aussi ce qu'ils appellent des éléments de niches. Ce sont des poêles composés d'unités verticales, comme ceux qui viennent d'être décrits, mais dont les dimensions en profondeur sont très faibles, de sorte qu'ils peuvent constituer des poêles très plats, avantageux lorsque la place manque, et même se loger dans l'épaisseur d'un mur relativement mince au besoin, sans faire la moindre saillie au dehors.

La disposition est alors celle de la figure 222. On pratique une véritable niche dans un mur, un refend si l'on peut, et cette niche augmente de profondeur près du sol. Elle doit être assez profonde pour loger l'appareil, d'abord, et laisser en arrière un espace suffisant pour la circulation de l'air. Le poêle est élevé de 0^m,25 à 0^m,30 au-dessus du sol.

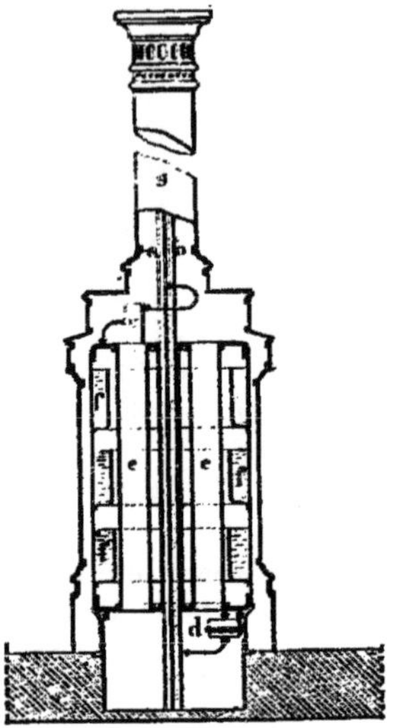

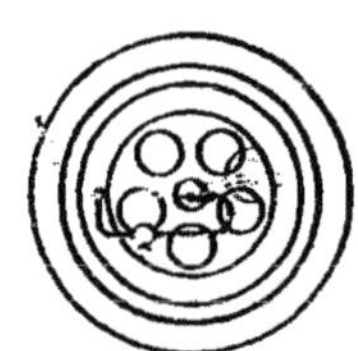

Fig. 223.

Le devant de la niche est fermé par un grillage composé dans la hauteur, de deux ou trois compartiments A, B et C. Le compartiment C est fixe; cependant, il est bon de pouvoir le démonter facilement pour nettoyer le bas de la niche. C'est par là qu'arrive l'air de la pièce qui doit se chauffer. Cet air passe derrière l'appareil, le traverse entre les nervures, et s'échappe par tout le reste de la grille. Le compartiment B est fixe, et dans le compartiment A on ouvre une porte pour la manœuvre facile de la valve *r* de réglage.

MM. Geneste et Herscher ont employé à l'hôpital militaire de Vincennes des poêles-calorifères à vapeur établis sur un des principes déjà donnés plus haut, celui d'un corps tubulaire enfermé dans une enveloppe de repos de chaleur, mais avec une addition importante, celle de réservoirs annulaires *ff* (*fig.* 223) pouvant contenir un cube notable d'eau.

Cette eau, renouvelée par la condensation, est à 100°, et, si on interrompt le chauffage, elle contient un nombre important de calories qu'elle restitue ; le poêle reste encore chaud plusieurs heures, malgré la suppression du courant de vapeur. La disposition dont il s'agit permet donc une certaine intermittence dans le service.

Les poêles sont alimentés par deux conduites verticales, l'une de vapeur, l'autre de retour, et ces conduites sont contenues dans un tuyau en tôle vernie *g*, qui surmonte l'enveloppe du poêle et ressemble à un tuyau de fumée. On voit dans la coupe verticale le branchement de vapeur qui alimente le poêle par l'intermédiaire d'un détendeur de pression *c*, et aussi le branchement inférieur de retour, qui porte un purgeur automatique ne laissant pas passer la vapeur.

Les poêles, tout en étant isolés dans de grandes salles superposées, sont ainsi reliés très simplement à la double canalisation verticale de vapeur et d'eau condensée.

252. Calorifère de cave. — Les tuyaux de vapeur peuvent se grouper de manière à présenter de grandes surfaces de chauffe qu'on loge dans des enveloppes maçonnées pour constituer de véritables calorifères de caves. On peut, en employant les nervures, augmenter encore leur effet utile sans multiplier les joints. Nous donnons pour exemple d'un tel calorifère à vapeur le détail de celui qui est figuré au croquis 244 dans l'installation générale du n° 265. Ce calorifère est formé de six rangées de tuyaux à disques, chaque rangée contenant six tuyaux raccordés par des coudes à 180°, de manière à former de véritables serpentins. Ils sont portés par des barres de champ scellées dans les murs.

La vapeur, réduite à 1 kilogramme ou 1 kil. 500 de pression, au maximum, par l'effet d'un détendeur, arrive par le haut et parcourt les tuyaux en descendant, de manière à suivre son chemin dans le même sens que l'eau condensée qui fait retour vers la chaudière.

Tous ces tuyaux sont serrés les uns contre les autres et logés dans une chambre rectangulaire en maçonnerie. Leurs intervalles, ainsi que ceux de leurs nervures, sont parcourus par l'air circulant de bas en haut.

Cet air arrive par le bas : il vient d'une canalisation souterraine où le pousse un ventilateur. Il se rend, une fois

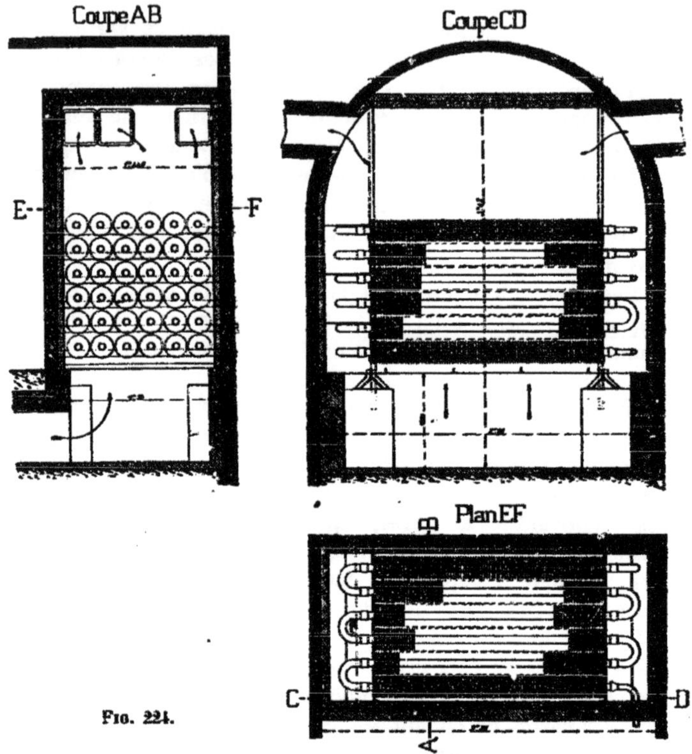

Fig. 224.

chaud, par les conduits supérieurs aux diverses gaines montantes, comme on l'a vu pour les calorifères à air chaud, avec cette différence, cette fois, due à l'insufflation, qu'on dispose d'un moyen de faire circuler l'air avec vitesse dans ces conduits, et qu'on peut profiter de cette faculté pour réduire la section des conduits, obtenir des passages plus faciles, et leur donner un moindre périmètre refroidissant.

Le plan et les deux coupes de la figure 224 permettent de se rendre compte de la disposition des tuyaux, ainsi que de la chambre de ce calorifère.

253. Transmission de chaleur des poêles à vapeur dans les chauffages à moyenne pression. — Dans les chauffages à moyenne pression, la vapeur dans les poêles n'a pour ainsi dire plus de pression, et la transmission peut être calculée en supposant à 100° les parois des appareils. Seuls les tuyaux horizontaux et les calorifères de cave peuvent être supposés à 111° (pression : 0 kil. 5). Or, le nombre de calories transmises va varier avec la disposition des surfaces. On obtient dans les divers cas de la pratique :

Poêles verticaux sans enveloppe posés dans les locaux mêmes à chauffer :

Temp. de l'enceinte. 18° Temp. de la paroi.. 100°	diff. : 82°	rayonnement. 422 contact...... 328	750 cal.

Poêles verticaux nervés sans enveloppe, moitié. 375 »

Tuyaux horizontaux lisses, sans enveloppe :

Temp. de l'enceinte. 18° Temp. de la paroi.. 111°	diff. : 93°	rayonnement. 503 contact...... 373	876 »

Les mêmes, nervés, moitié.................... 438 »

Poêles verticaux avec enveloppes :

(rayonnement réduit de moitié, contact amélioré)	1/2 rayonnement. 210 contact.......... 400	610 »

Les mêmes, nervés, moitié.................. 305 »

Faisceaux tubulaires verticaux :

1/3 rayonnement...	150	650 cal.
contact............	500	

Tuyaux horizontaux lisses sous enveloppe :

1/2 rayonnement....	250	650 »
contact............	400	

Les mêmes, nervés, moitié.................... 325 »

Calorifères de caves, à vapeur :

Temp. de la chambre $\frac{0° + 60}{2} = 30°$ } diff. : 81°.
Temp. de la paroi............ 111°

1/2 rayonnement....	226	626 »
convection.........	400	

Les mêmes, nervés, moitié.................... 313 »

C'est au moyen de ces chiffres qu'il est prudent de déterminer la surface de chauffe de chaque appareil, du moment que l'on connaît la déperdition de la pièce qu'il doit chauffer.

254. Disposition d'un chauffage par poêles à moyenne pression. — On commence par répartir les poêles dans les divers locaux à chauffer, et, autant que possible, on les groupe d'après leur fonctionnement, mettant ensemble comme alimentation ceux qui doivent, par exemple, être en marche aux mêmes heures.

Chaque groupe doit alors être desservi par une canalisation spéciale. Celle-ci se compose d'un tuyau de vapeur et d'un tuyau de retour d'eau condensée.

Le tuyau de vapeur *t* (*fig.* 225) est commandé par un robinet de réglage *r* ; il est supposé branché sur une canalisation *c*. Dans cette canalisation la vapeur est, ou détendue, ou à pleine pression. Dans ce dernier cas on ajoute un détendeur *d*, et on le fait suivre d'une soupape de sûreté S convenablement chargée, pour qu'on soit certain qu'en aucun cas la pression ne dépassera le maximum que l'on se fixe, même en cas de marche défectueuse du détendeur.

Le tuyau *t* monte verticalement jusqu'à la partie haute du bâtiment, en *v*, à un niveau supérieur à celui des appareils,

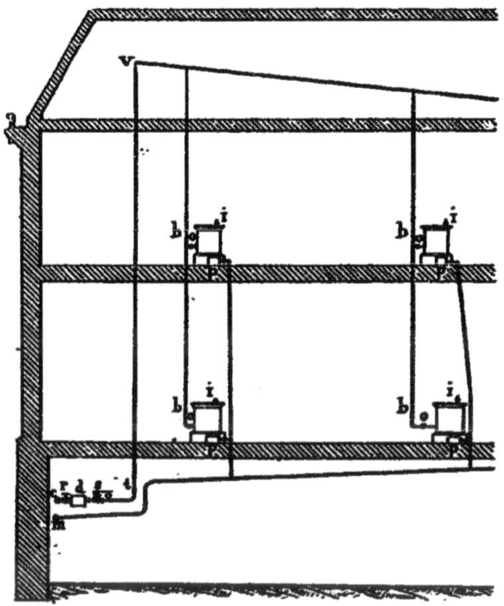

FIG. 225.

et, à partir de ce point haut, il redescend sans contre-pente, entraînant avec lui, dans le sens même de son mouvement, l'eau qui peut s'être condensée en route. C'est en prenant ces précautions qu'on évite les bruits et claquements qui se produisent dans les canalisations mal établies, et qui sont inadmissibles dans les habitations. Dans le parcours de sa descente, le tuyau de vapeur passe à proximité de chacun des poêles en les desservant successivement. Lorsque ceux-ci sont nombreux dans un même bâtiment, on peut diviser la canalisation de vapeur en un certain nombre de colonnes descendantes, comme il est indiqué dans la figure 225.

A chaque poêle correspond un branchement *b*, accompagné d'un robinet de réglage *o*, accessible, d'une manœuvre commode. La vapeur chauffe le poêle, s'y condense, et il importe de purger préalablement l'air qui peut s'y trouver ; de plus, il faut laisser échapper l'eau condensée à mesure de sa formation, sans laisser sortir la vapeur. On résout ces deux points :

1° En établissant sur la paroi du poêle un robinet *i* s'ouvrant au dehors et laissant échapper l'air au commencement du chauffage en même temps qu'une certaine quantité de vapeur;

2° En mettant sur le branchement de retour, à la sortie du poêle, un purgeur automatique *p*.

On a déjà vu ces sortes d'appareils dans les chauffages Simon, n° 238. Voici un autre purgeur construit par la maison Geneste et Herscher (*fig*. 226).

Fig. 226.

Il se compose d'une boîte en fonte dans laquelle se meut un flotteur fixé à une tige articulée à bascule. La vapeur arrive par le haut en même temps que l'eau condensée; celle-ci s'accumule dans l'appareil, soulève le flotteur, et le mouvement d'articulation actionne, par pignon et crémaillère, un petit tiroir qui découvre l'orifice de sortie, de telle sorte que l'eau seule peut s'écouler dans la canalisation de retour.

Les constructeurs ont encore amélioré leur purgeur automatique en remplaçant le pignon et la crémaillère par une petite bielle articulée, moins sujette à s'encrasser et à se déranger.

MM. Geneste et Herscher ont établi un autre purgeur qui a sur celui-ci l'avantage de permettre à l'air de sortir en même temps que l'eau, de sorte qu'on l'applique avec avantage à la sortie des poêles dans les chauffages d'habitation.

Il permet de supprimer le robinet purgeur d'air et d'éviter ainsi toute sortie de vapeur. Il est représenté dans la figure 227. Le croquis (1) montre la coupe verticale, et le croquis (2) le plan de ce purgeur. Comme on le voit, il se compose d'une boîte en fonte, restreinte aux plus petites dimensions possibles, munie de deux tubulures *d* et *c*, dont l'une quelconque communique avec le poêle, et d'une tubulure *b* qui va rejoindre la conduite de retour; la communication se fait par l'intermédiaire d'une cloison percée d'un orifice, sur lequel se meut un petit tiroir; le mouvement de ce dernier est commandé par un ressort fait de deux métaux de dilatation différente. Si la boîte est remplie d'eau ou d'air, le ressort se refroidit, son mouvement actionne le tiroir, la communication est ouverte; s'il survient de la vapeur, le ressort s'échauffe et ferme toute communication.

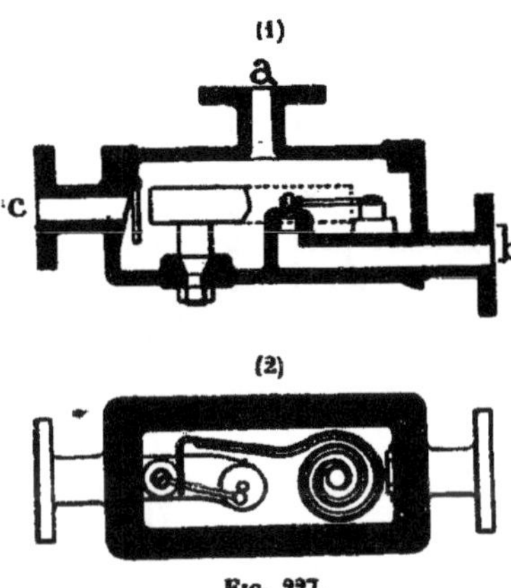

Fig. 227.

Une canalisation inverse de la canalisation de vapeur et que l'on nomme la *canalisation de retour* se relie à tous les branchements de sortie des poêles, rassemble toutes les condensations, et les ramène, avec une pente constante, vers un tuyau général de dégagement. Ce tuyau général, indiqué en *m* dans le plan (*fig.* 225), va d'ordinaire jusqu'à la chaufferie, et y ramène toutes les eaux. Ces dernières servent de nouveau à l'alimentation des chaudières.

255. Chauffage de l'hôpital militaire de Vincennes. — Comme exemple de canalisation ainsi disposée, nous donnons, dans la figure 228, en coupes et en plan, la disposition du chauffage d'un pavillon de l'hôpital militaire de Vincennes. Ce chauffage a été exécuté par MM. Geneste et Herscher. En A est le générateur de vapeur, timbré à moyenne pression, et ne marchant qu'à la seule pression

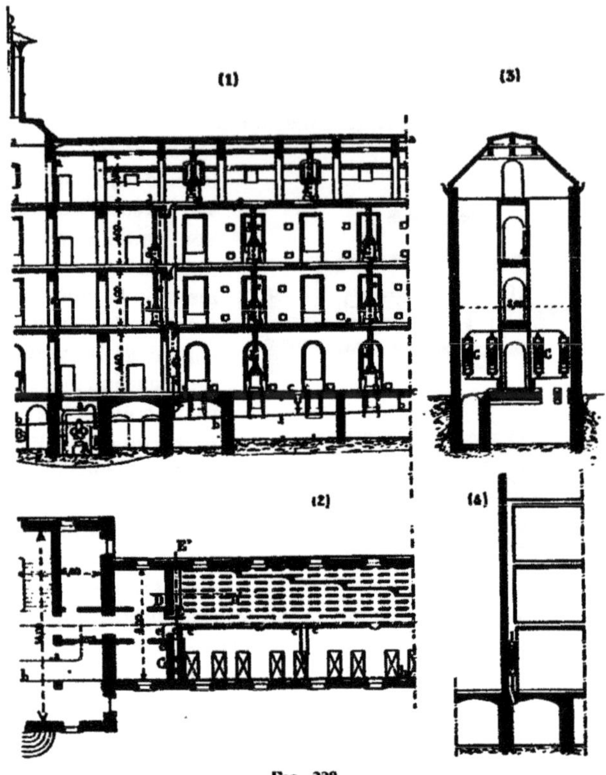

Fig. 228.

nécessaire pour la circulation de la vapeur, ce qui dispense de tout détendeur.

Le tuyau d'échappement de vapeur *a* monte verticalement jusque dans le haut des combles, et là se bifurque en deux conduites, qui commencent à redescendre en parcourant à pleins jalons les greniers supérieurs.

La coupe longitudinale du croquis (1) montre la disposition adoptée pour les poêles; autant que possible, on les a placés verticalement les uns au-dessus des autres. Ce sont des poêles-calorifères qui ont été décrits dans la figure 223.

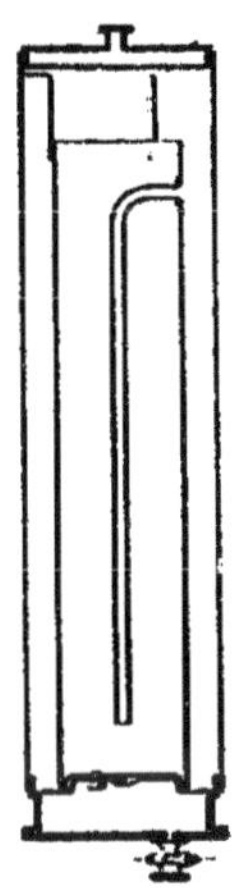

Fig. 229.

Pour éviter la vue des tuyaux de vapeur dans les salles de malades, on a simulé au-dessus des poêles des colonnes de fumée en tôle, et c'est dans ces colonnes que l'on a fait passer les tuyaux verticaux de vapeur et de retour d'eau. On a, pour alimenter les poêles, une série de colonnes descendantes *d* branchées sur le tuyau *a*, et déviées à la demande dans les épaisseurs de planchers.

Les branchements de retour se réunissent tous dans d'autres colonnes descendantes débouchant sur une conduite générale *b*, en pente continue, placée dans les caves, et aboutissant à une bouteille d'alimentation B.

La ventilation se fait au moyen d'air pris au dehors en EE′, montant dans une grande gaine verticale correspondant à tous les planchers, et dont on voit la coupe dans le croquis (3). L'air qui arrive par cette gaine se distribue à tous les étages, passe dans les épaisseurs de planchers, comme l'indique le croquis (2), et va se dégager par les poêles-calorifères. Il a fallu échauffer préalablement cet air jusqu'à + 12° à + 14°, pour éviter de refroidir les murs et planchers. On a obtenu ce résultat au moyen de surfaces de chauffe auxiliaires, indiquées en C, dans le croquis (3) et placées dans la partie basse de la gaine.

Comme le montre également la portion de coupe longitudinale figurée en (4), ces surfaces auxiliaires sont de simples poêles à vapeur dont la figure 229 donne la coupe verticale et le plan. Ce sont des cylindres en tôle recevant la vapeur par le haut et évacuant l'eau condensée à la partie inférieure. Au dedans est suspendu un cylindre à fond plein, ouvert par le haut, qui s'emplit de l'eau de condensation, et forme réservoir de chaleur pour les heures de nuit pendant lesquelles le chauffage se trouve arrêté.

L'eau s'y renouvelle continuellement, et, au moyen d'un tuyau plongeur formant trop-plein, on s'arrange pour que ce soit toujours l'eau du bas, la plus froide, qui soit évacuée.

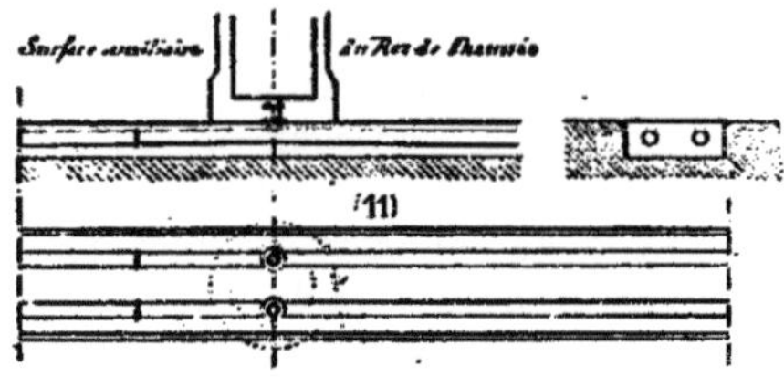

FIG. 230.

La figure 230 représente la canalisation du rez-de-chaussée aux environs d'un des poêles-calorifères; les deux tuyaux de vapeur et de retour circulent momentanément dans un même caniveau, et reçoivent les branchements de l'appareil desservi.

256. Chauffage à moyenne pression et à retour direct. — Dans bien des circonstances on peut avoir à établir un chauffage à vapeur, sans que les chaudières soient chargées de fournir également de la force motrice. On peut alors disposer les appareils de manière à obtenir une grande simplification dans l'installation et le service. On met la chaudière à vapeur le plus bas possible, au besoin dans une fosse étanche, en contre-bas du sol des caves, et on fait correspondre les retours du chauffage avec le tuyau d'alimentation, en même temps que l'on timbre la chaudière à la pression même que doit présenter tout le chauffage. S'il y a une distance verticale de 2^{m},50 à 3 mètres entre le dernier appareil et le dessus de la chaudière, on peut être certain que les retours se feront directement, sans inconvénient. Il en résultera que l'on n'aura plus à alimenter que de loin en loin, pour réparer les fuites mêmes du chauffage, en même temps que l'on n'aura plus à s'inquiéter du niveau à tout instant du fonctionnement.

De plus, la pression étant faible dans le générateur, l'alimentation pourra se faire très simplement par l'ouverture d'un robinet de la distribution d'eau généralement à pression bien supérieure.

257. Chauffages à retour par le tuyau de distribution. — Lorsque le nombre des poêles est faible et qu'ils sont groupés à peu de distance, on peut simplifier la canalisation de vapeur en supprimant le tuyau de retour et faisant aboutir la canalisation de vapeur de la chaudière aux poêles, lui donnant de forts diamètres et une forte pente (*fig.* 232). Dans ces conditions la vitesse de la vapeur est faible dans les tuyaux et ne vient pas contrarier le mouvement de l'eau condensée, qui s'y meut en sens contraire. Il ne faut user de ce moyen qu'avec une grande prudence, si l'on veut éviter tout claquement dans les appareils.

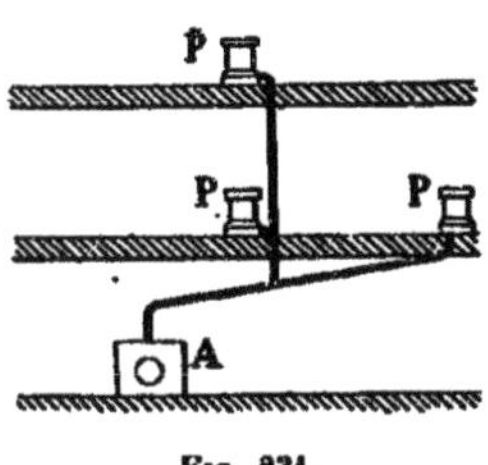

FIG. 231.

258. Disposition de M. Grouvelle. — M. Grouvelle prend dans ses chauffages à vapeur une disposition toute différente pour la distribution de la vapeur aux poêles, la canalisation restant établie comme nous l'avons vu.

Au lieu d'adopter les purgeurs automatiques, dont le fonctionnement laisse quelquefois à désirer, M. Grouvelle limite la quantité de vapeur à son entrée dans le poêle. Il fait passer cette vapeur par un orifice de jauge, déterminé de telle sorte que la vapeur admise puisse être condensée tout entière par la surface même du poêle, et immédiatement après la jauge est un robinet modérateur de l'admission.

Quant à la sortie de l'appareil, elle se fait librement, sans purgeur interposé, et il ne peut jamais y passer que des quantités insignifiantes de vapeur.

La figure 232 représente un appareil contenant à la fois et la jauge et le robinet modérateur de l'admission ; la jauge se règle facilement : c'est une soupape liée à une vis intérieure qui permet de faire varier à volonté l'admission.

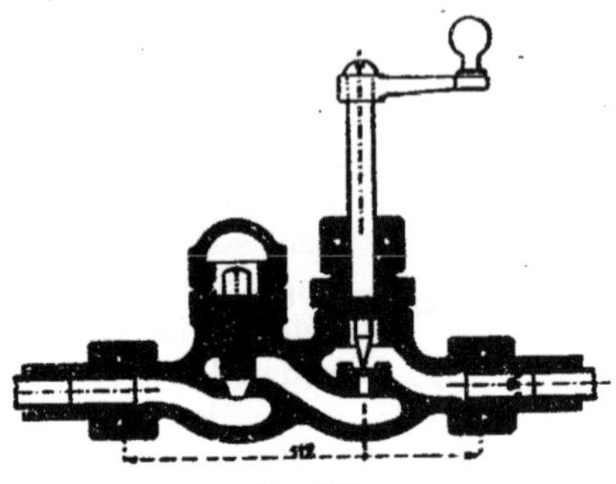

Fig. 232.

Quant au robinet, c'est un pointeau effilé qui vient obturer plus ou moins un orifice un peu plus grand que celui de la jauge.

259. Chauffage à vapeur, système Grouvelle, avec régulateur et servo-régulateur. — La figure 233 montre l'ensemble d'un chauffage, avec l'emploi d'un régulateur de pression servant de détendeur, d'un servo-régulateur, et il est complété par l'addition de thermomètres placés dans les locaux et transmettant à l'atelier de chauffe l'indication de leurs températures.

En A est une chaudière à vapeur, qui peut être multitubulaire, si l'on veut rester dans une catégorie déterminée, malgré le développement de la surface. A côté est le récipient des retours F, qui peut être ouvert, mais, préférablement, doit être fermé et en forme de cylindre, tout en étant en communication avec l'air par une tubulure, afin d'éviter les contre-pressions. En dessous est fixée la pompe alimentaire, sous forme de petit cheval.

La pression, dans le chauffage, sera de 1 à 2 kilogrammes au plus ; mais, vu l'emploi d'un détendeur, on peut timbrer le générateur à 6, 8, 10 ou 12 kilogrammes, avec avantage.

Le tout forme un atelier, dit atelier de chauffe, où se

tiendra l'ouvrier chargé du chauffage. C'est dans cet atelier que l'on placera le servo-régulateur C (voir n° 249), qui lui permettra, suivant le froid extérieur, de régler, à distance, la pression de détente des divers régulateurs ou détendeurs répartis dans le chauffage. Il le fera d'autant mieux qu'au moyen de thermomètres spéciaux K, placés dans les locaux principaux, et dont les indications seront transmises en L, par

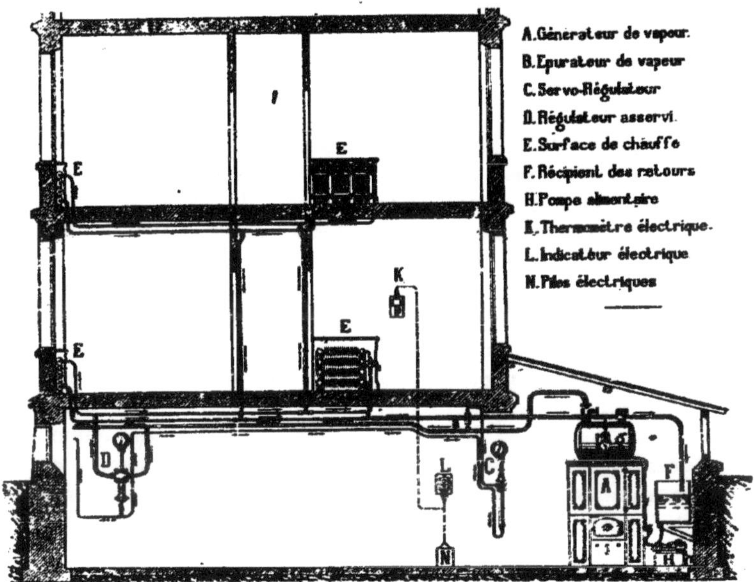

Fig. 233.

l'effet d'un circuit électrique alimenté par les piles N, il verra, à tout instant marquée dans sa chambre de chauffe, la température effective, et saura s'il y a lieu d'activer ou de ralentir le chauffage. Le servo-régulateur étant un appareil délicat, il est bon de faire passer la vapeur qui doit l'actionner dans un épurateur B, qui retiendra les impuretés qu'elle pourrait entraîner.

La canalisation de la vapeur du générateur se poursuit, dans l'établissement, jusqu'aux centres principaux de chauffage, où il y a lieu de la détendre. La figure montre en D l'installation d'un détendeur ou régulateur de pression, en relation avec le servo-régulateur. Un manomètre permet de contrôler la marche du régulateur asservi, et il est prudent de faire suivre cet appareil d'une soupape de sûreté, qui laisserait échapper la vapeur, dans le cas où la pression qu'on s'est fixée comme maximum pour la vapeur détendue viendrait à être dépassée. Le reste du chauffage se fait comme à l'ordinaire.

260. Chauffage de certains locaux à température constante. — Disposition de M. Grouvelle. — La figure 234 représente un croquis schématique d'une disposition qui peut quelquefois rendre des services, malgré sa plus grande complication. Il s'agit de régler automatiquement la température d'un local, que l'on fixe à une valeur déterminée.

Sans entrer dans le détail des appareils qui permettent d'arriver au résultat, nous ne donnerons que la disposition d'ensemble, pour montrer que la solution est possible.

En E, dans le local même où la température doit être constante, on installe un thermomètre spécial qui, non seulement donne les degrés, mais actionne le passage d'une quantité plus ou moins grande de gaz d'éclairage, dans une canalisation spéciale qui passe à proximité; les dispositions sont prises pour que, la température baissant, le débit du gaz soit augmenté.

Il faut, pour que les effets soient comparables d'un moment à l'autre, que le gaz arrive préalablement à une pression constante; pour cela on le reçoit d'abord dans un régulateur de pression D, bien réglé.

Le gaz venant du thermomètre va agir sur un second appareil, placé en C que l'on nomme un régulateur de chauffage. Il est facile de concevoir que le gaz aboutissant à un brûleur donne une flamme courte ou longue, suivant son abondance, et que l'on utilise la quantité de chaleur qu'il dégage à dilater plus ou moins une tige, actionnant à son tour le passage de la vapeur.

Au moyen de cet appareil, si le local se refroidit, le thermomètre E enverra plus de gaz, le régulateur de chauffage ouvrira davantage le passage de la vapeur, et la température remontera.

Le reste de l'installation se fait comme précédemment,

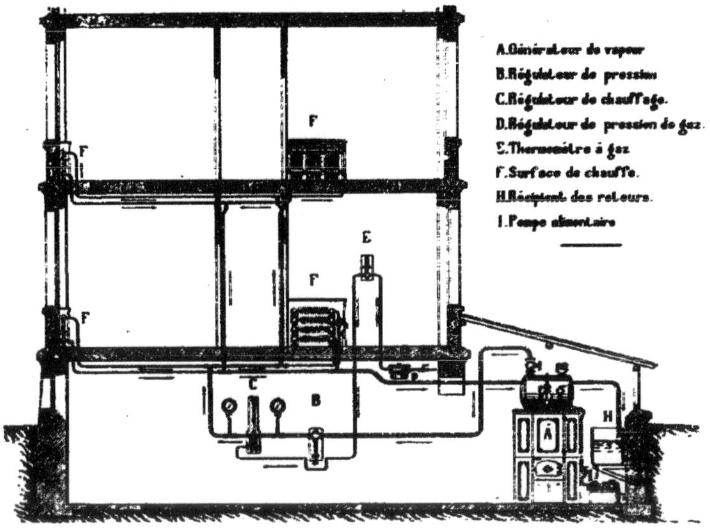

FIG. 234.

sauf qu'il n'y a plus lieu à l'emploi du servo-régulateur. On établit en B un régulateur de pression servant de détendeur, puis un manomètre pour contrôler la marche de cet appareil et une soupape pour assurer le maximum de la pression; enfin, vient le régulateur de chauffage, qui peut être appliqué soit à un local spécial, soit à l'ensemble du chauffage, indifféremment; un nouveau manomètre indique l'effet de ce dernier appareil.

Le reste de la canalisation, ainsi que les ramifications qui conduisent la vapeur aux diverses surfaces de chauffe se disposent comme précédemment.

261. Chauffage de locaux industriels. — Lorsque le chauffage doit être appliqué à des locaux industriels, ateliers et bureaux, de nouveaux services viennent s'ajouter aux appareils précédents, et amènent de notables modifications dans l'organisation générale.

La figure 235 donne un croquis schématique de la disposition qu'adoptent, dans ce cas, MM. Grouvelle et Arquembourg.

La vapeur est produite à haute pression dans le générateur C, qui est toujours accompagné de ses accessoires, notamment d'un réservoir d'eau pour l'alimentation L, dans lequel s'effectuent les retours du chauffage. Au dessus est un petit cheval, fonctionnant en charge, vu la température élevée que peut prendre l'eau en L. La vapeur du générateur va alimenter un moteur A, dit sans graissage, parce qu'il peut être abandonné à lui-même, le graissage étant automatique et ne demandant pas la présence constante d'un homme. On suppose que le local ne demande pas de force motrice si ce n'est pour produire de l'électricité pour l'éclairage ; le moteur n'aura donc pour rôle que de faire tourner une dynamo D. La vapeur se détend dans le moteur et se rend dans un récipient B, qui égalise la pression de l'échappement et sur lequel se feront les prises, cette vapeur devant servir encore à des chauffages, soit de liquides dans les ateliers, soit de l'air dans l'ensemble des locaux. Chaque genre d'utilisateurs devra avoir sa prise spéciale et sa canalisation propre, si son importance est suffisante. Ici on n'a supposé qu'une seule canalisation pour chauffer l'unique bac N, et pour distribuer la vapeur aux diverses surfaces de chauffe réparties dans l'ensemble de l'établissement.

Si l'échappement de la machine donne trop de vapeur, la pression va augmenter en B, une soupape F se lèvera, laissera échapper l'excédent, et le conduira au dehors par un tuyau spécial. Si l'échappement est insuffisant, il faudra ajouter de la vapeur directe, et une soupape inverse E admettra de la vapeur de la chaudière, en jouant le rôle de détendeur.

La marche de l'ensemble de l'installation sera assurée du

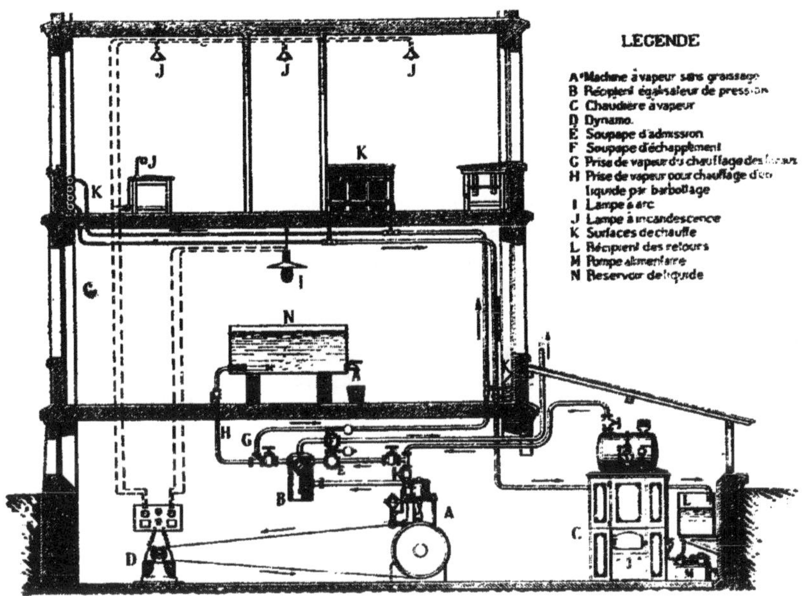

Fig. 235.

moment que le récipient B sera rempli de vapeur toujours à la même pression, que cette vapeur vienne de l'échappement ou en partie de la chaudière, s'il est insuffisant, ou même totalement de la chaudière en cas d'arrêt du moteur.

262. Chauffage à moyenne pression avec surfaces de chauffe dans les gaines. — Disposition de M. Anceau. — Lorsqu'on veut faire un chauffage à vapeur à moyenne pression sans le concours des poêles, dont l'aspect est incompatible avec la décoration de certains locaux d'habitation, on doit, ou bien loger les surfaces de chauffe dans des gaines peu ou point visibles, ou bien les disposer dans les caves et employer de véritables calorifères à vapeur, chauffant l'air et l'envoyant chaud dans les conduits de distribution. Examinons ici la première de ces solutions.

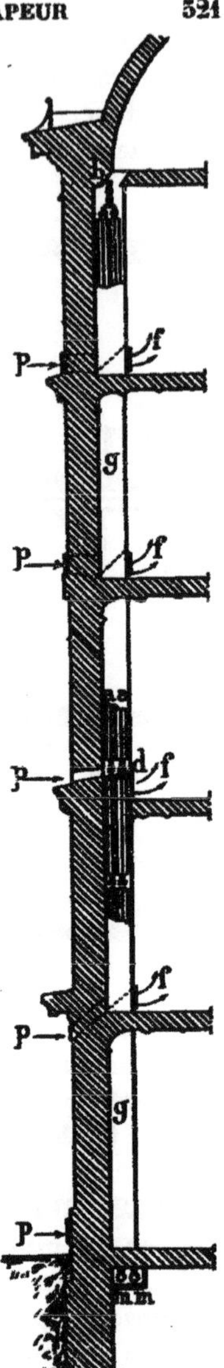

Fig. 236.

Si les locaux sont à simple rez-de-chaussée, on peut faire circuler les tuyaux de vapeur dans un caniveau placé sous le sol, et communiquant leur chaleur, de distance en distance, par des grilles horizontales. Si ces sortes de grilles ne sont pas admises, on peut fermer le caniveau à la partie supérieure, faire des prises d'air aux points convenables, faire circuler cet air le long des tuyaux, sur une longueur telle qu'il se soit trouvé en contact avec une surface suffisante, et le faire déboucher par des bouches de chaleur dans le local à chauffer.

Le principe à suivre pour la circulation de vapeur est toujours le même : faire monter la vapeur au point le plus haut, puis la faire constamment redescendre, avec pente continue de quelques millimètres par mètre, sans aucune contre-pente, afin que l'eau condensée soit entraînée avec le courant de vapeur, dans des tuyaux de section suffisante.

Une autre disposition possible consiste à faire circuler les tuyaux de vapeur dans le bas des murs des locaux à chauffer, en les dissimulant derrière des plinthes métalliques à jour. La seule difficulté réside alors dans les moyens de trouver les pentes nécessaires, et d'éviter les contre-pentes au passage de certaines portes.

Dans les bâtiments à étages, on peut prendre la disposition qui précède, ou bien adopter celle qu'emploie M. Anceau et qui consiste à faire l'étude du chauffage, de telle sorte que l'on forme une série de gaines, servant de conduits d'air, placées sur une même verticale dans la hauteur totale du bâtiment (*fig.* 236). Il loge alors, dans chacune de ces gaines, des tuyaux verticaux dans lesquels circulera la vapeur ; ces tuyaux sont ou lisses ou munis de nervures, suivant les circonstances du chauffage.

Chaque gaine verticale contenant les tuyaux est cloisonnée ordinairement à chaque plancher, et la surface de chauffe correspondant à un étage reçoit l'air d'une prise d'air inférieure et le verse chaud à l'étage immédiatement supérieur.

Le grand avantage de cette disposition est d'amener les surfaces de chauffe aussi près que possible des endroits à chauffer, et, par suite, d'éviter toute déperdition de chaleur, surtout si l'on s'interdit d'établir des gaines dans les murs de face des bâtiments. L'inconvénient est d'avoir des joints de tuyaux emprisonnés dans les gaines, d'être obligé de ménager des regards pour les surveiller, et enfin de subir des dégâts importants si une fuite vient à se produire.

Les tuyaux employés par M. Anceau sont en fonte, et les joints sont du système Petit, avec bagues en caoutchouc. Il est à remarquer, d'ailleurs, que la dilatation peut être parfaitement ménagée dans ces installations, dont un certain nombre donnent toute satisfaction.

Comme exemple de ces chauffages par tuyaux dans des gaines verticales, nous donnons ci-après quelques détails sur le chauffage des magasins du Printemps, à Paris.

263. Chauffage des magasins du Printemps, à Paris. — Le chauffage des magasins du Printemps a été exécuté par la maison Anceau, sous la direction de M. Sédille, architecte. On y a employé le principe de loger les surfaces de chauffe dans des gaines verticales, hors de vue par conséquent, tout en les établissant dans les locaux mêmes à chauffer; les tuyaux qui les constituent sont parcourus par de la vapeur à moyenne pression.

Les gaines sont prises dans les piliers métalliques du pourtour de l'établissement; pour les établir on n'a eu qu'à fermer les vides compris entre l'âme et les tables de ces supports, en forme de double T, de 0m,50 de largeur et de même profondeur. Le principe exposé à la fin du numéro précédent a été appliqué, c'est-à-dire que la surface de chauffe logée dans la hauteur d'un étage chauffe l'air qui doit se dégager à l'étage immédiatement supérieur. Or, dans ces sortes d'établissements, l'étage le plus difficile à chauffer est le rez-de-chaussée, à cause de l'afflux d'air venant des portes, et ce rez-de-chaussée demande des surfaces de chauffe beaucoup plus grandes que les autres parties du bâtiment. Ces surfaces sont logées dans le sous-sol.

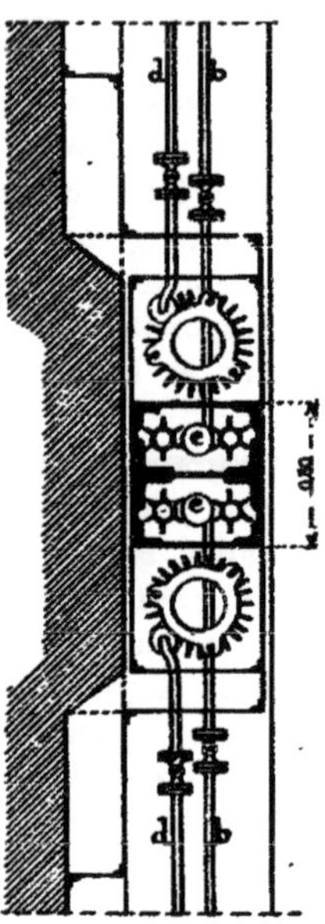

Fig. 237.

La figure 237 montre le plan de ces surfaces, fait à environ 1 mètre du sol. On voit que la surface de chauffe se compose: 1° de quatre tuyaux en fonte à six nervures chacun, logés dans le pilier même, se continuant dans toute la hauteur du bâtiment; 2° de deux tuyaux en fonte, de gros diamètre, à vingt-quatre nervures, et qui n'existent que dans la hauteur du sous-sol; ces derniers sont logés dans un coffrage spécial.

La figure 238 donne la coupe verticale de cet ensemble; elle montre la prise d'air faite à l'extérieur dans les soubassements de la devanture et la manière dont cet air descend pour être en contact à la partie basse des tuyaux; elle indique aussi le tuyau de vapeur *c* qui alimente les surfaces annexes, les tuyaux *b* de retour d'eau condensée des tuyaux à six nervures, et les tuyaux *d* de retour des tuyaux à vingt-quatre nervures.

Quant aux quatre tuyaux à six nervures qui montent jus-

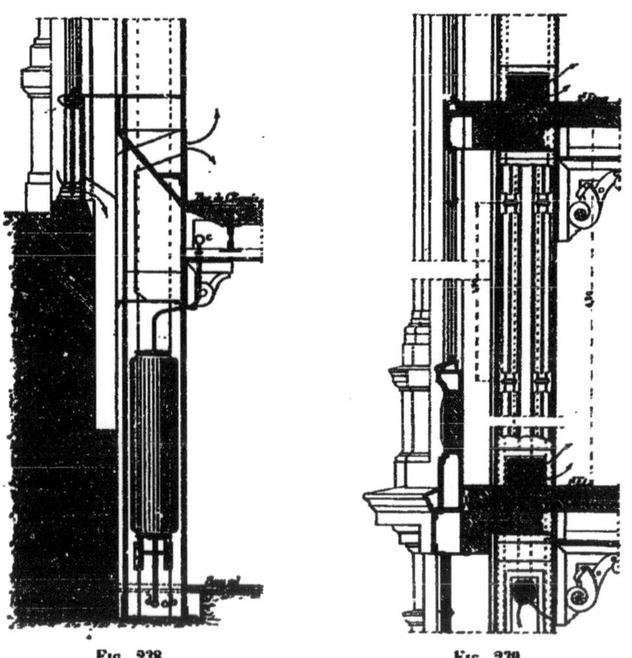

Fig. 238. Fig. 239.

qu'en haut, ils sont indiqués dans leur gaine, avec les prises d'air et les bouches de chaleur, dans la figure 239, qui donne la coupe verticale afférente à un étage. On y voit également les conduites de ventilation marquées au plan en *e*, et qui sont recueillies dans quatre cheminées verticales.

La figure 240 montre une coupe transversale du bâtiment à la partie haute et la manière dont les tuyaux sont disposés pour se loger dans le profil du toit. Les tuyaux verticaux s'arrêtent à la corniche. Pour chauffer le réfectoire, placé à la partie haute du comble, on a établi dans le comble bas une surface de chauffe annexe, en avant des précédents tuyaux. Cette surface reçoit la vapeur de la canalisation *a*,

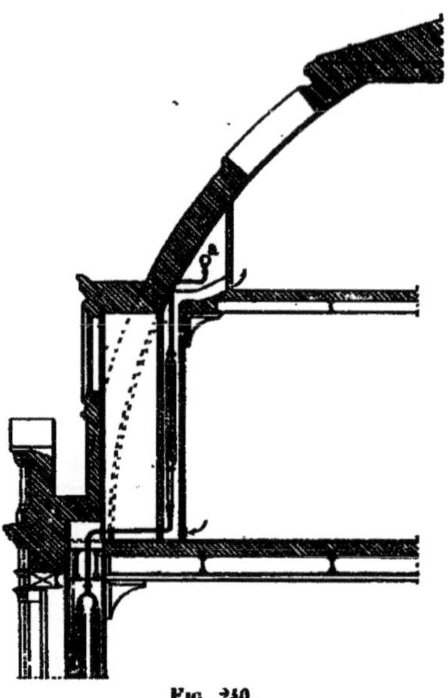

FIG. 240.

montée en haut du bâtiment, et la transmet aux tuyaux verticaux inférieurs.

264. Chauffages à moyenne pression, avec surfaces de chauffe dans les caves. — Le second moyen de ne pas employer de poêles consiste à mettre franchement les surfaces de chauffe dans les caves ou les sous-sols. Suivant les variations du programme, on peut avoir des gaines verticales plus ou moins nombreuses venant chercher l'air chauffé jusque dans la cave, et qu'il faut alimenter.

On le fait de bien des manières. On peut fractionner les

surfaces de chauffe et y amener la vapeur, de manière à l'approcher des bouches. A l'hôpital de Corbeil on avait installé, dans une galerie du sous-sol, un double cours de tuyaux à ailettes longitudinales, tout près de la voûte dans laquelle débouchaient la plupart des gaines verticales G (*fig.* 241). L'air venant d'un ventilateur arrivait en *a*, dans le coffre sectionné contenant les tuyaux, longeait ces derniers sur une longueur plus ou moins grande, et prenait le chemin que lui ouvrait la gaine G.

FIG. 241.

Si les gaines sont peu nombreuses on peut encore établir au bas de chaque gaine ou de chaque groupe de gaines G (*fig.* 242) une chambre de chaleur dans laquelle on groupe une série de tuyaux lisses ou à nervures dans lesquels on fera circuler la vapeur. Celle-ci est canalisée suivant les principes déjà vus, et circule avec une pente très faible dans le haut du sous-sol, en *a*; un branchement *b* alimente les tuyaux verticaux *t*; les retours de condensation se font dans un purgeur *p* allant rejoindre une canalisation générale de retour placée dans un caniveau. L'air entre par le bas dans la chambre et monte en s'échauffant le long des tuyaux pour rejoindre les gaines.

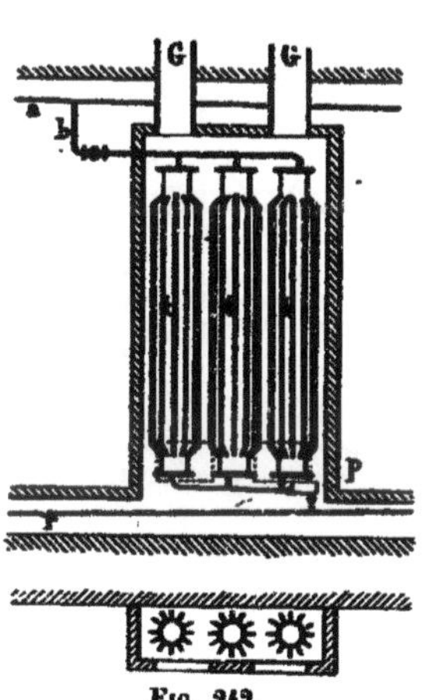

FIG. 242.

On peut, enfin, moins diviser la surface de chauffe et la grouper de distance en distance, de manière à former de véritables calorifères, comme celui qui a été figuré au croquis n° 224. On fait de la sorte de notables économies sur l'installation, qui devient plus simple, mais il faut ensuite conduire l'air chaud aux différentes gaines, ce qui perd toujours en route une certaine quantité de chaleur, en raison du développement des parois des conduits.

On ne doit pas hésiter à prendre cette disposition lorsque l'on dispose d'une force motrice. On installe alors un ventilateur et on pousse l'air en lui donnant une vitesse considé-

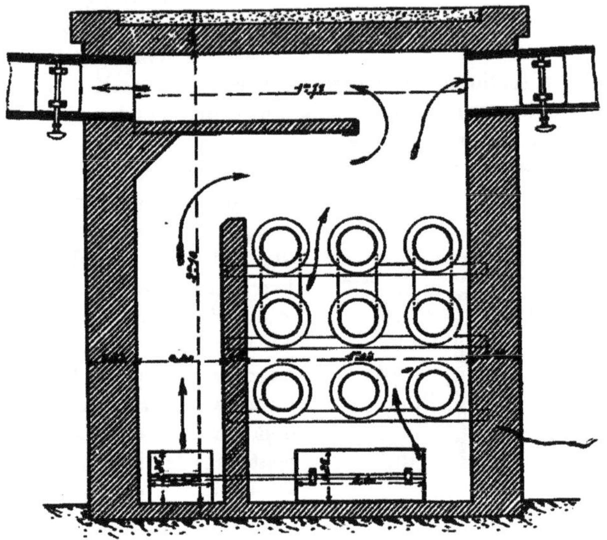

Fig. 243.

rable. On est sûr du fonctionnement de chaque bouche et on réduit toutes les sections de conduits d'air et, par suite, les déperditions.

On peut même disposer les chambres de calorifères pour obtenir l'air à une température déterminée, et la figure 243 en est un exemple. La chambre est divisée en deux compartiments correspondant tous deux avec l'arrivée d'air; l'un des deux contient les tuyaux de vapeur. Les registres de communication sont calés sur un même axe de rotation, que l'on meut du dehors, et leur calage est tel que l'un soit ouvert en grand lorsque l'autre est fermé. On peut donc faire passer tout l'air par l'un ou l'autre des compartiments ou le fractionner entre les deux chambres, de manière à obtenir en haut un mélange à température convenable.

C'est au moyen de calorifères à vapeur et d'un ventilateur qu'a été installé le chauffage de l'immeuble, rue du Louvre, n° 1, appartenant à M. Darblay, et dont nous allons décrire les points principaux.

265. Chauffage d'une maison à loyers, à moyenne pression, avec surfaces en cave. — L'application dont il vient d'être question est représentée partiellement dans le croquis d'ensemble de la figure 244. Le dessin donne le plan d'une portion de maison à loyers, dont on a voulu, après coup, établir le chauffage par la vapeur au moyen de plusieurs calorifères de caves à moyenne pression. L'exiguïté des passages, la difficulté d'établir après coup les gaines montantes d'air chaud, l'obligation de desservir, au moyen d'un petit nombre d'appareils, des locaux étendus et divers, le peu de pente dont on disposait pour les conduits horizontaux, et enfin, d'un autre côté, l'obligation, pour l'éclairage électrique, d'avoir des moteurs puissants et des chaudières à haute pression ont amené à l'adoption d une ventilation mécanique.

L'air est pris dans une cour par une gaine verticale A couverte par une grille logée sur un trottoir. Il circule par un conduit d'aspiration vers un ventilateur E. Celui-ci, mû par un moteur D, le refoule dans une canalisation spéciale qui parcourt le bas des couloirs de caves, en dessous du sol, et dont on voit le commencement en H.

Deux précautions ont été prises pour cette aspiration. En premier lieu, l'air pouvant contenir des poussières passe à travers un filtre chargé de les retenir.

De toutes les matières essayées pour tamiser l'air en donnant un faible frottement, celle qui paraît donner le meilleur résultat est une sorte de molleton pelucheux en étoffe grossière de coton. On étend ce molleton sur des cadres en bois ajustés, et on lui donne un développement en rapport avec la quantité d'air à filtrer par seconde.

En second lieu, on commence par amener l'air aspiré à la température du sous-sol, au moyen d'un premier calorifère à vapeur B, dont la surface développée est calculée pour échauffer cet air d'une dizaine de degrés. De cette façon, les parois des gaines ne refroidiront pas le sous-sol dans lequel elles passent.

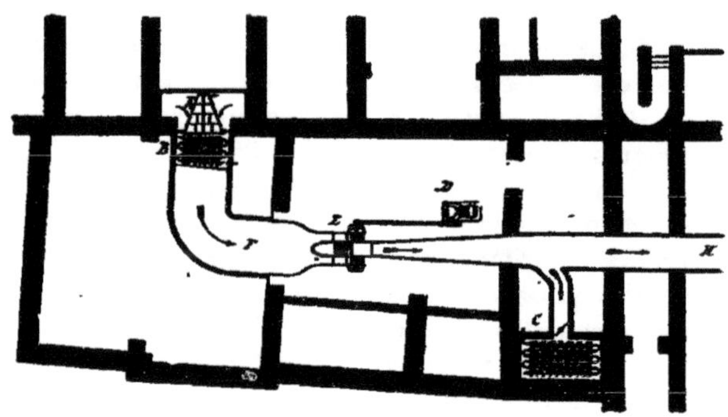

Fig. 244.

Le conduit H suit un parcours convenable, de manière à desservir les quatre calorifères de la construction. L'un d'eux est représenté en C, ainsi que le branchement qui le dessert. Une valve permet de serrer le passage de l'air et rend facile une répartition convenable de cet air entre les divers appareils.

Ils sont tous disposés de la même manière.

Cette installation a été faite, sous notre direction, par la maison Grouvelle.

La figure 245 représente en plan et en coupe verticale la prise d'air, le filtre et le premier calorifère de l'installation précédente. En G est la grille de la prise d'air, placée sous le trottoir d'une cour couverte; elle a un grand développement : 1 mètre sur 3^{m},50. Un conduit vertical de même forme lui

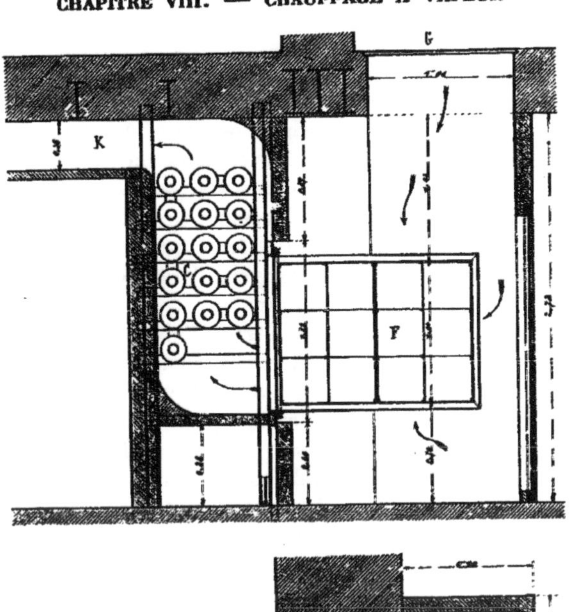

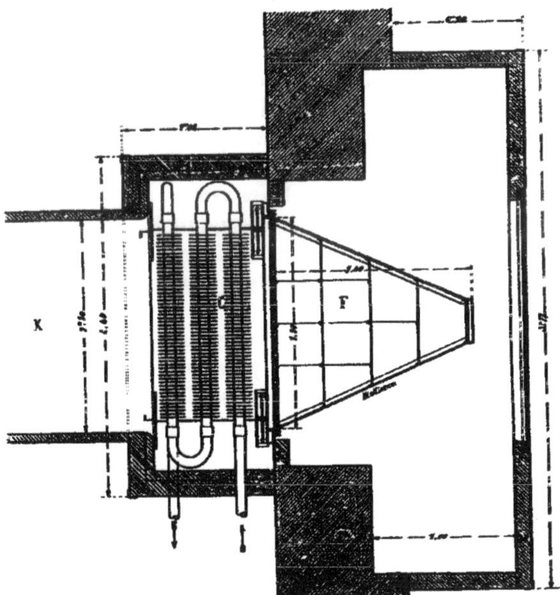

Fig. 245.

fait suite et descend jusqu'au bas du sous-sol : une porte latérale permet d'y accéder. Le conduit s'ouvre sur le côté avec $1^m,25$ d'ouverture sur $1^m,50$. La prise est munie d'un cadre métallique sur lequel on visse le châssis du filtre F. Celui-ci a deux fonds horizontaux en forme de trapèze, écartés de 1 mètre et raccordés par des parois verticales, de manière à offrir un développement de près de 8 mètres superficiels. C'est sur le châssis que l'on tend le molleton qui filtrera l'air ; on changera l'étoffe dès que ses mailles commenceront à s'engorger.

Après avoir traversé le filtre F, l'air se rend dans un calorifère à vapeur C, formé de cinq rangées superposées de tuyaux horizontaux de $0^m,07$ de diamètre, garnis d'ailettes en forme de disques circulaires ; chaque rangée comprend trois de ces tuyaux, ainsi qu'on le voit en plan, et deux barres transversales en fer plat mises de champ leur servent de supports. La vapeur arrive par le haut, parcourt en descendant tous les rangs en cheminant dans le même sens que l'eau condensée, et celle-ci se dégage à la partie inférieure, dans un retour général qui la mène du côté des chaudières. La vapeur de celles-ci est à 12 kilogrammes de pression ; mais pour le chauffage on la détend de telle sorte que, après l'appareil détendeur, elle ne soit plus qu'à 1 kil. 1/2 ou 2 kilogrammes.

L'air traverse les intervalles des tuyaux, passe entre les ailettes, s'échauffe au degré voulu, et continue son parcours vers le ventilateur, par le conduit K, assez plat pour passer au plafond sans gêner, mais qui s'étend en largeur sur $1^m,50$ pour donner la section voulue.

266. Chauffages à vapeur sans pression. — Les chauffages à vapeur sans pression ne peuvent guère s'appliquer qu'à des habitations, mais ils y présentent de tels avantages que, de jour en jour, ils tendent à se répandre dans tous les pays.

On a vu plus haut les types de chaudières qui leur conviennent, et qu'on est arrivé à rendre d'un fonctionnement commode et sans aucun danger. Pour les canalisations, on les établit en cuivre mince ou en fer, et le petit diamètre des tuyaux leur permet de passer partout sans être bien visibles On les établit sous plinthes, ou bien on les perd dans les moulures des corniches, en les faisant passer, bien entendu, autant que faire se peut, dans les pièces secondaires. On doit toujours suivre le principe déjà indiqué plusieurs fois, de faire monter la vapeur d'abord en un point haut, puis de la faire redescendre en suivant une pente continue pour entraîner dans son mouvement, sans bruit ni secousse, l'eau condensée.

Lorsqu'on ne peut faire autrement, on met la chaudière au même niveau que les pièces à chauffer, on est alors obligé de monter les retours à une certaine hauteur au-dessus du sol, pour faire le raccord avec le générateur. On a une marche plus normale dès que l'on peut mettre la chaudière à l'étage immédiatement inférieur : le fonctionnement des retours est mieux assuré.

Quant aux surfaces auxiliaires chargées de chauffer l'air, on les dissimule du mieux que l'on peut. On fait, à cet effet, des radiateurs excesssivement plats qu'on peut loger le long d'un mur, soit extérieurement, sans saillie appréciable, soit encastrée dans un vide ménagé exprès dans la paroi.

D'autres fois on disposera des poêles à vapeur dans des enveloppes simulant des poêles en faïence, ou même dans les vides des cheminées. On leur donnera, au besoin, la forme de supports divers; dans chaque cas particulier, on s'ingéniera à ce sujet. Souvent on trouvera avantage à les loger dans les allèges des fenêtres.

Dans les chauffages à moyenne pression les appareils étaient construits pour résister à une pression intérieure de 4 à 5 kilogrammes. Ils pouvaient donc, à la rigueur, supporter le vide produit par la condensation de la vapeur. Ici, ils doivent être toujours en relation avec le dehors par le tube manométrique de la chaudière, et la tension intérieure n'excédera jamais 2 mètres d'eau, et le vide ne s'y produira jamais.

La transmission des diverses surfaces de chauffe se déterminera d'après les chiffres donnés au n° 253, en ne prenant que ceux qui correspondent à une paroi à 100°, de telle sorte que, connaissant les déperditions, il est facile d'en déduire la surface de chauffe.

Pour l'établissement de ces chauffages, il n'y a à se conformer à aucune prescription administrative; ils n'exigent pas de surveillance ni d'ouvriers spéciaux; tels qu'on les établit maintenant, le personnel ordinaire d'une habitation peut être chargé de leur service. Nous donnons ci-après quelques exemples de ces sortes de chauffages.

267. Disposition de MM. Grouvelle et Arquembourg. — Le principe de la disposition qu'adoptent MM. Grouvelle et Arquembourg dans leurs installations est indiqué dans la figure 246. Ils emploient une chaudière verticale dont il a déjà été parlé au n° 220. Cette chaudière est en libre communication avec l'atmosphère par un tube de fort diamètre, branché environ au milieu de sa hauteur au-dessous du niveau de l'eau.

L'eau s'élève dans ce tube jusqu'à un niveau correspondant à la pression de la chaudière, ordinairement 2 mètres à 2^{m},50. Cette pression permet la distribution de la vapeur aux diverses surfaces de chauffe.

Le tuyau de prise, sans robinet, est fixé sur la partie supérieure de la chaudière ; il se lie à une canalisation ramifiée qui répartit la vapeur entre les poêles. Chacun de ceux-ci est muni d'un robinet spécial, figuré au croquis (3) et qui se compose de deux parties : 1° un siège mobile percé d'un orifice calibré réglant l'accès de la vapeur; 2° un pointeau manœuvré par une tige à vis et un volant, permettant la fermeture complète et, au besoin, le réglage.

L'orifice du siège mobile est calibré de telle sorte qu'il n'admette que la quantité de vapeur que le poêle est susceptible de condenser dans les grands froids. Pendant cette période, les tuyaux de retour ne renvoient absolument que de l'eau. Lorsqu'il fait moins froid, le réglage avec le pointeau permet d'arriver au même résultat.

Les tuyaux de retour sont en libre communication avec l'atmosphère par l'intermédiaire du tube ouvert *r*, dans lequel ils débouchent un peu plus haut que le niveau de

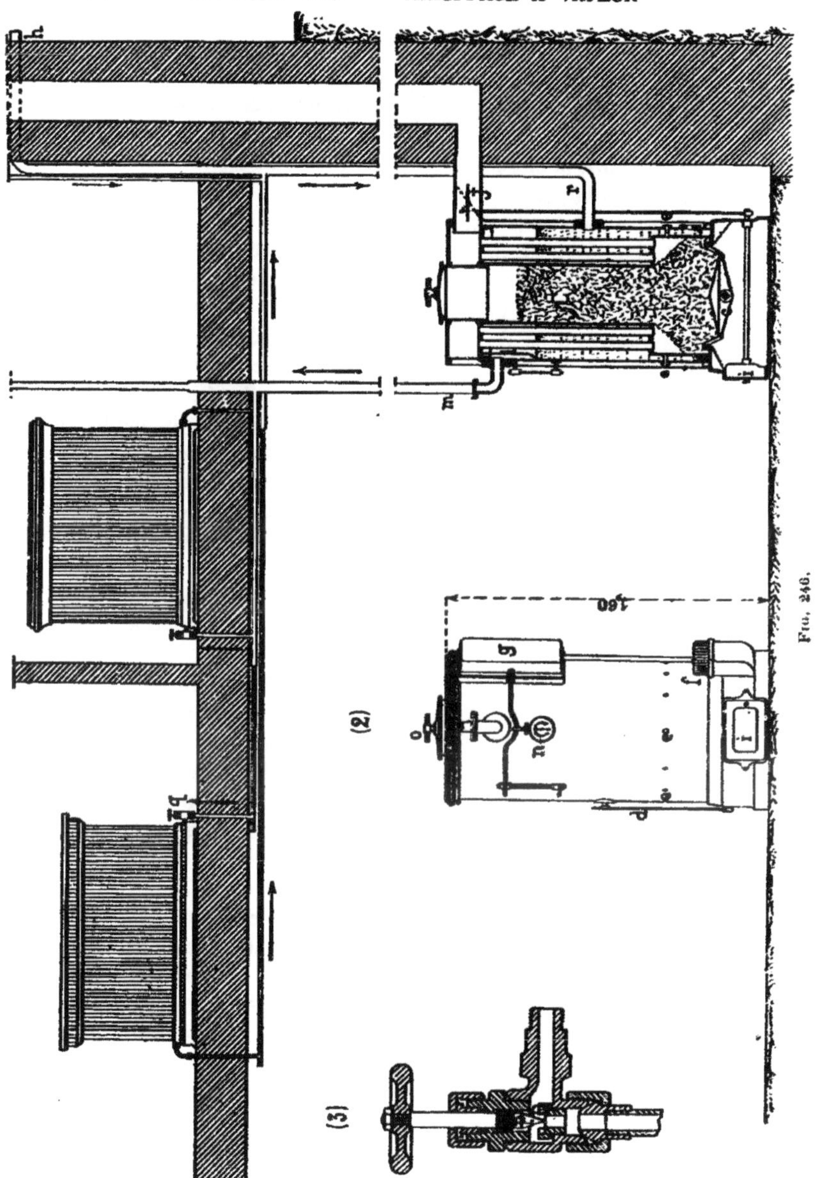

Fig. 246.

l'eau. Ce tube porte, en outre, à une petite hauteur au-dessus du raccordement des retours, un déversoir latéral ouvert extérieurement, pouvant donner issue à l'eau de la chaudière dans le cas où la pression viendrait à s'élever. Ce fait se produisant, la chaudière se vide jusqu'au niveau de l'insertion du tube, et, à partir de ce moment, il y a échappement de la vapeur dans l'atmosphère.

La figure 247 donne l'ensemble d'une installation dans une maison habitée. On choisit une cave convenable et bien éclairée pour y installer le chauffage, et on y monte la chaudière en A. A proximité est le dépôt de combustible. Un branchement d'eau muni d'un robinet permet l'alimentation. En B est le régulateur de tirage. C est le large tuyau partant du milieu de la chaudière et allant déboucher à l'extérieur en faisant office d'appareil de sûreté. Le niveau de l'eau s'y élève à 2 mètres ou $2^m,50$. Le tuyau ascendant qui suit est la prise de vapeur qui se subdivise en conduites secondaires allant aux différentes surfaces de chauffe. Comme l'eau qui se condense dans ces conduites de vapeur suit, pour revenir à la chaudière, un chemin inverse du mouvement de la vapeur, il ne faut pas trop restreindre le diamètre des tuyaux.

Le croquis indique des surfaces de chauffe variées : en K est une surface de chauffe placée en cave, dans une enveloppe, et formant véritable calorifère ; la vapeur y circule dans des tuyaux horizontaux munis de nervures. En D sont des poêles placés dans les pièces à chauffer, circulaires ou aplatis, formant radiateurs logés dans l'épaisseur des allèges. En H les surfaces sont placées soit dans le chambranle d'une cheminée, soit dans une enveloppe en tôle ou en faïence.

Mais, quelle que soit la forme qu'affecte une surface, son développement est en rapport avec le nombre de calories à produire, et la vapeur y est admise par un robinet à pointeau à siège calibré. La canalisation inverse de retour ramène l'eau à la chaudière; il faut qu'en un point haut cette canalisation soit en communication avec l'air extérieur, afin de permettre à l'air de rentrer dans les poêles dès que la vapeur ne les remplit plus.

Lorsque le chauffage, ainsi compris, est bien installé, avec des proportions bien calculées en chaque point, le fonctionnement se fait sans bruit, dans des conditions de régularité parfaites.

Il faut avoir bien soin que la partie extérieure du tube

Fig. 247.

manométrique ne puisse geler dans un arrêt de service, car la sécurité n'existerait plus. Dans l'exemple représenté, la canalisation de vapeur qui part de la chaudière s'arrête au plafond des caves, et c'est de cette canalisation que partent les branchements des appareils. On a sacrifié le principe que nous avons donné pour éviter trop de circulation de tuyaux dans l'habitation.

Chacun de ces appareils est muni d'un retour. Ces derniers se réunissent en un tuyau général aboutissant à la chaudière et y ramenant l'eau condensée. Les pertes de vapeur sont compensées par une alimentation directe au moyen d'un robinet qu'on ouvre de temps en temps et qui permet, en raison de la surpression des eaux de la Ville, d'en introduire la quantité voulue dans le générateur.

268. Disposition de M. Bourdon. — La disposition de M. Bourdon est identique, comme canalisation, à celle

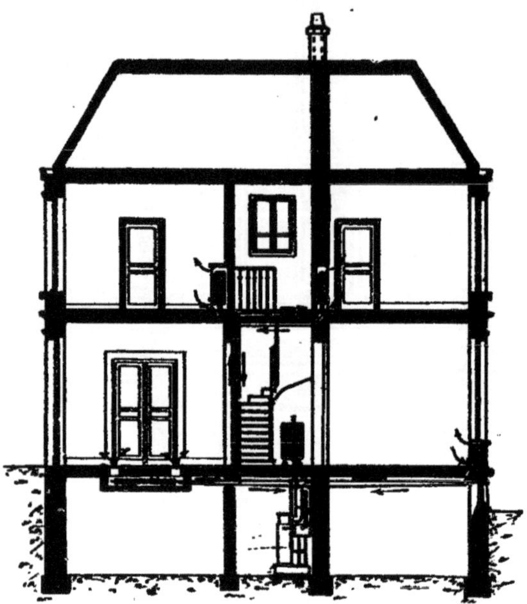

FIG. 248.

que l'on vient de décrire. La chaudière lui est spéciale; il la nomme un *vaporigène;* il en construit de plusieurs numéros qui s'appliquent à des cubes d'habitation de 450 à 730 mètres.

Pour les locaux contenant plus de 800 mètres, il emploie un autre type de vaporigène plus grand, à foyer amovible et retour de flamme. Il peut ainsi chauffer avec un même appareil jusqu'à près de 3.000 mètres.

Les radiateurs de ce même constructeur sont d'une construction excessivement simple. Comme ils n'ont à résister à aucune pression intérieure, ils sont simplement faits de tôles ondulées parallèles, emboîtées haut et bas dans des corniches et socles en fonte, par l'intermédiaire d'un mastic solide. La figure 248 représente l'ensemble d'une installation de ce genre de chauffage.

269. Disposition de M. Kaeferlé. — Les poêles à vapeur dans les chauffages à basse pression ne sont pas tou-

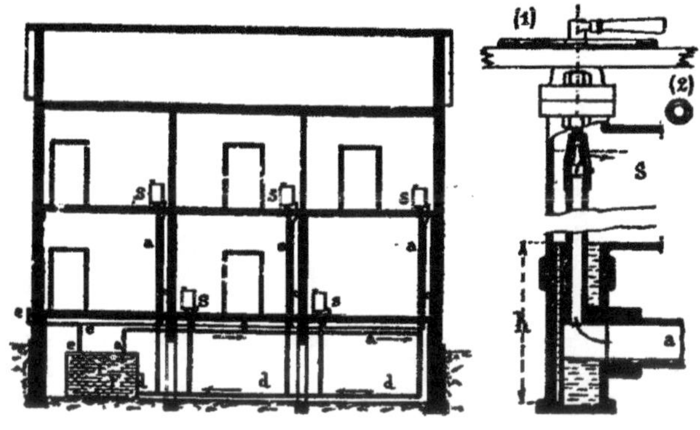

FIG. 249.

jours pleins de vapeur, et, lorsque la vapeur ne les remplit pas, il faut qu'ils contiennent de l'air. Or, il est essentiel pour la bonne marche que la vapeur et l'air se mélangent le moins possible. La vapeur occupera la partie supérieure des appareils, et l'air complétera le volume intérieur dans la partie basse. M. Kaeferlé a imaginé de canaliser cet air au moyen des conduites *c* (*fig.* 249), et de le faire aboutir à l'extérieur par le tube de sûreté *e*. L'eau de condensation, dans son système, descend dans les tuyaux verticaux de vapeur, croise, au moyen d'une disposition spéciale, la conduite maîtresse et vient faire retour à la chaudière.

Le croquis (1) montre le robinet qui empêche la pénétration de la vapeur depuis son arrivée en *a*, à la partie basse des poêles, jusqu'à son dégagement en S, à la partie haute. On y voit comment l'eau de condensation traverse l'arrivée de vapeur, et comment cette dernière se trouve réglée au moyen d'un robinet supérieur mû par une manette.

270. Chauffage à vapeur sans pression, système Kœrting. — La figure 250 représente une disposition spé-

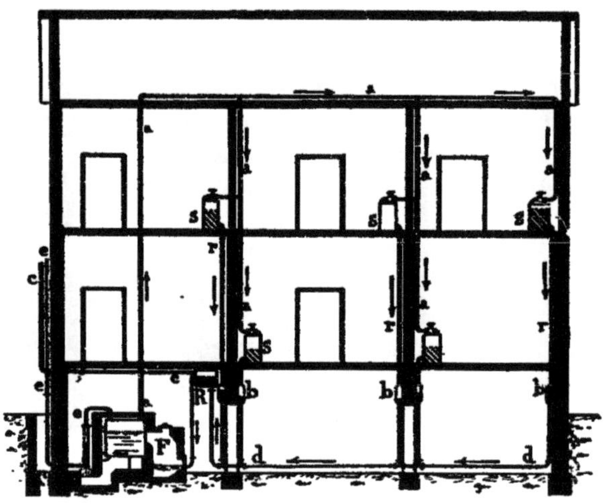

FIG. 250.

ciale à MM. Kœrting frères. En F est la chaudière; *a* représente la circulation de vapeur; S, les poêles. Ceux-ci sont alimentés par le haut. L'eau de condensation passe dans les tuyaux *r*, se rend au réservoir R, et de là à la chaudière. La partie supérieure du réservoir R est en communication libre avec l'extérieur par le tuyau *e*, de sorte que la pression atmosphérique agit sur la surface de l'eau qu'il contient.

Avec le réservoir communiquent les tuyaux *d*, reliés par des branchements avec les poêles ; des récipients *b* sont placés sur ces branchements.

Si on ouvre en plein les poêles, ils se remplissent de vapeur, l'air est chassé par en bas, refoule l'eau des récipients *b* et l'envoie dans le réservoir R. Si on modère la vapeur, l'air remontera occuper une certaine hauteur dans les poêles, dont il occupera la partie basse. Si on ferme complètement la vapeur, l'air emplira entièrement les poêles, qui ne chaufferont plus. On peut donc régler à volonté le chauffage de ces poêles, et l'air emprisonné, étant toujours le même, a bientôt perdu son oxygène et devient inerte, de telle sorte que l'oxydation intérieure des poêles ne peut plus se continuer. Un autre avantage de ce système est que les tuyaux pouvant contenir de l'eau sont tous dans les caves : ceux de la maison ne contiennent que de la vapeur ou de l'air et ne sont pas susceptibles de geler.

CHAPITRE IX

CHAUFFAGE A EAU CHAUDE

SOMMAIRE :

271. Principe du chauffage à eau chaude. — 272. Chauffage à eau chaude sans pression. — 273. Chauffages à moyenne et à haute pression. — 274. Transmission de la chaleur à l'air au moyen de tuyaux remplis d'eau chaude. — 275. Des chaudières à eau chaude. Chaudières horizontales à foyer extérieur. — 276. Chaudières horizontales à foyer intérieur. — 277. Chaudière horizontale à foyer intérieur et tubulaire. — 278. Chaudière horizontale en cuivre. — 279. Chaudières verticales à foyer intérieur. — 280. Chaudières verticales à foyer intérieur et tubulaires. — 281. Chaudière Chibout. — 282. Chaudières chauffées par la vapeur. Emploi de serpentins. — 283. Des tuyaux et des surfaces de chauffe. — 284. Surfaces de chauffe placées en dehors des locaux chauffés. Diverses dispositions. — 285. Surfaces de chauffe placées dans les locaux chauffés. — 286. Chauffage de l'église Saint-Vincent-de-Paul, à Paris. — 287. Chauffage des salles d'attente de la gare du Nord. — 288. Chauffage des Incurables d'Ivry. — 289. Chauffage de l'asile d'aliénés de Saint-Robert. — 290. Chauffage de l'hôtel *Terminus* de la gare de l'Ouest, à Paris. — 291. Chauffage de l'Hôtel-Dieu de Paris. — 292. Chauffage de l'hôpital Tenon. — 293. Chauffage de la prison de la Santé. — 294. Disposition de M. Anceau. — 295. Chauffage de l'École Monge. — 296. Groupe scolaire de Rives. — 297. Asile Ledru-Rollin, à Fontenay-aux-Roses. — 298. Chauffage d'un pavillon d'Infirmerie à l'École normale de Paris. — 299. Circulation à pompe de M. Chibout. — 300. Disposition de M. Cuau. — 301. Chauffage d'un hôtel privé. — 302. Chauffages à eau à haute pression. Système Perkins.

CHAPITRE IX

CHAUFFAGE A EAU CHAUDE

271. Principe du chauffage à eau chaude. — L'eau prise à 0° que l'on vient à chauffer se contracte d'abord jusque vers 4°, puis se dilate. Il résulte des expériences de Despretz que le volume à 4° étant 1, il devient 1,043 à 100°. Si donc on dispose en A (*fig.* 251) un réservoir ouvert contenant de l'eau et muni d'un foyer, suivi d'un tuyau d'un développement considérable partant du haut en B, s'éloignant jusqu'en C, puis revenant en D, et enfin rentrant en E, il s'établira par le chauffage une circulation d'eau dans le sens des flèches. Cette circulation sera d'autant plus active que la différence de température entre l'eau de la chaudière et celle du tuyau DE sera plus considérable, toutes choses égales d'ailleurs.

C'est sur ce mouvement de l'eau dans le tuyau BCDE qu'est fondé le principe du chauffage à eau chaude. Le réservoir étant ouvert à l'air libre, l'eau peut s'y échauffer sans bouillir jusqu'à 100°; le tuyau peut se développer dans les divers locaux à chauffer, y porter sa chaleur, en revenir et ramener l'eau à température réduite, à 60° par exemple. La charge qui produit le mouvement de l'eau est, dans ce cas, la différence de poids de deux colonnes d'eau de hauteur ED, l'une à 100°, l'autre à 60°.

Si on pousse jusqu'à l'ébullition, il va se former des bulles de vapeur qui diminueront la densité de l'eau de la chaudière A, et la différence de poids des deux colonnes, c'est-à-dire la charge produisant le mouvement, sera encore accrue. Il se produira alors des inconvénients sérieux qui compenseront cet avantage : l'ébullition pourra être tumultueuse et faire déborder le réservoir, et, d'autre part, la vapeur produite, s'échappant sans utilité, emportera en pure perte une grande quantité de chaleur.

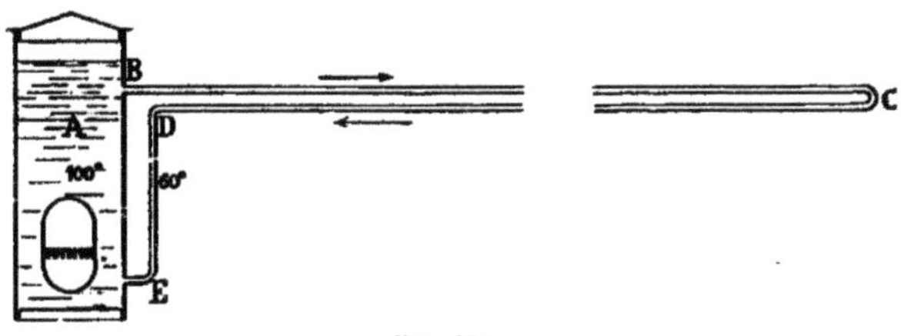

FIG. 251.

272. Chauffage à eau chaude sans pression. — Pour produire un chauffage en appliquant le principe qui vient d'être indiqué, il faut donner à l'appareil ci-dessus une forme pratique et proportionner les diverses dimensions en vue du résultat à obtenir dans chaque application.

Le réservoir de tout à l'heure est remplacé par une chaudière close A (*fig.* 252) ; de la chaudière part un tube vertical AI, terminé par un vase G que l'on nomme le *vase d'expansion ;* ce vase, fermé par le haut, est mis en communication avec l'atmosphère par le tuyau H. Le vase d'expansion sert à loger non seulement l'excédent de volume que donne la dilatation de l'eau s'échauffant à 100°, c'est-à-dire les quatre centièmes environ de la capacité totale de la chaudière et des tuyaux, mais encore celui bien plus considérable que peuvent produire les bulles de vapeur si l'ébullition commence à se produire.

C'est sur le tuyau AI que se trouve branchée la canalisation BCDE dont le développement doit constituer la surface de chauffe.

Avec cette disposition, on peut donner une hauteur aussi grande qu'on le veut à DE, sans être obligé d'augmenter la chaudière dans la même proportion.

Dans un chauffage de ce genre la température de la surface de chauffe peut être considérée comme étant la moyenne entre la température en B, voisine de 100°, et la température en D, dite *température de retour*. On a donc tout intérêt à maintenir le retour à température élevée pour mieux utiliser les surfaces.

D'un autre côté, on diminue ainsi la charge qui produit l'écoulement, et la vitesse de l'eau diminue.

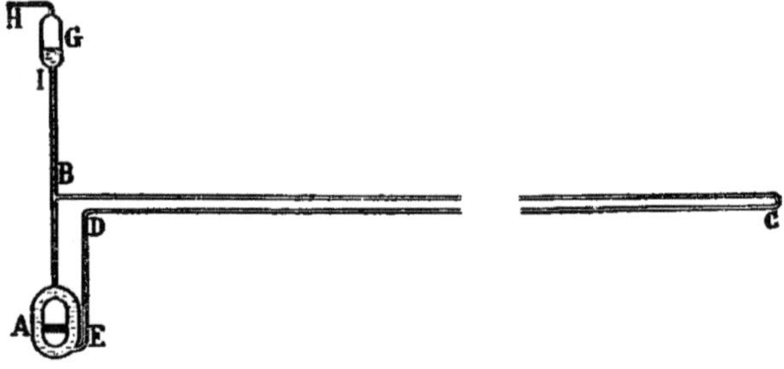

Fig. 252.

Or, il faut que la quantité d'eau qui passe dans la canalisation pendant l'unité de temps soit telle qu'en se refroidissant de la température t du départ en B à la température θ du retour en D, elle abandonne le nombre de calories nécessaires pour le chauffage. Plus la vitesse de l'eau diminuera, plus il faudra donner aux tuyaux un gros diamètre. Il est facile de déterminer ce diamètre si on se donne la température du retour, et si on prend une température de départ voisine du point d'ébullition, 95° par exemple.

Une application permettra d'élucider ce qui précède: soit à produire, pour un grand chauffage, 414.000 calories par heure, pendant les grands froids, soit 115 calories par seconde. Si on désigne par θ la température de retour, 85° par exemple, chaque litre de débit passant de 95° à θ s'abaisse de 95° — θ = 10°, ou abandonne 10 calories ; pour en produire 115 par seconde, il faudra un débit de 11 lit. 5. En consultant les tables de Prony[1], on trouve que ce débit correspond à une vitesse de 0m,66 dans un tuyau de 0m,15 de diamètre ; de 0m,37, dans un tuyau de 0m,20 ; de 0m,30, dans un tuyau de 0m,22 ; de 0m,22, dans un tuyau de 0m,25.

En opérant de même pour des températures de retour de plus en plus basses on dresse le tableau suivant :

Tableau n° 1

θ température de retour	95° — θ	θ débit en litres	VITESSE CORRESPONDANTE DANS UN TUYAU dont le diamètre est :			
			0m,15	0m,20	0m,22	0m,25
degrés	degrés	litres	mètres	mètres	mètres	mètres
85	10	11.5	0.66	0.37	0.30	0.22
80	15	7.66	0.43	0.24	0.20	0.16
75	20	5.77	0.33	0.19	0.15	0.12
70	25	4.60	0.27	0.15	0.12	0.10
65	30	3.83	0.22	0.13	0.10	0.08
60	35	3.29	0.18	0.11	0.09	0.07

Ce tableau donne donc les vitesses qu'il faut obtenir dans des tuyaux de divers diamètres, pour des températures θ variant de 85° à 60°.

Quelle est la charge qui va produire le mouvement ? Cette charge dépend de la hauteur dont on dispose ED (*fig.* 253).

Supposons que cette hauteur soit de 4 mètres.

Il y a lieu de distinguer les différentes manières dont l'eau peut se trouver chauffée dans la chaudière. Si le chauffage

[1] Les tables de Prony sont relatives à l'écoulement de l'eau dans les tuyaux ; elles donnent les charges par mètre capables de donner à l'eau des vitesses variées pour tous les diamètres usuels de tuyaux. On les trouve dans tous les aide-mémoires.

prend peu de hauteur, comme lorsqu'on le fait au moyen d'un serpentin de vapeur S, établi tout en bas, toute l'eau de la chaudière sera à la température du départ, soit 95°.

Si, au contraire, le chauffage a lieu par un tube vertical V, et c'est le cas que nous supposerons dans notre application, la température de la colonne ascendante est 95° en haut, θ en bas $\frac{95° + \theta}{2}$ en moyenne. La température de la colonne descendante est θ, celle du retour.

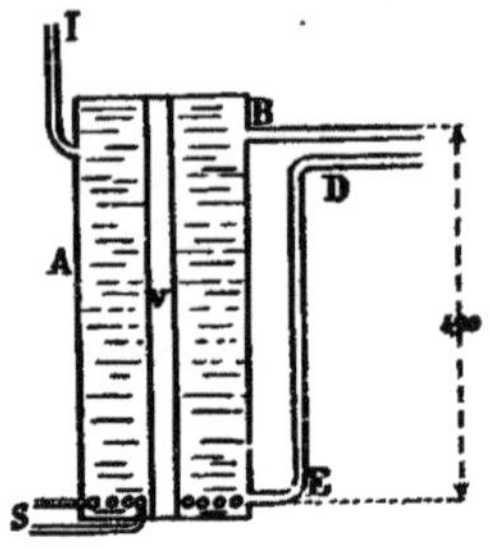

Fig. 253.

On est conduit par le calcul au tableau suivant :

Tableau n° 2

θ	$95° - \theta$	$\frac{95° + \theta}{2}$	Densité d à $\frac{95° + \theta}{2}$	Densité d' à θ	$d' - d$	$4(d' - d) = C$ charge cherchée
	degrés	degrés				
85	10	90	0.965567	0.968757	0.003190	0.012760
80	15	87.50	0.967159	0.971959	0.004800	0.019200
75	20	85	0.968757	0.975018	0.006261	0.025044
70	25	82.50	0.970346	0.977947	0.007601	0.030404
65	30	80	0.971959	0.980709	0.008750	0.035000
60	35	77.50	0.973449	0.983303	0.009854	0.039416

On connaît donc la charge disponible pour une hauteur de chaudière de 4 mètres. Il ne reste plus, connaissant la longueur de la canalisation (220 mètres dans notre cas) qu'à consulter les tables de Prony pour plusieurs diamètres de tuyaux successivement et d'en tirer pour chacun d'eux les charges totales qui peuvent donner différentes vitesses à l'eau qui les parcourt. On obtient par exemple pour le tuyau de diamètre intérieur égal à $0^m,20$ le tableau suivant :

Tableau n° 3

VITESSE MOYENNE	DÉPENSE PAR SECONDE	CHARGE PAR MÈTRE	LONGUEUR DE CONDUITE	CHARGE TOTALE
mètres	litres	kilog.	mètres	kilog.
0.05	1.5708	0.00003475	220	0.007645
0.10	3.1416	0.00010432	»	0.022950
0.15	4.7124	0.00020871	»	0.045916
0.20	6.2832	0.00034794	»	0.076546
0.25	7.8540	0.00052198	»	0.148356
0.30	9.4248	0.00073086	»	0.160789
0.35	10.9956	0.00097456	»	0.203403
0.40	12.5664	0.00125308	»	0.275677
0.45	14.1372	0.00156643	»	0.344615
0.50	15.7080	0.00191461	»	0.421214
0.55	17.2788	0.00229761	»	0.505474
0.60	18.8496	0.00271544	»	0.597397

Ces tableaux une fois établis, il est facile d'obtenir la température que doit avoir le retour dans les grands froids pour le diamètre de tuyau de $0^m,20$ au moyen du tracé graphique suivant :

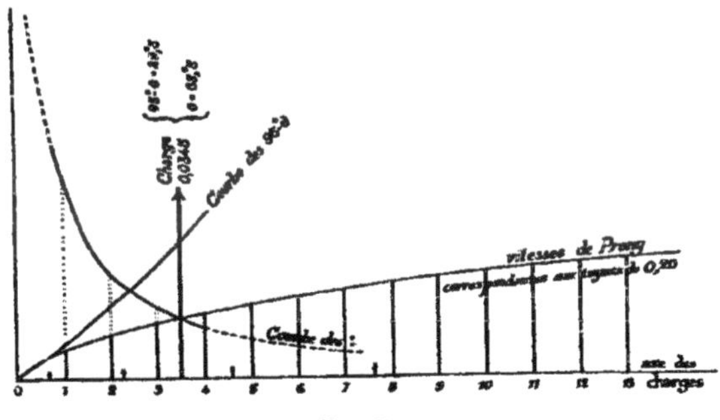

Fig. 251.

Sur un axe d'abscisses on porte les charges du tableau n° 3, et en ordonnées les vitesses correspondantes que prend l'eau dans le tuyau. On obtient une courbe donnant les vitesses de Prony.

D'autre part, le tableau 2 nous donne pour chaque charge

une valeur de 95° — θ ; et il est facile de porter cette valeur en ordonnée et de tracer ainsi une courbe des (95° — θ).

Enfin, à chaque valeur de (95° — θ) correspond une vitesse du tuyau de 0m,20 tirée du tableau 1 ; on obtient donc facilement la courbe des V.

Or, les deux courbes des vitesses se coupent en un point qui donne la solution cherchée ; l'abscisse mesurée correspondant à la charge est de 0m,0345.

La vitesse convenable est de 0m,13.

$$95^\circ - \theta = 29^\circ,5.$$

La température du retour serait de 65°,5 dans les grands froids.

Il est vrai, comme on l'a dit, qu'en activant le chauffage on pourrait commencer l'ébullition, et créer ainsi une charge de beaucoup supérieure, par suite une vitesse plus grande, et la température du retour s'élèverait considérablement. Il suffirait d'élever la vitesse à 0m,37 dans le tuyau pour que le retour se fît à 90° avec un abaissement de 10° seulement dans la température de l'eau, qui partirait alors à 100°.

On fait la même recherche pour plusieurs diamètres de tuyaux, et on adopte celui dont le développement correspond le mieux avec la surface de chauffe dont on a besoin.

On verra plus loin que les chauffages à eau ne se composent pas seulement de deux tuyaux circulant horizontalement. Les circuits peuvent se compliquer dans leur parcours. Ils peuvent se replier sur eux-mêmes pour former en certains points des surfaces de chauffe plus développées ; ils peuvent communiquer avec des récipients de formes diverses dans lesquels a lieu la circulation de l'eau qu'ils y amènent.

Un chauffage à eau chaude se compose donc :

1° D'une chaudière à eau chaude ;

2° D'un vase d'expansion ouvert ou fermé ;

3° D'une canalisation faisant circuler l'eau chaude dans tous les points où l'on doit porter la chaleur ;

4° D'appareils auxiliaires de formes diverses développant la surface de transmission aux points où la chaleur doit être accumulée.

Lorsque le vase d'expansion est ouvert, on dit que le chauffage est *sans pression*. En réalité, en plaçant le vase d'expansion au sommet d'un bâtiment et la chaudière dans les caves, on a de ce fait une pression de 10, 15 ou 20 mètres d'eau dans cette dernière. Les parois doivent donc pouvoir résister à une pression effective de 1 ou 2 kilogrammes par centimètre carré.

273. Chauffage à moyenne et à haute pression. — Le chauffage sera dit à *moyenne pression*, lorsque le vase d'expansion sera fermé et qu'on aura pris toutes les dispositions pour que la pression au-dessus du niveau de l'eau ne puisse dépasser 1 à 2 kilogrammes. On augmente ainsi la température des surfaces et leur transmission.

On aura enfin le chauffage à *haute pression* lorsque le vase d'expansion sera fermé et que la soupape de sûreté qu'on établit dans ce cas sur la canalisation sera réglée de manière à ne se lever qu'à la pression de 20 à 30 kilogrammes par centimètre carré.

274. Transmission de la chaleur à l'air par des tuyaux remplis d'eau chaude. — Le tableau ci-après

ÉCART de TEMPÉRATURE de l'eau chaude et de l'air	NOMBRE DE CALORIES TRANSMISES EN UNE HEURE PAR MÈTRE CARRÉ DE SURFACE pour des températures de l'air ambiant de :				
	10°	20°	30°	40°	50°
degrés	calories	calories	calories	calories	calories
10	62	65	68	71	74
20	137	143	149	155	161
30	220	229	238	247	256
40	309	322	335	348	361
50	405	422	439	456	473
60	507	528	549	570	591
70	615	640	665	690	715
80	729	759	789	819	849
90	849	886	923	960	997
100	978	1 019	1 060	1 101	1 142

a été calculé au moyen des tableaux nos 92 et 96. Il donne le nombre de calories transmises en une heure par mètre carré de surface pour des températures de l'air ambiant variant de 10° à 50°, et des écarts de température de l'eau chaude et de l'air variant de 10° à 100°. Ces nombres s'appliquent à un tuyau lisse de 0m,10 en fonte et horizontal.

Ce tableau donne des chiffres applicables dans la pratique aux diamètres de 0,05 à 0,20; l'erreur que l'on commet ainsi est négligeable dans les applications.

On a vu que les tuyaux à nervures pouvaient être considérés comme donnant par mètre superficiel un rendement égal à la moitié de celui de la surface lisse qu'ils remplacent. Pratiquement cette règle est suffisante, avec cette condition que les nervures longitudinales soient parcourues par de l'air animé d'une certaine vitesse, et que, pour les tuyaux horizontaux, les disques verticaux, elles prennent de préférence la forme de disques lorsque l'air à chauffer se meut verticalement avec une faible vitesse.

Si l'on fait circuler de l'air à différentes vitesses sur des tuyaux d'eau chaude, la transmission par mètre carré augmente notablement avec la vitesse, toutes choses égales d'ailleurs; par suite, il devient difficile de compter sur un chiffre bien fixe pour le rendement d'un calorifère à eau chaude disposé dans une enveloppe fermée où circule l'air à chauffer. Ce rendement dépendra de la disposition de l'appareil, de la manière dont les surfaces de chauffe se présentent, et de la vitesse de circulation de l'air le long des parois métalliques.

Dans les avant-projets on compte pratiquement sur une transmission de 8 à 10 calories par mètre carré de surface lisse, par heure, et par degré d'excès de température, lorsqu'on utilise le rayonnement, et 5 à 6 calories lorsqu'on ne peut l'utiliser complètement, ce qui a lieu pour les surfaces enfermées dans une chambre où l'air vient se chauffer avant de se rendre à destination. On prend moitié de ces chiffres pour les développements de surfaces nervées.

Comment détermine-t-on la température de la surface de chauffe d'un appareil à eau chaude? Ici, on n'a pas, comme pour la vapeur, une température uniforme pour toutes les surfaces. L'eau entre dans l'appareil à une certaine température t. Au fur et à mesure qu'elle y circule, elle cède une partie de sa chaleur et finalement en sort à une température plus basse t'. On admet que la transmission a lieu comme si les surfaces se trouvaient en tous leurs points à une température uniforme et égale à la moyenne :

$$\frac{t+t'}{2}.$$

Application : Supposons qu'à l'origine de la circulation dans un calorifère l'eau soit à 90°; qu'elle sorte du calorifère à 70°. La moyenne est de 80°. L'air entrant à 0°, sortant à 50°, la moyenne est de 25°. L'écart de température de l'eau à l'air est de 80° — 25° = 55°. Si la disposition est telle qu'on puisse utiliser le rayonnement, et si l'on emploie des tuyaux lisses, on admettra une transmission de 8 calories par mètre carré par heure et par degré d'écart. Chaque mètre fournira donc $55 \times 8 = 440$ calories.

Si l'on doit produire 35.000 calories dans ces circonstances, il faudra que le calorifère présente une surface de chauffe de :

$$\frac{35.000}{440} = 79^{m},60.$$

Si l'on ne peut utiliser le rayonnement, on peut compter seulement sur 6 calories pour des surfaces lisses, soit : $55 \times 6 = 330$ calories par mètre carré, et cette transmission se réduira à moitié, soit 165 calories, pour des surfaces à nervures. Ce qui donnerait un développement de 212 mètres pour produire dans ces conditions les 35.000 calories de l'application précédente.

275. Des chaudières à eau chaude. — Chaudières à foyer extérieur. — Les chaudières à eau chaude sont classées en deux groupes distincts : 1° celles qui sont chauffées à feu direct ; 2° et celles qui sont chauffées par la vapeur.

Les chaudières chauffées à feu direct peuvent prendre toutes les formes déjà citées pour les chaudières à vapeur, en réduisant leur capacité au minimum. On n'a plus à préserver de la flamme aucune portion de la surface, toutes les parois peuvent servir de surface de chauffe.

On peut prendre des foyers extérieurs, avec retour de la fumée dans des tubes intérieurs, et cette disposition convient préférablement pour les combustibles à longue flamme.

Les chaudières peuvent présenter la forme indiquée (*fig.* 255) : une calandre cylindrique terminée par deux fonds plats et traversée par un faisceau de tubes. Le tout est suspendu par des oreilles dans un fourneau dont le croquis donne la coupe longitudinale. La fumée circule trois fois dans la longueur de la chaudière : la première fois elle va extérieurement, d'avant en arrière ; la seconde circulation la ramène par les tubes, et la troisième a lieu de nouveau d'avant en arrière, en contact avec la partie supérieure de la calandre.

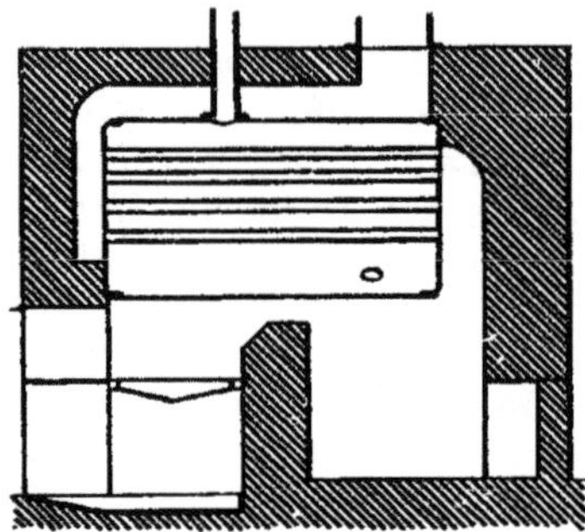

Fig. 255.

On obtient un autre genre de chaudières à foyer extérieur en exposant à la chaleur d'un foyer soit un faisceau tubulaire composé de tubes droits parallèles dans le genre des réchauffeurs économiseurs de l'industrie, et analogues aux faisceaux des chaudières de Naeyer ou Belleville, soit des séries de tubes en fer repliés sur eux-mêmes, constituant des serpentins de formes variées.

Une disposition adoptée dans nombre de cas par M. Grouvelle est représentée dans les trois croquis de la figure 256. La chaudière est composée de plusieurs serpentins parallèles faits en petits tuyaux en fer, contournés plusieurs fois sur

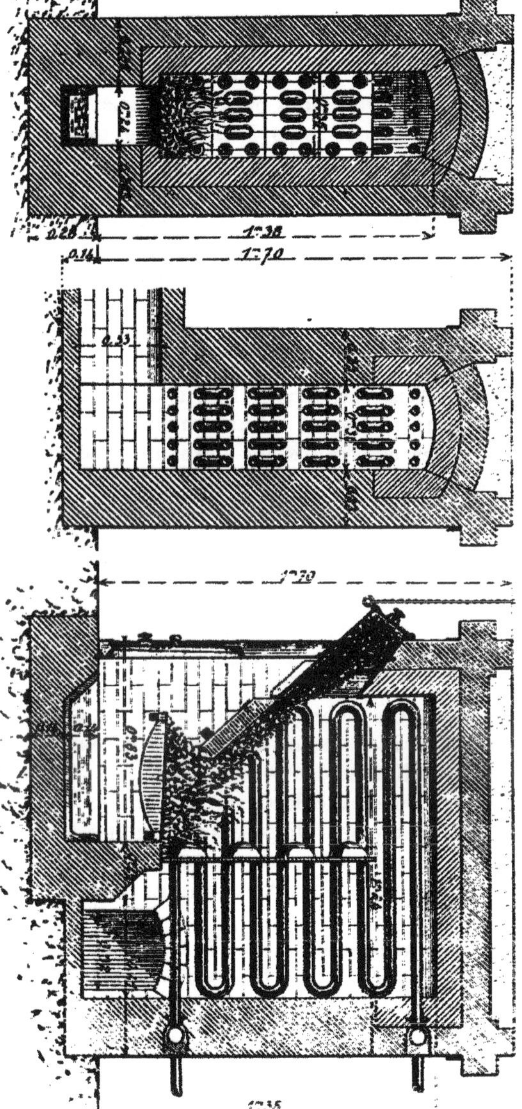

Fig. 256.

eux-mêmes à 180° et serrés les uns contre les autres avec un léger intervalle pour le passage des gaz. Il y en a cinq dans la chaudière figurée ; on met un plus grand nombre suivant la surface de chauffe dont on a besoin. Les deux serpentins extrêmes ont toutes leurs branches de même longueur ; ceux du milieu s'arrêtent dans le bas à mi-longueur, et sont reliés à l'une de leurs extrémités par des plaques de fonte qu'ils traversent et qui se joignent pour former une cloison verticale.

Ces serpentins sont réunis à la partie haute et à la partie basse par des collecteurs qui correspondent, l'un avec le départ de la canalisation de chauffe, l'autre avec la canalisation de retour.

Le tout est enfermé dans un fourneau en maçonnerie, avec foyer à deux grilles et trémie inclinée. Les deux spires extrêmes, les extrémités des spires intermédiaires, et enfin les deux branches supérieures de tous les serpentins limitent le foyer et sont exposées au rayonnement direct du brasier. La cloison en fonte dont il a été parlé divise le vide du fourneau en deux capacités distinctes. D'un côté le foyer, de l'autre un conduit secondaire que traversent les gaz avant de se rendre à la cheminée. De la sorte, les gaz parcourent ces deux compartiments l'un après l'autre en contact avec les tubes de la chaudière. Dans le premier, les murs du fourneau sont garnis de briques réfractaires ; dans le second, où les gaz sont bien moins chauds, le parement en briques ordinaires suffit.

Il est toujours utile de serrer le fourneau entre des armatures convenablement disposées pour empêcher l'écartement des murs parallèles opposés, sous l'effet de la dilatation, et annuler la poussée de la voûte qui les réunit.

276. Chaudières à foyer intérieur. — Les chaudières à foyer intérieur sont de beaucoup les plus employées. Les plus simples consistent en deux cylindres circulaires concentriques horizontaux, réunis par des fonds plats. Dans le cylindre intérieur, on établit le foyer. Du foyer les gaz chauds sortent à l'arrière et parcourent en deux circulations l'extérieur de la chaudière en allant à la cheminée. Cette disposition est surtout adoptée pour les petits chauffages pour lesquels la surface de chauffe est peu considérable, pour les chauffages de serres, par exemple. Le métal employé,

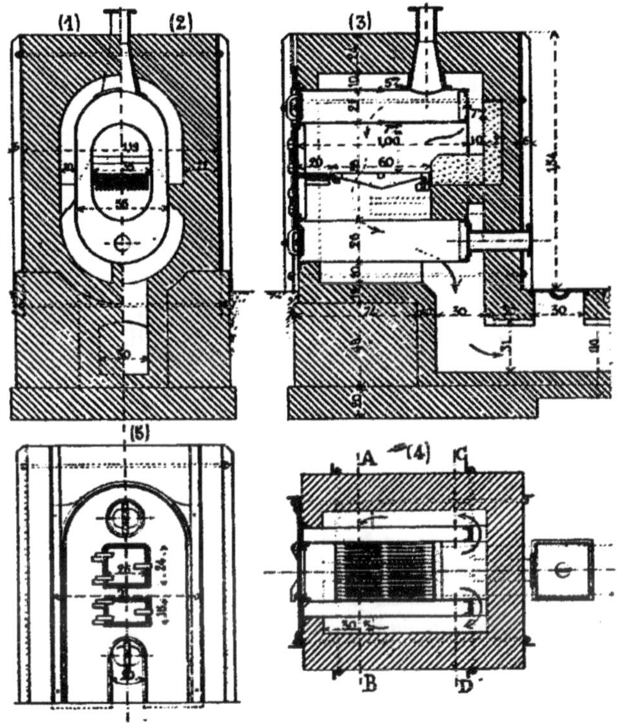

FIG. 257.

lorsque la pression est faible, est le cuivre; lorsque la pression est plus forte, la tôle.

Lorsque la pression est limitée, on a un grand avantage à conserver la tôle comme paroi et à aplatir latéralement les deux cylindres. Il en résulte une plus grande commodité pour établir le foyer intérieur et une bien plus grande facilité pour l'entretien de la combustion.

Les quatre croquis de la figure 257 représentent une chaudière ainsi modifiée, que nous avons établie pour le chauffage des serres de Saint-Germain-les-Corbeil, ainsi que le fourneau qui la contient. Grâce à la forme des cylindres, le foyer présente au-dessus des barreaux un espace largement suffisant pour le combustible, et un cendrier approprié. En arrière de la grille est un autel au-dessus duquel les flammes s'échappent à l'arrière pour revenir à l'extérieur longer d'abord la paroi haute, puis descendre à la cheminée en enveloppant complètement le restant de la calandre. Malgré l'exiguïté de l'appareil, le parcours de la fumée se fait en trois circulations, comme dans l'exemple précédent.

Tous les détails du fourneau et de ses armatures, ainsi que la devanture qui soutient les portes du foyer et du cendrier, sont indiqués au croquis. On y voit aussi la disposition de la tubulure de départ d'eau chaude, et celle du tuyau de retour.

La tôle pour ces chaudières est préférable au cuivre : elle résiste bien mieux aux outils de maniement du foyer et notamment au pique-feu, dont un léger coup peut percer le métal trop mince des chaudières en cuivre.

277. Chaudière horizontale à foyer intérieur et tubulaire. — Lorsque l'on veut développer davantage la surface de chauffe, on peut augmenter l'intervalle des deux cylindres concentriques, de manière à y intercaler un certain nombre de tubes traversant le liquide, et présentant dans leur ensemble une section suffisante pour le passage des gaz du foyer.

Ce dernier est établi dans le cylindre intérieur, comme dans le cas précédent ; la seconde circulation se fait dans les tubes, et la troisième enveloppe la calandre extérieure.

La figure 258 représente la disposition d'une de ces chaudières établie par MM. Fortin-Hermann pour de petits chauffages.

Dix tubes intérieurs de $0^{m}.08$ à $0^{m}.10$ ajoutent ainsi leur surface à celle des calandres. Pour gagner de la place, un fond métallique, garni d'une plaque de coup de feu, termine l'arrière de la chaudière et fait passer les gaz dans les tubes. La fumée arrive en avant, est recueillie par une enveloppe en tôle garnie de regards mobiles en face de chaque tube, pour permettre le nettoyage ; elle circule ensuite autour de la calandre, en arrivant par le bas et s'échappant par le haut.

Si l'on est moins gêné par la place, on améliore cette chaudière en ajoutant dans le bas un ou plusieurs tubes qui

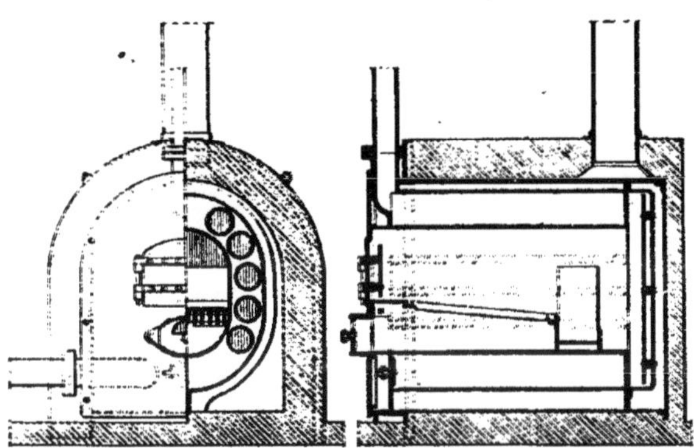

Fig. 258.

permettent de ramener en avant les cendres et escarbilles qui peuvent s'accumuler derrière l'autel.

Quant au fourneau, il est très simple, par cette raison qu'il ne sert qu'à limiter la troisième circulation de la fumée. Il se compose de deux murs verticaux raccordés par un demi-cercle ; il est fermé par un mur arrière qui clôt les carneaux et isole le fond métallique. Il doit être consolidé par des armatures convenables, en raison même du développement de la voûte.

Quant à l'autel, il peut être exécuté en briques réfractaires. Mais il est mieux de le former d'un seul bloc de poterie réfractaire de dimensions appropriées.

278. Chaudières horizontales en cuivre. — Pour

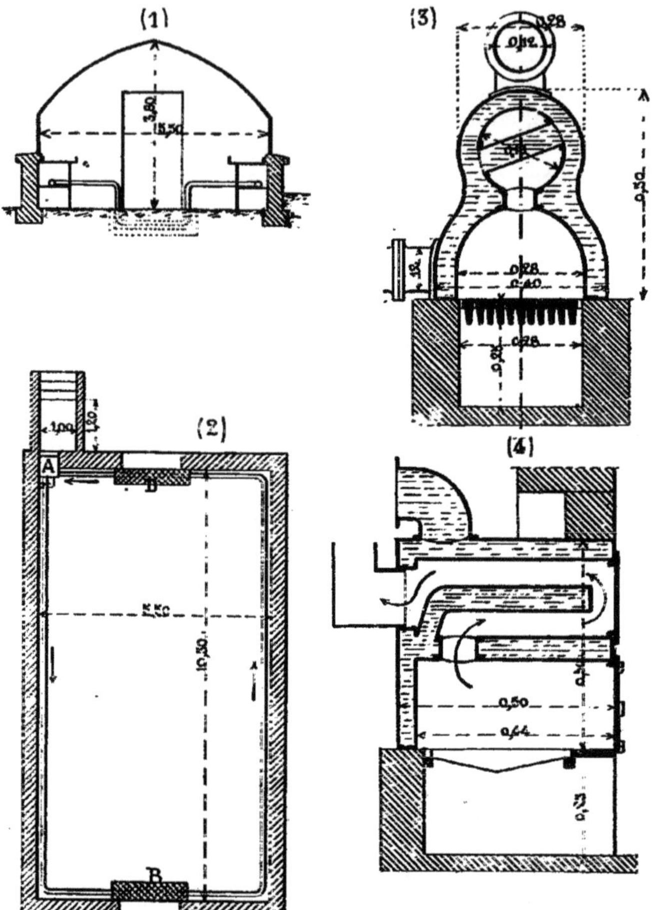

Fig. 259.

des chauffages restreints dans lesquels la disposition horizontale des locaux, ainsi que des conduits d'eau chaude qui leur donnent la température voulue, assure dans le chauffage une faible pression, on emploie encore souvent la chaudière en cuivre. Les chauffages de serres sont dans ce cas.

L'on doit faire en cuivre plus fort le cylindre intérieur qui contient le foyer, pour faire disparaître l'inconvénient déjà signalé des accidents dus à la manœuvre du foyer.

Le cuivre, malgré son prix plus élevé, peut être avantageux en raison de la faible épaisseur, $0^m,001$ à $0^m,002$, que l'on emploie fréquemment, et de la facilité avec laquelle on brase la jonction.

On peut profiter de la facilité que présente l'emploi de ce métal pour développer beaucoup la surface de chauffe intérieure et simplifier en même temps le fourneau au point de le réduire au rôle de simple cendrier.

Comme la chaudière, dans les applications que nous citons, se trouve placée dans les locaux mêmes qu'il s'agit de chauffer, la chaleur émise par la paroi nue de la chaudière contribue au chauffage et n'est pas perdue.

Les combinaisons que l'on a proposées pour les chaudières en cuivre sont nombreuses. Nous donnons dans les croquis (2) et (3) les coupes verticales en deux sens de l'une d'elles qui est d'un service très facile. Le foyer est intérieur, la grille est posée sur un cendrier en maçonnerie, et la chaudière fait au dessus un demi-cercle exposé au rayonnement du combustible. Les gaz s'écoulent par le haut à travers une tubulure, donnant accès à un nouveau tube cylindrique intérieur séparé en deux circulations par un bouilleur plat et incliné. Ils s'échappent enfin par une cheminée placée à l'arrière. La calandre extérieure suit le contour nécessaire pour se maintenir à environ $0^m,05$ des parois des tubes précédents, et elle n'est entourée d'aucun fourneau. La porte de chargement et celles des nettoyages sont posées à l'extérieur, afin d'éviter de répandre toute poussière de combustible ou de cendre dans le local chauffé.

279. Chaudières verticales à foyer intérieur. — On emploie fréquemment dans les chauffages peu développés une chaudière verticale à foyer intérieur représentée par la figure 260. Elle est composée d'un double cylindre fermé aux deux bouts, avec intervalle annulaire de quelques centimètres. Cet intervalle est en communication avec la circulation d'eau; il est traversé par trois baies : l'une sert pour le cendrier et le foyer; la seconde, pour une trémie de chargement du combustible; la troisième, enfin, correspond au tuyau de fumée. Le tout est établi en tôle soudée d'une seule pièce sans rivure et, par suite, si le travail est bien exécuté, l'ensemble constitue un appareil très solide et durable. Le seul inconvénient est le faible rendement calorifique du foyer droit, si, comme on est porté à le faire, on accumule sur la grille une forte épaisseur de combustible.

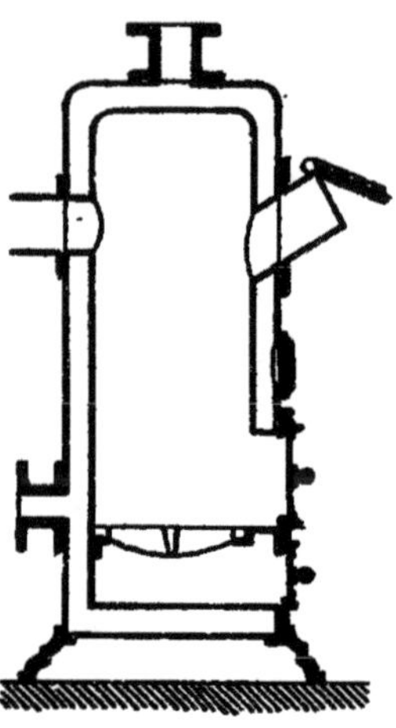

Fig. 260.

Pour des chauffages plus importants on cherche à développer la surface de chauffe, surtout celle qui, à l'intérieur, est exposée au rayonnement du foyer. L'un des moyens consiste à suspendre au-dessus de la grille un bouilleur intérieur du plus grand développement possible.

La figure 261 représente deux chaudières à eau chaude de ce genre appliquées par M. Anceau au chauffage de l'hôtel *Terminus* de la gare de l'Ouest, à Paris.

Chacune des chaudières a comme dimensions extérieures 2m,75 de hauteur sur 1m,10 de diamètre. L'intervalle des deux cylindres est de 0m,08 à 0m,10. Le bouilleur ajouté a environ 0m,50 de diamètre sur 0m,90 de hauteur. Ces chaudières sont logées dans un fourneau commun dont les carneaux sont disposés de manière à utiliser au mieux les parois de la calandre extérieure. La fumée sort du foyer intérieur par l'avant, descend par la moitié de la circonférence de la chaudière pour remonter le long de l'autre moitié. Il n'y a que le fond supérieur qui ne soit pas utilisé comme chauffage.

Le dessin indique également, au moyen de traits ponctués,

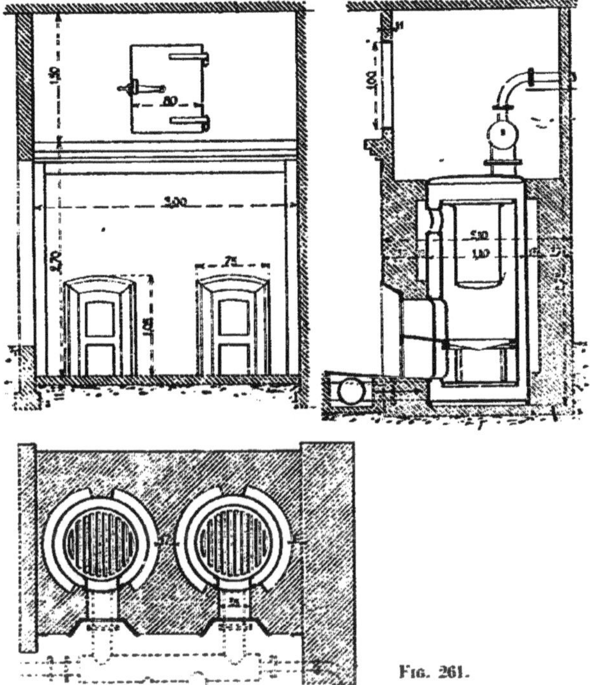

Fig. 261.

l'extrémité de la canalisation de chauffage au point où elle ramène l'eau qui fait retour aux chaudières.

280. Chaudières verticales à foyer intérieur et tubulaire. — Un autre moyen d'augmenter la surface exposée au rayonnement consiste à adopter une disposition prise par M. Durenne pour les chaudières à vapeur, et à relier le ciel du cylindre intérieur aux parois latérales du foyer par le moyen de tubes coudés remplis d'eau et dans lesquels s'établit une vive circulation.

Les quatre croquis de la figure 262 montrent une chaudière de ce genre contenant ainsi quatre bouilleurs tubu-

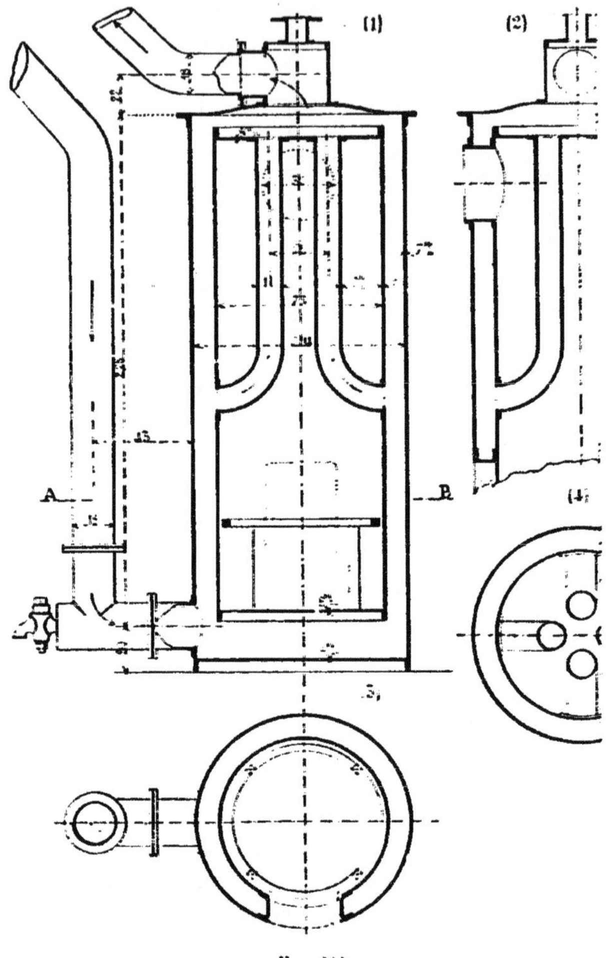

Fig. 262.

laires intérieurs de 0m.11 de diamètre, logés dans un cylindre de 0m.73 qui forme l'intérieur de l'appareil.

Les croquis (1) et (2) sont deux coupes verticales perpendiculaires l'une à l'autre. Elles montrent la forme des tôles, leurs épaisseurs, la couronne en fer qui, inférieurement, porte la grille, ainsi que le tracé ponctué de l'ouverture qui sert à la fois pour le foyer et le cendrier. On voit également les tubulures de la tuyauterie : celle du bas correspond au tuyau de retour; celles du haut servent l'une au tuyau de départ de l'eau, l'autre au tuyau qui mène au vase d'expansion.

Le croquis (3) est une coupe horizontale suivant AB à hauteur du foyer. Le croquis (4) est une coupe horizontale faite à hauteur des bouilleurs, au-dessus de leur point d'insertion sur les parois latérales du cylindre intérieur.

Cette chaudière a été appliquée par M. d'Hamelincourt au chauffage de l'église Saint-Vincent-de-Paul, à Paris.

281. Chaudière Chibout. — M. Chibout emploie une chaudière à eau chaude formée d'un cylindre extérieur et

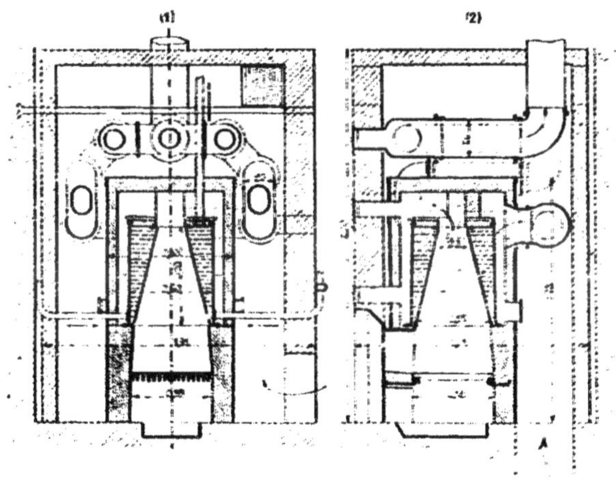

Fig. 263.

d'un tronc de cône intérieur reliés par des fonds plats. Cet ensemble est posé sur un foyer en maçonnerie contenant la grille et un cendrier au dessous. Le cône est exposé au rayonnement : la fumée s'échappe par le haut : mais, au moyen d'une boîte en tôle garnie de maçonnerie réfractaire et d'une cloison la divisant, on fait circuler cette fumée autour de la calandre extérieure, de manière à utiliser sa paroi.

Malgré cela, la fumée sort chaude et contient encore des calories pratiquement utilisables. M. Chibout la fait passer dans des tuyaux en fonte constituant un véritable calorifère annexe à air chaud, avec lequel on peut chauffer des locaux communs, vestibule, escalier, etc.

La figure 263 représente une chaudière ainsi construite et appliquée par M. Chibout à un chauffage de locaux d'infirmerie à l'École Normale supérieure de Paris, et dont il sera parlé plus loin.

282. Chaudières chauffées par la vapeur. — Emploi de serpentins. — Du moment qu'on emploie le chauffage à vapeur pour élever la température de l'eau d'une chaudière, la forme de cette dernière est indifférente. On la fait donc des dimensions réclamées par le local, par les rapports avec la tuyauterie, en ne se guidant que par les considérations de solidité, de facilité de pose et de fonctionnement.

On peut la former, comme dans la figure 264, d'un vase aplati en tôle, fermé par deux fonds en fonte portant toutes les tubulures nécessaires.

Ainsi, dans l'exemple dessiné, le fond inférieur porte deux tubulures B pour les branchements de retour, et quatre tubulures C, deux pour les arrivées de vapeur, deux pour les départs d'eau condensée des serpentins chargés de chauffer l'eau.

Le fond supérieur porte l'unique tubulure de départ A, qui se bifurque à un endroit plus convenable.

Quant aux serpentins, ils sont parallèles : chacun d'eux est formé d'un tuyau qui monte d'abord verticalement, puis descend en zigzag jusqu'à la tubulure de retour. Ils ont ainsi toute la hauteur de la chaudière. Il vaut mieux les organiser de telle sorte que toute l'eau condensée aille au retour. Ici, l'eau condensée dans la première branche montante reste dans le tuyau ou retourne au tuyau principal de vapeur, en sens contraire du mouvement de cette dernière.

Dans ce genre de chaudières le chauffage a lieu dans toute la hauteur, et la température chargée de produire le mouvement n'est que la moyenne environ entre la température du départ et celle du retour.

Il en est autrement si le serpentin de vapeur a ses spirales

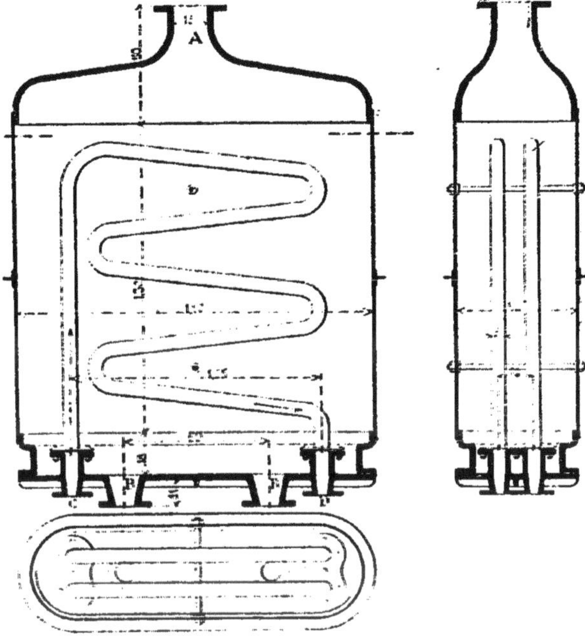

FIG. 264.

disposées horizontalement à la partie inférieure de la chaudière. Le chauffage de l'eau s'effectue dès le bas, et l'eau de la chaudière, dans toute la hauteur, est à la température du départ, d'où une charge plus grande et une circulation plus active.

Dans ces conditions, on peut même faire une économie sur la construction de la chaudière en la réduisant au minimum de hauteur et commençant la circulation par des tuyaux verticaux partant de la partie supérieure.

Ainsi, les deux dispositions représentées dans la figure 265 sont identiques au point de vue du résultat.

Dans le croquis (1) la chaudière C a toute la hauteur H qui produit la charge. Le tuyau de départ est en D et le tuyau de retour en A. Le chauffage est produit par le serpentin S dans lequel le tuyau V amène la vapeur, et qui écoule son eau de condensation par le tuyau de retour R. La tubulure E communique avec le vase d'expansion.

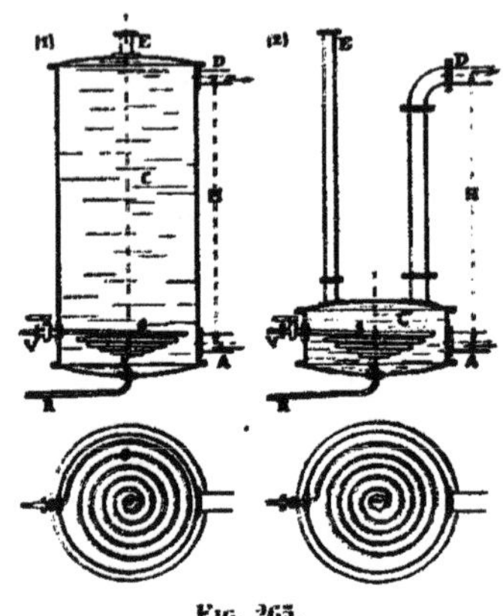

Fig. 265.

Dans le croquis (2) la chaudière est réduite à la plus petite hauteur possible et est représentée en C'; la hauteur H est complétée par des tuyaux verticaux qui prolongent de la quantité nécessaire. l'un la canalisation D de départ. et le second le tuyau E du vase d'expansion. Le reste de la chaudière. ainsi que le serpentin, la canalisation de vapeur et le tuyau de retour demeurent les mêmes. A simple inspection, la disposition (2) est plus économique.

C'est en suivant le principe de la seconde disposition qu'ont été établies les chaudières qui chauffent à l'eau chaude les divers bâtiments de l'hospice des Incurables d'Ivry. L'une de ces chaudières est représentée en plan et en coupes dans la figure 266. C'est un vase en fonte de 1m.35 de diamètre intérieur et d'une hauteur de 1m,10 environ. Ce vase est fermé par un couvercle jonctionné à brides. Il porte les tubulures de départ de l'eau. celles de retour, deux tubulures plus petites, l'une latérale pour l'arrivée de vapeur. l'autre au fond pour la sortie d'eau condensée. enfin, sur le dessus, une dernière tubulure pour la communication avec le vase d'expansion.

La même figure indique la disposition du serpentin qui doit faire le chauffage de l'eau. Il est formé d'un grand nombre

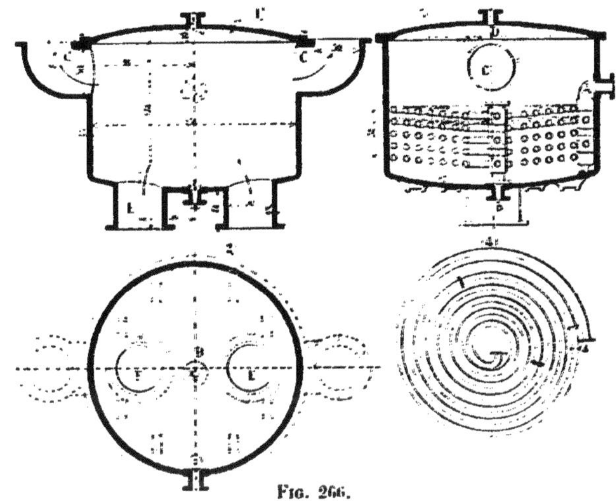

Fig. 266.

de spires donnant la surface calculée. Ces spires sont divisées en cinq serpentins distincts, et étagés, prenant la vapeur sur un tuyau commun A d'arrivée, et envoyant tous leur eau condensée dans un second tuyau commun B : de cette façon la section reste suffisante, avec de petits diamètres plus faciles à cintrer et à maintenir en place convenable. Le croquis (1) indique le plan de l'un des serpentins.

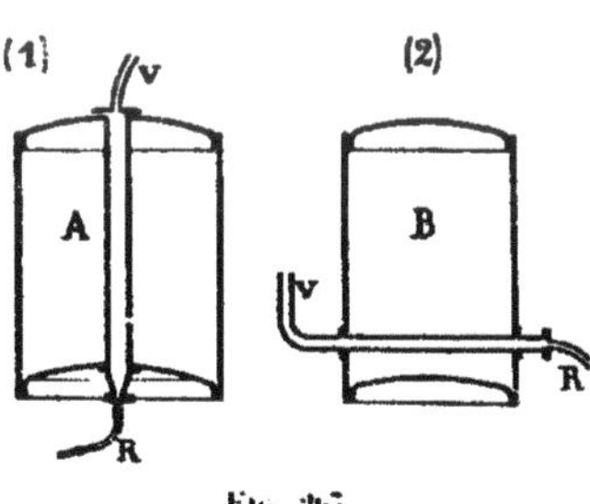

Fig. 267.

Lorsque la surface de chauffe est peu considérable, le serpentin peut se réduire à un simple tube droit traversant le récipient, ainsi que l'indiquent les deux croquis de la figure 267. Dans le premier, le récipient A est traversé verticalement par un tube d'un diamètre de $0^m,06$ à $0^m,10$; la vapeur arrive par le haut en V, et l'eau condensée s'échappe par le tuyau de retour R. Dans le second, le récipient B qui forme la chaudière est traversé horizontalement, à sa partie basse, par un tube admettant la vapeur en V et écoulant l'eau condensée en R. On a vu que la disposition (2) est avantageuse au point de vue de la plus grande charge produite pour donner à l'eau son mouvement de circulation.

283. Des tuyaux et des surfaces de chauffe. — Les canalisations d'eau chaude s'établissent de la même façon que les canalisations de vapeur, qui ont été détaillées au § 2 du chapitre VIII. Le diamètre et la pression intérieure sont les considérations principales qui imposent le choix du métal et des joints. Pour les gros diamètres et les pressions faibles on emploie la fonte, et ce métal est tout indiqué lorsque l'on veut simplifier une canalisation en multipliant les surfaces au moyen de nervures. Pour les diamètres faibles, on préfère les tuyaux en fer de toute première qualité, et on sait qu'on peut leur ajouter des nervures en forme de disques soit en tôle, soit même en fonte. Les tuyauteries qui n'ont pour but que la circulation d'eau chaude peuvent être faites en fer, ou en cuivre.

Quant aux joints, ce sont ceux qui conviennent pour la vapeur. Le caoutchouc donne de bons résultats lorsqu'il est protégé : aux Incurables d'Ivry les longues canalisations en fonte ont été établies avec les joints du système Petit, et le caoutchouc s'est bien comporté. On peut encore faire les joints entre brides tournées avec du mastic de minium et céruse. Quelquefois on interpose une rondelle en plomb avec mastic sur les deux faces : cela permet d'arrêter certaines fuites au moyen d'un simple matage. Quant aux tuyaux en fer, ils se jonctionnent presque toujours à vis avec bagues taraudées.

Les surfaces de chauffe peuvent être des tuyaux, ou bien des poêles organisés comme les poêles à vapeur, avec la seule différence qu'il ne faut pas y arrêter la circulation d'une façon complète, ce qui fermerait la chaudière et ferait courir le risque d'explosions; tout au plus, peut-on obturer quelques-uns de ces poêles, lorsque leur isolement ne peut nuire en rien au reste de la circulation.

Les surfaces de chauffe peuvent être établies ou sous forme de poêles simples, ou sous celle de poêles-calorifères, suivant les différentes conditions que peuvent imposer les programmes.

Le cube de ces poêles est, en même temps, un facteur important, par suite de la plus ou moins grande quantité d'eau chaude qu'ils peuvent contenir. Un grand volume présente ou les avantages ou les inconvénients des volants de chaleur.

284. Surfaces de chauffe placées en dehors des locaux chauffés. — Diverses dispositions. — La première disposition à laquelle on peut songer dans l'établissement d'un chauffage à eau chaude consiste à établir un véritable calorifère rempli d'eau, chauffé par un foyer, et contenu dans une chambre en maçonnerie. L'air admis par le bas de cette chambre circule sur les surfaces du calorifère, monte à la partie haute, et s'écoule par des gaines de distribution dans les divers locaux.

L'appareil peut être formé d'une caisse métallique, avec foyer intérieur et circulation convenable de fumée pour échauffer l'eau. D'autre part, l'extérieur de cette caisse peut servir à échauffer l'air, en même temps que de nombreux tubes passant à travers l'eau chaude et débouchant à la partie haute.

Un tel calorifère a été quelquefois employé; il y en a eu un établi à la maison de retraite de Sainte-Perine. MM. Sée en construisent également pour le chauffage d'hôtels particuliers. L'appareil présente sur les calorifères à air chaud ordinaires l'avantage de ne mettre en contact avec l'air que des surfaces chauffées au plus à 100°; mais il faut, pour obtenir un résultat donné, un bien plus grand développement des surfaces.

Dans la construction de l'appareil, il faut prendre les précautions nécessaires pour que la pression ne puisse s'élever.

Il y a lieu de mettre l'intérieur de la caisse en communication avec l'extérieur par un tuyau qui ne puisse en aucun cas être obturé.

L'emploi de ces calorifères à eau chaude présente l'inconvénient de ne chauffer l'air qu'à basse température, ce qui oblige à en envoyer, dans les locaux à chauffer, des cubes importants pour parer aux déperditions. Il en résulte des conduits de forte section, de périmètre très développé, qui perdent beaucoup de chaleur avant d'arriver à destination, pour peu qu'ils aient à franchir de notables distances. Il y a lieu de les réserver pour les chauffages qui, en plan, se trouvent groupés dans un petit espace. Par leur prix ces calorifères constituent un chauffage de luxe.

Lorsque les distances sont grandes, il faut renoncer à une chambre unique de chaleur, et profiter de la mobilité de l'eau dans les tuyaux et de la facilité qu'elle offre au transport des calories pour établir dans le sous-sol des circulations de chauffage. L'eau portera les calories aux points où débouchent dans le sous-sol les gaines verticales alimentant les locaux à chauffer. Les tuyaux d'eau chaude peuvent être disposés de bien des façons différentes pour le chauffage des bâtiments; les groupements qu'on peut adopter peuvent être rangés en deux catégories distinctes, suivant que la circulation doit rester complètement en sous-sol et n'envoyer que de l'air chaud au-dessus du sol, ou bien que l'on admet la présence des canalisations et appareils annexes dans les étages des locaux à chauffer.

Dans le premier cas, les tuyaux peuvent circuler à peu de distance du sol; ils sont logés dans un caniveau recouvert de plaques à jour, et constituent à eux seuls la surface de chauffe totale dont on a besoin. Cette première manière d'établir la canalisation est représentée d'une façon schématique dans la figure 268.

Le tuyau *r* va au vase d'expansion.

D'autres fois, on ne peut pas même mettre de caniveaux apparents au ras du sol; on est forcé de mettre les appareils et tuyaux complètement en contre-bas du plancher du rez-de-chaussée : on prend alors le parti de suspendre les tuyaux dans un caniveau en contre-bas du plancher. On sectionne le caniveau en compartiments successifs correspondant à chaque gaine montante, et on alimente chacun d'eux par une prise d'air. L'air entre ainsi dans chacun des calorifères partiels ainsi formés, circule horizontalement sur une surface de chauffe d'un développement approprié et monte chaud dans des gaines qui traversent le plancher et desservent soit le rez-de-chaussée, soit les étages. Le schéma de cette disposition est dessiné dans le croquis de la figure 269.

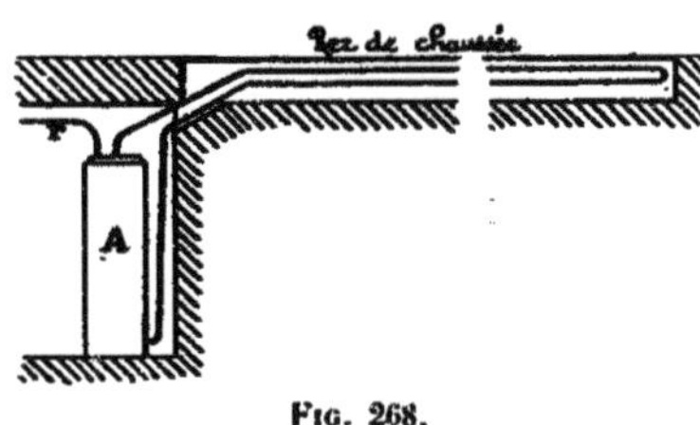

Fig. 268.

Lorsqu'on a besoin d'une surface de chauffe plus considérable que celle qu'on obtiendrait avec les tuyaux ci-dessus, même

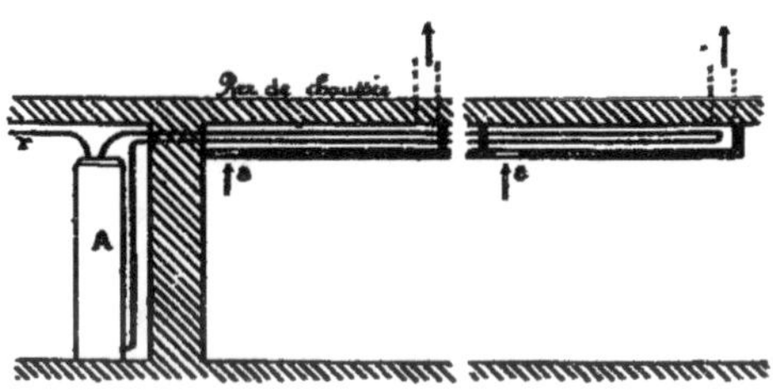

Fig. 269.

en les garnissant de nervures, on n'établit au plafond que la canalisation strictement suffisante pour distribuer l'eau chaude aux différents points du plan; on place, en dessous des gaines d'air chaud, des poêles PP... (*fig.* 270), traversés par l'eau; ceux-ci communiquent par le bas avec une canalisation générale inverse servant de retour et ramenant l'eau refroidie à la chaudière. On forme ainsi autant de calorifères verticaux qu'il y a de gaines montantes à alimenter, et chacun d'eux prend l'air qui lui est nécessaire, au moyen d'un orifice de prise *a* placé près du sol.

Enfin, une dernière disposition consiste à réunir dans un seul groupement la chaudière A et les poêles PP... de l'appa-

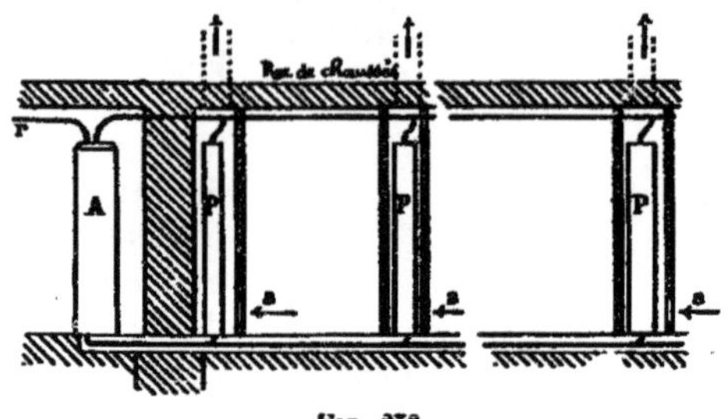

FIG. 270.

reil précédent et à envoyer l'air chaud à des distances ordinaires, au moyen de conduits rayonnants. On forme ainsi un calorifère à air chaud dont les surfaces de chauffe sont en contact, non plus avec de la fumée, mais avec de l'eau chaude.

285. Surfaces de chauffe placées dans les locaux chauffés. — Si le programme admet l'établissement des surfaces de chauffe dans les locaux chauffés, le chauffage devient plus économique et plus facile de premier établissement; on fera circuler l'eau dans le bâtiment, partout où l'on voudra de la chaleur, et celle-ci sera transmise par un développement convenable de tuyaux et l'addition, au besoin, de surfaces de chauffe annexes.

D'abord, on profite de la nouvelle faculté donnée par le programme pour établir le vase d'expansion au sommet de l'édifice, dans le grenier; d'ordinaire, on y fait aboutir une conduite directe venant de la chaudière restée en sous-sol. Du vase d'expansion, l'eau revient à la chaudière par une canalisation qui sert au chauffage, et, en se refroidissant, cède la chaleur convenable aux locaux traversés. Ce tuyau peut se développer successivement en *b*, *c*, *d*, *e*, *f*, *g*, *h*, *i*, *k*, dans chaque étage du bâtiment en le parcourant dans toute sa longueur, ainsi qu'on le voit dans le croquis (1) de la figure 271. Cet arrangement présente le défaut capital d'une température de paroi de plus en plus froide à mesure que l'on s'éloigne du vase d'expansion, de telle sorte qu'il faut augmenter considérablement les surfaces de chauffe pour les locaux inférieurs, notamment pour le rez-de-chaussée.

En second lieu, le réglage est difficile, et l'isolement d'un

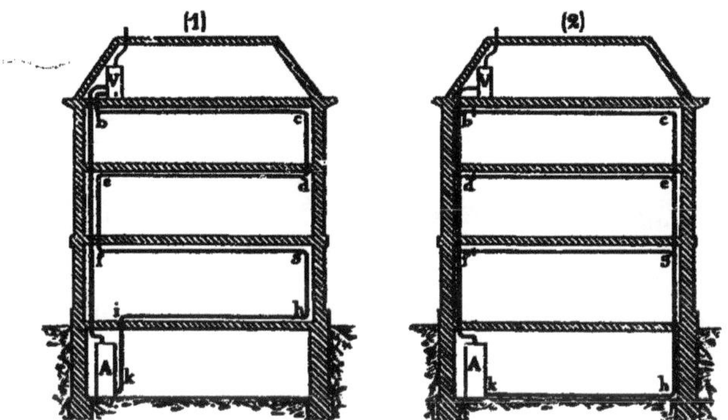

Fig. 271.

étage n'est pas possible. La disposition du croquis n° 2 dans laquelle la colonne d'ascension est réunie à une colonne de retour par des circulations horizontales à travers les étages *bc*, *de*, *fg*, présente également de grandes difficultés de réglage, tout en permettant d'interrompre le chauffage de chaque étage ou de le régler séparément à la température qui lui convient. Ces deux arrangements sont donc à rejetér.

La disposition n° 3 de la figure 272 présente encore cet inconvénient que, pour un même étage, la température de l'eau va en diminuant à mesure qu'on s'éloigne de la colonne montante ; de plus, les étages supérieurs sont mieux partagés que les étages bas, parce que la colonne verticale de retour est froide sur une plus grande hauteur *cd*.

La disposition qui donne les meilleurs résultats, surtout

lorsque, à chaque étage, les circulations ont beaucoup de développement, est celle de la figure 272, croquis (4).

A chaque étage la circulation se compose de deux tuyaux

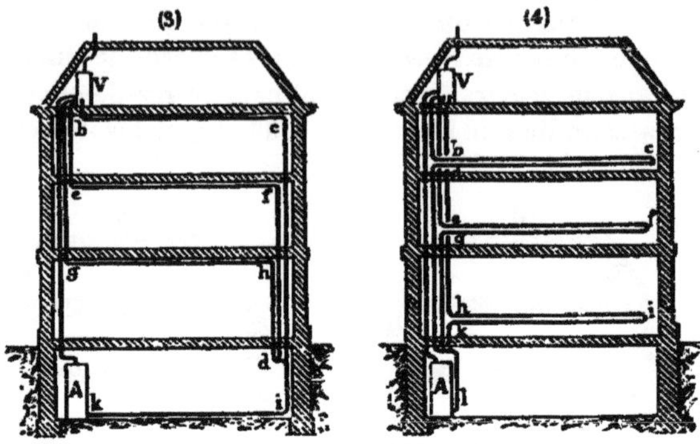

Fig. 272.

jumelés, l'un d'aller, l'autre de retour; la température de ces doubles surfaces est la moyenne de celles des deux tuyaux

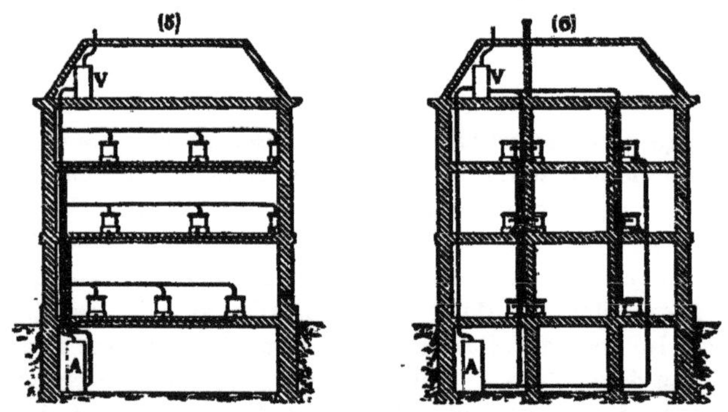

Fig. 273.

au même point, c'est-à-dire qu'elle reste à peu près constante. Il est donc plus facile d'obtenir une température, à chaque étage, proportionnelle au développement de la surface des tuyaux.

L'emploi de tuyaux seuls ne donne pas toujours un développement suffisant pour fournir le nombre de calories déterminé par le calcul; on doit alors avoir recours à l'emploi de surfaces annexes placées dans les locaux à chauffer et présentant la forme de poêles. Ce sont ou des tuyaux supplémentaires contournés en serpentins, ou des batteries de tuyaux verticaux garnis ou non de nervures, ou des radiateurs de formes diverses déjà vus pour la vapeur, avec ou sans enveloppes, ou enfin des cylindres en tôle traversés par des tubes pour la circulation de l'air.

Ces poêles peuvent être placés au milieu des locaux; plus souvent on les installe le long d'un mur, et on les réduit au volume le moins encombrant possible.

La circulation générale peut se faire de la manière indiquée par le croquis (5), c'est-à-dire que les poêles sont interposés à chaque étage entre les deux tuyaux qui l'alimentent. Chaque poêle communique avec le tuyau d'aller au moyen d'un branchement supérieur muni d'une valve de réglage ou d'arrêt. L'eau sort du poêle par un autre branchement qui va se greffer sur le tuyau de retour, et, comme précédemment, chaque étage a son chauffage séparé.

Dans un grand nombre de cas, il n'est pas possible d'avoir des tuyaux ainsi apparents dans les pièces; on loge alors dans un même caniveau placé dans le plancher les deux tuyaux d'aller A et de retour B, et on fait passer le caniveau sous la ligne des poêles.

Chaque poêle reçoit alors l'eau par le dessous, au moyen d'un tuyau *t* qui monte de $0^m,20$ dans le liquide, et l'eau remplacée s'écoule par le fond dans le branchement de retour *r*.

Les poêles doivent être exhaussés sur un socle creux, et dans ce socle on établit les robinets qui permettent de régler la circulation dans chaque appareil et d'en arrêter au besoin le fonctionnement d'une façon complète (*fig.* 274).

D'autres fois, on fait circuler l'eau successivement dans les divers poêles d'une même salle ou d'un même étage, en séparant les tuyaux et n'en mettant qu'un sous chaque ligne de poêles, ainsi que l'indique la figure 275. L'eau circule dans le tuyau dans le sens de la flèche de A vers B; il alimente l'un des poêles P_1 en se recourbant et pénétrant de $0^m,20$ dans l'intérieur, il en ressort à côté, par le fond, et la

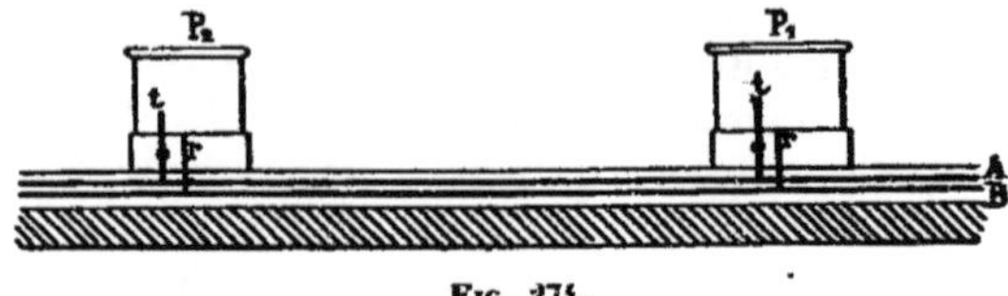

Fig. 274.

circulation continue son mouvement vers le poêle suivant P_2. On a cherché les moyens d'isoler facilement ou de régler le

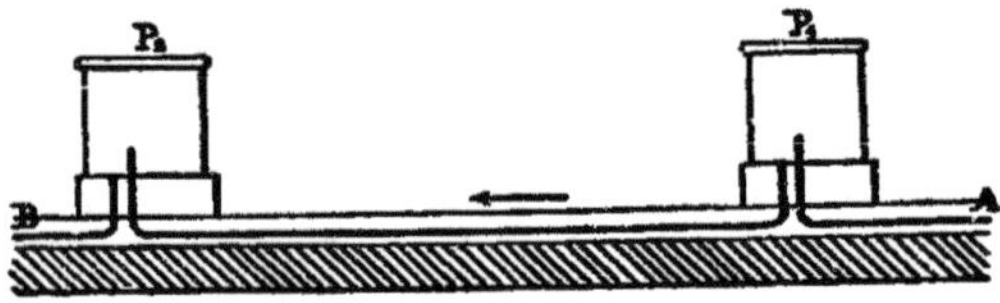

Fig. 275.

chauffage d'un poêle dans cette sorte de circulation. M. Chibout emploie un double tuyau formant le branchement d'alimentation du poêle ; comme l'indique le croquis de la figure 276, la cloison qui sépare les deux courants s'arrête à une boîte où fonctionne une valve; lorsque celle-ci est verticale, elle continue la séparation des conduits, et le poêle est ouvert; si elle est dans sa position horizontale le poêle est fermé, mais il reste sous la valve l'espace nécessaire pour le passage de l'eau d'un tuyau dans l'autre, et le courant n'est pas interrompu. Dans les positions intermédiaires la valve modère plus ou moins l'entrée de l'eau.

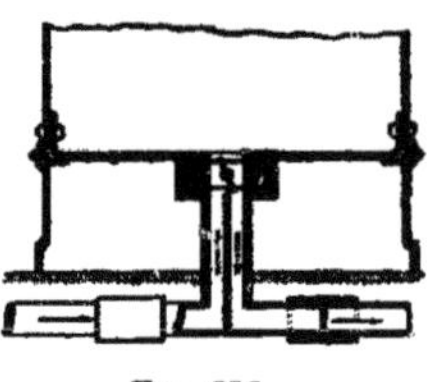

Fig. 276.

MM. Geneste et Herscher emploient pour obtenir le même résultat un robinet à quatre eaux représenté par la figure 277.

Lorsque le programme le demande ou le permet, ce qui arrive notamment lorsque le bâtiment à chauffer est coupé de refends ou de cloisons, on peut remplacer quelquefois avec avantage les circulations horizontales par étage par des circulations verticales. On groupe alors les appareils qui se trouvent superposés ou à peu près, et on les alimente par une conduite verticale venant directement du vase d'expansion. Sur cette conduite on greffe un branchement pour chaque poêle, et on le munit d'un robinet. Parallèlement à cette conduite on pose une conduite de retour allant à la chaudière et qui récolte, au moyen de branchements, l'eau de sortie des poêles de ce même groupement. La figure 273 dans le croquis (6) indique le schéma de cette disposition souvent avantageuse.

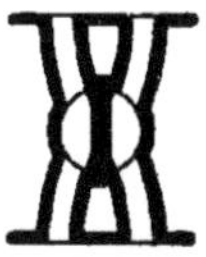

FIG. 277.

Nous allons passer successivement en revue quelques applications de ces divers modes de chauffages à l'eau chaude.

286. Chauffage de l'église Saint-Vincent-de-Paul à Paris. — Le chauffage des églises est très simple et ne se complique d'aucune question de ventilation. La grandeur du vaisseau est telle que l'air n'a pas besoin d'y être renouvelé, et que la ventilation qui s'établit naturellement par les fissures des baies et des vitrages suffit amplement. On n'a pas à prendre l'air à l'extérieur, c'est celui de l'église même que l'on fait passer sur les surfaces de chauffe pour augmenter sa température. Il suffit donc, si l'on veut appliquer un chauffage à l'eau chaude, de faire circuler des tuyaux dans un caniveau recouvert d'une grille à jour, et de développer le caniveau dans les espaces qui sont le plus fréquemment occupés.

La figure 278 donne comme exemple de ce genre de chauffage le plan de Saint-Vincent-de-Paul avec l'indication du tracé du caniveau de chauffage. Ce dernier s'allonge en deux alignements placés dans la nef devant les colonnes, et réunis par un retour transversal. Ce caniveau contient deux gros tuyaux lisses dans lesquels circule l'eau ; d'autres

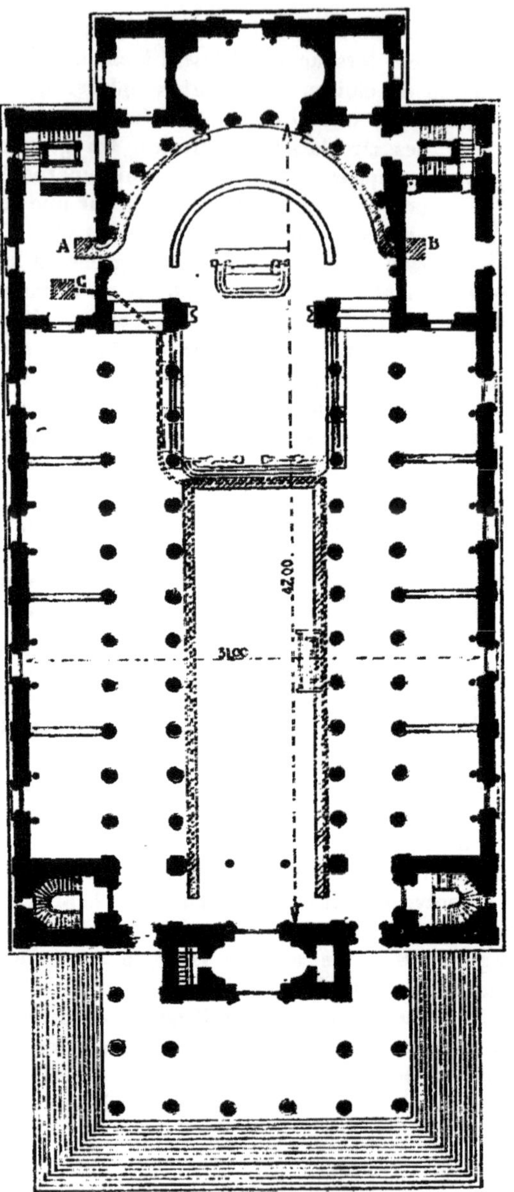

FIG. 278.

tuyaux plus petits les raccordent avec la chaudière. Celle-ci est placée en C. C'est un appareil vertical que nous avons déjà décrit au n° 280, et qui est dessiné dans la figure 262. Un vase d'expansion raccordé avec le sommet de la chaudière prévoit la dilatation et communique avec l'extérieur pour donner au besoin issue à la vapeur.

D'après le tracé, on se rend compte de la circulation, favorisée par une légère pente de conduite. Le chauffage de l'église est complété par deux autres appareils A et B spécialement affectés au service des stalles du chœur.

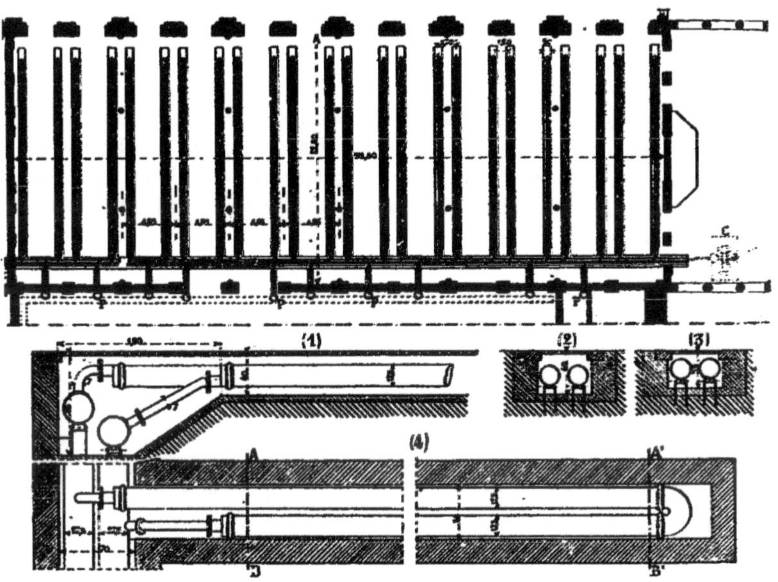

Fig. 279.

287. Chauffage des salles d'attente de la gare du Nord. — Le chauffage des salles d'attente des gares de chemins de fer a une grande analogie avec le chauffage des églises, en ce sens que la ventilation n'a besoin de se faire que par l'ouverture des baies. Cette ouverture refroidit le ocal, et le chauffage doit parer à ce refroidissement. L'établissement de caniveaux devant les banquettes est indiqué, et les plaques de fonte largement ajourées qui les surmontent permettent à l'air de la salle de descendre s'y chauffer et d'en sortir à température convenable.

La figure 279 représente, comme exemple d'un tel chauffage, la disposition adoptée pour les salles d'attente de la gare du Nord à Paris.

Toutes les salles réunies forment une grande nef représentée dans le plan d'ensemble; elles ne sont séparées que par de simples cloisons de peu de hauteur. Les entraxes du bâtiment sont de 4^{m},95, et chaque salle en contient un ou deux.

Le chauffage est disposé dans des caniveaux répartis à raison de deux par travée, réunis par un caniveau longitudinal commun où circulent les tuyaux d'aller et retour d'un appareil à eau chaude. Les chaudières sont en C; elles sont au nombre de deux, pour se prêter mieux à l'élasticité du chauffage. Sur cette première canalisation sont branchées autant de circulations secondaires qu'il y a de caniveaux transversaux.

Les croquis (1), (2), (3) et (4) donnent les dessins en plan, coupe longitudinale et coupes transversales, à une échelle plus grande, de tous les détails de cette organisation.

Le chauffage de la gare du Nord a été fait par la maison d'Hamelincourt.

288. Chauffage des Incurables d'Ivry. — L'hospice des Incurables a été construit vers 1868, à Ivry. Il est composé de bâtiments d'administrés répartis sur un vaste espace, comme l'indique la figure 280. Ces bâtiments sont teintés de hachures. Ils sont divisés en deux séries symétriques formant les quartiers séparés des hommes et des femmes. Au milieu, en avant, sont les deux pavillons d'Administration; plus loin, la chapelle; en arrière, les cuisines et l'infirmerie; enfin, au fond, à droite, la buanderie et les chaudières.

Le chauffage a été établi par M. Lecouteux, sous la direction de M. Ser, ingénieur de l'Assistance Publique. Le mode choisi a été l'eau chaude. Pour ne nous occuper que du chauffage des bâtiments d'administrés, on les a divisés en groupes séparés formant autant de chauffages distincts, chacun d'eux correspondant à une longueur de 160 mètres environ de longueur de bâtiment.

Les constructions sont élevées d'un rez-de-chaussée et de deux étages superposés, et tous les locaux contiennent des dortoirs. M. Ser a adopté le principe d'établir sous le sol du

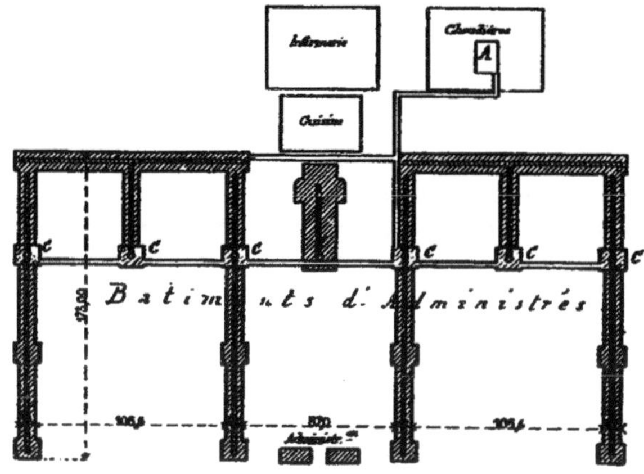

Fig. 280.

rez-de-chaussée, dans un caniveau longitudinal de dimensions convenables, les lignes de tuyaux nécessaires pour développer toute la surface de chauffe voulue, et de faire circuler de l'eau chaude dans ces tuyaux. Le caniveau forme ainsi un vaste calorifère à air chaud ayant ses prises d'air de distance en distance, et fournissant l'air chaud aux locaux par l'intermédiaire de bouches de chaleur. Celles du rez-de-chaussée s'alimentent directement sur le caniveau; celles des étages sont desservies par des conduits placés dans les murs de refend. Les unes et les autres sont montées sur des cylindres ou des demi-cylindres en tôle formant repos de chaleur.

Le plan général indique en C, C la position des chaudières à eau chaude des divers chauffages, ainsi que la circulation longitudinale afférente à chacune d'elles. Elles sont placées dans le sous-sol d'une série de pavillons alignés, réunis par une galerie de service également en sous-sol. Cette galerie, indiquée au plan, se continue d'équerre pour aller rejoindre le bâtiment des chaudières à vapeur.

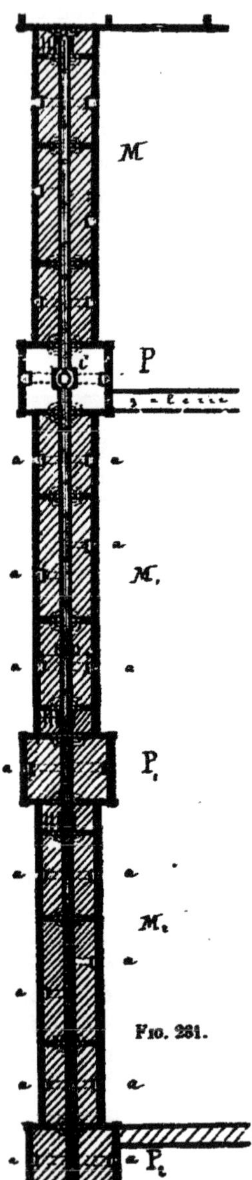

Fig. 281.

Les chaudières à eau chaude, au lieu d'être chauffées directement à feu nu, sont chauffées à la vapeur, au moyen d'une canalisation générale circulant dans la galerie, ce qui simplifie considérablement le service. Le chauffage général par la vapeur était tout indiqué, la vapeur servant aussi à la cuisine, et permettant de centraliser tous les chauffages en un seul atelier de production de chaleur. Le choix des pavillons contenant les chaudières à eau chaude était très judicieusement fait, tant au point de vue de la répartition des surfaces que de la distribution convenable de la vapeur et de la réduction de la canalisation au minimum de longueur.

Si on passe maintenant à l'étude d'un des chauffages à eau chaude, on voit qu'il correspond à trois pavillons et à trois corps de bâtiments intermédiaires.

Dans celui qui est représenté

en plan par la figure 281, les bâtiments à chauffer sont en ligne droite, tous élevés sur terre-plein, sauf le pavillon P, qui a un sous-sol destiné au chauffage et dans lequel on accède par la galerie générale.

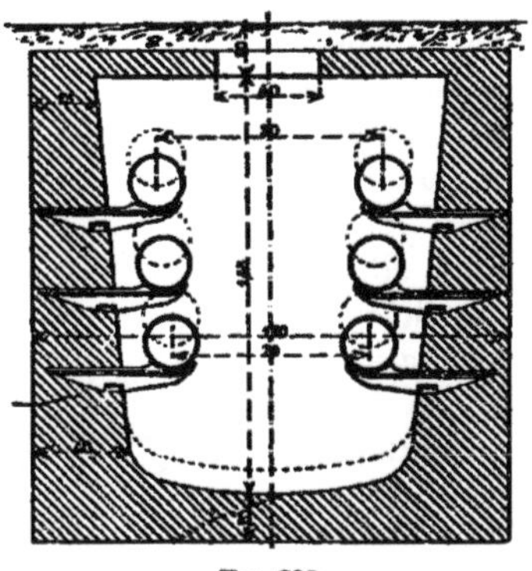

Fig. 282.

Une cave en maçonnerie étanche descend en contre-bas du sous-sol à une profondeur suffisante pour obtenir une hauteur de chaudière de 4 mètres nécessaire pour déterminer convenablement le mouvement de l'eau. La chaudière est au milieu de cette cuve, en C, et les tuyaux en partent et y reviennent en formant deux circulations ; l'une correspond au corps de bâtiment M, l'autre aux deux bâtiments M_1 et M_2. Cette dernière est double de la première comme longueur et comme surface.

La chaudière a été précédemment décrite page 568 ; de la maçonnerie qui l'enveloppe partent, à hauteur convenable,

Fig. 283.

les caniveaux de chauffage ; ils occupent l'axe des bâtiments et les parcourent dans toute leur longueur. De distance en distance on a établi des prises *a*, aspirant l'air au dehors par des soupiraux et débouchant à la partie inférieure des caniveaux. Ils sont disposés par paires pour annuler l'influence du vent. L'air qu'ils amènent s'échauffe au contact des tuyaux d'eau chaude et va alimenter les divers locaux.

Au rez-de-chaussée, il se distribue au moyen de repos de chaleur, indiqués en ponctué dans l'axe du caniveau. Pour les étages, on a réservé des conduits montant dans les murs de refend ; ils sont desservis par des branchements pris sur le caniveau et munis chacun d'une clef de réglage.

Quant à la surface de chauffe, elle est constituée par six tuyaux parallèles en fonte, de 0^{m},20 environ de diamètre, posés sur consoles également en fonte, et jonctionnés avec joints au caoutchouc du système Petit.

La coupe transversale du caniveau muni de ses six tuyaux de chauffage est représentée dans la figure 282. Les murs latéraux ont leur parement légèrement à fruit, de sorte que les tuyaux ne sont pas verticalement au-dessus les uns des autres, ce qui facilite la pose ou les réparations.

Les tuyaux ont une très légère pente longitudinale, indiquée par leur position extrême en ponctué.

Le caniveau a 1^{m},65 de hauteur, de telle sorte qu'on peut le parcourir, même pendant la marche en la ralentissant seulement un peu, ce qui permet de se rendre compte d'une fuite et aide à la surveillance des joints.

Ce caniveau est fermé par un plancher en fer hourdé en maçonnerie, au-dessus duquel on a établi le sol du rez-de-chaussée.

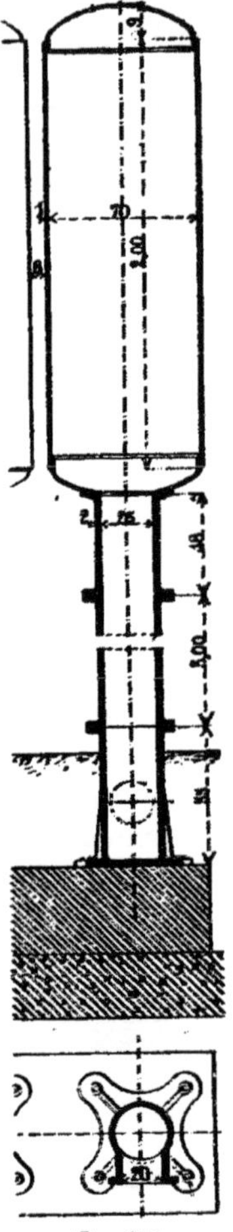

FIG 284.

La figure 283 montre la jonction de la tuyauterie des caniveaux avec la chaudière ; les tuyaux qui s'éloignent de la chaudière se branchent par une tubulure unique sur la paroi supérieure; puis, le conduit se divise en quatre tuyaux correspondant dans le caniveau aux quatre places du haut. Le retour se fait par les deux tuyaux inférieurs. C'est le retour à la chaudière qui est indiqué dans la figure précitée.

On voit que l'alimentation des tubes, soit à l'aller, soit au retour, se fait par des robinets à clapet permettant, en cas d'accident, d'interrompre la circulation de la moitié de la surface de chauffe.

Sur la chaudière également se trouve branché le tuyau qui la fait communiquer avec le vase d'expansion. Ce dernier, représenté dans la figure 284, est double; il est fait d'un tuyau en fonte de 4 mètres, surmonté d'un récipient de 2 mètres de haut et de 0m,70 de diamètre. Il est logé dans un angle du pavillon P. La partie haute du vase d'expansion communique avec l'extérieur au moyen d'un tuyau ouvert à l'air libre. Une canalisation d'eau parcourt la galerie et donne le moyen d'ajouter de temps en temps la quantité d'eau nécessaire pour maintenir la surface de l'eau dans le vase d'expansion à un niveau convenable.

289. Chauffage de l'asile d'aliénés de Saint-Robert (Isère). — Le chauffage d'un bâtiment de l'asile d'aliénés de Saint-Robert (Isère), exécuté par la maison Piet et Cie, nous donne un nouvel exemple de tuyaux horizontaux circulant en contre-bas des locaux à chauffer. Le bâtiment est à rez-de-chaussée seulement, symétrique par rapport à un axe, et il comprend, de chaque côté de cet axe, des cellules desservies par un couloir longitudinal. Il est représenté en plan et en coupe longitudinale dans les figures 286 et 287. Les cellules sont toutes dans les mêmes conditions d'orientation et de déperdition. En les chauffant par le moyen d'une même surface de chauffe à température égale, on aura les mêmes effets; il ne faudra d'autre réglementation que celle qui consistera à mettre la température de la surface chauffante en rapport avec les besoins d'une seule cellule. On a obtenu ce résultat au moyen d'une circulation d'eau chaude dans deux tuyaux longitudinaux parallèles CC, de 0^{m},10 de diamètre, munis de disques sur toute leur longueur, s'étendant dans un caniveau placé sous le couloir de service, ainsi qu'on le voit dans la coupe transversale (2) de la figure 285.

Le caniveau est sectionné en autant de compartiments qu'il y a de cellules, au moyen de cloisons transversales, de telle sorte que chaque cellule a une surface de chauffe constante qui lui est affectée.

Chaque calorifère partiel ainsi formé prend son air

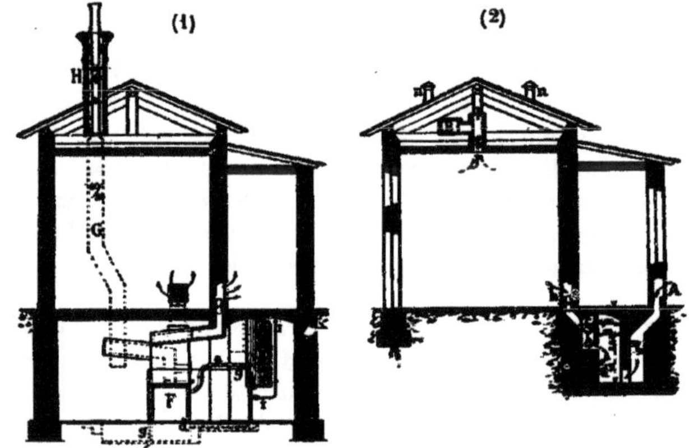

Fig. 285.

dans une galerie en sous-sol, longeant le caniveau et en communication par le bas avec un certain nombre de prises d'air A. C'est également par le bas du caniveau que l'air de la galerie arrive dans ce dernier. L'air s'échauffe le long des tuyaux et s'échappe par la grille *h*, dans la cellule correspondante.

Un registre permet de régler au besoin le passage de l'air suivant le tempérament de l'administré, ou, tout au moins, de supprimer tout chauffage si la cellule n'est pas occupée.

L'eau est chauffée par une chaudière F placée, pour la commodité du service, à l'extrémité du bâtiment. De la chau-

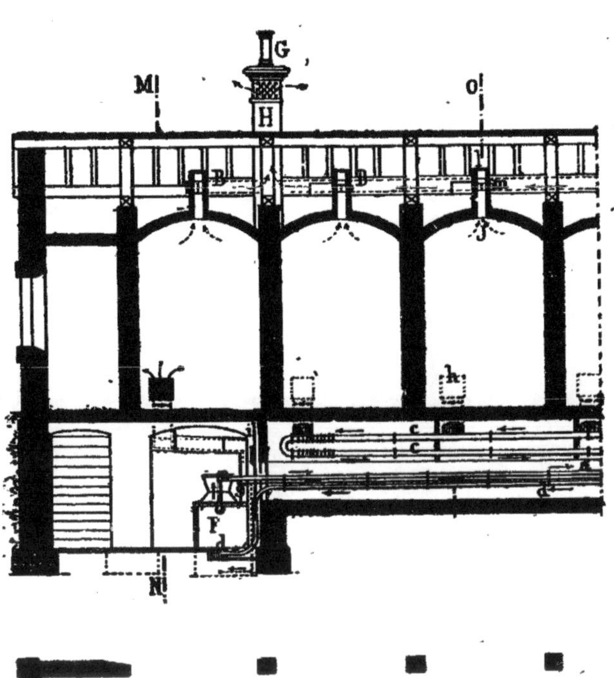

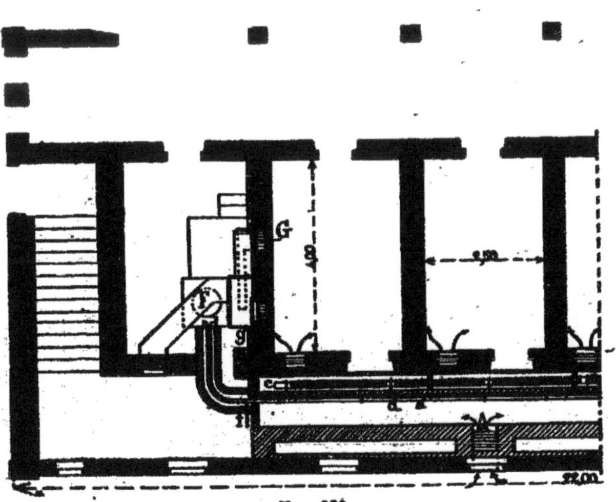

Fig. 286.

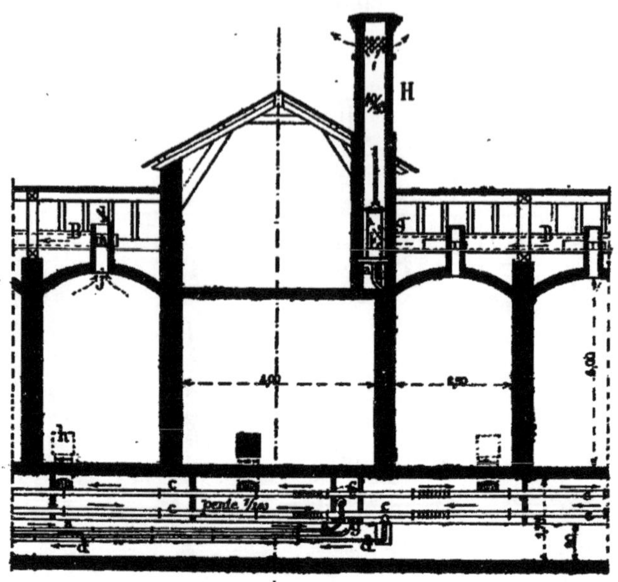

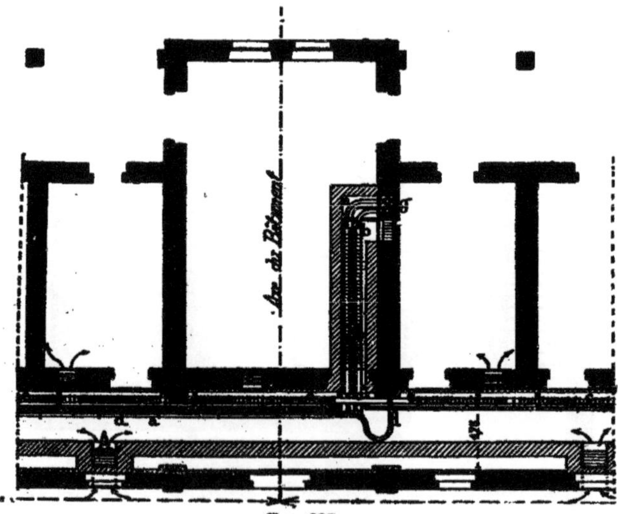

Fig. 287.

dière part un tuyau *a* se rendant au vase d'expansion E placé dans la cheminée d'appel H de droite, et dont la surface sert à déterminer le tirage. Un tuyau *b* revient du vase E et se branche sur le milieu du tuyau supérieur du caniveau; l'eau se partage des deux côtés, circule dans les tuyaux à disques, et en ressort par le milieu du tuyau inférieur pour revenir à la chaudière par le retour *d*. Cette disposition symétrique du chauffage et de la circulation assure une répartition égale du courant d'eau chaude entre les deux ailes du bâtiment. L'alimentation se fait par la mise en communication des tuyaux d'eau chaude avec une canalisation *i* d'eau froide sous pression, et le chauffeur est averti qu'il y a assez d'eau, et qu'il faut fermer le robinet, par le débord qui a lieu dans le vase d'expansion à un certain niveau, et qui vient se déverser à sa portée et à sa vue par un tuyau spécial *g*.

L'air vicié s'échappe par le haut, au moyen d'orifices J placés en plafond et en relation avec un conduit B allant à la cheminée d'appel. Il y a une cheminée spéciale pour chaque aile; l'une se trouve chauffée, comme on l'a vu, par le vase d'expansion; l'autre l'est par le tuyau de fumée de la chaudière. Pour l'été, la ventilation se fait directement par l'ouverture des trappes *l* donnant dans le comble, et ce dernier est en communication avec le dehors par une série de cheminées *nn*.

290. Chauffage de l'hôtel *Terminus*, de la gare de l'Ouest à Paris. — La figure 288 représente en plan le sous-sol d'une partie de l'hôtel *Terminus* de la gare de l'Ouest, dans lequel sont installés des appareils à eau chaude destinés à chauffer les locaux à rez-de-chaussée situés au dessus. Toute la surface de chauffe est en sous-sol; elle est divisée en autant de calorifères séparés qu'il y a de bouches, de telle sorte qu'il n'y ait point de calories perdues dans le transport de l'air chaud à ces bouches.

Deux chaudières A constituent le générateur de chaleur; elles communiquent par le haut et le bas, au moyen de deux collecteurs. Sur le collecteur du haut sont branchés les

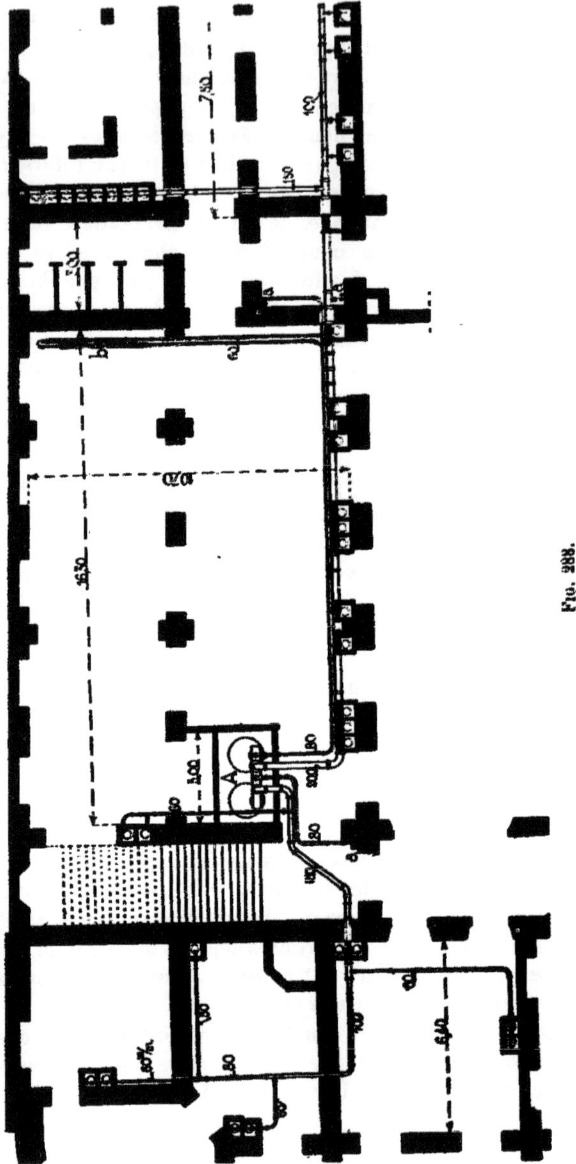

Fig. 288.

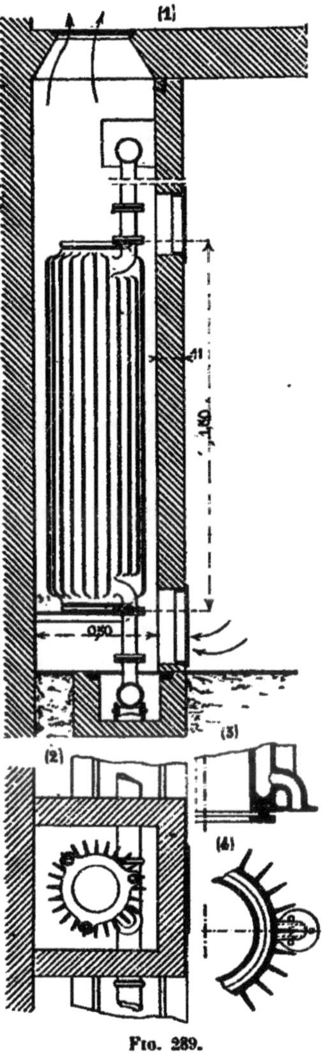

Fig. 289.

divers départs d'eau chaude, et tous les retours se réunissent au collecteur inférieur.

Le plan n'indique que la canalisation distribuant l'eau aux divers calorifères.

Celle-ci se compose d'un tuyau de 200, alimentant tous les appareils de droite, et d'un tuyau de 150 pour ceux de gauche; de plus, deux canalisations de 80 vont mener l'eau à des colonnes *a* qui montent dans les étages pour chauffer quelques locaux de service commun, tels que couloirs, vestibules, etc.

Les diamètres de la canalisation sont indiqués; on voit qu'ils varient à mesure qu'ils desservent plus d'appareils; ils sont en rapport avec la quantité de liquide qui doit passer en chaque point. Les retours varient en sens inverse : leur diamètre s'accroît à mesure qu'ils récoltent l'eau refroidie aux différents points de leur parcours.

La canalisation d'eau chaude est suspendue au plafond du sous-sol. La canalisation de retour est en caniveau dans le sol, et entre les deux sont les surfaces de chauffe. Les vases d'expansion se trouvent en haut des colonnes *a*.

La figure 289 représente l'une des surfaces de chauffe placées en sous-sol. Elle est formée d'un tuyau vertical en fonte muni de nervures extérieures longitudinales. Dans ce tuyau est placé concentriquement un tuyau lisse; l'espace annulaire de quelques centimètres qui les sépare est fermé au moyen d'un joint au mastic de fonte recouvert par une rondelle de forme appropriée. Les tubulures d'admission d'eau et de retour sont latérales; les détails sont donnés dans les croquis (3) et (4).

L'eau circule dans l'espace annulaire, et toutes les parois des tuyaux constituent la surface de chauffe dont le développement, considérable sous un volume réduit, est en rapport avec le nombre de calories à fournir par heure. On voit dans le dessin le tuyau de la canalisation générale d'eau chaude, et en bas le tuyau de la canalisation de retour, ainsi que les branchements de raccord avec l'appareil.

La surface de chauffe ainsi composée est logée dans une chambre en maçonnerie faite de parois de 0^{m},11, en briques, dont la section intérieure libre a 0^{m},50 $\times$ 0^{m},50.

L'air qui doit alimenter ces calorifères est pris dans le sous-sol lui-même; il entre dans la chambre par une grille inférieure, la parcourt tant à l'extérieur du tuyau, dont il longe les nervures, que dans le vide intérieur, et s'échappe, dans le local à chauffer par une grille supérieure, ainsi qu'on le voit dans la coupe verticale du croquis (1).

La grille de prise d'air sert à la surveillance des joints de retour, et un tampon de visite spécial est établi au droit de la tubulure supérieure d'admission d'eau chaude.

Le chauffage de l'hôtel *Terminus* a été établi par la maison Anceau.

291. Chauffage de l'Hôtel-Dieu de Paris. — Les bâtiments de l'Hôtel-Dieu de Paris sont chauffés par des calorifères à eau chaude, répartis dans les caves et chauffés eux-mêmes par la vapeur. La production de chaleur a lieu en un point unique AA, où sont installés quatre générateurs, de chacun 70 mètres carrés de surface, groupés deux par deux et formant deux massifs. De là, la chaleur est transportée dans tout l'établissement au moyen d'une canalisation distribuant la vapeur à tous les sous-sols et qui est indiquée dans le plan d'ensemble de la figure 290.

Cette canalisation est établie au moyen de tuyaux en cuivre de diamètres de plus en plus faibles à mesure des ramifications de la conduite. De $0^m,100$, au départ, ils arrivent aux extrémités des plus petits branchements à être réduits à $0^m,030$. Ces tuyaux sont établis dans le sol du sous-sol ; ils sont logés dans des caniveaux en maçonnerie recouverts de plaques de fonte.

A chaque tuyau de vapeur correspond un tuyau de retour logé dans le même caniveau, avec pente convenable pour ramener aux chaudières l'eau de condensation.

Si on examine le plan général de l'établissement, on voit que la disposition d'ensemble de l'Hôtel-Dieu comporte deux bâtiments parallèles longitudinaux, comprenant au milieu une grande cour longue et aérée divisée par des portiques ; à l'extérieur, perpendiculairement ou à peu près, se relient de chaque côté cinq pavillons parallèles. Les deux pavillons ayant façade sur la place du Parvis sont destinés à l'Administration ; les pavillons sur le quai Napoléon contiennent des services généraux, et les bâtiments intermédiaires sont affectés aux malades.

Les sous-sols des pavillons sont destinés à contenir les appareils de chauffage ; ils viennent déboucher dans deux longues galeries situées sous les bâtiments longitudinaux. La canalisation de vapeur a, d'après cela, son chemin tout indiqué. Une grosse conduite part des générateurs, se rend en tête des deux galeries longitudinales, et se divise en deux conduites secondaires *abc*, *a'b'c'*. En passant devant chaque pavillon, chacune d'elles lance un branchement allant au sous-sol correspondant ; ce dernier se bifurque pour alimenter les deux côtés, et chaque bifurcation à son tour dessert, par des conduites de $0^m,030$ de diamètre, les divers appareils de chauffage.

Si maintenant on passe à l'étude des appareils calorifères, on voit que le principe adopté est de chauffer l'air par

Quai Napoléon.
Rue de la Cite.
Rue d' Arcole.
Place du Parvis.
A
A
B
B'
C
C'
D
D'
E
e
F
f

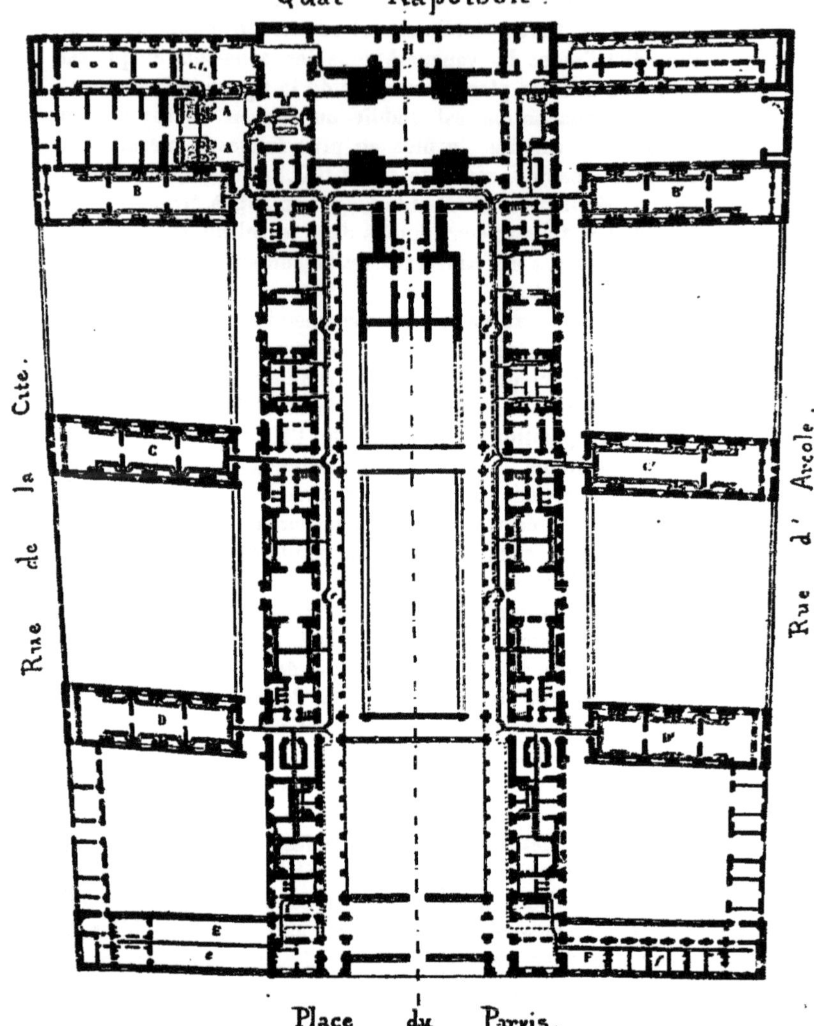

FIG. 290.

des surfaces placées uniquement dans les sous-sols, l'air chauffé se rendant seul aux étages. On a groupé les colonnes montantes d'air chaud, et, au bas de chaque groupement, on a installé un calorifère à eau chaude ; cette dernière est chauffée par la vapeur.

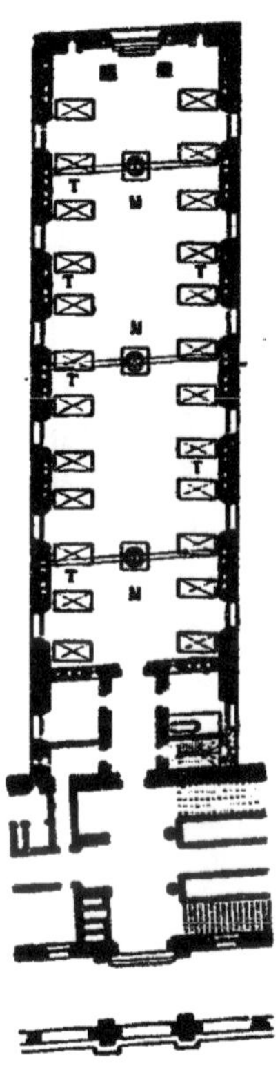

Fig. 291.

La surface de chauffe est très divisée; mais elle se trouve établie au pied même de toutes les gaines montantes, sans qu'aucune circulation horizontale ne vienne refroidir l'air. Il y a ainsi six calorifères à eau chaude par pavillon de malades, et un certain nombre d'autres sont répartis suivant les besoins dans les corps de bâtiments contenant les services généraux.

Chacun des calorifères est formé d'une ligne de tuyaux verticaux en fonte, à nervures longitudinales, logés dans une enveloppe rectangulaire en métal et maçonnerie, aussi isolés que possible, afin de diminuer les pertes par les parois extérieures.

Ces tuyaux communiquent par le haut et par le bas, et l'un d'eux reçoit un serpentin de vapeur destiné à chauffer l'eau. Il se produit alors une circulation qui répartit la chaleur sur toutes les surfaces. L'air, serré par l'enveloppe et poussé par un ventilateur, passe avec vitesse le long des nervures, se chauffe à leur contact et se rend par des gaines verticales ménagées dans les murs de face aux différents locaux à chauffer. Dans les salles de malades, l'air est ramené au milieu des pièces par des gaines logées dans l'épaisseur des planchers, et sort par des repos de chaleur disposés en lignes suivant l'axe.

L'air peut passer en dehors du calorifère dans des conduits spéciaux, pour la ventilation d'été. On retrouvera en détail cette disposition dans le chauffage de l'hôpital Tenon.

La figure 291[1] représente le plan d'un pavillon de malades, contenant une salle avec ses services annexes. La salle contient 24 lits; elle est chauffée par trois repos de chaleur M, placés dans l'axe de la pièce; on voit, représentés par deux traits parallèles, les conduits réservés dans l'épaisseur du plancher pour alimenter ces repos de chaleur; ils communiquent avec les gaines de la façade.

Cette disposition évite les tuyaux en tôle concentriques dont il a été question au n° 175, et qui sont d'un aspect peu agréable. D'un autre côté, le passage des conduits d'air chaud dans les murs de face donne lieu à une notable déperdition de calorique.

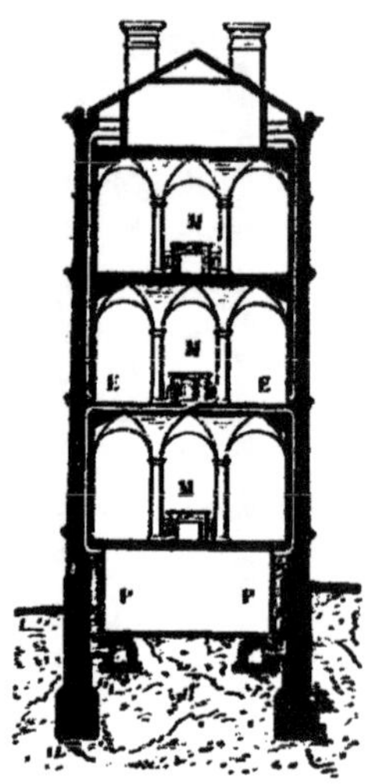

Fig. 292.

La figure 292 montre la coupe verticale du bâtiment par un plan transversal. Dans cette coupe on voit que dans chaque pavillon de malades il y a trois salles superposées. Les conduits de chaleur, représentés par le dessin, viennent du calorifère du sous-sol, où l'air se chauffe, passent dans les murs et de là, à travers le plancher, vont gagner le repos de chaleur du premier étage qu'ils sont chargés d'alimenter.

Ces conduits se trouvent prolongés dans le reste de la hauteur des murs par des conduits de ventilation qui doivent évacuer l'air vicié.

292. Chauffage de l'hôpital Tenon. — L'hôpital Tenon a été construit vers 1872, à Paris, dans le quartier de Ménilmontant. Il est formé de quatre grands bâtiments paral-

[1] Les figures 290, 291 et 292 sont tirées de la *Semaine des Constructeurs*.

lèles réunis par des galeries ou des bâtiments de services généraux, et occupant un vaste espace de plus de 100 mètres de large sur 200 mètres passés de longueur.

La figure 293 donne en plan la disposition de ce grand établissement.

Le chauffage a été établi par M. Haillot, sous la direction

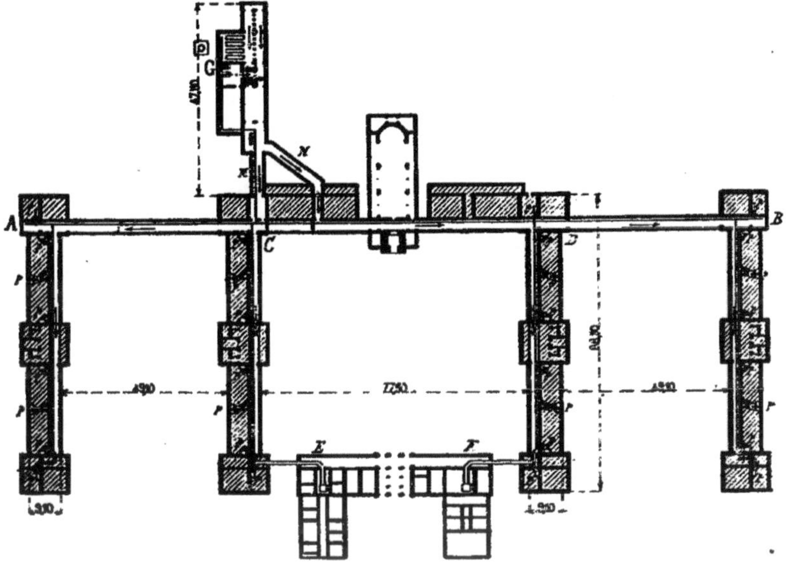

Fig. 293.

de M. Ser. Il est fait à l'eau chaude, comme à l'Hôtel-Dieu, et les divers calorifères à eau chaude répartis dans tous les bâtiments sont chauffés par la vapeur venant des chaudières G, et distribuée par une canalisation générale. Les tuyaux passent dans une galerie en sous-sol figurée au plan. D'abord une galerie longitudinale AB, communiquant au moyen des couloirs M et N avec le bâtiment G, permet de porter la vapeur en tête des quatre corps de bâtiments. Dans chacun de ces derniers, une autre galerie perpendiculaire à la première porte la vapeur aux divers points. On peut donc, au moyen de cette vapeur produite en G dans un seul atelier, chauffer les divers locaux.

Quant à la manière dont le chauffage est établi en chaque point, elle va être indiquée en détail. On a pris pour principe de maintenir l'eau, comme la vapeur, dans les caves, et de n'avoir que des conduits d'air chaud au-dessus du sol. On a groupé ces derniers, et pour chaque groupe on a établi dans le sous-sol un véritable calorifère à eau chaude dont la figure 294 donne la représentation.

Dans une enveloppe rectangulaire verticale, on a placé neuf tuyaux verticaux en fonte de 0m,25 de diamètre. Ces tuyaux sont munis de nervures longitudinales assez serrées, augmentant la surface dans une très forte proportion; ils sont réunis à la partie haute par des pièces spéciales munies de tubulures convenables, et il en est de même à la partie basse. Un ou deux tuyaux partant du haut font communiquer l'ensemble de cet appareil avec un vase d'expansion supérieur.

Le chauffage par la vapeur se fait au moyen d'un serpentin installé dans l'un des tuyaux; dès que la vapeur passe, le chauffage détermine dans les tuyaux une circulation qui répartit la chaleur sur toutes les surfaces et régularise la température.

L'air, amené par un conduit souterrain, arrive à la partie inférieure du calorifère, circule dans les intervalles des tuyaux, se dégage chaud à la partie supérieure et se distribue, au moyen des conduits réservés, dans les différents locaux.

On peut régler la chaleur de deux façons différentes. En premier lieu, au moyen de robinets placés sur les tuyaux de vapeur et de retour, permettant de régler l'admission de cette vapeur, ou même d'isoler le calorifère en cas de réparation. Le second moyen consiste à faire passer au dehors dans des conduits spéciaux C, C, une partie de l'air. Cet air non chauffé se mélange à la partie haute avec celui qui a passé sur les tuyaux et mitige sa température.

On voit que la paroi intérieure de la chambre du calorifère

serre les tuyaux de très près et restreint le passage autant

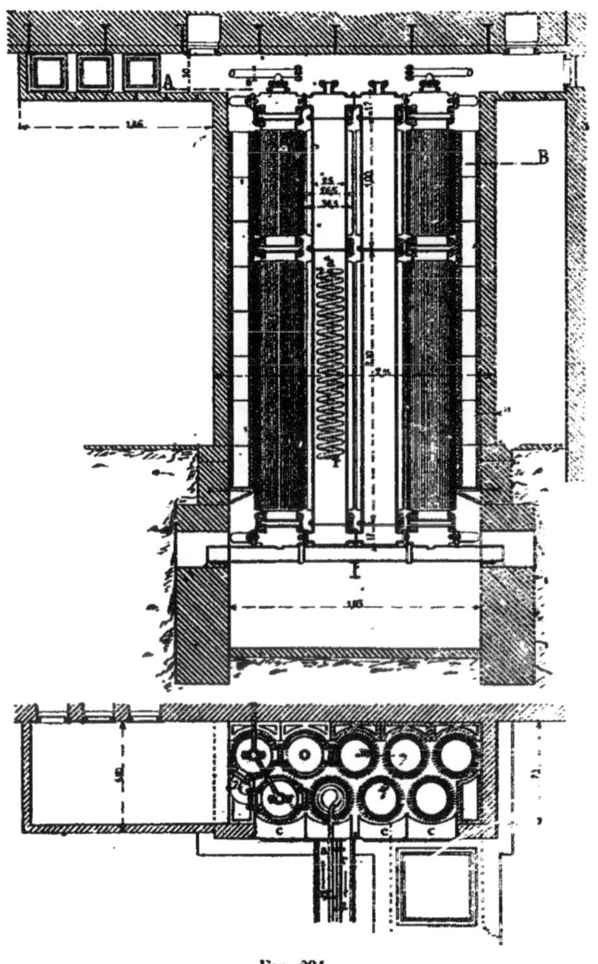

Fig. 294.

qu'il est possible. Cette disposition est prise : 1° pour forcer l'air à se renouveler dans les nervures; 2° pour lui donner une vitesse plus considérable qui favorise, ainsi qu'on l'a vu, la transmission de chaleur par unité de surface.

Le plan d'ensemble indique pour chaque corps de bâtiment la position des calorifères ainsi construits qui correspondent aux différents groupements des gaines d'air chaud.

293. Chauffage de la prison de la Santé. — Un pavillon de prison cellulaire est composé d'un vaste couloir milieu occupant longitudinalement toute la hauteur du bâtiment. Sur ce couloir donnent les portes de trois étages de cellules de chaque côté; chaque étage est desservi par un balcon en saillie sur le vide du couloir.

Un certain nombre de pavillons semblables rayonnent autour d'un bâtiment central avec lequel ils se raccordent. Telle est la prison de la Santé, à Paris, dont les figures 295 et 296 représentent une partie.

La première donne une demi-coupe transversale et la coupe longitudinale d'un pavillon; la seconde, un plan d'étage.

Le chauffage du pavillon est fait à l'eau chaude, et voici la disposition pour un étage: une chaudière *c* contenant de l'eau est placée dans la hauteur de l'étage; de cette chaudière part une double circulation d'eau *e* suspendue sous la galerie et contenue dans un coffrage. Les tuyaux, après avoir circulé ainsi sous un balcon, rentrent à la partie inférieure de la chaudière; leur diamètre et leur développement correspondent à la surface de chauffe convenable. Il ne reste plus qu'à en répartir la chaleur dans les diverses cellules. Pour cela le coffrage est divisé dans sa longueur en autant de compartiments qu'il y a de cellules, et chaque compartiment va former un calorifère séparé; il aura sa prise d'air à la partie basse, sa portion de surface de chauffe, son plafond en pente pour faciliter le mouvement de l'air, et enfin son conduit d'air chaud aboutissant en *g*, à peu de distance du plafond.

L'air vicié part par le siège, descend vers le sous-sol par le tuyau de chute et est recueilli avant la tinette par une canalisation le conduisant à la cheminée d'appel.

La circulation de l'étage est terminée par le vase d'ex-

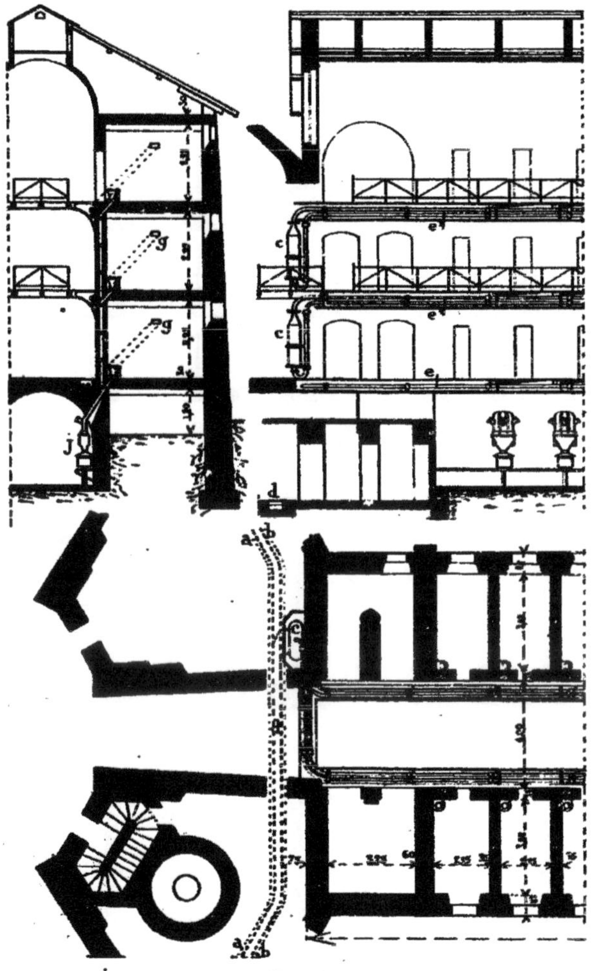

Fig. 293.

pansion *h*, commun aux deux circulations de même niveau.

La chaudière est celle qui a été représentée par la figure 264.

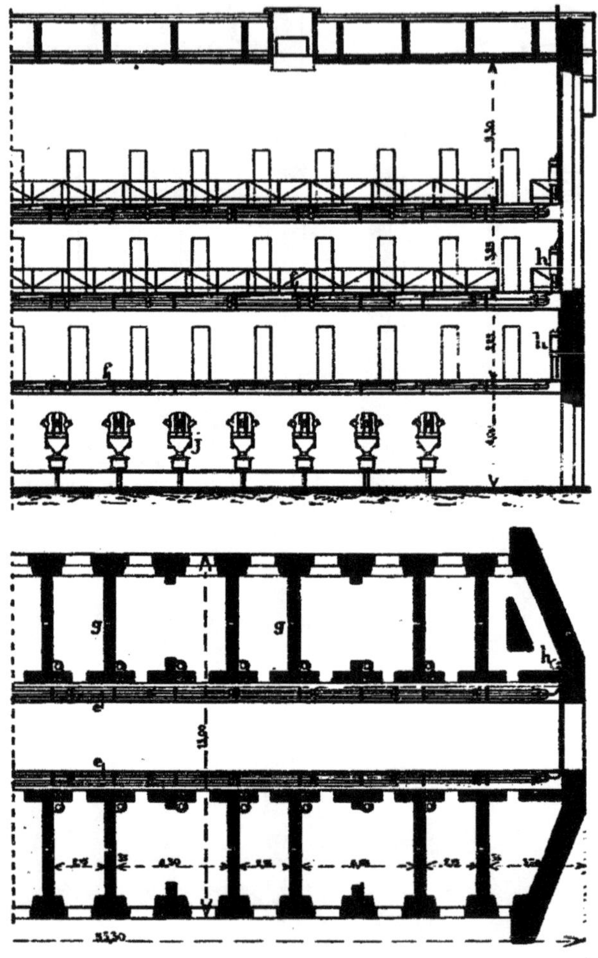

Fig. 296.

Chaque étage est desservi de même, y compris le rez-de-

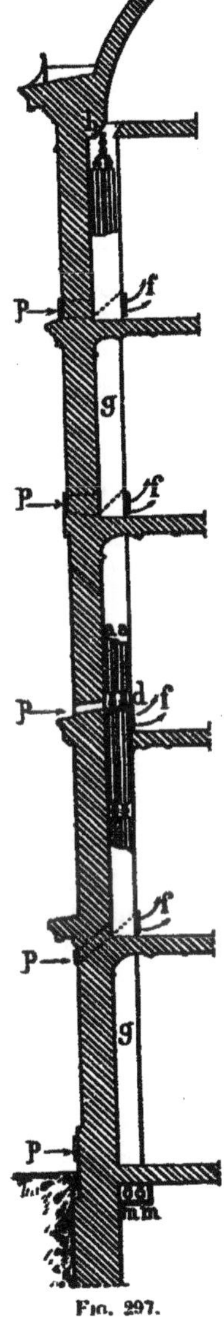

Fig. 297.

chaussée. Toutes les chaudières sont chauffées par une canalisation de vapeur venant d'un atelier unique de production de chaleur.

294. Disposition de M. Anceau. — M. Anceau, ancienne maison d'Hamelincourt, établit des chauffages à eau chaude d'une façon différente, dont voici la disposition. Il groupe ses surfaces de chauffe de manière à les superposer verticalement. Il les compose alors de deux tuyaux verticaux *aa* continus (*fig.* 297), parallèles, munis au besoin de nervures longitudinales, se rejoignant à leur partie supérieure en *b*, et dans lesquels il fait passer une circulation d'eau chaude. Pour cela ils sont branchés sur la canalisation générale *mm* aboutissant à une chaudière et circulant au plafond des caves.

Les deux tuyaux verticaux qui servent d'aller et de retour sont logés dans une gaine continue *g*, qui sert de chambre de calorifère; celle-ci est sectionnée à chaque étage par un diaphragme *d*, ce qui forme autant de calorifères distincts que de compartiments. Chaque calorifère partiel a sa prise d'air *p* débouchant à l'extérieur et donnant accès à l'air, et sa bouche d'air chaud débouchant en *f* à l'étage supérieur. Le calorifère d'un étage sert donc au chauffage de l'étage situé immédiatement au dessus.

Le rez-de-chaussée est chauffé, à son tour, et suivant les circonstances, soit par la même disposition, si les retours sont placés en contre-bas du sol des caves ; soit par une circulation horizontale dans le sol ; soit, enfin, par des surfaces de chauffe spéciales placées dans les locaux mêmes dont il s'agit d'élever la température.

La température moyenne des deux tuyaux étant la même dans toute la hauteur de la colonne, il en résulte une répartition égale de la chaleur par toutes les bouches et à tous les étages, ce qui est avantageux dans les cas où le programme comporte cette condition.

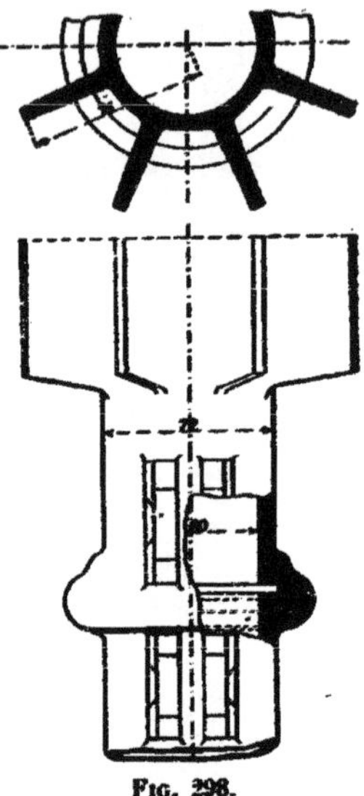
Fig. 298.

Un vase d'expansion dans l'étage des combles permet la libre dilatation de l'eau des tuyauteries et l'échappement de vapeur à l'extérieur au cas où les chaudières seraient trop activement poussées.

On s'arrange dans l'étude du chauffage pour que les colonnes verticales, formées ainsi qu'il vient d'être dit, soient logées dans les encoignures des pièces secondaires ou, au besoin, dans des coffrages non visibles placés dans l'épaisseur des murs des pièces principales.

Le grand avantage de cette disposition est qu'on rapproche les surfaces de chauffe des bouches de chaleur et que l'on perd aussi peu de calories que possible dans la circulation. Le danger est d'avoir des fuites dans l'épaisseur des coffrages et dans les pièces d'habitation. Pour les éviter, il faut un montage très soigné, notamment dans la pose des tuyaux et la confection des joints.

Ces derniers sont en caoutchouc, la jonction des pièces successives se faisant au moyen du joint système Petit. Il est vrai de dire que les joints fatiguent peu en raison de la disposition même des tuyaux : leur superposition se fait verticalement, et en même temps la dilatation du métal est librement ménagée.

295. Chauffage de l'École Monge. — Comme exemple de ce genre de chauffage, voici l'application qui en a été faite à l'École Monge, de Paris, aujourd'hui Lycée Carnot.

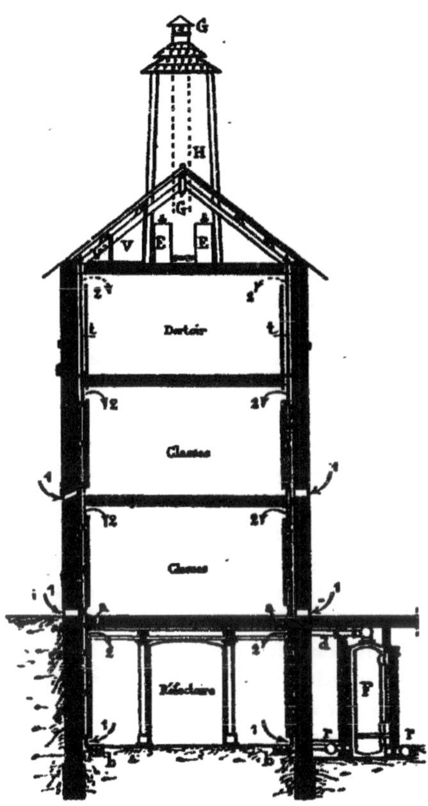

Fig. 299.

Le chauffage est produit dans cet établissement au moyen de circulations d'eau chaude, verticales comme celle ci-dessus, branchées sur une double canalisation parcourant le sous-sol, celle-ci partant de deux groupes de trois chaudières verticales.

La coupe transversale de la figure 299 donne une idée de la disposition. Les chaudières, indiquées en F, ont la hauteur du sous-sol ; en *d* est le départ de la canalisation qui parcourt des caniveaux à rez-de-chaussée et circule dans l'étendue des locaux à chauffer. Ces tuyaux sont marqués *a*.

La canalisation inverse de retour a lieu en contre-bas du sous-sol, en *b*, et ramène l'eau à la chaudière, en *r*.

Parmi les locaux établis en sous-sol se trouve le réfectoire, et c'est par ce réfectoire que la coupe du bâtiment est faite. Au dessus sont deux étages de classes, surmontés d'un étage de dortoirs.

Les réfectoires doivent être peu chauffés, sans aucune ventilation, en raison du peu de durée du séjour. Les classes demandent un chauffage plus soutenu et une ventilation importante; les dortoirs ne doivent être chauffés que le soir, et d'une façon très modérée.

Pour satisfaire à ces conditions d'une manière économique, on a branché des colonnes verticales sur la canalisation *a*, aux points les plus convenables de son parcours. Ces colonnes montent dans la hauteur des classes et redescendent jusqu'au bas du sous-sol pour rejoindre la canalisation *b* ; de la sorte les classes ont une surface de chauffe appropriée à la température qu'elles demandent ; le réfectoire n'est chauffé que par les retours dans la hauteur du sous-sol. Quant aux dortoirs, ils sont desservis par la surface des tuyaux du bas, au moyen d'une manœuvre convenable des registres, dès que les classes ne sont plus occupées.

Comme le montre la figure 299, l'air du réfectoire n'est renouvelé que par ses baies; il se rend le long des surfaces de chauffe par les ouvertures (1), et rentre plus chaud dans la pièce par les grilles (2) placées près du plafond; ce chauffage est additionné de circulations horizontales d'eau chaude au ras du sol sous des grilles à jour.

Pour les classes la disposition est tout autre. Le plan et la coupe longitudinale de l'une d'elles sont dessinés dans la figure 300. La largeur d'une salle est de 7^{m},30, sa longueur de 7^{m},50, et la hauteur mesure 4 mètres sous plafond. L'éclairage est bilatéral, et se fait sur chaque face par deux grandes baies. Les gaines de chauffage contenant les tuyaux verticaux sont logées aux quatre angles et fermées par de minces cloisons. L'air qui alimente un compartiment de ces gaines arrive par le bas. Il peut être admis du dehors par les ventouses (1), ou de la classe même par l'orifice (4) qui y débouche. On règle ainsi l'introduction de l'air à volonté.

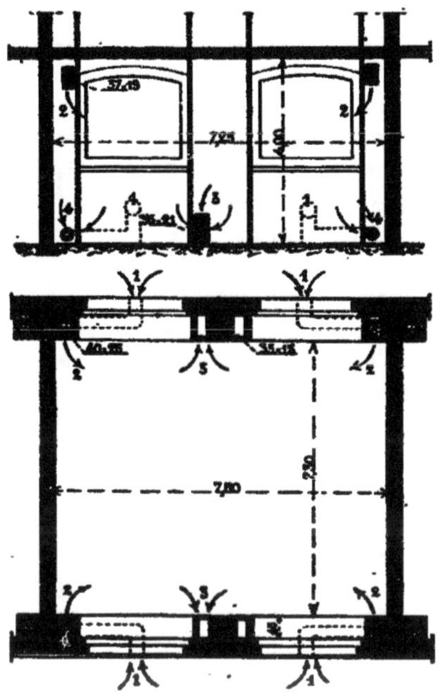

FIG. 300.

Ici la surface de chauffe logée dans un étage sert à cet étage ; l'air admis longe les tuyaux sur une longueur de près de 4 mètres et sort par le haut en (2).

Quant à l'air vicié, il s'échappe par des conduits spéciaux : il arrive près du sol en (3), monte dans les conduits figurés au croquis, jusqu'à la partie haute du comble. Là, des gaines horizontales le mènent à une haute cheminée d'appel où sont logés les vases d'expansion. On a développé la surface de ces derniers pour échauffer la cheminée déjà traversée par le tuyau de fumée. On obtient ainsi une température suffisante pour produire le tirage correspondant à la ventilation demandée.

L'eau part des chaudières à une température variant de 50 à 105° ; le retour est ordinairement à 30 ou 35°.

296. Groupe scolaire de Rives. — Le chauffage du

groupe scolaire de Rives, exécuté par la maison Piet et Cie, montre la combinaison de surfaces de poêles logés dans les allèges des fenêtres, avec une circulation horizontale complémentaire constituée par le tuyau de retour placé en caniveau.

Le bâtiment à chauffer est à simple rez-de-chaussée; il est représenté en plan dans le croquis (1) et en coupes diverses dans les croquis (3) (4) et (5) de la figure 301. Il comprend une pièce milieu et deux ailes symétriques, contenant chacune cinq autres pièces, classes ou études, quatre de 8^m^,00 sur 7^m^,80 et une de 8^m^,00 sur 9^m^,80. La hauteur sous plafond est de 4^m^,50. L'éclairage des classes est unilatéral.

Le chauffage à eau chaude a été adopté pour cet établissement. Il est obtenu au moyen d'une chaudière unique F de laquelle part un tuyau d'ascension *a* montant au vase d'expansion E logé dans le comble. Ce vase a une surface développée; il est placé dans une chambre faisant partie de la cheminée d'appel H, et concourt, avec les chaleurs perdues du tuyau de fumée de la chaudière, à établir, pendant l'hiver, le tirage de cette cheminée.

Du vase d'expansion part une grande conduite longitudinale *b* placée dans les combles et bien enveloppée de matières isolantes pour éviter le refroidissement. Des branchements *c* descendent de cette conduite pour alimenter les divers poêles. L'eau sort de ces derniers à la partie basse et regagne la conduite de retour, qui est logée en caniveau dans le sol, près de la cloison, du côté de l'entrée.

Le croquis (4) montre une portion de coupe longitudinale; elle comprend une classe et une partie de la pièce milieu, avec son sous-sol dans lequel est placée la chaudière. Elle montre en même temps une coupe de la cheminée d'appel ainsi que le vase d'expansion.

Le croquis (5) donne une coupe transversale suivant CD coupant le sous-sol, la chaudière, et aussi la chambre du vase d'expansion. On y voit le poêle à eau chaude qui chauffe la pièce milieu.

Le croquis (3) donne la coupe transversale d'une classe

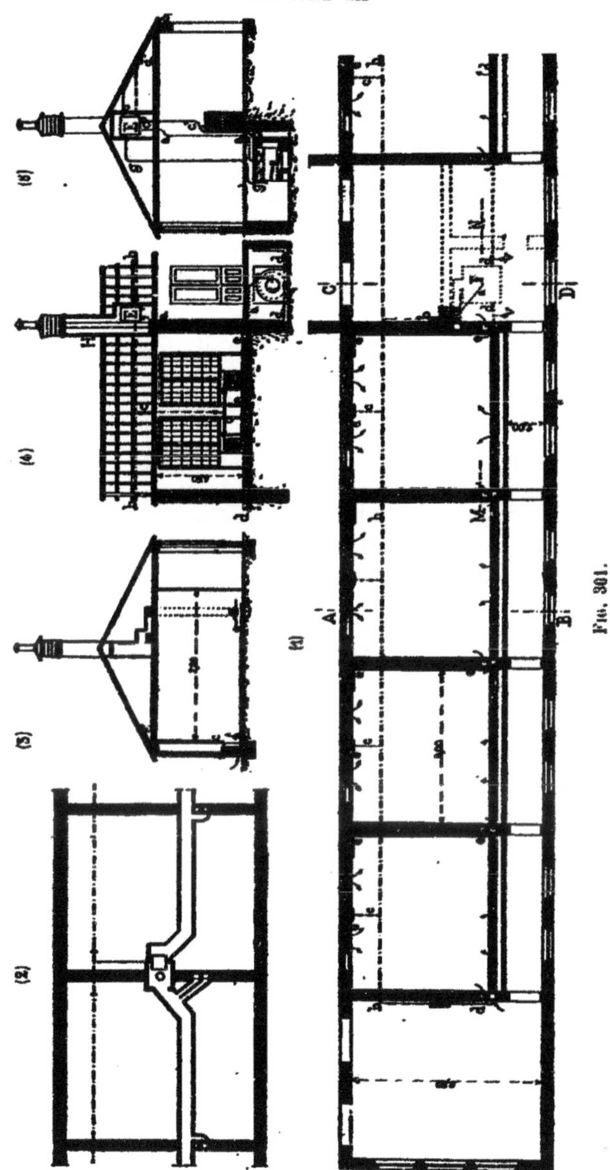

FIG. 301.

suivant AB ; on y voit la position du tuyau *b*, le branchement *c* d'alimentation du poêle d'allège et le retour *e* avec la section du caniveau qui contient la conduite longitudinale de ce retour.

L'alimentation d'eau se fait par l'ouverture d'un robinet mettant en communication la circulation d'eau chaude avec une conduite d'eau froide sous pression ; et un tuyau de trop-plein *g*, arrivant en avant du fourneau, en vue du chauffeur, l'avertit que l'alimentation est suffisante.

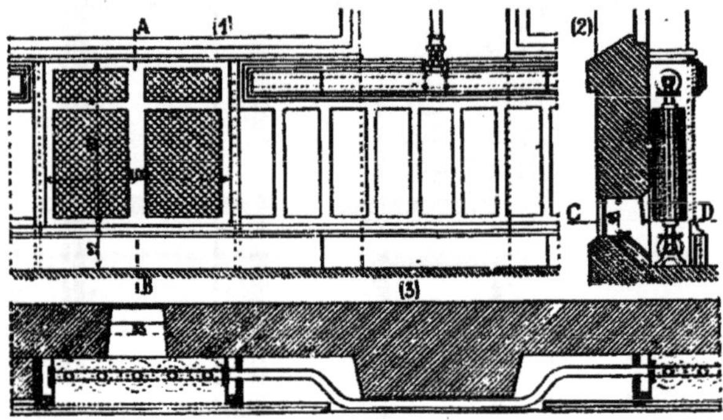

Fig. 302.

La figure 302 donne le détail d'un poêle d'allège ; il est placé dans l'axe de la fenêtre, et utilise la hauteur 1ᵐ,12 de cette allège. Il est logé dans une enveloppe grillagée en avant sur toute sa façade intérieure qui a 1 mètre de largeur. Cette enveloppe admet l'air extérieur par une ventouse de 0ᵐ,33 sur 0ᵐ,18, dirigée de telle sorte qu'il entre aussi bas que possible.

La façade grillagée admet également l'introduction de l'air de la pièce par le bas, tandis que l'air chaud s'échappe par le haut.

La surface de chauffe est formée par cinq tuyaux verticaux à ailettes longitudinales, rangés côte à côte en batterie. Ils admettent l'eau chaude à la partie haute, et écoulent leur eau refroidie par leur orifice inférieur.

La figure 302 montre comment se disposent les tuyaux, comment ils se logent derrière les lambris d'appui combinés avec les enveloppes des poêles.

Quant à l'évacuation de l'air des classes, elle se fait par des orifices placés dans les cloisons de séparation près du sol ; l'air suit des gaines montantes, arrive dans le comble et est récolté par une conduite traînante maçonnée, établie sur le plancher du grenier, et aboutissant à la cheminée d'appel.

Le croquis (2) (*fig.* 301) montre les deux gaines maçonnées, et leur jonction avec la cheminée.

297. Asile Ledru-Rollin, à Fontenay-aux-Roses. — Le chauffage de l'asile de Fontenay-aux-Roses, exécuté par la maison Piet et Cie, est établi au moyen d'une circulation d'eau chaude dans des tuyaux et dans des poêles placés presque tous contre les allèges des fenêtres, et notamment ceux des grandes salles. Le bâtiment est symétrique par rapport à un axe, et la figure 303 représente la coupe transversale et la coupe longitudinale du bâtiment milieu et de l'aile droite.

Il y a deux appareils de chauffage distincts, un pour chaque aile ; les deux chaudières sont établies dans le sous-sol du bâtiment milieu. De chacune d'elles part un tuyau *a* allant au vase d'expansion E ouvert à l'air libre, placé au deuxième étage. Sur la colonne montante sont branchés des tuyaux *b*, courant horizontalement à hauteur de cymaise et chargés de répartir l'eau chaude aux divers poêles. Ceux-ci sont formés par des tuyaux verticaux en fonte de fort diamètre, munis de nervures longitudinales et placés dans des enveloppes en tôle qui garnissent toute l'allège. L'air qu'ils sont chargés de chauffer est pris à volonté ou au dehors ou dans la salle même, et s'échappe par des bouches de chaleur, en haut de chaque enveloppe.

L'eau sort des poêles à la partie basse, par des tuyaux *c* se réunissant deux à deux à chaque étage dans des descentes verticales, qui se branchent elles-mêmes sur un retour général *d* allant regagner la partie inférieure de la chaudière, en *r*.

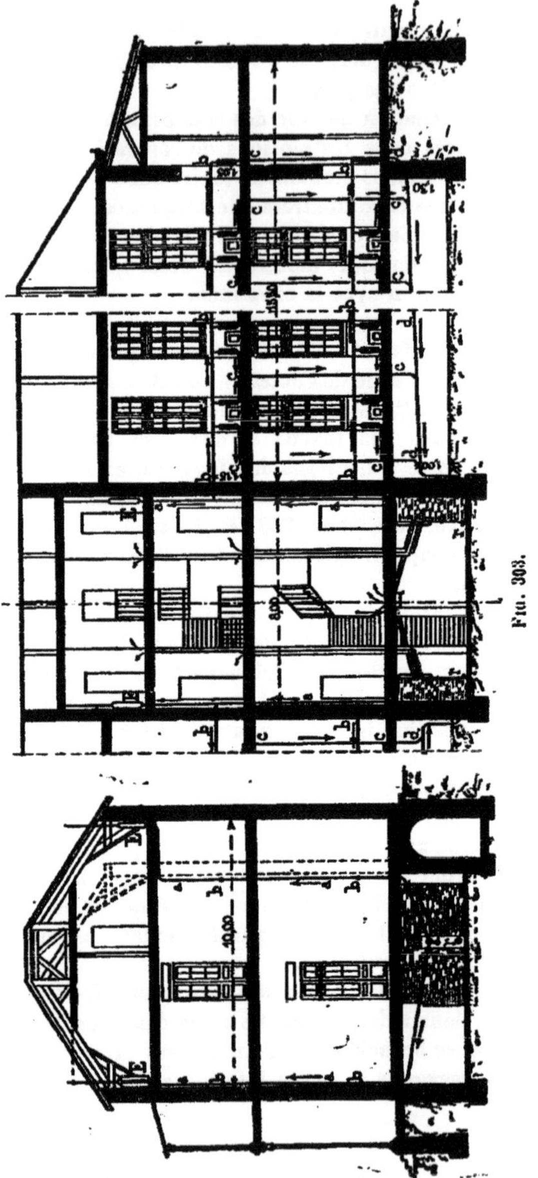

FIG. 303.

La coupe verticale montre que pour chaque chaudière il y a ainsi deux tuyaux d'ascension *a*, deux vases d'expansion E et deux circulations, une pour chaque façade opposée; on évite ainsi tout tuyau transversal et tout passage difficile de canalisation dans le milieu du bâtiment.

298. Chauffage d'un pavillon d'infirmerie à l'École Normale supérieure de Paris. — Ce chauffage a été exécuté par M. Chibout; il est représenté dans la figure 304.

Le bâtiment à chauffer est un petit pavillon composé d'un rez-de-chaussée élevé sur sous-sol et d'un étage sous comble, avec grenier au dessus, ainsi que le montre la coupe transversale de la figure 305.

Les plans sont représentés sous les n°ˢ (1) et (2) (*fig.* 304). Celui du rez-de-chaussée comporte un vestibule, une grande pièce, six chambres de malades et les locaux annexes. L'étage ne comprend que cinq chambres et deux pièces plus importantes.

Le chauffage adopté est le chauffage à l'eau chaude. La chaudière est en F; de cette chaudière s'élève un tuyau *a* qui monte au vase d'expansion, et de ce vase, placé dans les combles, partent une série de tuyaux qui se rendent aux divers locaux à desservir. Le tuyau (1), par exemple, traverse le plafond, longe le couloir de l'étage et se divise en un certain nombre de branchements alimentant chacun un des radiateurs placés dans les chambres. Le retour suit en sens inverse le même chemin pour revenir près de la chaudière et y descendre par une colonne verticale. Le tuyau (2) part du vase d'expansion et est chargé d'alimenter toutes les chambres à lits du rez-de-chaussée. Il descend dans la cage de l'escalier, arrive au plafond du couloir, en fait le tour en passant dans les différentes pièces et alimente en passant les branchements de radiateurs de ces pièces. Le retour a lieu par un tuyau suspendu au plafond du sous-sol; il recueille en passant le retour de la circulation (1) et rentre à la partie basse de la chaudière. Les circulations (4), (5) et (6) alimentent de la même manière les autres locaux où sont placés des poêles ou radiateurs à eau chaude, ou encore des tuyaux horizontaux circulant en frise le long des murs, comme dans la grande pièce de droite du rez-de-chaussée.

La ventilation de cette infirmerie est faite de la manière

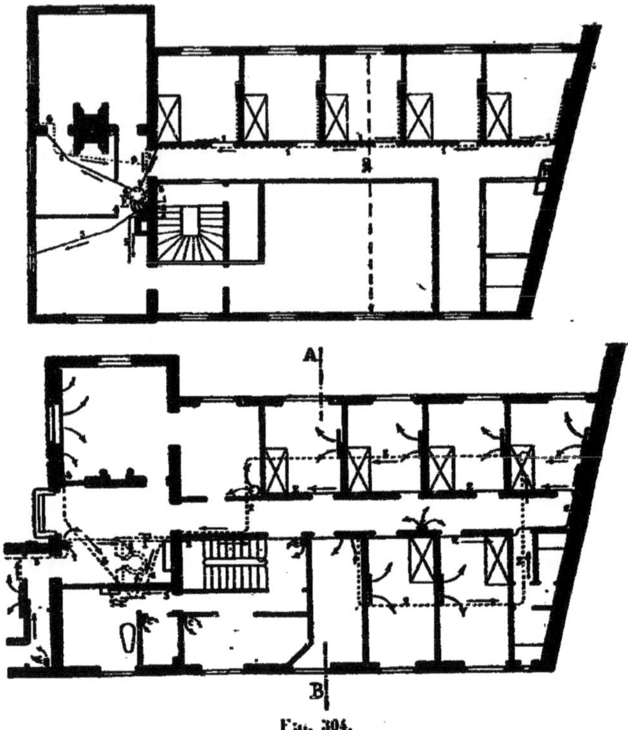

Fig. 304.

suivante, indiquée dans la coupe transversale (*fig.* 305).

Les salles du rez-de-chaussée admettent l'air par des grilles placées au bas des cloisons et débouchant dans le couloir de service.

Le radiateur chauffe cet air et, après un séjour suffisant dans chaque pièce, ce dernier s'écoule par des grilles de ventilation situées dans la cloison, près du plafond. Il est recueilli à la partie haute du couloir dans une gaine V; il est ainsi conduit à l'extrémité de droite dans une cheminée H adossée au mur de refend qui termine le bâtiment.

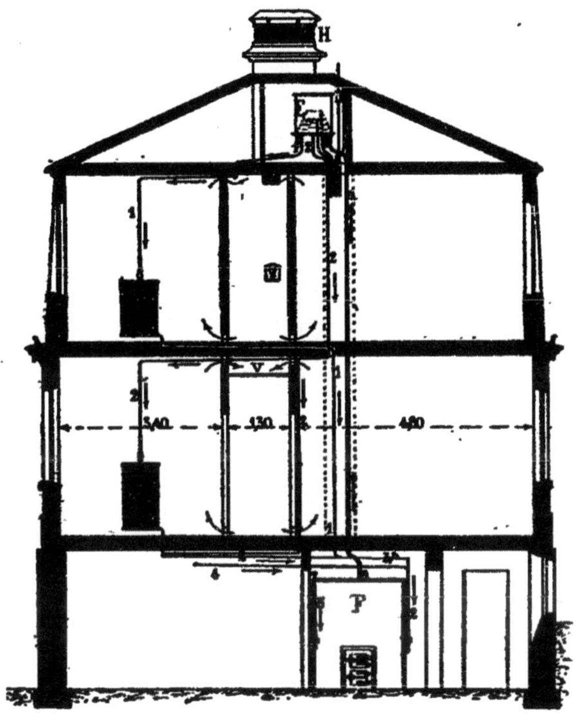

Fig. 305.

Les chambres de l'étage se trouvent ventilées de la même façon dans les couloirs, et un orifice grillé met en communication le haut du couloir avec un compartiment spécial de la cheminée H. Une couronne de becs de gaz détermine le tirage de la cheminée, lorsque le chauffage ne fonctionne pas, pour produire notamment la ventilation d'été.

Le vase d'expansion placé dans le grenier présente une disposition particulière, qui peut être employée avec avantage

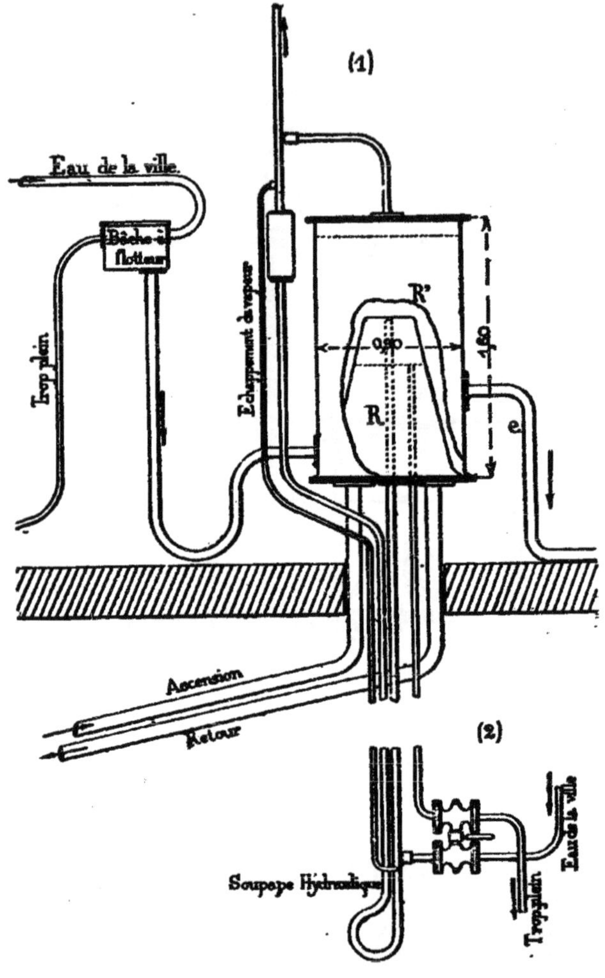

Fig. 306.

dans nombre de circonstances. Non seulement il sert à loger

l'excédent d'eau produit par la dilatation ou les bulles de vapeur, et à donner issue à la vapeur, mais encore il est chargé de distribuer l'eau chaude aux services de l'infirmerie pour les bains et l'office.

On ne peut pratiquement prendre d'eau sur la circulation même d'un chauffage à eau chaude : pour peu que la consommation soit un peu élevée, le renouvellement de l'eau dans la tuyauterie et dans la chaudière y détermine rapidement des dépôts calcaires, du *tartre*, comme on dit. Ce tartre diminue les transmissions, augmente la quantité de combustible brûlé, et peut même, en obstruant les tuyaux, déterminer de très graves accidents.

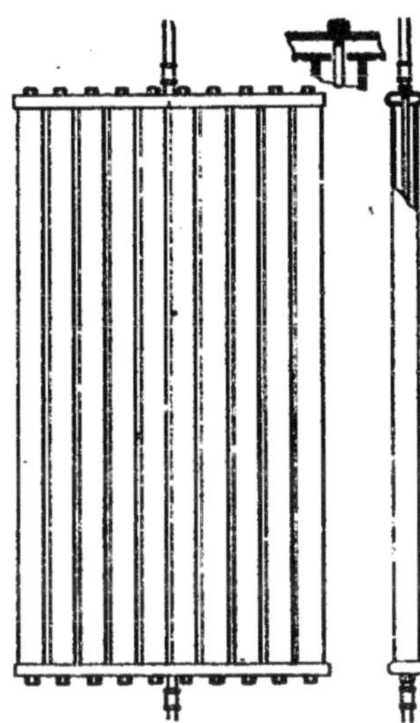

Fig. 307.

M. Chibout a levé la difficulté à l'École Normale, en séparant les deux services et en se servant de deux réservoirs emboîtés R et R'. R est tronconique et sert de vase d'expansion. R' est le réservoir à eau chaude pour le service ; il coiffe le premier et est chauffé à ses dépens.

R, le vase d'expansion, est plein d'eau jusqu'à un certain niveau, limité par un trop-plein ; l'alimentation se fait, dans le sous-sol, par une communication avec le tuyau d'eau de la ville : deux robinets conjugués, manœuvrés par la même manette, ouvrent à la fois le tuyau de la ville et le tuyau du trop-plein [croquis (2)] ; dès que l'eau apparaît à l'orifice du trop-plein, on ferme les deux robinets.

Le vase d'expansion est fermé, mais il faut limiter la pression qui s'y peut exercer. On le fait au moyen de la soupape hydraulique figurée au dessin : c'est un tuyau qui part du sommet du vase d'expansion, descend jusqu'à un niveau inférieur déterminé par la pression limite qu'on s'est assignée, et remonte à l'air libre. Il y a de l'eau dans ce tube en **U** ainsi formé, et un renflement loge l'excédent d'eau lorsqu'elle est chassée par la pression de la vapeur. Pour éviter que l'eau ne sorte du tube tumultueusement, un tuyau d'échappement de vapeur se présente avant que le niveau ne soit descendu tout à fait en bas.

Le réservoir d'eau chaude pour les services de l'établissement a sa canalisation tout à fait distincte. Il est alimenté au moyen d'une bâche à flotteur recevant l'eau de la ville et munie d'un trop-plein ; la communication est faite par un tuyau en **U** pour que la bâche ne puisse chauffer. Le tuyau de distribution d'eau chaude est marqué *e*. Enfin, l'espace libre au-dessus de l'eau chaude communique avec l'échappement de vapeur pour éviter de la buée dans le grenier.

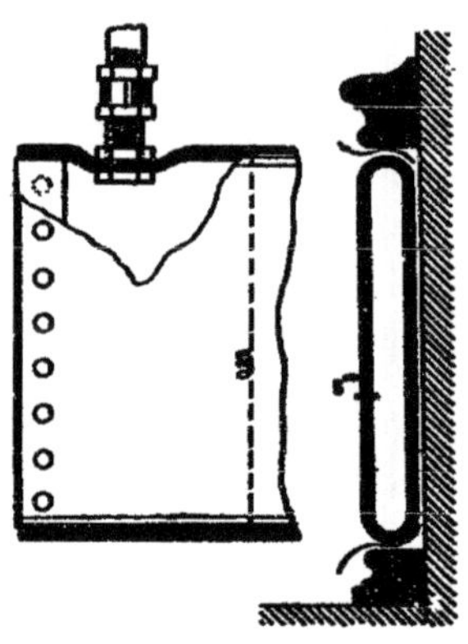

Fig. 308.

Lorsque le réservoir R′ est encombré de dépôt et de tartre, il n'y a qu'à le démonter, le nettoyer, et gratter le tartre qui peut recouvrir la surface chauffante.

Les deux réservoirs, tout en se chauffant l'un par l'autre au moyen de l'ingénieuse disposition qui vient d'être indiquée, ont donc leurs services complètement indépendants. Dans les établissements où il faut de l'eau chaude toute l'année, M. Chibout installe pour le service d'été une petite chaudière spéciale reliée à l'ascension et au retour, et qui permet de faire le service sans avoir à faire intervenir le grand chauffage d'hiver.

Les radiateurs employés par M. Chibout sont composés d'une série de tubes de faible diamètre, affranchis bien d'équerre, à longueur fixe, reliés haut et bas à des collecteurs transversaux en fonte ; le joint se fait dans une rainure circulaire, avec un peu de mastic sur lequel viennent appuyer les surfaces à joindre.

La pression a lieu par le moyen d'un boulon qui traverse le tube et les collecteurs, et qui est serré à la partie haute par un écrou à chapeau.

On produit ainsi un poêle très plat, présentant une surface

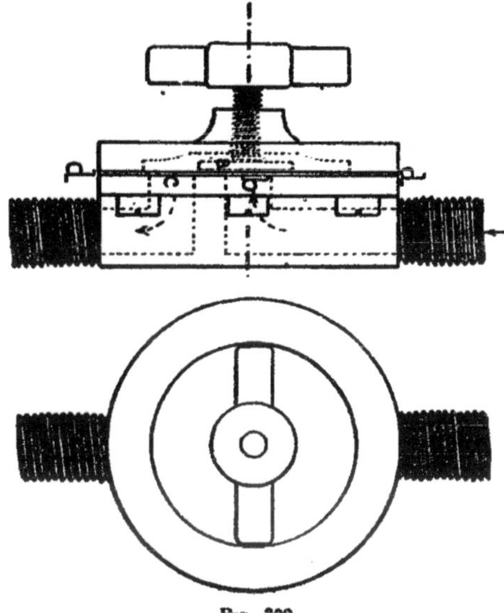

Fig. 309.

considérable pour une épaisseur très faible et peu gênante. L'un de ces poêles est représenté en élévation et en coupes par la figure 307.

Un autre système de surfaces de chauffe imaginé par M. Chibout et appliqué par lui dans ses chauffages est dessiné dans la figure 308. Il consiste dans une série de tuyaux méplats en tôle que l'on applique dans le bas des murs, entre une plinthe et une cymaise, et qui forme soubassement avec la forme ordinaire à laquelle on est habitué. Pour utiliser la surface arrière, il faut laisser entre sa paroi et le mur un intervalle de 0m,02 à 0m,03, afin que l'air puisse y circuler facilement.

Pour alimenter les divers appareils, M. Chibout les fait précéder d'un robinet de réglage ingénieux indiqué dans la figure 309. Il consiste en une interruption du branchement au moyen d'un siège horizontal. Dans le joint qui permet de le visiter on serre un diaphragme en laiton. La forme est telle qu'au repos celui-ci ne presse pas sur le siège et laisse le passage ouvert; mais on peut modifier sa position par une vis manœuvrée par une clef et appuyant sur sa surface jusqu'à obturation complète. On comprend que l'on puisse ainsi régler le passage à volonté; cet appareil ne s'applique qu'aux chauffages dans lesquels la fermeture d'un appareil ne peut en rien arrêter la circulation générale ni la communication avec le vase d'expansion. On voit, par la construction même de ce robinet, qu'il ne peut donner lieu à aucune fuite.

299. Circulation à pompe de M. H. Chibout. — M. Chibout a imaginé une disposition dite *système à pompe* qui lui permet, pour certaines applications, d'accélérer le mouvement de l'eau dans les tuyaux sans l'emploi d'aucun mécanisme. La pression dans les conduites étant plus grande que la charge naturelle qui résulte de la différence de température des deux colonnes d'eau, il s'ensuit qu'on peut envoyer cette eau à de grandes distances et qu'on peut chauffer des espaces plus étendus avec un seul foyer central. Le croquis schématique de la disposition est représenté dans la figure 310. A est la chaudière; elle est surmontée d'un récipient B et d'une capacité C. C communique avec B au moyen d'un tuyau plongeant contenant un clapet de retenue F. Une soupape hydraulique OPE, avec réservoir de trop-plein D, est appliquée à la capacité C. La conduite principale M part de la capacité C, dessert les appareils de chauffage n, n^1, n^2, etc., et revient de la chaudière A. A son entrée dans cette chaudière, elle est munie d'un clapet de retenue G.

On chauffe la chaudière, et, quand la pression de la vapeur qui se forme devient supérieure à celle de la colonne OF, le clapet est soulevé, l'eau s'échappe et passe dans la capacité C jusqu'à ce que la vapeur s'échappe par le tube H. la pres-

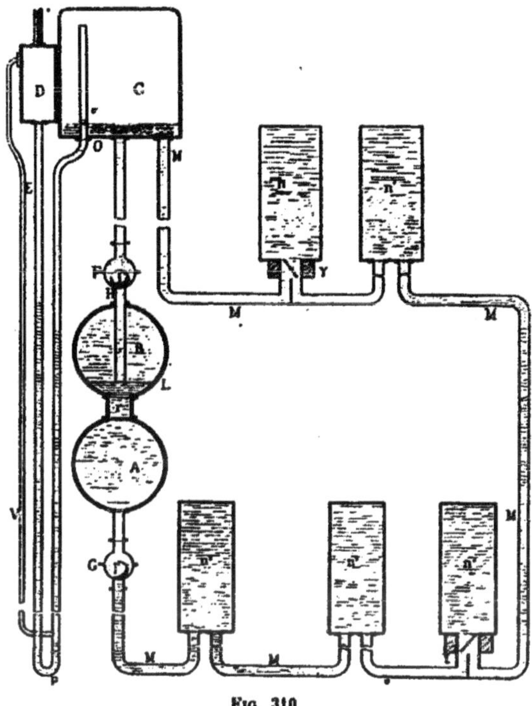

Fig. 310.

sion disparaît, le retour fonctionne, soulève la soupape G, et la chaudière ainsi que B se remplissent. Pendant ce temps, le liquide de la capacité C, sous l'influence de son poids et de la vapeur au dessus, c'est-à-dire d'une charge considérable, se met à circuler. Un instant après, une nouvelle pulsion aura lieu, et, au moyen de ces intermittences pendant lesquelles on accumule la charge, on obtient un mouvement bien plus vif que dans une circulation ordinaire. En faisant varier la distance de B à C, on fait varier la pression que l'appareil doit supporter en plus de la pression atmosphérique.

Pour éviter que l'eau froide du retour, en arrivant dans la chaudière, ne détermine une brusque condensation de la vapeur du réservoir B, et, par suite, des chocs et des soubresauts nuisibles, M. Chibout dispose la sphère I' de telle sorte qu'elle ne s'appuie pas hermétiquement sur son siège. Au moment de la pulsion une partie de l'eau passe en dessous de la soupape et revient la première et à plus haute température en contact avec la vapeur. L'eau plus froide la suit alors sans inconvénient.

300. Disposition de M. Cuau. — M. Cuau a proposé de déterminer une circulation plus active de l'eau dans les tuyaux, au moyen d'un jet de vapeur agissant par entraînement. Non seulement cette vapeur agit mécaniquement, mais encore, surchauffée convenablement, elle peut fournir toutes les calories nécessaires au chauffage. Cette disposition ingénieuse n'est pas sans inconvénients dans la pratique. Il y a d'abord celui d'entretenir une chaudière à haute pression pour fournir la vapeur; ensuite, il faut s'inquiéter du volume du liquide, qui augmente continuellement dans la canalisation. Il faut le reprendre dans les tuyaux et le faire rentrer dans la chaudière d'une façon régulière. On peut obtenir ce résultat au moyen d'un moteur et d'une pompe. M. Cuau a montré qu'on pouvait le produire avec un injecteur, en utilisant la vapeur même de la chaudière qu'il s'agit d'alimenter. Il ne faut, pour cela, que surchauffer convenablement cette vapeur. On évite ainsi un moteur, ce qui est très important dans les applications aux bâtiments qui nous abritent.

Ce système est peu répandu.

301. Chauffage d'un hôtel, 20, avenue du Trocadéro. — Comme exemple d'une installation complète de canalisation d'eau chaude, nous allons décrire le chauffage d'un hôtel, 20, avenue du Trocadéro, à Paris, lequel chauffage a été installé par MM. Piet et Cie, ingénieurs constructeurs.

L'hôtel a une façade de 16m,50 et une profondeur de 11m,75; il est élevé sur caves d'un rez-de-chaussée et de trois étages, dont le dernier lambrissé. Au dessus, grenier et terrasse.

Le chauffage devant avoir lieu dans tous les locaux à la fois, on a choisi un chauffage à eau chaude, et les surfaces destinées à élever la température sont placées tantôt dans les locaux mêmes, lorsque la ventilation naturelle est suffisante, tantôt hors des locaux, lorsqu'il y a lieu d'introduire de l'air extérieur par l'appareil même de chauffage.

L'hôtel avec les appareils et circulation d'eau chaude est représenté dans les deux figures 311 et 312, par un plan du sous-sol, un plan du troisième étage, une coupe transversale et une coupe longitudinale.

Ainsi que le montrent les tracés, la chaudière à eau chaude F est placée dans la cave. De la chaudière part un tuyau A montant directement au vase d'expansion E placé dans le comble. De ce vase partent quatre colonnes descendantes qui se répartissent dans les différentes parties du bâtiment, et vont alimenter d'eau chaude les surfaces correspondantes.

Ces surfaces sont tantôt des poêles à vapeur verticaux à ailettes, placés dans les angles des pièces, tantôt des circulations plus ou moins développées, disposées dans les allèges des baies ou sous les plinthes des murs de refend. Partout les surfaces sont appropriées au mieux aux locaux à chauffer.

Il y a dans le sous-sol une batterie de tuyaux à ailettes destinée au chauffage du vestibule et du salon à rez-de-chaussée; les tuyaux sont verticaux et les ailettes sont longitudinales. L'eau chaude y arrive par le haut, au moyen d'un branchement fait sur le retour de la colonne I, et un robinet permet le réglage de l'eau qui doit passer par cette surface.

Chaque colonne descendante de chauffage se termine par un retour à la chaudière, et ces retours, ainsi que celui du calorifère D, se réunissent de manière à ne former qu'un seul tuyau, en communication avec la partie inférieure de la chaudière.

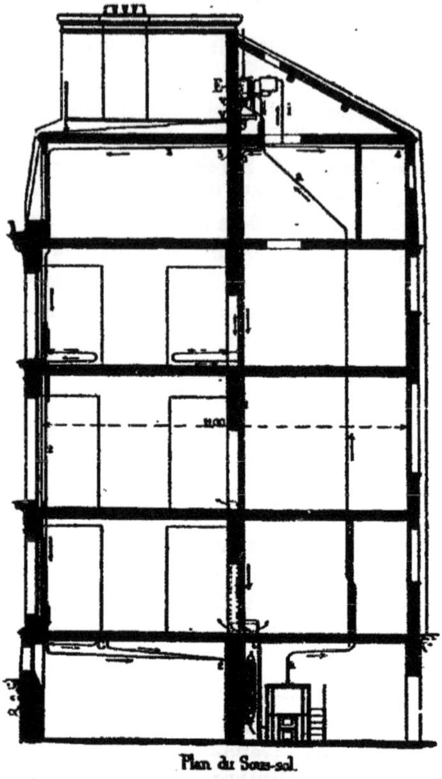

Plan du Sous-sol

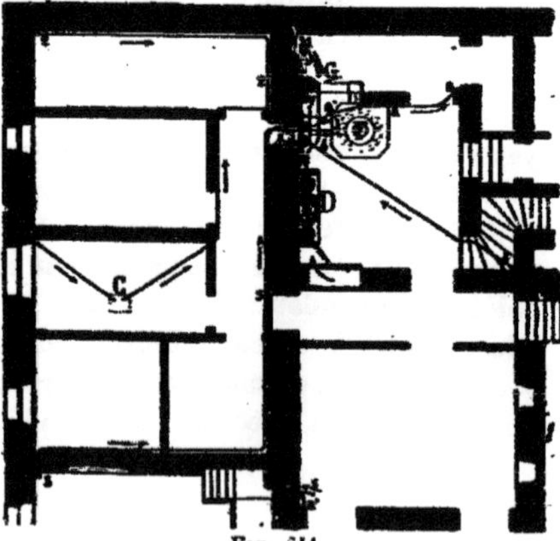

FIG. 511.

Dans la figure 311 la coupe verticale est faite suivant la ligne OP. On y voit le tuyau montant *a*, le vase d'expansion E, le parcours des canalisations 1 et 2, et le départ des deux autres.

En C est établie l'alimentation d'une chaufferette située sous un bureau, dans la pièce principale du rez-de-chaussée.

Cette même coupe OP montre en même temps la batterie de tuyaux D dont il a été parlé tout à l'heure.

Le plan du sous-sol de la même figure donne la disposition de la chaudière, le départ *a* de l'eau chaude et toutes les canalisations de retour.

En G est le tuyau de fumée.

La figure 312 donne le plan du troisième étage, ainsi que la coupe longitudinale suivant MN.

Le plan du troisième étage montre la position du vase d'expansion E, du tuyau de fumée G et des canalisations de départ de l'eau chaude des quatre tuyaux principaux qui forment les colonnes descendantes du chauffage, réparties convenablement dans les locaux inférieurs.

La coupe verticale indique la position de la colonne montante *a*, la circulation de la conduite descendante n° 4, et la distribution d'eau chaude qu'elle fait aux divers locaux qu'elle est chargée de desservir.

Ainsi qu'on le voit, les surfaces de chauffe sont placées directement dans les locaux desservis pour le deuxième étage et une partie du premier. La salle à manger située au premier étage est, de plus, chauffée par une batterie de tuyaux verticaux à nervures placés au rez-de-chaussée.

La figure 312 représente en élévation et en plan l'installation de la cave de chauffage. On y voit la chaudière F placée dans son fourneau, avec l'escalier qui la dessert et permet d'accéder à l'orifice de chargement du combustible. G est le tuyau de fumée; D est la batterie de chauffage du vestibule et du salon du rez-de-chaussée.

La tuyauterie qui part de la chaudière et y revient est indiquée en élévation et en plan. *a* est le tuyau qui va de la chaudière au vase d'expansion, et les tuyaux 1, 2, 3, 4 et 5 sont des retours qui se réunissent dans un collecteur com-

Fig. 312.

mun avant de rentrer dans la chaudière. Le retour de la colonne I se bifurque en arrière, et les deux chemins que

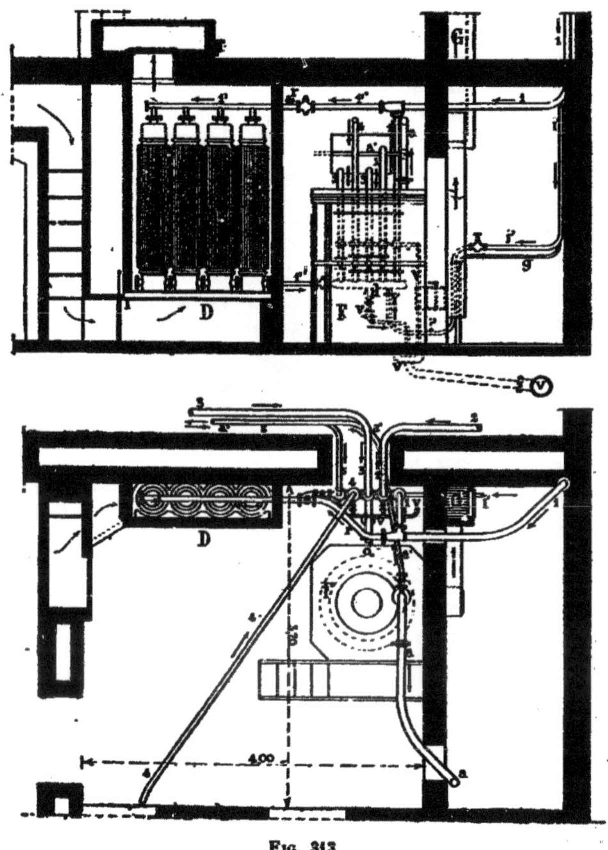

Fig. 313.

peut prendre l'eau sont : ou bien un retour au collecteur, ou bien le circuit par l'appareil D, ce dernier réglé par un robinet, ainsi qu'il a été dit.

Le calorifère D est alimenté par l'air du dehors, qui lui est amené par une gaine placée à gauche; les flèches indiquent le parcours de l'air neuf.

La figure 314 montre, en élévation et en plan, le vase d'expansion E. C'est une bâche de 0m,40 × 0m,90 et d'une hauteur de 0m,65. Elle est portée sur consoles et munie d'un couvercle à charnières prenant les deux tiers du plan. Sur une partie de la paroi fixe se trouve un tuyau allant au dehors mener la vapeur ; s'il s'en dégage sous l'influence d'une allure trop vive, la pression y est donc nulle.

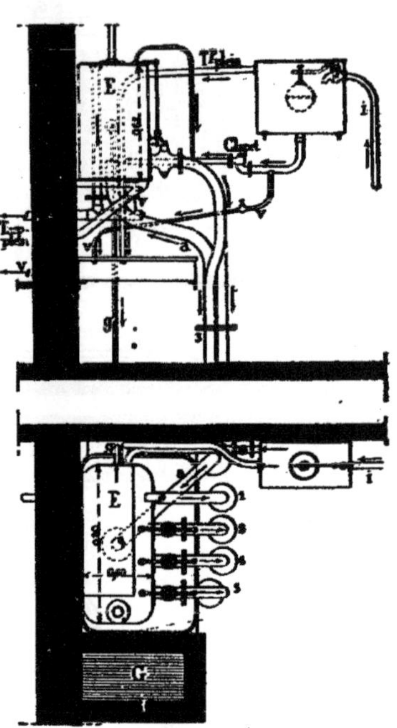

Fig. 314.

A ce vase aboutit le tuyau *a* d'arrivée d'eau, et il en part les tuyaux 1, 2, 3 et 4, qui vont alimenter le chauffage ; trois d'entre eux sont munis de robinets de réglage, et le quatrième est complètement libre, de telle sorte qu'une fausse manœuvre ne puisse interrompre accidentellement la circulation.

Au-dessous du vase d'expansion et des robinets fixés à sa paroi se trouve un terrasson en plomb recevant les suintements et les débords, et dont la vidange se fait en V, sur la terrasse.

Le niveau de l'eau dans le vase d'expansion est indiqué par un tube de verre; s'il dépasse une hauteur maximum fixée, le liquide s'échappe par un tube de trop-plein ; et ce même tuyau sert en même temps à la vidange pour le nettoyage.

L'alimentation d'eau se fait au moyen d'une caisse à flotteur dans laquelle l'eau arrive par le tuyau *i*. La caisse est munie d'un fort trop-plein se rendant au terrasson; elle communique avec le vase d'expansion par un tuyau inférieur muni d'un clapet de retenue. L'alimentation est donc entièrement automatique.

Ainsi qu'on l'a vu précédemment, le vase d'expansion est logé dans un coin du grenier et y occupe un emplacement très restreint. Il est disposé de manière à ne donner lieu à aucune fuite et à être facilement accessible pour la manœuvre, le nettoyage et les réparations.

302. Chauffage à eau à forte pression, système Perkins. — En chauffant de l'eau en vase clos pouvant résister à une très grande pression, on peut la porter à haute température, au rouge même, sans la réduire en vapeur. Cette propriété a été utilisée par Perkins au chauffage des habitations. Il a, le premier, fait circuler l'eau dans des tuyaux de petit diamètre, en fer, pouvant résister à une pression de plus de 100 kilogrammes par centimètre carré. Ces tuyaux forment un circuit fermé. Ils partent d'un foyer où ils s'échauffent, parcourent l'édifice en y transportant la chaleur et aboutissent, à la partie haute, à un vase d'expansion fermé, permettant la dilatation du liquide.

L'eau est ramenée au foyer par le complément du circuit, et il s'établit une circulation continue qui maintient les locaux à la température voulue.

Ce chauffage est très répandu en Angleterre, aux États-Unis, en Belgique et en Allemagne. Il commence à se répandre en France, et, dans bien des cas, peut rendre de grands services.

Il est facile à installer ; en effet, les dimensions nécessaires aux tuyaux sont très réduites, même pour de grands chauffages. Le diamètre intérieur est de 0^{m},015 ou 0^{m},022 ; le diamètre extérieur, de 0^{m},027 ou de 0^{m},034 ; ces tuyaux, dont les sections sont représentées en vraie grandeur dans la figure 315, sont en fer, et on les essaie à la pression de 75 atmosphères au moins.

Pour en former des chaudières commodes à loger dans les fourneaux de chauffage, on les contourne de manière à former des faisceaux circulaires ou rectangulaires, dont la forme est étudiée pour la construction facile du foyer et la meilleure utilisation du combustible.

Pour en former des circulations, on les loge soit derrière des plinthes métalliques, au pourtour des pièces, soit au plafond, comme des tuyaux de gaz. Pour en constituer des surfaces de chauffe, on les emploie derrière des plinthes en grand développement linéaire, en les armant au besoin de nervures pour augmenter les surfaces, ou bien on les réunit en faisceaux derrière des enveloppes perforées, et on les

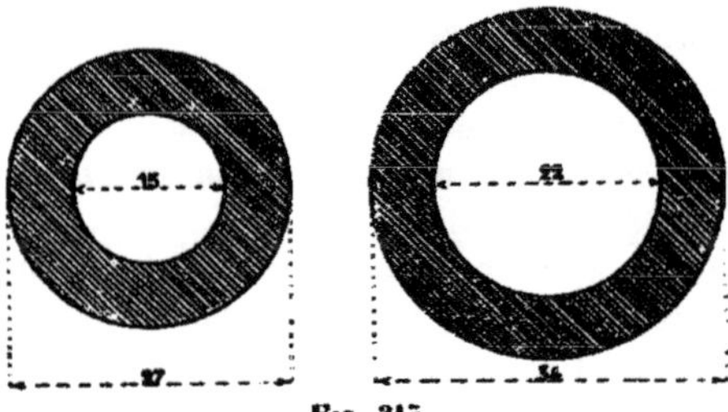

Fig. 315.

établit soit dans les allèges des fenêtres, soit dans les angles, sous forme de poêles. On peut les faire passer partout dans un faible espace sans dégradation, et sans construction spéciale, sans nuire à l'aspect et à la décoration de la pièce chauffée.

Le chauffage peut être économique puisque les surfaces de chauffe sont placées dans les pièces mêmes à chauffer, et que la ventilation peut être restreinte à son minimum, c'est-à-dire presque nulle. Il peut aussi, par des prises d'air convenables, se combiner avec une ventilation plus énergique.

Lorsque les parcours assignés aux circulations les exposent à geler à certains passages, on évite cet inconvénient en remplissant les tuyaux d'un mélange d'eau et de glycérine, qui supporte une température très basse sans se solidifier. La faible capacité des tuyaux et le bas prix de la glycérine commune permettent, par une dépense très faible, d'éviter tout danger de congélation.

Le seul inconvénient du système Perkins, inhérent du reste à la plupart des chauffages à eau chaude, est de se prêter difficilement à une indépendance complète du chauffage des divers locaux. On peut bien diviser une circulation en deux ou trois circulations partielles, mais là s'arrête la division pratiquement possible.

303. Disposition de MM. Grouvelle et Arquembourg. — Le croquis de la figure 316 représente le schéma

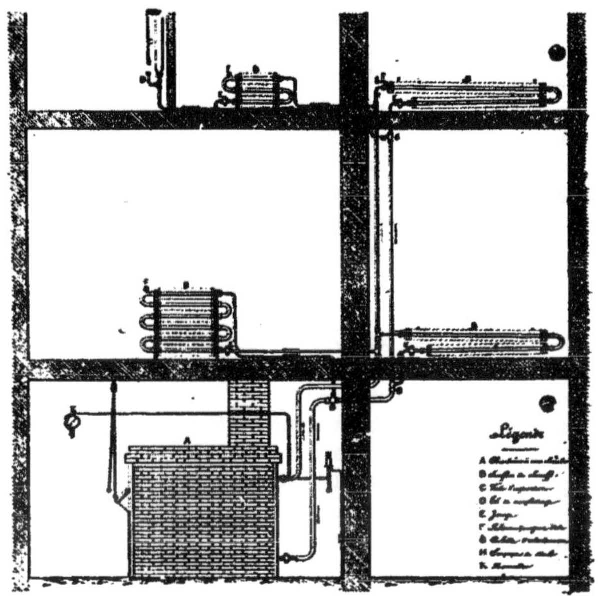

FIG. 316.

d'un chauffage à eau chaude, genre Perkins, à pression réduite, tel que les installent MM. Grouvelle et Arquembourg.

La chaudière A est du système multitubulaire à petit volume d'eau; elle est constituée par un certain nombre de serpentins en tubes de fer réunis à leurs extrémités dans des collecteurs. Sur le collecteur supérieur sont branchés les départs d'eau chaude ; sur les collecteurs inférieurs, les retours d'eau refroidie. Cette chaudière est celle qui est dessinée dans la figure 256. La grille est composée d'une partie inclinée à 45°, suivie d'une partie horizontale ; elle est alimentée par une trémie pouvant contenir une certaine réserve de combustible. L'eau circule dans des tuyaux en fer de petit diamètre, depuis la pression effective de 0 kilogramme jusqu'à la pression maxima de 15 kilogrammes par centimètre carré.

La pression de marche varie avec la température extérieure, la marche à 15 kilogrammes correspondant aux températures les plus basses de l'hiver. A cette pression, la température de l'eau à la sortie de la chaudière est de 200° environ. La pression est limitée par une soupape H à dégagement latéral qui se lève sous une charge de 20 à 25 kilogrammes par centimètre carré.

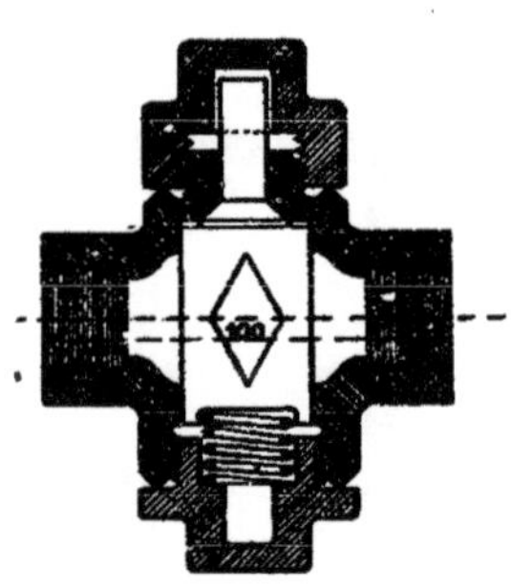
FIG. 317.

A la pression de 15 kilogrammes, une sonnerie électrique mise en communication avec le manomètre K avertit bien avant que la soupape puisse se lever. Si la soupape se lève, l'excès d'eau chaude s'échappe par le tuyau de dégagement latéral et se rend à l'extérieur ; il y a lieu de baisser le feu et de remplir l'appareil dès que la pression est redevenue nulle par le refroidissement. Il faut aussi s'assurer si la soupape est bien remise sur son siège et ne perd pas l'eau d'une façon continue.

La canalisation de départ s'élève à partir de la chaudière en une colonne montante sur laquelle sont branchées les circulations secondaires chauffant les étages. Chaque circulation secondaire est réglée par un robinet-valve permettant de régler le chauffage de l'étage desservi.

Un de ces robinets-valves est représenté dans la figure 317. Il est composé d'un boisseau cylindrique à pas de vis se raccordant avec les tuyaux et dans lequel tourne une clef de même forme percée d'un orifice en losange. Cette clef est pressée par un ressort inférieur maintenu par un chapeau à vis faisant joint sur un siège à grain d'orge. En haut, la clef porte, par un cône qui fait joint, sur un siège de même forme, et se termine par une tige d'abord ronde, puis carrée, recouverte par un second chapeau. C'est ce dernier chapeau que l'on enlève lorsque, même en marche, on veut modifier le chauffage; on découvre le carré de la clef, que l'on manœuvre par le moyen d'une poignée mobile.

Les canalisations secondaires de retour circulent en sens contraire et rentrent dans la colonne descendante de retour parallèle à la colonne montante de départ.

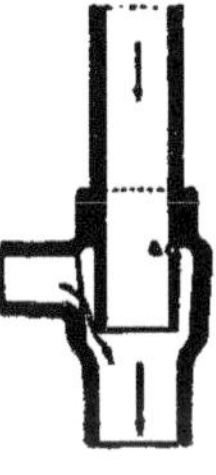

Fig. 318.

Le vase d'expansion *c*, destiné à recevoir la dilatation de l'eau, est placé à la partie supérieure de la circulation; il est vide à froid et se trouve formé par un ou plusieurs tubes de plus gros diamètre, $0^m,07$ à $0^m,08$ intérieur, disposés horizontalement ou verticalement d'après la place disponible.

Le bas du vase d'expansion est relié à l'une des circulations d'eau, par un tube de $0^m,015$ de diamètre intérieur sur lequel est fixée la tubulure D de remplissage. Sur le haut du tube est établi un purgeur qui dégage l'air accumulé au-dessus de la surface de l'eau.

Les circulations doivent être étanches, et les pertes d'eau presque nulles; elles sont compensées par une légère addition d'eau, une ou deux fois par semaine. La chaudière, les canalisations et le vase d'expansion sont éprouvés à la pression de 200 kilogrammes par centimètre carré et, à cette pression, elles ne doivent donner aucune fuite.

Lorsque la circulation des tuyaux ne donne pas un développement assez grand de surface, on augmente cette surface de deux façons : ou bien en créant des excédents de longueur de tuyaux sous forme de serpentins B plus ou moins développés, et que l'on commande par une jauge E de réglage; ou bien en remplaçant une certaine longueur de tuyaux lisses par une longueur égale de tuyaux garnis de disques.

Lorsque, dans une circulation, deux tuyaux sont branchés l'un sur l'autre, MM. Grouvelle et Arquembourg les réunissent par un T spécial (*fig.* 318), dont la disposition est telle que le mouvement du liquide dans le tuyau principal entraîne celui du branchement qui s'y déverse. La seule précaution à prendre est d'ouvrir un orifice *a* au fond de la buse d'entraînement, afin d'empêcher tout cantonnement d'air dans l'espace annulaire qui l'environne.

CHAPITRE X

VENTILATION

SOMMAIRE

304. Ventilation artificielle. — 305. Cubes d'air à admettre pour la ventilation. — 306. Du mouvement de l'air dans les pièces habitées. — 307. Ventilation d'été et ventilation d'hiver. — 308. Ventilation rationnelle. — 309. Conditions convenables de température et de vitesse. — 310. Emploi des chambres de mélange. — 311. Des moyens d'obtenir le mouvement de l'air. Ventilation par appel. — 312. Inconvénients de la ventilation par appel. Précautions à prendre. — 313. Des cheminées de ventilation. — 314. Ventilation du Théâtre-Lyrique. — 315. Ventilation du Dépôt de la Préfecture de police. — 316. Ventilation des salles d'étude de l'École centrale. — 317. Ventilation de la salle des séances du Sénat. — 318. Ventilation par pulsion. — 319. Des moyens mécaniques de produire le mouvement de l'air. — 320. Combinaison d'une ventilation insufflée et d'un chauffage à air chaud. — 321. Ventilation de l'hôpital Lariboisière. — 322. Ventilation de l'Hôtel-Dieu de Paris. — 323. Ventilations par appel et par pulsion combinées. — 324. Ventilation d'un amphithéâtre de l'École centrale des Arts et Manufactures. — 325. Appel mécanique dans les combles.

CHAPITRE X

VENTILATION

---

304. Ventilation artificielle. — Tant que les locaux d'habitation ne sont occupés que par un petit nombre d'individus, la ventilation naturelle, dont il a été déjà question, suffit. L'air se renouvelle en quantité convenable par les tuyaux de fumée et les fissures de toutes sortes, en même temps que par les ouvertures des baies résultant de la circulation.

Il n'en est plus de même dès que le nombre des occupants augmente. La respiration pulmonaire et cutanée dégage de l'acide carbonique, de la vapeur d'eau, et donne lieu, en outre, à une production de matières organiques plus ou moins fétides, qui vicient l'air et le rendent irrespirable, bien avant que la quantité d'oxygène soit réduite à la proportion qui cesse d'entretenir la vie. Si l'évacuation était suffisante, un demi-mètre cube par heure et par personne satisferait aux besoins de l'organisme, mais il n'en est pas ainsi.

D'après Leblanc, dès que la proportion d'acide carbonique dépasse 0,008, on éprouve de la gêne et de l'oppression, et, dans la pratique, on évite que cette proportion puisse dépasser 0,0015 à 0,002.

Une forte proportion de vapeur d'eau est plus ou moins

désagréable, suivant la température. Dans les temps chauds, dès que l'air s'approche du degré de saturation, on dit que le temps est lourd, et le corps cherche à se rafraîchir par des sueurs abondantes.

Quant aux matières organiques, il est impossible de les doser et de définir leurs propriétés plus ou moins nocives. Nous devons nous en rapporter à l'appréciation de nos organes, qui éprouvent un malaise variable avec les milieux, variable aussi avec les tempéraments individuels.

Il faut donc se débarrasser de ces produits de l'organisme, autant que possible à mesure qu'ils se produisent. Le moyen qui, de prime abord, paraît le plus pratique, consiste à diluer ces émanations dans un volume d'air plus considérable, que l'on prend au dehors et que l'on fait passer à travers les édifices. Cet air, qui arrive froid de l'extérieur, doit être échauffé avant de traverser nos demeures ; puis, il s'échappe, en entraînant au dehors l'air vicié avec lequel il s'est mélangé. C'est cette quantité d'air additionnelle qui constitue ce que l'on nomme la ventilation artificielle ; elle se lie, comme on le voit, au chauffage, dont elle accroît souvent l'importance dans de très notables proportions.

La quantité d'air de ventilation dépend évidemment, pour un même résultat, de la manière dont on fait arriver l'air neuf et du chemin que devra parcourir l'air vicié avant de s'échapper. Mais, la plupart du temps, on la proportionne au nombre des occupants, qu'on rationne suivant les circonstances. On établit donc la ventilation à raison de tant de mètres cubes par heure et par individu.

305. Cubes d'air à admettre pour la ventilation. — On n'est pas parfaitement d'accord pour le cube d'air à admettre par heure et par individu, pour la ventilation des divers locaux de nos édifices. D'après le général Morin, on doit adopter les nombres suivants :

		mètres cubes
Hôpitaux.	malades ordinaires	60 à 70
	salles de chirurgie et d'accouchement	100
	en temps d'épidémie	150

	Mètres cubes
Prisons	50
Ateliers.. { ordinaires	60
Ateliers.. { insalubres	100
Casernes. { ventilation de jour	30
Casernes. { » de nuit	40
Salles de spectacles	40 à 50
Salles d'assemblées et de réunions prolongées	60
Salles de réunions momentanées, amphithéâtres	30
Ecoles d'enfants	12 à 15
Ecoles d'adultes	25 à 30
Ecuries et étables	180 à 200

Mais ces chiffres sont trop forts. On peut les réduire dans de très notables proportions, en disposant la ventilation d'une façon convenable pour que l'air vicié s'échappe sans trop se mélanger à l'air neuf.

306. Du mouvement de l'air dans les pièces habitées. — L'élévation de température de l'air, en même temps que l'introduction de l'air chaud dans les locaux de nos édifices, y déterminent des mouvements très appréciables et souvent vifs et gênants; et ceux-ci varient suivant le mode de chauffage et d'introduction.

Longtemps on a préconisé la ventilation descendante : l'air arrive dans la pièce en *a* (*fig.* 319); il est frais en été, chaud en hiver; il descend nécessairement avec une vitesse faible, et on lui ménage des sorties inférieures pour son évacuation, dès qu'il est vicié.

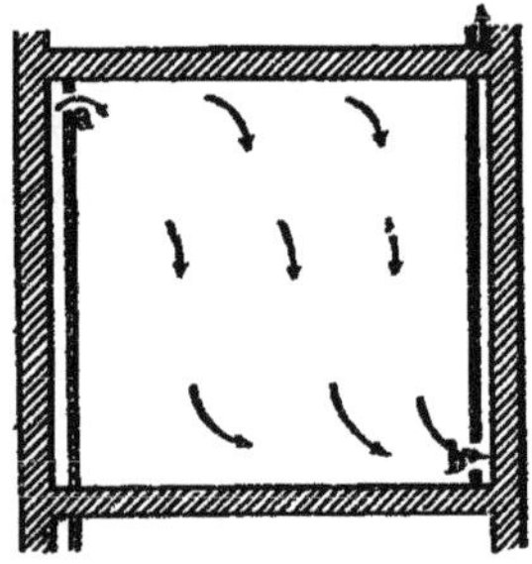

Fig. 319.

En pratique, le mouvement est plus complexe: en été, l'air vicié tend à monter, en raison de sa plus haute température et de la vapeur d'eau qu'il contient, et il se mélange toujours avec l'air arrivant, dont la vitesse n'est jamais assez forte pour l'entraîner; en hiver, il faut faire entrer l'air à une température assez élevée, car les pertes, en ce cas, sont plus fortes, et comme il doit être respiré à 18 ou 20°, et que l'air vicié sort de notre corps à plus de 30°, on voit qu'il doit y avoir mélange.

C'est ce qui explique que de grandes admissions d'air neuf ne suffisent pas, dans bien des cas ainsi traités, à supprimer l'odeur venant de grandes agglomérations d'individus.

Dans ce système, lorsqu'un local est occupé d'une façon intermittente, sa capacité a une influence très notable sur la viciation de l'air. Cette viciation, nulle au début, va en augmentant, pour arriver à un maximum dont la valeur dépend du nombre des occupants et du chiffre de la ventilation admise par heure et par individu. Ce maximum est atteint au bout d'un temps plus ou moins long.

Lorsque l'occupation est continue, le cube de la pièce n'a plus qu'une influence très faible, et la limite de viciation ne dépend plus que du chiffre de la ventilation. D'après M. Ch. Herscher, cité par M. Ser, si on ventile une enceinte à raison de 60 mètres cubes par heure et par individu, la viciation, au bout d'un peu moins d'une heure d'occupation, est sensiblement la même, que la capacité du local soit de 4, 10 ou 20 mètres par individu ; mais cela ne serait plus vrai pour une ventilation peu abondante.

Ces considérations supposent une dilution complète des produits viciés dans la masse de l'air de la pièce.

307. Ventilation d'été et ventilation d'hiver. — On a ensuite séparé la ventilation d'été de la ventilation d'hiver.

On a établi dans les murs des gaines d'évacuation d'air vicié, et les orifices qui communiquent avec les salles sont doubles, près du plafond et près du sol, *a* et *b* (*fig.* 320). Ces orifices sont munis de registres disposés de telle sorte que l'un soit ouvert quand l'autre est fermé.

Le croquis (1) représente le mouvement de l'air correspondant à la période estivale ; les orifices *aa* sont ouverts ; les orifices *bb* sont fermés ; l'air frais arrive en *p*, au milieu de la salle. En vertu de son poids, il tend à tomber près du sol, tandis que l'air vicié, par sa légèreté spécifique, monte près du plafond et y trouve son évacuation. Ce mouvement est rationnel et s'effectue, en effet, ainsi dans la pratique.

Le croquis (2) représente le mouvement de l'air de la même salle pendant l'hiver. L'air arrive chaud en *p* ; il s'élève au plafond, s'étend en couche horizontale et redescend, les orifices *aa* étant fermés. Il s'échappe par les orifices inférieurs *bb*, ouverts, en entraînant, suivant la théo-

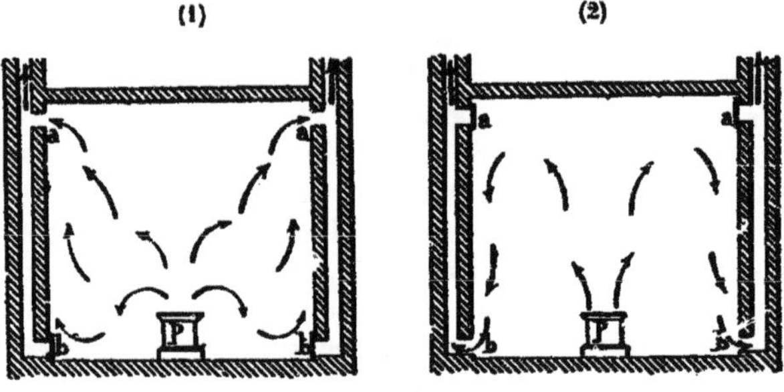

Fig. 320.

rie, l'air vicié. Mais celui-ci, plus chaud, tend à monter et à se mélanger avec l'air neuf, et la vitesse de celui-ci n'est pas suffisante pour l'entraîner.

De là des odeurs, et la nécessité d'introduire de grandes quantités d'air, par suite, de faire de grandes dépenses de chauffage.

C'est encore ainsi que l'on fait la ventilation des salles de nombre d'hôpitaux.

308. Ventilation rationnelle. — Considérant, d'une part, que l'air vicié par l'individu est exhalé à une température supérieure à celle de la salle, en été comme en hiver, que, pour cette raison, et aussi à cause de la proportion de vapeur qu'il contient, il est plus léger que l'air ambiant ; considérant, d'autre part, que tout mètre cube d'air servant à la ventilation constitue une dépense soit de calories, soit de travail, on voit qu'au lieu de chercher à diluer les gaz viciés dans une grande quantité d'air neuf on doit s'appliquer à aider ces gaz dans leur mouvement naturel, et à les mélanger le moins possible avec l'air neuf introduit. Ce dernier pourra être ainsi réduit à sa proportion minimum pour un résultat donné.

Le principe de la ventilation rationnelle consistera donc à faire arriver l'air neuf par le bas, enveloppant les individus avec les conditions convenables de vitesse et de température ; et à pousser l'air vicié vers le haut des pièces, où se trouveront des orifices de dégagement. Et ce simple mouvement devra se produire dans le même sens, en été et en hiver.

Lorsqu'on ne pourra appliquer ce principe dans toute sa rigueur, par suite du genre de locaux ou des exigences du programme, on devra s'en rapprocher le plus possible.

309. Conditions convenables de température et de vitesse. — Pour admettre l'air à la partie inférieure des pièces habitées, et le répartir au mieux entre les occupants, il est nécessaire de l'amener par de gros conduits permettant de lui donner une faible vitesse, et de diviser ces conduits de telle façon que le débit se partage en un grand nombre de bouches.

Il faudra, de plus, que cet air soit à une température très voisine de celle de la pièce, afin de ne pas être sensible. Enfin, sa vitesse ne devra pas dépasser à l'orifice même $0^m,20$ à $0^m,25$.

Il en résulte immédiatement que, pour remplir ces conditions, on ne doit plus compter sur cet air comme véhicule de la chaleur nécessaire pour entretenir les parois du local à la température convenable et parer aux déperditions des surfaces extérieures des murs et plafonds.

La ventilation rationnelle comporte donc par elle-même l'obligation d'établir, dans les locaux desservis, des surfaces de chauffe spéciales, chargées de parer aux déperditions des parois ; ces surfaces doivent être réparties aux points les plus convenables, tels que le bas des murs, le bas des vitrages, partout où un courant d'air refroidi par les parois intérieures tend à descendre et à devenir gênant.

Quant aux orifices d'évacuation, il faut les mettre au-dessus des points où se produit l'air vicié, afin que celui-ci n'ait à parcourir, pour s'y rendre, que le plus court chemin possible ; on les répartit au mieux au pourtour des murs, aux plafonds, partout où on peut établir le départ des conduits qui doivent les mener au dehors.

310. Emploi des chambres de mélange. — Pour pouvoir admettre l'air à la température qui convient aux locaux d'habitation, c'est-à-dire vers 20 à 25°, il faut presque toujours avoir recours aux chambres de mélange d'air dont il a été déjà question, et qui permettent de faire varier par degrés insensibles la température de l'air de ventilation. Il faut, en même temps, employer des thermomètres spéciaux, transmettant à distance leurs indications et permettant de savoir à l'atelier de chauffe la température obtenue aux différents points des locaux ; de la sorte, on peut faire le réglage sans avoir besoin de circuler dans tout l'établissement.

Lorsque les locaux desservis sont très spacieux, il faut même sectionner les chambres de mélange, de manière à pouvoir faire varier la température de l'air entrant suivant les résultats calorifiques obtenus aux divers points d'une même salle.

311. Des moyens d'obtenir le mouvement de l'air. Ventilation par appel. — Pour obtenir le mouvement de l'air, en vitesse et en quantité, on peut employer plusieurs moyens.

Le premier, et qui souvent est le plus simple, est la ventilation par appel ; il consiste à aspirer l'air de la pièce en mettant les orifices d'évacuation en communication par des conduits convenables avec une cheminée de large section, de hauteur suffisante, dont on assure, la plupart du temps, le débit par un chauffage complémentaire. C'est ce que l'on nomme une cheminée d'appel.

Lorsqu'on dispose de moyens mécaniques à portée de l'évacuation, on peut en profiter pour déterminer l'appel par le moyen d'appareils aspirateurs que l'on nomme des ventilateurs.

La disposition la plus généralement employée consiste à établir dans les murs, ou le long des parois des pièces, des conduits verticaux menant l'air vicié dans le haut du bâtiment; à réunir tous ces conduits dans des gaines horizontales ayant une légère déclivité, placées dans le comble et amenant le produit de la ventilation à une cheminée A (*fig.* 321) de large section, montant au-dessus de la couverture.

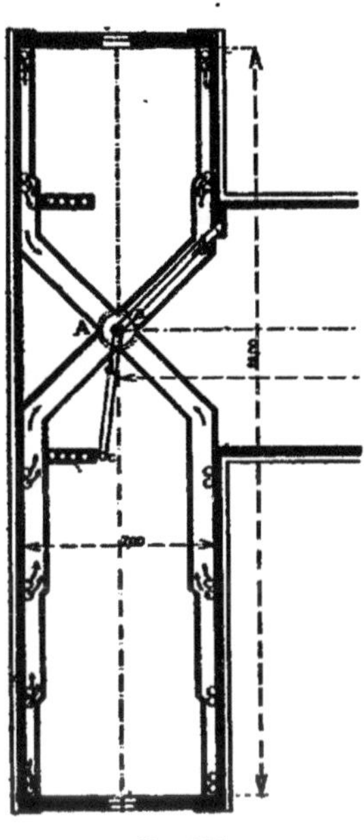

FIG. 321.

On sectionne souvent les édifices en plusieurs régions ainsi traitées, aboutissant à plusieurs cheminées réparties convenablement sur les toitures.

On profite souvent des chaleurs perdues de l'appareil de chauffage pour aider au mouvement de l'air; pour cela, on fait passer sa fumée encore chaude dans un tuyau métallique *a* qui occupe le centre de la cheminée. D'autres fois, on y établira un véritable calorifère avec foyer distinct, que l'on entretiendra allumé pendant tout le temps où la ventilation doit se produire.

L'inconvénient d'avoir un foyer dans les combles, et surtout de l'y entretenir, a été supprimé dans quelques cas par l'établissement de la cheminée d'appel dans toute la hauteur du bâtiment, ce qui permet de placer le foyer destiné à chauffer cette cheminée dans le sous-sol, à côté des autres foyers.

Lorsque le chauffage de l'édifice a lieu au moyen de la vapeur, rien n'est simple, pour chauffer la cheminée d'appel, comme d'y installer un véritable poêle à vapeur de surface appropriée.

Lorsque le chauffage est fait par circulation d'eau chaude, on place dans la cheminée même le vase d'expansion, auquel on donne des développements de surface suffisants.

Lorsque la cheminée est de petite dimension, le chauffage permanent peut se réduire à une couronne de quelques becs de gaz ; mais il y a toujours lieu de se rendre compte de la dépense annuelle, le gaz étant un combustible très cher.

Il y a lieu de faire remarquer que, lorsque l'air vicié vient de salles de réunions, il est à température supérieure à celle de l'air du dehors et tend à monter naturellement.

Si les conduits sont de section telle qu'il y passe avec une vitesse de 1 à 2 mètres, si la cheminée elle-même est assez haute et de large section, l'air peut y prendre une vitesse de 2 mètres sans chauffage accessoire, rien que par le tirage qui se produit naturellement.

312. Inconvénients de la ventilation par appel. Précautions à prendre. — Le grand inconvénient de la ventilation par appel est de tendre à établir une dépression dans les pièces habitées, donnant lieu à des rentrées d'air par les fissures des portes et des fenêtres, et nous avons vu, à propos des cheminées d'habitations, combien ces rentrées d'air, prenant la forme de lames, s'étendent à de grandes distances et peuvent provoquer des refroidissements funestes.

Pour éviter ces rentrées d'air, il n'y a qu'un moyen, c'est de rendre toute dépression impossible. Pour cela, il faut qu'on alimente la pièce ventilée au moyen de bouches établies en grand nombre, d'une section telle que la vitesse n'y dépasse pas $0^m,25$ à $0^m,30$, et disposées de telle sorte que l'air s'y répartisse bien également. Il faut aussi que l'air introduit soit à la température de 25 à 30° au plus, et vienne, par suite, d'une chambre de mélange.

D'autres fois, on fera communiquer la pièce ventilée avec le dehors, par des orifices de grande section communiquant avec l'appareil de chauffage, et rendant impossible par les fissures la rentrée de l'air sous forme de lames froides.

313. Des cheminées de ventilation. — Les cheminées de ventilation s'établissent, la plupart du temps, dans les bâtiments mêmes et à leur partie supérieure. Elles partent, dans ce cas, du plancher haut du comble; elles y récoltent l'air vicié, qui leur est amené par des gaines exécutées en cloisons légères.

On construit ces cheminées soit en briques, soit en pans de

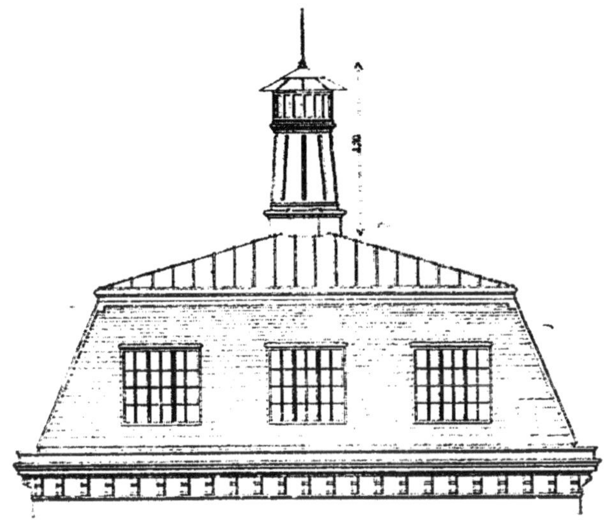

Fig. 322.

fer maçonnés, soit en tôle. Il faut, dans la plupart des cas, en proscrire les pans de bois, à cause des condensations qui peuvent s'y produire en hiver et qui, en maintenant la paroi intérieure mouillée ou humide pendant de longues périodes, y détermineraient de la pourriture.

Les cheminées dont il s'agit doivent avoir une hauteur totale de 5 à 10 mètres, dont la majeure partie hors comble. Il y a lieu de soigner leur forme, afin d'éviter un aspect souvent disgracieux.

La figure 322 représente l'élévation d'une des cheminées

de l'École centrale des Arts et Manufactures, à Paris. Cette cheminée est en métal ; elle dépasse le faîtage de près de 5 mètres; son diamètre au sommet est de 1^m,50, et elle s'élargit à la base en forme de tronc de cône, jusqu'au diamètre de 2 mètres. Elle est surmontée d'une lanterne couverte, de 1^m,66 de diamètre, munie au pourtour d'une série d'orifices rectangulaires, au nombre de 16, par lesquels se fait l'évacuation. Le chapeau est en tôle et dépasse les orifices de manière à les protéger contre la pluie.

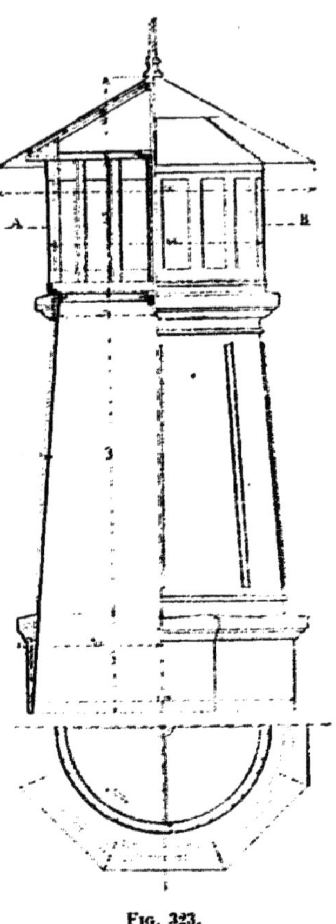

Fig. 323.

Cette cheminée est exécutée en tôle d'environ 0^m,01 d'épaisseur ; à sa partie basse elle est portée sur des armatures combinées pour le passage du débouché des gaines. Des moulures et un socle polygonal en bois, garnis de zinc et de plomb, sont rapportés à l'extérieur de la tôle, de manière à agrémenter l'aspect.

La figure 323 donne à plus grande échelle, en élévation, coupe et plan, les détails de cet ouvrage.

D'autres fois, les cheminées sont isolées des bâtiments, partent du sol ou du sous-sol, sont construites comme les cheminées d'usine et reçoivent par des carneaux inférieurs l'air qu'elles sont chargées d'expulser.

314. Ventilation du Théâtre-Lyrique. — Comme exemple d'une ventilation par appel, la figure 324 représente la disposition adoptée au Théâtre-Lyrique, à Paris. L'air, pris

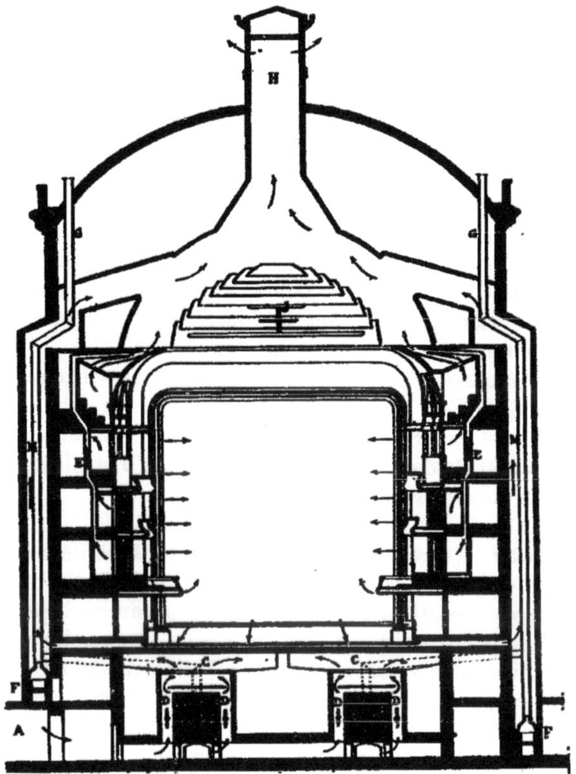

Fig. 324.

dans le square de la Tour-Saint-Jacques, arrive en A et se distribue par un grand conduit aux calorifères à air chaud BB. Une partie s'échauffe au contact des surfaces métalliques chaudes; le reste passe par les conduits latéraux DD et se mélange à la portion échauffée dans la chambre C, de telle sorte que, par la simple manœuvre de vannes, on règle comme l'on veut la température.

Au sortir de la chambre de mélange, l'air se distribue par une série de gaines dans tout l'établissement; il sort notamment par les coffres débouchant sur la façade du balcon du premier étage, et aussi tout le long du cadre du rideau.

L'air vicié est repris par des bouches placées soit au plancher de la salle, soit au plafond des loges et des gradins supérieurs; il se rend par des gaines convenables à une cheminée d'appel H.

Les gaz de cette cheminée sont chauffés : 1° par les appareils d'éclairage de la salle qui se trouvent au-dessus du plafond lumineux ; 2° par les chaleurs perdues des calorifères circulant dans les cheminées MM et expulsées dans les tuyaux G ; 3° par des foyers spéciaux FF, plus spécialement en service l'été, et dont la fumée circule également dans les cheminées M.

Les cheminées d'appel partant du sous-sol peuvent ainsi entraîner l'air vicié pris au ras du sol de la salle.

L'effet est très énergique, mais il en résulte une dépression notable dans la salle et des rentrées d'air désagréables à toute ouverture de porte.

315. Ventilation du Dépôt de la Préfecture de Police. — La ventilation du Dépôt de la Préfecture de Police comportait notamment comme programme la production, pendant l'hiver, d'une température de 18° dans les salles communes, et le renouvellement de l'air à raison de 20 mètres cubes par individu et par heure, soit 7.000 mètres cubes d'air vicié à extraire par heure pour chaque salle.

La ventilation, ainsi que le chauffage auquel elle est liée, a été exécutée par M. Chibout, et les figures 325 et 326 en représentent les détails. Chacune montre la moitié de la portion qui nous occupe.

La première représente le chauffage et la manière dont l'air neuf alimente les locaux. En A est le calorifère qui chauffe de l'eau pour une circulation générale, et, en plus, de l'air, comme utilisation de chaleurs perdues et chauffage adjuvant.

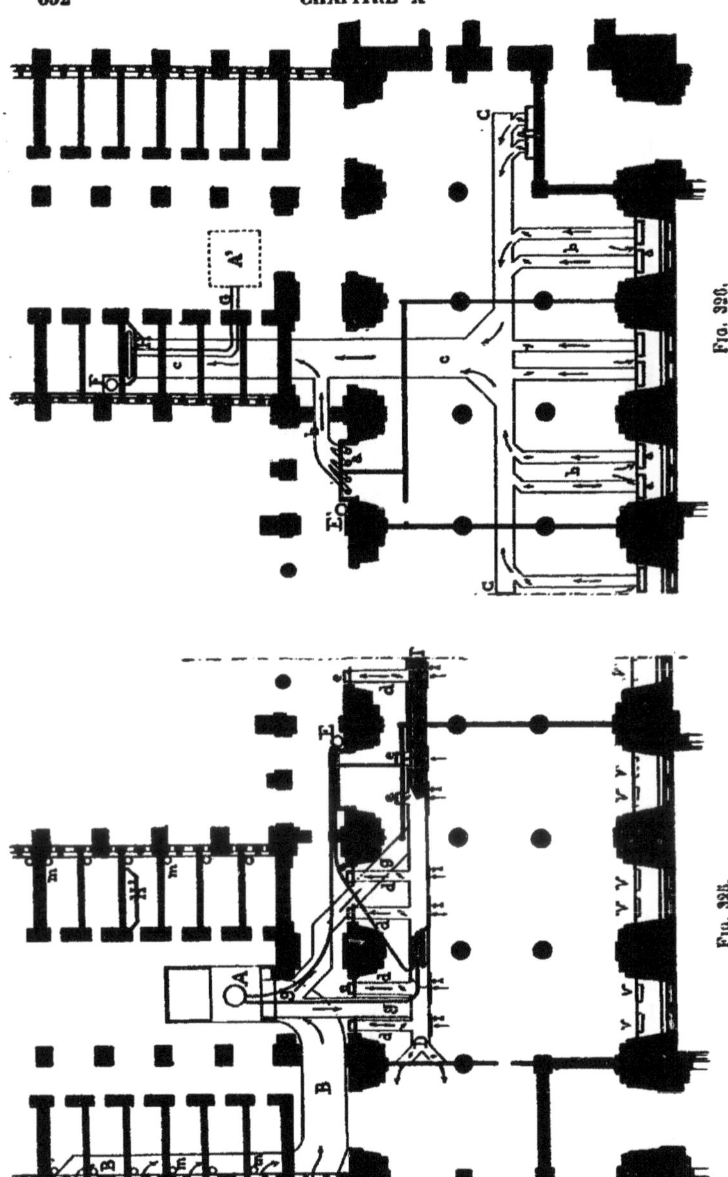

FIG. 326.

FIG. 325.

La prise d'air est faite par le conduit B, alimenté par les soupiraux placés au-dessous des cellules.

La circulation d'eau chaude s'effectue dans un grand conduit D; l'air y est amené par une série de prises I, I, ouvertes plus ou moins dans la paillasse. L'air échauffé en part près du plafond et se distribue aux salles communes par les conduits *ee*. De plus, les conduits GG amènent l'air chaud

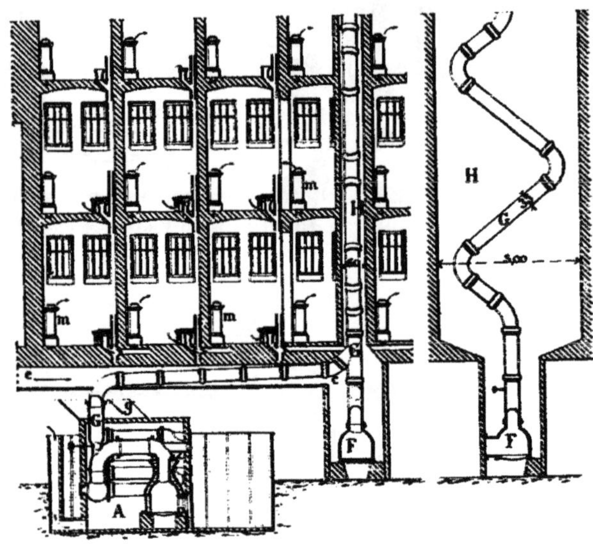

Fig. 327.

adjuvant venant du calorifère, et cela seulement pendant les grands froids.

Les sections de tous ces conduits sont calculées pour permettre à la quantité d'air de 7.000 mètres cubes par salle d'y entrer avec une vitesse très réduite, 0m,40 environ ; de nombreuses valves permettent de réglementer à volonté l'accès de l'air.

La figure 326 représente le départ de l'air vicié et son appel pour l'évacuation.

Sur la face opposée à l'arrivée de l'air, et dans le soubassement des croisées, sont placés des orifices *vv* par lesquels se fait l'appel de l'air vicié. Les branchements *b* le conduisent dans un carneau général *c*, aboutissant à une cheminée de ventilation H. Ce conduit récolte en chemin les branchements correspondant à des locaux accessoires et aux cellules.

Chacune de celles-ci est munie d'un siège d'aisances et d'une arrivée d'air neuf traversant un poêle à eau chaude. Les cellules sont ventilées par les tuyaux de chute ; un appel énergique oblige l'air nouveau venant du dehors à entrer par cette voie et emporte ainsi tous les gaz infectés.

La figure 327 donne la coupe longitudinale du bâtiment des cellules et montre ainsi la disposition de ces dernières, en même temps que la manière dont est organisé l'appel : une cheminée méplate H part du sous-sol et monte dans toute la hauteur du bâtiment. Elle est parcourue en zig-zag et à grand angle par la cheminée du calorifère, de manière à utiliser ce qui peut rester de chaleur dans la fumée. Cette cheminée reçoit l'extrémité *c* du conduit de ventilation générale.

Pour pouvoir effectuer la ventilation d'été, alors que le calorifère A n'est pas allumé, on a placé à la base de la cheminée un foyer auxiliaire F envoyant sa fumée dans le tuyau *b*. Au moyen d'une dépense faible de combustible on entretient pendant la belle saison le mouvement de l'air dont il vient d'être question.

La cheminée d'appel, de 30 mètres de haut, d'une section totale de $3^{m},00 \times 0^{m},40$ et d'une section libre de $0^{m},75$ (tuyau déduit), a suffi pour enlever en marche ordinaire 6.500 mètres cubes par heure, pour une température différentielle de 16° centigrades, ce qui suppose une vitesse de $2^{m},40$, dans la section libre réduite du passage.

316. Ventilation des salles d'étude de l'École centrale. — Les rentrées d'air froid sous forme de lames, gênantes, peuvent être évitées au moyen de communications largement ouvertes avec l'extérieur. Comme exemple, nous donnons, dans les plans et coupes de la figure 328, la disposition employée pour le chauffage et la ventilation des salles d'étude de l'École centrale des Arts et Manufactures. Le renouvellement d'air y est assuré au moyen de deux orifices d'évacuation, un en haut, près du plafond, l'autre près du sol, orifices qui communiquent avec les cheminées d'appel. Le

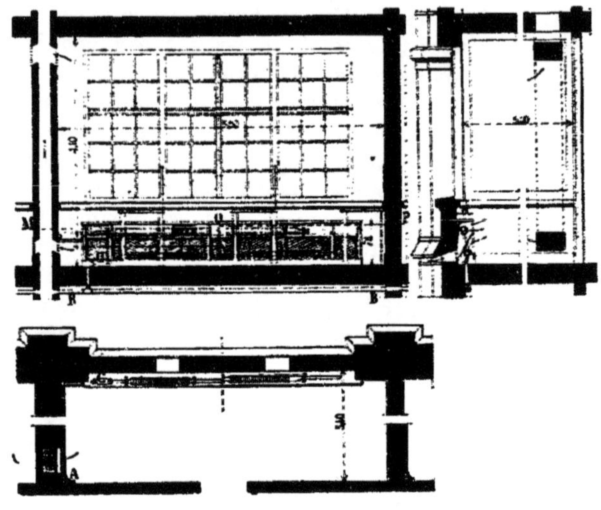

Fig. 328.

chauffage est fait au moyen de deux tuyaux de vapeur horizontaux, munis de disques, disposés au-dessous des châssis d'éclairage. Ces tuyaux sont enveloppés de coffrages en tôles organisés comme on l'a vu au n° 251 (*fig.* 215).

Chaque tuyau a son coffrage distinct. Celui du bas est séparé de la pièce elle-même par une tôle perforée à travers laquelle se fait la circulation. C'est l'air de la salle qui, refroidi, entre dans l'enveloppe, se réchauffe au contact des tuyaux de vapeur et rentre dans la pièce. Le coffrage supérieur, contenant aussi un tuyau, communique à l'extérieur par de larges grilles, et à l'intérieur par des bouches munies de valves.

L'air appelé du dehors passe facilement, s'échauffe et entre dans la salle en produisant une ventilation énergique, tout en sortant avec une vitesse insensible, en raison des sections employées.

On peut régler l'admission de vapeur suivant la température et sans entrer dans le local : en A, près du couloir de service, se trouve une baie à vitrage fixe qui permet de

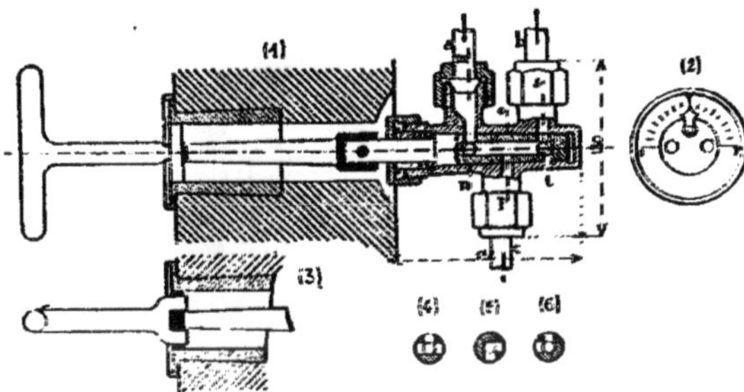

Fig. 329.

voir un thermomètre donnant la température de la salle. Au dessous est un double robinet, représenté par la figure 329 et qui permet d'admettre plus ou moins de vapeur. Un cadran et une aiguille indiquent à quel point le robinet est ouvert ou fermé.

317. Ventilation de la salle des séances du Sénat à Paris. — Le programme à remplir consistait à donner dans toutes les parties de la salle une température de 18° centigrades en hiver, et à fournir par heure 6.000 mètres cubes d'air convenablement réparti en toute saison. Le travail a été confié à M. Chibout, et voici la disposition que ce constructeur a employée.

Un large conduit venant du dehors et parcourant de longues galeries souterraines amène l'air pur sous le calorifère, en *a* (*fig.* 330). Ce cheminement dans le sol, dont la température est constante, a l'avantage de modérer les excès de la température extérieure. Ainsi que le montre la coupe *xy*, l'arrivée du conduit est disposée de telle sorte que l'air extérieur puisse à volonté : 1° passer dans le calorifère pour se rendre dans la salle ; 2° se rendre directement dans la salle sans passer par le calorifère ; 3° enfin, se rendre dans la salle partie par le calorifère et partie directement, en se mélangeant en propor-

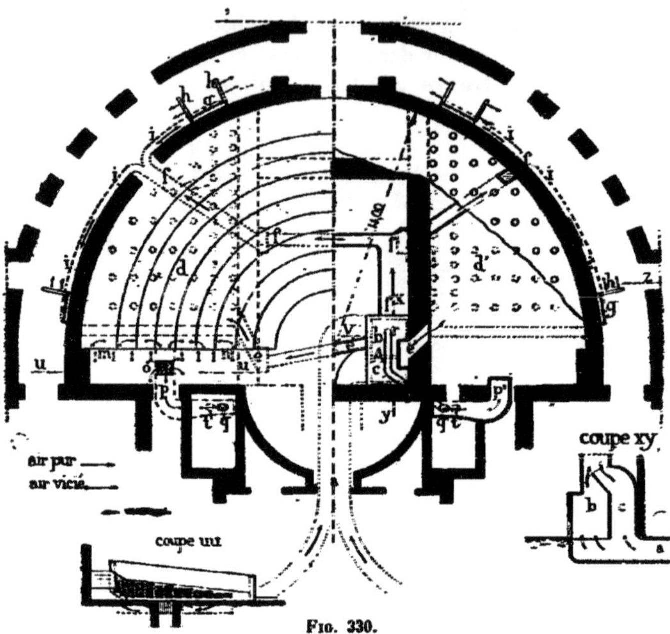

Fig. 330.

tions convenables pour produire la température moyenne désirée. Ce règlement s'opère par le moyen d'une seule vanne.

Sur le passage de l'air, au-dessous du foyer, sont placés deux bassins de 1 mètre carré de surface chaque, remplis d'eau à niveau constant, et à température relativement basse, destinés à céder à l'air rasant leur surface la quantité de vapeur d'eau nécessaire pour obtenir un degré hygrométrique ne dépassant pas le degré de l'air extérieur maximum, c'est-à-dire que, si l'air arrivant de l'extérieur est saturé d'humidité, ce qui a lieu en temps de brouillard, ou de pluie, cet air, passant *avant son échauffement* au-dessus de ces surfaces, n'absorbe pas de vapeur d'eau. Le contraire a lieu dans le cas où l'air est trop sec.

Le chauffage de la salle est obtenu partie par les couloirs et les dégagements, dont la temperature est maintenue constante à 18° au moyen d'un calorifère à eau chaude, de manière à éviter les entrées d'air froid dans la salle, et partie par le dessous de la salle.

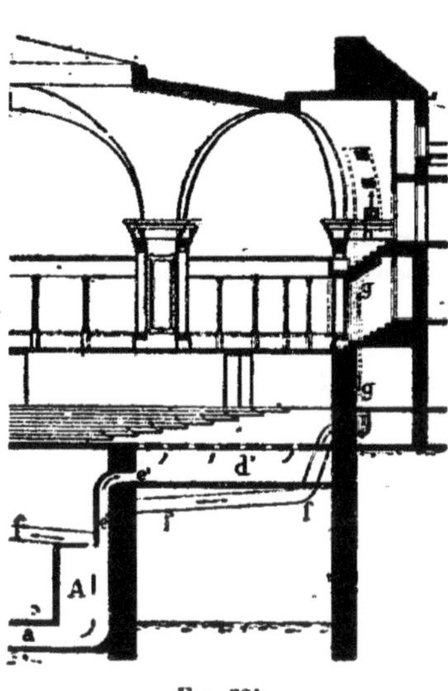

FIG. 331.

Le foyer du calorifère est en tôle garnie de blocs réfractaires; au dessus sont des surfaces auxiliaires largement développées, à dilatation libre, avec joints hermétiques boulonnés.

L'air chauffé se rend dans deux grandes pièces *d* et *d'* placées au-dessous de la salle, dont elles occupent toute la surface. Il se répartit dans le dessous des gradins par cent trente ouvertures convenablement réparties, et pénètre ensuite dans la salle par les contremarches garnies à cet effet de tôle perforée. Ces tôles, qui doivent laisser passer la moitié de l'air de renouvellement, ont une surface de 25 mètres carrés, ce qui réduit la vitesse à $0^m,04$.

La seconde moitié de la distribution d'air s'opère par le plafond des tribunes, aussi loin que possible des auditeurs, avec une vitesse d'arrivée de $0^m,25$.

L'évacuation de l'air se fait par deux grandes cheminées à section rectangulaire, de $0^{m^2},80$ de surface chacune, dans lesquelles un fort tuyau de fumée serpente à grands angles pour éviter les mouvements de retour d'air.

L'été, ces tuyaux de fumée sont chauffés par deux foyers auxiliaires placés à leur base.

On doit tenir compte, dans la marche des appareils, de la température extérieure et du nombre de personnes réunies dans la salle. Aussi le système adopté laisse-t-il une grande latitude dans la production de chaleur et dans la ventilation. Lorsque la salle est vide, on augmente la chaleur et on supprime la ventilation ; pendant les séances ordinaires, on ventile en diminuant la chaleur; dans les séances très nombreuses, on arrive à ventiler en supprimant le chauffage. Tous les conduits partiels sont munis de valves pour permettre de régulariser la chaleur en chaque point.

Cette installation, qui rentre dans ce que nous avons appelé la ventilation rationnelle, a donné un fonctionnement très satisfaisant.

318. Ventilation par pulsion. — Le second moyen que l'on emploie pour alimenter d'air un local quelconque, consiste à l'y faire entrer sous une pression plus forte que celle de la pièce; c'est ce que l'on nomme ventilation *par pulsion*.

Dans quelques cas restreints, la pulsion peut être obtenue naturellement; c'est lorsque le calorifère chauffant l'air peut être établi en sous-sol, très en contre-bas des locaux à desservir. Il se produit alors, dans la colonne d'air chaud intermédiaire, un tirage qui détermine la pulsion.

Mais, presque toujours, c'est aux moyens mécaniques que l'on demande cette pulsion. On actionne des ventilateurs qui aspirent de l'air extérieur, l'envoient dans le calorifère et de là dans les locaux à ventiler.

Le grand avantage de la ventilation par pulsion, que l'on nomme fréquemment alors *par insufflation* consiste à permettre de faire varier la quantité d'air à insuffler, et à la répartir comme l'on veut.

Au point de vue du fonctionnement, elle supprime les lames d'air, le passage des gaz par les fissures ayant lieu plutôt de l'intérieur vers l'extérieur.

Mais elle exige l'établissement d'une force motrice, qu'on

ne peut avoir facilement que dans les édifices importants.

319. Des moyens mécaniques de produire le mouvement de l'air. — On produit mécaniquement le mouvement de l'air au moyen d'appareils appelés ventilateurs, auxquels on donne un mouvement de rotation au moyen d'un moteur.

Les plus usités sont ceux dits à force centrifuge. Ce sont des roues à palettes, admettant l'air par deux ouïes opposées, près de l'axe, et le rejetant vivement au dehors par la circonférence, en raison de leur grande vitesse. On recueille cet air dans un coffre excentré aboutissant à un conduit de dégagement. Suivant leur disposition, on leur donne les noms d'*aspirants* ou de *soufflants*. Le ventilateur sera dit *aspirant* lorsque ses ouïes seront mises en communication par un tuyau convenablement disposé pour extraire l'air d'une pièce que l'on veut ventiler.

Il sera, au contraire, appelé ventilateur *soufflant*, lorsque l'air qu'il aspirera, venant du dehors, sera poussé par lui au moyen du coffre qui enveloppe sa circonférence dans les pièces à desservir.

Le cadre de cet ouvrage ne nous permet pas de passer en revue toutes les dispositions des ventilateurs, qui ont été imaginées en vue soit de supprimer ou d'atténuer le bruit de ronflement qu'ils donnent d'ordinaire, soit de donner une *pression de vent* plus considérable, soit de produire la ventilation avec le meilleur effet utile.

Nous représentons seulement comme spécimen, dans les quatre croquis de la figure 332, la disposition que M. Ser a été amené à adopter, d'après une étude théorique complète. Le ventilateur Ser est, à ce jour, l'appareil le plus convenable de ce genre pour produire la ventilation dans les édifices.

Ainsi qu'on le voit, un axe porté par des piliers écartés tourne avec vitesse; il entraîne une roue à palettes courbes ayant une forme spéciale, étudiée de telle sorte que tous les remous soient évités au passage de l'air. Le tout est enveloppé d'une tôle excentrée se terminant par un conduit menant à destination l'air légèrement comprimé.

Un autre genre d'appareils, donnant un plus faible rendement, mais qui peut être utile dans bien des circonstances, comprend les ventilateurs à hélices.

Ils sont formés d'hélices plus ou moins étendues, enroulées autour d'un axe renfermé dans un tube cylindrique. Par

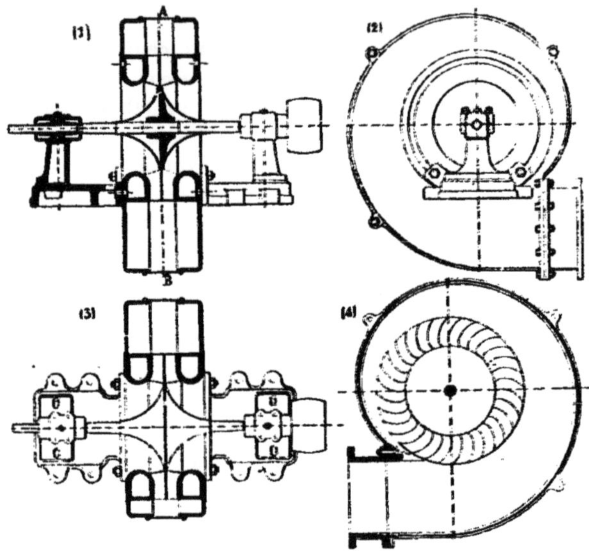

Fig. 332.

un mouvement de rotation, les hélices *vissent* l'air et lui communiquent un mouvement longitudinal parallèle à l'axe.

Un troisième moyen de donner de la vitesse à l'air consiste à l'entraîner au moyen d'un jet d'air préalablement comprimé et que l'on peut conduire n'importe où par le moyen d'une canalisation réduite. L'air comprimé peut s'obtenir par un jeu de pompes portant le nom de machine soufflante. On peut même le produire avec un ventilateur. On a proposé également de déterminer l'entraînement de l'air au moyen d'un jet d'eau partiellement pulvérisée par son passage à travers un ajutage convenable.

Si on compare l'effet utile d'un ventilateur à celui d'une cheminée, on trouve qu'il est excessivement avantageux, au point de vue de la dépense de chaleur.

Pour produire une ventilation de 10 mètres cubes par seconde, avec une vitesse de 10 mètres, M. Ser a calculé qu'il fallait dépenser, dans une cheminée d'appel, 200 kilogrammes de houille par heure, tandis qu'au moyen d'un ventilateur on n'a besoin que d'un moteur de 8 à 10 chevaux, dépensant 20 kilogrammes de charbon par heure, soit *dix fois moins*.

Par contre, un moteur ne peut s'employer partout : il exige des installations spéciales et un personnel technique à demeure, tandis qu'une cheminée peut s'installer facilement partout et fonctionne d'elle-même, sans surveillance. Cette dernière utilise souvent des chaleurs qui autrement seraient perdues et, en augmentant les sections et en réduisant la vitesse, elle peut encore, dans des conditions pratiques économiques, produire l'écoulement de grands volumes d'air.

320. Combinaison d'une ventilation insufflée et d'un chauffage à air chaud. — Dès l'origine des applications de la ventilation par moyen mécanique produisant la pulsion, on a eu l'idée de la combiner avec les calorifères à air chaud. On y trouve le grand avantage d'assurer le passage de la quantité d'air indiquée par le programme, de le chauffer économiquement et de le répartir au loin, par le moyen de conduits longs, mais à petite section et pouvant perdre peu de calorique s'ils sont suffisamment enveloppés. C'est un moyen excellent d'étendre le champ d'action d'un calorifère à air chaud, toutes les fois qu'on dispose facilement d'une force motrice, ou que l'importance de l'établissement permet de créer un service spécial dans ce but.

La figure 333 représente l'application qui a été faite de la ventilation mécanique et du chauffage à l'air chaud, à l'hôpital de Châteaudun, par la maison d'Hamelincourt.

L'hôpital se compose d'un bâtiment milieu flanqué de deux

ailes, et symétrique par rapport à un axe. Au milieu sont

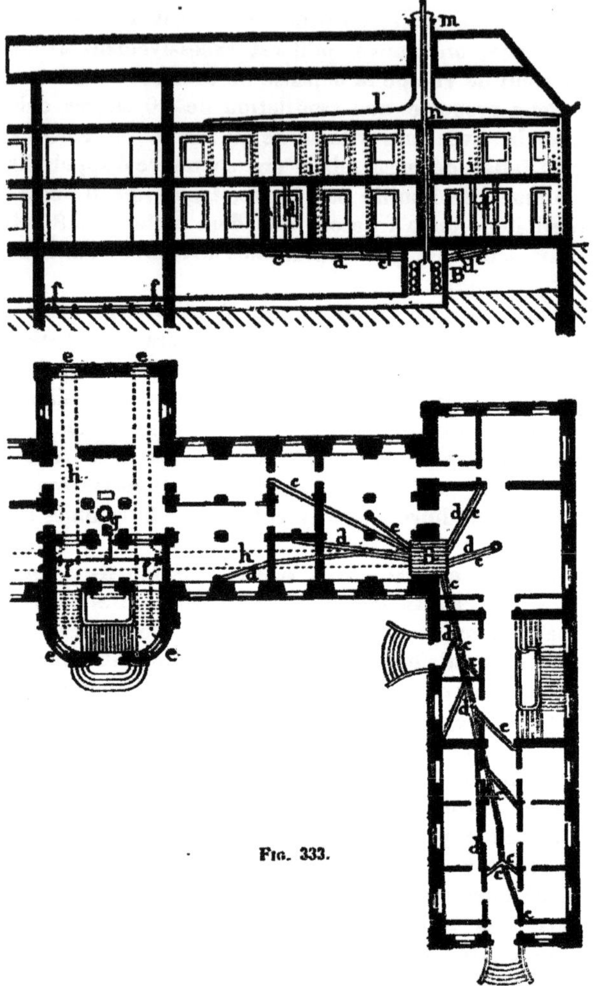

Fig. 333.

les services généraux; aux bouts et dans les ailes, les salles d'administrés.

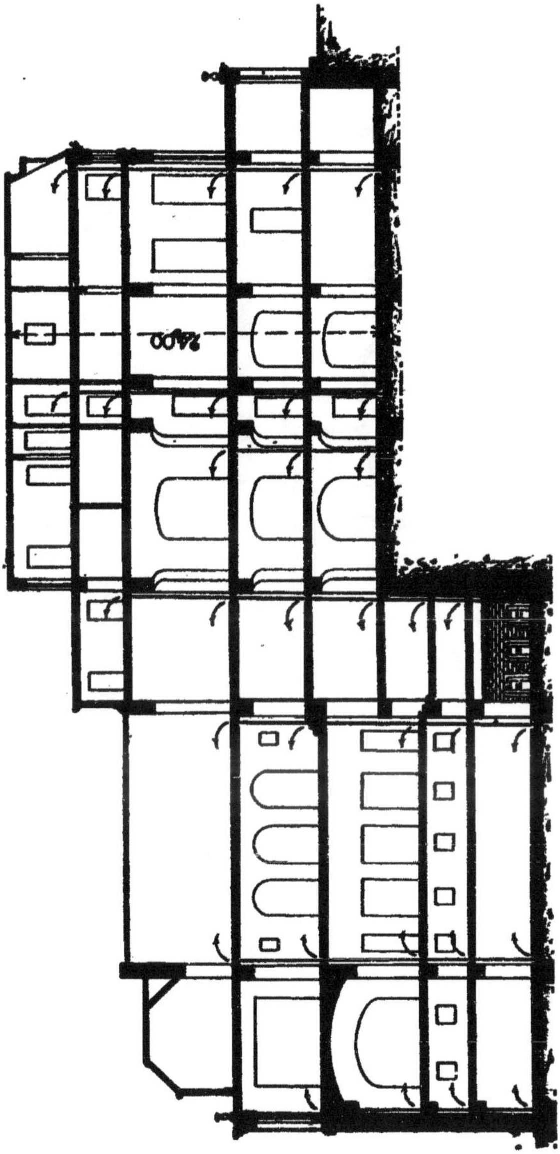

Fig. 394.

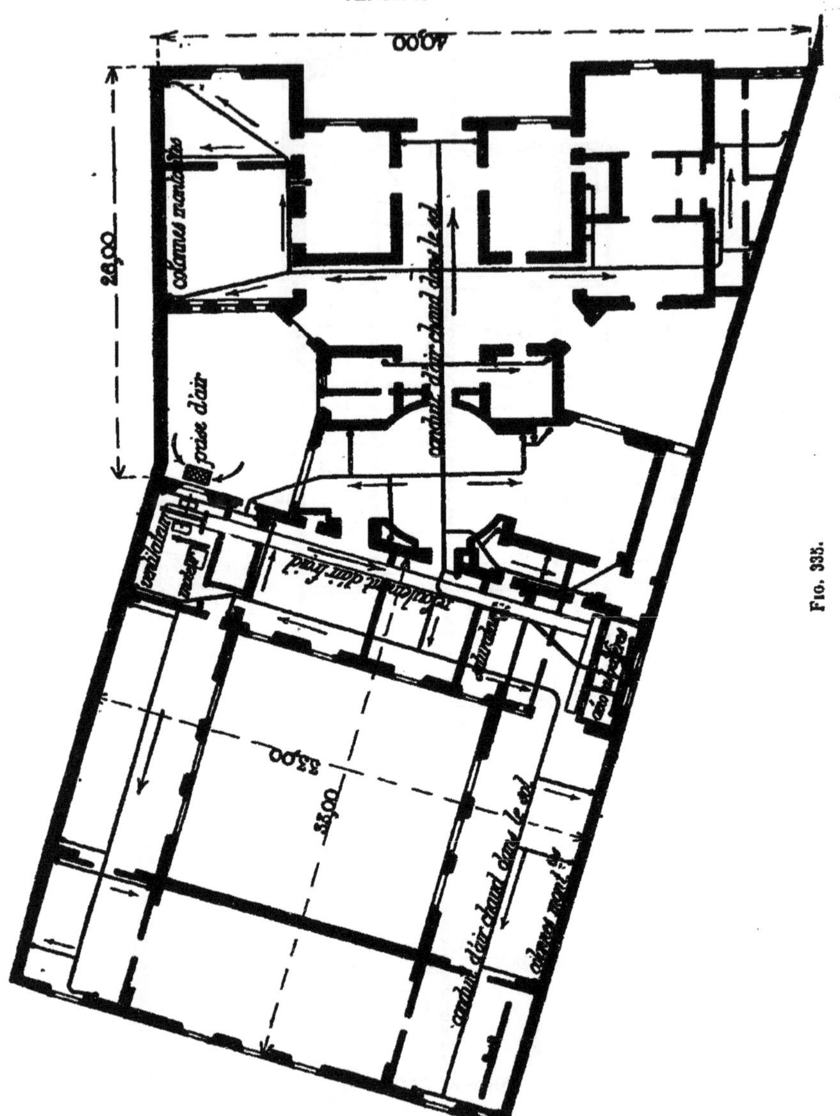

Fig. 335.

La ventilation mécanique est installée au centre. Un moteur *g* fait mouvoir, au moyen d'un arbre de couche, deux ventilateurs héliçoïdaux *ff* qui aspirent l'air par les quatre prises extérieures *ee*. Cet air se rend par les conduits *h* vers les calorifères B, placés vers les ailes. Le plan indique les divers conduits qui, partant du calorifère, vont mener l'air chaud au pied des gaines montantes, et de là dans les divers locaux de l'établissement.

Cette installation ne demande qu'une précaution, celle d'avoir un calorifère à air chaud parfaitement installé avec joints très hermétiques, de telle sorte que l'air insufflé ne puisse passer dans le conduit de fumée en perdant inutilement la chaleur qu'on lui a donnée.

La coupe verticale montre le reste de l'installation. Les conduits C alimentent le rez-de-chaussée ; les conduits D, l'étage. L'air arrive par des bouches ou des repos de chaleur; il monte au plafond et redescend. Il sert de véhicule de chaleur et doit donc entrer à température élevée. Quant à l'air vicié, il est pris dans le bas des pièces, monte dans les gaines verticales *i* et se groupe dans le comble, où les conduits *l* le mènent à une cheminée d'appel chauffée par le tuyau de fumée du calorifère.

On est donc loin, dans cette application, de la ventilation rationnelle dont il a été parlé.

La combinaison d'un ventilateur soufflant et d'un calorifère à air chaud a été reprise par M. d'Anthonay, et appliquée à un certain nombre d'établissements sous le nom d'*aéro-calorifère*. L'économie de premier établissement qui en résulte est un avantage sur l'emploi plus sûr et plus commode de la vapeur. Dans bien des cas, on y trouve une simplification de l'installation de l'air chaud, puisque cela permet de rayonner cet air chaud à de grandes distances tout autour d'un calorifère, et, par suite, de chauffer, question de ventilation à part, des cubes considérables avec un seul appareil.

Nous donnons, dans les figures 334 et 335, l'application qui a été faite de cette disposition au chauffage de l'hôtel du prince R. Bonaparte, avenue d'Iéna, à Paris. L'hôtel couvre un terrain irrégulier, d'environ 65 mètres de long sur

35 mètres de large, avec des différences de niveau et des hauteurs considérables.

Grâce à des ventilateurs actionnés par des machines motrices, M. d'Anthonay a pu faire le chauffage de tous les bâtiments qui composent l'hôtel avec un seul et même groupe de calorifères.

Ainsi qu'on le voit dans le plan, les ventilateurs prennent l'air dans une cour intérieure de service, le refoulent dans

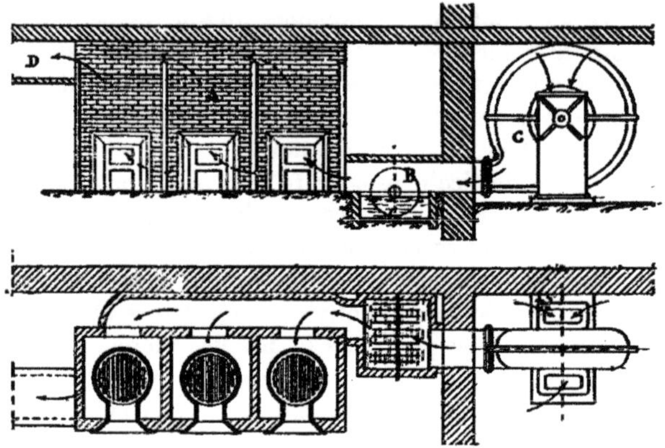

Fig. 336.

des calorifères après l'avoir fait passer dans un saturateur, où il rencontre des surfaces maintenues mouillées qui l'humidifient. Du calorifère, l'air, poussé par la pression, parcourt une canalisation générale établie sous le sol des caves, et qui l'amène au pied des gaines montantes de distribution. La section de tous ces conduits est réduite, puisqu'on peut très facilement imprimer à l'air une vitesse de 2 à 3 mètres.

Ici, la ventilation ne sert qu'à faciliter le transport des calories; dans d'autres cas, elle peut avoir une application plus directe et plus utile au point de vue du renouvellement de l'air.

La figure 336 représente l'installation générale adoptée par M. d'Anthonay, et maintenant par son successeur, M. Leroy.

Le ventilateur C aspire l'air pris convenablement au dehors, et le pousse dans un compartiment B où il rencontre un appareil dit *saturateur*. Ce dernier consiste en un certain nombre de disques, calés sur un même arbre et séparés par quelques centimètres d'intervalle ; les disques tournent lentement, et la partie supérieure émerge d'un réservoir maintenu plein d'eau. Les deux faces de chaque disque sont donc toujours mouillées, et l'air, à leur contact, dissout de la vapeur d'eau, et son degré hygrométrique augmente. C'est ainsi, chargé de vapeur d'eau, que l'air passe dans les chambres de calorifères A. Là sont groupés plusieurs appareils que l'on allume en partie ou en totalité et qui viennent ajouter leurs effets pendant les grands froids. Enfin, en D est le départ de l'air chaud, qui va, par une canalisation ramifiée, se distribuer dans les locaux à chauffer.

321. Ventilation de l'hôpital Lariboisière.— L'une des premières applications de la ventilation par insufflation a été faite à l'hôpital Lariboisière, par MM. Thomas et Laurens. Elle y est combinée avec un chauffage à eau chaude. Cet établissement est composé, de chaque côté, d'un long bâtiment bas contenant des services généraux, sur lequel sont greffés des bâtiments transversaux affectés aux salles des malades. L'un des côtés, avec ses trois bâtiments de malades et ses annexes d'administration et de services, est affecté aux hommes. C'est celui qui a été ventilé par insufflation. Un ventilateur centrifuge, mû par un petit moteur à vapeur, lance dans une canalisation en tôle, de 1 mètre de section au départ, de l'air pris au sommet du clocher de la chapelle. La vitesse au départ est de 10 mètres par seconde. Le conduit général suit les caves du bâtiment longitudinal et est représenté par la lettre *a* dans le plan partiel de la figure 337. En face de chaque bâtiment transversal se détache un branchement *b*, qui doit alimenter le rez-de-chaussée et les deux étages de salles superposées.

Chaque salle est desservie par un caniveau longitudinal ménagé sous le plancher et dans lequel arrive l'air ; ce dernier entre dans la salle en traversant des poêles tubulaires

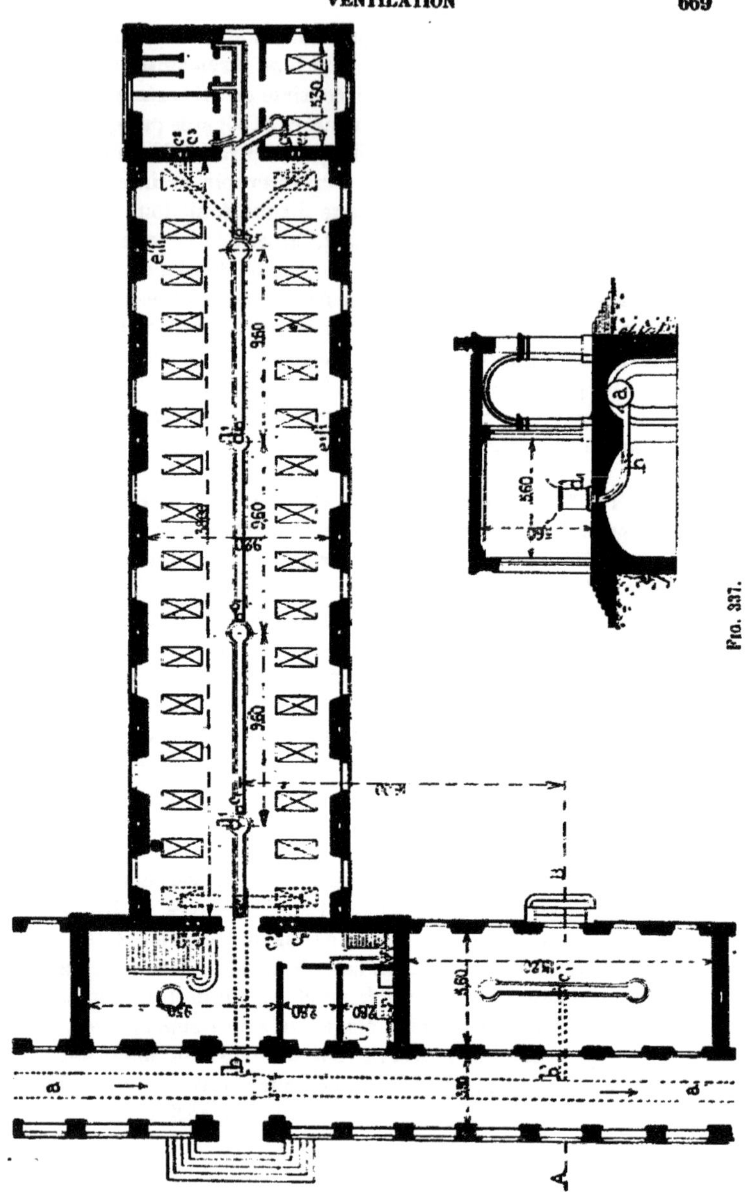

FIG. 337.

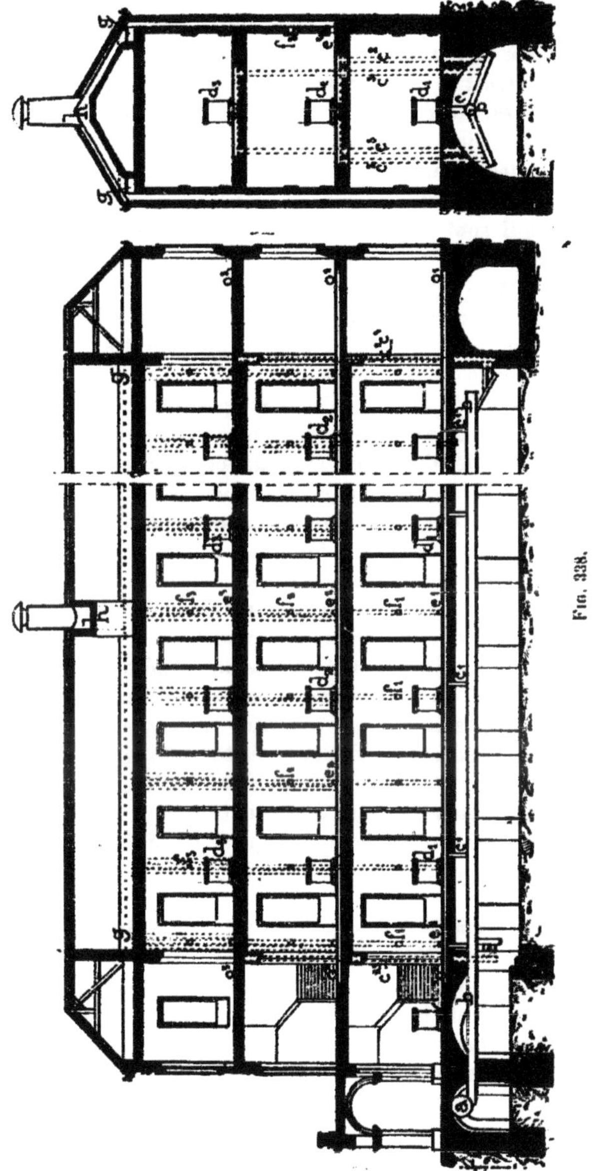

Fig. 338.

à eau chaude chauffée par la vapeur, établis par M. Grouvelle. Les tuyaux de vapeur et de retour circulent dans le caniveau et concourent au chauffage par leur surface extérieure. C'est le rez-de-chaussée, plus difficile à chauffer, qui est représenté dans le plan de la figure 337. On y voit les arrivées d'air en *c*, et les poêles en *d*.

Les étages ont leur caniveau desservi aux deux bouts par des gaines montantes placées dans les refends d'extrémité ; ceux qui sont dénommés c^2 desservent le premier étage, tandis que ceux qui mènent l'air au second sont indiqués en c^3.

Le croquis annexe de la figure 337 indique le branchement qui dessert le poêle d'un chauffoir placé au rez-de-chaussée.

Chaque salle est ainsi ventilée à raison de 100 mètres cubes par individu et par heure.

Quant à l'air vicié, il s'échappe par des gaines logées dans les murs de face et débouchant dans les salles par les bouches *e* et *f*, munies de valves. On a adopté dans cet établissement la ventilation dont il a été question au n° 307, et qui est représentée dans le croquis schématique de la figure 338. On a admis que, l'été, il fallait évacuer l'air vicié à une certaine hauteur au-dessus du sol, et c'est par les orifices *f* que l'on fait sortir cet air. L'hiver, au contraire, l'air s'échappe par les orifices *e* placés près du plancher.

La figure 338 donne la coupe longitudinale et la coupe transversale d'un bâtiment d'administrés, avec l'indication de la canalisation d'arrivée d'air. On y a représenté les orifices d'évacuation et, en ponctué, les gaines verticales placées dans les murs. Ces gaines vont dans le comble. Là l'air est ramassé par des conduits traînants horizontaux qui le mènent à une cheminée d'appel *h*. Celle-ci a son tirage facilité par un poêle à eau chaude placé à sa base.

322. Ventilation de l'Hôtel-Dieu de Paris. — La ventilation de l'Hôtel-Dieu de Paris se fait de la même façon, en principe, que celle de l'hôpital Lariboisière. Des ventilateurs soufflants installés dans la machinerie du sous-sol, près des chaudières à vapeur, lancent l'air dans une canalisation générale maçonnée sous le dallage du sous-sol.

Cette canalisation est indiquée en grisé dans le plan général

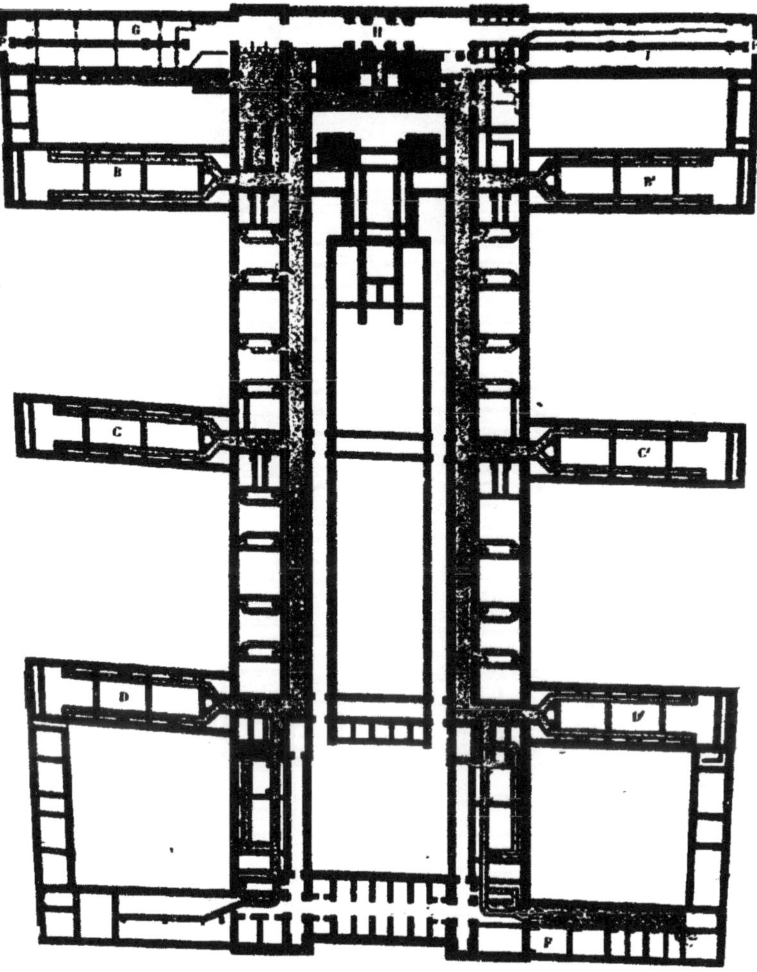

Fig. 339.

de la figure 339. Près de l'origine, elle se bifurque en deux

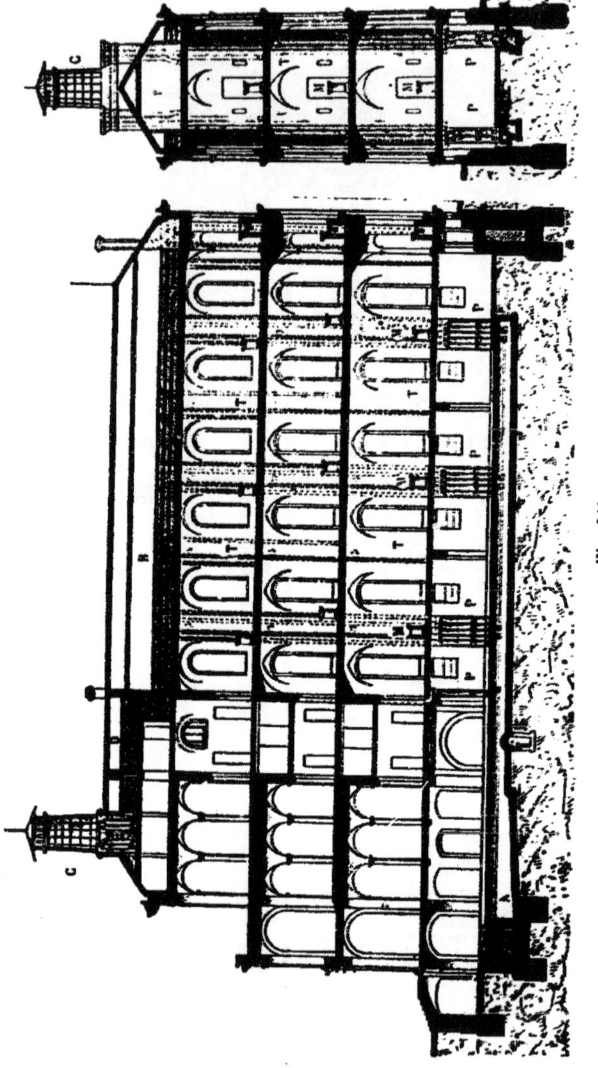

Fig. 340.

conduits suivant les bâtiments longitudinaux, et dans son parcours elle envoie des branchements dans tous les locaux à ventiler. Les principaux de ces branchements sont ceux qui desservent les pavillons de malades. A peine entré dans le bas des pavillons, le conduit se bifurque pour longer les façades et desservir les poêles à eau chaude qui y sont placés et qui ont été décrits au n° 291.

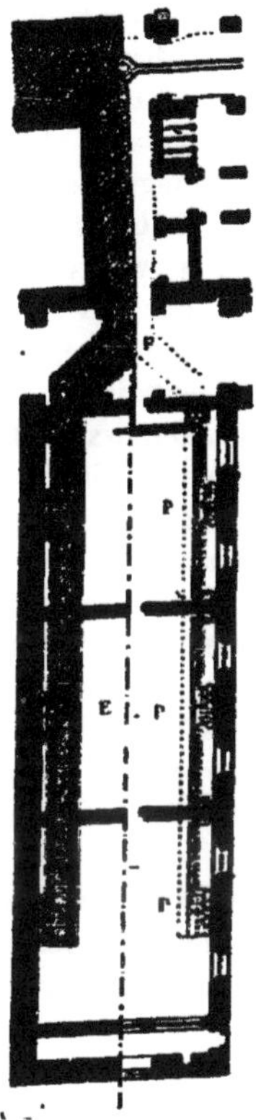

Fig. 341.

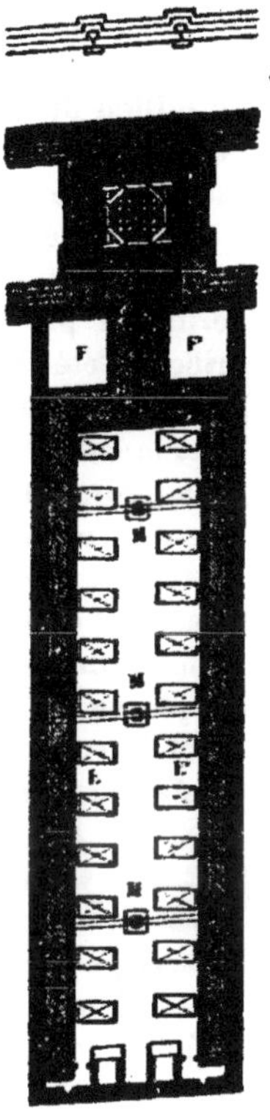

Fig. 342.

On se rendra compte de la disposition de ces conduits en examinant la coupe longitudinale et la coupe transversale de la figure 340. Dans le premier de ces croquis on voit la section du conduit principal d'arrivée d'air et la section longitudinale d'un branchement, avant et après la bifurcation. Dans la coupe transversale se montrent les sections des branchements bifurqués et la manière dont ils alimentent les poêles. Les indications se trouvent complétées dans le plan de la figure 341.

[1] Les figures 339 à 342 sont extraites de *la Semaine des Constructeurs.*

L'air chauffé sortant des poêles monte par des gaines ménagées dans les murs de face, pour se rendre, soit au rez-de-chaussée, soit aux étages. M. l'ingénieur Ser à qui l'on doit ce chauffage, a évité ainsi les tuyaux concentriques en métal employés dans un grand nombre d'établissements similaires, mais au prix d'un refroidissement notable par les parois extérieures des murs de face. Arrivé au plancher de chaque salle, l'air revient au milieu du bâtiment par des gaines transversales et sort par les grilles des repos de chaleur M. Le chauffage des salles est complété par une grande cheminée à feu visible installée à l'extrémité de chaque pièce, ainsi qu'on le voit dans la coupe longitudinale. L'air vicié est évacué par des gaines verticales placées également dans les murs de face, avec orifices d'été et d'hiver, comme on l'a vu à Lariboisière. Ces gaines se réunissent dans des conduits horizontaux établis dans le comble et indiqués, tant dans la coupe longitudinale de la figure 340 que dans le plan du croquis 342. Ces conduits mènent l'air à une grande cheminée d'évacuation *c* sortant du comble avec un fort surhaussement. Le pied de cette cheminée est occupé par un calorifère à eau chaude élevant la température des gaz et produisant le tirage. Cette cheminée est placée à l'un des bouts du pavillon, du côté de l'axe de l'établissement. A l'autre bout, on voit la souche de tuyaux qui évacuent au dehors les fumées des cheminées à feu nu.

323. Ventilation par appel et ventilation par pulsion combinées. — Dans le cas où l'on veut assurer le passage dans un local d'un nombre déterminé de mètres cubes d'air par heure, et surtout lorsque les passages sont difficiles, on a avantage à combiner les deux systèmes de l'appel et de la pulsion. On force un volume donné d'air à passer dans la pièce au moyen d'un ventilateur actionné par une force motrice, et on facilite le départ de l'air vicié, par le chemin le plus court, en aspirant sur les bouches d'évacuation au moyen d'un ventilateur aspirant placé sur le parcours des gaines qui mènent à la cheminée extérieure.

324. Ventilation d'un amphithéâtre de l'École centrale des Arts et Manufactures. — L'École cen-

Fig. 343.

trale des Arts et Manufactures est chauffée par la vapeur, et un certain nombre de ses locaux sont ventilés par moyens mécaniques, pulsion et appel combinés. Les amphithéâtres sont dans ce cas.

L'installation a été faite sous notre direction par MM. Geneste et Herscher. La figure 343 représente la disposition prise.

La partie dessinée montre la coupe d'un pavillon d'angle contenant un de ces amphithéâtres.

L'air est pris en A, dans la partie haute du cloître qui entoure la grande cour ; il descend en B par une gaine, passe en C à travers un filtre fait de molleton tendu sur des châssis développés, et arrive à un ventilateur D. Ce ventilateur le refoule dans un calorifère à vapeur H ou dans une chambre latérale J ou dans les deux à la fois. On forme ainsi une chambre de mélange qui permet, au moyen de la manœuvre des deux registres combinés, d'obtenir la température voulue.

L'air, poussé par l'action du ventilateur, monte à travers le rez-de-chaussée en I, et arrive dans l'espace K placé au-dessous des gradins de l'amphithéâtre ; il s'y répand sur une grande étendue, environ 13 mètres, et passe dans la pièce par des grilles placées tout le long des contremarches des gradins.

Il sort avec une vitesse insensible de $0^m,25$ à $0^m,30$, et à une température de 18 à 22°. Comme la température de cet air ne compenserait pas les pertes de calorique des parois de la pièce, on a installé, de chaque côté de l'amphithéâtre, des surfaces annexes chauffées par la vapeur, et, pour éviter les courants descendants produits par les parois refroidissantes des vitres, on a établi en N un cordon de deux tuyaux de vapeur tout autour de la pièce.

L'air vicié est extrait de l'amphithéâtre au moyen de ventilateurs mus mécaniquement. Une première sortie a lieu au plafond, dans une grande gaine O communiquant par le conduit P avec la cheminée de ventilation Q.

On voit donc que l'air, de cette façon, se trouve réparti au mieux entre tous les occupants, tandis que l'air vicié s'élève par un chemin direct vers les orifices d'évacuation. L'air neuf pousse l'air plus ancien, suivant le chemin qu'il tend à prendre de lui-même, et en se mélangeant à lui aussi peu que possible. Il y a également des arrivées d'air neuf le long de la table du professeur. On réalise ainsi la ventilation rationnelle dont il a été parlé comme de la plus efficace.

Pour les expériences de chimie qui produisent des gaz infects ou délétères, il était indispensable de les enlever sans qu'ils puissent se répandre dans la pièce. Ces expériences se font, soit sur la table même du professeur, soit sur une paillasse T, en arrière, sous une hotte de dégagement. On a ménagé un conduit spécial U à la partie supérieure de la hotte, dans lequel aspire un ventilateur X mû par moteur, et l'air est chassé dans une cheminée spéciale V. Une chapelle R, placée sur la table, aspire les gaz qui doivent être éliminés en ce point et les conduit à une cheminée distincte. Une seconde cheminée identique aspire, dans une chapelle placée sous la hotte, lors des expériences dégageant exceptionnellement des masses considérables de gaz. Lorsqu'on doit se servir de ces deux dernières cheminées, on y allume momentanément une rampe de becs de gaz déterminant le tirage.

Avec ces précautions et ces dispositions, on a obtenu un résultat complètement satisfaisant.

325. Appel mécanique dans les combles. — L'appel mécanique dans les combles ne présente pas les difficultés que l'on serait tenté de craindre de prime abord. La figure 344 donne la disposition des gaines d'évacuation aux abords d'une des cheminées de ventilation de l'École centrale. Cette cheminée est figurée en *o*; d'une part, elle doit donner issue à l'air venant du laboratoire par le conduit *b*, et à celui de divers locaux secondaires amené par les conduits *e* et *f*.

D'autre part, elle doit desservir l'amphithéâtre, dont l'air arrive par le conduit *a* et qui doit avoir son écoulement distinct.

Pour obtenir ce résultat complexe, la cheminée a été partagée sur une certaine hauteur par une cloison verticale au-dessus de laquelle arrivent les deux galeries séparées *m* et *n* correspondant aux deux ventilations dont il vient d'être

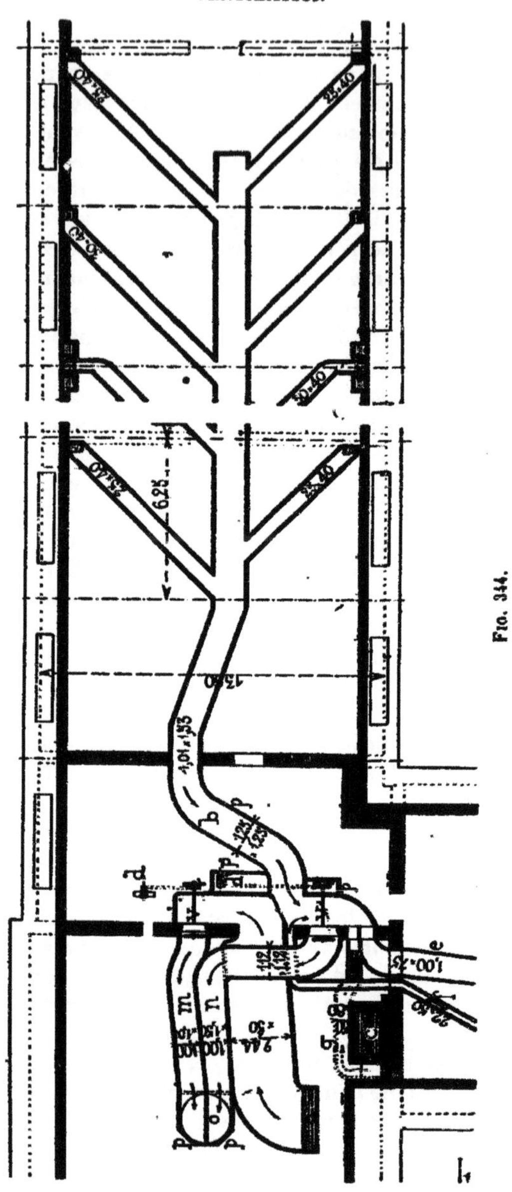

FIG. 344.

question; tout l'air qui doit passer par le conduit *m* et qui vient de l'amphithéâtre est poussé au dehors par un ventilateur héliçoïdal V actionné par une dynamo *d* qui reçoit elle-même le courant de la salle des machines.

Il en est de même de la seconde galerie *n*, qui reçoit l'air des salles par l'effet du ventilateur V′ actionné par la dynamo *d′*.

Ces machines électriques sont particulièrement convenables pour transmettre leur mouvement à un ventilateur. Leur mise en marche a lieu à distance, et elles peuvent fonctionner seules, sans exiger une surveillance incessante. Elles donnent en pratique toute satisfaction.

CHAPITRE XI

FOURNEAUX DE CUISINE

SOMMAIRE :

326. Fourneaux de cuisine au charbon de bois. — 327. Hottes d'évaporation — 328. Fourneaux de cuisine au charbon de terre. — 329. Fourneaux amovibles et fourneaux de construction. — 330. Chauffage de l'eau par les fourneaux de cuisine. — 331. Fourneaux à double service; appareils adossés. — 332. Fourneaux isolés. — 333. Fourneaux d'office. — 334. Disposition de la ventilation avec l'emploi des fourneaux à charbon de terre. — 335. Disposition des cuisines. — 336. Fourneaux culinaires à gaz. — 337. Fourneaux de laboratoires. — 338. Cuisine à vapeur.

CHAPITRE XI

FOURNEAUX DE CUISINE

326. Des fourneaux de cuisine au charbon de bois. — Autrefois, à Paris, ainsi que dans nombre de localités, on faisait la cuisine dans des fourneaux appelés *potagers*, chauffés au charbon de bois. Ces fourneaux se composaient d'un certain nombre de foyers nommés *réchauds*, établis en fonte, les uns carrés, les autres longs, enfin d'autres ronds, tous noyés dans une paillasse en pigeonnages de plâtre recouverts sur leur surface supérieure de carreaux de faïence.

Un fourneau potager d'un usage courant est représenté, en élévation et en plan, dans les deux croquis de la figure 345. Il se compose : d'un fourneau rond, dit *économique* *e*; de deux réchauds carrés *rr*, l'un de $0^m,16$, l'autre de $0^m,18$; enfin, d'une poissonnière *p*, réchaud allongé que l'on peut diviser en deux au moyen d'une cloison verticale mobile, pour le transformer en réchauds carrés au besoin.

Chacun de ces foyers est muni d'un couvercle mobile en tôle ou en fonte ; il comporte une grille pour soutenir le combustible et permettre le passage de l'air de la combustion.

Dans chaque cas particulier, suivant le programme à remplir, on modifie soit le nombre, soit la forme, soit les dimensions des réchauds.

Lorsqu'on fait le tracé du fourneau, on range les réchauds

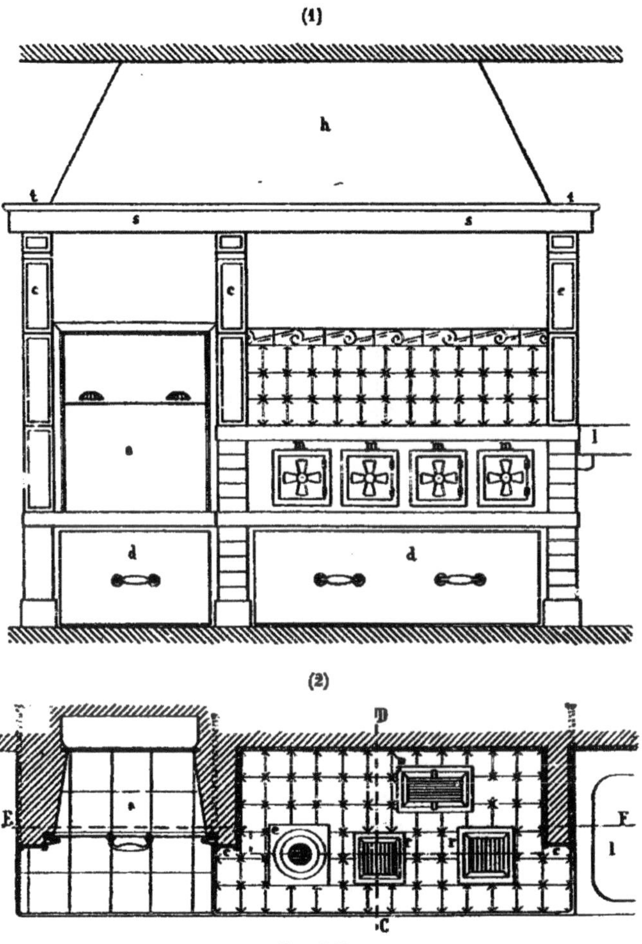

Fig. 345.

de manière à tenir le moins de place possible. Dans l'exécution, on les noie dans une *paillasse* supérieure. Celle-ci, entourée d'une ceinture en fer de 0m,060 × 0m,009, est exécutée en plâtre sur 0m,06 d'épaisseur. Les réchauds arasent la partie supérieure de la paillasse et débordent par dessous. L'intervalle de leurs bords est pavé de carreaux de faïence. La paillasse est soutenue par la ceinture, d'une part, et, de

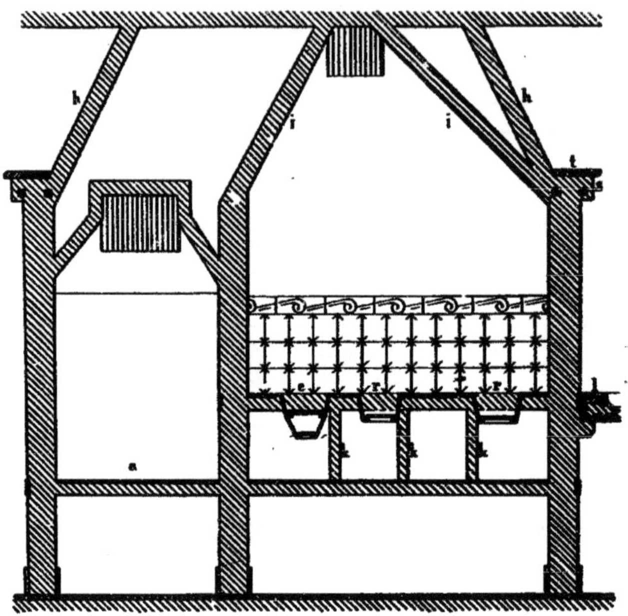

Fig. 346.

l'autre, par des murs latéraux en briques de 0m,11. La surface supérieure d'un tel fourneau est placée à 0m,80 du sol.

En dessous de cette surface, et à 0m,30 environ en contrebas, on construit une seconde paillasse, figurée dans la coupe longitudinale suivant EF (*fig.* 346) et aussi dans les deux coupes transversales (*fig.* 347) (1) et (2). La surface de cette seconde paillasse est carrelée en carreaux de terre cuite de forme carrée, ayant 0m,16 de côté, et que l'on nomme des carreaux d'âtre. L'intervalle des deux paillasses sert de cendrier ; il est divisé, au moyen de pigeonnages en plâtre, en autant de compartiments *k* qu'il y a de foyers. Chaque cendrier partiel ainsi formé est muni en façade d'une devanture en tôle ou en fonte et d'une porte à coulisse ou à papillon, permettant de régler l'intensité du feu suivant les

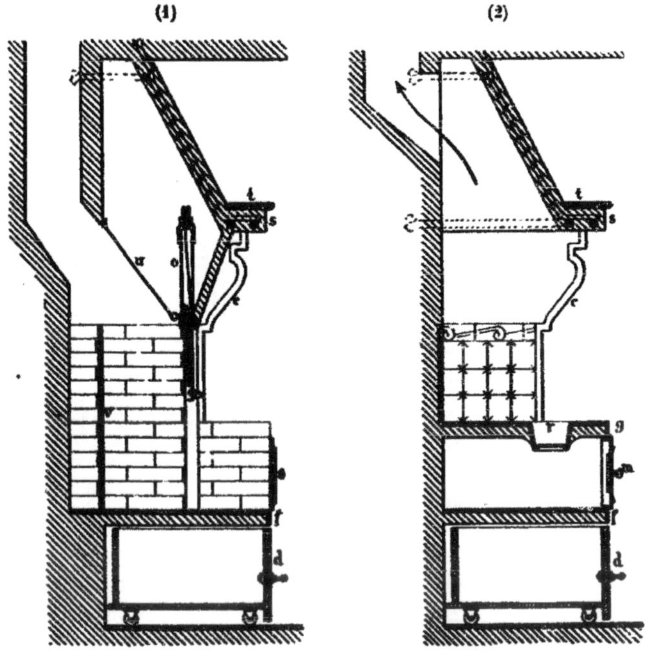

Fig. 347.

besoins. On voit la forme de ces cendriers dans la coupe (2) de la figure 347.

Cette seconde paillasse est soutenue de la même manière que la précédente par les murs en briques et par une ceinture *f*. En dessous, l'intervalle restant jusqu'au sol est divisé, suivant les besoins, en compartiments, dans chacun desquels on met un charbonnier mobile permettant un certain approvisionnement de combustible. C'est généralement une caisse en bois *d*, munie de poignées et montée sur roulettes, afin de pouvoir la tirer en avant.

A côté de ce premier fourneau, on établit d'ordinaire une cheminée à bois *a*, de 0m,50 à 0m,70 de large, dont l'âtre est établi au niveau de la paillasse du bas. Quelquefois on remonte cette cheminée au niveau de la paillasse du haut. Le foyer est compris entre deux *costières* en briques ; en avant, il est limité par un rideau mobile; au fond, on le garnit d'une plaque de fonte *v*. On le raccorde avec le tuyau de fumée par des glacis et une plaque de soubassement *u*, comme pour une cheminée ordinaire.

De l'autre côté du fourneau potager, et à la même hauteur, on place ordinairement la pierre d'évier *l* que l'on soutient sur le jambage au moyen d'une assise de briques laissée en saillie.

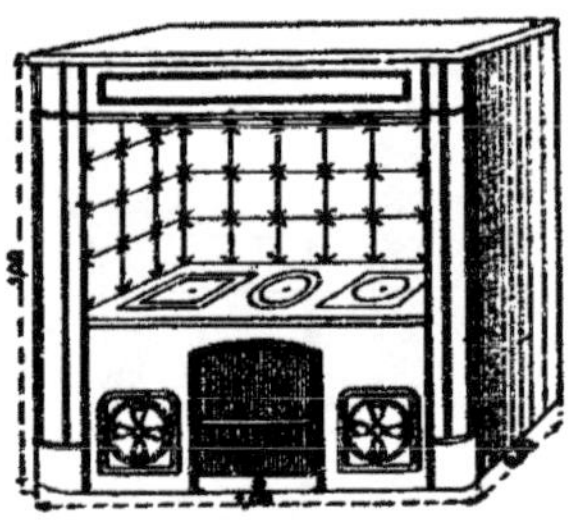

Fig. 348.

Les parois verticales qui entourent le potager aussi bien que l'évier sont garnies de carreaux de faïence scellés au plâtre ; on les remplace souvent par des panneaux de faïence plus grands, maintenus par un encadrement en cuivre ou en fer.

On a quelquefois à faire des installations restreintes, dans lesquelles le chauffage d'une pièce ainsi que la cuisine doivent être organisés dans une même cheminée. Nombre de loges de concierges, à Paris, sont desservies de la sorte. La figure 348 montre la disposition à prendre en pareil cas.

Le chambranle en marbre est choisi de la plus grande dimension que permet l'emplacement, 1 mètre à 1m,20 dans chaque sens. Au dedans, on réserve une grande capacité rectangulaire garnie de faïence en trois sens et fermée en avant par un large rideau mobile.

Dans la moitié inférieure de ce vide on établit le foyer et les réchauds; le foyer occupe le milieu ; c'est une coquille en fonte garnie d'une grille pour brûler du charbon de terre ou du coke. Le tuyau de fumée est au fond et passe derrière la faïence pour regagner le conduit ménagé dans le mur. La chaleur rayonnée au-dessus du foyer chauffe une plaque de fonte, que l'on munit de rondelles mobiles, pour utiliser au besoin cette chaleur à la cuisson des aliments.

La même plaque de fonte couvre toute la section de la cheminée ; à droite et à gauche sont ménagés, pour l'été, des réchauds à charbon de bois, chacun ayant son cendrier spécial. Les gaz et vapeurs dégagées se répandent dans l'espace au-dessus, et on met ce dernier en communication, par une trappe ou une fermeture à coulisse avec le tuyau de fumée. En réglant l'ouverture de cette communication, en même temps que la position du rideau mobile, on arrive à éviter tout dégagement désagréable dans la pièce.

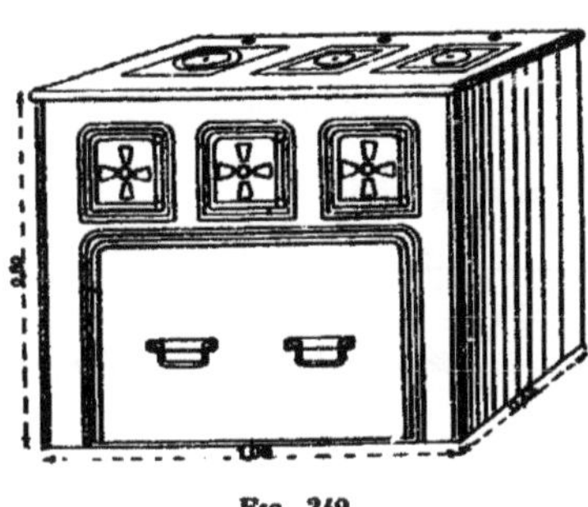

Fig. 349.

On établit également, dans d'autres cas, lorsque les programmes sont restreints et comportent cette solution, des fourneaux potagers portatifs, que l'on trouve tout faits dans le commerce, et qui sont très commodes pour des installations provisoires. Les uns sont montés dans un bâti en bois garni de tôle à l'extérieur. Les autres, comme celui qui est dessiné dans la figure 349, sont établis dans une enveloppe entièrement métallique, fonte et tôle; ils sont plus chers et plus durables. Leur construction se fait identiquement comme celle des fourneaux fixes, dont il a été question plus haut.

327. Des hottes d'évaporation. — Au-dessus des foyers culinaires il se produit, par la cuisson des aliments, de la vapeur d'eau abondante et des odeurs désagréables, et dans les fourneaux potagers, il s'y mêle les produits de la combustion du charbon de bois, avec proportion très notable d'oxyde de carbone. Il faut évacuer tous ces gaz, pour éviter qu'ils ne se répandent dans le reste de l'appartement. Pour obtenir ce résultat, on construit au-dessus du fourneau une hotte d'évaporation. C'est un entonnoir renversé, ayant en plan la forme du fourneau, aboutissant à un tuyau préparé dans le mur et débouchant sur le toit comme une cheminée ordinaire. Ce tuyau a d'ordinaire une section variant de 0m,18 × 0m,22 à 0m,25 × 0m,25, suivant l'importance de la cuisine.

Le bas de l'entonnoir est assez élevé au-dessus du sol pour

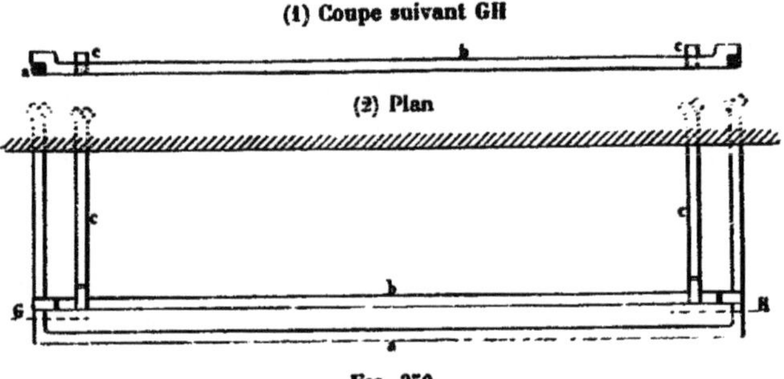

Fig. 350.

ne pas gêner le service ; il ne commence qu'à 1m,60 du carrelage. On voit la forme de ce genre de hotte dans les croquis précédents. Pour l'exécuter, on doit la soutenir en même temps par le mur et par des fers. On prépare un fer carré de 0m,030 deux fois coudé *a* (*fig.* 350), terminé par des scellements entrant de 0m,20 dans le mur du fond. Ce fer, mis horizontalement, forme une ceinture de base. Parallèlement à la branche de face, on pose à même niveau, et à 0m,20 en arrière, un second fer coudé aux extrémités *b*, s'appuyant sur le premier, comme le montre en (1) la coupe suivant GH. De même, on établit les deux fers transversaux *cc*.

Tous ces fers, sauf les portions d'assemblage, sont donc compris dans un même plan horizontal ; ils forment la partie solide de soutien de la hotte. Ils supportent des fers fentons coudés, remontant en pente jusqu'au plafond et y trouvant appui sur une ceinture supérieure. Celle-ci est simple, plus petite en trois sens de 0m,20 à 0m,25 que l'intérieur de la première ; elle est scellée à 0m,20 environ en contre-bas du plafond. Les fentons sont ligaturés sur les fers précédents avec du fil de fer galvanisé assez fort.

Lorsque tous ces fers sont posés, ils forment une paillasse très solide, convenable pour porter la maçonnerie de remplissage. Celle-ci est en plâtre ; elle commence par un bandeau inférieur, fait d'un listel saillant formant tablette, destiné à recevoir divers objets d'usage courant qu'on a besoin d'avoir sous la main. Ensuite, on construit un hourdis empâtant tous les fentons et qui forme le parement incliné. On obtient de la sorte l'extérieur de la hotte. Pour l'intérieur, si l'on se contentait de ces parois, les gaz et vapeurs produits ne seraient pas suffisamment guidés vers le bas du tuyau d'évacuation, dont la position ne peut pas toujours être au milieu de la hotte. Il y aurait des vides inutiles dans lesquels les gaz se refroidiraient, et des contre-courants les ramèneraient en partie dans la cuisine. On évite cet inconvénient en construisant des pigeonnages intérieurs *ii* (*fig.* 346), dirigés vers le bas du tuyau de fumée ; on les nomme souvent *fausses languettes*.

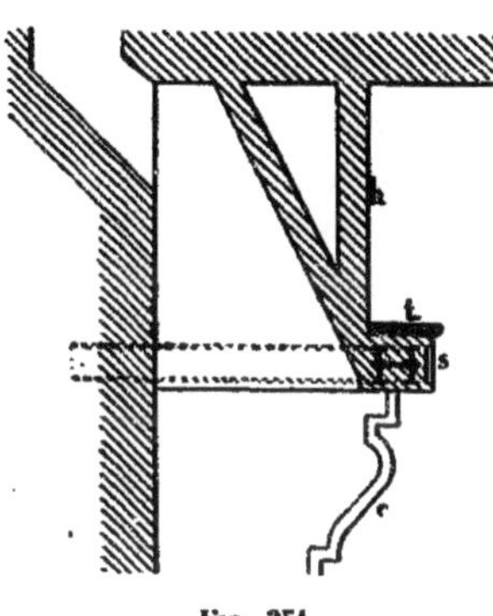

Fig. 351.

La tablette de la hotte est ordinairement garnie d'une planche *t* formant une paroi plus résistante que le plâtre. Les parois inclinées *h*, ainsi que le devant de la tablette *s* sont quelquefois recouvertes de faïence. Les carreaux de la tablette sont retenus dans un cadre fixe en métal, fer ou cuivre.

La figure 351 donne une variante de construction des hottes, adoptée souvent maintenant, et qui, dans bien des cas, est économique. Les ceintures en fer carré y sont remplacées par deux fers à double T, parallèles, jumelés, assemblés aux angles au moyen d'équerres avec d'autres fers de même section scellés dans les murs.

Une autre amélioration consiste à supprimer la paroi extérieure inclinée de la hotte et à la remplacer par une paroi verticale *h* gardant moins la poussière et se maintenant plus propre. Une fausse languette intérieure rétablit la pente.

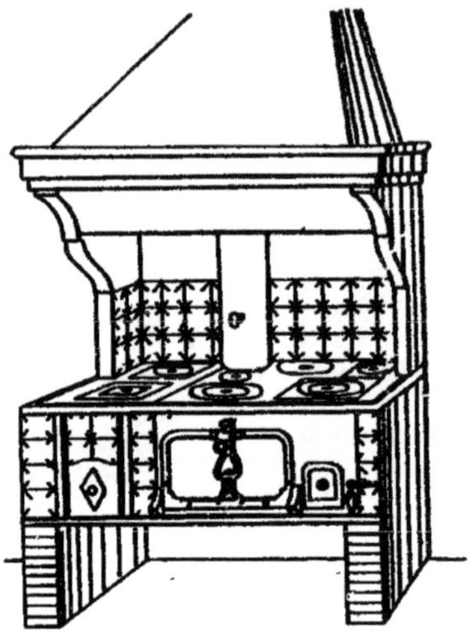

Fig. 352.

Les hottes doivent être fermées latéralement pour donner un meilleur tirage; pour cela on monte des costières en briques de $0^m,11$, diminuées en bas, et formant en haut la saillie nécessaire. On les garantit des chocs par le moyen de consoles en fonte moulurées *c*, que l'on voit représentées dans les figures 345 et 347.

Dans quelques installations luxueuses, on remplace les parois en plâtre par des glaces enchâssées dans des bâtis en fer ou en cuivre.

Lorsqu'on dispose de peu de tirage, on rétrécit encore les hottes en les fermant en avant, et en contre-bas du listel, par un rétrécissement incliné vers l'arrière, de manière à ne pas gêner les manipulations. On réduit également la saillie de la hotte à la plus petite dimension possible.

On voit un exemple de ces hottes dans la figure 352.

On peut avoir avantage, pour répondre à certains programmes, à exécuter des hottes complètement en tôle, pour de petits fourneaux et des installations provisoires par exemple.

D'autres fois, cette solution s'appliquera avantageusement

à de grandes hottes, au-dessus de fourneaux très importants, alors que la construction en maçonnerie arriverait à un poids trop fort et à un prix trop élevé.

328. Des fourneaux de cuisine au charbon de terre. — Dans les pays producteurs de combustibles minéraux, et dans ceux où ces derniers arrivaient à bas prix, on a fait servir la houille au chauffage des poêles, et on a organisé des appareils mixtes servant à la fois au chauffage et à la cuisine. Celle-ci se faisait dans la pièce principale qui, dans certaines localités, porte encore le nom de poêle.

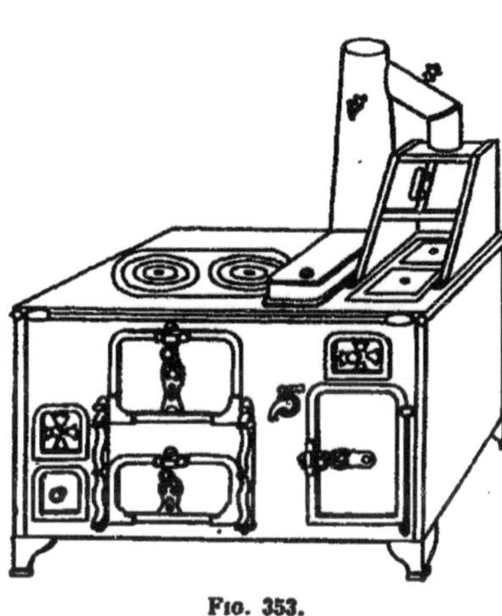

Fig. 353.

Puis, on a séparé les services dans les habitations plus importantes et on a établi des fourneaux de cuisine entièrement à la houille. Ces fourneaux sont construits suivant des modèles bien variés, mais toujours d'après les mêmes principes.

Un fourneau de petite dimension est représenté vu extérieurement par la figure 353. Il se compose d'une caisse rectangulaire, à parois métalliques garnies intérieurement de maçonnerie, dans laquelle on loge :

1° *Un foyer à charbon de terre*, dont les parois sont en fonte. Ce foyer est muni d'une grille qui le sépare d'un cendrier inférieur par lequel passe l'air comburant. Ce foyer est à gauche de la figure, et on voit l'orifice de prise d'air ainsi que le tiroir destiné à accumuler les cendres;

2° *Une plaque de coup de feu*. — C'est la plaque de dessus du fourneau. Elle couvre le foyer, et les gaz qui en sortent la longent sur une surface plus ou moins grande. La portion qui reçoit la chaleur directe est composée de rondelles emboîtées qui parent à la dilatation et permettent de plonger dans la flamme le bas d'appareils de cuisson. Sa surface dépend entièrement des conditions qu'impose le programme.

Suivant l'étendue de cette surface et la destination du fourneau on dispose les rondelles de bien des façons différentes. Les rondelles placées au-dessus du foyer permettent de l'alimenter et de soigner la combustion en évitant une porte spéciale.

Les différents croquis de la figure 354 donnent les divers

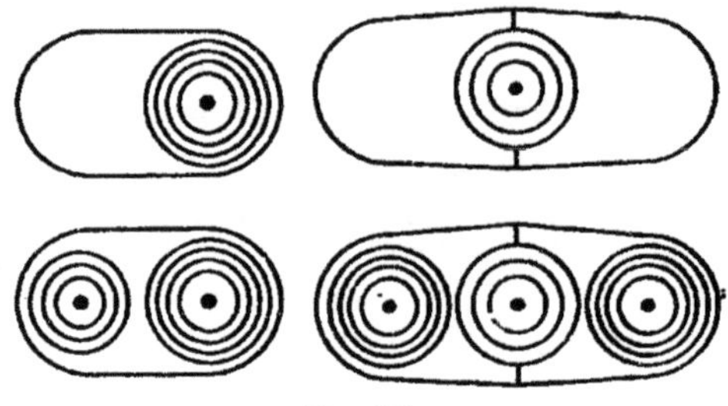

Fig. 354.

arrangements que l'on peut prendre pour ces rondelles du coup de feu. Lorsqu'elles sont détruites, il est facile de les renouveler à peu de frais, sans avoir à remplacer la plaque totale qui forme le dessus du fourneau;

3° *Un four.* — Ce four est une caisse en tôle, munie d'une porte s'ouvrant sur la façade de l'appareil disposée pour pouvoir être portée à une température élevée. Pour cela le four est toujours placé près du foyer, et n'en est séparé que par la paroi en fonte de ce dernier. Cette paroi est constituée par une pièce rectangulaire en fonte épaisse appelée la *parabole*, qui est toujours portée au rouge. Cette pièce est mobile pour pouvoir se remplacer facilement dès qu'elle est hors de service. On la fait unie ou cannelée, et les croquis (1) et (2) de la figure 355 représentent ces deux formes.

Le four est, de plus, entouré par les gaz du foyer, de telle sorte que ses autres parois, quoique moins chaudes, sont encore à température élevée. C'est dans le four que l'on fait les rôtis; pour d'autres cuissons qui demandent moins de hauteur, on le divise par une plaque mobile en tôle.

Les odeurs qui se produisent dans le four, au lieu de s'échapper dans la pièce, s'écoulent dans le tuyau de fumée, au moyen d'une petite porte à coulisse communiquant avec les carneaux, et par laquelle le tirage fait un appel convenable.

La porte a les dimensions mêmes du four; elle est rectangulaire, avec angles supérieurs arrondis, afin de prendre la forme de la caisse en tôle. On l'exécute en tôle noire, avec un encadrement en fer que souvent on blanchit à la lime et que l'on entretient brillant. Cette porte bascule autour de son arête inférieure, et les supports des pivots sont disposés de telle sorte qu'elle ne peut dépasser la position horizontale, et que, tout ouverte, elle forme tablette au ras de la partie inférieure du four. Des crans d'arrêt permettent de la maintenir à divers degrés intermédiaires d'ouverture;

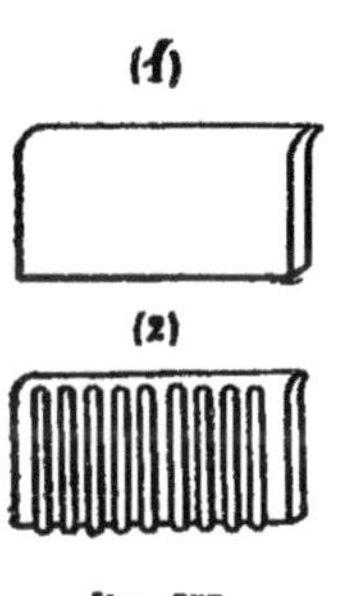

Fig. 355.

4° *Une étuve.* — C'est un four disposé comme le précédent et immédiatement au dessous; mais sans parabole, et hors de la proximité du foyer. Elle est entourée par la circulation de la fumée, qui a déjà chauffé le four; par suite, sa température est bien moins élevée. Elle sert à certaines cuissons modérées ou à maintenir chaudes les préparations achevées;

5° *Un réservoir d'eau.* — La fumée, avant de se rendre à la cheminée, et en quittant l'étuve, contient encore assez de chaleur pour chauffer de l'eau dont on a toujours abondamment besoin dans une cuisine. On la fait circuler à cet effet autour d'un réservoir métallique, presque toujours en cuivre, ouvert par le haut, et nommé *coquemar*. On l'emplit d'eau par sa partie supérieure et on le recouvre d'un couvercle mobile. Un tuyau inférieur, terminé au dehors par un robinet de puisage, sert à prendre l'eau. Il faut avoir bien soin de maintenir le coquemar complètement plein d'eau, pour éviter que le métal soit porté à une température qui pourrait fondre les soudures de jonction de ses faces;

6° *Un chauffe-assiettes.* — Lorsqu'on en a la place dans un fourneau, on y établit avantageusement un chauffe-assiettes. C'est une étuve plus haute que la précédente et munie de tablettes dans toute sa hauteur. Elle est plongée dans la fumée au moment où celle-ci va se rendre à la cheminée et profite des dernières calories utilisables. Sa température peut se maintenir facilement aux environs de 100°;

7° *Une grillade.* — Les viandes grillées en tranches minces

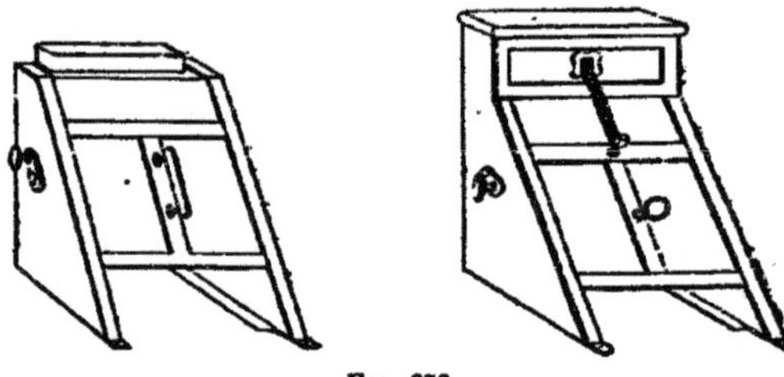

Fig. 356.

peuvent se cuire sur la plaque de coup de feu, mais il se dégage dans cette opération de fortes odeurs de graisse brûlée. On les évite en partie en opérant cette cuisson au-dessus du foyer, dont on a découvert les rondelles. On peut aussi obtenir le même résultat en se servant des *grillades*. Ce sont des sortes de petites chapelles en tôle, formant hottes de petites dimensions, que l'on place sur le fourneau même. La figure 356 représente deux des formes qu'on leur donne d'ordinaire. Elles sont en communication avec le tuyau de fumée du fourneau, et cette communication est commandée par un registre. En avant, un rideau incliné, mobile dans une coulisse, permet d'y accéder. Au dessous, on établit un ou deux réchauds à charbon de bois.

Le fonctionnement en est simple : dans les réchauds, on met du charbon de bois ou de la braise, et, au dessus, le gril mobile qui doit supporter la viande. La graisse qui tombe sur le foyer distille et les gaz sont emportés par le tirage énergique localisé dans ce petit espace;

8° *Un bain-marie.* — Pour certaines cuissons, qui demandent une température maximum de 100°, on installe un réservoir d'eau peu profond, appelé *bain-marie*, dans lequel on plonge, supportés par une grille à jour à quelque distance du fond, les récipients qu'il faut chauffer modérément. Dans chaque cas particulier, on détermine les dimensions d'après les services que réclame le programme;

9° *Une barre de garantie*, sorte de main courante en métal poli, fer ou cuivre, que l'on établit à 0m,06 en avant et en haut des façades, afin de préserver les vêtements de l'opérateur du contact direct de la façade chaude et quelquefois grasse;

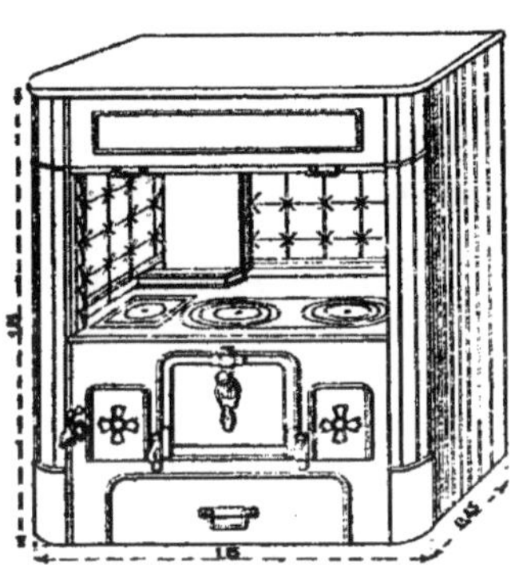

Fig. 357.

10° *Une clef de règlement* du tirage, placée à l'origine du tuyau de fumée, permettant de se rendre maître à tout instant de l'allure du fourneau;

11° *Des tampons de visite*, donnant la possibilité d'accéder à la partie basse des carneaux, ainsi qu'à tous les coudes, afin de pouvoir les dégager des suies et cendres qui peuvent les engorger.

Un fourneau ne comporte pas toujours tous ces détails; la figure 352 représente, par exemple, le fourneau le plus simple, qui comprend seulement un foyer, une plaque de coup de feu avec ses rondelles, un four et un coquemar. Il est disposé pour être intercalé dans un potager, dont on conserve deux réchauds seulement.

La figure 357 montre également un appareil de même genre que l'on monte souvent dans les cheminées de loges de concierges, à Paris, et qui peut rendre des services dans les cas analogues.

Dans un chambranle de cheminée de dimensions un peu grandes, de $1^m,15$ de large sur $1^m,25$ de hauteur par exemple, auquel on donne une saillie de $0^m,45$, on établit un vide rectangulaire garni de faïences sur trois côtés, et fermé en avant par un large rideau en tôle. Dans la partie basse de ce vide, on construit un fourneau composé ainsi qu'il vient d'être dit, et comprenant foyer, plaque de coup de feu, coquemar avec robinet de puisage, et un réchaud à charbon de bois pour la cuisine d'été. En dessous, un charbonnier métallique, pour l'approvisionnement de combustible. L'hiver, la chaleur perdue par le fourneau fournit largement au chauffage de la pièce.

329. Fourneaux amovibles et fourneaux de construction. — Les fourneaux de cuisine se divisent en deux grandes catégories : les fourneaux amovibles, et les fourneaux de construction.

Les fourneaux amovibles sont tous de petites dimensions et généralement à un service ; l'un d'eux est dessiné (*fig.* 353); ils peuvent s'enlever et se transporter tout d'une pièce; leur construction est faite en vue de cette amovibilité, et on sacrifie un peu la construction pour obtenir cette qualité. On réduit toutes les maçonneries, par exemple, et on a des façades plus chaudes. Les faces arrière et latérales sont en tôle mince ; pour peu qu'elles soient exposées à l'humidité, leur durée est limitée. Enfin, on cherche à les produire au plus bas prix possible pour en faire un article de commerce et d'exportation.

Les fourneaux que l'on construit directement sur place constituent la seconde catégorie; on peut les établir avec tout le soin et tout le luxe désirables. Les fontes sont isolées par une maçonnerie plus épaisse ; les métaux sont aussi plus épais; les regards de nettoyage plus nombreux et mieux placés. Ils sont plus chers et consomment moins de combustible, lorsqu'ils sont bien dirigés. On en trouvera quelques exemples dans les figures 359 et suivantes.

330. Chauffage de l'eau par le foyer des fourneaux de cuisine. — Lorsqu'un fourneau doit servir tous les jours, indépendamment de l'eau du coquemar, on peut en profiter pour alimenter d'eau chaude toute une maison.

On installe, en un point convenable de l'étage du haut, un réservoir bien abrité et bien enveloppé, muni d'un couvercle étanche, et d'un petit tuyau de dégagement de vapeur.

D'autre part, on met dans le fourneau de la cuisine, à quelque distance en contre-bas qu'il soit, ce que l'on nomme un *bouilleur*. C'est une capacité rectangulaire formée de deux parois parallèles placées à $0^m,05$ l'une de l'autre, complètement fermée, et contenant de l'eau.

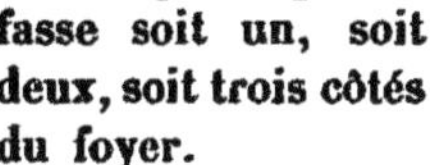

On lui donne en plan la forme nécessaire pour qu'elle fasse soit un, soit deux, soit trois côtés du foyer.

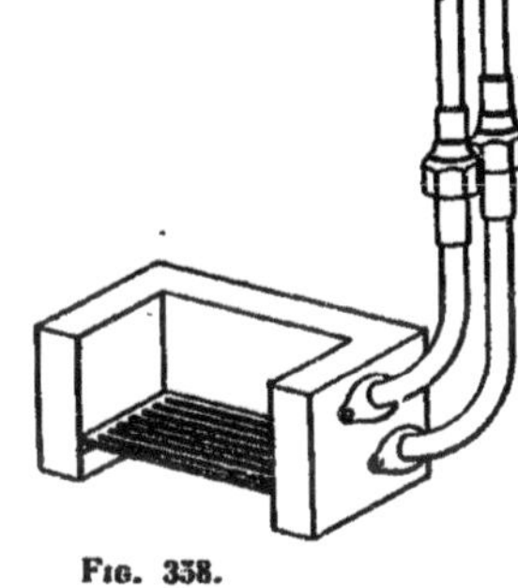

Fig. 358.

La figure 358 représente ainsi un bouilleur destiné à envelopper un foyer sur trois côtés, le quatrième devant être constitué par la parabole du four.

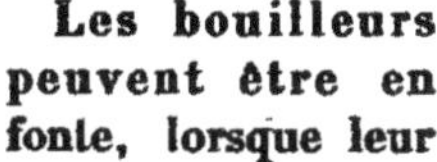

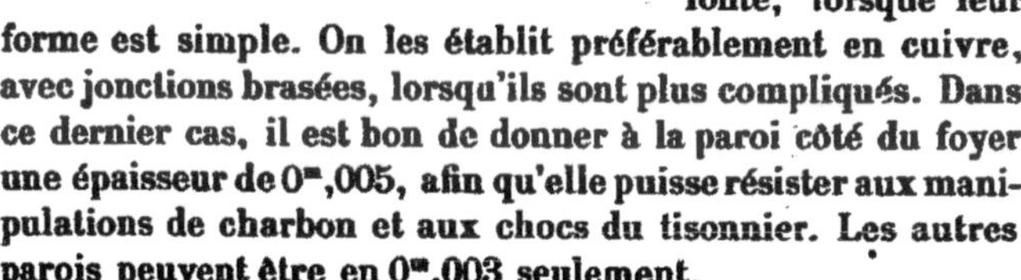

Les bouilleurs peuvent être en fonte, lorsque leur forme est simple. On les établit préférablement en cuivre, avec jonctions brasées, lorsqu'ils sont plus compliqués. Dans ce dernier cas, il est bon de donner à la paroi côté du foyer une épaisseur de $0^m,005$, afin qu'elle puisse résister aux manipulations de charbon et aux chocs du tisonnier. Les autres parois peuvent être en $0^m,003$ seulement.

Il faut également munir l'avant d'un bouchon à vis dépassant la façade du fourneau, afin de pouvoir vider l'ensemble, si besoin est, et aussi le nettoyer.

Deux tuyaux mettent en communication le bouilleur avec le réservoir ; ils partent à des niveaux différents du bouilleur et arrivent dans le même ordre à des niveaux différents dans le réservoir. Ils ne doivent être obturés par aucun robinet ou autre appareil.

Dès que l'on chauffe, il s'établit une circulation, un *va-et-vient*, comme l'on dit; peu à peu l'eau du réservoir s'échauffe et peut même atteindre l'ébullition, si le feu est assez vif, et cela malgré les distances horizontales et verticales qui les séparent.

Les tuyaux sont ordinairement en cuivre de $0^m,030$ à $0^m,035$ de diamètre; leurs jonctions se font au moyen de raccords en trois pièces. Quelquefois, mais c'est moins sûr, on fait des joints à brides avec de simples rondelles de caoutchouc interposées.

Quant à la canalisation de distribution d'eau chaude, elle est tout à fait indépendante de ces tuyaux; elle peut se faire en plomb, en fer ou en cuivre, à la manière ordinaire.

331. Fourneaux à double service. Appareils adossés. — La réunion, dans un fourneau, d'un four et d'une étuve superposés constitue ce que l'on appelle un *service*, et, dans les cuisines importantes, un seul service ne suffit pas. On emploie alors des appareils dits à *double service*. Leur disposition de détail est très variable, suivant les programmes et les constructeurs, mais ils se ressemblent tous comme arrangement d'ensemble.

On les divise en fourneaux adossés et fourneaux isolés.

Un exemple de fourneau adossé est donné par la figure 359. Il a été construit pour un hospice d'une centaine de lits. Il se compose d'un foyer avec cendrier au dessous, de deux fours contigus au foyer et de deux étuves au dessous, d'une étuve supplémentaire de grandes dimensions, d'un grilloir par dessus, enfin, d'une partie de potager comprenant deux réchauds à charbon de bois.

L'organisation du fourneau est telle qu'en manœuvrant deux clés on peut, à volonté, ne chauffer qu'un seul quelconque des deux services ou les mettre tous deux en activité.

La figure 360 représente l'ensemble à petite échelle, et, plus en grand, le détail d'intérieur d'un fourneau du même genre construit par M. Cubain. Il se compose d'un appareil à double service avec son foyer C, son cendrier D, deux fours BB, deux étuves B'B', un chauffe-assiettes A et un charbonnier F.

Au-dessus du charbonnier est une rôtissoire à flamme directe H, composée d'un âtre compris entre deux jambages en briques, avec cheminée spéciale au dessus. Un large rideau ferme l'âtre en avant. Une hélice de large diamètre, calée sur

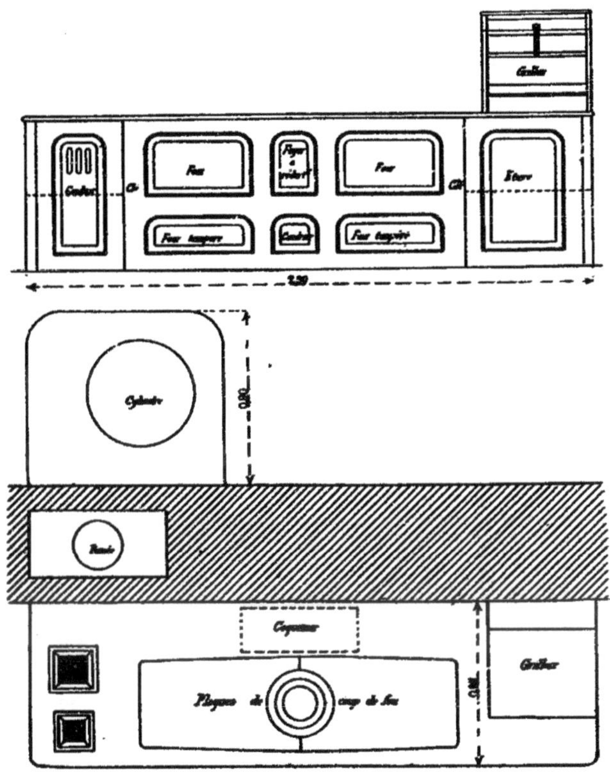

FIG. 359.

un arbre vertical, reçoit des gaz montants un mouvement de rotation que l'on utilise pour faire marcher, au moyen de petits engrenages et d'un renvoi de mouvement, les différentes broches échelonnées devant le brasier.

Ces rôtissoires sont d'un usage très commode dans les

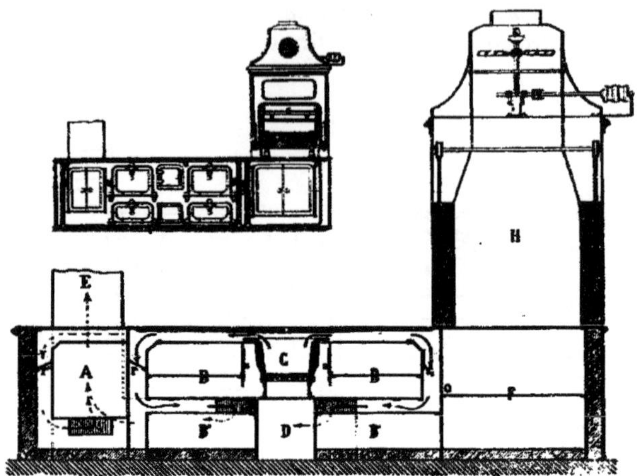

Fig. 360.

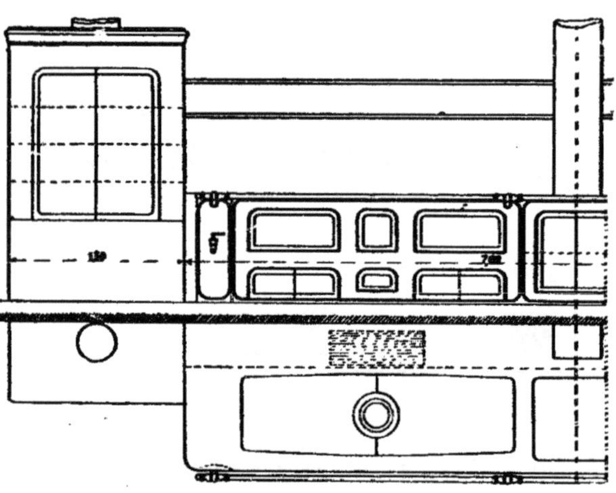

Fig. 361.

grands établissements. Pour des programmes plus étendus,

on peut encore augmenter l'importance du fourneau, et alors on le double en mettant deux foyers distincts. La figure 361 représente la moitié de l'installation d'un fourneau de ce genre fait de deux appareils à double service contigus. D'un côté, celui qui est représenté, se trouve une grande étuve chauffe-assiettes, et, de l'autre, symétriquement disposée, une grillade très développée.

332. Fourneaux isolés. — Lorsque les fourneaux sont

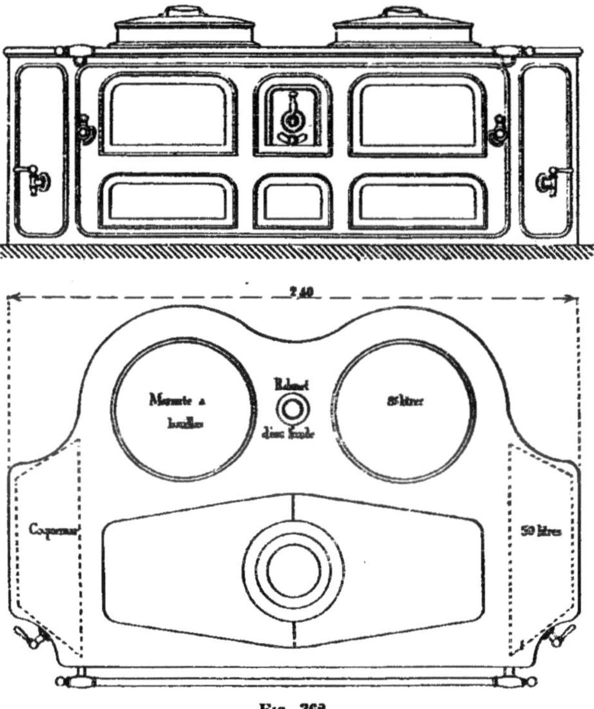

Fig. 362.

importants, il est souvent avantageux de les isoler au milieu de la cuisine, surtout lorsque cette dernière est grande; on y trouve l'avantage de pouvoir circuler tout autour et d'accéder à toutes ses parties. On réduit ainsi les dimensions de l'appareil ; mais, d'un autre côté, il y a un plus grand développement des façades, et le prix en est plus élevé. L'appareil figuré dans le croquis 362 est destiné à faire la cuisine pour un établissement hospitalier d'une centaine de lits. La fumée plonge dans le sol, rampe sous le carrelage, et va regagner une cheminée montante ménagée dans l'un des murs de l'édifice. Au bas de cette cheminée est un foyer d'appel.

Dans ce fourneau on a installé deux marmites fixes, l'une pour le bouillon, l'autre pour les légumes. Le bas de ces marmites plonge dans la fumée d'un carneau disposé à cet effet. Les marmites sont en fonte meulée intérieurement. Leur partie extérieure est doublée d'une enveloppe de cuivre avec collerette rabattue sur la plaque de coup de feu. C'est ce que l'on appelle un *panache* en cuivre.

Les marmites sont circulaires en plan, et la façade arrière suit les sinuosités de ces appareils. Les robinets d'eau sont placés dans des parties rentrantes, de façon que leur saillie ne puisse gêner.

Le fourneau est alimenté d'eau froide par une canalisation terminée par un robinet à col de cygne, tournant de telle sorte qu'on verse l'eau directement dans l'une ou l'autre des marmites.

Deux coquemars permettent de chauffer toute la quantité d'eau dont on a besoin, au moyen des chaleurs perdues.

Le plan représenté par la figure 363 est celui d'un autre fourneau isolé, construit par M. Cubain, et la coupe est faite horizontalement sous la plaque, afin de montrer la circulation de la fumée.

Le foyer C est rectangulaire, avec prolongement arrière en triangle. L'avant, sur trois côtés, est limité par une caisse en fonte ; l'arrière est formé par les parois d'un bouilleur en fonte D destiné à chauffer l'eau d'un réservoir supérieur, pour d'autres besoins de l'établissement. La fumée sortant du foyer se répand sous la plaque de coup de feu. Au moyen de registres, on dirige les flammes soit sur l'un des fours, soit sur l'autre, soit sous l'une ou l'autre des marmites, à volonté, suivant le genre de cuisson que l'on doit faire.

Les coquemars E sont alimentés directement par une canalisation souterraine, avec une caisse à flotteur placée dans l'un des angles de la pièce et qui maintient leur niveau constant d'une façon absolue.

L'élévation de cet appareil est représentée dans la figure 364, du côté de la façade principale, de telle sorte qu'on y voit la porte du foyer, celle du cendrier, les quatre portes des étuves et des fours, les robinets de puisage des coquemars et la barre de garantie.

La projection des marmites est indiquée dans le croquis,

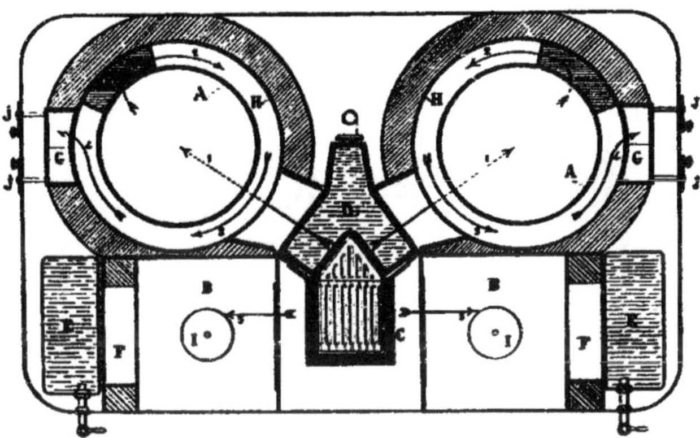

FIG. 363.

ainsi que celle d'une colonne en fer garnie de cuivre contenant les deux tuyaux qui font communiquer le bouilleur avec le réservoir de l'établissement.

Dans cet appareil, M. Cubain a maintenu un perfectionnement intéressant créé par M. Baudon, son prédécesseur : il consiste à rendre mobile la grille du foyer et à lui donner un mouvement vertical, au moyen d'un levier que des crans peuvent arrêter à plusieurs hauteurs.

Au commencement du fonctionnement, on a besoin de chaleur, le foyer doit être profond, et la grille est dans sa position la plus basse ; à mesure que l'opération s'effectue, le charbon se consume, et, au lieu d'en ajouter de nouveau, on manœuvre le levier et on soulève la grille. On rapproche ainsi le combustible de la plaque de coup de feu.

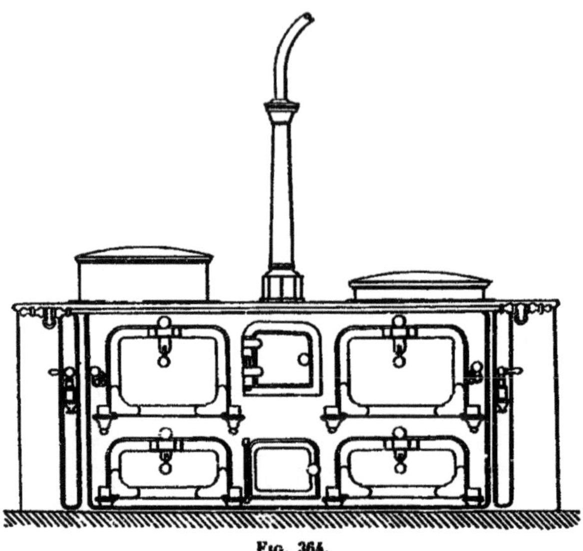

Fig. 364.

Les croquis (1), (2) et (3) de la figure 365 donnent les détails

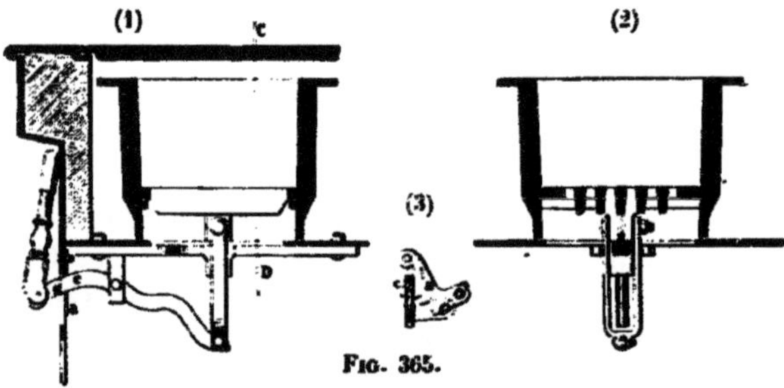

Fig. 365.

de construction et de fonctionnement de cette grille mobile, qui procure une grande commodité, en même temps qu'une notable économie de combustible.

333. Fourneaux d'office. — Les appareils que l'on nomme *fourneaux d'office* dans les établissements hospitaliers ne sont autres que de véritables fourneaux de cuisine, dont le programme est très peu différent des fourneaux ordinaires.

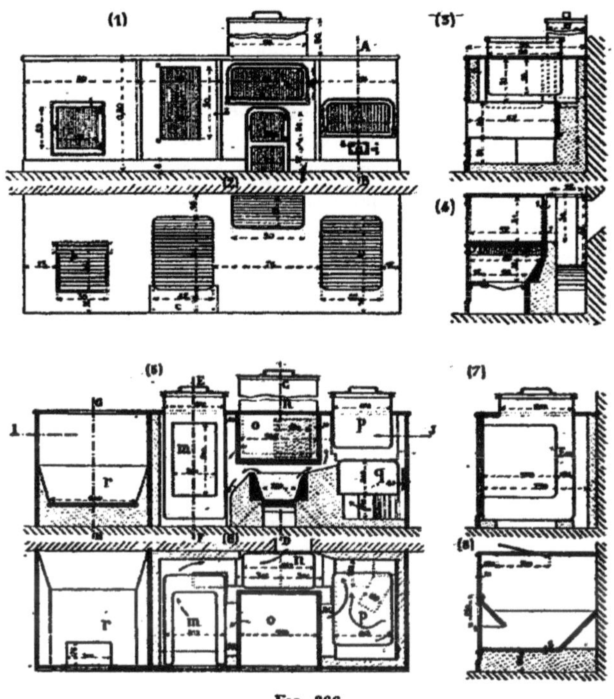

Fig. 366.

Ils comportent une plaque développée, mais peu chaude, une grande étuve et un vaste coquemar contenant toujours chaude l'eau nécessaire à un bain ; le reste, fours et annexes, disposé comme à l'ordinaire.

La figure 366 donne, dans ses huit croquis, la construction très détaillée d'un fourneau d'office construit par M. Giraud à l'hôpital de la Charité, à Paris.

Le foyer n'est pas immédiatement sous la plaque supérieure ; il y a un four interposé *o*, à parois métalliques épaisses. La flamme se divise, à droite, pour chauffer la marmite *p* et l'étuve *q* ; à gauche, pour envelopper la grande étuve *m*, disposée au milieu de l'eau d'une grande marmite formant bain-marie, de telle sorte que la température ne puisse y dépasser 100°. Des clefs répartissent comme l'on veut cette division de la fumée et, par suite, la chaleur.

A gauche du fourneau est un charbonnier métallique très bien disposé pour un fonctionnement commode. Sa capacité occupe toute la hauteur du fourneau, avec lequel il fait corps. Il présente un couvercle léger, s'ouvrant à charnière sur la plaque du dessus, pour le remplissage. Par le bas, il est terminé par une trémie avec porte de prise en avant ; et le croquis (8) montre la disposition permettant de puiser à la pelle dans un petit talus d'éboulement, qui se produit toujours à l'avant sans se répandre dans la pièce.

334. Disposition de la ventilation avec l'emploi des fourneaux à charbon de terre. — Lorsqu'on établit un fourneau à charbon de terre dans une cuisine, il faut au moins disposer de deux tuyaux. L'un sert à la fumée du fourneau ; l'autre sera réservé pour la ventilation de la hotte. S'il y a un âtre, on doit avoir un troisième tuyau, et, s'il y a une grillade, il est avantageux d'en avoir un quatrième.

Le plus important est d'obtenir une ventilation énergique de la hotte : le tirage naturel est loin de suffire dans la plupart des cas. On l'améliore en chauffant les gaz de la cheminée qui doit les évacuer. Le moyen le plus simple consiste à utiliser la chaleur perdue de la fumée qui sort du fourneau à température élevée. Pour cela, on ménage une large cheminée de $0^m,40$ à $0^m,45$ sur $0^m,30$ de section, et on la monte bien droite dans la hauteur du bâtiment. Cette cheminée doit servir à la fois à la fumée et à la ventilation. On établit après coup, au milieu du vide, un tuyau en tôle forte galvanisée, de $0^m,25$ de diamètre, qui sera la cheminée spéciale du fourneau. La surface du tuyau chauffera l'air qui l'entoure et déterminera un tirage extérieur. Le tirage sera d'autant plus actif que la fumée sera plus chaude, c'est-à-dire que l'on fera plus de cuisine.

Dans les constructions neuves, c'est une disposition qu'il ne faut pas manquer de prendre, même pour les cuisines de médiocre importance : elle supprime presque toujours les inconvénients des odeurs, tant que les tuyaux sont libres dans toute leur hauteur ; seulement, le ramonage du gros conduit est un peu difficile.

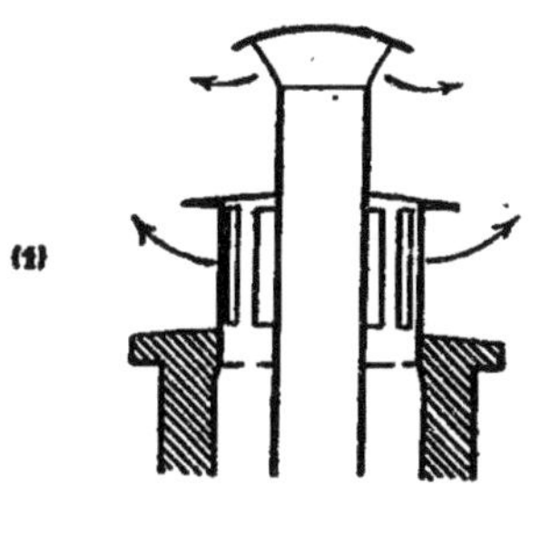

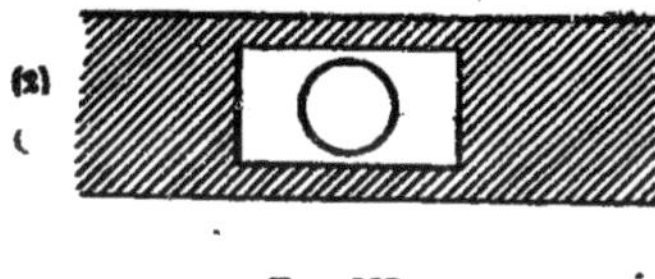

Fig. 367.

A la partie haute, la souche se termine par une grande lanterne en tôle galvanisée que traverse le tuyau de tôle pour déboucher au dessus (*fig.* 367).

Un autre genre de construction qui facilite le ramonage consiste à séparer le gros conduit par des languettes en fonte, noyées dans la maçonnerie et le divisant en trois compartiments ; celui du milieu sert pour la fumée ; les deux autres pour la ventilation, et on les coiffe de la même lanterne que ci-dessus. La figure 368 montre cette disposition en plan dans le croquis (1) ; le croquis (2) donne la forme des cloisons en fonte, dont les plaques présentent une rainure supérieure afin d'obtenir un emboîtage parfait. Ces plaques sont scellées

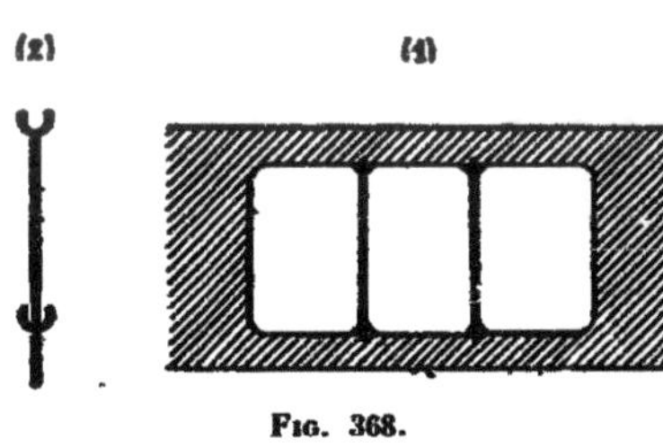

Fig. 368.

de $0^m,04$ dans les languettes latérales en briques, et les solins d'angle les rendent très convenablement stables et étanches.

335. Disposition des cuisines. — Le programme d'installation d'une cuisine consiste toujours dans l'établisse-

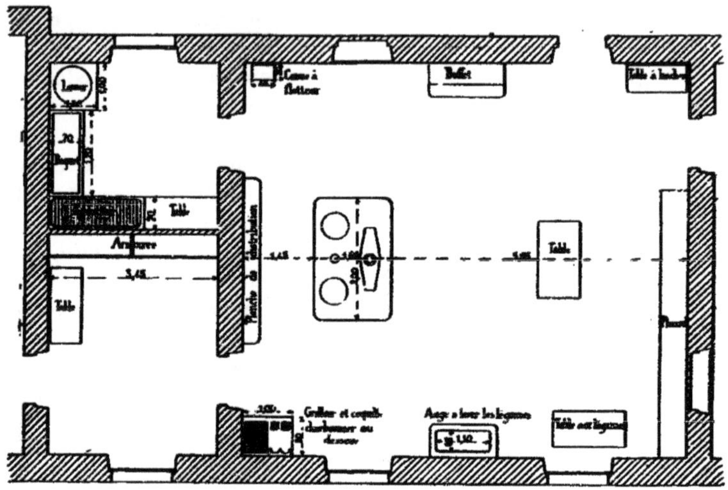

Fig. 369.

ment d'un fourneau avec tous accessoires, charbonniers, etc., d'un évier alimenté d'eau propre et d'eau filtrée, et écoulant sans odeurs possibles les eaux résiduaires, d'armoires et de tables diverses dont on doit prévoir la place, et d'un développement de murs suffisant pour recevoir sur des *dossiers* en bois les supports de tous les appareils culinaires.

La surface doit être assez grande pour assurer un service commode ; dans chaque cas particulier, on attribue à cette pièce l'étendue et les proportions que permet la place, en assurant le meilleur éclairage et l'aérage le plus favorable.

Dans les grands établissements, on a avantage à séparer le

service en deux, et à opérer le lavage des vaisselles dans une pièce spéciale, qui porte le nom de *laverie*.

Voici la disposition d'une cuisine de cette importance, représentée dans la figure 369, et desservant cent à cent cinquante personnes. Après une entrée se trouve la cuisine proprement dite, avec fourneau isolé, grilloir et réchauds, auge à laver, tables diverses, grandes armoires.

A côté, enfin, la laverie : une chaudière ronde, nommée *cylindre*, est montée sur un fourneau spécial. On y lave les vases et assiettes ; on les passe ensuite à l'eau froide dans un baquet contigu, et on les fait égoutter. L'eau du cylindre ne se change, pour ainsi dire, jamais, on ne fait qu'écrémer les graisses, et elle acquiert un mordant très favorable ; l'eau du baquet doit être toujours propre et se renouveler à chaque opération. Telles sont les conditions à remplir.

L'important est la position relative de la cuisine par rapport aux autres pièces de l'habitation. Quelque soin que l'on ait pris pour l'évacuation des odeurs, celles-ci persistent, quoique atténuées, et il est important de tout faire pour empêcher qu'elles ne se répandent ailleurs, ainsi que l'air échauffé par le fourneau.

Lorsque la cuisine est de plain-pied avec l'appartement, il faut séparer par un couloir aéré, si faire se peut, la cuisine des autres pièces, et, dans tous les cas, ne jamais la faire communiquer directement avec la salle à manger.

Si l'habitation comporte plusieurs étages, il faut prendre pour principe d'établir la cuisine en haut de préférence, dans les combles par exemple, et de la relier avec l'office par un *descend-plat*. C'est le moyen de n'avoir aucune odeur désagréable. Les cuisines au sous-sol sont un non-sens, car l'odeur dégagée monte avec l'air chaud dans toutes les pièces habitées, souvent par le monte-plats, qui fait cheminée, sans qu'il soit possible d'y porter complètement remède.

Il en est de même des laboratoires de chimie, dans les établissements d'instruction, qu'il est toujours avantageux de reléguer dans les combles. A l'École Centrale cent cinquante élèves peuvent manipuler à la fois, sans donner la moindre odeur dans l'établissement, parce que les vastes laboratoires de cette école ont été placés à l'étage supérieur, où ils trouvent en même temps le jour le plus favorable.

336. Fourneaux culinaires à gaz. — Dans les cuisines, le gaz sert principalement à l'état de réchauds mobiles, que l'on raccorde au moyen de tuyaux flexibles en caoutchouc ou en métal plissé, avec une canalisation terminée par un mamelon de prise. Le réchaud (*fig.* 370) se compose d'un support rond posé sur pieds, tenant une couronne annulaire percée de trous, et une couronne pleine, ou des taquets rayonnés, afin de supporter les vases à chauffer. Un mamelon sert à l'attache du tuyau flexible, et entre ce dernier et la couronne se trouve un aspirateur d'air permettant à la flamme de brûler en bleu. De cette façon, il ne se dépose aucun noir de fumée sur les surfaces métalliques froides des vases. Un robinet, immédiatement avant le mamelon de prise, permet de régler

Fig. 370.

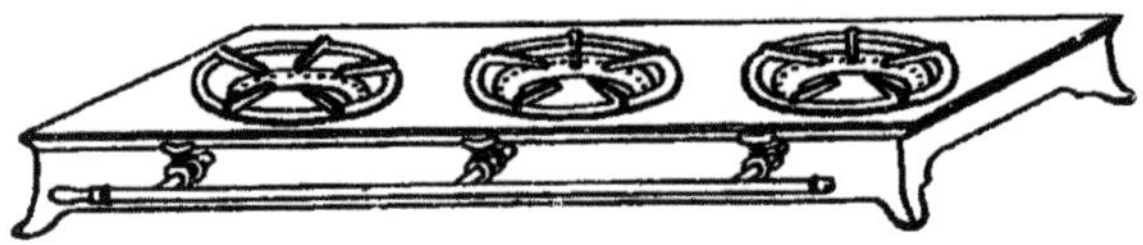

Fig. 371.

la combustion. On n'en met pas sur l'appareil, pour que le tuyau flexible, dont la matière peut se détériorer, ne reste pas en charge.

Pour des services plus importants, on a des réchauds à deux ou trois trous, chacun d'eux étant disposé comme l'appareil précédent. Seulement, ici, il y a lieu, pour la réglementation des foyers, de munir chacun d'eux d'un robinet, et cela indépendamment du robinet du mamelon de prise. Avec les pressions ordinaires des canalisations de gaz, il faut un tuyau de 0m,013 pour un réchaud à un seul foyer, et un tuyau de 0m,015 pour un réchaud à deux ou trois feux.

On remplace quelquefois la couronne annulaire de gaz des foyers par un champignon percé de trous sur toute sa surface. Mais l'air y accède plus difficilement.

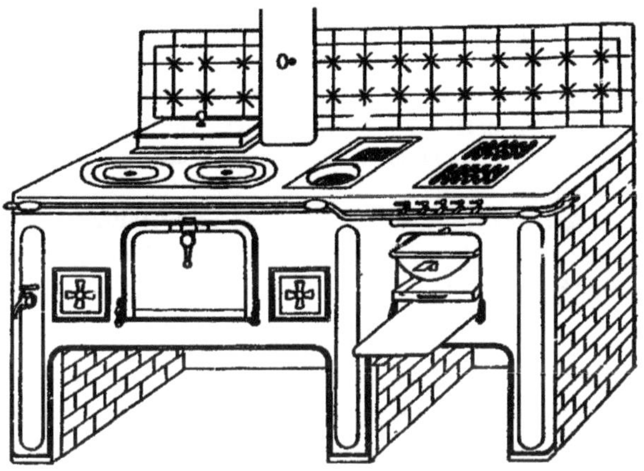

Fig. 372.

On fait des rôtissoires au gaz ; elles se composent d'une rampe à gaz brûlant en blanc à la partie haute d'un récipient demi-cylindrique ou plat contenant la pièce à rôtir ; le rayonnement s'exerce par dessus, et l'opération se fait facilement. On a essayé d'employer dans le même but des rampes brûlant le gaz en bleu, sans que la différence soit bien sensible. On y trouve le grand avantage de pouvoir utiliser la partie supérieure de la rampe au chauffage de vases culinaires, en même temps que se confectionnent les rôtis et grillades.

Dans quelques fourneaux, on interpose une plaque mobile

entre la flamme et les réchauds supérieurs, pour concentrer la chaleur sur le four, lorsque ces derniers n'ont pas à l'utiliser. La Compagnie Parisienne du gaz a construit des modèles très étudiés de fourneaux à gaz répondant aux programmes les plus courants. Elle fabrique également des fourneaux à plusieurs fins, permettant de se servir à volonté de coke ou de houille, de charbon de bois et de gaz.

La figure 372 représente un fourneau à coke et à gaz, avec adjonction de réchauds à charbon de bois. Le gaz occupe toute la partie droite. Le chauffage est obtenu par une rampe sectionnée, dont on allume une portion plus ou moins grande. Au dessus est une grille à jour, permettant de recevoir les vases culinaires, tandis que le rayonnement inférieur de cette même rampe sert à faire les rôtis dans le four inférieur ; de la sorte, toute la chaleur du gaz est utilisée au mieux.

On fait des fourneaux à gaz plus importants ; le principe est le même ; ils ne diffèrent du précédent que par la multiplicité des foyers.

337. Fourneaux de laboratoire. — Parmi les appareils qui nous occupent, on peut ranger les fourneaux des laboratoires de chimie. Ils ont à répondre à des conditions générales identiques ; leur construction est généralement plus simple ; ils se composent d'une paillasse, placée à 0^{m},80 du sol, sous une hotte dont le tirage doit être énergique. Tous les appareils de chauffage sont mobiles ; on les place, à la demande, sur la paillasse à chaque opération.

Ce sont soit des fourneaux à charbon de bois en terre réfractaire, soit des fourneaux à réverbère, soit, enfin, des fourneaux à gaz dont le type est le bec Bunsen.

Pour les opérations qui dégagent des odeurs désagréables ou délétères, il faut localiser un tirage encore plus assuré dans des chapelles d'aspiration où aboutissent les extrémités des appareils.

Les paillasses et chapelles se font en métal et maçonnerie, avec carrelages céramiques. C'est la disposition la plus économique. Dans les installations plus luxueuses, on remplace ces surfaces par de la lave émaillée, de 0^m,020 à 0^m,025 d'épaisseur, dont les plaques sont soutenues par des murs en briques. On a alors des fourneaux très résistants, très durables, et dont on peut remplacer l'émail après un long usage ou lorsqu'il est détruit par un accident.

La figure 373 représente quatre stalles des fourneaux de

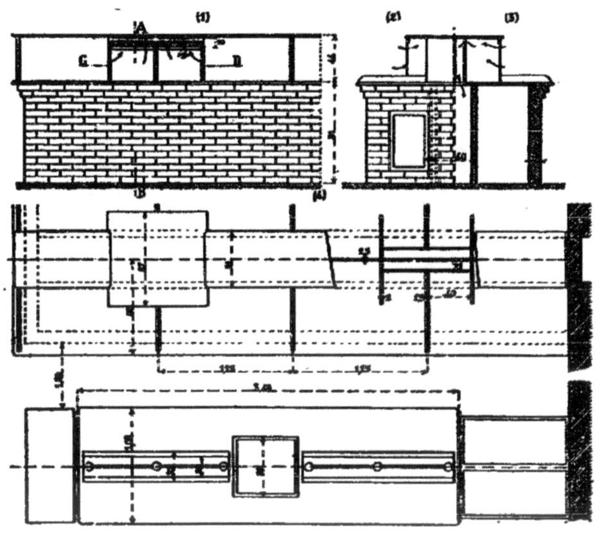

FIG. 373.

laboratoires de l'École Centrale des Arts et Manufactures, à Paris. L'un de ces laboratoires contient cinquante de ces stalles. Chaque élève dispose d'une surface de 1^m,25 sur 0^m,92, et dans cet espace se trouve la chapelle d'aspiration dont il a été parlé plus haut. Cette installation se complète par une table placée vis-à-vis, et sur laquelle se trouvent logés les réactifs, en même temps que la surface restée libre permet des opérations ou la rédaction des mémoires.

338. Cuisine à vapeur. — La cuisine des grands établissements comporte, la plupart du temps, la confection de bouillons, de légumes cuits, et de ragoûts, plus que celle de viandes rôties. Dans ces circonstances, lorsque l'on dispose d'un générateur de vapeur à haute pression, ou lorsque l'importance des services permet d'en installer un tout spéciale-

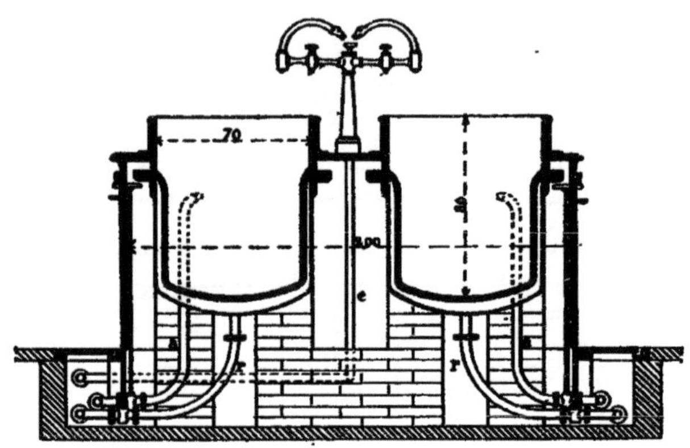

FIG. 374.

ment, on trouve avantage à employer la vapeur comme agent de chauffage des cuisines.

On se sert pour cela de grandes marmites en fonte meulées intérieurement et munies d'un double fond, dans lequel circule la vapeur. On a vu combien le chauffage, dans ce cas, est énergique, et, de plus, on a toute facilité de le modérer à volonté.

Les marmites à vapeur peuvent être installées à poste fixe dans un fourneau analogue aux appareils précédents, et la figure 374 en donne un exemple dans une coupe verticale. Mais, la plupart du temps, on trouve un fonctionnement plus commode dans l'emploi de marmites basculant autour d'un axe horizontal comme celle qui est représentée dans la figure 375. La vapeur arrive par l'un des tourillons, et l'eau

Fig. 375.

condensée sort par l'autre. Le mouvement de bascule rend la distribution des aliments et, en même temps, le nettoyage beaucoup plus faciles. L'appareil représenté est du type construit par M. Egrot.

TABLE DES MATIÈRES

INTRODUCTION

NOTIONS GÉNÉRALES

CHAPITRE I

DES FOYERS

CHAPITRE II

TUYAUX DE FUMÉE. — CHEMINÉES

CHAPITRE III

SURFACES DE CHAUFFE

CHAPITRE IV

REFROIDISSEMENT DES ÉDIFICES

CHAPITRE V

CHAUFFAGE PAR CHEMINÉES

CHAPITRE VI

CHAUFFAGE PAR POÊLES

CHAPITRE VII

CALORIFÈRES A AIR CHAUD

CHAPITRE VIII

CHAUFFAGE A VAPEUR

§ 1. — *Production de la vapeur*

§ 2. — *Transport de la vapeur*

§ 3. — *Utilisation de la vapeur au chauffage*

CHAPITRE IX

CHAUFFAGE A EAU CHAUDE

CHAPITRE X

VENTILATION

CHAPITRE XI

FOURNEAUX DE CUISINE

Tours. — Imprimerie Deslis Frères, 6, rue Gambetta.

Tours. — Imprimerie Deslis Frères.

www.ingramcontent.com/pod-product-compliance
Ingram Content Group UK Ltd.
Pitfield, Milton Keynes, MK11 3LW, UK
UKHW020611230726
13926UKWH00005B/2335